水利科学与工程前沿
（下）

主编　张楚汉　王光谦

科 学 出 版 社
北　京

图书在版编目（CIP）数据

水利科学与工程前沿. 下 / 张楚汉, 王光谦主编.—北京：科学出版社,
2017

ISBN 978-7-03-052268-9

Ⅰ. ①水… Ⅱ. ①张… ②王… Ⅲ. ①水利工程－研究 Ⅳ. ①TV

中国版本图书馆 CIP 数据核字(2017)第 053397 号

责任编辑：吴凡洁　冯晓利 / 责任校对：郭瑞芝

责任印制：张　倩 / 封面设计：陈　敬

科 学 出 版 社 出版

北京东黄城根北街 16 号
邮政编码：100717

http：//www.sciencep.com

中国科学院印刷厂 印刷

科学出版社发行　各地新华书店经销

*

2017 年 4 月第 一 版　　开本：720×1000　1/16
2017 年 4 月第一次印刷　　印张：35 1/4
字数：710 000

定价：188.00 元

（如有印装质量问题，我社负责调换）

编著委员会

主　编：张楚汉　王光谦

编　委：曹文宣　陈祖煜　崔　鹏　龚晓南　胡春宏

　　　　康绍忠　赖远明　林　皋　刘　宁　Philip Liu

　　　　陆佑楣　倪晋仁　钮新强　邱大洪　王　浩

　　　　王思敬　夏　军　张建云　张勇传

工　作　组

组　长：张建民　李庆斌

成　员：傅旭东　马吉明　胡黎明　钟德钰

　　　　尚松浩　朱德军　陈　敏　江　汇

前　言

2012 年 4 月，中国科学院部署了水利学科发展战略研究项目，并于 2014 年 7 月与国家自然科学基金委员会联合资助此项研究；项目由清华大学张楚汉院士和王光谦院士负责实施。邀请了我国近百名水利科学与工程领域的学者、专家参加研讨，系统总结水利科学与工程学科的现代发展历程、研究现状和发展趋势，梳理未来前沿科学与关键技术问题。

2014 年 9 月，项目组在北京举办了"水利科技前沿与水安全"论坛，围绕全球气候变化下的我国水文趋势和水资源安全、河流水沙过程与调控、洪旱灾害与防灾减灾、河湖生态环境问题的安全与对策、高坝水电站枢纽长期安全高效运行等专题进行研讨，对我国水利科技前沿与水安全的现状、国家需求和发展趋势，深入探讨了影响国家水安全面临的挑战和主要问题，提出了保障我国水安全战略的若干建议，并由中国科学院上报国务院关于"围绕水安全保障主题实施国家重大科技专项"的建议报告，孕育了"十三五"水安全国家重点研发计划的提出。2016 年 3 月，百名专家历经三年时间撰写完成了水利学科战略研究报告——《中国学科发展战略·水利科学与工程》[①]，并由科学出版社于 2016 年正式出版。

2016 年 5 月，为总结学科战略研究成果，同时结合国家"十三五"规划，展望水利科学与工程领域的研究前景，在北京又举办了"水利科学与工程前沿科技"论坛。本次论坛的目标：一是总结，二是展望。进一步深入总结我们"水利科学与工程"学科发展战略项目研究成果，展望未来"十三五"国家在"水利科学与工程"方面的挑战，深入研讨水利科学前沿和水工程关键技术，前瞻发展趋势，探究前沿课题，确立发展战略，引领水利学科发展。收录在本书《水利科学与工程前沿》的论文便是这次论坛深入总结和展望的研究成果。《水利科学与工程前沿》论文集按《中国学科发展战

---

① 国家自然科学基金委员会，中国科学院. 2016. 中国学科发展战略·水利科学与工程. 北京：科学出版社.

略·水利科学与工程》16 个子学科分类，每类由 3～5 篇系列专题论文组成，内容梗概分述如下：

（1）水文学。鉴于气候变化是影响陆地水文过程的主要因素，介绍陆气耦合机理、模拟方法及未来挑战；分析气候变化和人类活动对流域径流的影响，提出环境变化下流域水文响应的分析框架；讨论"非一致性"条件下的工程水文计算问题，提出年径流频率计算方法；基于卫星遥感的特点和优势，综述多元水文信息的处理和分析技术及其在水文学中的应用。

（2）水资源。阐述协调水资源高效利用的理论方法——水资源系统分析方法的发展历程和未来趋势；介绍提高水资源利用能力，协调防洪、供水与生态用水间矛盾的洪水资源安全利用模式；基于信息技术和物联网应用，提出水联网智慧水利的发展方向；面对变化环境对水资源的挑战，提出全球变化下水资源管理的适应性方法；探索以天河工程为试点的云水资源利用与管理的新设想，论述实现该目标的关键科技问题。

（3）农田水利学。基于生命需水信息的作物高效用水调控理论，总结控制作物生命需水过程的高效节水生理调控技术研究进展与发展趋势；介绍农业估产实践和农田生态水文研究中代表性作物模型的原理、发展历程与研究方向；基于南方水稻灌区典型区域的节水减排试验，提出水稻节水灌溉、水肥综合调控与灌区面源污染生态治理模式。

（4）河流动力学。介绍近年来长江、黄河水沙变化的特点；探讨面向生态的河流可持续管理理念的内涵，指出基于全要素监测和全物质通量深入认识河流生态系统的发展趋势；介绍基于非平衡态统计力学的动理学理论，揭示单颗粒微观运动与颗粒群体宏观运动特征之间的联系；介绍河床自动调整原理和滞后响应特性，建立分析河流非平衡演变过程的模拟方法。

（5）环境水利学。讨论剧烈人类活动给长江流域河流水动力条件和生态环境带来的影响和修复策略，包括长江生态环境的主要问题与修复重点、长江上游水电梯级开发的水域生态（尤其是特有鱼类）保护；梯级水电开发带来的长江与洞庭湖关系演变与调控措施；阐述下游河流与河口地区河网水质模拟和闸坝群联合优化调度方法；介绍肠道病原微生物在水体中的输移机理的研究进展。

（6）水旱灾害。围绕江河防洪多目标优化决策中"守与弃""蓄与泄"两大核心问题，提出江河防洪的关键技术；阐述城镇化对洪水过程的影响机制，分析城市洪涝频发、多发的原因及其应对策略；分析沿海地区风暴潮增水的主要机理，阐述提高模拟精度中的关键问题；提出干旱事件三维识别模型和干旱历时-面积-烈度三变量频率分析方法及其应用实例。

（7）水能利用。主要涉及水能、风能、海洋能、抽水蓄能及其与风电的协同发展等关键技术问题。介绍风电工程中的环境流体、固体力学与控制问题；介绍波浪能的水动力学、数值模拟、可靠性、生存力、控制策略等若干关键技术问题；介绍抽水蓄能电站在复杂地形、地质条件下筑坝成库及防渗、地下工程结构、高压水工隧洞、机组等方面的关键技术问题；论述抽水蓄能电站对风电送出系统的调控作用，给出联合运行的案例分析。

（8）海岸工程学。综述水波破碎现象中的关键科学问题，包括破碎类型的影响因素、破碎条件与数值模拟方法等；阐述紊流波浪边界层及波流边界层的研究成果，分析影响边界层内净输沙率的细观机理；揭示珠江河口区潮汐、上游径流、河口地形地貌变化及海平面上升对珠江口咸潮入侵的影响规律；探索大规模滩涂开发利用对近海动力环境和生态环境的影响及其评价方法，提出总体规划布局原则。

（9）工程水力学。阐述明渠紊流多尺度相干结构的特征及相互作用；回顾高坝水力学近年来的研究进展，分析未来发展趋势和面临的主要挑战；研究长距离输水渠道的自动控制技术；总结数值方法在工程水力学的应用和发展，并分析方法的优缺点及其未来发展趋势。

（10）水工建筑学。概述高混凝土坝抗震安全研究的最新进展，包括地震动输入机制、横缝接触与混凝土损伤开裂非线性及拱坝地基地震稳定性；针对高土石坝抗震安全，介绍筑坝材料的动力本构模型、地震破坏机理、抗震试验与分析方法及抗震措施研究；围绕混凝土坝真实工作性态，介绍应用混凝土热学力学参数的仿真分析与统计分析相结合的反演分析方法；讨论生态水工学的学科基础、研究对象及内容，探讨生态水工学的前沿问题；针对长江黄金水道的未来发展，提出提高上、中游通航能力的设想。

（11）水工混凝土。综述宏细观层次的混凝土静动力损伤断裂试验研究、数值模拟方面的研究进展，探索其破坏机理、尺寸效应、多尺度分析等方面的研究前沿；研发复杂环境条件下混凝土静动力损伤试验与测试设备；提出利用现场浇筑大坝混凝土试件确定大坝混凝土真实断裂性能的方法；介绍在混凝土中引入改性吸水树脂作为抗冻剂的思路，以提升其抗冻与力学性能。

（12）岩石力学与工程。阐述基于岩石细观统计损伤理论发展起来的岩石破裂过程分析系统 RFPA；介绍变形加固理论并阐明其中不平衡力的物理本质，以及基于高坝蓄水导致的山体变形建立的非饱和裂隙岩体有效应力原理；阐述天然地质体水岩耦合过程的多尺度特征；介绍以拟变分不等式表达的非连续分析方法 DDA 的对偶形式，摒弃传统的虚拟弹簧概念。

（13）土力学。介绍细观土力学的最新研究动态，基于土体细微观结构和力学机制描述复杂的宏观土体行为；采用数值分析、物理模型试验和现场调查研究典型滑坡成灾机理；探讨极端海洋环境载荷和复杂海床地质条件下的海洋工程结构-基础系统的稳定性分析理论和设计方法；对新兴环境岩土工程学科的发展历史、前沿科技研究作了介绍，作为应用实践，提出污染地下水原位修复的新技术。

（14）水力机械动力学。研究抽水蓄能机组瞬态特性、转轮动态响应、机组共振特性和轴系复杂非线性动力学问题；探索不同流量下机组的压力脉动、水力振动和应力特性；提出水电机组健康评估模型和性能退化趋势预测模型；阐述一种新型离心泵非设计工况运行调节的方式——前置导叶预旋调节及其调节效果。

（15）水利工程管理。介绍溪洛渡特高拱坝的建设管理创新实践；总结基于伙伴关系模式的水电企业流域开发多项目、多目标管理模型；论述水利建设项目后评价绩效的评价方法；分析和构建项目内、组织内和组织间的资源共享模式和机制，实现基于项目的多层次组织治理。

（16）水利移民工程。分析和构建各方利益分享的理论模式和计算方法；评价各影响因素的效用及增强可持续性的调整方法；探索以土地证券化作为水电移民安置新途径。

编写本书的初衷是期望在《中国学科发展战略·水利科学与工程》（科学出版社，2016）的基础上，进一步按各子学科分类以专题论文形式深入剖析"水利科学与工程"的前沿科技问题。本书收录的 66 篇论文，汇集各子学科重点前沿课题的述评、总结与创新研究成果。它是《中国学科发展战略·水利科学与工程》的深化和补充，期望这两本专著能交相辉映，组成姐妹篇以就教于水利同仁们！

建立一个人水和谐、资源节约、低碳发展、环境优美、生态多样、水文化得以弘扬、水制度严格保障的生态文明系统，是国家可持续发展的战略需求，也是"水利科学与工程"学科发展的长远目标，更是我们水利科技工作者长期为之奋斗的任务。

张楚汉　王光谦

2017 年 3 月

目 录

第二篇　水　资　源

第三篇　农田水利学

第四篇 河流动力学

第五篇　环境水利学

第六篇 水 旱 灾 害

第八篇　海岸工程学

（下册）

第九篇　工程水力学

第十篇　水工建筑学

第十一篇　水工混凝土

第十二篇　岩石力学与工程

第十三篇　土　力　学

第十五篇　水利工程管理

第十六篇　水利移民工程

第九篇　工程水力学

导读　水流动力特性研究是工程水力学的基本内容，本篇系列论文首先系统阐述了明渠紊流多尺度相干结构的特征及相互作用；其次，针对我国高坝水电站工程前所未有的发展态势，系统回顾了高坝水力学近年来的研究进展，分析了未来发展趋势和面临的主要挑战；此外，还研究了长距离输水渠道的自动控制，这对保障输水工程实时适量供水和安全运行，实现水资源优化配置具有重要意义；鉴于计算水动力学在解决工程水力学问题方面已显示出卓越能力和巨大潜力，相关论文系统总结了数值计算方法在工程水力学的应用和发展，分析了常用方法的优缺点及其未来发展趋势。

明渠紊流多尺度相干结构的特征及相互作用

李丹勋[1]，钟　强[1]，陈启刚[2]，王兴奎[1]

（1. 清华大学水利水电工程系，北京 100084；2. 北京交通大学土木建筑工程
学院，北京 100044）

摘　要：明渠紊流中存在多尺度相干结构，对于泥沙等物质的输移具有重要影响。由于相干结构时空变化复杂，对其进行定量研究一直非常困难。近年来，得益于粒子图像测速技术（PIV）和本征正交分解技术（POD）的应用，对明渠紊流多尺度相干结构的基本特征及相互作用机制的研究取得了新的认识。本文概述了相关的研究进展，提出了明渠紊流相干结构的统一模型，最后讨论了本领域未来的研究方向。

关键词：明渠紊流；相干结构；横向涡；空间尺度

Characteristics of Multi-scale Coherent Structures and Their Interactions in Open Channel Flow

Danxun Li[1]，Qiang Zhong[1]，　Qigang Chen[2]，　Xingkui Wang[1]

（1. Department of Hydraulic Engineering, Tsinghua University，Beijing 100084；2. School of Civil Engineering, Beijing Jiaotong University，Beijing 100044）

Abstract: Coherent structures of various spatial scales have been identified in open channel flows. These multi-scale structures, while playing a notable role in sediment transport, are notoriously difficult to be quantified due to their fast evolution in both time and space. The application of

通信作者：李丹勋（1970—），E-mail：lidx@tsinghua.edu.cn。

new techniques in flow measurement (particle image velocimetry) and data analysis (proper orthogonal decomposition) has markedly furthered our understanding of the open channel coherent structures in terms of their characteristics and interactions. This article summarizes recent progress, puts forward a unified model, and lists key topics for future research.

Key Words: open channel turbulence; coherent structures; spanwise vortex; spatial scale

1 引言

紊流中存在不同尺度的有组织结构，一般将其统称为相干结构（coherent structures）。流体力学界对相干结构的定义却尚未取得完全一致（表 1）。

表 1 不同研究者对紊流相干结构的定义

研究者	定义
Townsend (1976)	相干结构是存在局部涡量分布且形式相对简单的一种流动模式
Hussain (1983)	相干结构是在其空间范围内涡量存在瞬时相位相关的紧密关联的流团
Robinson (1991)	相干结构是流场中有组织的运动区域，在该区域内至少有一个变量（如流速、密度、温度等）与其自身或其他变量在远大于流动最小尺度的时间及空间间隔内存在极大的相关性
Bernard 和 Wallace (2002)	相干结构是具有相当程度的有组织的、重复性的流体单元
Marusic 和 Adrian (2013)	涡结构是一种典型的相干结构，存在旋转运动，且其生存周期大于涡漩旋转一周的时间；一般相干结构不一定携带涡量，可能是有旋或无旋流动区域

虽然对相干结构的定义还无法达成统一，但一般认为相干结构具有如下特征。

（1）是一种可被理解/识别的基本流动结构，内部各点间的流动要素具有显著的相关性或组织性。

（2）发生过程具有典型的随机性，难以准确预测其出现的时空节点。

（3）在统计意义上，其形状和动力学参数具有一定的规律性。

（4）在演化过程中呈现出多尺度组合特征，随时均流动运移的距离远大于自身的特征尺度。

（5）在自然消亡或被人为破坏后，能够自发重新生成。

流体力学界普遍认为，相干结构主导了紊流的生成、维持及耗散等关键过程，并且与紊流的间歇性关系密切，因此研究相干结构的特征及其相互影响具有重要意义。

2 相干结构研究手段

由于自由水面的存在，明渠紊流的数值求解存在很大的局限性，因此研究明渠相干结构，很大程度上依赖试验观测与数据分析。

2.1 试验观测技术

早期多使用流动可视化技术，通过在流体中施放气泡、烟雾或染色剂等示踪物质来定性研究相干结构。高频率、高精度、全流场测速技术为定量研究相干结构提供了有力工具，而粒子图像测速技术（PIV）则是其中的典型代表。为更好地捕捉相干结构的时间演化过程，需要采用高频摄像机进行图像采集（性能良好的 CMOS 相机在百万像素分辨率下的帧频可达每秒 5000 帧以上）。目前，基于高功率连续激光光源的二维高频 PIV 已经得到普遍应用（Adrian and Westerweel, 2010; Willert, 2015）。由于明渠紊流具有明显的三维时变特征，因此研究相干结构最理想的测量技术为三维立体 PIV。目前已提出立体粒子图像测速(SPIV)、多平面粒子图像测速(MPPIV)、扫描平面粒子图像测速(SPPIV)、全息粒子图像测速(HPIV)和层析粒子图像测速(TPIV)等多种三维立体 PIV 实现途径（Westerweel et al., 2013; 陈启刚，2014）。第四届 PIV Challenge 的整体情况表明，立体 PIV 开发和应用已经成为流体力学的热点之一（Kaehler et al., 2016）。

2.2 数据分析技术

PIV 的测量结果是时空离散的流场数据，从这些数据中提取相干结构，需要使用合适的数据分析技术。经典的流场序列分析技术包括条件平均、锁相平均、相关分析、频谱分析和小波分析等，近年来，紊流相干结构研究中备受重视的是本征正交分解（POD）和涡识别技术。

POD 最早应用于统计学的主成分分析。用于分析粒子图像测速数据，POD 最大的特点是能根据紊流数据集的自身特性找到数据分解的"最优"正交基，即 POD 模态，并以少数几种模态来表征紊流的主要含能结构，给出模态与紊动能之间的关系。因此，POD 非常适合分析大尺度含能结构。对于明渠恒定均匀紊流而言，流场的前四阶模态均体现出大尺度相干结构特征（钟强，2014）。

涡漩是明渠水流中重要的相干结构，由涡量高度集中的涡核及涡核周围的环形或螺旋形诱导流场组成。识别涡漩的经典方法包括封闭或旋转流线法、局部高值涡量区法及模式匹配法等。近年来，基于临界点理论的局部分析法得到了更为广泛的应用。该方法以流场中速度梯度张量的特征量为指标，通过比较特征量的数值与给定阈值的大小来判断涡漩是否出现。目前，使用最普遍的特征量是表征涡漩旋转角速度的旋转强度 λ_{ci}。旋转强度法物理意义明确，能去除时均剪切的影响，非常适合在明渠紊流研究中使用（Chen et al., 2015）。对于不可压缩三维流速场，λ_{ci} 具有理论解（Chen et al., 2014a）。值得指出的是，从三维流场得到的旋转强度值要大于从该三维流场中任意切面二维流场的旋转强度值，因此应用三维和二维流场提取的涡漩结构并不一致，但二维涡漩的半径可作为三维涡管收敛半径的近似值（陈槐，2015）。

由于漩涡结构与时均流动的界限并不清晰，因此对涡漩的识别结果强烈依赖于阈值的选择。明渠紊流中，涡漩在垂向上存在较强的不均匀性，因此确定一个合理的阈值非常困难。为简化涡漩提取，研究中常对当地涡漩旋转强度进行归一化处理，从而可以在全流场中采用单一的固定阈值（Wu and Christensen, 2006）。在明渠紊流中，正向涡漩的数目要大于逆向涡漩的数目，为保证对等提取，建议对正、逆向涡分别进行无量纲化处理（Chen et al., 2014b，2014c）。

3　明渠相干结构基本特征

为表述方便，定义明渠紊流坐标系如下：x 轴正向沿平均流速方向称为纵向，y 轴垂直于床面向上称为垂向，z 轴平行于床面并垂直于 xy 平面称为横向，正向定义符合右手定则。

在床面附近，最早发现的相干结构是条带结构与猝发现象。条带结构的纵向平均长度约为 $1000\nu_*$ 左右（$\nu_*=\nu/u_*$，ν 为水的运动黏滞系数，u_* 为摩阻流速），在输移的过程中逐渐抬升并突然振荡破碎，形成喷射和清扫。由于条带结构与猝发现象主要受壁面控制，因此明渠紊流床面附近占主导地位的相干结构与其他壁面紊流相似。在主流区，明渠紊流中已发现了诸多相干现象，比如从黏性底层和缓冲区发展至外区的猝发、横向涡（Roussinova et al., 2010）和等动量区（Nezu and Sanjou, 2011）。在水面附近，明渠紊流中特殊的相干现象是泡漩，平均直径约为 $0.5h$（h 为水深），而平均间距为 $2h\sim 3h$。除泡漩外，在自由水面也发现了流速高低相间的成带现象，其宽度与水深同量级，长度可达 $10h\sim 20h$（Sukhodolov et al., 2011）。

图 1 按照流向尺度列出了明渠紊流中已观测到的相干现象（钟强，2014）。由图可知，明渠相干现象的尺度跨越了很大范围。以实验室中常见的中等雷诺数情况为例，最小的横向涡（xy 平面内的涡漩）的尺度在毫米量

级，最大尺度的水面高低速流带的流向长度能到米量级。若按尺度划分，一般把远小于水深、与 y_* 同尺度的相干结构定义为小尺度结构，而大于 2～3 倍水深的相干结构为超大尺度结构，位于中间的相干结构则定义为大尺度相干结构。

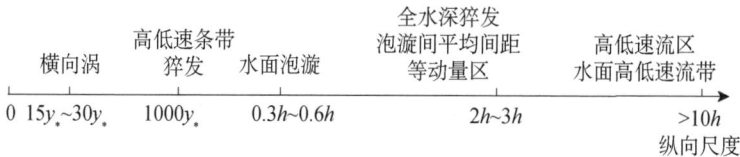

图1　明渠紊流中不同尺度的相干现象

目前，对明渠水流相干结构特征的研究远未取得统一认识，这里仅对几个方面的重要进展进行简述。

3.1　明渠紊流小尺度相干结构——横向涡

横向涡的数量与离床面的距离及水流雷诺数都密切相关（陈启刚，2014）。横向涡数量的最大值一般出现在对数区与过渡区的交界带；在相同的水深处，涡密度随雷诺数的增大而减小。由于明渠水流存在自由水面，外区的横向涡数量沿垂向的分布规律与其他壁面紊流有明显不同。自由水面会抑制涡结构的生长，使尺度较大的涡破碎为多个小尺度涡；另一方面，水面附近的剪切作用使水面具有壁面性质，也可能加快水面附近涡结构的生成。

横向涡的平均半径沿水深的变化规律比较复杂。在床面附近，先是呈现快速增大的趋势，然后基本维持不变，最后则缓慢减小，最大值出现在 $0.7h$ 附近。在相同高度，横向涡的平均尺寸随雷诺数的增加而增大。和其他壁面流动相比，明渠紊流横向涡尺寸的变化特征在床面附近基本一致，但在水面区呈现出明显不同，反映出自由水面对水流涡结构的影响。

顺向涡的强度显著大于逆向涡的强度。顺向涡的强度随高度单调减小，而逆向涡的强度则沿高度先增大后减小。在边界层流动及槽道流的外区，横向涡的平均强度随着雷诺数增加而增大（Herpin et al., 2010），但在明渠紊流中，横向涡强度与雷诺数的关联性目前尚未有定论。

横向涡的生成和演化呈现出随机性。根据强度和尺寸的改变趋势可将横向涡的演化划分为四个阶段，即初始阶段（强度与尺寸均增大）、拉伸阶段（强度增大但尺寸减小）、衰减早期（强度减小但尺寸增大）和衰减后期（强度和尺寸同时减小）。横向涡在流向上基本上随着平均流动一起运动，但涡的平均运动速度均小于当地的平均流速，这种特征与其他壁面紊流类似。在垂向上，横向涡的运动速度在整个水深范围均大于零，表明横向涡在生命周期内从床面不断向上抬升，其抬升速度在外区逐渐减小并在水面附近趋于零（陈启刚，2014）。

3.2   明渠紊流大尺度相干结构

明渠紊流中试验观测得到的大尺度结构主要有两类：一是等动量区，二是倾斜结构。

等动量区是瞬时流场中动量相近的流区。在明渠紊流中，纵向流速大小总体上按"上大下小"分布，等动量区也可按照其迁移速度从上到下分为数个层级。紊动作用会导致不同动量区水体的掺混和交换，等动量区的边界常呈现比较规则的倾斜线，而内部则具有较好的组织性。等动量区的纵向尺度与 h 同量级，其边缘线与床面呈一定的倾角。根据明渠紊流相干结构的尺度划分，等动量区是一种典型的大尺度相干现象。在其他壁面紊流中，等动量区一般被认为是发夹涡群的标志。发夹涡群由多个发夹涡组成，发夹涡的头部连线与床面的倾角为 $10° \sim 30°$（Adrian et al., 2000）。明渠紊流中的等动量区上游边缘线倾角与此吻合，因此可以初步推断，明渠紊流中的等动量区是发夹涡群的表现形式。

明渠紊动流场的 POD 二阶模态是大尺度结构的表现形式，呈现出明显的倾斜带。倾斜带两侧分别为大规模 Q4 事件和 Q2 事件，倾斜带附近流速小且无主导方向。倾斜带的实质是发夹涡群的头部，而倾斜带下方的 Q2 事件由发夹涡群的输运作用产生。因此，倾斜带的纵向尺度即是发夹涡群的特征尺度。由于 POD 模态反映的是统计平均形式，而发夹涡群出现位置具有随机性，因此得到的统计平均尺度会大于实际尺度。结合瞬时流场等动量区的分析，可以合理推断，明渠紊流中发夹涡群的实际尺度应该在为 $2h \sim 3h$。由于统计平均效果的影响，得到的倾斜带与床面夹角约为 $10°$，小于实际发夹涡头部连线与床面的倾角。

目前已有的试验证据表明，明渠紊流与其他类型壁面紊流类似，也存在着发夹涡群结构，而发夹涡群结构是产生等动量区与 POD 模态倾斜结构等大尺度相干现象背后的原因。

3.3　明渠紊流超大尺度相干结构

几何尺度大于 $3h$ 且常能达到 $10h$ 甚至更大的超大尺度结构是明渠紊流中最大的含能相干结构，也是外区的主导因素。由于明渠紊流中超大尺度结构难以观测，目前的定量研究结果多是二维、局部的，其中最重要的表现形式有 xy 平面内的大规模 Q2\Q4 事件和 xz 平面内的外区高低速流带。

大规模 Q2\Q4 事件是明渠紊流中较早发现的相干现象（Shvidchenko and Pender，2001），其主要特征是在脉动流场中出现大规模的 Q4 或 Q2 的流动，Q2 与 Q4 常交替出现。POD 一阶模态反映的就是大规模 Q2\Q4 事件。试验证据表明，交替出现的 Q2\Q4 事件的总纵向尺度可达 $20h$（Zhong et al.，2016）。有学者很早就提出用超大尺度流向涡模型来解释大规模 Q2\Q4 事件（Gulliver and Halverson，1987）。该模型认为明渠紊流中存在垂向和横向尺度与 h 同量级的超大尺度流向涡漩，流向涡沿横向并列，当 xy 测量平面位于其向上旋转一侧时，将观测到大规模 Q2 事件，当位于其向下旋转一侧时，将观测到大规模 Q4 事件。Q2 和 Q4 的强度与流向涡的相对位置有关：当恰位于两流向涡之间时，Q2 与 Q4 最强；当位于流向涡中部时，Q2 和 Q4 相对较弱。流向涡在 z 方向上的位置并不固定，当使用 PIV 对固定的 xy 平面进行测量时，将观察到 Q2 与 Q4 的交替变化。

野外河流及室内水槽中均观测到水面高低速流带的规则交替现象，这种高低速交替主要包含两个方面：一方面，在固定测量区域内，高低速随时间推移不断交替（Sukhodolov et al.，2011）。这种现象与 xy 平面的大规模 Q2\Q4 事件有直接对应关系：当 xy 平面出现大规模 Q2 事件时，低速流体被输运至水面，水面表现出低速流带，相反则表现出高速条流带；另一方面，高低速流带在 z 方向上呈现比较规则的排列（Tamburrino and Gulliver，1999），流带的横向宽度与水深同量级。最新的水槽试验证据表明，明渠紊流中水面附近的纵向脉动流速呈现正负相关带交替结构（Zhong et al.，2016）。

从统计意义上看，高速流带中的流体向流带中线聚拢，而低速流带流体从中线向两边分开。图 2 给出了水面附近高低速带流动情况示意图。在低速带中，水体由下向上运动，触及水面后向两边分开；在相邻的高速带中，水体向中线汇聚，同时向下运动。水面附近的流动形成了从低速带中心向高速带中心的流向旋转结构，与超大尺度流向涡模型一致，可以认为超大尺度流向涡诱发了外区流带。

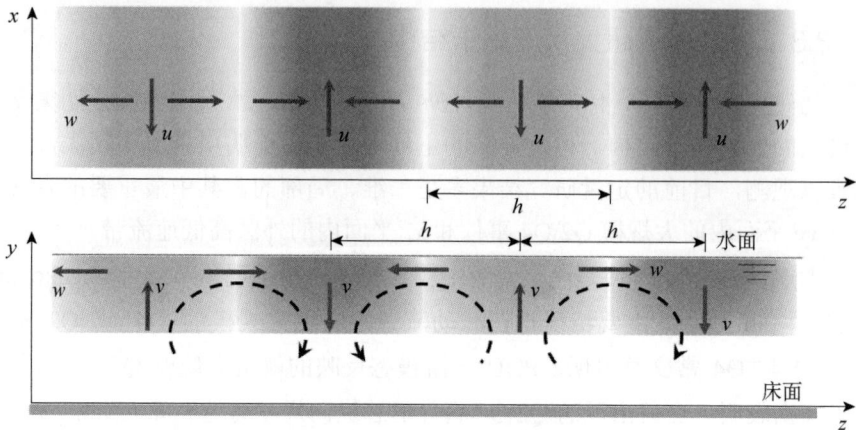

图2　xz平面条带结构示意图　（钟强，2014）

u、v、w分别表示流向脉动速度、垂向脉动速度、横向脉动速度

综合分析可以推断，大规模 Q2\Q4 事件与 xz 平面的外区流带是超大尺度结构的两种表现形式，而超大尺度流向涡是这些表现形式的内在原因。

4　不同尺度相干结构之间的相互作用

紊流不同尺度之间存在一定联系。经典理论认为，不同尺度结构的控制性因素不同，大尺度结构主要受外边界条件影响，而小尺度结构则主要受黏性控制。近年来，有学者认为紊流所有尺度的相干结构之间均存在密切联系，两者相互影响、相互依存（Adrian and Marusic，2012）。

基于明渠紊流相干结构的尺度划分，相干结构间的相互关系可以分为小尺度与大尺度、大尺度与超大尺度、超大尺度与小尺度之间的关系。小尺度与大尺度结构的实质是发夹涡和发夹涡群，在其他壁面紊流的研究中已经建立了比较完整的自生成机制来解释单个发夹涡生成发夹涡群的过程（Adrian and Marusic，2012）。发夹涡群在向下游迁移的过程中不断向上部流区发展，最终成为大尺度结构。可以合理推论，明渠紊流中大尺度与小尺度结构之间的关系也是自生成机制。

明渠紊流中，目前研究的关键点是超大尺度与大尺度、超大尺度与小尺度之间的相互作用机制。

4.1 大尺度与超大尺度结构之间的互反馈维持机制

大尺度与超大尺度结构之间存在互反馈维持机制（图 3）（Adrian and Marusic，2012）。发夹涡群的输运引起大规模 Q2 事件，并在其两侧诱导形成了一定强度的流向旋转，当流向旋转一旦形成，就会影响床面附近正在发展的其他发夹涡群，使其在向下游迁移的同时朝流向涡向上旋转的一侧运动，最终大量发夹涡群被流向旋转聚集至向上旋转一侧。发夹涡群引起的 Q2 事件反过来会加强流向旋转，维持超大尺度流向涡。

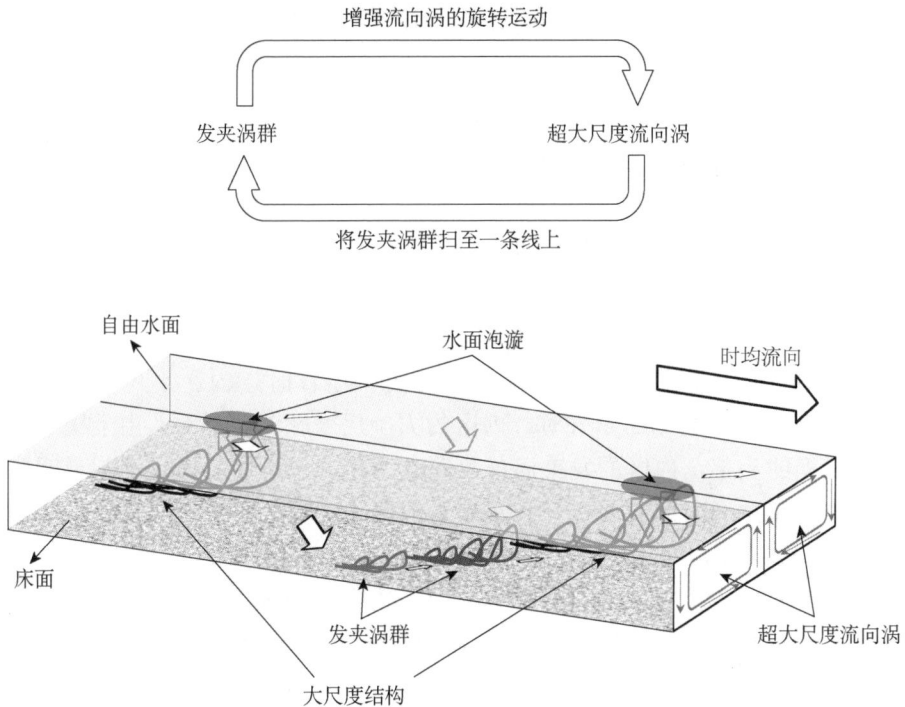

图3　超大尺度流向涡与大尺度发夹涡群的相互作用（钟强，2014）

这一互反馈维持机制可以很好地解释水面泡漩的特征。由于发夹涡群聚集在超大尺度流向涡向上一侧，顶托水面形成泡漩，而向上旋转会将下部低速流体输运至水面，形成低速流带，因此水面泡漩常出现在低速条带中。另外，发夹涡群的尺度大致在 $2h \sim 3h$，所以水面泡漩呈现出相近的间距。

由于水面引起的顺向涡与逆向涡的数量大致相当，而源自床面的逆向涡漩数量显著低于顺向涡，因此可用逆向涡对顺向涡的比值间接反映水面涡漩的贡献。数据表明，逆向涡的比例随 y/h 增大而增加，表明来自水面的涡漩出现在超大尺度流向涡向下旋转一侧的概率较大。这一结果也支持超大尺度流向涡与大尺度发夹涡群的互反馈维持机制。

4.2 超大尺度结构对小尺度结构的调制作用

壁面紊流中，较大尺度结构会对近壁面附近的小尺度结构产生调制作用（Mathis et al.，2009; Bernardini and Pirozzoli，2011; Ganapathisubramani et al.，2012）。Marusic 等(2010)根据振幅调制现象，在 *Science* 上发表了对数区较大尺度信号对壁面流动行为的调制模型，可以比较准确地预测壁面附近的能谱密度分布。

明渠紊流试验证据表明，对数区的超大尺度结构对内区的较小尺度结构存在振幅正调制，即对数区超大尺度脉动为正时，内区较小尺度结构的振幅偏大，当超大尺度脉动为负时，较小尺度结构的振幅偏小（钟强，2014）。对数区的超大尺度结构对缓冲区与黏性底层的较小尺度结构都产生了正调制，这一结果与在其他壁面紊流中的报道一致。由于振幅的调制作用，当对数区中超大尺度纵向脉动为正时，黏性底层和缓冲区的小尺度脉动就增强，相反，当超大尺度纵向脉动为负时，小尺度脉动减弱。结合超大尺度流向涡模型，即当出现大规模 Q4 事件时，内区小尺度脉动活跃；当出现大规模 Q2 事件时，内区的大小尺度脉动被抑制。由于横向涡是发夹涡的头部，内区的发夹涡与猝发密切相关，所以振幅正调制说明黏性底层与缓冲区内的发夹涡分布及猝发现象与对数区内的超大尺度结构相关（Zhong et al.，2014）。

发夹涡的生成与床面剪切有密切关系。当超大尺度结构为大规模 Q2 事件时，床面剪切弱于平均水平，此时床面纵向流速梯度较小，较难生成横向涡管；当出现大规模 Q4 事件时，床面剪切较平均水平强，床面附近纵向流速梯度较大，上部流体快于床面上的流体，经扰动后可生成横向涡管，进一步发展成发夹涡，引起条带-猝发等现象，导致床面附近的小尺度脉动活跃。图 4 建立的超大尺度流向涡—床面剪切—横向涡管—发夹涡机制为振幅调制提供了一种解释（钟强，2014）。

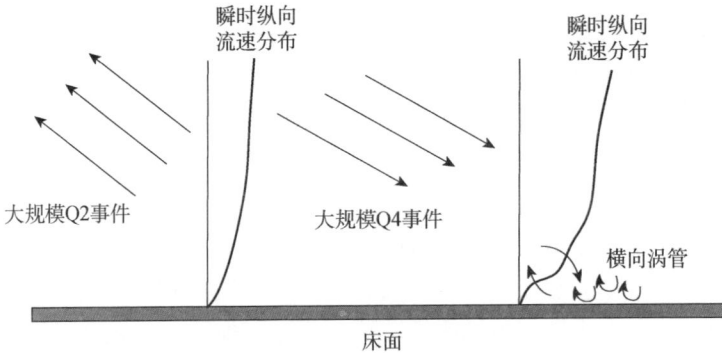

图4 超大尺度流向涡与床面剪切、涡管生成关系示意图

5 明渠紊流相干结构统一模型

钟强（2014）通过明渠紊流的试验研究，给出了大尺度流向涡与全水深猝发存在密切关系的证据，揭示了其产生维持的机制。在前人研究的基础上，将已知的相干现象组织入一个合理的有机整体中，提出了明渠紊流相干结构的统一模型（图5）。

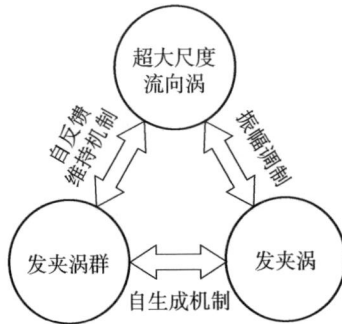

图5 明渠紊流相干结构统一模型（钟强，2014）

在统一模型中，发夹涡是小尺度相干结构的核心。床面附近的小尺度相干现象，如条带和猝发等，可以看做是发夹涡的在不同切面、不同时刻的表现形式。

发夹涡群是明渠紊流大尺度相干结构的核心。根据自生成机制，单个发夹涡能够在其上游和两侧诱发新的发夹涡，在缓冲区附近形成发夹涡群，并继续向上部流区发展至外区。发夹涡群的输运作用引起从床面到外区的 Q2 事件，即全水深猝发现象；发夹涡群发展至水面时，Q2 事件顶托水面形成泡漩。

明渠紊流中的超大尺度相干结构为流向涡。超大尺度流向涡与发夹涡群之间通过互反馈维持机制生成并维持，图 6 是二者之间的组织示意图（U 为时均流向）。发夹涡群输运水体至水面，受到水面抑制向两侧分开，底部流体在连续性作用下流向发夹涡群进行补充，因此在其两侧形成流向旋转；流向旋转将附近正在发展的发夹涡群逐渐聚集至大规模 Q2 事件一侧，发夹涡群的聚集进一步加强了超大尺度流向涡。发夹涡群被互反馈维持机制聚集在向上旋转一侧，顶托水面形成水面泡漩，与发夹涡群的纵向尺度一致。超大尺度流向涡的向上旋转将下部的低速流体输运至外区，形成外区低速流带，水面泡漩主要集中在低速流带中。类似地，向下旋转一侧形成外区高速流带。当宽深比较大时，位于水槽中部的超大尺度流向涡能够左右摆动弯曲，位置并不固定，因此在平均流场中流向旋转消失。在边壁附近，流向涡的位置比较固定，左右移动范围不大，在平均流场中保留了流向旋转，出现二次流现象。当固定某一 xy 观测窗口时，超大尺度流向涡的不同位置不断穿过观测窗口，在窗口中表现出大规模 Q2\Q4 事件交替。

超大尺度流向涡对小尺度的发夹涡具有调制作用，而明渠紊流自由水面的存在对调制作用产生不可忽视的影响。

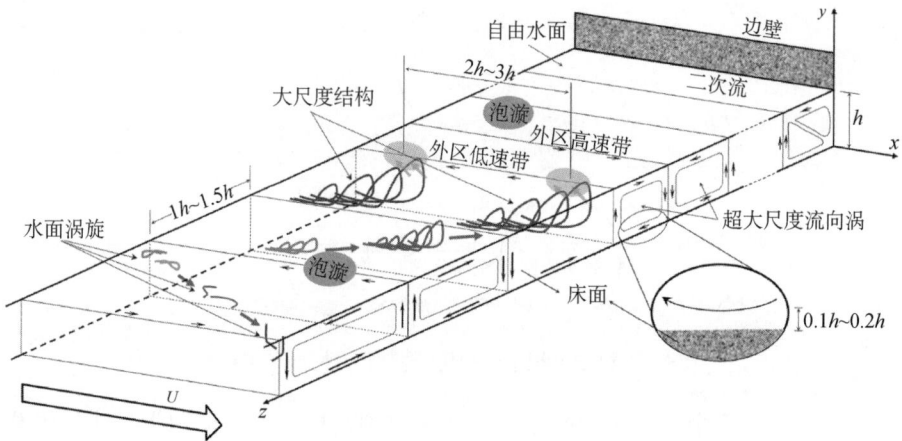

图6　明渠紊流超大尺度与大尺度结构（钟强，2014）

6　研究展望

明渠紊流相干结构研究目前仍处于快速发展阶段。已取得的成果多以二维测量为主，特别是集中在 xy 平面，而且试验研究主要针对中等雷诺数。由于相干结构具有典型的三维特性，因此依据二维平面信息去推测三维运动特征，存在一定的局限性。

明渠紊流相干结构研究需要突破的工作如下：

（1）高雷诺数条件下相干结构研究。在水利工程实际中遇到的明渠紊流一般雷诺数都比较大，而目前的试验研究成果多集中在中等雷诺数，并不清楚能否直接推广到高雷诺数的情况。随着技术条件的进步，需要在高雷诺数中对目前的基本认识进行进一步研究，这也是其他领域相干结构研究面临的共性问题。

（2）自由水面影响紊流结构的机制研究。自由水面是明渠紊流区别于其他壁面紊流的标志，明渠紊流相干结构受水面的影响是显而易见，但对于其影响机制，目前的认识多是定性的。需要进一步研究不同条件下水面附近紊流的特征，探索不同雷诺数、不同水深下水面所起作用的变化，揭示自由水面与紊流相干结构的关联机制。

（3）明渠超大尺度流向涡的演化机理研究。已有的证据表明，超大尺度相干结构存在于所有典型壁面紊流中，虽然超大尺度流向涡在明渠紊流的存在性已得到确认，但对其具生成、发展及衰亡的机制需要进一步研究。

（4）不同尺度相干结构之间的反馈机理研究。目前对超大尺度、大尺度和小尺度相干结构之间关联关系的研究大多还是定性的，对具体过程、机制启动的阈值等重要问题尚未讨论，需要开展相应研究。

（5）明渠相干结构与泥沙运动之间的关系研究。泥沙运动力学已经证实了推移质输移与相干结构之间存在密切关系，但已有的成果多建立在"现象"之上，对相干结构影响推移质输移的机理研究尚待深入。

（6）三维 PIV 系统的开发与应用。只有通过三维测量才有希望真正深入认识相干结构的本质，目前已有的三维系统的测量频率、精度和空间范围等都远不能满足要求。随着激光及图像摄取技术的进步，三维 PIV 发展迅速，有望带来明渠紊流相干结构研究的突破。

参考文献

陈槐. 2015. 封闭槽道紊流相干结构研究，北京：清华大学博士学位论文.
陈启刚. 2014. 基于高频 PIV 的明渠湍流涡结构研究，北京：清华大学博士学位论文.
钟强. 2014. 明渠紊流不同尺度相干结构实验研究，北京：清华大学博士学位论文.
Adrian R J, Marusic I. 2012. Coherent structures in flow over hydraulic engineering surfaces.

Journal of Hydraulic Research，50(5): 451-464.

Adrian R J，Meinhart C D，Tomkins C D. 2000. Vortex organization in the outer region of the turbulent boundary layer. Journal of Fluid Mechanics，422: 1-54.

Adrian R J，Westerweel J. 2010. Particle image velocimetry. New York: Cambridge University Press.

Bernard P S，Wallace J M. 2002. Turbulent Flow: Analysis，Measurement，and Prediction. Hoboken: John Wiley & Sons，Inc.

Bernardini M，Pirozzoli S. 2011. Inner/outer layer interactions in turbulent boundary layers: a refined measure for the large-scale amplitude modulation mechanism. Physics of Fluids (1994-present)，23(6): 61701

Chen H，Adrian R J，Zhong Q，et al. 2014a. Analytic solutions for three dimensional swirling strength in compressible and incompressible flows. Physics of Fluids，2014，26(8)，DOI: 10.1063/1.4893343.

Chen Q G，Adrian R J，Zhong Q，et al. 2014b. Experimental study on the role of spanwise vorticity and vortex filaments in the outer region of open channel flow. Journal of Hydraulic Research，52(4): 476-489.

Chen Q G，Zhong Q，Wang X K，et al. 2014c. An improved swirling-strength criterion for identifying spanwise vortices in wall turbulence. Journal of Turbulence，15(2): 71-87.

Chen Q G，Zhong Q，Qi M L，et al. 2015. Comparison of vortex identification criteria for planar velocity fields in wall turbulence.Physics of Fluids，27: 085101.

Ganapathisubramani B，Hutchins N，Monty J P，et al. 2012. Amplitude and frequency modulation in wall turbulence. Journal of Fluid Mechanics，712: 61-91.

Gulliver J S，Halverson M J. 1987. Measurements of large streamwise vortices in an open-channel flow. Water Resources Research，23(1): 115-123.

Herpin S，Stanislas M，Soria J. 2010. The organization of near-wall turbulence: a comparison between boundary layer SPIV data and channel flow DNS data. Journal of Turbulence，11(47): 397-419.

Hussain A K M F. 1983. Coherent structures–reality and myth. Physics of Fluids，26(10): 2816-2850.

Kaehler C J，Astarita T，Vlachos P P，et al. 2016. Main results of the 4th International PIV Challenge. Experiments in Fluids，57: 97. doi:10.1007/s00348-016-2173-1.

Marusic I，Adrian R J. 2013. The Eddies and Scales of Wall Turbulence // Ten Chapters in Turbulence. New York: Cambridge University Press.

Marusic I，Mathis R，Hutchins N. 2010. Predictive Model for Wall-Bounded Turbulent Flow. Science，329(5988): 193-196.

Mathis R，Hutchins N，Marusic I. 2009. Large-scale amplitude modulation of the small-scale structures in turbulent boundary layers. Journal of Fluid Mechanics，628: 311-337.

Nezu I，Sanjou M. 2011. PIV and PTV measurements in hydro-sciences with focus on turbulent open-channel flows. Journal of Hydro-environment Research，5(4): 215-230.

Robinson S. K. 1991. Coherent motions in the turbulent boundary layer. Annual Review of Fluid Mechanics，23(1): 601-639.

Roussinova V，Shinneeb A M，Balachandar R. 2010. Investigation of Fluid Structures in a Smooth Open-Channel Flow Using Proper Orthogonal Decomposition. Journal of Hydraulic Engineering-ASCE，136(3): 143-154.

Shvidchenko A B，Pender G. 2001. Large flow structures in a turbulent open channel flow. Journal of Hydraulic Research，39(1): 109-111.

Sukhodolov A N，Nikora V I，Katolikov V M. 2011. Flow dynamics in alluvial channels: the legacy of Kirill V. Grishanin. Journal of Hydraulic Research，49(3): 285-292.

Tamburrino A，Gulliver J S. 1999. Large flow structures in a turbulent open channel flow. Journal of Hydraulic Research，37(3): 363-380.

Townsend A A. 1976. The Structure of Turbulent Shear Flow.New York: Cambridge University Press.

Westerweel J，Elsinga G E，Adrian R J. 2013. Particle image velocimetry for complex and turbulent flows，Annual Review of Fluid Mechanics，45: 409-436.

Willert C E. 2015. High-speed particle image velocimetry for the efficient measurement of turbulence statistics. Experiments in Fluids，56:17/ doi 10/1007/s003348-014-1892-4.

Wu Y，Christensen K T. 2006. Population trends of spanwise vortices in wall turbulence. Journal of Fluid Mechanics，568: 55-76.

Zhong Q，Li D X，Chen Q G，et al. 2014. Coherent structures and their interactions in smooth open channel flow. Environmental Fluid Mechenics，15 (3) : 653-672.

Zhong Q，Chen Q G，Wang H，et al. 2016. Statistical analysis of turbulent super-streamwisevortices based on observations of streaky structures near the free surface in the smooth open channel flow. Water Resources Research，52(5): 3563-3578.

高坝泄洪水力学及消能特性

许唯临

（四川大学水力学与山区河流开发保护国家重点实验室，成都 610065）

摘　要：本文对我国近年来高坝水力学的理论、方法和技术研究及其在工程中的应用进行了综述。将该领域的发展趋势归纳为深度、广度和高度三个方向，即理论研究从宏观尺度向细观尺度深化，研究范围从坝区向流域拓展，新技术研发向进一步突出原创性和系统性。通过回顾与展望，总结了我国高坝水力学所取得的成就及目前面临的挑战。

关键词：高坝水力学；理论；技术；进展；趋势；细观水力学

High Dam Hydraulics and Energy Dissipation

Weilin Xu

(State Key Laboratory of Hydraulics and Mountain River Engineering ,Sichuan University, Chengdu　610065)

Abstract: This paper reviews the theories，methods and technologies in the area of high dam hydraulics and their applications to practical engineering problems in recent years in China. The development trends in this field are summarized as the depth，breadth and height，namely: theoretical research from macro scale to meso scale deepening，research scope from the dam to the river basin and research and development of new technologies，with the originality and system upgrade being highlighted. Finally，it summarizes the national achievements in hydraulic dam and challenges currently faced by the researchers.

Key Words: high dam hydraulics; theory; technology; advances; trends; meso scale hydraulics

通信作者：许唯临（1963—），E-mail：xuwl@scu.edu.cn。

1 引言

水力学是研究水的平衡和运动规律及其应用的一门科学（吴持恭，2008）。18 世纪，在经典力学的框架下，水力学的理论体系开始形成。20 世纪初，随着科学实验水平的迅速提高，水力学的作用开始得到充分发挥。水力学具有明显的双重属性，一方面它是流体力学的一个分支；另一方面又是水利工程下的一个子学科。高坝水力学是在基于水力学理论和方法解决高坝工程中高速水流问题的过程中形成的，主要研究高坝泄洪消能、空化与空蚀、流激振动、水工水气二相流及近年来迅速兴起的泄洪雾化和水力学数值模拟等（杨永全等，2003）。

近 20 多年来，在我国的高坝工程快速发展的背景下，高坝水力学呈现出前所未有的发展态势，无论理论方法、研究手段还是工程新技术的研发都取得了显著的进展，为高坝工程的建设和运行提供了有力的支撑。本文力求尽可能系统地对近年来高坝水力学的发展加以回顾，对其趋势加以分析，并找出目前面临的主要挑战。

2 泄洪安全的理论与方法研究

2.1 消能防冲研究从传统的总流理论发展到流场理论

高坝泄洪消能防冲研究是建立在水力学的基础之上（Bradley and Peterka，1957；Rouse et al.，1959）。后者作为流体力学的一个分支，虽然有 N-S 方程为核心的严密理论体系，但由于强非线性的 N-S 方程除了极个别的简单流动外无法理论求解，因此在计算机技术普及之前，为了解决实际问题，水力学在很大程度上是总流方程（积分方程）与经验系数相结合的产物。以此为基础的高速水流理论体系可以称之为总流理论，主要提供流量、水深及断面平均的变量值（Rajaratnam，1965；Sarma and Newhan，1973）。

随着计算机技术的发展，流场模拟在水力学中逐步兴起，同时以 PIV 为代表的现代流场测量技术开始取代传统的测量方法，这使水力学能够获得各种变量的复杂时空分布，并以此为基础揭示出以往无法获得的详细流场特征、内在消能机制及水流优化路径等（图 1、图 2），由此形成了以变量场为主要特征的高速水流的流场理论。对于高速水流的能量耗散，总流理论只能以沿程水头损失或者过流体型的局部水头损失来加以描述，因而经常在消能与防止空化空蚀之间顾此失彼；而由流场理论可知，高速水流的能量耗散主要归因于水流剪切，通过控制剪切强度及剪切区的位置和范围，可以使消能与防止空化空蚀同时得到兼顾。

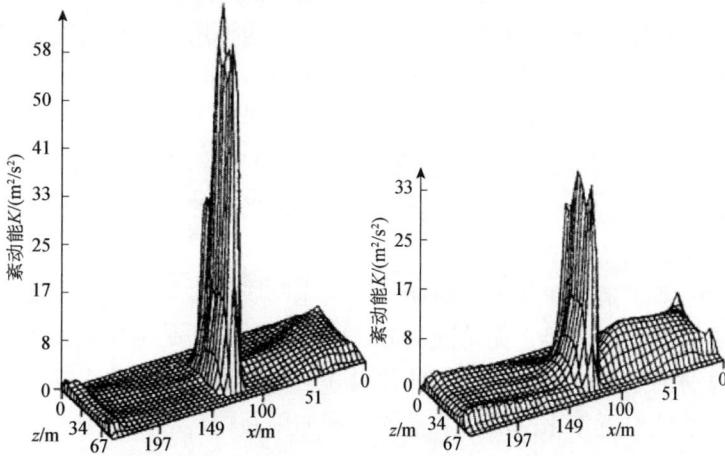

图1　水垫塘内的紊动能分布（Xu et al.，2002）

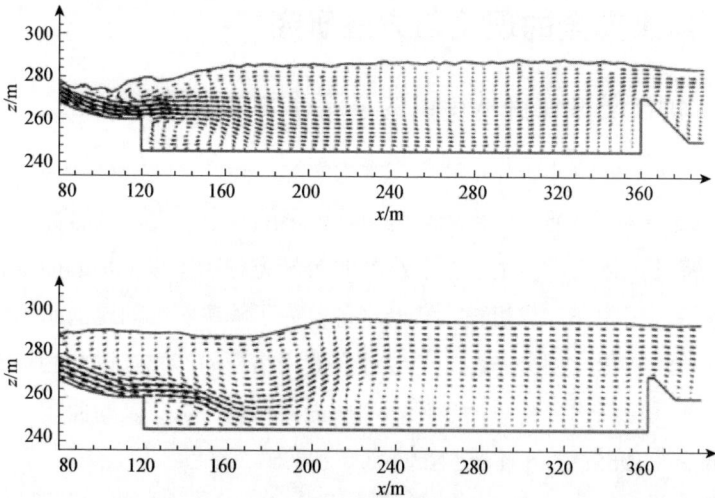

图2　消力池内的速度矢量场（Deng et al.，2008）

2.2 空化、空蚀与掺气减蚀研究从传统的宏观尺度深入到细观尺度

空化与空蚀归根结底是空泡的形成、发展和溃灭过程（黄继汤，1991），空泡动力学是研究空化与空蚀的基础。虽然仍有诸多问题需要进一步的深入研究，但从整体上讲，空泡动力学至少对于单一空泡的运动（包括空泡与固体表面的相互作用）已研究得比较成熟。然而，就高坝工程中的空化空蚀问题而言，设计和研究人员主要关心的是某种过流体型在一定的水流条件下是否会发生空化空蚀，即工程特定条件下发生空化空蚀的临界条件，以及如何避免空蚀破坏的发生（倪汉根和刘亚坤，2011）。因此，像水流空化数和初生空化数这样的总流参数再次成为被关注的焦点之一。通过水流空化数和初生空化数进行预判，继而通过详细的压力测量和减压箱试验加以论证和优化，成为研究高坝工程空化空蚀问题的主要方式。

这种方式的弱点之一是忽视了细观机制，从而影响到减蚀方案的制订。为此，研究人员开始从细观尺度（介于宏观与微观之间的空泡、气泡、水滴、小涡团尺度）对空化空蚀和减蚀问题进行研究（图3、图4）。例如，关于掺气减蚀的机理，以往有多达十种以上的解释，且都缺乏直接的实验证据。而细观研究则清楚地表明，空气泡对空化泡溃灭作用的影响随着二者的距离远近而表现为三种方式：当二者距离较远时，空气泡可以阻挡空化泡产生的冲击波；当二者距离较近时，空气泡可以改变空化泡的溃灭方向；当二者距离很近时会贯通合并为含气型空泡，从而溃灭强度大大降低。因此，传统的掺气浓度并非决定减蚀效果的唯一指标，空气泡的个数比气液体积比更为重要。

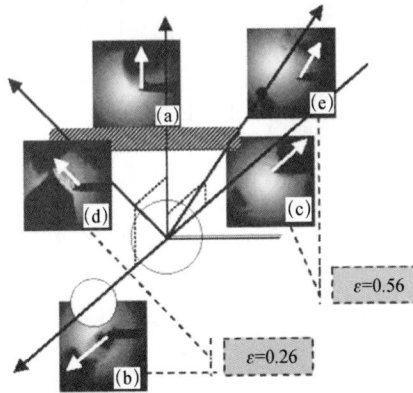

图3 空化泡、空气泡、壁面的相互作用（Xu et al., 2010）

$\varepsilon = r / R$，ε 为无量纲空气泡半径；r 为初始空气泡半径；R 为最大气泡半径

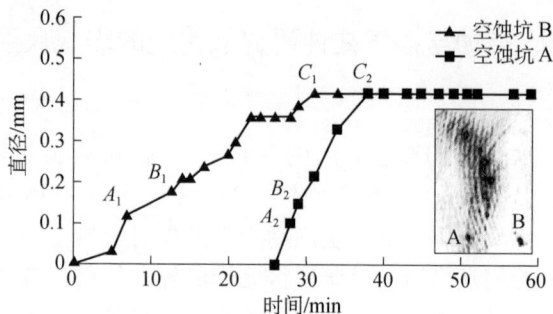

图4　超声空化场中空蚀坑的发展（Bai et al.，2009）

2.3　流激振动研究从单纯的破坏防治发展到过流结构的实时检测

就高坝水力学而言，传统的流激振动研究主要旨在避免高速水流过流结构的损伤破坏，尤其是闸墩、导墙、闸门等相对薄弱的部位和轻型结构。我国学者在模拟方法与实验模拟材料方面取得了显著的创新性成果，提升了流激振动的模拟预测水平，研究成果得到了广泛的应用，为我国高坝工程流激振动破坏的防治提供了有力的支持（崔广涛等，1999；张建伟等，2009）。

在传统的流激振动研究基础上，研究人员发现高速水流的脉动压力可以作为激励源，通过对结构响应的分析，可以判断出结构是否存在损伤破坏，由此形成了一套结构损伤检测的新方法，为过流结构的无损检测和实时监测探索出了一条新途径（图5）。

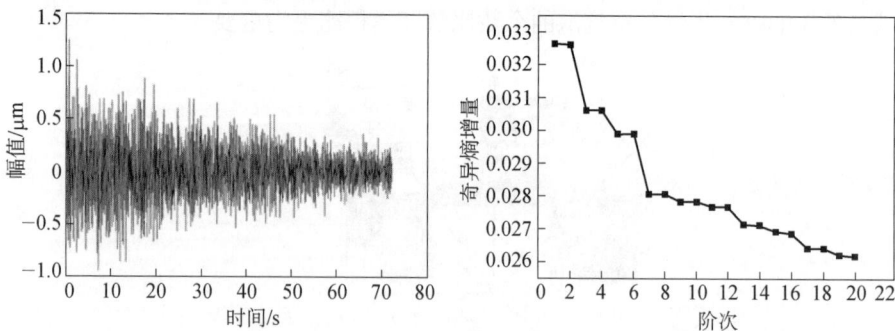

图5　水电站厂房结构模态参数识别（练继建等，2008）

以往的流激振动研究主要集中在工程本身，特别是过流建筑物。近年来，由于工程问题的需要，流激振动的研究范围已经扩大到坝区以外的周边区域。当工程周边存在相距很近的生产和生活聚居区时，以前习以为常的居部区域振动问题便凸显出来。为此，研究人员从振源、传播途径、响应规律和减振措施等方面进行了专项研究，结果表明，通过优化泄洪运行方式进行源头控制、辅之以适当的房屋减振措施是解决此类问题的合理有效途径。相关成果可供今后解决同类问题参考借鉴，也为今后的坝址选择增加了一项新的约束条件。

2.4 泄洪雾化预测形成了模拟计算、模型试验和原观资料分析相结合的研究体系

从 20 世纪 80 年代开始，泄洪雾化问题得到了设计和科研人员的普遍重视。最早的泄洪雾化预测主要是基于有限的原型观测结果和抛物运动分析。随着研究工作的不断深入，形成了三种方法并举的雾化预测体系，即模拟计算、模型试验和原观资料对比分析（图6、图7）。

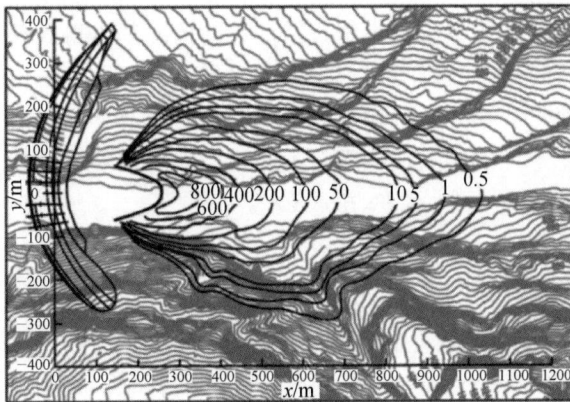

图6 泄洪降雨量分布的计算结果（刘之平等，2014）

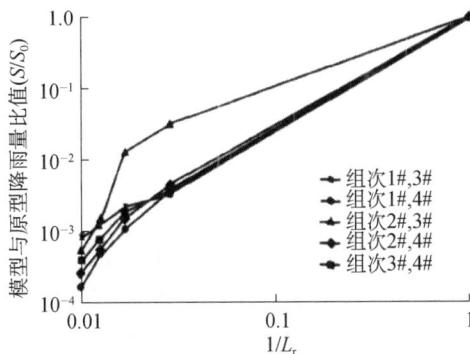

图7 泄洪雾化模型比尺L_r与降雨量的关系（周辉等，2009）

影响泄洪雾化的因素十分复杂，除了水流条件外，河谷地形、河谷风等均对雾化降雨有着明显的影响。即使水流本身，不仅其空中扩散和入水激溅直接决定雾化降雨强度及其分布，而且其形成的水舌风也影响水滴的空中运动。这些影响给泄洪雾化的模拟计算造成了很大的困难，近年来，研究人员不断将各种新方法引入到泄洪雾化的模拟计算中，使预测水平不断地提高（张华等，2003；柳海涛等，2009）。同时，模型试验也受到缩尺效应的影响，通常认为溅水区的试验结果相对可靠，而水雾扩散区的试验结果尚仅能供设计参考。原型观测资料的可靠性毋庸置疑，但其主要问题在于各个工程的具体条件千差万别，因此这些资料主要用于类似工程的粗略估测及为数值模拟和模型试验提供验证。为了更加深入地了解泄洪雾化的规律，研究人员将视线扩大到雾化水滴谱、水舌空中扩散和入水激溅过程中水滴的形成和运动规律，借助现代实验技术手段，取得了一些初步的结果。

随着泄洪雾化问题得到广泛的关注，最初不时发生的泄洪雾化破坏厂房、变电站等设施，严重影响工程正常运行的情况基本得到杜绝。目前，泄洪雾化的最大威胁在于其影响边坡稳定。对于这一问题，理论和方法研究还有待于进一步深化。在正确预测泄洪雾化降雨强度及其分布的基础上，合理评价其对边坡稳定性的影响，从而合理确定边坡防护的范围和方式，将有助于进一步提高防护安全性、降低防护成本。

2.5 水气二相流的界面作用机制和高速气流运动得到更多的重视

水工水气二相流的研究首先要解决两个问题：一是如何通过掺气减免空蚀破坏；二是阐明高速水流掺气后对水力特性的影响，如增加水深、减轻冲刷等。目前，准确预测掺气导致的水力特性变化还不够成熟，在设计强迫掺气减蚀设施时还无法与水面自掺气综合考虑，加之模型试验相似性和缩尺效应、掺气浓度和掺气水流流速测量等问题，使水工水气二相流研究尚不能很好地满足工程需要。

水气界面作用机制是水气二相流研究中的关键环节。关于水气掺混的形成机理，最早有表面波破碎理论、紊流边界层理论和紊动强度理论等。我国吴持恭教授从涡团运动出发，建立了一套明渠自掺气水流计算方法体系。现代试验技术水平的提高使得深入观察水气界面的细观作用机制更加方便。实验表明，紊动作用与黏滞性作用的对比决定着水滴的分离，水面变形决定着气泡向水中的卷入（图8）。如何从界面作用的细观机制出发，进一步完善水气二相流计算方法是需要继续研究的一项重要内容。

近年来，高坝建设的工程实践使得通气孔高速气流问题变得比以往更加突出。泄洪洞内气中含水区的运动规律、通气量的预测以及通气孔风速的控制等都还有待进一步研究。

图8 自掺气水流的气泡掺入过程（张法星等，2010）

2.6 数值模拟成为与理论分析、模型试验和原型观测互补的重要研究方法

计算流体力学是随着计算机技术的发展而迅速发展起来的，而高坝水力学的数值计算又比其他许多学科相对有所滞后。早期的计算水力学模型相对简单，基本上不包含水流的紊动参数。20 世纪 80 年代末期，紊流模型开始被引入高坝水力学中，并逐渐成为高速水流数值模拟的主流（金忠青，1989；许唯临，2010）。

高坝水力学中的紊流模拟因其复杂及非恒定的边界条件、强烈的水汽掺混等因素而显得难度较大。经过 20 多年的努力，数值模拟已经逐渐被工程设计人员普遍接受，成为与理论分析、模型试验和原型观测互补的一种新的主要研究方法（图 9）。目前，包括挑流、底流和有压流在内的各种泄洪方式，以及坝身、泄洪洞和溢洪道等各种泄水建筑物中的水流都可以获得基本合理的紊流数值模拟结果。我国学者在该领域的贡献大致可以归纳为两个方面：一是发挥数值模拟的优势，揭示出许多以往了解不多的水流内部规律和流动细节；二是针对高坝水力学问题的特点，提出了新的模拟方法。可以预见，随着数值模拟水平的迅速提高，它将在高坝水力学研究和高坝工程实践中发挥出越来越大的作用。

综上所述，高坝水力学一方面从传统的以总流理论与方法为主发展到以流场理论与方法为主；另一方面从宏观尺度向细观尺度深化。沿着这种发展方向，高坝水力学的理论和方法研究可望整体上升到一个新的台阶。

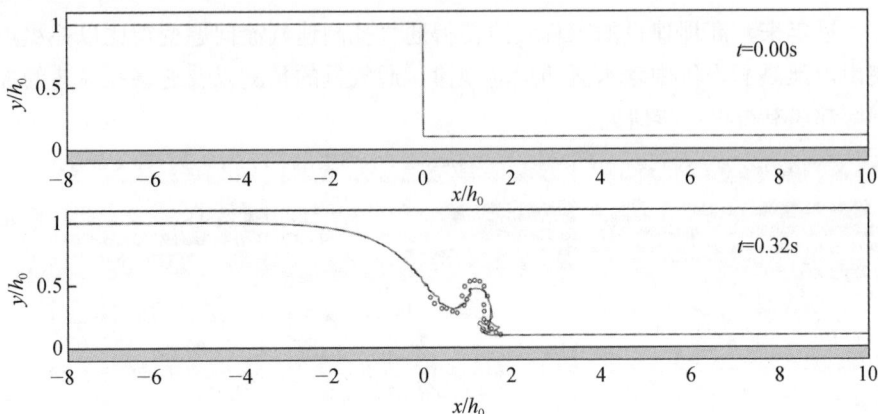

图9　数值水槽中的溃坝水流及其与实验值的比较（Lin and Xu，2006）

h_0表示坝上游初始水深

3　泄洪安全的新技术研发与工程实践

3.1　泄洪安全技术的发展有力地保证了泄洪安全性和水力学指标不断提高

我国高坝工程具有坝高、流量大、河谷狭窄、地质条件复杂等特点。在过去的短短 20 多年的时间里，许多指标不断提高，水头、单宽流量、泄洪功率等反映泄洪难度的主要指标均达到前所未有的世界最高水平，这对泄洪安全技术提出了很高的要求。

挑流依然是高坝泄洪方式的首选。事实上，除了少数工程外，坝高 100m 以上的工程基本均采用了挑流方式。但是，这并不意味着我国在泄洪安全技术上没有明显进展，恰恰相反，在包括挑流在内的各种泄洪方式上，我国的高坝工程在坝高从 100m 上升到 200m 和进一步上升到 300m 的过程中，都伴随着泄洪安全技术的不断发展和丰富（刘沛清，1999）。就挑流而言，这种发展和丰富在高拱坝坝身泄洪方面表现得尤为显著。传统的拱坝挑流泄洪方式的主要特征是坝身单层孔口、坝后河床无衬护，但是这种传统布置方式在高水头、大流量和狭窄河谷面前显得难以适应。首先，狭窄河谷中高水头、大流量的高坝工程，考虑到岸边泄洪洞的运行监测和建设成本等因素，坝身需要承担较大的泄洪流量份额，单层孔口难以满足要求；其次，泄洪功率很高且十分集中，对坝后河床威胁巨大。然而，若增加坝身泄洪孔口，如何解决空间不足和泄洪功率巨大的问题，二滩水电站创造性地开辟出坝身双层孔口水流空中对撞加坝后人工衬护水垫塘的泄洪方式，成为大流量高拱坝泄洪技术发展的一个里程碑（肖富仁，1986）。此后，我国的一批类似工程都沿用了这种方式，并一直持续到 305m 高的当今世界最高拱坝——锦屏拱坝建设之前。锦屏一级水电站由于坝后岸坡地质条件的原因，希望尽可能控制泄洪雾化强度，而水流空中对撞将增加雾化强度。经过科研和设计人员的共同努力，锦屏拱坝最终采用了表、深孔水流无碰撞、分级分散入水的泄洪方式，通过水流侧向收缩（李福田等，2003）、纵向扩散（图 10），不仅使水流得以在空中有限的溢流宽度内相互穿插，而且对水垫塘底板的冲击荷载甚至可以低于空中对撞方式（李乃稳等，2008）。

底流泄洪方式以往主要用于中低水头工程，与挑流方式构成高低互补的泄洪方式体系。但是这种互补关系在向家坝水电站被打破了。向家坝水电站由于环境因素无法采用挑流泄洪，而其坝高达 160m，若采用底流方式，消力池内的临底流速最高将超过 40m/s，威胁消力池的安全。为此，科研和设计人员突破传统的泄洪消能技术框架，提出了一种介于面流和底流之间的全新的泄洪方式，即所谓水平淹没射流方式（又称跌坎底流方式）（图 11），其主要特征是高速水流以水平淹没射流的方式在水面和底板中间进入消力池，并在整个消力池内始终保持主流远离底板和水面，既有很高的消能率，消力池临底流速也被控制在最高 10 多米/秒以内（Deng et al.，2008；Chen et al.，2010）。向家坝水电站的运行实践表明，水平淹没射流的应用是成功的，它为无法采用挑流方式的高坝工程开辟出了一条新的泄洪途经。

图10　锦屏一级水电站坝身泄洪　　　　图11　向家坝水电站坝身泄洪

在封闭空间内设置消能设施对高速水流进行消能的内流消能泄洪方式可进一步分为两种类型，即有压内流方式和无压内流方式，通常分别对应有压

和无压泄洪隧洞。小浪底工程率先在我国大型工程中采用有压内流消能技术，它在其泄洪洞的有压段设置了三级消能孔板。运行实践表明，只要合理选择孔板的型式和尺寸，即使发生空化，也不会导致空蚀破坏。继小浪底之后，又先后建设了沙牌竖井旋流无压泄洪洞、公伯峡水平旋流无压泄洪洞。总体而言，在泄洪洞内消能是一种生态环境友好的泄洪消能方式，但应高度重视可能引起的空化空蚀问题，应将消能与防蚀有机结合。近年出现的设置环形掺气减蚀设施的旋流竖井，乃至双涡室旋流竖井，以及洞塞式和渐缩突扩式有压消能方式都是基于这一思路。

除上述的挑流、底流（若将所谓跌坎底流也归入此类的话，采用"潜流"一词似更为贴切）、内流方式外，还有其他一些泄洪消能方式，其中最具代表性的当属阶梯溢流（Karthleen and Alan，1988；Rajaratnam，1990；Chanson，1994）。传统的阶梯溢流由于消能率和空化空蚀的原因，一般用于最大 $50m^2/s$ 左右的较小单宽流量条件。近些年，研究人员通过在阶梯段的前端设置掺气减蚀设施，从而为加大阶梯高度、提高消能率提供安全保障，已经可以使多级阶梯溢流的单宽流量成倍提高。

由上述发展过程中可知，分级是解决高坝工程泄洪消能及其与空蚀防治和环境友好之关系的有效途径。

3.2 在应对各种工程难题的挑战中进一步提高技术研发与应用水平

由于我国高坝工程的整体特点和具体工程的特殊情况，高坝工程泄洪安全不断面对新的挑战。高坝泄洪安全问题的难度不仅来自于水头、流量、泄洪功率等工程参数的不断提高，也来自于地质和地形条件、环境要求及工程的功能性要求等诸多方面。除了前面述及的控制泄洪雾化、减轻泄洪振动等问题外，这方面的实例还包括：瀑布沟水电站溢洪道和锦屏一级水电站泄洪洞出口后的消能空间限制了传统挑流鼻坎型式的采用，翻卷式溢洪道出口挑坎和燕尾形泄洪洞出口挑坎新型式均是应对这一挑战的结果；地形条件还会使泄水建筑物出口的布置数目受到限制，导流洞、泄洪洞、放空洞"三洞合一"的布置方式便是在这一背景下出现的；此外，电站尾水区的水位波动限制、通航建筑物进出口区的流速要求等也都增加了泄洪布置的难度。由于这些难题常与工程指标的不断提高相伴而出，因此其难度往往进一步增加。实践表明，我国对这些挑战的应对总体上是非常成功的。

3.3 实时监测与检测技术的进步使工程的安全运行得到更有效的掌控

传统的高坝泄洪监测主要是对流速、压力、掺气浓度、水流噪声等水力学指标的采集和分析，无法直接监测过流结构的安全状态。我国研究人员提出的以泄洪水流作为激励源的结构损伤识别方法实现了过流结构损伤实时监测与安全检测，使得泄流结构的监测与检测技术上升到一个新台阶。这一技术在"5·12"汶川特大地震后的工程损伤检测评估中也发挥了重要的作用。

传感器是泄水工程原型监测中的关键因素。在相关领域技术发展的带动下，水流监测传感器的水平也不断提高。研究人员关注的焦点之一是空蚀破坏的实时监测，提出了基于光纤法的新型传感器，有助于使空化空蚀监测从空化噪声监测拓展到空蚀破坏监测。

3.4 原型观测资料的积累为工程运行管理和新工程建设提供了可靠依据

从目前已有的原型观测结果来看，原型工程的泄洪参数与设计阶段的预期效果基本相符。水流形态、流速、压力和流激振动的观测结果与模型试验整体符合较好，但由于原型中的测点布置密度一般较为稀疏，加之水流的强烈脉动，所以二者的对比还有进一步深化研究的空间。掺气浓度、空化空蚀和泄洪雾化由于众所周知的缩尺效应问题而使二者的符合程度相对较差，其中掺气浓度观测手段的可靠性还有待不断验证，空化空蚀观测方法和观测内容需要在已有的噪声观测的基础上进一步丰富，泄洪雾化预测结果与原型观测资料的一致性正在不断提高。总体而言，原型观测资料的积累为工程运行管理和新工程建设提供了可靠的依据。

随着我国高坝工程大量投入运行，原型观测资料越来越丰富，如何很好地发挥出这些宝贵资料的重要作用，还需要在管理机制、共享模式乃至数据库建设等方面不断加以完善。诸如模型试验的相似性和缩尺效应问题，以及数值模拟的可靠性问题等都必须有充分的原型观测资料支撑，才能较好地加以解决。同时，随着现代信息技术的发展，泄水建筑物的远程实时监测水平还应进一步提高，现代化的技术手段需要更多地被引入到泄洪原型观测中。

3.5 环境问题在泄洪安全新技术研发和工程实践中越来越受到重视

回顾我国的高坝工程建设，生态环境问题越来越受到高度重视。就高坝泄洪而言，生态环境问题主要表现在泄洪掺气对下游河道内水流溶解气体饱和度的影响、高坝大库水温分层条件下泄洪对下游水体水温的影响、泄洪雾化导致的局部降水对坝后两岸边坡稳定性的影响、高速水流强烈脉动诱发周边区域振动问题及通气孔超高风速造成的噪声污染问题等。

我国学者在高坝泄洪对下游水体水温和溶解气体饱和度的影响研究中取得了显著的进展。在水库水温分层规律与模拟技术、梯级库群条件下水温的全程预测、水中溶解气体饱和度与鱼类气泡病的关系等问题上所取得的进展尤为突出（图 12、图 13）。相关成果在高坝工程中正在发挥越来越大的作用。泄洪方式与下游溶解气体饱和度的关系和下泄水流的水温调控方法等是需要进一步更好地加以解决的问题。

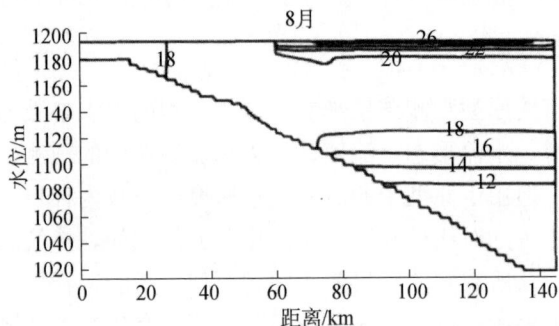

图12　二滩与锦屏一级联合运行时库区水温分布（邓云等，2008）

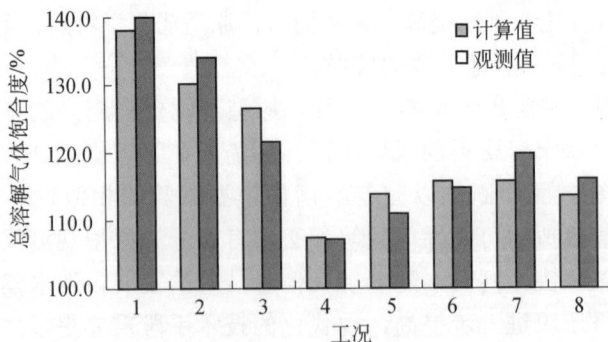

图13　总溶解气体饱和度预测（李然等，2009）

泄洪雾化对坝后边坡稳定性的影响及水流脉动诱发振动问题已在前面论及，此处不再赘述。通气孔高速气流引起的强烈噪声问题已经逐渐引起科研和设计人员的重视，但目前主要还是从工程安全的角度加以研究，基本上没有更多地考虑噪声污染问题。这方面的研究还有待丰富，以避免又一次出现科学研究严重滞后于工程需求的被动局面。

4 发展趋势

4.1 理论研究从宏观尺度向细观尺度全面深化

从宏观尺度向细观尺度深化是高坝水力学机理研究的必然要求，现代实验技术水平的提高使这种深化更为可行。除了空化空蚀与掺气减蚀研究已经从传统的宏观尺度深入到细观尺度外，目前对于泄洪消能中的涡团运动、掺气水流的气泡卷入、泄洪雾化中的水滴扩散等均正在向细观尺度全面深化，"细观水力学"正在形成。

4.2 技术研发更加突出原创性和系统性

伴随着我国的高坝建设规模和水平的提高，逐渐涌现出一批具有原创性的泄洪安全新技术（童显武，2000；林秉南，2001；李桂芬，2008）。自早期最具代表性的宽尾墩技术（林秉南等，2001）以后，泄洪方式已经从传统的挑流—底流—面流—溢流（阶梯消能）技术体系发展到目前的挑流（包括拱坝双层孔口水流空中碰撞或无碰撞挑流）—底流—淹没射流—内流（包括有压流或无压流）—溢流（包括大单宽流量阶梯消能）新的技术体系，传统的单级消能已发展到覆盖多种泄洪方式的多级消能。可以预见，未来泄洪安全新技术的原创性和系统性将进一步不断提高。

4.3 研究范围正在从坝区向更大范围拓展

传统的高坝水力学研究范围主要集中在坝区，具体的讲是集中在泄洪建筑物上。随着时代的发展，高坝水力学的研究范围明显开始拓展。周边区域振动问题使高坝水力学从坝区走入周边聚居区，梯级库群连锁溃决问题更是使高坝水力学走向整个流域。这种拓展向高坝水力学提出了更多的新挑战，同时也提供了更多的发展机遇。

4.4 工程理念从传统的主要注重工程安全转变为工程安全与环境友好并重

工程安全始终是高坝工程中的首要问题，即使从环境安全的角度而言，工程安全也是最大的环境安全问题。但是这并不意味着工程安全问题与环境安全问题的对立，至少二者在很大程度上是可以兼顾的。事实上，正是基于这样的基本认识，当代的工程理念正从传统的主要注重工程安全向工程安全与环境友好并重转变，这一趋势已经在科学研究和工程设计中越来越多地体现出来。

4.5 现代科学技术成果的应用将极大地提升水力学研究和实践水平

水力学是一门传统科学，现代技术的引入使水力学不断焕发出新的活力。计算机和数值模拟技术的发展使水力学预测手段更加丰富、预测效率大为提高；材料科学的发展提高了水力学实验模拟的水平；测量手段的丰富提高了水力学的测试技术水平；信息技术的发展也将促进工程监测水平的提升。如何更多地发挥现代科学技术的作用是相关科研、设计、建设和管理人员不断思考的问题。

5 目前面临的主要挑战

5.1 机理研究常常滞后于工程问题

由于各个工程的具体情况千差万别，使工程建设和运行中的新问题层出不穷。对于工程中出现的许多新问题，理论研究至少在两方面常表现出明显的不足：一是对新问题缺乏预见性，导致在问题面前被动应对；二是对新问题常不能及时阐明其详细的机理，致使在解决问题的过程中存在盲目性。由此可见在高坝水力学研究中进一步加强机理研究的巨大空间。

5.2 新技术研发常常滞后于工程需求

与其他领域中的普遍情况一样，高坝水力学新技术通常是在工程需求的推动下出现的，这无疑是符合科学研究规律的。但问题在于有关的新技术研发常缺乏足够的举一反三的效果，许多新技术局限于解决眼前问题，缺乏系统性，未能充分发挥技术的主动引领作用。解决这一问题的根本途径在于不断提高新技术的原创性和系统性，在此基础上不断丰富技术储备。

5.3 测量方法与设备尚不能很好地满足科研和设计的需要

测试手段始终是制约水力学发展的重要问题，即使在科学技术高度发达的今天，水力学测量方法与设备仍不能很好地满足科研和设计的需要。最突出的实例包括高浓度掺气水流的流速测量、细观尺度的流场测量、三维空间的流场同步测量等。欲解决这些问题，还需要水力学和相关领域的研究人员共同努力。

5.4 原型观测与运行监测水平有待进一步提高

尽管水力学原型观测水平不断提高，但与工程需求相比，与当代科学技术总体发展水平相比，乃至与高坝工程施工过程监测相比，水力学的原型观测与运行监测水平都还有待进一步提高。这一问题突出表现在以下方面：一是观测布点少，不能全面反映水流参数的变化特征；二是数据处理慢，数据分析明显滞后；三是监测内容不够丰富，对于空蚀破坏等尚未实现有效的实时监测；四是对观测结果的研究和共享不足，尚未充分发挥原观资料的宝贵作用；五是缺乏远程监测。因此，原型观测与运行监测问题还需要科研和设计人员进一步加以高度重视。

6 结语

回顾高坝水力学近年来的发展过程可以看到，我国高坝工程规模的不断加大和技术指标的不断提升，极大地推动了该领域理论研究和技术研发水平的提高。反过来，高坝水力学的发展也为工程实践提供了有力的保障。总体而言，该领域的发展趋势可以归纳为深度、广度和高度三个方向，即：理论研究从宏观尺度向细观尺度深化；研究范围从坝区向流域拓展；新技术研发向进一步突出原创性和系统性提升。目前的高坝水力学正面临着前所未有的挑战和机遇。

参考文献

崔广涛, 练继建, 彭新民, 等. 1999. 水流动力荷载与流固相互作用. 北京：中国水利水电出版社.

邓云, 李嘉, 李克锋, 等. 2008. 梯级电站水温累积影响研究. 水科学进展, 19(2): 273-279.

黄继汤. 1991. 空化与空蚀的原理及应用. 北京：清华大学出版社.

金忠青. 1989. N-S 方程的数值解和紊流模型. 南京：河海大学出版社.

李福田, 刘沛清, 许唯临, 等. 2003. 高拱坝表孔宽尾墩跌流水舌运动特性研究. 水利水电技术, 34(9): 23-25.

李桂芬. 2008. 水工水力学研究进展与展望. 中国水利水电科学研究院学报, 6(3): 183-190.

李乃稳, 许唯临, 周茂林, 等. 2008. 高拱坝坝身表孔和深孔水流无碰撞泄洪消能试验研究. 水利学报, 39(8): 927-933.

李然, 李嘉, 李克锋, 等. 2009. 高坝工程总溶解气体过饱和预测研究. 中国科学 E 辑, 39(12): 2001-2006.

练继建, 李火坤, 张建伟. 2008. 基于奇异熵定阶降噪的水工结构振动模态 ERA 识别方法. 中国科学 E 缉, 38(9): 1398-1413.

林秉南. 2001. 我国高速水流消能技术的发展//林秉南论文集, 北京：中国水利水电出版社.

林秉南, 龚振赢, 刘树坤. 2001. 收缩式消能工和宽尾墩//林秉南论文集, 北京：中国水利水电出版社.

刘沛清. 1999. 高拱坝泄洪布置形式与消能防冲设计中的若干问题探讨. 长江科学院院报, 16(5): 17-21.

刘之平, 柳海涛, 孙双科. 2014. 大型水电站泄洪雾化计算分析.水力发电学报, 33(2): 111-115.

柳海涛, 刘之平, 孙双科. 2009. 水舌入水喷溅的随机数学模型. 水利水电科技进展, 29(6): 1-4.

倪汉根, 刘亚坤. 2011. 水工建筑物的空化与空蚀. 大连：大连理工大学出版社.

童显武. 2000. 高水头泄水建筑物收缩式消能工. 北京：中国农业科技出版社.

吴持恭. 2008. 水力学（第 4 版）. 北京：高等教育出版社.

肖富仁. 1986. 二滩水电站枢纽布置与泄洪消能. 水电站设计, (1): 74-86.

许唯临, 杨永全, 邓军. 2010. 水力学数学模型. 北京：科学出版社.

杨永全, 汝树勋, 张道成, 等. 2003. 工程水力学. 北京：中国环境科学出版社.

张法星, 许唯临, 朱雅琴. 2010. 明渠自掺气水流气泡形成过程的试验研究. 水利学报, 41(3): 343-347.

张华, 练继建, 李会平. 2003. 挑流水舌的水滴随机喷溅数学模型. 水利学报, (8): 21-25.

张建伟，练继建，王海军. 2009. 水工结构泄流激励动力学反问题研究进展. 水利学报，
  40(11): 1326-1332.

周辉，吴时强，陈惠玲. 2009. 泄洪雾化降雨模型相似性探讨. 水科学进展，20(1): 58-62.

Bai L X，Xu W L，Zhang F X，et al. 2009. Cavitation characteristics of pit structure in ultra-
  sonic field. Science in China Series E，52(7): 1974-1980.

Bradley J N，Peterka A J. 1957. The hydraulic design of stilling basins. Journal of the Hydrau-
  lics Divisions，ASCE, 83(5): 1-32.

Chanson H. 1994. Hydraulics of skimming flows over stepped channels and spillways. Journal of
  Hydraulic Research，32(3): 445-460.

Chen J G，Zhang J M，Xu W L，et al. 2010. Numerical simulation of the energy dissipation
  characteristics in stilling basin of multi-horizontal submerged jets. Journal of
  Hydrodynamics，22(5): 732-741.

Deng J，Xu W L，Zhang J M，et al. 2008. A new type of plunge pool-Multi-horizontal sub-
  merged jets. Science in China Series E，51(12): 2128-2141.

Karthleen L H，Alan T R. 1988. Energy dissipation characteristics of a stepped spillway for a
  RCC dam. Proceeding of international Symposium on Hydraulics for High dams: 91-98.

Lin P Z，Xu W L. 2006. NEWFLUME: a numerical water flume for two-dimensional turbulent-
  free surface flows. Journal of Hydraulic Research，44(1): 79-93.

Rajaratnam N. 1965. The hydraulic jump as a wall jet. Journal of Hydraulic Engineering,
  ASCE，91(5): 107-132.

Rajaratnam N. 1990. Skimming flow in stepped spillway. Journal of Hydraulic Engineering,
  116(4): 587-591.

Rouse H，Siao T，Nagaratnam S，1959. Turbulence characteristics of the hydraulic jump.
  Transactions of the ASCE，124: 926-950.

Sarma K V N，Newhan D A. 1973. Surface profiles of hydraulic jump for Froude numbers less
  than four. Water Power，25(4): 139-142.

Xu W L，Liao H S，Yang Y Q，et al. 2002. Turbulent flowand energy dissipation in plunge
  pool of high arch dam. Journal of Hydraulic Research，40(4): 471-476.

Xu W L，Bai L X，Zhang F X. 2010. Interaction of a cavitation bubble and an air bubble with a
  rigid boundary. Journal of Hydrodynamics，22(4): 503-512.

长距离输水渠道自动控制技术研究进展

陈文学，　崔　巍，　穆祥鹏

（中国水利水电科学研究院水力学研究所，北京，100038）

摘　要： 长距离明渠输水系统具有强非线性、强扰动、强耦合和大滞后等特点，研究长距离输水渠道的自动控制技术对实现实时适量供水目标，保障输水工程的安全运行具有十分重要的意义。本文分析了明渠输水水力控制难题，总结了近年来国内外在明渠控制建模、控制算法、控制参数整定和冰期运行控制等方面的研究成果，提出了今后一段时期该领域的发展方向。

关键词： 明渠输水工程；自动控制；控制算法；参数整定；冰期运行控制

Progress in the Study on Automatic Control of Long Distance Water Transfer Canals

Wenxue Chen , Wei Cui , Xiangpeng Mu

(Department of Hydraulics, China Institute of Water Resource and Hydropower Research, Beijing 100038)

Abstract: The long distance water transfer systems have the characteristics of strong non-linearity, strong disturbance, strong coupling and long delay. Thus it is important to investigate the automatic control technology of long distance water transfer system in order to realize the aim of real-time water supply, which has a very important significance to ensure the safe operation of water diversion project.This paper analyzes the water channel hydraulic control problems

通信作者：陈文学（1965—），E-mail：iahr 2008@qq.com。

and reviews the worldwide research results in channel control modeling, control algorithm, parameter tuning and operation control of the ice periods. Finally, it puts forward the development direction of this field in the future.

Key Words: open channel water transfer project; automatic control; control algorithm; parameter tuning; operation and control during frozen period

1 引言

跨流域调水工程是实现水资源优化配置，保障社会、经济可持续发展和改善生态环境的重要举措。据不完全统计，国外约有 40 个国家建成了规模不等的大中型调水工程约 350 多项。到 2002 年，国外调水工程总调水量在 5971.7 亿 m³/a 以上，约占世界河川总径流量的 1.4%。主要集中在五大调水强国，即加拿大、印度、巴基斯坦、俄罗斯和美国。五国调水量总和占世界调水总量的 80%以上。

我国水资源时空分布极度不均，在我国 600 多个城市中，目前有 400 多个城市供水不足，其中严重缺水的城市有 110 个，城市年缺水总量达 60 亿 m³。为了保障社会经济的可持续发展，从 20 世纪 70 年代起，我国陆续兴建了引碧入连（大连）、引滦入津（天津）、北溪引水（北溪）、引黄济青（青岛）、引松入长（长春）、引大入秦、引黄入晋、东深供水、新疆引额济乌、大伙房、南水北调中线和东线工程等一大批调水工程，其中已建的跨流域调水工程达到 31 座，供水比例高达 20%。

从水力控制角度看，长距离输水渠道属于多约束、多输入、多输出系统，具有强非线性、强扰动、大滞后和渠池间强烈耦合等特点，对于高纬度地区的输水渠道而言，还存在冰期运行控制问题，因此，研究长距离输水工程的水力特性，提出科学的运行控制技术，是保障长距离输水系统适时、适量、安全、高效运行的关键。本文简要阐述长距离输水渠道水力瞬变特性，综述国内外在长距离输水渠道水力控制技术方面取得的进展。

2 长距离输水渠道水力控制难题

明渠输水系统的水力控制需要在满足各类运行约束条件下，应对一系列控制难题（陈文学等，2009），采用合适的控制策略，实现适时适量的输水需求。明渠输水系统的主要运行约束条件包括：①将水位维持在设定的上下界限之间，以防渠堤漫溢；②控制渠道的水位变化速度，以避免渠道衬砌的破坏。美国垦务局允许混凝土衬砌渠道的水位下降速率是每小时不超过 0.15m，每24h 不超过 0.3m；水位上升速率不超过 0.15m/h，在渠道充水过程中，渠道内水位上升速度不超过 0.45m/h（Buyalski et al.，1991）；③将闸门的开启速度和变幅限制在一定范围之内，减少闸门的频繁操作，以避免节制闸的损坏；④优化泵站机组的运行方式，以减少能耗和维护费用，适应维护计划等。

长距离输水渠道的控制难度大，具体体现在如下几个方面：

（1）强非线性。描述明渠非恒定水流运动的圣维南方程组是双曲型非线性偏微分方程组，渠道上的闸门、分水口、堰等结构的水力关系也都是非线性的。强非线性对渠道控制模型的构建、堰流孔流分界点计算等提出了难题。非线性还对控制参数的鲁棒性提出了更高的要求，即在不同运行工况下，控制系统均具有很好的稳定性和控制精度。

（2）强扰动。渠道运行过程存在各种来自系统内外的已知和未知的扰动，如分水口流量变化、闸门启闭、风浪、局部暴雨、操作失误等，使渠道控制指标偏离目标值，渠内流量水位波动，影响系统的稳定性和分水计划的实现，严重时可能会影响输水系统的运行安全。闸门控制算法作为渠道运行控制系统的核心部分，应能够快速有效应对各种扰动对渠道系统的影响，在满足金属结构和机电设备控制要求的前提下，尽量降低操作成本。

（3）强耦合。明渠内水流流速相对较低，通常在 1m/s 左右，节制闸和分水闸操作引起的扰动波向闸门上下游传播。单个闸门的操作，会引发相邻多个渠池内水位和流量的变化；多闸门操作引起的扰动波相互叠加，使输水系统的水力响应特性变得十分复杂。此外，渠池间的这种耦合作用会增加控制参数的整定难度，并可能恶化控制系统的控制性能。耦合作用还会带来不必要的闸门操作，引发水面持续波动，使控制系统长时间难以稳定，增加渠道运行维护成本。在某些工况下，耦合作用甚至会引发水位误差逐渠池放大，水面发生持续振荡，导致堤岸破坏事故，严重影响工程的安全运行。

（4）大滞后。明渠输水系统中扰动波波速较低，一般不超过 10m/s，水流惯性大，水力滞后严重。以南水北调中线工程为例，其干渠长约 1270km，若采用自流方式，水从丹江口水库到达北京需两周左右，下游响应滞后于上游变化，供给严重滞后于需求，实现适时适量的供水目标难度非常大。

（5）冰期输水难题。高纬度地区渠道在冬季运行过程中，通常采用冰盖下输水方式，利用冰盖的隔热作用，避免冰盖下冰凌的产生。冰盖在生、消过程中，冰凌易在弯道和过水建筑物前拥堵，影响水流下泄，甚至存在漫溢决口的危险（李根生等，2006）。流凌撞击、冻胀作用等会引起渠道和过水建筑物的破坏。冰盖的阻力影响会使渠道的过流能力大大降低，若渠道的输水流量超过了渠道冰期的输水能力，可能引发冰塞、冰坝等灾害。因此，确定明渠冬季输水过程中的输水能力，研究冰期输水的运行控制措施，保证冰盖的稳定和冰盖的就地消融是明渠冰盖下安全输水的关键。

3　明渠自动控制研究概述

国外渠系自动技术的研究始于 20 世纪 30 年代，由法国 Neyrpic 公司研制出一系列的水力自动闸门和自动化装备开始。其研制的水力自动闸门（Avis/Avio 闸门）许多仍在运行中。二战之后，国外进一步发展了利用电气控制的渠系自动化控制设备，充分利用了电气讯号传输速度快的特点，提出了一些新的控制方式，并发展了相应的数学模拟技术，如美国垦务局开发的Little-Man Golvin 控制器等。20 世纪 60 年代后，随着科学技术的飞速发展，尤其是通信、电子技术的飞跃及计算机技术的广泛应用，提出了一些渠系控制算法，并编写了相应的软件程序，并开发建设中央自动监控的灌溉系统，其中比较著名的有法国的普洛旺斯灌区、美国的加利福尼亚输水道工程等。有些渠系的控制工程已做到无人看管，达到了很高的现代化管理水平。一些专业的渠系自动化监控系统，如美国的 SacMan、澳大利亚的 TCC（Total Channel Control）、法国的 SIC（Simulation of Irrigation Canals）等正在朝商业化应用发展。

国内输水渠道自动化技术的研究与应用较为滞后。自 20 世纪 70 年代起，一些灌区开始装备水力自动闸门，在湖南、湖北、广东的部分灌区得到实验应用。随着大量调水工程的兴建，先进的信息化监控技术得以应用。如引滦入津工程于 2002 年开始管理信息系统的建设，引黄济青工程于 2003 年实现了部分计算机监控，景泰川调水工程于 2005 年完成了调水工程的信息化建设，北疆调水工程于 2000 年实现了信息化管理，2014 年建成通水的南水北调中线、东线工程采用了以闸前常水位运行方式为主的集散式自动控制技术。整体看来，国内调水工程的自动化更多体现在硬件水平和办公信息化方面，多数还未引入渠系控制算法，距离真正意义的渠道运行控制自动化还有相当一段距离。

4 明渠系统控制建模

渠道系统控制模型是分析其控制与响应特性、设计控制算法的基础。自20 世纪 30 年代起，国外学者基于明渠非恒定流数学模型，应用数值分析方法、自动控制原理、计算机控制技术等，开发出多种渠道运行控制模型。然而受建模方法、模型精度、应用成本等因素影响，目前只有少数控制模型应用于工程实践。国内在该领域的研究相对滞后，随着引黄济青、南水北调中线等调水工程的兴建，虽然加强了科研投入，但主要是跟踪国外已有研究成果，取得的原创性成果还较少。

渠道控制建模主要采用两类方法：一类是机理分析法，以圣维南方程组为基础，通过线性化、离散化、拉氏变化等数学处理，导出控制模型；另一类是试验建模方法，也称为系统辨识，利用模拟仿真、模型试验或原型观测数据，构建黑箱灰箱控制模型。Malaterre（1998）曾对已有的渠道运行控制模型进行了全面的总结，包括圣维南方程组反演模型、线性圣维南方程组模型、无限阶线性传递函数模型、有限阶非线性模型、有限阶线性状态空间模型等。经过十余年的发展，随着科技水平的进步和渠道运行控制需求的更新，许多模型得到了改进，呈现出新的特点和发展方向。根据采用的建模方法与模型的特点，可以分为非线性圣维南方程组模型、线性圣维南方程组模型、简化圣维南方程组模型和基于辨识的黑箱灰箱模型等。

非线性圣维南方程组模型具有完整保留渠道水流非线性特性的优点，在各类控制模型中精度最高，主要用于反演计算和开环控制，20 世纪中后期应用于部分实际工程，该类模型的应用推广有赖于非线性控制理论的进一步完善。

线性圣维南方程组模型的主要代表是状态空间模型，在工作点附件具有较高的精度，其控制特性参数可用于简化圣维南方程组模型的设计与校验。该类模型多以整个渠道为建模单元，所建模型为多输入多输出结构，这同渠道自身的变量关系是一致的。该类模型的优势还体现在它能从整体上分析渠道的控制特性，处理渠池间的耦合关系，并且在理论上能够实现最优化求解。

简化圣维南方程组模型是当前的研究热点之一，也是各类控制模型中接近工程应用的一类。该类模型以渠池为单元进行分布式建模，具有结构简单、物理概念明确、计算存储量小的优点，但模型精度相对较低。该类模型适合应用于 PID（比例-积分-微分）类控制算法开发，构建工业控制领域流行的集散控制系统，因而具备良好的工程应用前景。目前其代表性的 ID（积分时滞）模型已应用于美国 WM 渠道、盐河，荷兰 Meuse 河，印度 Narmada 渠道等工程的控制系统研究。

随着近年来系统辨识技术的进步，渠道黑箱灰箱模型的研究也逐渐增多。目前采用辨识技术得到的渠道运行控制模型已能达到与非恒定流模型相当的精度，而且模型的结构较为简单，方便在线辨识，较其他类模型更适用于自适应控制。不过该类模型还未得到广泛应用，一方面是因为系统辨识的成本较高，辨识过程也较为复杂；另一方面是因为黑箱灰箱模型的物理概念不明确，难以分析系统内部的控制特性，不便于复杂控制系统的开发。将黑箱灰箱建模技术与基于圣维南方程组的模型相结合，应用系统辨识技术于圣维南方程组模型参数的识别与整定，甚至实现在线更新和自适应控制，可能是今后的发展方向。

各类渠道运行控制模型的发展，除了保持自身特点的基础上继续完善外，还会呈现相互借鉴，甚至融合的趋势。如一些非线性模型中加入线性近似处理，以提高模型的适用性；一些状态空间模型能够通过设定模型矩阵中特定位置元素的值，实现集中控制模型与分布控制模型间的转换，提高控制方案的灵活性；一些简化圣维南方程组模型的参数通过系统辨识技术得到，提高模型的精度与鲁棒性。随着线性、非线性控制理论的日臻完善与发展，计算机软硬件水平的进一步提高，将有越来越多的渠道运行控制模型应用到实际工程中。

5 渠道控制算法

渠道的控制算法是根据输入水位、闸门开度等可测量或预估的参数，按照一定的规则进行逻辑和数值运算处理，并产生闸门运动等输出的过程。典型的控制算法可表示为一系列的数学方程，通过计算机来完成。渠道控制算法的研究已有数十年历史，根据这些算法使用的控制技术，可分为单变量启发式控制、PID 控制、预测控制、模糊控制、非线性模型反解控制、最优控制、鲁棒控制等类别。进入 21 世纪，渠道控制算法的研究进展主要集中在 PI（比例-积分）控制、预测控制、鲁棒控制和最优控制。

PID 类算法属于经典反馈控制算法，具有结构简单、稳定性好、工作可靠、调整方便等优点，在各种算法中应用最广。近年来随着渠道规模不断增大，对控制性能的要求越来越高，传统的 PID 类控制算法需要加入前馈、解耦、滤波等环节。针对大型渠道系统的集中式 PID 控制研究开始增多，但其

复杂的建模和计算过程使许多学者更青睐对分布式 PID 控制算法的改进上
（Clemmens and Schuurmans，2004）。

Cui 等（2013）针对闸前常水位运行方式特点，提出了"主动蓄量补偿
前馈控制+PI 串级反馈控制+解耦"的控制技术。前馈控制环节根据已知的分
水计划和水位变化速率约束，计算各节制闸的控制流量，实现闸前水位的粗
调；水位-流量串级反馈控制消除不确定性扰动，保持闸前常水位的实现，实
现水位控制的微调；解耦环节将部分反馈控制作用传递到上级渠池，消除渠
池间控制作用的相互影响，提高控制系统的控制效果，解耦环节起到了协调
的作用。采用提出的控制技术后，南水北调中线工程的响应速度可提高 3~5
倍，使得以旬为单位的分水计划实现成为可能。

渠道最优控制算法是以渠道系统性能指标（通常是水位波动和闸门操作
量的加权函数）最优为求解目标的反馈控制算法，于 20 世纪 90 年代一度成
为研究热点，主要用于渠道集中控制方式研究（Reddy and Jacquot，1999）。
该算法使用状态空间模型，针对整个渠道建模，因而理论上其控制效果优于
分布式控制算法，然而受状态空间模型建模复杂、计算存储要求高等因素影
响，尚未见到工程应用实例。该类控制算法主要是线性二次最优控制算法和
线性二次调节器算法。最优控制算法在全局优化、处理渠池间耦合作用方面
具有优势，而在应对多种控制约束条件方面存在缺陷。近年来出现的简化建
模方法使最优控制算法的计算成本有所降低，因此一些学者应用最优控制思
想，探讨介于分布控制与集中控制之间的控制方式，力求在控制效果和控制
成本间取得较好的平衡。

受渠道水流运动特性影响，精确地建立渠道运行控制模型较为困难，因而
近些年发展起来模型预测控制算法逐渐成为研究的热点之一（Begovich et al.，
2004）。在工业界，模型预测控制算法是除 PID 外应用最广的控制算法。近年
来，渠道预测控制算法研究主要集中在约束预测控制、线性化圣维南方程组模
型预测控制、自适应预测控制等方面。研究以理论分析和数值仿真为主，部分
成果在试验渠道上进行了测试，但尚未见到工程应用。今后该算法将朝着结构
更加简单，控制参数可在线辨识、实时校正等方向发展。由于模型预测控制算
法自身综合了前馈控制与反馈控制作用，理论上能够避免单独设置前馈和反馈
环节时常出现的二者效能部分相抵的现象。不过从目前已有成果看，效果还不
够理想，部分学者将其归于建模误差原因，因而有待进一步研究。模型预测控
制较最优控制在处理约束条件方面能力更强，不过从数值仿真和物模试验成果
看，系统稳定性有所下降，因而需进一步研究该算法应对约束条件的能力。

渠道几何参数的误差、工作区变动、风浪扰动等因素都会导致渠道数学模型存在不确定性。利用鲁棒控制理论，可以设计出固定不变的控制器，并维持一定的控制品质，如提高控制系统的稳定性和动态性能、降低扰动的影响幅度等。虽然鲁棒性问题近些年来受到较多的关注，但针对渠道开发出的鲁棒控制算法还较少。当前提出的一些鲁棒控制方法，包括一些自适应控制等都不可避免地要依赖于对系统数学模型的精确分析，对于非线性特性突出的渠道系统来说，鲁棒控制对渠道模型精度提出了较高要求。此外，鲁棒控制使用状态空间方法，对模型的规模提出了一定限制条件。目前，时滞系统的鲁棒控制成为控制领域新的研究热点，对时间滞后普遍存在的渠道系统而言，可以借鉴和应用相关领域的研究成果。

6 渠道解耦控制

渠池间的耦合效应是影响渠道控制系统控制性能的重要影响因素。在渠道水力控制研究早期，由于渠道规模不大，渠道的水力控制也以就地自动控制为主，人们对耦合问题认识不深，开发的闸门控制算法都未加入解耦处理。20 世纪 70 年代，美国加利福尼亚输水道、中亚利桑那调水工程等大型输水工程建成，采用了先进的中央监控控制方式。受当时计算机硬件条件的限制，解耦算法的开发以明渠恒定流计算为主，非恒定流计算为辅，采用的是流量、蓄量补偿的方式。20 世纪 90 年代，随着现代控制论、预测控制论等控制理论的发展，许多学者将其应用于闸门控制算法的研究。这一时期代表性的闸门控制算法有线性二次调节算法（LQR）、线性二次高斯调节算法（LQG）和模型预测控制算法（MPC）等。这些算法针对整个渠道建模，闸门按内部边界条件处理，通过更改模型矩阵中特定位置元素的值，就可以对渠道进行解耦。由于建模复杂、模型精度要求高、计算量大，这类控制算法及解耦技术尚未应用于工程实际。

近年来，数据采集与监视控制系统（SCADA）开始广泛应用于渠道控制中，闸门控制算法随之呈现出"决策集中、控制分散"的发展趋势。为便于工程应用，这些算法力求简单、实用，常以简化控制模型[以 Integral Delay 模型（Litrico and Fromion，2004）为代表]为基础，并采用比例积分（PI）控制算法。许多学者对此类闸门控制算法的解耦问题进行了研究。Schuurmans（1992）通过分析渠道的传递函数模型，发现渠池间存在或强或弱的耦合关系，但他并未给出衡量耦合严重程度的指标。通过仿真他发现前馈补偿可以在一定程度上降低耦合作用，并设计了 Decoupler 1 和 Decoupler 2 两个解耦算法，分别用于上、下游方向的解耦。Schuurmans（1992）提出的解耦方法受到多位学者关注，Wahlin 和 Clemmens（2002）分别在不同渠道上对上述算法进行了测试，证明解耦作用明显，但同时发现 Schuurmans 推荐的解耦系数并不通用，需重新选取。他们及后来的学者都使用试错法，根据数值仿真效果的比对进行参数寻优，试错方法虽然有效却比较繁琐和费时。Wahlin 和 Clemmens（2002）还发现加入解耦算法后原有控制器有偏于不稳定的趋势，主要表现在水位过程不再平滑。他们通过调整解耦系数控制了这种失稳趋势，但并未从机理上作深入的分析与探讨。Schuurmans 的解耦方法在上游方向比较有效，下游方向则不太理想。为此 Deltour 和 Sanfilippo（1998）等学者尝试采用了新的解耦途径，即在 Schuurmanns 方法的基础上将闸门算法变换为闸门流量算法，通过增设流量控制器，降低下游方向的耦合作用。崔巍等（2012a）理论分析与物理模型试验，分析了南水北调中线干渠闸门群控制双向解耦算法及解耦系数的选取问题，有效提高了工程的控制效率和控制品质。

7 控制参数整定

对于明渠输水工程，控制参数整定是其控制系统设计的核心内容之一。由于渠道的糙率、断面尺寸、闸门过流系数等参数均存在不确定性，而且随着季节变换、泥沙淤积、水草生长，这些参数均不断变化。因此，控制参数的整定十分关键，直接关系着控制性能和渠道运行安全。不合理的控制参数会导致水力过渡时间变长，水位流量波动增大，甚至出现持续振荡，发生漫堤垮堤事故。在渠道控制领域，绝大多数应用的控制算法是 PI 算法（Burt and Piao，2004），具有结构简单、稳定性好、工作可靠、调整方便等优点。明渠控制系统控制参数主要整定方法包括：

（1）经验凑试法（trial-and-error）。

该方法属于简单的经验方法，多用于简单的小型渠道的控制系统。该方法不依赖于渠道的数学模型，而是利用仿真软件（如 CanalCAD、SIC 等），依照设定的性能指标，如水位超调最小、稳定历时最短等，通过大量的测试，整定出最佳控制参数。电子水位过滤器+复位（EL-FLO + RESET）算法的参数整定即使如此，以水位波动的大小为指标，依靠工程师的经验仿真确定（Buyalski and Serfozo，1979）。在美国土木工程师学会（ASCE）测试渠道上研究 PI 和 PI+解耦算法时，采用的是类同的手动整定方法（Wahlin，

2004）。Burt 等（1998）在整定 Highline 渠道控制参数时，先是确定比例、积分系数的合理取值范围，然后逐对扫描寻找出最优组合。

（2）理论计算整定法。

该方法属于传统的主流的整定方法，基于渠道的数学模型（包括辨识模型），利用根轨迹法、频率特性法、衰减频率特性法等自动控制理论进行整定，自动控制领域的方法基本都得到了应用。Schuurmans 等（1999）基于圣维南方程组导出积分滞后模型（ID 模型）及其传递函数，在频域内设定相位裕度与增益裕量，进行 PI 算法参数整定。Overloop 等（2005）基于 ID 模型，以水位偏差与闸门操作量为性能指标，采用多模型优化法整定 PI 控制参数。该方法的优点是可适应大范围的工况变化，缺点是计算时间长，且求解可能出现困难。Seatzu（1999）基于圣维南方程组导出渠道状态空间模型，将状态反馈对角矩阵和 H2 最小范数用于 PI 控制参数整定。由于采用人工整定方式，较为费时。Ooi 和 Weyer（2008）采用数值仿真与系统辨识相结合的方式，得到渠道的一阶非线性模型，根据设定的相位裕度与增益裕量进行 PI 控制参数整定。由于在多个环节引入了经验公式，其整定效率较高。

（3）在线整定法。

近年来，在线整定法受到广泛关注，法国 Cemagref 在该领域居领先地位，部分成果已经嵌入 SIC 监控软件系统。该类方法属于理论基础上通过实践总结出来，试验与整定公式相结合的方法。一般包括两个内容：一是过程特性的获取，二是整定公式的计算。一般说来，需要在线试验获取过程的特性，而整定公式的计算在线、离线均可。常用的试验方法有连续循环法、继电反馈法、阶跃测试法等，常用整定公式如 Ziegler-Nichols 公式、Astrom-Hagglung 公式等。Piao 和 Burt（2005）采用了数值模拟方式，利用连续循环法获取渠道的谐振峰值和谐振频率特性，结合 Schuurmans 的方法整定参数。Litroco 等（2006）采用 Auto-tune Variation（ATV）法辨识渠道 ID 模型，并在线整定 PID 类控制算法参数。陈文学等（2012）将 ATV 法与渠道控制敏感性理论相结合，提出具有自适应能力的控制参数整定方法。

8　冰期运行控制

冰盖下输水是高纬度地区渠道冰期运行的主要方式，通过形成稳定冰盖，让水体与大气隔离，使输水在冰盖下完成。近些年，随着高纬度地区大型长距离调水工程的兴建，冰期渠道的运行控制越来越受到人们的重视。在冰盖形成期和开河期，冰情演变引起的渠道阻力变化会导致渠池输水流量和水位发生大幅变化，若不加以控制，则无法保证冰盖稳定，严重时甚至将导致渠池冰盖破碎，引发冰害。因此，在冰盖形成及消融过程中，采取合理的运行方式和水力控制措施，使渠道中的各节制闸、泵站根据冰情和水情进行水位、流量的调控，保证冰盖的稳定和用户分水计划的实施，是实现渠道冰期安全运行的关键，也是管理人员非常关心的重要问题。

随着冰水力学理论的发展，以及河流、渠道冬季运行管理经验的积累，人们在冰期输水方面已取得了不少理论成果和宝贵经验。俄罗斯、北欧的运河和渠道，中国的引黄济青、京密引水、引黄济津、引滦入津等工程积累了不少成功的冰期运行经验。如在关键部位设置拦冰索，即可防止流冰撞击建筑物，又能促进冰盖形成；冰期来临前，利用节制闸抬高运行水位、降低水流流速和弗劳德数，可形成促进冰盖形成的水流条件，一般为了保证冰花在冰盖和拦冰索前缘不下潜，避免冰塞的形成，通常要求渠道断面平均流速控制在 0.4~0.6m/s 以下，水流弗劳德数应小于 0.07~0.09。引黄济青工程根据多年的冰期输水运行经验，得出冰期保证冰盖稳定的水力控制条件，即水位的变幅每小时不得超过 15cm，每天不超过 30cm。天津大学采用真冰上拱试验及冰盖稳定性的有限元计算，分析了不同冰厚条件下的保证冰盖稳定的最大允许水位上升幅度。这些研究成果为冰期渠道的水力调控提供了依据。

在冰期输水水力调控方面，国外主要是通过水库对冰期河流实施流量调节，在冰盖形成期保障水位、流量和冰盖的稳定，同时防止水位壅高过大威胁堤防安全，在开河期槽蓄量释放时，减少河流的下泄流量，防止下游武开河的发生。Andres 等（2003）基于现场观测的结果，描述了开河所造成的槽蓄量释放的水流过程。Beltaos 和 Andres（2005）研究了槽蓄量释放的水力特性及其对下游冰盖稳定性的影响。Tuthill（1999）总结了冰期河流的流量调控方法，提出了利用电站控制河流水位的指导原则。加拿大阿尔伯塔省的能源及环境管理局在 Peace 河进行了多年现场试验，通过在结冰期和开河期控制 Peace 河上游的电站泄量来降低凌汛灾害的风险。我国科研工作者在黄河防凌研究中通过多年研究，也总结了一套水库防凌调度的运用原则，例如，为防止开河期槽蓄增量的突然释放，提前减少水库泄量，必要时全部关闭水库闸门等。在该原则的指导下，黄河干流的刘家峡、万家寨、三门峡、小浪底分别承担起相应河段的防凌任务，大大减轻了黄河的凌情形势。但从当前河流冰期流量调控的现状来看，流量调控时机的选择需要依赖气温、流量、融雪径流的预报结果，以及数学模型对封、开河过程预测的正确性。气温预报及开河预报中存在的不确定性，会在一定程度上影响流量调控的效果，甚至出现预测失误，调控不及时的情况。

穆祥鹏等（2010）对长距离输水渠道的冰期运行控制进行了有益的探索，针对渠池内的冰盖演变特性，提出了渠道在结冰期应采用闸前常水位的运行方式，以保证结冰期冰盖的稳定；提出冰期渠道采用水位-流量串级的反馈控制方法，该方法不依赖于气象和冰情的预报精度，能够适应气象和冰情的复杂变化，通过对南水北调中线工程黄河以北干渠的冰期输水数值模拟表明，采用水位-流量串级反馈控制后，在结冰期和融冰期，节制闸闸前水位波动最大值在±0.10m 之间，最大水位波动速度为±0.106m/d，满足冰盖稳定的控制要求。针对冰期输水前，渠道需要抬高运行水位，降低输水流量，以形成适宜冰盖形成的水流条件，冰期结束后，渠道降低运行水位，加大输水流量的运行要求，崔巍等（2012b）提出了闸前变水位控制算法，该算法将闸前变水位运行分解为同步进行的闸前常水位运行和变水位蓄量补偿两个过程，从而实现了闸前常水位运行和闸前变水位运行控制算法的一致，也实现了渠道冰期前后的运行控制算法的统一。

9 总结与展望

渠道运行自动化控制技术是提高输水工程运行效率和效益，保障输水安全的重要措施。针对渠道输水系统存在的强非线性、强扰动、强耦合、大滞后等问题，近一个世纪来，国内外研究者在控制系统建模、控制算法、控制解耦、控制参数整定和冰期运行控制等方面开展了大量工作，一些成果已成功应用于工程实践。随着全球水资源紧缺的进一步加剧，人们对调水工程和农业灌区的自动化管理水平的要求将进一步提高，大量自动化控制领域新兴的技术理念需融入渠道自动化控制系统。就国内而言，未来一段时期内，以南水北调中线东线工程为代表的长距离复杂输水工程将面临众多调度管理问题，需要在跟踪借鉴国外研究成果的基础上，着力开展自主研发，取得突破性创新成果。

参考文献

陈文学，刘之平，吴一红，等. 2009. 南水北调中线工程运行特性及控制方式研究. 南水北调与水利科技, 7(6): 8-12.

陈文学，穆祥鹏，崔巍，等. 2012. 明渠输水系统水力响应特性分析及 PI 控制器参数整定. 天津大学学报:自然科学与工程技术版, 45(11): 963-968.

崔巍，陈文学，郭晓晨，等. 2012a. 明渠闸前常水位运行控制解耦试验研究. 水力发电学报，31(6): 115-119.

崔巍，陈文学，穆祥鹏，等. 2012b. 南水北调中线总干渠冬季输水过渡期运行控制方式探讨. 水利学报，43(5): 580-585.

李根生，王新建，牟纯儒，等. 2006. 引黄济津冬季输水冰期观测与分析. 南水北调与水力科技，4(3): 25-27.

穆祥鹏，陈文学，崔巍，等. 2010. 长距离输水渠道冰期运行控制研究. 南水北调与水利科技，8(1): 8-13.

Andres D，Van Der Vinne G, Johnson B，et al. 2003. Ice consolidation on the Peace River: release patterns and downstream surge characteristics. Proceedings (CD format)，12th Workshop on the Hydraulics of Ice Covered Rivers，CGU HS Committee on River Ice Processes and the Environment，Edmonton，AB: 319-330.

Begovich O，Aldana C，Ruiz V，et al. 2004. Real-time predictive control with constraints of a multi-pool open irrigation canal//XI CongresoLatinoamericano de Control Automatico，CLCA2004，La Habana，Cuba.

Beltaos S，Andres D D. 2005. Hydrodynamic Characteristics of Waves Released by Ice Cover Consolidation and Effects on Ice Cover Stability of Peace River below Dunvegan//13th Workshop on the Hydraulics of Ice Covered Rivers Hanover，NH.

Burt C M，Piao X. 2004. Advanced in PLC-based irrigation canal automation. Irrigation and Drainage，53(1): 29-37.

Burt C M，Mills R S，Khalsa R D，et al. 1998. Improved proportional-integral (PI) logic for canal automation. Journal of Irrigation and Drainage Engineering，124(1): 30-35.

Buyalski C P，Serfozo E A. 1979. Electronic filter level offset (ELFLO) plus RESET equipment for automatic downstream control of calals. Denver Colo: US Bureau of Reclamation.

Buyalski C P，Ehler D G，Falvey H T，et al. 1991. Canal systems automation manual Volume I. Denver Colo: US Bureau of Reclamation.

Clemmens A J，Wahlin B T. 2004. Simple optimal downstream feedback canal controllers:ASCE test case results. Journal of Irrigation and Drainage Engineering，130(1): 35-46.

Cui W，Chen W X，Mu X P，et al. 2014. Canal controller for the largest water transfer project in china. Irrigation and Drainage，63(4): 501-511.

Deltour J L，Sanfilippo F. 1998. Introduction of Smith predictor into dynamic regulation. Journal of Irrigation and Drainage Engineering，124(1): 47-49.

Litrico X，Fromion V，Baume J P. 2006. Tuning of robust distant downstream PI controllers for an irrigation canal pool. II: Implementation issues. Journal of Irrigation and Drainage Engineering，132(4): 369-379.

Litrico X，Fromion V. 2004. Frequency modeling of open channel flow. Journal of Hydraulic Engineering，130(8): 806-815.

Malaterre P O. 1998. Linear quadratic optimal controller for irrigation canals. Journal of Irrigation and Drainage Engineering，124(4): 187-194.

Ooi S K，Weyer E. 2008. Control design for an Irrigation channel from physical data. Control Engineering Practice，16(9): 1132-1150.

Overloop P J van，Schuurmans J，Brouwer R，et al. 2005. Multiple-model optimization of proportional integral controllers on canals. Journal of Irrigation and Drainage Engineering，131(2): 190-196.

Piao X S，Burt C. 2005. Tuning algorithms for automated canal control. USA，Cal Poly，ITRC，ARI 04-3-005.

Reddy J M，Jacquot R G. 1999. Stochastic optimal and suboptimal control of irrigation canals. Journal of Water Resources Planning and Management，125(6): 369-378.

Schuurmans J. 1992. Controller design for a regional downstream controlled canal. Netherlands，Delft University of Technol.

Schuurmans J，Hof A，Dijkstra S，et al. 1999. Simple water level controller for irrigation and drainage canals. Journal of Irrigation and Drainage Engineering，125(4): 189-195.

Seatzu C. 1999. Design and robustness analysis of decentralized constant volume-control for openchannels. Applied mathematical modeling，23(6): 479-500.

Tuthill A M.1999. Flow Control to Manage River Ice. CRREL Special Report 99-8，Cold Regions Research and Engineering Laboratory，US Army Corps of Engineers. 32，Hanover，New Hampshire，USA.

Wahlin B T. 2004. Performance of model predictive control on ASCE test canal. Journal of Irrigation and Drainage Engineering，130(3): 227-238.

Wahlin B T，Clemmens A J. 2002. Performance of historic downstream canal control algorithms on ASCE Test Canal 1. Journal of Irrigation and Drainage Engineering，128(6): 365-375.

计算水动力学的现状和挑战

任　冰，王永学

（大连理工大学海岸及近海工程国家重点实验室，大连　116024）

摘　要：计算水动力学是近半个世纪来水利工程领域最为活跃的研究领域之一。本文在简要说明水利工程中常见水动力学问题的典型特征的基础上，综述了有限差分法、有限体积法、边界单元法、有限单元法及光滑粒子法应用于求解水利工程中各类水动力学问题时的基本思路、适用性及其优势所在。分析了计算水动力学的现状及其在今后一段时期内的发展趋势。

关键词：计算水动力学；数学模型；数值方法；水利工程应用

Computational Fluid Dynamics: Current Status and Challenges

Bing Ren , Yongxue Wang

(The State Key Laboratory of Coastal and Offshore Engineering , Dalian University of Technology , Dalian 116024)

Abstract: Computational hydrodynamics has been one of the most active research areas of hydraulic engineering in the past decades. After a brief description of the typical features of the hydrodynamic problems in hydraulic engineering, this paper reviewed the principles, the validity and the advantages of the finite difference method, the finite volume method, the boundary element method, the finite element method and the smoothed particle hydrodynamics method when applied to various hydraulic engineering problems. The challenges faced by the researchers are also pointed out.

通信作者：任冰（1972—），E-mail: bren@dlut.edu.cn。

Key Words: computational hydrodynamics; mathematical model; numerical method; hydraulic engineering

1 引言

20 世纪 70 年代以来，伴随着计算机的迅速普及和数值计算方法的快速发展，计算水动力学已成为水利工程领域最为活跃的研究领域之一，并已显示出其解决科学和工程问题的卓越能力和巨大潜力。

在绝大多数情况下，水利工程中遇到的水动力学问题在理论上都可以用不可压缩流体力学的基本方程进行描述。不可压缩流体运动的基本方程包括质量守恒方程和动量守恒方程。质量守恒方程即连续方程，要求流体速度的散度为零；动量守恒方程即 Navier-Stokes 方程，表明流体质点的随体加速度由作用于其上的质量力、压强梯度力及黏性力所决定。引入理想流体的假设后，连续方程归结为关于速度势函数的 Laplace 方程，运动方程积分后成为 Bernoulli 方程。将不可压缩流体力学的基本方程用于解决实际问题时，紊流的处理通常都是不可回避的。工程应用中处理紊流的主要方法有两个：一个称为 Reynolds 平均方法，简称 RANS；另一个称为大涡模拟方法，简称 LES。Reynolds 平均方法是用 Reynolds 平均的基本方程取代瞬态流动的基本方程，然后引入紊流模型将 Reynolds 应力模式化，同时确立各紊流特征量所满足的对流扩散关系，在此基础上对 Reynolds 平均的基本方程进行封闭。文献中最为常见的紊流模型是 k-ε 模型（其中，k 为紊流脉动能，ε 为紊流脉动能的耗散率）。大涡模拟方法是对瞬态流动的基本方程进行空间滤波，得出描述大涡运动的基本方程，然后引入子涡模型对大涡运动的基本方程进行封闭。

受计算机计算能力的限制，直接采用数值求解不可压缩流体力学基本方程的方法解决工程实际问题往往存在难以克服的困难。因此，大多数情况下用计算水动力学的方法解决水利工程的实际问题时，控制方程并不是不可压缩流体力学的基本方程，而是对基本方程基于一定假设进行近似得到的偏微分方程。例如，针对河道内的水流，最常见的控制方程就是 Saint Venant 方程；针对二维明渠流动，常见的控制方程是浅水方程；针对恒定条件下的渗流，满足达西定理的控制方程则是一个二阶椭圆型偏微分方程。

用于计算水动力学的数值方法一般分为两大类：网格法和无网格法。前者如有限差分法（FDM）、有限体积法（FVM）、有限单元法（FEM）和边界单元法（BEM）等。这类数值计算方法的一个重要共性是对控制方程进行空间离散化时，需要在预先划定的计算网格上进行。无网格法的主要思想是通过使用一系列任意分布的节点（或粒子）来求解边界积分方程或者偏微分方程组。节点或粒子之间不需要网格进行连接。无网格法中的粒子法近年来已被广泛应用于求解不可压缩流体力学的基本方程，常用的无网格粒子法有离散单元法（DEM）、光滑粒子动力学法（SPH）和移动粒子半隐式法（MPS）等。

基于网格法求解不可压缩流体力学基本方程的时候，如果对象问题是具有大变形自由表面的问题，如波浪变形和破碎、液体晃荡等，数值方法中往往需要结合自由表面追踪技术来确定计算过程中不断变化的自由液面位置，如 MAC（marker and cell）方法、VOF（volume of fluid）方法和 Level-Set 方法等。其中被最为广泛应用的是 VOF 方法，由 Hirt 和 Nichols（1981）基于 MAC 方法在美国加州大学 Los Alamos 科学实验室提出。

本文针对目前计算水动力学领域中数值计算方法的发展现状，论述了计算水动力学在水利工程中的发展和应用，以及有限差分法、有限体积法、边界元法和 SPH 方法等各种常用数值计算方法在解决不同问题时所存在的优点和缺点及其各自的未来发展趋势。

2　有限差分法

有限差分法（finite difference method, FDM）是历史上最早用于求解微分方程的数值方法，其基本点是将求解区域用与坐标轴平行的一系列网格线的交点所组成的点的集合来代替，在每个节点上，将控制方程中每一个导数用相应的差分表达式来代替，从而在每个节点上形成一个代数方程，每个方程中包括了该节点及其附近一些节点上的未知值，求解这些代数方程就获得了所需的数值解。

有限差分法也是最早被应用于计算水动力学的数值方法，同时还是计算水动力学中应用最广泛的数值方法。它不仅被广泛地用于求解描述一维明渠流动的 Saint Venant 方程、描述二维明渠流动的浅水方程及描述水流中物质输移的对流扩散方程，也被广泛应用于求解不可压缩流动的 Navier-Stokes 方程。

针对同一微分算子的差分化格式往往有多种选择，这些差分格式的组合不仅决定了差分方程的数学性质，也决定了差分方程求解的便利程度。因此，差分方法的确定需要综合考虑格式的精度和稳定性、计算工作量的大小及对计算机存储能力的要求等多方面的因素。特别需要指出的是，微分方程的差分格式必须满足相容性和稳定性的要求。所谓相容性是指在差分网格的尺寸趋于无限小时，差分方程必须逼近它所代表的微分方程。稳定性则意味着数值解中可能存在的任何扰动都不会随着时间的推进被放大。差分格式可分为显格式和隐格式。显格式是对微分方程中的时间导数采用向前差分，而隐格式则是采用向后差分。显格式计算过程简单，但一般情况下格式的稳定性不好。隐格式通常要求解代数方程组，每一步的计算工作量较大，但一般情况下稳定性比较好。

有限差分法是求解明渠非恒定流的主要方法。适用于求解明渠非恒定流方程的有限差分格式很多（Abbott，1979；汪德燿，2011），需要指出的是，一些特殊构建的隐格式，如 Priessmann 格式和 Abbott 格式，通过精心设计计算过程，既可以保持格式的无条件稳定性质，又可以使计算工作量大大减少，很受工程技术人员的欢迎，从而得以广泛应用。明渠非恒定流方程为准线性双曲型偏微分方程，这类方程的一个显著特点是在初始和边界条件都连续的条件下，解中仍然可能产生不连续的情况。一个普遍适用的明渠非恒定流数值方法显然必须能够应对这种情况。然而，遗憾的是除了基于特征理论的差分格式外，通常意义上的各种有限差分格式鲜有能够精确捕捉间断解的。这也是后来有限体积法逐步取代有限差分法成为明渠非恒定流主要求解方法的重要原因之一。

有限差分法也是求解不可压缩流体力学基本方程的主要方法之一。建立不可压缩流体流体力学基本方程直接数值求解方法的关键步骤是时间步进策略的确定。一般认为，目前得到广泛应用的分步法是 Harlow 和 Welch（1965）首先提出，后经 Chorin 关于映射法的数值分析奠定了基础（Chorin，1968，1969）。映射法的基本思想是利用已知时刻速度和压强的值得出下一时刻速度的预测值，然后求解和连续方程等价的压强泊松方程，利用求得的压强对速度的预测值进行修正，以保证速度场散度为零，从而完成整个方程组在一个时间步长内的求解过程。基于映射法求解不可压缩流体力学的基本方程时，需要处理两类重要的偏微分方程：一类是泊松方程，另一类是对流扩散方程。泊松方程可用五点差分格式求解，对流扩散方程的差分化则要充分考虑对流项的特殊性，以保证差分格式的精度和稳定性。

对于具有自由表面的流动问题，构建复杂自由表面的处理技术也是非常关键的。最早用于自由水面处理的方法是 MAC 法。流体体积法（volume of fluid, VOF）的兴起在复杂自由水面数值处理方法发展过程中发挥了里程碑式的作用（Hirt and Nichols，1981）。不少研究表明，采用 Level-Set 方法处理自由水面的效果也很好（Sethian and Smereka，2003）。不规则结构物表面条件的处理和自由水面的处理有相似之处，可采用部分单元体法进行处理。近年来，有学者将浸润边界方法（immersed boundary method，IBM）用于笛卡尔网格下处理运动结构物的边界也取得了良好的结果。

3　有限体积法

有限体积法（finite volume method，FVM）又称为有限容积法、控制体积法。它是以守恒型的方程为出发点，将所计算的区域划分成一系列控制体积，每个控制体积都有一个节点作为代表，通过将守恒型的控制方程对控制体积作积分来导出一组离散方程，其中的未知数是网格点上的因变量的数值。为了求出控制体积的积分，需要对界面上的被求函数本身及其一阶导数的构成作出假定，这种构成的方式就是有限体积法中的离散格式。在水动力学范畴内，不可压缩流体运动的基本方程组和浅水方程都可以写成守恒型方程的形式，因此，它们都可以用有限体积法求解。

有限体积法导出的离散方程的显著特点是它能保证物理量在每一个有限体内的守恒性，所以有限体积法是守恒定律的最自然的一种表现形式。该方法原则上适用于任意形状的单元网格，便于应用来模拟具有复杂边界形状区域的流体运动。只要单元边上相邻单元估计的通量是一致的，就能保证方法的守恒性。有限体积法各项近似都含有明确的物理意义，且容易编程，因此有限体积法成为了水利工程中水动力学问题数值求解的最普及的方法之一。

有限体积法具备有限元方法的网格剖分的灵活性，能逼近几何形状复杂的区域；又具备有限差分方法的格式构造上便利性的优点。有限单元法需要假定值在网格点之间的变化规律（即插值函数），并将其作为近似解。有限体积法在寻求控制体积的积分时，也需要假定值在网格点之间的分布，这与有限单元法相类似。但在有限体积法中的插值函数只用于计算控制体积的积分，得出离散方程之后，便不再需要插值函数。有限体积法在求解时只寻求结点值，这与有限差分法只考虑网格点上的数值而不考虑值在网格点之间如何变化相类似。

有限体积法由 McDonald 提出，有限体积法最早的有效而实际的应用，当推 Patankar 和 Spalding 等应用于传热和基于不可压缩流体力学基本方程的流动计算（帕坦卡，1984）。而且他们根据自己的思想方法建立了一整套的数值方法和计算软件，其中最著名的是混合格式、乘方格式、QUICK 和 SIMPLE 等格式。Phoenics 是最早投入市场的有限体积法软件，Fluent、CFX 和 ADINA 等基于有限体积法的软件，在流动、传热传质、燃烧和辐射等方面应用广泛。20 世纪 90 年代以来，由于 Alcrudo 和 Garcia-Navarro（1993）、Zhao 等（1996）及 Anastasiou 和 Chan（1997）等学者的开创性工作，有限体积法也很快地被发展成了求解二维浅水流动问题的主要方法。

有限体积法中最具技巧性的环节是确定单元控制体边界上通量计算的格式。单元控制体边界上通量的计算格式从形式上看是空间导数的离散问题，然而，通量计算格式的许多重要性质，特别是和守恒律相关的特性，和时间导数的离散格式也是密切相关的。通量计算的理想格式除了要求同时满足单调性条件和高阶精度条件之外，还需要能够较好地捕捉解中可能出现的不连续。满足单调性是为了避免在物理量快速变化的区域附近出现数值振荡，而满足高阶精度条件是为了在物理量连续变化的区域减少计算误差。传统的二阶格式具有较好的精度，但不满足单调性条件；各种形式的迎风格式和各种基于 Riemann 解的格式满足单调性条件，但精度不能满足要求。事实上理论研究已经表明，按照常规方法构建的守恒型方程的通量计算格式是不可能同时满足单调性条件和高阶精度条件的（Toro and Hidalgo，2009）。这就导致了一些学者去寻求满足高阶精度条件但能够抑制非物理振荡的计算格式，又称为高分辨格式，开创了总变差不增（total variation deminishing，TVD）格式的先河。

4　边界单元法

边界单元法（boundary element method，BEM）是 20 世纪 70 年代兴起的一种求解微分方程的数值方法，这种方法的数值解形式是把所考虑的域的边界划分为一系列的单元。一般认为，边界单元方程的建立有直接法与间接法两种。直接法是利用 Green 公式或加权余量法建立边界积分方程，其中未知函数就是所求的物理量在边界上的值。在用加权余量法建立积分方程时，所使用的权函数是微分方程的基本解，进行分部积分直到微分算子全部移到权函数上，离散后得到代数方程组。间接法是用物理意义不一定很明确的变量来建立积分方程。如利用流体力学中所说的源或偶极子，求得某一分布密度的源强度或"荷载"在无限域或半无限域中所产生的场函数或应力状态，使它在给定域的边界上符合边界条件，则域内的场函数或应力状态便是所求问题的解。

边界单元法的优点是以边界积分方程为基础，只需在边界上求解能使问题的维数降低一维，且能够方便地处理无界区域问题。但边界单元法有一个致命的缺点，这就是对于许多描述工程问题的微分方程不能导出基本解，或者无法建立边界积分方程。

波浪与大尺寸结构物相互作用问题一般可采用势流理论描述，相应的流体运动的基本方程为关于流速势函数的拉普拉斯方程，适合于用边界元方法求解。由于波浪问题边界条件的非线性及边界位置的变化性，在波浪幅度和物体运动响应较小的假设下，可采用摄动展开法将非线性问题简化为多阶近似问题，并利用泰勒级数展开方法将未知边界问题转换为已知边界问题。根据对时间项处理的不同，波浪问题的边界元方法又分为频域方法和时域方法。

频域方法中，线性频域方法的发展和应用已经非常成熟，如 WAMIT、AQWA、SESAM、WAFDUT 和 Hydrostar 等商业软件都是应用线性频谱方法。对于非线性频域问题，采用泰勒级数展开和摄动展开，将非线性问题转化为各阶次的定解问题。自 20 世纪 70 年代末开始开展单色波作用下固定单圆柱上的二阶波浪力研究（Molin，1979）至双色波作用下的任意结构上的二阶波浪力研究（Kim et al.，1990）及直立圆柱上和轴对称结构上的三阶波浪力求解（Teng and Kato，2002）。时域边界元理论发展于 20 世纪末计算机计算能力大幅提高之际。按照所研究问题的非线性程度不同，时域分析方法又可分为线性时域方法（Adachi and Ohmatsu，1979）和非线性时域方法（Kim et al.，1998）。其中线性时域方法将瞬时自由水面和物面边界条件变换到静水面和平均物面上。当波幅和物体运动尺度相对于物体的特征尺度或波长都不是小量时，则需要采用非线性时域模型求解，即需要满足瞬时自由表面条件和瞬时物面边界条件。其中自由水面条件由 Longuet-Higgins 和 Cokelet（1976）提出的混合欧拉-拉格朗日方法处理。目前，线性和非线性的时域模型已经可以应用到波浪与二维和三维结构物的相互作用中，但也限于没有波浪破碎、结构物运动幅度较小的情形，且该方法由于需要满足瞬时边界条件，每一时间步都要重新剖分网格和计算系数矩阵，对计算量的要求较高，对于复杂流固边界也难以实现。

5 有限单元法

有限单元法（finite element method, FEM），简称有限元法，广泛应用于偏微分方程边值问题的数值求解，其基本思想是先将整个求解域离散为有限单元，然后在各单元内对未知函数进行近似，再利用变分原理或伽辽金方法，导出一组关于节点处未知函数值的线性方程，求解该方程组得到数值解。有限元法是 20 世纪 60 年代之后迅速发展起来的数值方法。它起源于结构分析，然后很快被证明可广泛应用于连续介质力学问题的数值求解。得益于伽辽金原理的普适性，有限元法实际上可用于求解诸多形式的偏微分方程（Zienkiewicz and Taylor，2005）。

　　和其他方法相比，有限元法的优势在求解偏微分方程边值问题时比较突出。因为水动力学问题以初边值问题居多，导致了有限元法只是在部分类型的问题中得到了较为广泛的应用。恒定渗流问题以及用缓坡方程描述的近岸水波的折射和绕射联合作用问题等是水利工程中适合于有限元方法求解的例子（汪德爟，2011；余锡平，2017）。用有限元方法求解 Navier-Stokes 方程及浅水方程描述的恒定流问题也有一定的优势（Zienkiewicz and Taylor，2005），但毕竟恒定流是流动问题的特殊情况，且总可以用非恒定流动的稳态解来代表，大部分的通用程序都倾向于采用更灵活的有限体积法。

6　SPH方法

　　光滑粒子流体动力学法（smoothed particle hudrodynamics，SPH）是一种拉格朗日形式的无网格粒子法。它最早是由 Lucy（1977）、Gingold 和 Monaghan（1977）提出被并成功地应用于天体物理学领域。近年来，随着 SPH 方法在核函数连续性和边界处理等方面的改进，其在计算流体力学和固体力学领域得到了广泛的应用。SPH 方法的核心思想是用一系列任意分布的粒子来表示问题域，粒子之间不需要网格连接；用积分表示法来近似场函数，在 SPH 方法中称之为核近似；应用粒子求和对核近似方程进行离散，即粒子近似法。将对所有偏微分方程的场函数及其相关项进行粒子近似后，则可得到一系列只与时间相关的离散化形式的常微分方程。

　　由上述 SPH 方法的基本思想可知，相对于传统网格法，SPH 方法的拉格朗日本质和自适应特性使得其容易处理复杂界面、移动交界面和大变形问题。相对于其他无网格法，SPH 粒子作为插值点的同时还携带着材料性质，可以在内外力共同作用下运动，更具灵活性。SPH 方法在其发展之初适于解决无消耗或低消耗的开放空间天体物理学问题。近二十多年来，随着该方法应用范围的不断扩大，为使 SPH 方法适用于计算水动力学领域，Monaghan 和 Liu 等学者针对原方法存在的动量不守恒、边界粒子缺陷、非黏性局限和计算压力振荡等问题，对 SPH 算法相继进行了一系列的修正。

Gingold 和 Monaghan（1982）最先发现原 SPH 近似形式不满足线动量和角动量守恒，为解决这一问题，Monaghan（1982）和 Johnson 和 Beissel（1996）分别给出对称形式和反对称形式的 SPH 近似式。为解决边界粒子积分域被截断问题，Randles 和 Libersky（1996）推导出了核函数及其导数的正则化改进形式。Chen 等（1999）基于泰勒展开并保留到一阶导数项推导出了修正光滑粒子法(CSPM)，这一方法后经 Liu 等（2003）改进用于求解诸如冲击波等不连续问题。如果将泰勒展开式保留到二阶导数项则可以推出有限粒子法（finite particle method, FPM）。FPM 可以看做是传统 SPH 方法和 CSPM 的改进形式。其他比较重要的修正方法有移动最小二乘粒子流体动力学法、再生核粒子法及其他恢复粒子一致性的近似法。为解决 SPH 方法的非黏性限制，Monaghan 和 Gingold（1983）将人工黏性引入到该方法中，使之可以求解具有冲击波效应的耗散问题，拓展了 SPH 方法的应用范围。

经过上述针对 SPH 方法的核函数连续性、边界缺陷问题和黏性限制等进行的一系列修正，目前 SPH 方法已被广泛地应用在多个研究领域，如多相流、热传导、水下爆炸、磁流体力学及流体动力学等。计算水动力学问题常隐含着移动边界、复杂几何物面边界、自由液面大变形等传统基于网格的数值方法不易解决的问题。由于 SPH 方法的拉格朗日、自适应和粒子特性，使得其在解决上述问题时体现出了传统网格法所不具备的优越性。因此，近年来 SPH 方法在计算水动力学领域得到了广泛的关注，已成为该领域的一个研究热点。已有学者就物体入水、波浪破碎、波浪冲击、液体晃荡、流体与结构物的相互作用等问题建立起了相应的 SPH 数学模型（Ren et al.，2014，2015）。需要指出的是，虽然针对 SPH 方法的边界缺陷已经发展了如斥力边界，镜像粒子和耦合动力边界等固壁边界修正算法，但是目前应用 SPH 方法模拟的固壁附近的压力场仍然存在不同程度的振荡现象，没有解决边界缺陷的本质问题。计算效率低下也是制约 SPH 算法发展的主要瓶颈，对于大范围三维问题的 SPH 模拟，必须发展基于集群计算的并行算法。目前关于 SPH 方法的开源并行计算程序有基于 GPU 并行的 DualSPHysics 和基于 MPI 并行的 Parallel SPHysics。

据其压力计算模式不同，现有 SPH 模型可分为微可压缩模型 WCSPH 和不可压缩模型。WCSPH 方法求解的是（弱）可压缩流体问题，流体粒子的压力通过状态方程由粒子的密度变化率求解。该方法可通过合理选择状态方程，将不可压缩流动转化为弱可压缩流动，避免了求解压力泊松方程的复杂性。ISPH 方法则求解不可压缩流动，粒子的压力可通过求解压力泊松方程得到。

目前，国际上 WCSPH 方法以英国 Manchester 大学和西班牙 de Vigo 大学的研究团队的研究工作为代表，ISPH 方法以日本京都大学的 Khayyer 教授和英国 Sheffield 大学的 Shao 博士的研究工作为代表。通常来说，WCSPH 方法通过显式求解状态方程计算压力，虽然避免了求解压力泊松方程的复杂性，但是状态方程中密度的微小波动会导致计算压力被显著放大，造成了 WCSPH 方法中压力场震荡的缺陷。同时，也是由于弱可压缩条件的限制，要求计算时间步长较小。ISPH 方法中计算时间步长较大、但是计算中存在着需要确定自由表面的位置、求解压力泊松方程等难题。目前，有学者相继比较了 WCSPH 方法和 ISPH 方法的性能（Lee et al.，2008；Jason et al.，2010；Shadloo et al.，2011），由于近年来关于这两种方法相继发展了一些相关的改进算法，如 WCSPH 方法的密度过滤法，ISPH 方法中压力泊松方程的源项修正等，使上述学者应用有限算例对这两种方法进行比较得到的结论不具有普适性。

7　结语

经过近半个世纪的发展，数值计算方法已成为水利工程中水动力学问题研究中独立于理论分析和物理观测的另一个主要方法。近年来，随着并行计算、分布式计算等计算技术的快速发展，结合非结构化网格和动网格技术在计算水动力学中的应用，基于前述各类数值方法的通用计算软件也日趋完善，计算水动力学越来越彰显出其被用于解决实际问题的巨大潜力。同时，我们也看到，由于欧拉法在求解对流问题时存在着数值耗散、网格法在处理移动边界时需要辅助复杂的网格技术、粒子法的粒子近似本质导致其存在着压力震荡和计算效率低下等问题，这些问题也给当前计算水动力的发展带来了进一步的挑战。发展高精度的数值格式、构造高效稳定的数值计算方法、建立计算水动力学应用过程中各类典型边界条件的高效处理方法、优化流动和复杂结构物相互作用的处理方法等将是未来计算水动力学发展的新趋势。

参考文献

帕坦卡. 1984. 传热和流体流动的数值方法.合肥: 安徽科学技术出版社.

汪德爟. 2011. 计算水力学理论与应用. 北京：科学出版社.

余锡平. 2017. 近岸水波的数值方法. 北京：科学出版社.

Abbott M B. 1979. Computational hydraulics: Elements of the theory of free surface flows.UK: Pitman Publishing.

Adachi H，Ohmatsu S. 1979. On the influence of irregular frequencies in the integral equation solutions of the time-dependent free surface problems. Journal of the Society of Naval Architects of Japan,146:119-127.

Alcrudo F，Garcia‐Navarro P. 1993. A high‐resolution Godunov‐type scheme in finite volumes for the 2D shallow‐water equations. International Journal for Numerical Methods in Fluids，16(6): 489-505.

Anastasiou K，Chan C T. 1997. Solution of the 2D shallow water equations using the finite volume method on unstructured triangular meshes. International Journal for Numerical Methods in Fluids，24(11): 1225-1245.

Chen J K，Beraun J E，Carney T C. 1999. A corrective smoothed particle method for boundary value problems in heat conduction. International Journal for Numerical Methods in Engineering，46(2): 231-252.

Chorin A J. 1968. Numerical solution of Navier-Stokes equations. Mathematics of Computation，22 (104): 745-762.

Chorin A J. 1969. On the convergence of discrete approximations to the Navier-Stokes equations. Mathematics of Computation，23 (106) : 341-353.

Gingold R A，Monaghan J J. 1977. Smoothed particle hydrodynamics-theory and application to non-spherical stars. Monthly Notices of the Royal Astronomical Society，181(3): 375-389.

Gingold R A，Monaghan J J. 1982. Kernel estimates as a basis for general particle methods in hydrodynamics. Journal of Computational Physics，46(3): 429-453.

Harlow F H，Welch J E. 1965. Numerical calculation of time-dependent viscous incompressible flow of fluid with free surface. Physics of Fluids，8 (12): 2182-2189.

Hirt C W，Nichols B D. 1981. Volume of fluid (VOF) method for the dynamics of free boundaries，Journal of Computational Physics，39(1): 201-225.

Jason P，Hughes，David I，et al. 2010. Comparison of incompressible and weakly compressible SPH models for free-surface water flows. Journal of Hydraulic Research，48(1):105-117.

Johnson G R，Beissel S R. 1996. Normalized smoothing functions for SPH impact computations. International Journal for Numerical Methods in Engineering，39(16): 2725-2741.

Kim M H，Yue D K P. 1990. The complete second-order diffraction solution for an axisymmetric body. Part 2: Bochromatic incident waves and body motions. Journal of Fluid Mechanics，211:557-593.

Kim M H，Celebi M S，Kim D J. 1998. Fully nonlinear interactions of waves with a three dimensional body in uniform currents. Applied Ocean Research，20(5): 309-321.

Lee E S，Moulinec C，Xu R，et al. 2008. Comparisons of weakly compressible and truly incompressible algorithms for the SPH mesh free particle method. Journal of computational physics，227(18): 8417-8436.

Liu M B，Liu G R，Lam K Y. 2003. A one-dimensional meshfree particle formulation for simulating shock waves. Shock Waves，13(3): 201-211.

Longuet-Higgins M S，Cokelet E D. 1976. The deformation of steep surface waves on water. I. A numerical method of computation//Proceedings of the Royal Society of London A: Mathematical，Physical and Engineering Sciences. The Royal Society，350(1660): 1-26.

Lucy L B. 1977. A numerical approach to the testing of the fission hypothesis. The astronomical journal，82:1013-1024.

Molin B. 1979. Second-order diffraction loads upon three-dimensional bodies. Applied Ocean Research，1(4): 197-202.

Monaghan J J. 1982. Why particle methods work. SIAM Journal on Scientific and Statistical Computing，3(4): 422-433.

Monaghan J J，Gingold R A. 1983. Shock simulation by the particle method SPH. Journal of Computational Physics，52(2): 374-389.

Randles P W，Libersky L D. 1996. Smoothed particle hydrodynamics: some recent improvements and applications. Computer methods in applied mechanics and engineering，139(1): 375-408.

Ren B，Wen H，Dong P，et al. 2014. Numerical simulation of wave interaction with porous structures using an improved smoothed particle hydrodynamic method. Coastal Engineering.88:88-100.

Ren B，He M，Dong P，et al. 2015. Nonlinear simulations of wave-induced motions of a freely floating body using WCSPH method. Applied Ocean Research. 50:1-12.

Sethian J A，Smereka P. 2003. Level set methods for fluid interfaces. Annual Review of Fluid Mechanics，35(1): 341-372.

Shadloo M S，Zainali A，Sadek S H，et al. 2011. Improved incompressible smoothed particle hydrodynamics method for simulating flow around bluff bodies. Computer methods in applied mechanics and engineering，200(9): 1008-1020.

Teng B，Kato S. 2002. Third order wave force on axisymmetric bodies. Ocean Engineering，29(7): 815-843.

Toro E F，Hidalgo A. 2009. ADER finite volume schemes for nonlinear reaction-diffusion equations. Applied Numerical Mathematics，59(1): 73-100.

Zhao D H，Shen H W，Lai J S，et al. 1996. Approximate Riemann solvers in FVM for 2D hydraulic shock wave modeling. Journal of Hydraulic Engineering，122(12): 692-702.

Zienkiewicz O C，Taylor R L. 2005. The finite element method for solid and structural mechanics. Oxford: Butterworth-heinemann.

第十篇　水工建筑学

导读　本篇系列论文重点论述水工建筑学的几个前沿科技课题，首先概述高混凝土抗震安全研究的进展，包括地震动输入机制与河谷辐射阻尼的影响、横缝接触非线性与混凝土损伤开裂非线性、抗震加强措施效果及拱坝地基地震稳定性等；针对高土石坝抗震安全，介绍了筑坝材料动力特性及本构模型、土石坝模型试验与地震破坏机理、高土石坝抗震分析方法与抗震措施研究等最新进展；围绕混凝土坝真实工作性态，介绍了混凝土导温系数、表面散热系数、绝热温升、线膨胀系数、自生体积变形、弹性模量等热学力学参数的仿真分析与统计分析相结合的反演分析方法。此外，还讨论了生态水工学的学科基础、研究对象及内容，展望了生态水工学的学科前沿问题。最后，针对长江黄金水道的关键问题，提出了提高三峡、葛洲坝通航能力，打通中游航道瓶颈；研发新型船闸和升船机及通航长隧洞，解决上游高坝通航问题的对策措施，为长江黄金水道建设奠定科学基础。

高混凝土坝抗震安全研究

张楚汉，金　峰，王进廷，徐艳杰，潘坚文

（清华大学水利水电工程系，北京 100084）

摘　要：本文概述高混凝土抗震安全研究的进展及面临的挑战。首先综述近三十年来高坝抗震研究工作所取得的长足进步，包括地震动输入机制和半无限河谷辐射阻尼的影响、横缝开合的几何非线性效应、坝体混凝土的损伤开裂特性和抗震加强措施效果、坝体-库水的动力相互作用及拱坝-坝肩的地震稳定性等。在此基础上评述当今需要开展的前沿科技问题，包括坝址地震动荷载的确定、高坝-地基-库水系统的非线性动力反应与破坏过程、混凝土材料的细观动力特性，以及大坝安全风险评价等。文末展望了高混凝土坝抗震安全研究的发展方向。

关键词：混凝土坝；抗震安全；地震荷载；强非线性响应；细观动力特性；安全风险

Studies on the seismic safety of high concrete dams

Chuhan Zhang, Feng Jin, Jinting Wang, Yanjie Xu, Jianwen Pan

(Department of Hydraulic Engineering, Tsinghua University, Beijing 100084)

Abstract：This paper reviews the developments and challenges in the seismic safetyresearch of high concrete dams. Firstly, the investigations on the earthquake-resistant of concrete dams during last three decades are summarized, including earthquake input mechanism and radiation damping effect of semi-unbounded canyons, nonlinear opening of contraction joints, seismic damage cracking and strengthening of dam concrete, dynamic interaction of dam-water, and seismic stability of arch dam-abutment. Subsequently, the frontier science and technology

---

通信作者：张楚汉（1933—），E-mail：zch-dhh@mail.tsinghua.edu.cn。

issues on the seismic safety of high concrete dams are reviewed, including determination of earthquake ground motion at dam sites, seismic nonlinear response and failure process of dam-water-foundation system, dynamic meso-scale behavior of concrete, safety risk of dams. At the end, the development trends of seismic safety evaluation of high concrete dams are concluded.

Key Words: concrete dam; seismic safety; earthquake ground motion; nonlinear response; dynamic meso-scale behavior; safety risk

1　引言

随着我国水能资源的不断开发，已建、新建和规划设计了多座高坝工程，坝高 200~300m，库容数十至数百亿立方米。这些高坝工程多位于西南高烈度地震区，设防烈度Ⅷ~Ⅸ度，一百年超越概率 2%的设计峰值加速度（PGA）0.20g 以上。如澜沧江小湾拱坝，最大坝高 294.5m，峰值加速度 0.313g；雅砻江锦屏拱坝，最大坝高 305m，峰值加速度 0.269g；金沙江下游溪洛渡拱坝、最大坝高 285.5m，峰值加速度 0.357g；大渡河大岗山拱坝，最大坝高 210m，峰值加速度 0.558g。根据世界高坝安全事故分析，超强地震是高坝工程主要的致灾因子之一，如 1999 年中国台湾石冈坝地震断裂，1971 年美国洛杉矶 Van Norman 土坝地震滑坡，几乎造成漫顶。因此，高坝的抗震安全性问题是西南地区高坝安全研究的核心问题之一。

过去三十年来，为了应对坝高的不断增加及坝址复杂的地质条件和强烈的地震活动性，大坝工程师和科研人员开展了大量的分析研究工作，极大地加深了对高坝抗震性能的认识。2008 年汶川 8.0 级地震，震区的两座高混凝土坝（沙牌拱坝，坝高 130m；宝珠寺重力坝，坝高 132m）经受了强震考验，大坝等主要建筑物均未出现严重的震害。然而，我国西部强震区的 200~300m 级高坝为数众多，如何抗御未来可能发生的强震，仍需要继续开展深入研究工作。本文回顾高混凝土抗震安全研究所取得的关键进展，总结当今面临的关键科技问题，展望未来研究的发展方向。

2　高坝抗震研究的主要进展

高坝-库水-地基地震响应分析是一个非常复杂的系统问题，包含地震动输入机制、无限地基辐射阻尼、坝体横缝非线性与材料非线性、坝体抗震加强措施等诸多关键问题。

2.1 地震输入机制与半无限河谷辐射阻尼的影响

半无限河谷的模拟与地震输入机制是坝体-地基相互作用分析的两个关键问题。过去三十年来，为模拟半无限河谷的动力响应，发展了很多有效的数值模型，如有限元-无限元模型（Zhang and Zhao，1988）、边界元模型（Chopra and Tan，1992；Dominguez and Maeso，1992）、有限元-边界元-无限元模型（Zhang et al.，1992)、有限元-比例边界元模型（Yah et al.，2004；Wang et al.，2010）、有限元-透射边界模型（Du et al.，2007；陈厚群，2011），以及有限元与黏性阻尼器-弹簧-质量等离散参数模型（Zhang et al.，1995，2008）。尽管从计算效率的角度来看，这些分析模型具有各自的优点和缺点，但都证明用于模拟高坝的半无限地基河谷是合适的和有效的。

对于地震荷载输入机制，为了分析其对混凝土坝，尤其是拱坝的影响，已经提出了多种分析方法。其中，工程实践中被广泛应用的是 Clough（1980）提出的无质量地基模型，将地震荷载沿截断边界均匀输入。该模型只考虑了地基岩体的柔性，忽略了无限地基的辐射阻尼效应及地震动的非均匀性。另一种输入模型是反演方法，根据已知的地表自由场运动通过数值方法或者一维半空间模型反演截断边界所需输入的地震动荷载。这一模型通常和黏弹性边界或者透射边界联合使用（Du et al.，2007；陈厚群，2011；Wang et al.，2012）。第三种地震动输入模型是自由场输入方法（Clough，1980；Zhang et al.，1996；Wang et al.，2012），地震激励作为自由场运动直接施加在坝体-地基交界面，可以考虑自由场沿坝基面非均匀分布及无限地基辐射阻尼的影响。

坝基面地震动的非均匀分布，一方面是基于平面波的传播理论，采用解析方法或数值方法分析，如 Trifunac（1973）、Wong（1982）、Zhang 和 Zhao（1988）；另一方面是基于坝基面实测的地震记录进行分析研究，如 Wang 和 Chopra（2011）、Alves 和 Hall（2006）。

半无限河谷辐射阻尼效应和地震输入机制的分析方法可以分为两大类，一类是频域方法，如 Zhang 和 Zhao（1988）、Chopra 和 Tan（1992）、Dominguez 和 Maeso（1992）；另一类是时域方法，如 Zhang 等（1995，1996）及 Wang 等（2012）、陈厚群（2011）、Zhong 等（2008）、Du 等（2007）。

从小湾、溪洛渡、拉西瓦、锦屏及大岗山等拱坝的分析研究成果，得到了考虑半无限地基可以减小坝体反应 25%～40%的结论。当前，对于在高混凝土坝抗震设计中如何考虑辐射阻尼效应存在两种不同的观点。一种观点建议在抗震设计中不考虑辐射阻尼效应，而将其作为一种安全储备。这主要是考虑到结构和地基的阻尼比还难以准确确定，通常我们基于原型试验和地震记录分析得到的阻尼比为综合阻尼比，已经包含了材料阻尼和辐射阻尼。另一种观点认为，无限地基的辐射阻尼是客观存在的，在设计中应该考虑这种有利因素。然而，根据一些大坝的实测坝体地震记录、现场激振试验及环境激励试验所得到的结构阻尼比，一般仅有 1%～4%（Hall，1998；Wang and Chopra，2010）。这就是说，即使包含了无限地基的辐射阻尼，也低于通常数值计算中采用的结构阻尼比 5%。因此，为深入了解不同地震动输入机制对高坝动力响应的影响，仍需进一步的分析比较研究。

2.2 坝体横缝非线性的影响

在强烈地震作用下，高拱坝横缝将发生张开和闭合的现象。美国 Pacoima 拱坝在 1971 年 San Fernando 地震和 1994 年 Northridge 地震时，坝体横缝均有张开的迹象（Swanson and Sharma，1979；Hall 1995），就是一个实例。其中 Northridge 地震后，坝体与左岸推力墩横缝张开 47mm。由于横缝的张开，坝体的拱梁承载体系发生了变化，拱向应力将会在瞬时释放而造成梁向应力的增加。这种非线性效应使得拱坝的整体性能减弱，有可能导致梁向产生裂缝和缝间止水的破坏，是抗震设计所关心的一个重要问题。

强震中，拱坝横缝张开的这种非线性特性最早由 Clough 提出（1980）。Fenves 等（1989）提出了一种离散的 3D 接缝单元，直接进行横缝模拟。Zhang 等（2000）采用高坝河谷模拟的一种时域离散参数方法，在同一个模型中考虑了坝体-河谷相互作用和横缝非线性效应。与此同时，Bathe 和 Chaudhary（1985）提出的一种接触边界方法也被用于分析横缝开合特性（Zhang et al.，2009；Wang et al.，2012）。Lau 等（2007）提出了一种接缝模型，可以同时模拟横缝的开合及键槽处的切向滑移特性。Du 和 Tu（2007）将显式有限元与透射边界相结合，分析了横缝对小湾拱坝的地震响应的影响。Lin 和 Hu（2005）采用非光滑 Newton 算子对横缝非线性问题进行了研究。

另一方面，盛志刚等（2003）、陈厚群（2011）、Zhou 等（2000）、Wang 和 Li（2006）通过振动台试验，研究了拱坝横缝的开合特性。

上面提到的数值分析和模型试验研究都表明，强地震作用时拱坝横缝将显著张开。根据清华大学研究组的结果，小湾拱坝、大岗山拱坝和溪洛渡拱坝的最大开度分别是 16.5mm、16.7mm 和 11.6mm。在这些分析中，坝体混凝土假定为线弹性材料；并且假定地基为无质量，忽略了辐射阻尼效应。在少数研究工作中，在模拟非线性横缝的同时，采用非均匀自由场或黏弹性边界输入模型考虑了无限地基的影响（Zhang et al., 2009；Wang et al., 2012）。

2.3　坝体混凝土的损伤开裂特性影响和抗震加强措施效果

由于一些坝址地震烈度高，如金安桥重力坝、小湾拱坝、大岗山拱坝的峰值加速度分别为 0.399g、0.313g 和 0.558g，重力坝的上部和拱坝的梁向不可避免将出现较大拉应力。因此，有必要进行动力损伤和非线性断裂分析以了解大坝的开裂行为。在这方面，线性和非线性断裂模型都被用于混凝土坝的地震开裂分析。在线性断裂分析方面，Pekau 等（1995）采用边界元方法计算动应力强度因子，再现了 Koyna 重力坝在 1967 年地震中的开裂形态；与此同时，还进行了振动试验以验证该分析模型。在非线性断裂分析方面，Wang 等（2000）采用有限元法考虑混凝土的应变软化，分析了 Koyna 重力坝的开裂行为，其中应用断裂带理论（Bazant and Oh，1983）以保证断裂能的唯一性而克服有限元网格的敏感性。最近，Pan 等（2009）采用塑性损伤模型（Lee and Fenves，1998），进行了大岗山的拱坝动力损伤开裂分析，表明大岗山在设计地震荷载作用下坝体上部梁向出现了明显的损伤裂缝。

为了提高抗震性能，在修建小湾和大岗山等高拱坝时，曾建议采用一些抗震加强措施。如进行梁向配筋以限制设计地震荷载作用时的裂缝扩展；设置横缝钢筋或者横缝间阻尼器以减小横缝开度；以及采用配筋拱圈以提高大坝的整体性。在经过详细的对比分析以后，小湾拱坝和大岗山拱坝的业主和设计单位决定采用梁向配筋作为主要的抗震加强措施，横缝阻尼器作为辅助措施。在梁向配筋的拱坝动力响应分析中，需要考虑配筋的影响以及钢筋-混凝土相互作用引起的混凝土钢化效应。Long 等（2008）等提出了一种修正的嵌入式钢筋模型，通过钢化钢筋，可以方便地模型少筋悬臂梁（与混凝土坝体相比）的混凝土-钢筋相互作用。上述方法已经初步用于金安桥和大岗山拱坝的抗震加强设计。分析结果表明，加强措施可以有效控制损伤指标和裂缝的扩展。另外，还发展了其他加强措施的数值模型，如横缝配筋、横缝阻尼器、配筋带，以分析它们的影响。

2.4　坝体-库水相互作用的影响

坝体-库水相互作用是影响混凝土坝地震响应的一个重要因素。由于高拱坝通常比重力坝的柔度大，拱坝-库水的相互作用比重力坝-库水的相互作用更加显著。Chopra 及其合作者（Hall and Chopra，1980；Fok and Chopra，1985）详细研究了库水可压缩性对拱坝地震响应的影响。在中美地震工程合作研究中，Clough 和 Chang（1984）及 Clough 等（1984）开展了一系列原型激振试验，研究了拱坝-库水-地基的相互作用。获得了坝体-库水动力相互作用的珍贵数据。然而，关于库水可压缩性对于坝体响应的影响程度，最终仍没有得出明确的结论。这项研究工作的一个重要发现是，在地震动的三个分量中，当假定地基为刚性且可压缩库水的基频与垂直地震动的卓越频率相重合时，垂直分量对拱坝的响应有显著的影响。但是，考虑到库底淤砂和基岩能量吸收对于降低坝体响应的影响显著，并且对坝体响应起主要作用的地震动分量是顺河向和横河向而不是垂直向，在目前抗震设计和研究实践中，通常忽略了库水的可压缩性，采用附加质量方法近似模拟坝体-库水的相互作用。

然而，很多学者从科学探索的角度，研究了库水的可压缩性和淤砂层的影响（Du et al.，2001；邱流潮等，2004；Zhang et al.，2011；Lin et al.，2012；Wang et al.，2012）。尤其是对于 300m 高拱坝来说，这一问题值得进一步深入研究。

2.5　坝体-坝肩稳定性

传统的混凝土坝抗震研究主要集中在坝体结构的线弹性和非线性响应分析方面。很少有研究工作触及到坝体-坝肩系统的稳定性问题。即使是在静力情况下，坝体和地基（坝肩）也常被看成是完全分离的两个独立系统，采用不同的分析方法。对于坝体通常采用有限元方法；而对于坝肩则采用刚体极限平衡方法。实际上，在荷载作用和地震过程中，坝体-地基是不可分割的一个整体系统。为了克服这一缺点，陈厚群（2011）将有限元与刚体平衡法结合分析坝肩稳定性，首先采用有限元法对坝体-库水-地基系统进行动力响应分析，然后将分析结果应用于坝肩块体的刚体极限平衡分析，以考虑坝体作用对坝肩块体稳定性的影响。

现今，在岩石力学领域，已经发展了一些数值模型和计算程序，如三维离散元（3DEC）（Cundall，1988）、非连续变形分析方法（DDA）（Shi and

Goodman，1985）、颗粒元方法（PFC）（Cundall，1990)及刚体弹簧元（RBSE）（Kawai and Toi，1978）等，显示出了预测裂隙岩体变形和垮塌响应的良好应用前景，可以成为有效的分析工具。张楚汉等（2009）采用 DEM 和 RBSE 方法开展了一些坝体-坝肩整体稳定性的探索性研究，包括 Koyna 坝地震开裂后的稳定性分析、Malpasset 拱坝的坝肩破坏模拟及小湾拱坝-坝肩和溪洛渡拱坝-坝肩的抗震稳定性研究等，发现了一些有意义的现象。

3 当今面临的前沿科技问题

高坝抗震安全研究包括坝址地震动荷载确定、坝体-库水-地基系统地震响应分析、混凝土和岩石材料动力特性、大坝安全评价四个方面。但以往的研究工作主要集中在坝体结构地震响应分析方面，而其他方面的研究工作相对较少，仍有很多前沿科技问题有待深入研究。

3.1 坝址地震动荷载的确定方法

对于重大高坝工程，坝址地震动荷载的合理确定是抗震设计的首要任务，需要进行专门的地震危险性分析。目前通用的方法是概率分析法（Cornell，1968），综合考虑地震震级、位置和地震动强度的不确定性，给出根据超越概率确定的场址地震动参数。概率分析法优点在于能够描述坝址受地震活动影响的随机性，定量估计遭受不同强度地震动的概率，符合工程设计的理念。然而概率分析方法叠加了所有可能发生地震的影响，不能代表任一可能发生地震所产生的地震动（McGuire，1995；陈厚群，2011）。另外，概率分析法采用经验衰减关系，忽略了震源破裂机制和地震波在介质中传播的物理过程，以及坝址峡谷场地效应的影响。

近年来，随着地震动模拟和预测方法的不断发展，以及计算机超大规模数值计算能力的提升，采用数值方法模拟地震动成为了工程场址地震动研究的一个发展趋势（Douglas and Aochi，2008；Baker et al.，2014）。数值模拟方法是根据求解域的三维介质信息，采用确定的震源和路径模型，通过在时域内逐步求解波动方程，模拟地震波从震源经由复杂的传播介质最终到达局部场地的整个传播过程，定量分析场址的地震动分布特性。某一场点的地震动可以表示为震源时间函数和格林函数的卷积（Aki and Richards，2002）：

$$u_i\left(x,t\right)=\int_{-\infty}^{+\infty}\mathrm{d}\tau\iint_{\Sigma}\left[u_j\left(\xi,\tau\right)\right]C_{\mathrm{jkpq}}G_{ip,q}\left(x,t;\xi,\tau\right)v_k\mathrm{d}\Sigma\xi \qquad （1）$$

式中，x 和 t 分别表示空间和时间总体坐标；ξ 和 τ 为分别表示空间和时间局部坐标；$u_i(x,t)$ 为位移场；$\left[u_j(\xi,\tau)\right]$ 为破裂面位错；C_{jkpq} 为弹性矩向量；$G_{ip,q}(x,t;\xi,\tau)$ 为格林函数。

目前，常用的地震动数值方法包括有限差分、有限元法、谱元法等（Douglas and Aochi，2008）。其中谱元法是一种高阶有限元方法，既具备有限元法处理边界和介质的灵活性也具有谱方法的求解精度（Komatitsch and Vilotte，1998）；而且质量阵为对角阵，适用于大规模并行计算。因此，近年来在地震动模拟中得到了更多的应用。

最近，我们提出了基于震源-河谷波场数值模拟的坝址地震动确定思路（He et al.，2015）。通过地震学和工程学交叉，针对设定地震（如最大可信地震），建立震源-传播介质-坝址峡谷场地的超大规模谱元法数值模型，模拟地震波从发震断层破裂开始到坝址场地的物理传播过程，生成坝址区的三维地震动参数，如图 1 所示。从理论上讲，该方法可以考虑震源机制、传播介质和坝址峡谷场地效应三大要素的影响，生成符合实际地质构造、区域岩体动力特性及坝址峡谷地质地形条件的地震动荷载分布。但是坝址地震动的数值模拟，仍有很多难点问题需要解决：

（1）潜在 MCE 震源的确定和选择。

（2）震源破裂机制的模拟。

（3）传播介质的速度结构模型。

（4）坝址峡谷场地非线性地质地形条件的模拟。

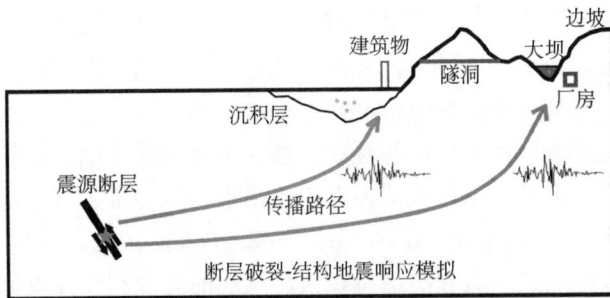

图1　震源-传播介质-坝址河谷地震响应模拟示意图

3.2　高坝系统强非线性耦合动力响应分析

如第 2 节所介绍，经过近三十年的发展，高坝-地基-库水系统的地震响应分析方法取得了长足的进展。高坝-水库-地基系统的非线性动力损伤开裂模型（Zhang et al.，2013），可以综合考虑无限地基辐射阻尼、库水可压缩性、坝体横缝非线性、混凝土材料非线性、坝体混凝土-钢筋耦合作用等关键因素，已经广泛应用于工程实践。目前逐渐开始向高坝-库水-地基强非线性耦合问题方面发展，包括高坝强震破坏过程与溃决机理的研究。

为了研究遭遇极端强震时，高坝可能出现的溃决破坏问题，需要研究和发展从小变形损伤开裂到大变形溃决破坏的数值模拟分析方法。张楚汉等（2009）提出了用等效弹簧凝聚块体的弹性变形，以弹簧强度等效离散界面强度及以块体中心荷载等效结点荷载的刚度、强度、荷载三等效原则，形成连续-非连续介质模拟的刚体弹簧元，建立了结构工程由小变形到大变形破坏过程的统一模型，为考虑拱坝与坝肩耦合作用的拱坝-地基整体动力稳定分析研究开辟了一条有效途径。图 2 为对 Malpasset 拱坝破坏的仿真分析结果，与实际破坏溃决现象相吻合。Jin 等（2011）从有限运动的假定出发，提出以位移模态求解离散块体系统运动学和动力学，建立了一种三维模态变形体离散元法，并将变形块体的本构关系从线弹性扩展到弹塑性，初步实现了对结构弹性—弹塑性—断裂—破损的全过程模拟。此外，张楚汉等（2009）还实现了离散元与断裂力学的耦合，提出一种将变形体离散元与损伤断裂模型结合的方法，以研究连续-非连续耦合系统的破坏演化过程。

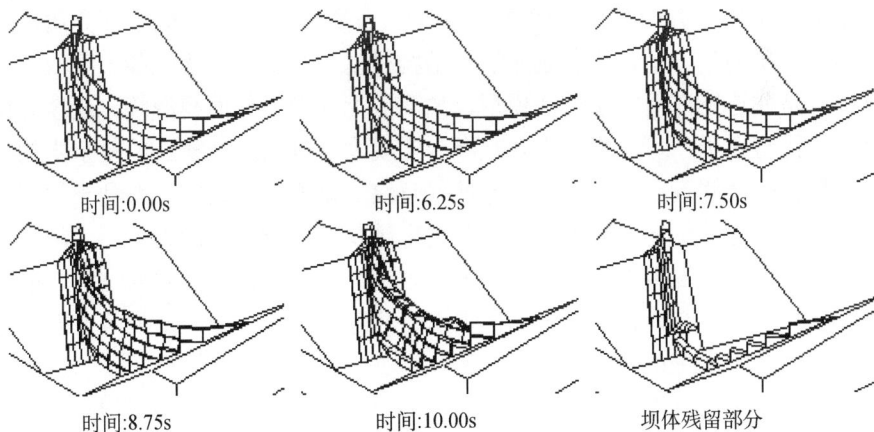

时间:0.00s　　　时间:6.25s　　　时间:7.50s

时间:8.75s　　　时间:10.00s　　　坝体残留部分

图2　法国Malpasset拱坝破坏全过程仿真

上述研究工作表明，进行坝体结构-基岩系统从线弹性状态到完全垮塌的全过程模拟具备了可能性，但是仍面临着诸多挑战：

（1）坝体、水库、地基系统的多介质相互作用的合理模拟。

（2）开裂到破坏过程中渗透水流的影响。

（3）离散介质分析方法在小变形阶段的模拟精度。

（4）模型的计算规模和效率。

3.3 混凝土材料细观动力特性研究

众多的试验研究表明，混凝土受到地震或冲击等动力荷载作用时，其动态力学行为与静力状态下有完全不同的破坏过程和耗能机制，即具有明显的率相关效应（Malvar and Ross，1998）。如我国《水电工程水工建筑物抗震设计规范》规定，混凝土动态强度和动态弹性模量的标准值可较其静态标准值提高 20%。但是研究工作主要集中在宏观规律的试验和分析方面，对其动态损伤断裂过程和机理的研究仍然不足，关于混凝土率相关效应的机理尚仍不是很清楚。从细观结构上，考虑混凝土材料的非均匀性，研究微裂纹的产生、扩展、失稳、连通的破坏过程，可以解释混凝土材料宏观力学行为的机理。

Wittmann 等（1985）将细观概念引入到混凝土材料力学性能的研究中，从材料细观破坏机制的层面上对宏观力学现象进行机理分析。此后，混凝土材料细观力学特性的研究，成为了一个热点研究课题。根据求解方式，细观力学模型主要分为两类（武明鑫，2015）：一类将混凝土看成连续介质，属于连续介质力学方法，如有限元法、格构模型等；另一类将混凝土看成离散介质，是非连续介质力学方法模型，如离散元模型、界面模型等。连续介质模型的优势在于，可以直接引入混凝土宏观力学理论方法建立的复杂本构模型，如黏弹性假设、损伤软化、弥散式裂纹、率相关假设等，有利于模型对复杂力学行为的描述，缺点在于模型越来越复杂，对计算能力的要求越来越高。另外，由于混凝土的破坏实质上是由连续变为不连续介质的过程，所以非连续介质力学在模拟混凝土局部损伤、非连续位移、破裂发展等方面，表现出很大优势（Donzé et al.，2009）。

最近，Qin 和 Zhang（2011）、Wu 等（2015a，2015b）围绕混凝土的动力率效应和破坏机理问题，开展了混凝土霍普金森冲击试验和落锤冲击试验，以及细观颗粒元仿真模拟研究，通过细观数值仿真与宏观试验的相互验证的方式探讨混凝土动力性能与破坏机理。如图 3 所示为一组混凝土梁落锤试验和相应的细观颗粒元数值模拟的对比，其中混凝土梁试验的尺寸为

100mm×100mm×400mm，落锤质量为 4kg、高度为 2m。从图 3 可以看出，数值模拟结果与试验结果吻合较好。在落锤冲击作用下，混凝土梁除了主裂纹，表面还产生了其他局部破碎，相对应的数值结果中裂纹也产生了分叉，整个过程可以划分为三个阶段：初始阶段，应变增长速度较小，受压应变和受拉应变基本对称；开裂阶段，拉压应变快速增加，裂纹从梁下部受拉区开裂，中性轴上移，受压应变进一步增加；破坏阶段，裂缝发展到受压区，压应变转变为受拉并破坏，混凝土梁完全断裂。

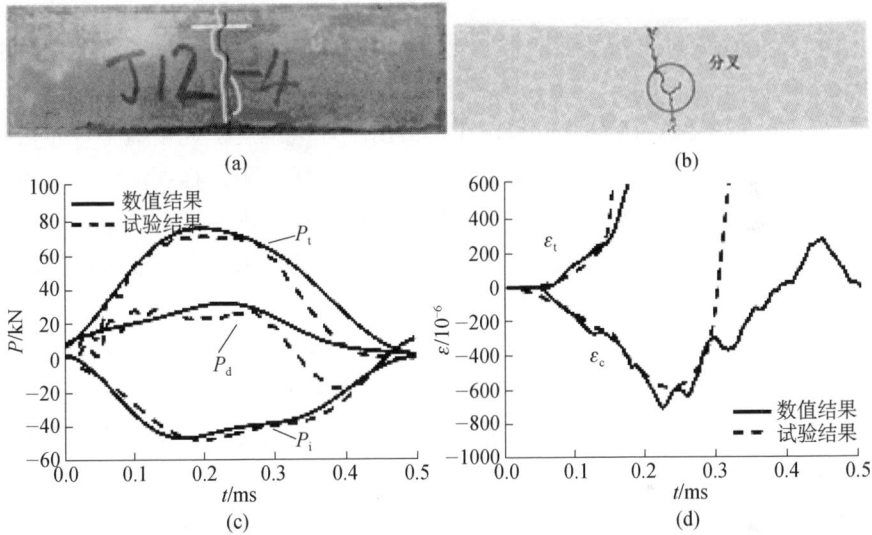

图3　混凝土梁落锤试验和细观颗粒元模拟结果对比

（a）落实试验破坏裂缝；（b）数值模拟破坏裂缝；（c）数值和试验荷载时程；（d）数值和试验应变时程

上述研究工作，表明细观方法可以很好地仿真混凝土动力特性，但仍面临许多挑战：

（1）细观仿真模型计算规模的扩展及细观参数的精确率定。

（2）复杂荷载环境下，如干湿转换，混凝土细观动力特性的仿真。

（3）长期荷载作用下，混凝土材料劣化效应模拟。

（4）钢筋混凝土及节理岩体（包括加固措施）的细观动力响应特性。

3.4　高坝抗震安全风险评价

基于风险的大坝安全管理在美国、加拿大、澳大利亚等国的一些大坝管理机构已经得到了广泛应用（FEMA，2015）。而我国高坝的抗震设计与安全评价目前仍停留在半经验半理论的水平：在设计地震等级上采用单一地震设防；在分析方法上以线弹性力学或刚体极限平衡法为基础，以最大拉、压应力和抗滑稳定安全系数为控制指标；在混凝土材料强度指标方面采用试验室单轴试验指标；在安全判据上，用单一安全系数 K 来确定大坝与坝肩的安全度。

大坝安全风险研究可以为大坝安全管理提供一种系统而深入的分析方法。因此，考虑地震动参数的不确定性，坝体和地基材料参数的不确定性，坝体破损溃决的灾害损失，建立工程、社会、经济之间联系，发展高坝抗震安全风险评价体系是未来发展趋势。

基于易损性的大坝地震风险分析，可以定量评估大坝的抗震安全风险（Tekie and Elling wood，2003；张楚汉等，2004）。其分析步骤包括：①地震危险性，分析不同震源及其发震规律，给出坝址区地震加速度概率分布密度函数；②大坝抗震易损性，分析大坝不同地震分级下破损程度的概率分布，给出抗震易损性概率曲线；③灾害损失，分析大坝出现不同的等级破损时可能造成的人员伤亡、财产损失、环境影响等。由此，大坝的抗震安全风险可以表示为

$$大坝抗震风险（risk）=\sum[地震危险性（hazard）×易损性（fragility）×损失（consequences）] \tag{2}$$

另外，目前高坝抗震安全评价多以单一的高坝为研究对象。从汶川地震实例来看（张楚汉，2009），梯级库群很可能形成灾害链。一方面是强烈地震可能直接造成梯级库群中某一高坝的溃决，进而引发下游土石坝、混凝土坝、闸坝、堤防等工程的连锁溃决，形成灾害链。另外一方面地震可能造成地质灾害，形成地震动—滑坡堰塞湖—溃堰洪水—垮坝—洪水致灾的灾害链。因此从梯级库群的角度，考虑库群的灾害链，综合评价高坝的抗震安全风险也是必要的。

大坝抗震安全风险，涉及地震学、工程学、经济学等多学科的交叉，建立结构分析-性能指标-社会经济风险之间的合理关系，仍有许多关键问题亟待突破。

（1）高坝强震破损和溃决模式。

（2）梯级库群的灾害链。

（3）社会经济环境损失评估系统。

4　结论与展望

近年来，坝体-地基系统的地震响应分析取得了长足进展，发展了相对

比较完善的非线性动力损伤开裂分析模型，综合考虑无限地基辐射阻尼、库水可压缩性、坝体横缝非线性、混凝土、坝体混凝土-钢筋耦合作用等关键因素，并已广泛应用于我国高坝工程实践。但是，在地震动荷载、高坝地震强非线性破坏过程、混凝土材料动力特性、大坝抗震安全风险等方面仍有许多关键科学技术问题需要解决，目前正在从以下四个方面发展。

（1）地震危险性分析由概率方法向与数字地震并行的方向发展。

（2）高坝结构地震反应由线弹性分析向非线性大变形分析方法发展。

（3）混凝土材料动态由宏观向细观力学方法发展。

（4）工程抗震设计由传统设计方法向安全风险设计方法发展。

致谢：本文内容包含了 30 年来先后在清华大学抗震组学习的多名博士生和硕士生的学术研究贡献。特此感谢！

参考文献

陈厚群. 2011. 混凝土高坝抗震研究. 北京：高等教育出版社.

邱流潮，金峰，王进廷. 2004. 海绵吸收层法在坝-库水瞬态动力相互作用分析中的应用. 水利学报，35:46-51.

盛志刚，张楚汉，王光纶，等. 2003. 拱坝横缝非线性动力响应的模型试验和计算分析. 水力发电学报，22(1):34-43.

武明鑫. 2015. 混凝土动力冲击性能试验与细观数值仿真研究. 清华大学博士学位论文.

张楚汉. 2009. 汶川地震工程震害的启示. 水利水电技术，40(1):1-3.

张楚汉，金峰，沈怀至，等. 2004. 基于功能的高坝抗震安全与风险评价//新世纪水利工程科技前沿，天津：天津大学出版社.

张楚汉，金峰，周元德，等. 2009. 岩石和混凝土离散-接触-断裂分析. 北京：清华大学出版社.

Aki K，Richards P G. 2002. Quantitative Seismology (Second Version). University Science Books，Sausalito，California.

Alves S W，Hall J F. 2006.Generation of spatially nonuniform ground motion for nonlinear analysis of a concrete arch dam. Earthquake Engineering & Structural Dynamics，35:339-357.

Baker J W，Luco N，Abrahamson N A，et al. 2014. Engineering uses of physics-based ground motion simulations. Proceedings of the 10th National Conference in Earthquake Engineering，Earthquake Engineering Research Institute，Anchorage，Alaska.

Bathe K J，Chaudhary A. 1985. A solution method for planar and axisymmetric contact problems. International Journal for Numerical Methods in Engineering，21: 65-88.

Bazant Z P，Oh B H. 1983. Crack band theory for fracture of concrete. Materiaux Constructions，16:155-177.

Chopra A K，Tan H. 1992. Modeling dam-foundation interaction in analysis of arch dams. Proc. 10th World Conference Earthquake Engineering，Madrid，8: 4623-4626.

Clough R，W，Chang K T. 1984. Dynamic response behavior of QuanShui Dam. Earthquake Engineering Research Center，University of California，Berkeley.

Clough R W，Chang K T，Chen H Q，et al. 1984. Dynamic response behavior of Xiang Hong Dian Dam. Earthquake Engineering Research Center，University of California，Berkeley.

Clough R W. 1980. Non-linear mechanisms in the seismic response of arch dams. International Conference on Earthquake Engineering. Skopje，Yugoslavia，669-684.

Cornell C A. 1968. Engineering seismic risk analysis. Bulletin of the Seismological Society of America，58: 1583-1606.

Cundall P A. 1988. Formulation of three-dimensional distinct element model，Part I，A scheme to detect and represent contact in system composed of many polyhedral blocks.International Journal of Rock Mechanics and Mining Science &Geomechanics Abstracts，25:107-116.

Cundall P A. 1990. PFC2d Users' Manual. Minnesota: Itasca Consulting Group Inc.

Dominguez J，Maeso O. 1992. Model for the seismic analysis of arch dams including interaction effects. Proc. 10th World Conf. Earthquake Eng.，Madrid，8: 4601-4606.

Donzé F V，Richefeu V，Magnier S. 2009. Advances in discrete element method applied to soil，rock and concrete mechanics. Electronic Journal of Geotechnical Engineering，44:31.

Douglas J，Aochi H. 2008. A survey of techniques for predicting earthquake ground motions for engineering purposes. Surveys in Geophysics，29: 187-220.

Du X L，Tu J. 2007. Nonlinear seismic response analysis of arch dam-foundation systems-part II opening and closing contact joints. Bulletin of Earthquake Engineering，5:121-133.

Du X L，Wang J T，Hung T K. 2001. Effects of sediment on the dynamic pressure of water and sediment on dams. Chinese Science Bulletin，46: 521-524.

Du X L，Zhang Y H，Zhang B Y. 2007. Nonlinear seismic response analysis of arch dam-foundation systems-part I dam-foundation rock interaction. Bulletin of Earthquake Engineering，5（1）:105-119.

FEMA. 2015. Federal guidelines for dam safety risk management(FEMA P-1025).

Fenves G L，Mojtahedi S，Reimer R B. 1989. ADAP88: a computer program for nonlinear earthquake analysis of concrete arch dams. Earthquake Engineering Research Center，University of California，Berkeley，California.

Fok K L，Chopra A K. 1985. Earthquake analysis and response of concrete arch dams. Earthquake Engineering Research Center，University of California，Berkeley.

Hall J F，Chopra A K. 1980. Dynamic response of embankment，concrete-gravity and arch dams including hydrodynamic interaction. Earthquake Engineering Research Center，University of California，Berkeley.

Hall J F. 1995. Northridge earthquake of January 17, 1994 preliminary reconnaissance report，volume 1. Earthquake Spectra 11(Supplement C): EERI 95-03.

Hall J F. 1988. The dynamic and earthquake behaviour of concrete dams: review of experimental behavior and observation evidence. Soil Dynamic and Earthquake Engineering，7:58-121.

He C H，Wang J T，Zhang C H，et al. 2015. Simulation of broadband seismic ground motions at dam canyons by using a deterministic numerical approach. Soil Dynamics and Earthquake Engineering，76:136-144.

Jin F，Zhang C，Hu W，et al. 2011. 3D Mode Discrete Element Method: Elastic Model. International Journal of Rock Mechanics and Mining Sciences，48:59-66.

Kawai T，Toi Y. 1978. New element models in discrete structural analysis. Naval Architecture and Ocean Engineering，16:97-110.

Komatitsch D，Vilotte J P. 1998. The spectral element method: An efficient tool to simulate the seismic response of 2D and 3D geological structures. Bulletin of the Seismological Society of America，88:368-392.

Lau D T，Boruziaan B，Razaqpur A G. 1998. Modeling of contraction joint and shear sliding effects on earthquake response of arch dams. Earthquake Engineering & Structural Dynamics，27:1013-1029.

Lee J，Fenves L G. 1998. A plastic-damage concrete model for earthquake analysis of dams. Earthquake Engineering & Structural Dynamics，27:937-956.

Lin G，Hu Z Q. 2005. Earthquake safety assessment of concrete arch and gravity dams. Earthquake Engineering and Engineering Vibration，4: 251-264.

Lin G，Wang Y，Hu Z Q. 2012. An efficient approach for frequency-domain and time-domain hydrodynamic analysis of dam-reservoir systems. Earthquake Engineering & Structural Dynamics，41: 1725-1749.

Long Y C，Zhang C H，Jin F. 2008. Numerical simulation of reinforcement strengthening for high-arch dams to resist strong earthquakes. Earthquake engineering & structural dynamics. 37: 1739-1761.

Malvar L J，Ross C A. 1998. Review of strain rate effects for concrete in tension. ACI Material Journal，95:735-739.

McGuire R K. 1995. Probabilistic seismic hazard analysis and design earthquakes: closing the loop. Bulletin of the Seismological Society of America，85:1275-1284.

Pan J W, Zhang C H, Wang J T, et al. 2009. Seismic damage-cracking analysis of arch dams using different earthquake input mechanisms. Science in China Series E: Technological Sciences, 52:518-529.

Pekau O A, Feng L M, Zhang C H. 1995. Seismic fracture of Koyna dam: case study. Earthquake Engineering & Structural Dynamic, 24:15-33.

Qin C, Zhang C H. 2011. Numerical study of dynamic behavior of concrete by meso-scale particle element modeling. International Journal of Impact Engineering, 38: 1011-1021.

Shi G H, Goodman R E. 1985. Two dimensional discontinuous analysis. International Journal of Numericaland Analytical Methods in Geomechamics, 9(6):541-556.

Swanson A A, Sharma R P. 1979. Effects of the 1971 San Fernando earthquake on Pacoima arch dam. Proc. 13th Congress on Large Dams, New Delhi.

Tekie P B, Ellingwood B P. 2003. Seismic fragility assessment of concrete gravity dams. Earthquake Engineering & Structural Dynamics, 32:2221-2240.

Trifunac M D. 1973. Scattering of plane SH waves by a semi-cylindrical canyon. Earthquake Engineering & Structural Dynamics, 1:267-281.

Wang G L, Pekau O A, Zhang C H, et al. 2000. Seismic fracture analysis of concrete gravity dams based on nonlinear fracture mechanics. Engineering Fracture Mechanics, 65:67-87.

Wang H B, Li D Y. 2006. Experimental study of seismic overloading of large arch dam. Earthquake Engineering & Structural Dynamics, 35:199-216.

Wang J T, Chopra A K. 2010. Linear analysis of concrete arch dams including dam-water-foundation rock interaction considering spatially-varying ground motions. Earthquake Engineering & Structural Dynamics, 39:731-750.

Wang J T, Zhang C H, Jin F. 2012. Nonlinear earthquake analysis of high arch dam–water–foundation rock systems. Earthquake Engineering & Structural Dynamics, 41: 1157-1176.

Wang Y, Lin G, Hu Z Q. 2010. A coupled FE and scaled boundary FE-approach for the earthquake response analysis of arch dam-reservoir-foundation system. IOP Conference Series Materials Science and Engineering, 10(1):012212.

Wittmann F H, Roelfstra P E, Sadouki H. 1985. Simulation and analysis of composite structures. Material Science and Engineering, 68:239-248.

Wong H L.1982. Effects of surface topography on the diffraction of P, SV and Rayleigh waves. Bulletin of the Seismological Society of America, 72: 1167-1183.

Wu M X, Chen Z F, Zhang C H. 2015a. Determining the impact behavior of concrete beams through experimental testing and meso-scale simulation: I Drop-weight tests. Engineering Fracture Mechanics, 135:94-112.

Wu M X, Zhang C H, Chen Z F. 2015b. Determining the impact behavior of concrete beams through experimental testing and meso-scale simulation: Ⅱ. Particle element simulation and comparison. Engineering Fracture Mechanics，135:113-125.

Yan J Y，Zhang C H，Jin F. 2004. A coupling procedure of FE and SBFE for soil-structure interaction in the time domain. International Journal for Numerical Methods in Engineering，59(11):1453-1471.

Zhang C H，Zhao C B. 1988. Effects of canyon topography and geological conditions on strong ground motion. Earthquake Engineering & Structural Dynamic，16:81-97.

Zhang C H，Jin F，Wang G L. 1996. Seismic interaction between arch dam and rock canyon. 11th World Conference Earthquake Engineering.，Mexico，Paper No. 595.

Zhang C H，Jin F，Wang J T，et al. 2013. Seismic safety evaluation of concrete dams:a nonlinear behavioral approach. Oxford:Elsevier.

Zhang C H，Jin F，Pekau O A. 1995. Time Domain procedure of FE-BE-IBE coupling for seismic interaction of arch dams and canyon. Earthquake Engineering &Structural Dynamic，24（12）:1651-1666.

Zhang C H，Pan J W，Wang J T. 2009. Influence of seismic input mechanisms and radiation on arch dam response. Soil Dynamics and Earthquake Engineering，29:1282-1293.

Zhang C H，Pekau O A，Jin F. 1992. Application of FE-BE-IBE coupling to dynamic interaction between alluvial soil and rock canyons. Earthquake Engineering & Structural Dynamic，21(5):367-385.

Zhang C H，Xu Y J，Wang G L，et al. 2000. Non-linear seismic response of arch dams with contraction joint opening and joint reinforcements. Earthquake Engineering & Structural Dynamics，29:1547-1566.

Zhang C H，Yan C D，Wang G L. 2011. Numerical Simulation of Reservoir Sediment and Effects on Hydro-dynamic Response of Arch Dams. Earthquake Engineering &Structural Dynamics，30:1817-1837.

Zhong H，Lin G，Li J B，et al. 2008. An efficient time-domain damping solvent extraction algorithm and its application to arch dam–foundation interaction analysis. Communications in Numerical Methods in Engineering，24:727-748.

Zhou J，Lin G，Zhu T，et al. 2000. Experimental investigations into seismic failure of high arch dam. Journal of Structural Engineering，126:926-935.

高土石坝抗震研究进展

孔宪京

（大连理工大学水利工程学院，大连 116024）

摘 要：本文主要介绍了笔者课题组近 30 年来围绕高土石坝的抗震安全问题，在高精度静-动三轴仪研制、筑坝材料动力特性及本构模型、土石坝地震破坏机理及模型试验技术、高土石坝地震变形分析方法、高土石坝-地基-库水动力相互作用分析方法、高土石坝高性能-精细化分析软件研发、高土石坝抗震设计方法及有效加固措施等方面针对科学技术难题开展的研究。最后，建议了高土石坝抗震安全评价理论与方法研究的发展方向。

关键词：土石坝；堆石料；三轴试验；振动台；本构模型；软件；动力；抗震措施

Earthquake Resistant Researches of High Rockfill Dam

Xianjing Kong

(School of Hydraulic Engineering, Dalian University of Technology, Dalian 116024)

Abstract: This paper summarizes the work conducted by the author and his cooperators over the past thirty years on the researches of seismic safety evaluation of high rockfill dam, which the large-scale monotonic and cyclic triaxial apparatus, the rockfill material properties and constitutive models, the seismic failure mechanisms of rockfill dam, the measuring and testing techniques of large-scale shaking table model, the numerical simulation methods of seismic deformation of rockfill dam, the evaluation system of dam-foundation-water dynamic interaction, the design of high-performance non-linear dynamic FEM software, the aseismic design theory and the structural strengthening methods of high rockfill dam, etc. Further, the development

---

通信作者：孔宪京（1952—），E-mail: kongxj@dlut.edu.cn。

trends of earthquake-resistance analysis of high rockfill dam is suggested in this paper.

Key Words: rockfill dam；rockfill material；triaxial test；shaking table；constitutive model；software；dynamic；aseismatic measures

1 引言

地震是一种多发的自然现象，是威胁人类生命财产安全的主要自然灾害。近几十年我国发生过多次灾害性的大地震，例如，唐山大地震和汶川大地震，震级近 8 级，灾害之惨重令人触目惊心。目前，我国已建、在建或拟建一大批高坝，其中土石坝是高坝建设中的主要坝型。从安全控制的角度看，大坝在填筑、蓄水及后期流变过程中出现安全危机时，我们有时间采取措施消除隐患，静载条件下大坝安全是可控的。然而，地震具有突发性和不确定性，突如其来的地震荷载可能导致坝体严重破坏特别是防渗功能丧失、库水失控下泄，其安全是难以控制的。正如陈厚群（2009）指出：基于我国国情，高坝大库"无可替代"的重要作用、"难以避让"的抗震问题及其一旦发生严重灾变"不堪设想"的次生灾害后果，突显了确保其抗震安全的极端重要性。

笔者课题组结合我国高土石坝工程建设需求，在国家"七五""八五""九五"科技攻关和国家电力公司"十五"重点科技项目及国家自然科学基金资助下，在高精度静动大型和超大型三轴仪研制、筑坝材料动力变形特性及本构模型、地震破坏机理及模型试验技术、地震变形分析方法、高性能和精细化分析软件开发、抗震设计方法及其抗震措施等方面的科学技术难题开展了系统研究。

2 高精度静动三轴仪研制

相对于砂土和黏土，堆石料的试验设备和试验技术方面都存在许多的困难，自 1995 年采用局部微小应变、内置力传感器等先进测试技术，先后研制了高精度大型（直径 300mm）、中型三轴仪（直径 200mm），在国内同类设备中，率先达到了 10^{-6} 微小应变测试精度，提高了粗粒土静、动三轴试验的精度和效率。在此基础上，提出了静动耦合试验方法，解决了堆石料静、动参数测量离散性的问题，为深入研究土体静动变形和强度特性提供了一条新途径（贾革续和孔宪京，2005）。最近，又成功研制了国内第一台超大型静动两用三轴仪（直径 800mm 和 1000mm），为研究堆石料的缩尺效应提供了试验基础（图 1）（孔宪京等，2016a）。

图1 不同试样尺寸的三轴试验仪

(a) 大、中型（试样直径300mm、200mm）；(b) 超大型（试样直径1000mm、800mm）

3 筑坝材料动力变形特性及本构模型

3.1 堆石料动力变形特性

采用大型三轴仪，研究了堆石料在微小应变下各种变形模量之间、模量与应变水平之间的相关性（孔宪京等，2001a）。研究了13种堆石料动弹性模量与阻尼比特性，在此基础上，结合8座堆石坝现场弹性波试验结果，建议了堆石料归一化动剪切模量和阻尼比随剪应变变化的经验曲线，给出了动剪切模量的经验公式（孔宪京等，2001b），可根据堆石料岩性和孔隙比直接推算动力计算参数，为评价高土石坝等土工构筑物的地震反映提供了参考依据。

3.2 堆石料剪胀和颗粒破碎特性

笔者课题组针对堆石料的剪胀和颗粒破碎特性进行了系统研究，揭示了堆石料在单调和循环加载条件下的剪胀规律（Liu et al.，2016；Kong et al.，2016b）。阐明了单调和循环荷载下堆石料颗粒破碎率与塑性功之间存在一致的双曲线关系（孔宪京等，2014a）。研究成果为建立单调和循环加载条件下堆石料弹塑性模型提供了重要试验依据。

3.3 堆石料残余变形模型

地震残余变形计算方法一般都采用应变势法。"八五"期间统一考虑了固结比和孔隙比对残余变形的影响，改进了谷口残余变形模型（孔宪京和邹德高，2014）。此外，笔者课题组在大量试验的基础上，对沈珠江残余变形模型进行了改进，合理地考虑了应力水平的相关性（邹德高等，2008）。汶川地震后，针对已有模型会高估坝顶区堆石料的体积收缩，提出了一个可以较好反映围压水平影响的简单实用双曲线残余变形模型（孔宪京，2015）。

3.4 堆石料弹塑性模型

传统地震残余变形分析需要静、动力分别计算作为基础，程序复杂，各个步骤间的参数相关性差，不能合理反映大坝变形的渐进发展过程，难以合理评价高土石坝强震时的抗震性能。为此，笔者课题组在砂土广义塑性模型的基础上，考虑堆石料的压力相关性和循环滞回特性，发展了堆石料的广义塑性模型。此外，为了更好的描述堆石料的颗粒破碎特性，与刘华北教授合作提出了一个考虑颗粒破碎的状态相关堆石料广义塑性模型（Liu et al.，2014；刘京茂等，2015）。土石坝动力分析表明，用一套参数改进和提出的模型就可以较好的反映大坝的地震变形特性（邹德高等，2011，2013；Kong et al.，2016a）。

3.5 面板与堆石体间接触面本构模型

土与结构之间由于刚度的差异而在两者界面存在一定厚度的不同于一般土体的区域，该区域的变形特性对结构物的应力变形有重要影响。笔者课题组针对目前模型在模拟接触面三维加载方面的缺陷，提出了一个三维弹塑性接触面模型，模型可以用一组参数较好的反映不同边界条件下不同孔隙比的接触面单调和循环荷载三维变形特性。将该模型引入到非线性有限元程序中对填筑、蓄水及地震条件下面板与垫层间的接触问题进行了数值模拟，验证了其优越性（Liu et al.，2014；刘京茂等，2015），为分析高面板堆石坝面板与垫层、坝体与岩体的接触效应提供了理论基础。

3.6 防渗面板和防渗墙混凝土本构模型

面板堆石坝有限元计算时，面板一般均采用线弹性模型进行模拟。汶川地震后，对高土石坝的极限抗震能力越来越受到重视。在进行混凝土面板堆石坝极限抗震能力分析时，可以允许面板发生一定程度的破损。如果混凝土面板仍采用线弹性模型，很难对其进行客观的评价。集成和发展了混凝土塑性损伤模型，实现了混凝土防渗体损伤分析方法，提高了强震时土石坝防渗体安全性能评价的合理性和精度，并阐明了混凝土防渗墙和面板的损伤分布规律和渐进发展过程（图 2）（孔宪京等，2014b；Yu et al.，2015）。在此基础上，发展了钢纤维混凝土塑性损伤模型，可模拟不同钢纤维含量的钢纤维混凝土强度和变形特性（孔宪京等，2016b）。此外，数值实现了既可以模拟混凝土准脆性材料的软化特性，又可以模拟超韧性材料应变硬化特性的共轴旋转裂缝模型，为面板抗震措施定量分析提供了理论支撑。

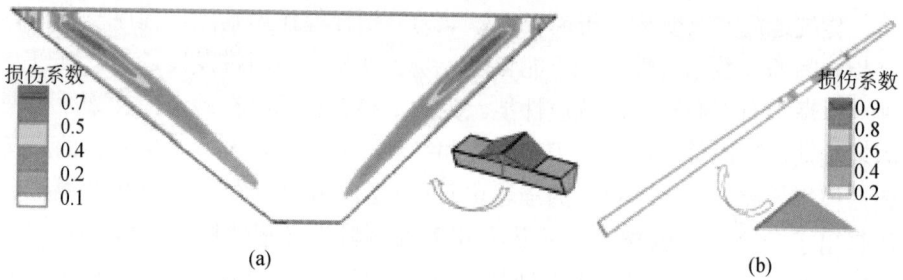

图2　高土石坝混凝土防渗结构损伤模拟
（a）防渗墙静力分析；（b）防渗面板动力分析

4　地震破坏机理及模型试验技术

不可否认，土石坝动力模型试验中由于模型相似律未能很好解决，在模型材料、地震动输入、测试手段、实验方法等方面也存在诸多问题，使得一些模型试验成果难以直接推断实际工程。然而，国内外一系列动力模型试验成果表明，实际地震中的主要震害形式，如坝体沉降、面板裂缝及错台等现象可通过选取不同的土石材料使其在模型上得以充分表现。此外，通过类比试验，还可以验证不同的坝型和结构形式、坝体几何特性、材料分区配置、不同抗震措施等对坝体稳定与变形的影响。近 30 年来，笔者课题组致力于土石坝振动台试验方法研究和试验技术开发，通过大量土石坝模型振动台试验研究，深化了人们对土石坝抗震性能的认识，验证了理论模型和分析方法。

4.1　基于原理模型的土石填筑坝振动台试验方法

在国内率先开展了土石坝振动台试验方法研究，提出了模型设计原则和设计方法，开发了多项试验测试技术。首先，利用大型振动台在满足几何和重力相似条件下构造原理模型，定性地重现土石坝实际震害现象；然后，通过变动参数（几何尺寸、材料参数、结构形式等）的类比试验与理论分析、数值模拟的相互印证；最后，将印证后的数值分析模型应用于实际工程，并对大坝的抗震性能及其安全做出评价。利用直接摄影法研究深厚覆盖层上土石坝-地基相互作用，研制开发了低弹模、低强度、高容重面板相似材料，还针对散粒体变形量测的难题，设计开发了高速计算机图像分析系统等多项土石坝振动台模型试验技术，为研究土石填筑坝地震破坏机理和抗震措施提供了有效手段（孔宪京，1990，2015；孔宪京等，2003，2009，2012）。

4.2 地震时土石填筑坝的两种破坏模式及其判据

依据土石坝震害调查和振动台上大量的土石填筑模型坝破坏性态和主要破坏特征，提出了两大类土石填筑坝破坏模式。即有黏性土坡具有深层滑裂面（形成滑动体）的整体、瞬间滑动破坏模式，以及无黏性土坡无明显滑裂面且坡面堆石块体表层滑移、逐层滑动的渐进破坏模式。针对黏性土坡的破坏模式，采用 Miner 累积损伤模型结合随机振动理论提出了估计土坝在地震作用下抗裂稳定性的判据（林皋等，1987），针对无黏性土坡，给出了散粒体颗粒跃移临界加速度和跃移距离的估算方法（图3）（倪汉根和孔宪京，1993）。这两种不同破坏模式的提出为土石填筑坝的抗震加固措施提供了依据。

图3　土石填筑坝的两种破坏模式

4.3 强震作用下面板堆石坝的主要破坏特征

依据大量的三维面板坝振动台模型试验、实际震害调查分析以及数值模拟分析结果，提出了面板堆石坝的两个主要破坏特征，即坝体最初的破坏形式是坝坡面的表层滑动，其位置发生在下游坝顶附近，由于上游坝面受面板的约束作用，地震时其稳定性高于下游坡；在强震作用下，面板断裂（或裂缝）部位一般发生在坝体上部，坝顶区土体的破坏（包括松动、滑移、坍塌等）是引起面板断裂（或裂缝）、脱空的主要原因（图 4）。针对汶川地震中紫坪铺混凝土面板堆石坝的二、三期面板错台现象，通过振动台模型试验和数值模拟分析，指出地震产生的堆石坝体永久变形对面板所产生的向下的摩擦力和向外侧的推力（鼓胀作用）是造成面板（接缝）错台的主要原因，揭示了面板错台机理（图5）（孔宪京，1990；孔宪京等，2012）。

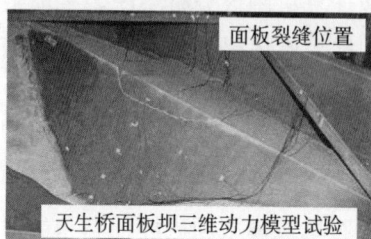

图4　面板堆石坝面板断裂位置

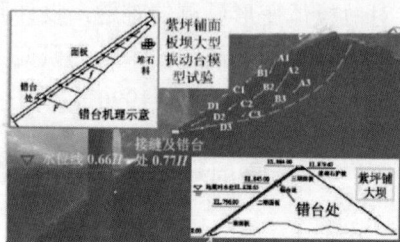

图5　面板堆石坝面板错台机理

5　地震变形分析方法

5.1　静动统一的弹塑性有限元分析方法

在筑坝材料本构模型的基础上，建立了基于筑坝堆石料弹塑性本构模型、堆石与结构面接触面弹塑性本构模型及防渗体弹塑性损伤模型的静动统一的弹塑性有限元数值分析方法，率先再现了汶川地震中紫坪铺面板堆石坝坝体沉陷、面板错台、面板挤压破坏及面板脱空等灾变的全过程，验证了静动统一弹塑性有限元数值分析方法的合理性和优越性（图6）（Xu et al.，2012；孔宪京等，2013b；Zou et al.，2013；孔宪京和邹德高，2014，2016；Kong et al.，2016a）。这对揭示土石坝的地震灾变机理，完善土石坝抗震安全评价方法与抗震措施有重要意义。

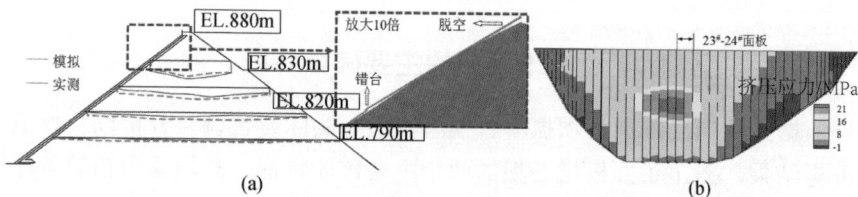

图6　紫坪铺面板坝震害模拟

（a）坝体沉降、面板错台和脱空；（b）震后面板坝轴向应力

5.2　土石坝非连续变形分析与有限元耦合方法

土石料属于离散介质，具有强烈的变形不连续性，采用散粒体力学思想从细观角度研究土石坝的变形与破坏是未来的发展方向。首次采用非连续变

形分析方法验证了堆石坝振动台模型试验现象及堆石坝的地震破坏机理，系统地研究了非连续变形分析与有限元耦合算法原理，发展了接触搜索的快速公共面识别算法，提高了接触判断效率；发展了三维球形和多面体颗粒的生成算法，提高了计算效率；基于 Visual C++平台，运用 OpenGL 技术，采用面向对象的设计方法，开发了二维和三维非连续变形分析与有限元耦合算法的程序系统（图7）（Kong and Liu，2002；孔宪京等，2003; Liu et al.，2004）。

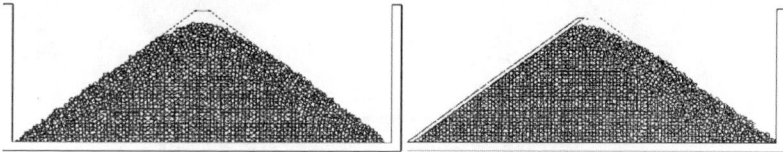

图7　基于非连续变形分析方法的堆石坝破坏机理及接触搜索效率对比

6　高土石坝-地基-库水动力相互作用分析方法

6.1　考虑库水及涌浪的流固耦合精细分析方法

动水压力准确性对评价混凝土面板坝防渗体的抗震安全性是至关重要的。工程计算中最常用的方法是将库水按照 Westergaard 附加质量计入，但高面板堆石坝三维河谷效应显著，将库水动水压力如此简化处理是不尽合理的。笔者课题组联合有限元法、有限体积法和比例边界有限元分析方法，建立了复杂河谷形状的库水及涌浪流固耦合精细分析模型，可以考虑库水可压缩性，精确计算涌浪及动水压力（Xu et al.，2016）。库水不可压缩时，Westergaard 方法计算的面板顺坡向应力比提出的方法大；考虑库水可压缩性时，竖向地震作用下面板的顺坡向动应力明显较大，且随着河谷反射系数的增大，应力极值也随之明显增大。对于高面板坝，考虑库水可压缩性是十分必要的。

6.2　高土石坝-河谷-地基动力相互作用

高土石坝、河谷和地基之间存在着不同程度的相互作用，实为一个能量开放的系统，地震波动效应的影响可能显著。为了对高土石坝的地震安全性做出更准确的评估，笔者课题组集成了人工边界和等效荷载的波动输入方法，引入了弹簧-阻尼器人工边界界面单元，考虑了地基非线性，发展了高土石坝-河谷-地基系统动力相互作用分析方法（周晨光等，2016）。基于该方法研究表明：

300m 高土石坝-河谷-地基相互作用效应明显，传统的均匀一致输入明显高估了面板动应力；地震波的入射方向对面板坝面板应力分布规律和量值均影响明显（图8），近场区大坝地震反应分析时考虑入射方向是十分必要的。

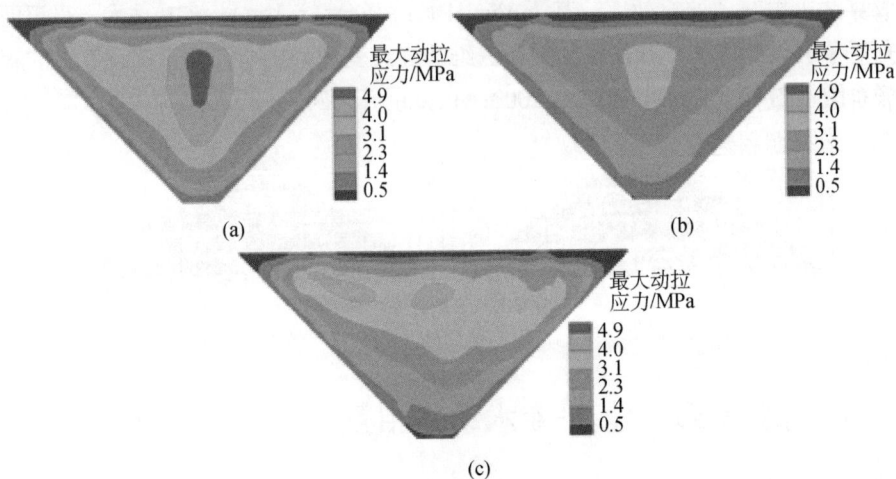

图8　面板顺坡向最大动拉应力

（a）一致输入；（b）波动输入（0°角入射）；（c）波动输入(60°角入射)

7　高性能、精细化分析软件开发

传统的土石坝抗震分析软件仅适合非线性弹性问题，在材料强非线性、复杂地震动输入、多场耦合方面进行了大量的简化，且计算规模小、分析效率低，难以对强震作用下高土石坝动力灾变过程、耦合效应及其影响进行深入研究和科学认识。30 年来，笔者课题组一直致力于高土石坝数值分析软件的开发工作，研发了大型岩土工程静、动力分析软件 GEODYNA，自主源代码近 20 万行。软件特色和创新包括以下几个方面。

（1）以广义 Biot 固结理论和弹塑性理论为基础，考虑多孔介质的流固耦合作用和材料非线性，采用一致的命令输入方法、单元激活方法、应变势方法、时间积分方法、强度折减方法，集成填筑、开挖、湿化、蠕变、固结、稳定、动力等静、动力分析过程，建立岩土工程统一分析的软件开发模型。

（2）基于 Visual Studio C++开发平台和 MFC 开发环境，采用类型抽象、继承、重载和多态等面向对象设计方法，对岩土工程有限元分析中的应力和应变本构模型、孔隙水渗流模型、地震孔隙水压力模型、单元类型、荷载类型、求解器进行类型封装和设计，建立岩土工程有限元分析模型的类库，包括 28 种单元、15 种材料模型和 12 种荷载类型，功能强大。

（3）集成了地震灾变模拟方面的成果，包括堆石料的广义塑性模型、混凝土的非线性本构模型、接触面的三维弹塑性模型、地震波动输入方法、大坝和库水耦合方法，并通过优化并行算法（GPU+CPU）、方程求解算法，使软件具备了 1000 万自由度的动力时程分析能力，满足 300m 级高土石坝施工期、运行期和地震全过程的高效、大规模精细化非线性分析的要求。

（4）开发了抗震分析配套前后处理软件，包括考虑土工构筑物分期填筑、岩土材料与防渗体接触面、面板坝面板缝及复杂地形的空间拓扑信息，开发土工构筑物三维网格自动生成软件；考虑矢量图空间消隐和任意切片技术开发三维图形可视化后处理软件；考虑岩土材料强度的非线性、边坡加筋作用机制开发基于任意圆弧搜索的有限元动力法稳定和滑移量分析软件等。

8　抗震设计方法及其有效加固措施

8.1　坝坡抗震设计方法及加固措施

"七五"以来，笔者课题组依据大量的振动台试验和理论与数值分析成果，探明土石坝地震破坏机理的最终落脚点是针对不同的破坏模式研究相应的抗震对策，明确提高土石坝抗震能力的着力点，形成了高土石坝抗震设计的基本思路，提出高土石坝抗震加固方法和有效措施，提高了大坝抗震能力。

1. 提出了强震区高土石坝抗震设计的基本思路

传统的概念中，较低的土石坝在中等强度地震时坝体的地震反应以第一振型为主，因而坝体反应呈剪切型。基于大量的数值分析和振动台模型试验结果，早在 90 年代初（1991）就明确指出：对高土石坝（150m 以上）而言，坝体的地震反应中高振型参与量增大，坝越高高振型参与量越大，阐明了高土石坝地震反应存在"鞭梢效应"（图 9）。指出坝体上部（一般在坝高 4/5 以上，河床中央坝段范围）往复地震惯性力明显增大，坝顶区的堆石体将处于不稳定状态，堆石块体间咬合力丧失，从而导致堆石体松动、滑移乃至坝面浅层滑动。提出了地震区修建高土石坝时应特别重视坝顶区堆石体稳定，提高坝顶区堆石体稳定是高土石坝抗震设计的着力点。

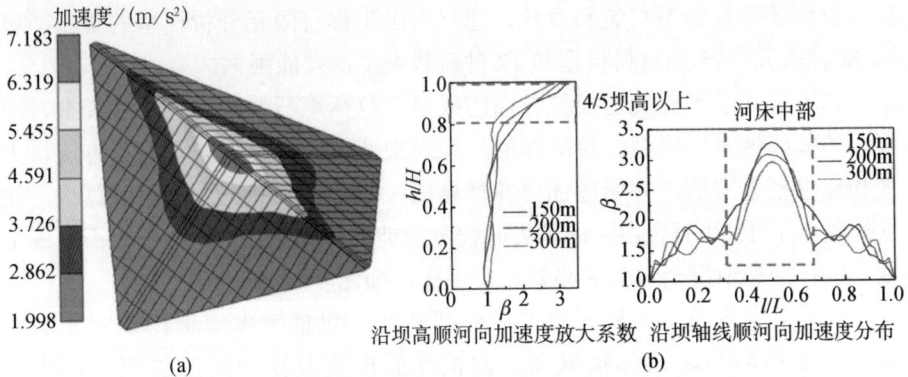

沿坝高顺河向加速度放大系数　沿坝轴线顺河向加速度分布

(a)　　　　　　　　　　　　　　　(b)

图9　高土石坝动力反应的鞭梢效应

200m三维动力有限元分析（1999），0.2g；150～300m三维动力有限元分析（2008），0.2g

2. 提出了高面板堆石坝抗震综合措施的断面形式

结合天生桥和关门山面板堆石坝工程，通过振动台上一系列类比模型试验和数值分析结果，系统研究了面板对上游堆石体稳定性的影响，筑坝堆石料粒径对坡面滑动临界加速度的影响，马道与合理减缓坝坡及适当加宽坝顶对上游堆石体稳定及面板开裂的影响。在此基础上，提出了一种高土石坝抗震综合措施的断面形式，即在河谷中央坝段 4/5 坝高下游设置马道，并对马道高以上采用减缓坝坡，适当放宽坝顶和采用大粒径堆石块体或选用抗剪强度较高的筑坝料（孔宪京，1990，2015）。

3. 提出采用钉结护面板技术"由表及里"加固面板坝下游坝面

结合吉林台混凝土面板坝，通过 8 个大比尺原理模型的类比试验，研究了坝顶区加筋与边坡钉结对提高面板堆石坝抗震能力的效果，探明了加筋与坝面钉结的作用机制，明确指出，加筋对提高坝体整体稳定有利，可防止振动过程中坝顶区堆石体的松动、滑移以及深层的滑动，但加筋对坝坡表（浅）层滑动的抑制效果并不明显，据此提出采用钉结护面板局部加固面板坝下游坝面，进而提高坝顶土体的整体性（图 10）（Kong et al.，2000）。

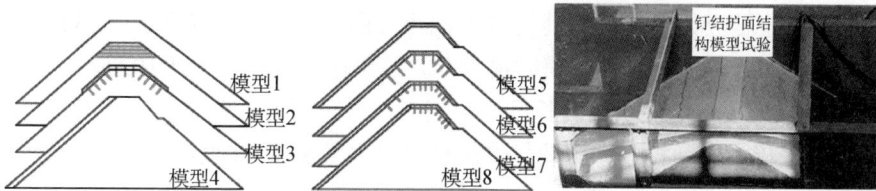

图10 钉结护面板加固技术

4. 发展了高土石坝抗震设计方法，进一步完善了理论与数值分析技术

结合吉林台、糯扎渡等高土石坝工程，分析了河谷宽高比、地震动参数、筑坝材料及不同坝型对坝体地震反应的影响，深入研究了筋层布置间距、加筋长度、加筋层倾角、筋端连接方式、筋与堆石体间摩擦（强度）以及护面板厚等因素对坝体稳定与变形的影响，合理优化了抗震加固范围，据此建议了适用于强震区 100～300m 级高土石坝抗震设计方法（图 11、图 12）（孔宪京等，2006，2009；邹德高等，2009；朱亚林等，2012）。设计方法在我国吉林台、糯扎渡、两河口、双江口等高土石坝中得到了推广应用。

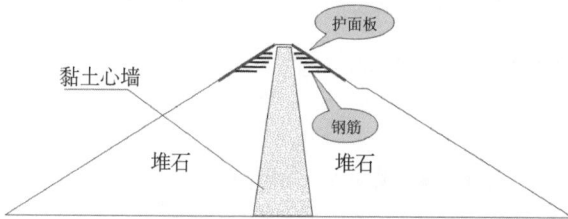

图11 钉结护面板措施示意图

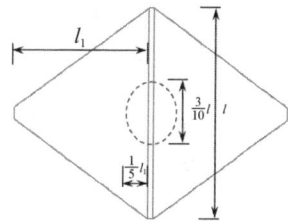

图12 大坝抗震加固范围

8.2 高面板堆石坝面板抗震措施

汶川地震中紫坪铺面板坝面板出现了脱空、错台及挤压破坏等震害现象，这在以往面板坝抗震设计中均没有考虑。如果地震时运行水位较高，面板一旦形成贯穿性破坏，将会严重威胁大坝的稳定性。因此，对高面板坝面板应力特性的准确把握和预测，明确面板高应力区的分布情况，并建议有效的地震安全控制方法，是保证强震区高面板坝安全的重要基础。

1. 面板堆石坝面板地震高应力区

针对坝高为 150~300m、岸坡比为 1：0.5～1：1.5 的面板堆石坝，分析了面板高地震应力区的分布特性及其规律（图 13）（孔宪京等，2013a）。计算表明，地震时面板顺坡向瞬时最大动拉应力区集中在 $0.65H\sim0.85H$（H 为坝高）和 $0.2L$（L 为坝轴向长度）范围内，该区域的位置及大小与坝高有关（图 14）。较大的动拉应力可能导致面板出现水平裂缝（断裂或错台）。

2. 面板抗震措施

（1）面板应力释放措施（孔宪京等，2014c）：提出在面板高拉应力区局部设置永久水平缝及柔性加筋结构的抗震措施，可大幅降低面板的拉应力，并通过数值分析确定了永久水平缝的合理有效区域。考虑构造要求，永久水平缝法向应与面板坡向平行并采用张性缝止水布置。此外，为防止面板因不协调变形发生错台，在缝两侧一定范围可采用柔性加筋技术等。

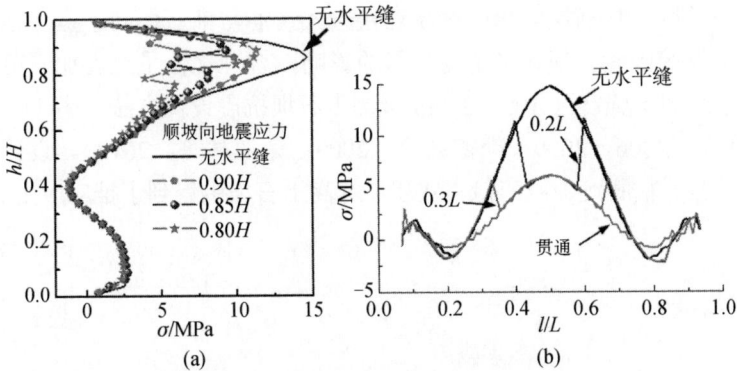

图13 水平永久缝对最大动拉应力的影响

（a）水平永久缝设置高程的影响；（b）水平永久缝设置长度的影响

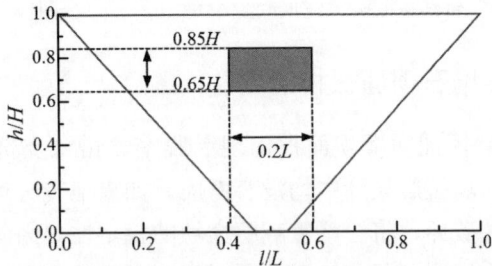

图14 面板顺坡向地震高应力区

（2）混凝土材料改良措施（孔宪京等，2016b）：采用材料改性的技术手段，建议了两种面板抗震/控裂措施：钢纤维混凝土面板和局部设置超高韧性水泥基复合材料的复合面板形式，并通过弹塑性损伤及开裂模拟分析方法进行了抗震效果验证。数值结果表明，钢纤维混凝土面板和超高韧性水泥基复合面板均表现出明显的延性破坏性质，可以提高大坝的抗震安全性（图15、图16）。

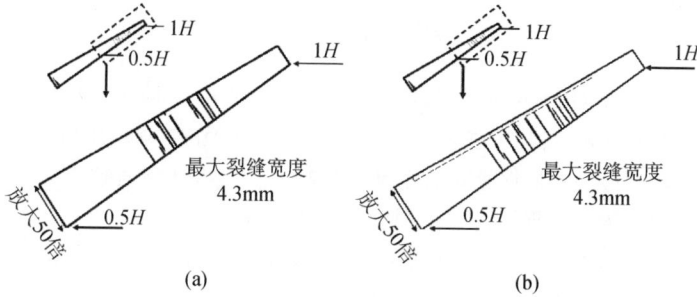

图15　面板的地震损伤和裂缝宽度分布

（a）普通面板；（b）钢纤维面板

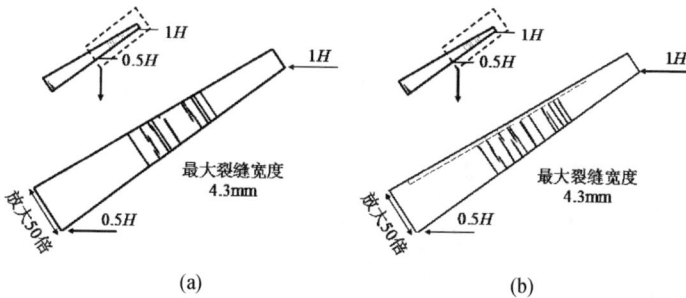

图16　面板内有害裂缝分布

（a）普通面板；（b）超高韧性复合面板

9　展望

汉川强震后，工程界和学术界对高土石坝抗震安全评价体系有了新的认识，学科间交叉、创新发展极大地提升了高土石坝抗震安全评价的理论和方法的研究水平。鉴于工程场址地质条件及运行环境更加复杂、坝高跨越200m向300m级发展面临的技术难题，建议今后从四个方面开展研究：①筑坝材料的动态力学性能向考虑复杂加载路径、缩尺效应、环境因素（如温度变化、干湿循环等）等影响方向发展；②筑坝材料本构模型向宏观唯象描述和细观机理相结合的静动力统一模型方向发展；③高土石坝地震响应分析向考虑大坝-坝基-库水多场耦合、非线性和非连续、大变形方向发展；动力分析技术向多尺度-精细化、高效-智能化方向发展；④高土石坝长期和抗震安全评价标准向基于性能的风险分析方向发展。

参考文献

陈厚群. 2009. 汶川地震后对大坝抗震安全的思考. 中国工程科学，11(06)，44-53.

贾革续，孔宪京.2005. 土工三轴试验方法-静动耦合试验. 世界地震工程，21(2): 1-6.

孔宪京. 1990. 混凝土面板坝抗震性能研究. 大连：大连理工大学博士学位论文.

孔宪京. 2015. 混凝土面板堆石坝抗震性能. 北京：科学出版社.

孔宪京，邹德高. 2014. 紫坪铺面板堆石坝震害分析与数值模拟. 北京：科学出版社.

孔宪京，邹德高. 2016. 高土石坝地震灾变模拟与工程应用. 北京：科学出版社.

孔宪京，贾革续，邹德高，等. 2001a. 微小应变下堆石料的变形特性. 岩土工程学报，23(1): 32-37.

孔宪京，娄树莲，邹德高，等. 2001b. 筑坝堆石料的等效动剪切模量与等效阻尼比. 水利学报，32(8): 20-25.

孔宪京，刘君，韩国城. 2003. 面板堆石坝模型动力破坏试验与数值仿真分析. 岩土工程学报，25(01): 26-30.

孔宪京，邹德高，邓学晶，等. 2006. 高土石坝综合抗震措施及其效果的验算. 水利学报，37(12): 1489-1495.

孔宪京，李永胜，邹德高，等. 2009. 加筋边坡振动台模型试验研究. 水力发电学报，28(05): 152-157.

孔宪京，刘福海，刘君. 2012. 地震作用下面板堆石坝面板错台模型试验研究. 岩土工程学报，34(02): 258-267.

孔宪京，张宇，邹德高. 2013a. 高面板堆石坝面板应力分布特性及其规律. 水利学报，44(06): 631-639.

孔宪京，邹德高，徐斌，等. 2013b. 紫坪铺面板堆石坝三维有限元弹塑性分析. 水力发电学报，32(02): 213-222.

孔宪京，刘京茂，邹德高，等. 2014a. 紫坪铺面板坝堆石料颗粒破碎试验研究. 岩土力学，35(01): 35-40.

孔宪京，徐斌，邹德高，等. 2014b. 混凝土面板坝面板动力损伤有限元分析. 岩土工程学报，36(09): 1594-1600.

孔宪京，张宇，邹德高. 2014c. 超高面板堆石坝面板地震应力改善措施研究. 水利学报，45(04): 419-426.

孔宪京，刘京茂，邹德高. 2016a. 堆石料尺寸效应研究面临的问题及多尺度三轴试验平台.

岩土工程学报，38(11):1941-1947.

孔宪京，屈永倩，邹德高,等. 2016b. 钢纤维混凝土面板堆石坝的抗震性能数值分析. 水利学报 47(7):841-849.

林皋，倪汉根，孔宪京. 1987. 地震作用下土坝抗裂稳定性的判别. 岩土工程学报，9(04): 45-51.

刘京茂，孔宪京，邹德高. 2015. 接触面模型对面板与垫层间接触变形及面板应力的影响. 岩土工程学报，37(04): 700-710.

刘君，刘福海，孔宪京，等. 2010. PIV 技术在大型振动台模型试验中的应用. 岩土工程学报，32(03): 368-374.

倪汉根，孔宪京. 1993. 地震时坝面散粒体跃移距离的估计. 岩土工程学报，15(03): 88-93.

周晨光，孔宪京，邹德高，等. 2016. 地震波动输入方法对高土石坝地震反应影响研究. 大连理工大学学报，56(04): 382-389.

朱亚林，孔宪京，邹德高，等. 2012. 土工格栅加筋高土石坝的动力弹塑性分析. 水利学报，34(12): 1478-1486.

邹德高，孟凡伟，孔宪京，等. 2008. 堆石料残余变形特性研究. 岩土工程学报，30(6): 807-812.

邹德高，徐斌，孔宪京. 2009. 钉结护面板对高土石坝坝坡地震稳定性影响研究. 大连理工大学学报，49(05): 675-679.

邹德高，徐斌，孔宪京，等. 2011. 基于广义塑性模型的高面板堆石坝静、动力分析. 水力发电学报，30(06): 109-116.

邹德高，付猛，刘京茂，等. 2013. 粗粒料广义塑性模型对不同应力路径适应性研究. 大连理工大学学报，53(05): 702-709.

Kong X J, Liu J. 2002. Dynamic failure numeric simulations of model concrete-faced rock-fill dam. Soil Dynamics and Earthquake Engineering，22(9): 1131-1134.

Kong X J，Zhu T，Han G C. 2000. Effects of measures for enhancing dynamic stability of concrete-faced rockfill dam. Journal of Japan Dam Engineering，10(2): 93-101.

Kong X J，Liu J M，Zou D G, et al. 2016a. Stress-dilatancy relationship of Zipingpu gravel under cyclic loading in triaxial stress states. International Journal of Geomechanics: 4016001.

Kong X J，Liu J M，Zou D G. 2016b. Numerical simulation of the separation between concrete face slabs and cushion layer of Zipingpu dam during the Wenchuan earthquake. Science China Technological Sciences，59(4): 539-591.

Liu J，Kong X J，Lin G. 2004. Formulations of the three-dimensional discontinuous deformation analysis method. Acta Mechanica Sinica，20(3): 270-282.

Liu J M，Zou D G，Kong X J. 2014. A three-dimensional state-dependent model of soil-structure interface for monotonic and cyclic loadings. Computers and Geotechnics，61: 166-

177.

Liu J M，Zou D G，Kong X J，et al. 2016. Stress-dilatancy of Zipingpu gravel in triaxial compression tests. Science China Technological Sciences，59(2): 214-224.

Xu B，Zou D G，Liu H B，et al. 2012. Three-dimensional simulation of the construction process of the Zipingpu concrete face rockfill dam based on a generalized plasticity model. Computers and Geotechnics，43: 143-154.

Xu H，Zou D G，Kong X J，et al. 2016. Study on the effects of hydrodynamic pressure on the dynamic stresses in slabs of high CFRD Based on the scaled boundary finite-element. Soil Dynamics and Earthquake Engineering，88: 223-236.

Yu X，Kong X J，Zou D，et al. 2015. Linear elastic and plastic-damage analyses of a concrete cut-off wall constructed in deep overburden. Computers and Geotechnics，69: 462-473.

Zou D G，Xu B，Kong X J，et al. 2013. Numerical simulation of the seismic response of the Zipingpu concrete face rockfill dam during the Wenchuan earthquake based on a generalized plasticity model. Computers and Geotechnics，49: 111-122.

大坝混凝土性能参数反演

张国新，周秋景，邱永荣

（中国水利水电科学研究院流域水循环模拟与调控国家重点实验室，北京 100038）

摘　要：大量观测资料表明，特高拱坝的实际工作性态和设计状态有较大差别，计算参数是造成差别的主要原因之一。利用实测资料对大坝热学、力学参数进行反演分析是把握大坝真实工作性态的重要手段。本文介绍了混凝土导温系数、表面散热系数、绝热温升、线膨胀系数、自生体积变形、弹性模量等参数反演分析方法，并以实际工程为例进行了反演。结果表明：①绝热温升要高于室内实验值但发热较室内实验缓慢；②保温后的表面散热系数大于经验公式值，即实际保温效果比预计的差；③线膨胀系数离散性较大，但均值与室内实验值接近；④坝体弹性模量与室内实验瞬时结果接近，大于设计采用值。目前的反演分析方法存在如下问题需要进一步研究：①混凝土参数随龄期的真实变化规律及徐变度的反演；②库盘水压力、渗流场的形成及大坝封拱后温度回升等对大坝变形和参数反演结果的影响。

关键词：大坝；混凝土；热学参数；力学参数；反演

Thermal and Mechanical Parameter Inversion of Dam Concrete

Guoxin Zhang，Qiujing Zhou，Yongrong Qiu

(State Key Laboratory of Simulation and Regulation of Water Cycle in River Basin,China Institute of Water Resources and Hydropower Research, Beijing 100038)

Abstract: Observations indicate that the real performance of super high arch dams is differ-

---

通信作者：张国新（1960—），E-mail: Gx-zhang@iwhr.com。

ent from design performance. The difference is mainly caused by the unreasonable parameter values in the calculation. It is an important means to grasp the real performance of dams throughout thermal and mechanical parameter inversion based on the monitored data. In this paper, we introduce the parameter inversion methods combined simulation and statistic analysis of thermal diffusivity,surface heat transfer coefficient,adiabatic temperature rise,linear expansion coefficient,autogenous volume deformation,elastic modulus, etc. Examples of parameter inversions of some actual projects are shown as examples. The results show that: ① adiabatic temperature rise is bigger than the indoor experimental value, but the process is slower than the later; ② the value of surface heat transfer coefficient with thermal insulation considered is bigger than the empirical ones, which indicates that the real insulation effect is worse than expected; ③ discreteness of linear expansion coefficient is relatively large, but the mean value is close to the indoor experimental result; ④ the elastic modulus is close to the indoor instantaneous experiment result and bigger than the design value. There are some problems to be further studied, including: ① the change disciplines of some parameters with age and inversion of creep; ② the influence on deformation and Parameters of reservoir basin water pressure, seepage,temperature rise after arch dam closure, etc.

Key Words: dam；concrete；thermal parameter；mechanical parameter；inversion

1 引言

2000 年，我国建成了第一座特高拱坝——坝高 240m 的二滩拱坝，标志着我国建坝技术上了一个新台阶。近十多年又相继建成了小湾、拉西瓦、构皮滩三座 200m 以上的高拱坝，锦屏、溪洛渡拱坝将于近期浇筑封顶，白鹤滩、乌东德等拱坝将于近期开工，还有近十座 200m 以上拱坝在设计、规划之中。这些高坝的建设将发挥巨大的经济社会效益，同时也带来风险，一旦出现安全问题，将带来巨大的损失甚至灾难。国际上不乏因大坝安全问题而带来巨大损失的例子（汝乃华和姜忠胜，1995），如奥地利的柯尔布莱恩拱坝，初次蓄水河床坝段下部出现裂缝而严重漏水，先后花了十年时间进行加固，耗资巨大；苏联萨扬-舒申斯克拱坝初次蓄水，上游面出现水平裂缝引起大量漏水，不得不长期限制水位运行，造成严重经济损失。借鉴国际国内的经验教训，必须在充分把握大坝真实工作性态的基础上进行大坝安全管理，确保大坝安全。

二滩、小湾等已建工程观测结果表明，特高拱坝的真实工作性态与设计状态有较大差别。如设计状态下坝踵处普遍有较大的拉应力，坝踵开裂是设计主要担心的问题之一，小湾拱坝还在坝踵附近设置了人工诱导缝以防止开裂（马洪琪，2004；邹丽春等，2006），但观测结果表明，水库蓄水到正常蓄水位时，坝踵仍有 3~5MPa 的压应力（张国新和周秋景，2013）；再如大坝实测变形（二滩、小湾），初次蓄水到正常水位时的实测变形一般为设计值的 70%~80%，差异明显；二滩大坝运行了 3~5 年后在下游面出现了大量裂缝，这显然出乎设计者的预料（王进廷等，2006）。造成设计状态和实际工作性态差异的原因之一是设计时采用各项材料参数与实际情况存在差异。设计时采用的参数多来自于室内试验，受试验条件的制约，一般采用小试件、湿筛后的小级配、标准养护等；与之对应的实际情况是大体积、全级配混凝土及复杂多变的实际施工和运行条件；条件的差异造成了实际混凝土的热学力学指标与室内试验结果即设计采用值有较大差异，这些差异影响到对大坝性态的估计。对于一般高拱坝，这些差异带来的误差可用安全系数涵盖，但对于荷载水平高、应力水平高、安全系数裕度不大的特高拱坝而言，有可能成为影响安全的诱因（潘家铮，1995）。因此对于特高拱坝，根据实测数据进行各种参数的反演具有重要意义。

影响大坝施工期及运行期变形和应力的各种性能参数主要有（朱佰芳，2012）：热学参数为绝热温升、导热系数、比热容、表面散热系数；变形参数如线膨胀系数、自生体积变形、弹性模量、徐变；强度参数如抗压强度、抗拉强度、极限拉伸、抗剪强度等。

如上参数的反演已有许多研究成果。如热学方面，有学者采用基于一维热传导方程和热边界条件，建立导热系数、表面散热系数和太阳辐射吸收系数的反演方程；有学者采用基于仿真分析的优化算法，根据实测温度值，反演绝热温升、导温系数和表面放热系数，这两种方式具有一定的物理依据，是物理方法和数学方法的结合（张楚汉，2002）。更多的是基于纯粹数学统计理论进行反演分析，如并行粒子群算法、快速模拟退火算法、模糊理论的热学参数识别方法以及遗传算法等（黄达海等，2003；苏怀智等，2003；金峰等，2008）。

变形参数主要为弹性模量、线膨胀系数、自生体积变形和徐变。弹性模量反演普遍采用有限元逐步逼近法，即采用有限元方法，以监测变形资为目标，通过逐步调整坝体混凝土及基岩不同材料分区的弹性模量，使计算变形与监测变形尽可能接近，得到反演结果（吴中如，1989；吴中如和阮焕祥，

1989）；也可采用各种优化算法得到反演结果，如遗传模拟退火算法、遗传算法、混沌人工鱼群算法、混合蜂群算法、区间分析方法、随机分析方法、神经网络等（练继建等，2004；王海龙和李庆斌，2005）。反演结果显示，坝体混凝土实际弹性模量通常高于设计值，与实验室测值接近（Zhou et al.，2013）。混凝土线膨胀系数一般由若干个无应力计测值和相应温度值采用最小二乘法得到，时间通常选择自生体积变形和湿涨变形较小的温降阶段。自生体积变形采用无应力计观测结果扣除温度变形后得到。混凝土徐变非常复杂，不仅与龄期有关，还与应力历史有关，利用观测结果中的时效分量可以得到后龄期的徐变度，但完整的徐变参数一般难以通过反演得到（朱伯芳，2012）。

大坝材料热学、力学参数的反演方法目前仍存在不少问题，如少数测点测值反演得到的结果能否反映整体情况，如何利用少数测点数据反演得到涵盖绝大部分区域的准确参数；反演分析方法很多未得到实际工程的充分验证，真实效果存在疑问等。本文基于课题组多年来实际工程经验，总结大坝混凝土性能参数的反演分析方法，这些方法已在诸多大坝工程中得到应用，如三峡、丹江口、向家坝、鲁地拉、二滩、小湾、溪洛渡、锦屏等（Zhang et al.，2008；周秋景等，2012；Zhou et al.，2012）。

2　热学参数

导温系数、表面散热系数、绝热温升、采用表面保温材料的等效表面散热系数等可以根据实测结果进行反演得到。

2.1　导温系数

在大坝混凝土表面附近按一定的间隔布置温度计如图 1 所示，取一较厚的混凝土部位，一面临空，自表面起布置多支（5～6 支），其中 T_1 位于混凝土表面（即 $x_1=0$），$T_2 \sim T_N$ 埋设于混凝土内部，距离表面的距离为 x_i，另外在混凝土表面附近布置一支温度计观测气温，利用实测多组温度计的周期性温度变化即可反演混凝土的导温系数。混凝土表面温度周期性变化，假定表面温度变幅为 A_0，则内部距离表面的距离为 x 处的温度变幅为

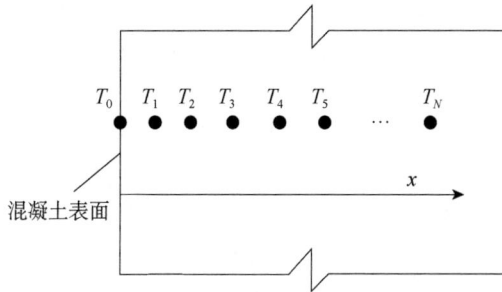

图1　导温系数反演温度计埋设示意图

$$A(x) = A_0 \mathrm{e}^{-x\sqrt{\pi/aP}} \tag{1}$$

滞后时间为

$$\Delta r(x) = x\sqrt{\dfrac{p}{4\pi a}} \tag{2}$$

式中，P 为周期，取一天。

由上式可知，不同厚度处的温度变幅和相位滞后为导温系数 a 的函数，根据实测结果 $T_i(t)$ 可以求出不同厚度的 T，用最小二乘法曲线拟合，求出导温系数，图 2 为某工程观测结果，由图 3 可以求出 a=0.0032m^2/h。

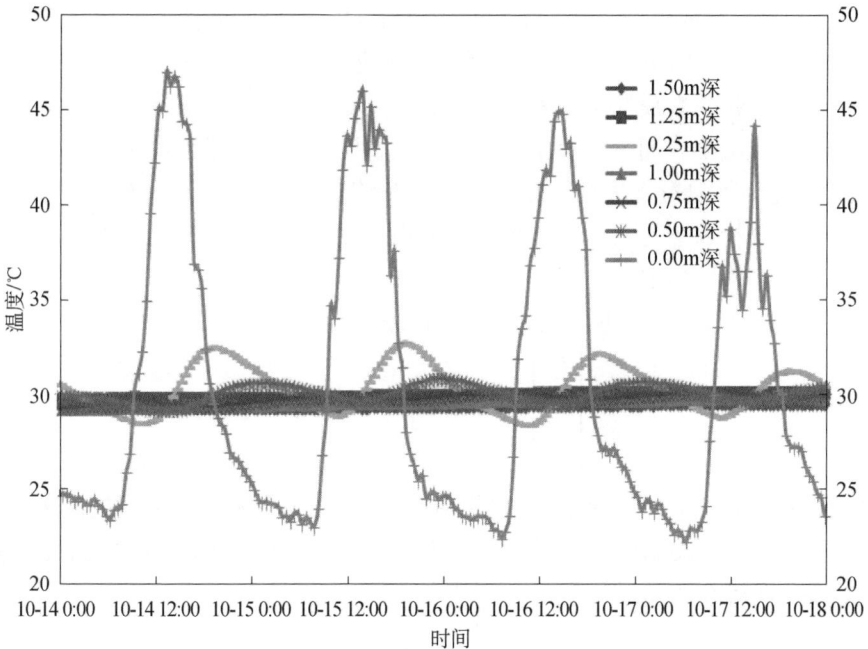

图2　不同深度温度过程线图

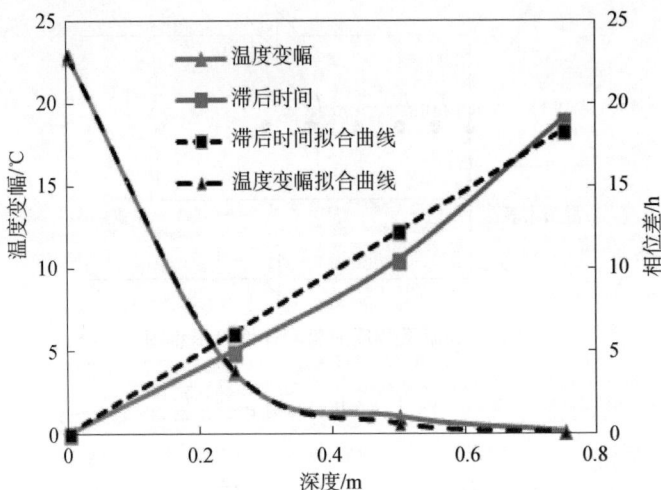

图3 温度变幅和滞后时间图

2.2 表面散热系数及等效表面散热系数

表面散热系数，尤其是采取表面保温措施后的等效表面散热系数，在温度仿真分析中对温度场影响较大，一般情况下是根据坝址的风速采用朱伯芳（2012）中表格或近似公式计算，但是应用实践发现实际的表面散热系数与上述算法求得的结果差距较大，因此有必要根据实际观测结果进行反演。

表面散热系数反演每个测点一般需要两支温度计和一个风速计，一支温度计置于混凝土表面（有保温板时则为保温板内侧）测量混凝土表面温度，另一支置于距混凝土表面一定距离处测量附近的气温，另外布置一支风速计，用于分析风速对表面散热系数的影响。反演应以一天为周期，温度观测时间间隔可以取为 1h。

设气温、混凝土表面温度、风速测值分别为

$$\begin{bmatrix} T_{ai} \\ T_{0i} \\ v_i \end{bmatrix}, \qquad i = 1, 2, \cdots, n \tag{3}$$

式中，T_{ai} 和 T_{0i} 分别为保温板外侧和内侧的温度；v_i 为保温板外侧的风速。

由式（3）表示的观测结果，可以求出气温及混凝土表面的温度变幅 A_a、A_0，两者存在如下关系：

$$A_0 = A_a e^{\frac{\lambda}{(1+bv)\beta}} \sqrt{\pi a P} \tag{4}$$

式中，$b=0.62$；β 为表面散热 λ、a 分别为混凝土的导热系数和导温系数；v 为平均风速。

由式（4）即可求出表面散热系数：

$$\beta = -\frac{\lambda}{1+bv}\frac{1}{\ln\dfrac{A_0}{A_a\sqrt{\pi aP}}} \tag{5}$$

当混凝土表面覆盖有保温板，式（3）中的 T_{ai}、v_i 分别为保温板外侧的气温和风速，T_{0i} 为保温板内侧混凝土表面的温度，则由式（4）、式（5）求出的 β 值即为考虑表面保温后的等效表面散热系数。

2.3 绝热温升

混凝土的硬化过程中由于水泥水化会释放热量。绝热条件下温度的升高称为绝热温升，是大体积混凝土温控防裂研究的重要指标。

绝热温升一般采用室内标准养护条件下的绝热温升试验确定，即入模温度 20℃，跟踪保温模拟绝热条件，实测温度扣除初始温度即为绝热温升。试验方法存在如下问题：①初始温度与实际情况有较大出入，目前高拱坝的出机口一般为 7℃，浇筑温度一般为 12℃，与室内 20℃ 的标准入模温度有较大差别；②现场水管冷却的温控措施降低了温度，抑制了水化速率，与室内的自由发热存在差异；③跟踪保温绝热和测温控温精度为 0.1℃/d，当水化温升速率小于 0.1℃/d 后，室内试验不能测量。鉴于上述原因，室内实测的绝热温升结果难以准确反映实际情况，尤其是后期发热，因此根据现场实测结果进行绝热温升反演分析是必要的。

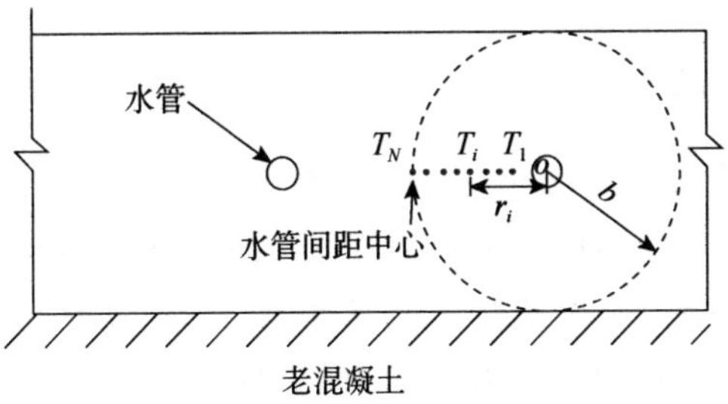

图4 绝热温升温度计埋设示意图

b 为水管控制半径；T_i 为温度计编号；r_i 为第 i 个温度计距水管距离

绝热温升一般用下式表示：

$$T(\tau) = \sum_{i=1}^{n} T_{0i} \left(1 - e^{-\alpha_i \tau^{\beta_i}} \right) \tag{6}$$

式中，T_{0i} 反映最终温升值；α_i、β_i 为反映放热速率的参数，n 一般取 1~3，绝热温升的反演分析根据现场实测结果反演这 $3n$ 个参数；τ 为龄期。

绝热温升反演所依据的观测资料分为两种：一种是专门为反演分析布置的温度计（图 4），取一 3m 厚浇筑层，在 1.5m 处水管层自水管处按一定的间距布置若干支温度计，取 T_1 为水管表面测点，则冷却范围内的平均温度：

$$T_m(t) = \sum_{i=2}^{n} \int_{r_{i-1}}^{r_i} 2\pi \left(T_{i-1} + \frac{r - r_{i-1}}{r_i - r_{i-1}} T_i \right) r \mathrm{d}r \Big/ \left[\pi \left(b^2 - c^2 \right) \right] \tag{7}$$

式中，b 为水管控制外径，c 为水管外径。

另一种是利用施工单位埋设的一般温度计实测数据反演，温度计的埋设位置一般在两水管之间，即水管距离为 $r=b$ 处，此时的水管控制区平均温度 T_m，可用下列近似公式求出：

$$T_m(\tau) = T(\tau) / 1.06 \tag{8}$$

实测出平均温度后就可以根据等效热传导方程，采用有限元和优化方法进行反演。设定 $\{T_0, \alpha, \beta\}_i$ 为优化变量，目标函数为

$$F = \sum_{i=1}^{n} [T(\tau_i)_i - T_m(\tau_i)]^2 \tag{9}$$

式中，$T(\tau_i)$ 为计算值，$T_m(\tau_i)$ 根据式（7）或（8）求出。

求解最优 $\{T_0, \alpha, \beta\}$ 值，使 F 取极小值，则参数为 $\{T_0, \alpha, \beta\}_i$ 的式（6）即为反馈绝热温升结果。

3　力学参数

大坝混凝土的力学参数包括体积变形参数，如自生体积变形、线胀系数；弹性变形参数，如弹性模量和泊松比；时效变形参数，如徐变；强度参数，如抗拉强度、抗压强度和抗剪强度等。由于强度参数需要屈服或破坏时的相应观测结果（李庆斌等，2007），而大坝正常状态下不会达到屈服或破坏状态，因此根据一般观测结果难以反演。弹性模量与徐变在浇筑早期受龄期影响较大，难以反演。可以反演分析的参数有：线膨胀系数、自生体积变形、后期弹性模量和徐变。

3.1　体积变形参数

采用常规大坝安全监测资料中的无应力计与相应的温度计观测结果可以通过相关分析方法求出线膨胀系数和自生体积变形。取同一点的无应力计观测结果：

$$\begin{bmatrix} T_i \\ u_i \\ t_i \end{bmatrix}, \ i=1, \ 2, \ \cdots, \ n$$

式中，T_i 为 t_i 时刻的实测温度；u_i 为 t_i 时刻的实测体积变形。

用两种方式可以分离出温度膨胀变形和自生体积变形。第一种是取温度变化比较大的某些时段的测值，如温度峰值到一冷停水时或二期冷却期等。第二种方式是采用整个观测期间的全部观测数据。假设整个观测期间内线膨胀系数为常数，得：$\Delta u = \alpha \Delta T$，其中 α 为线膨胀系数，则全部观测数据满足：

$$u_n = \sum_{i=1}^{n} \alpha \Delta T_i + \varepsilon_{on} \tag{10}$$

式中，u_n 为第 n 时刻的观测结果；ε_{0n} 为自生体积变形；$\Delta T_i = T_i - T_{i-1}$。

利用上式表示的观测数据，可以进行变形和温度的相关分析，如图 5 所示，斜率即为线膨胀系数。则自生体积变形为

$$\varepsilon_{0i} = u_i - \sum_{j=1}^{i} \alpha \Delta T_j \tag{11}$$

采用多测点按照上述方法求 α 和 ε_{0i} 时（$i=1, \ 2, \ \cdots, \ n$），不同测点的结果有一定的离散性，当测点数充足时，应将偏差较大的点去除后进行平均。

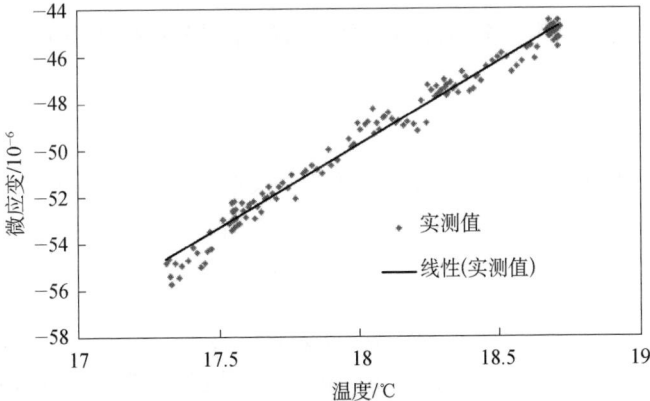

图5　无应力计温度与微应变关系图及直线拟合

3.2 弹性模量与徐变

弹性模量与徐变都是龄期的函数，早龄期变化明显，一般 90 天后相对稳定，根据坝体的观测结果难以反演出这两个参数随龄期的详细变化，只能反演后期的稳定值。

变形观测是混凝土坝观测的主要内容，主要有静力水准、垂线及坝后桥外部变形观测三部分。静力水准一般在廊道完工具备安装条件后安装，观测结果反映的是安装后大坝浇筑、温度变化、蓄水等引起的竖向变形。垂线一般在蓄水前安装，主要反映安装后上述因素引起的水平向变形，包括径向变形和切向变形。坝后桥外部变形观测可观测坝体的水平变形，与垂线结果相互校验。利用竖向变形和水平变形可以从不同角度反演坝体混凝土的力学参数。

1.影响因素变形分量分离

大坝变形受到各种因素影响，包括自重、水压、温度变化及混凝土徐变和基础蠕变等，利用式（12）可以表示出各种因素的影响分量：

$$\delta = f(h, H, T, \tau) = \delta_h + \delta_H + \delta_T + \delta_\tau \tag{12}$$

式中，自重分量 $\delta_h = \sum\limits_{j=0}^{n} a_j \cdot h^j$；水压分量 $\delta_H = \sum\limits_{j=0}^{n} \beta_j \cdot H^j$；温度分量 $\delta_T = \sum\limits_{j=0}^{n} \gamma_j \cdot T^j$；$h$、$H$、$T$、$\delta_\tau$ 分别为测点以上的坝体高度、坝前水位、温度变化和时效变形；α_j、β_j、γ_j 为相关系数；τ 为时间。

通过上式采用相关分析法将各种因素的作用分量分离出来，用于力学参数反演。

2. 弹性模量反演

1）基于竖向变形观测结果的坝体弹性模量反演

设有 m 层竖向变形观测廊道，各层廊道之间的竖向变形差值为

$$\Delta \delta_k^j = \delta_{k+1}^j - \delta_k^j, \qquad j = 1, 2, \cdots, n; \quad k = 1, 2, \cdots, m-1 \tag{13}$$

式中，n 为观测次数；j 为观测次数；k 为廊道层次。

采用有限元方法，只考虑自重，模拟施工过程，假定各分区弹性模量的比例不变，取设计弹性模量为初值，第 i 次计算的弹性模量系数为 λ_i，即弹性模量为 $\{E_i\} = \lambda_i \{E_0\}$，仿真分析自重作用下大坝变形，计算不同坝高时各层

相邻廊道测点部位的变形值，得到第 i 次有限元计算结果两层廊道之间的竖向位移差 $\Delta\delta_{ki}^{j}$，则计算结果与观测结果的误差为

$$\Delta e_{ki}^{j} = \Delta\delta_{ki}^{j} - \Delta\delta_{k}^{j} \tag{14}$$

对应于每一次计算 λ_i 的总误差可以用下式计算：

$$S_i = \frac{1}{n}\sum_{j=1}^{n}\sqrt{\frac{1}{m}\sum_{k=1}^{m}(\Delta\delta_{ki}^{j} - \Delta\delta_{k}^{j})} \tag{15}$$

式中，S_i 为 λ_i 的函数，由上式可拟合出 S 与 λ 的函数关系，以 S 最小为目标，即可求出误差最小的 λ_i 值，对应的弹性模量即为反演坝体的弹性模量初步结果。

2）基于基础变形观测结果的基础综合弹性模量反演

高拱坝一般都埋设了大量的变形仪器监测基础变形，如建基面附近的基础位移计、基础内部的多点位移计、倒垂线等，其中基础位移计和多点位移计一般用于观测建基面法向或竖向位移，垂线则是观测水平位移。基础位移反映了自大坝浇筑开始的位移变化，其中包含了坝体自重、温度变化、岩体时效引起的变形。在成果使用前应进行回归分析，将自重变形和水压变形等分量分离出来，只利用自重变形和水压变形进行参数反演。

基础综合弹性模量的反演利用有限元仿真分析方法，以设计推荐的基础分区及变形模量为初值 $\{E_0\}$，取不同的基础变形模量系数 λ_i（i 为第 i 次反演分析），坝体混凝土则采用上述反演的结果，仿真模拟大坝浇筑及蓄水过程，计算坝体及基础变形场随时间的变化，取出各测点分析每次仿真计算的误差，按照 1）中的方法可反演出基础弹性模量。

3）基于大坝垂线观测结果的坝体混凝土弹性模量反演

在 1）中反演了坝体弹性模量，但由于竖向变形测值较小，反演结果受到测量误差及反演误差影响较大，可能精度较低，因此需要根据坝体垂线观测结果进行反演校正。由于垂线实测变形受各种因素的影响，反演前需要先根据式（12）分离出水压分量，再用有限元仿真分析的方式模拟不同弹性模量系数 λ_i 时水位变化过程中的垂线变形值，用式（14）和式（15）反演出弹性模量系数，从而反演出弹性模量。

近期反演工作表明，特高拱坝采用初次蓄水引起的大坝变形进行反演分析时，有大坝结构弹性模量偏高的现象。分析表明，库盘水压力和大坝封拱后的温度回升对坝体变形有一定的影响，而仿真过程中，这些因素未能充分考虑，会对弹性模量的反演结果造成一定的影响。因此需要进一步研究库盘水压和渗流场形成、封拱后温度回升等对坝体变形和应力的影响。

4　应用实例

4.1　热学参数反演

1. 算例 1

反演对象为某工程混凝土的导温系数值,温度计布置如图 6 所示,各温度计的实测值见图 7。混凝土为晚龄期混凝土,水化反应基本结束,表面没有保温,内部没有通水。地基温度为 29.5℃,混凝土比热为 1.08kJ/(kg·℃),混凝土密度为 2340kg/m³。根据监测数据反演混凝土的导温系数为 a =0.0034m²/h,从对比图可以看出计算值与实测值非常吻合。

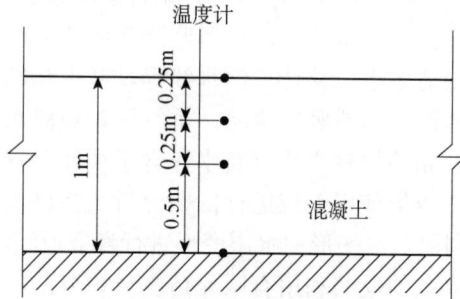

图6　算例1温度计埋设示意图

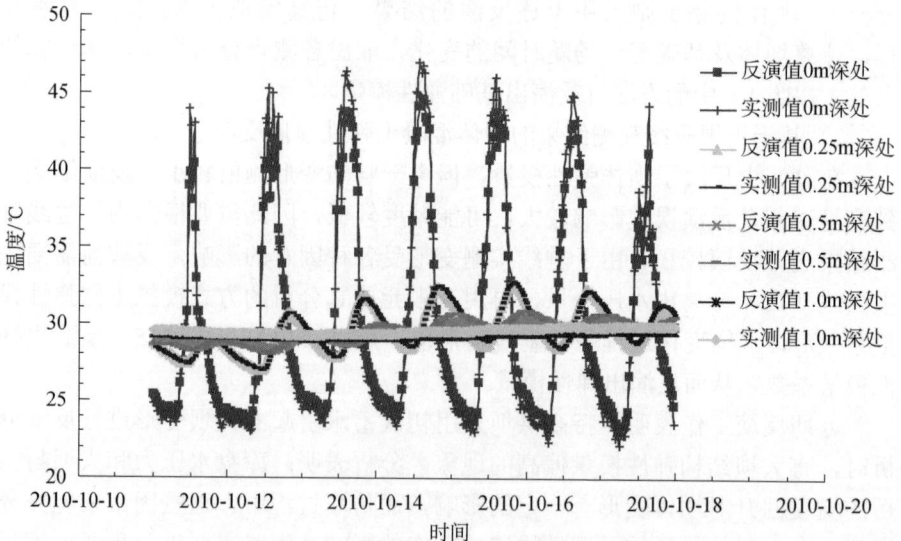

图7　算例1反演计算值与实测值对比

2. 算例 2

反演对象为某工程采用的保温材料的等效放热系数，温度计布置如图 8 所示，各温度计的实测值见图 9。保温材料为 2cm 苯板。底板板厚为 1m，地基温度为 29.5℃，混凝土的导热系数为 8.17kJ/（m·h·℃），比热为 1.08kJ/（kg·℃），密度为 2340kg/m³。根据监测数据反演保温材料的等效放热系数为 9kJ/（m²·h·℃）。从图 10 可以看出，计算值与实测值相吻合。

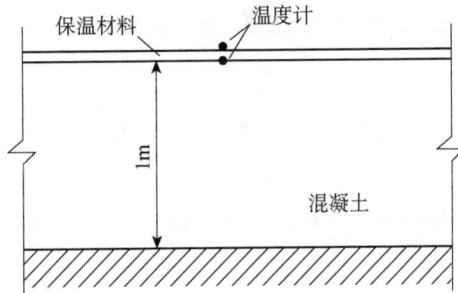

图8　算例2温度计布置示意图

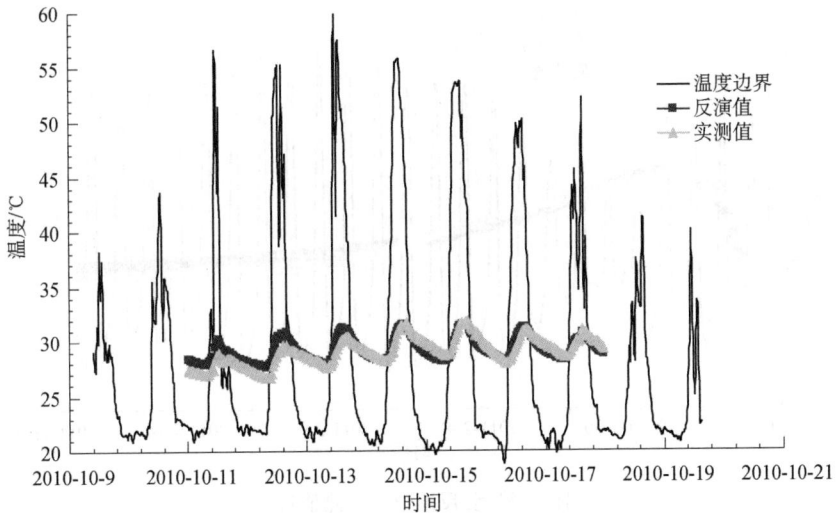

图9　算例实测值与反演计算值对比

3. 算例 3

反演对象为某工程混凝土的绝热温升值，温度计布置如图 10 所示，保温被表面温度和内部温度见图 11。混凝土浇筑温度实测值为 13.65℃，地基温度为 21℃，导热系数 8.17kJ/（m·h·℃），比热 1.08kJ/（kg·℃），密度 2340kg/m³。表面保温材料的等效放热系数为 5kJ/（m²·h·℃）。内部有水管通水冷却，水管水温 15℃，流量 36m³/d，24 h 换一次流向。

采用等效算法计算水管冷却效果的反演结果为 $\theta=32.42$ [1-exp（$-0.61\ \tau^{0.94}$）]，以反演参数进行仿真的计算值与实测值吻合良好。

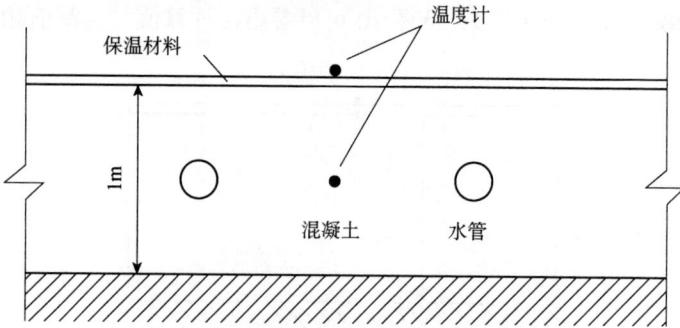

图10　算例3温度计埋设示意图

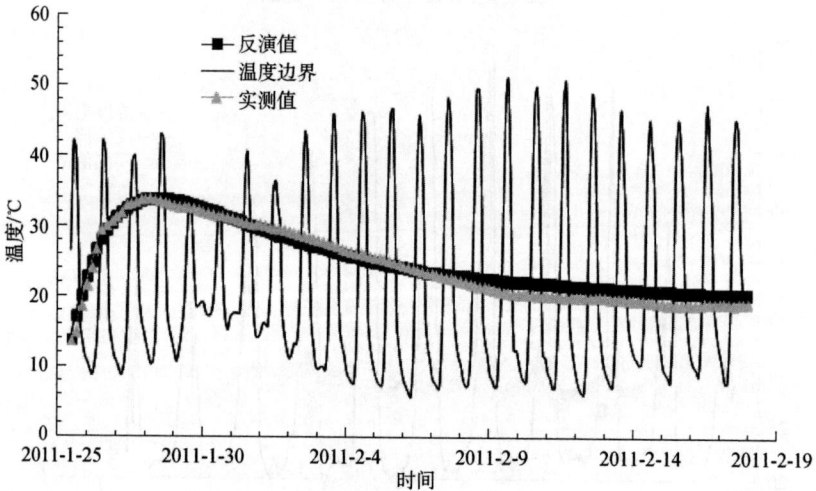

图11　算例3反演值与实测值对比

4.2　力学参数反演

1. 自生体积变形和线膨胀系数

某大坝为双曲混凝土拱坝，最大坝高 294.5m，坝顶弧长 892.8m，是目前已建成的最高拱坝。该拱坝在多个坝段不同高程布置了无应力计，用以分析坝体混凝土实际线膨胀系数和自生体积变形。图 12 为该坝典型测点温度和无应力计实测值变化曲线，图 13 为温度和实测应变相关图。

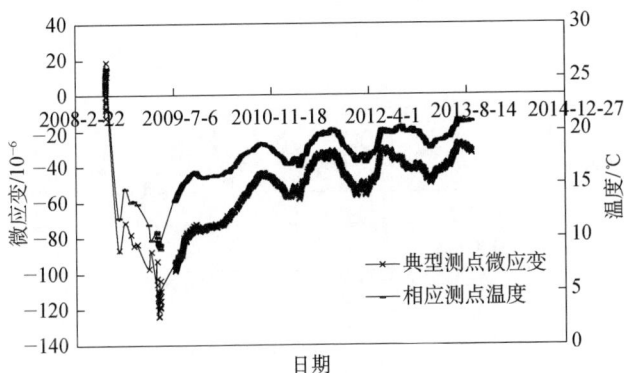

图12　典型测点温度和微应变变化曲线

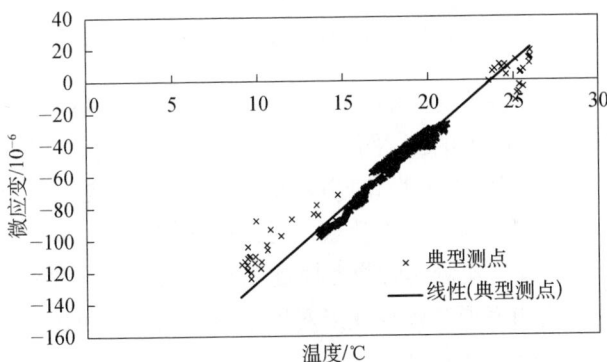

图13　典型测点温度和微应变相关图

经检验，有 122 支仪器的回归结果较为可信，可用于混凝土线胀系数和自生体积变形类型的统计分析。采用第三节中所述方法，得到线膨胀系数平均值为 $8.22\times10^{-6}/℃$。

根据得到的线膨胀系数，采用 3.1 节中方法，由实测温度和无应力计测值，可以得到坝体混凝土自生体积变形平均值约为 $-20\mu\varepsilon$。

2. 弹性模量

在上一小节中所述大坝在建设和初次蓄水期取得了大量坝体和基础水平、垂直变形的观测数据。采用 3.2 节中所述方法，首先对监测变形进行分离，图 14 为该坝拱冠梁坝段不同高程测点径向变形及分离后的分量图。

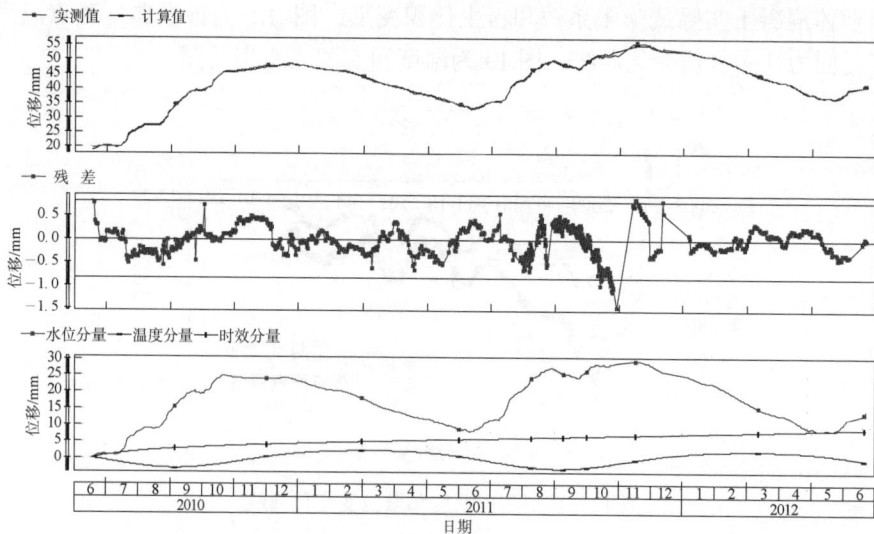

图14 某坝拱冠梁坝段测点实测径向位移分量曲线

然后以设计推荐参数为基础，拟定高中低等至少 5 组参数，根据静力水准测量结果和垂线测量结果，采用仿真分析方法和 Saptis 软件（张国新，2013；周秋景和张国新，2013）对坝体和基础弹性模量进行反演，计算结果显示坝基岩体变形模量参数与设计值接近，但坝体混凝土弹性模量高于设计模量 23GPa，与实验室实测瞬时弹性模量 33GPa 接近。采用该参数进行仿真预测，得到坝体监测变形和计算变形对比情况如图 15 所示，可见两者吻合良好，说明反演结果是可信的。

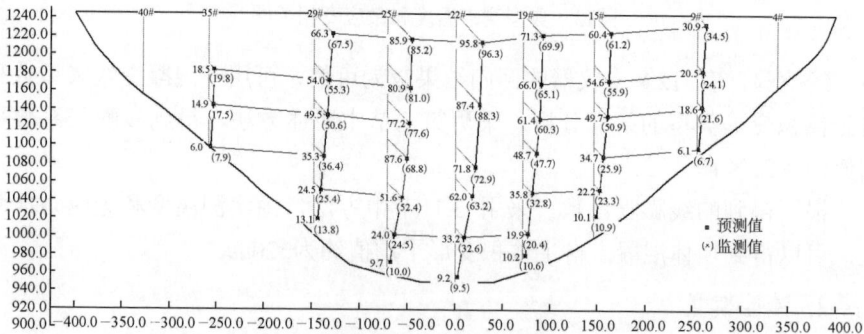

图15 径向位移监测值和预测值对比（单位：mm）

5 结论

我国已建特高坝的观测结果表明，大坝实际工作性态与设计状态存在较大差异，造成差异的原因主要在于参数取值及荷载的计算方法等，其中参数取值占有较大比重。参数取值主要依赖于试验和反演分析，本文总结了大坝混凝土参数反演分析方面的已有工作，有如下几点认识：

（1）大坝混凝土热学参数的实测反演分析方法相对比较成熟，反演结果能够反映实际情况。其中导温系数、表面散热系数采用相关分析后可用经验公式求出，但混凝土的绝热温升则需要配合有限元、有限元差分等数值方法，经过多次仿真计算求出。

（2）混凝土变形参数中的线膨胀系数和自生体积变形可以根据无应力计、温度计观测结果，采用相关分析方法直接得到。

（3）由于大坝变形受多种因素影响，因此大坝混凝土的弹性模量反演相对较复杂，需采用相关分析、数值计算和误差分析相结合的手段，在大量数值计算基础上才能得到，且只能得到宏观参数。根据目前反演分析结果来看，大坝短期荷载作用下的弹性模量与室内实验结果相近，大于设计采用值，考虑长期徐变作用后的等效弹性模量与设计采用值接近。

（4）混凝土的力学参数随龄期变化，根据目前的观测资料，尚不能反演各项力学参数随龄期的变化过程，只能反演混凝土性质趋于稳定后的弹性模量、线膨胀系数等力学参数。

（5）混凝土的徐变是一个非常复杂的力学参数，徐变变形除与龄期相关，还与持荷时间相关，对于某个龄期的加载，在加载早期变形速率大，变形速率随持荷时间逐渐减小，趋于稳定，目前尚缺乏有效的手段对各龄期的徐变度进行反演分析。

（6）需进一步研究库盘水压力、坝区渗流及坝体温度回升对大坝工作性态及反演参数的影响。

参考文献

黄达海，刘广义，刘光廷. 2003. 大体积混凝土热学参数反演分析新方法.计算力学学报，(5):574-578.

金峰，李乐，周虎，等. 2008. 堆石混凝土绝热温升性能初步研究.水利水电技术，39(5):59-63.

李庆斌，孙满义，吕培印. 2007. 真实水荷载对混凝土强度影响的试验研究. 水利学报，38(7): 786-791.

练继建，王春涛，赵寿昌. 2004. 基于 BP 神经网络的李家峡拱坝材料参数反演. 水力发电学报，23(2):44-48.

马洪琪. 2004.小湾水电站枢纽工程关键技术综述. 水力发电，30(10): 13-17.

潘家铮. 1995. 国际上大坝安全监测情况的分析和评论——出席 18 届国际大坝会议技术报告之二.大坝与安全，(3):1-5.

汝乃华，姜忠胜. 1995. 大坝事故与安全: 拱坝. 北京：中国水利水电出版社.

苏怀智，张志诚，夏世法. 2003. 带有冷却水管的混凝土温度场热学参数反演.水力发电.，(12):44-46.

王海龙，李庆斌. 2005. 饱和混凝土的弹性模量预测.清华大学学报（自然科学版），45(6): 761-763.

王进廷，杨剑，金峰. 2006. 左右岸日照差异对高拱坝下游坝面温度应力的影响. 水力发电，32(10):41-43.

吴中如. 1989. 混凝土坝安全监控确定性模型及混合模型.大坝观测与土工测试，(5):64-70.

吴中如，阮焕祥. 1989. 混凝土坝测资料的反分析. 河海大学学报: 自然科学版，17(2):10-18.

张楚汉. 2002. 水利水电工程科学前沿. 北京：清华大学出版社.

张国新. 2013. SAPTIS: 结构多场仿真与非线性分析软件开发及应用（之一）. 水利水电技术，44(1): 31-35.

张国新，周秋景. 2013. 高拱坝坝踵应力实测与弹性计算结果差异原因分析. 水利学报，44(6):640-647.

周秋景，张国新. 2013. SAPTIS: 结构多场仿真与非线性分析软件开发及应用（之二）. 水利水电技术，44(9): 42-47.

周秋景，杨波，廉成志，等. 2012. 横缝灌浆对向家坝岸坡反拱坝段工作特性影响研究. 水电能源科学，30(002)：89-91.

朱伯芳. 2012. 大体积混凝土温度应力与温度控制.北京:中国水利水电出版社.

邹丽春，杨光亮，喻建清. 2006. 小湾水电站工程关键技术研究.水力发电，32(11)：9-11.

Zhang G，Liu Y，Zhou Q. 2008. Study on real working performance and overload safety factor of high arch dam. Science in China Series E: Technological Sciences，51(2):48-59.

Zhou Q，Zhang G，Li H，et al. 2012. Study on regression analysis and simulation feedback-prediction methods of super high arch dam during construction and first impounding process. Earth and Space 2012:1024-1033.

Zhou Q J，Zhang G X，Liu Y. 2013. Prediction of and early Warning for Deformation and Stress in the Xiaowan Arch Dam during the First Impounding Stage. Applied Mechanics and Materials，405:2463-2472.

生态水工学的内涵与学科前沿

董哲仁

（中国水利水电科学研究院，北京 100038）

摘　要：本文从阐述自然河流生态系统特征入手，讨论了水利工程的生态胁迫作用，反思了水利工程学在生态保护方面的不足。文章回顾了生态水工学的缘起与发展，讨论了生态水工学的学科基础、研究对象及内容。最后，展望了生态水工学的学科前沿问题。

关键词：河流生态系统；生态水工学；水文情势；景观格局；生态修复

Connotation and Academic Foreland of Eco-hydraulic Engineering

Zheren Dong

(China Institute of Water Resources and Hydropower Research,Beijing 100038)

Abstract:This paper first reviews the characteristics of natural river ecosystems, then discusses the ecological stress caused by water conservancy projects and examines the shortcoming of existing knowledge in hydraulic Engineering concerning ecological protection.The paper also reviews the development of ecological water engineering, and discusses the subject foundation, research object and content of ecological water engineering. Finally, it summarizes the frontier problems of ecological water engineering.

Key Words: river ecosystem；ecological water engineering；hydrological situation；landscape pattern；ecological restoration

1　引言

生态水工学缘起于对水利工程学的反思。传统意义上的水利工程学以水

通信作者：董哲仁（1943—），E-mail：dongzr@iwhr.com。

资源开发利用和水利工程建设为主要内容，在不同程度上忽视了河流生态保护，产生了生态胁迫作用。为理解对河流生态系统的负面影响，就需要认识自然河流生态系统的特征以及在外界胁迫下的变化。基于这些认识，进一步探讨了生态水工学的学科基础、研究内容和发展方向。

2 河流生态系统特征

本节阐述了河流生物群落与生境的关系及河流生态系统服务功能，讨论了大坝工程、治河工程和调水工程的生态胁迫作用。

2.1 认识自然河流生态系统特征

河流生态系统是一个复杂、开放、动态、非平衡和非线性系统。所谓自然河流，是指为受到人类生产活动大规模干扰的河流。认识自然河流的本质特征，核心问题是认识河流生态系统的结构与功能，特别是需要研究河流生命系统和生命支持系统的相互作用及耦合关系。所谓生命支持系统是指由若干生境要素构成的河流生境系统，这些生境要素包括水文情势、水体物理化学特征、河流地貌景观特征和河流水力学特征。河流生物群落与生境的关系可以归纳为以下五种关系（董哲仁等，2010）。

2.1.1 河流四维连续性

首先定义沿河流流向、水流侧向和河床垂向为三维坐标系。水体沿河流流向不仅有我们所熟知的在水文学和水力学意义上的连续性特征，而且，河流系统还具有物质流、能量流、信息流和物种流的连续性特征。河流的纵向流动把营养物质沿上中下游输送。汛期洪水的侧向漫溢又把营养物质输送到河漫滩、湖泊和湿地。在河床的垂向，河水与地下水相互补给，同时沿竖向还进行着营养物质的输移转化。在上述三维方向，营养物质的输移转化及在食物网内的能量流动，反映了物质流与能量流的空间连续性。另外，河流通过水位的消涨、流速及水温的变化，为诸多的鱼类、底栖动物及着生藻类等生物传递着生命节律的信号，这反映了河流信息流的连续性。河流既是洄游鱼类的通道，也是植物种子通过漂流传播扩散的通道，则反映了物种流连续性特征。大量观测资料还表明，生物群落结构沿河呈现出连续性分布特征。最后，河流生态系统存在着高度的可变性。时间作为第四维度，反映河流生态系统的动态特征，河流连续性特征呈依时变化规律。

2.1.2　水文情势与河流生态过程的关系

水文情势变化是河流生态系统过程的驱动力。每一条河流都携带着生物的生命节律信息，洪水水位涨落会引发生物不同的行为特点（behavioral trait），如鸟类迁徙、鱼类洄游、涉禽的繁殖及陆生无脊椎动物的繁殖和迁徙。观测资料表明，鱼类和其他一些水生生物依据水文情势的丰枯变化，完成产卵、孵化、生长、避难和迁徙等生命活动。

周期变化的水文情势，造就了动态的栖息地条件。对于大量水生和陆生生物来说，完成生活史各个阶段需要一系列不同类型的栖息地。这种由水文情势决定的栖息地模式，影响了物种的分布和丰度，也促成了物种自然进化的差异。

2.1.3　景观空间异质性与生物群落多样性的关系

在长期的水沙运动作用下，河流形成了多样性的地貌景观格局。景观格局（landscape pattern）指空间结构特征包括景观组成的多样性和空间配置。在河流廊道（river corridor）尺度的景观格局包括两个方面：一是水文和水力学因子时空分布及其变异性；二是地貌学意义上各种成分的空间配置及其复杂性。景观格局空间异质性在三维方向的特征表现为：河流纵向上的河流蜿蜒性及河湖水系连通性特征；河流横断面上的几何形状多样性；沿河流竖向上的河床底质渗透性和多样性。河流景观空间异质性决定了沿河栖息地的有效性、总量及栖息地的复杂性。一个区域的生境空间异质性和复杂性越高，就意味着创造了多样的小生境，允许更多的物种共存。正因为如此，河流的生物群落多样性对于栖息地异质性存在着正相关响应。

2.1.4　水体水质的生物响应

生物群落与水体水质变化过程关系密切，其群落组成、群落结构等变化直接或间接地反映水质状况及其变化趋势。水体中氮、磷等营养物质富集，藻类大量繁殖，导致水体溶解氧和透明度下降，影响大型水生植物生长。有机物富集增加、酸雨使水体酸性中和能力及 pH 发生改变、工业点源污染和城市污水排放，都可能导致生物群落结构改变，对鱼类和大型底栖无脊椎动物产生影响。农业面源污染导致水体磷等营养物质富集，对硅藻属生物和大型底栖无脊椎动物产生影响。

2.1.5　水力学条件与生物生活史特征关系

在河段和微栖息地尺度上，生物生活史特征与水力学条件密切相关。在河流上游水流湍急，其底质多岩块、砾石，植物可以固着，因此上游鱼类多为植食性鱼类。河流中游的底质逐渐变为砂质，由于水流经常带走底砂，导致底栖植物难以生长，多数鱼类只好以其他动物为食料。到了下游流速降低，底栖植物增多，植食性鱼类重新出现。对于不同的流态，如从急流区到缓流区，鱼类的种类组成、体型和食性类型的变化比较明显。在急流中，水含氧量几乎饱和，喜氧的狭氧性鱼类通常喜欢急流的流态类型，而流速缓慢或静水池塘等水域中的鱼类往往是广氧性鱼类。鱼类溯游行为模式可分为三个区域：减速—休息区，休息—加速区，加速—休息区，与此对应的是蜿蜒型河道深潭-浅滩提供的不同流态。鱼类的产卵时期受水温的影响显著，决定鱼的产卵期以及产卵洄游时机的主要外界条件是水温和使鱼达到性成熟的热总量。

2.2　河流生态系统服务功能

联合国《千年生态系统评估》给出的生态系统服务（ecosystem service）定义是：生态系统与生态过程所形成及维持的人类赖以生存的自然环境条件与效用（Assement，2005）。生态系统服务功能是人类生存与现代文明的基础，它不仅为人类提供食物、药品和工农业所需原料，而且更重要的是支撑与维系了地球的生命支持系统。

生态系统服务价值（value of ecosystem services）可以分为两大类：一类是利用价值；一类是非利用价值。在利用价值中，又分为直接利用价值和间接利用价值。

河流生态系统的直接利用价值主要有淡水供应和水资源开发利用效益，提供食品、药品和工农业所需原料，旅游休闲、科研教育和基因资源等。间接利用价值包括泥沙与物质输移、水分的涵养与旱涝的缓解、地下水补给、水体净化功能、调节局地气候、各类废弃物的解毒和分解、植物种子的传播和物种运动。河流的美学价值是一种间接利用价值，是全人类宝贵的自然和文化遗产。

河流生态系统的非利用价值，是独立于人以外的价值，如留给子孙后代的自然物种、生物多样性及生境等。非利用价值还包括人类现阶段尚未感知但是对于自然生态系统可持续发展影响巨大的自然价值。

2.3　对河流生态系统的胁迫效应

在自然河流生态系统经历的长期演变过程中，受到了来自自然界和人类活动的双重干扰，这种干扰在生态学中称为胁迫（stress）。来自自然界的重大干扰，包括地壳变化、气候变化、大洪水、地震、火山爆发、山体滑坡、泥石流及飓风等。对于这些重大干扰，河流系统的反应或是恢复到原有的状态，或者滑移到另外一种状态，寻找新的动态平衡，逐步走入良性轨道。

近百年来，全球范围的经济生产活动，以空前规模和迅猛速度发展，给人类社会带来了巨大繁荣，同时对自然环境造成巨大压力，也给河流生态系统带来了重大干扰甚至灾难。在工业化过程中，人们从工厂运走了各类产品，却把废水污水倾倒到河流里。在城市化进程中，人们大范围改变了土地利用方式，使自然水文循环方式发生改变。掠夺式的资源开发利用，造成河流干涸、断流。森林无度砍伐和开垦、河湖围垦、过度放牧捕鱼和过度养殖等生产活动，引起水土流失、植被破坏、河湖萎缩、物种多样性下降。大规模的基础设施，如公路、铁路、矿山、油田建设，改变了景观格局，造成水土流失、地面沉陷、地下水枯竭。河道采砂生产活动改变了河势，破坏了河流栖息地。人类大规模经济活动对于河流生态系统的干扰所造成的影响往往是系统自身难以承受的，甚至是不可逆转的。

水利水电工程包括大坝工程、治河工程和调水工程，对于社会经济发展作用巨大。我国自 20 世纪 50 年代开始的大规模水利水电建设成绩举世瞩目，已建 15m 以上大坝 25 800 座，占世界的 51.92%。截至 2012 年，全国水电总装机达到 333.0GW，2012 年全国水电年发电量为 8641 亿度，占世界总额 23.4%，均居世界首位（第一次全国水利普查公报 2013）。在防洪工程方面，截至 2010 年，我国建设堤防 30.0 万 km，保护耕地 4300 万 hm^2[①]，保护人口 5.7 亿（2011 年全国水利发展统计公报）。我国的调水工程主要以供水和灌溉为目标。南水北调中线和东线工程目前正处于建设阶段。水利水电工程在防洪、供水、灌溉、发电等方面发挥了巨大保障作用，为促进经济发展，社会稳定作出了巨大贡献。

正如任何事物都存在两面性一样，水利水电工程不可避免地存在着对自然生态环境的负面影响。这表现为河流系统被大规模改造，河流的地貌形态和水文过程发生重大变化。可以说，百年的改造结果超过了几千年历史记载

----

① 1hm^2=1 万 m^2。

的河流变迁的总和。

2.3.1 大坝水库的生态影响

奔腾的河流被大坝阻拦，在大坝上游形成水库，水库按其功能目标实行人工调度。水库改变了地貌景观格局；人工径流调节改变了自然水文情势，使大坝上游和下游的栖息地条件均发生改变。进而言之，大坝不仅使水流受阻，使水流连续性中断，而且使河流本来连续的物质流、能量流、物种流和信息流中断，由连续性特征改变为非连续性。使河流出现顺水流方向非连续性特征。大坝水库的生态影响表现在水文情势、地貌景观、水力学条件和水体水温的变化几个方面（董哲仁，2007a，2013b）。

1. 地貌景观格局变化

水库蓄水后，极大改变了河流景观格局。库区内原有山地或丘陵生境破碎化、片断化，陆生动物被迫迁徙。不设鱼道的大坝成了洄游鱼类的不可逾越的障碍，其他生物的迁徙也同样受阻。流动的河流变成相对静水人工湖，急流生物群落逐渐被静水生物群落所代替。由于水流减缓，造成库区泥沙淤积，同时也截留了河流的营养物质，改变了原有物质流、能量流的规律。由于泥沙在库区淤积，下泄水流携沙能力增强，加剧了对下游河床和岸坡的冲刷侵蚀。由于河床高程降低，会改变河流与湖泊间的关系，特别是改变河湖之间水体置换关系，水体更易于从湖泊注入河流，对湖泊栖息地造成影响。水库蓄水后，还会产生库区诱发地震、山体滑坡和坍岸等地质灾害。另外，引水式水电站会造成长达几千米至十几千米河段间歇性脱流，给滨河带植被和水生生物群落带来摧毁性的打击。

2. 水文情势变化

大坝运行期间，水库调度服从于防洪、发电或供水等需求，使年内径流趋于均一化，改变了自然河流丰枯变化和洪水脉冲的水文模式，从而改变了河流生物群落的生长条件和规律。一些靠洪水生长的滨河带植物死亡，而一些靠河流丰枯变化抑制的有害生物因此而爆发。洪水的发生时机和持续时间，对于鱼类产卵至关重要。产卵的规模和与涨水过程的流量增量及洪水持续时间有关。洪水脉冲过程的削弱，直接影响鱼类产卵过程。此外，水文过程均一化还会引起河漫滩植被退化，水禽鸟类丰度降低。大型水库的径流调节会直接影响入海口的流量过程，加大咸潮入侵风险，影响河口湿地和近海鱼类生境条件。

3. 水力条件和水温变化

水库蓄水后，水库回水影响区水流流速降低，曝气不足，扩散能力减弱，库区近岸水域和库湾水体纳污能力下降，促使藻类在水库表层大量繁殖，致使库区近岸水域和库湾水体富营养化。由于注入水库的支流和沟汊受到水库高水位的顶托，水体流动受阻，支流或河汊携带较高浓度污染物，就会在库区支流交汇和沟汊部位产生水华现象。

由于水库的水深高于河流，湖泊水库中出现明显温度分层现象。由于水库的各种泄水孔口包括表孔、中孔、底孔及水轮机引水压力管道的进水口在坝体内分别布置在不同的高程上，在泄水时开启不同高程的孔口，对应不同的温度层，下泄水温会有较大差异。水库温度分层现象加之水库调度的人为因素，对于下游的物种，特别是鱼类生长繁殖会产生不同程度的影响。

4. 水电梯级开发影响

河流梯级水电站采取联合调度的运行方式。与单独水电站运行不同，多级电站联合调度对于水文情势和河流地貌景观的影响更为复杂。多级电站联合运行的生态影响，不是单级水电站生态影响的简单叠加，而是一种非线性问题。梯级水电站径流量的时空分布、水温的时空分布，大坝泄洪时的气体过饱和，河道内流速、水深、流态变化及营养物和泥沙输移等因素对于生物群落的影响更具复杂性，需要长期观测、分析和研究。

2.3.2 治河工程的生态影响

1. 河流渠道化

自然河流渠道化过程包括：①河流平面形态上，把蜿蜒性河流改造成直线河流，多股型河流改造为单股；②河道断面采用梯形等几何规则断面；③岸坡防护采用不透水材料。其后果是蜿蜒性河流所特有的浅滩-深潭序列消失，改变了不同水生生物生活史所需的栖息地条件，特别是失去了特有鱼类的产卵场、索饵场和避难所。渠道化的河道采用几何规则横断面，单调的栖息地条件会导致水生生物种类和数量的减少。不透水的护坡阻隔了地表水与地下水的交换通道，造成土壤动物和底栖动物丰度降低。

2. 堤防间距缩窄

在堤线布置方面，为利用河漫滩土地耕种，往往缩短两岸堤防间距，其结果对防洪和生态保护二者都不利。在生态保护方面，挤占河漫滩造成河漫滩植被萎缩，湿地退化。河流被约束在两条缩窄河道的堤防内，洪水失去了侧向漫溢机会，使河漫滩本地大型水生植物成活率下降，鱼类失去产卵场和避难所，给外来物种入侵以可乘之机。

3. 河湖阻隔

为达到围垦造田之目的，往往通过建闸和筑堤等工程措施，将湖泊与河流的水文联系控制或切断，形成河湖阻隔格局。河湖阻隔最直接的影响是湖泊和湿地面积萎缩，鱼类、水禽和鸟类栖息地数量大幅减少。河湖阻隔后，水生动物迁徙受阻，产卵场、育肥场和索饵场消失，河湖洄游型鱼类物种多样性明显降低，湖泊定居型鱼类所占比例增加，但两种类型的鱼类总产量都呈下降趋势。河湖阻隔使湖泊成为封闭水体，水体置换缓慢，使多种湿地萎缩。加之上游污水排放和湖区大规模围网养殖污染，湖泊水质恶化，多呈现富营养化趋势。

2.3.3 跨流域调水工程的生态影响

跨流域调水工程的最根本的问题是人为打破了河流水系的自然格局，改变了水源区所属流域和受水区所属流域的水文情势。如果调水水量超过适宜限度，对于两个流域都会产生不良的生态影响。

对水源区的生态影响包括：水文情势及蒸发、入渗等水文循环状况变化；地下水位变化；泥沙淤积与河流造床过程的变化；河口水文情势和咸淡水平衡变化；水文条件改变引起的水域和陆地的生物多样性变化。

对受水区的生态影响包括：水文情势以及蒸发、入渗等水文循环条件变化；地下水位变化、水盐平衡变化及盐渍化风险；水质与水温变化；疾病与病原菌的传播风险；水域与陆地生物多样性的变化。

3 生态水工学的内涵

本节介绍了生态工程学的发展沿革，阐述了生态水工学的学科基础，研究对象以及主要内容。

3.1 对水利工程学的反思

传统意义上的水利工程学作为一门重要的工程学科，以建设水工建筑物为手段，目的是改造和控制河流，以满足人们对防洪和水资源利用的多种需求。

现代生态学理论使我们认识到，河流不但哺育了自古以来就"逐水而居"的人类，河流也是数以百万计的生物物种的栖息地；认识到健康的河流生态系统为当代人类提供了生态服务功能，为人类的子孙后代提供了可持续发展的条件；认识到工业社会以来人类对水资源过度开发及河流大规模改造，对河流生态系统形成了胁迫，导致河流生态系统不同程度上的退化，而生态系统的退化会直接或间接损害人类的现实和长远利益。基于这些基本认识，促使我们重新审视水利工程学的目标和内涵，结果发现水利工程学存在着明显的缺陷，就是在满足人类社会需求时，不同程度上忽视了河流生态系统的健康与可持续性的维持。换言之，水利水电工程以开发利用水资源和水能资源为主要目标，在不同程度上忽视了生态保护的目标。

如何保护生态系统？在国际资源与环境领域有两种极端的理论：一种称之为资源主义（resourcism），主张最大限度开发可再生资源；另一种称之为自然保护主义（preservationism），其主要观点是对于自然界中的尚未开发区域，反对人类居住和进行经济开发。资源主义强调了满足人类经济发展的重要性，却忽视了维护健康生态系统对于人类利益的长远影响。而保护主义虽然高度重视维护自然生态系统，但是反对一切对自然资源的合理开发利用，其结果往往会脱离社会经济发展的实际而成为空谈。

在水资源领域，从 20 世纪 80 年代起，国际环保界出现的反对建设大坝的浪潮，就应属于自然保护主义范畴，或称为极端环保主义。如果简单地反对一切大坝建设，主张大范围地拆坝，恢复河流"原生态"状况，显然，这种观点完全脱离了社会经济发展实际，是一种"因噎废食"的观点。相反，主张无限制开发水资源和水能资源，回避大坝给生态系统带来的负面影响，忽视对于生态系统的补偿，无疑会给人类长远利益带来损害。世界上不存在百利而无一害的工程技术，权衡利弊，趋利避害是辩证的思维方法。也就是说，一方面，要承认在淡水生态系统承受能力的范围内人类合理开发水资源的合理性，另一方面，保护生态，维护淡水生态系统的完整性和可持续性，应成为水利水电工程建设的前提。为实现这一目标，除立法和水资源综合管理外，在技术层面上，构建与生态友好的水利工程技术体系，就成了必然的选择。

3.2　生态工程学的发展沿革

追溯基于生态保护的河流治理工程理论的形成历史，当推德国 Seifert(1938)首先提出了"亲河川整治"概念（Patt et al.，2011）。Seifert 指出工程设施首先要具备河流传统治理的各种功能，如防洪、供水、水土保持等，同时还应该达到接近自然状况的目标。亲河川工程即经济又可保持自然景观，使人类从物质文明进步到精神文明；从工程技术进步到工程艺术；从实用价值进步到美学价值。20 世纪 50 年代，德国正式创立了"近自然河道治理工程学"，提出河道的整治要符合植物化和生命化的原理。1962 年，著名生态学家 Odum 提出将生态系统自组织行为（self-organizing activities）运用到工程之中。他首次提出"生态工程"（ecological engineering）一词，旨在促进生态学与工程学相结合（Odum,1989）。

自 20 世纪 70 年代以来，随着生态学的发展和应用，人们对于河流治理有了新的认识。水利工程除了要满足人类社会的需求以外，还要满足维护生态系统稳定性及生物多样性的需求，同时把河流的自然状态或原始状态作为河流整治及人类干预的参照系统，相应发展了生态工程技术和理论。1971 年，Schlueter 认为近自然治理（near nature control）的目标，首先要满足人类对河流利用的要求，同时要维护或创造河溪的生态多样性。1983 年，Bidner 提出河道整治首先要考虑河道的水力学特性、地貌学特点与河流的自然状况，以权衡河道整治与对生态系统胁迫之间的尺度。1985 年，Holzmann 把河岸植被视为具有多种小生态环境的多层结构，强调生态多样性在生态治理的重要性，注重工程治理与自然景观的和谐性。同年，Rossoll 指出，近自然治理的思想应该以维护河溪中尽可能高的生物生产力为基础。1989 年，Pabst 则强调溪流的自然特性要依靠自然力去恢复。1992 年，Hohmann 从维护河溪生态系平衡的观点出发，认为近自然河流治理要减轻人为活动对河流的压力，维持河流环境多样性、物种多样性及其河流生态系统平衡，并逐渐恢复自然状况。

河流的生态工程在德国称为"河川生态自然工程"，日本称为"近自然工法"，或"多自然型建设工法"。美国称为"自然河道设计技术"（natural channel design techniques）。1989 年，著名生态学家 Mitsch 等给出了"生态工程学"（ecological engineering）定义，他在一些场合有时也使用"生态技术"（ecotechnology）一词（Mitsch and Jorgensen, 2004）。1993 年，美国科学院所主办的生态工程研讨会中根据 Mitsch 的建议，对"生态工程学"定义为："将人类社会与其自然环境相结合，以达到双方受益的可持续生态系统的设计方法。" Mitsch 提出的"生态工程学"定义的范围很广，包括河流、湖泊、湿地、矿山、森林、土地及海岸的生态修复问题。

在工程实践方面，20 世纪 80 年代，阿尔卑斯山区相关国家——德国、瑞士、奥地利等，在山区溪流生态治理方面积累了丰富的经验。莱茵河"鲑鱼-2000"计划实施成功，提供了以单一物种目标的大型河流生态修复的经验。90 年代美国的凯斯密河及密苏里河的生态修复规划实施，标志着大型河流的全流域综合生态修复工程进入实践阶段。在保护生态改善水库调度方案方面，美国科罗拉多河格伦峡大坝的适应性管理规划及澳大利亚墨累-达令河的环境流管理都是一些典型案例。在洄游鱼类保护方面，建成于 2002 年的巴西依泰普水电站鱼道是全世界最长（自然鱼道 6km，人工鱼道 4km）、爬高最高的鱼道（120m），每年可以帮助 40 余种鱼洄游产卵。

一些国家和国际组织已经颁布了一系列淡水生态系统保护的法规和技术标准，最具代表性的是欧盟议会和欧盟理事会 2000 年颁布的法律《水框架指令》（EU Water framework Directive）。

综上所述，有关河流的生态工程理论多种多样，但是归纳起来，可以归纳出以下一些共同的理念：①尊重河流生态系统完整性和可持续性需求；②尊重流域的自然状况及各类生物种群的生存权利。水利工程要保护生物栖息地和生物多样性，维护河流生态服务功能；③尊重河流的美学价值，强调在水利工程建设中维护河流自然景观和河流的自然美学价值；④尊重和遵循生态系统自身的规律，充分发挥自然界自修复和自净化功能，生态恢复工程遵循生态系统的自设计原则。

构建我国与生态友好的水利工程技术体系，需要借鉴国外的先进理论和技术，但是更要结合我国的国情、水情和河流特征。其一，我国是一个水资源相对匮乏、洪涝灾害频发的国家，建设大坝水库以保障供水和调蓄洪水是我国治水的成功经验。我国又是水能资源丰富的国家，蕴藏量居世界首位。为落实我国政府关于减少温室气体排放的国际承诺，必然会大力发展水电。其二，与西方国家不同，我国目前还处于水利水电建设高潮期。如何在新建工程中采取预防措施，防止和减轻对淡水生态系统的负面影响，这方面将会表现出强烈的科技需求。其三，我国具有几千年的水利史，大部分河流都经过人工改造，有些河流如黄河和海河，已经演变成高度人工控制的河流。在此类河流上实施生态修复，要有新思路和新模式。

3.3 生态水工学的学科基础和研究对象

3.3.1 生态水工学的定义

2003 年，董哲仁提出生态水工学（Eco-Hydraulic Engineering）概念，并给出定义如下：生态水工学作为水利工程学的一个新的分支，是研究水利工程在满足人类社会需求的同时，兼顾淡水生态系统健康与可持续性需求的原理与技术方法的工程学（董哲仁，2003，2007b）。

该定义具有以下几层含义：①水利工程学是一门经过近百年发展，具有完整理论体系的传统工程学科。为适应生态保护新的形势，生态水利工程学作为水利工程学的一个学科分支，力求补充和完善水利工程学的理论和技术方法；②水利工程不但要满足社会经济需求，也要符合生态保护的要求；③生态水利工程学是一门交叉学科，吸收、融合生态学和其他新兴学科的理论和技术方法，目标是构建与生态友好的水利工程技术体系；④淡水生态系统保护的目标是保护和恢复淡水生态系统健康与可持续性。

3.3.2　生态水工学的学科基础

传统意义上的水利工程学的学科基础主要是水文学和包括水力学、结构力学、岩土力学在内的工程力学体系，应用技术方法主要包括水资源开发规划、水利工程设计施工等。生态水工学则吸收生态学理论及方法（包括生态系统生态学、恢复生态学和景观生态学等），促进促进水利工程学与生态学的交叉融合，用以改进和完善水利工程的规划、设计和管理的理论和技术方法。

河流生态学研究的重点是研究生态系统结构功能与重要生境因子的相关关系。这里所说的重要生境因子是指：水文情势、水力学特征、河流地貌等因素，它们对应的学科分别是水文学、水力学和河流地貌学等。诸多学科与河流生态学的交叉与融合发展了富有生命力的新兴学科领域，包括生态水文学、生态水力学。这里特别讨论生态水文学和生态水力学的发展及其与生态水工学的关系。

生态水文学（Ecohydrology）是水文学与生态学融合形成的边缘、交叉学科，其内涵是研究水文过程与生物过程的耦合关系。1992年，在都柏林召开的水与环境国际会议，最早提出了将水文学和生态学结合的构想。1997年，Zalewski等首先在联合国教科文组织国际水文计划(UNESCO IHP)-V的技术手册中给出了生态水文学的概念。2008年Harper和Zalewski等对于生态水文学进一步给出了较为完整的定义："通过对流域内水文机制对生物区及生物区对水文机制的双向调节的量化与模拟，认识二者变化与协同的整体性，以保护、增强或修复流域水生态系统的可持续利用能力为基本目标，缓解人类活动的影响。"生态水文学的研究尺度是流域，其研究领域包括：流域生态格局和生态过程变化的水文学机制；水循环中的水文情势及其变化对水生生物和河流生态系统的影响。近年来聚焦于水域生态系统演替的水文机制；人类活动造成水文情势改变的生态响应机制；流域水循环过程与植被群落演替和生态过程的关系；生态水文过程的尺度转换；气候-水分-植被-土壤耦合模式等。生态水文学是生态水工学的学科基础之一，它为流域生态修复规划和水库生态调度提供定量数据支持。

生态水力学（Ecohydraulics）是水力学与生态学融合形成的一门新兴交叉学科。1990 年，国际水利学研究协会（International Association for Hydraulic Research）成立了生态水力学分会，成为生态水力学成为一门独立学科的标志。1992 年在挪威召开了第一届国际生态水力学研讨会。生态水力学的研究尺度是河段或称中等栖息地和微观栖息地。生态水力学的任务在是河段的尺度上，建立起生物生活史特征与水力学条件的关系，研究水力学条件发生变化情况下的生态响应，预测水生态系统的演替趋势，提出加强和改善栖息地的流场控制对策。近年来在水生生物栖息地模拟研究方面，朝着水动力模型的精细化、适宜性评价准则客观化、栖息地模拟尺度多元化的方向发展。另外，除重视水力学因素对于生物的直接影响以外，还要重视水力学因素的间接影响。水流影响河床地貌的演化和沉积物的分布，不仅影响河床岸坡植被的生长和生物的多样性，而且影响溶解氧、营养盐的分布，影响水体温度场、栖息地格局、水生生物的食物分布及含沙量等。生态水力学也是生态水工学的学科基础之一。生态水力学在河流生态修复工程优化设计和项目有效性评估，栖息地加强，鱼道设计、减轻高坝泄流过饱和气体对鱼类影响、控制水库下泄水温变化及防治水库湖泊的富营养化等诸多方面，可以提供定量的数据支持。

3.3.3 生态水工学的研究对象、方法和尺度

传统意义上的水利工程学的任务是以建设工程设施为手段，控制和改造河流，实现预期的经济效益和社会目标。生态水利工程学的任务是保障河流为人类社会服务的前提下，更注重生态保护与修复。

水利工程学研究对象是河流的水文系统；生态水利工程学研究的对象不仅是具有水文特性和水力学特性的河流系统，而且还研究由生物群落与栖息地共同组成的河流生态系统。

水利工程学主要关注河流的资源功能的利用，生态水工学更多关注河流生态服务功能的维持与恢复。

水利工程学主要以工程手段开发水资源和水能资源，生态水工学则综合工程措施和非工程措施，包括生物措施、流域综合管理措施、改善水库调度等。

水利工程设计是一种确定性设计，水工建筑物的几何特征、材料强度和应力应变都是在人的控制之中。生态水利工程设计是一种指导性的辅助设计，由于水生态系统的高度不确定性，所规划的河流生态系统演变具有多种可能性。需要发挥生态系统自调节（self-adjust）和自组织功能，由自然界选择合适的物种并形成合理的结构，从而最终完成和实现设计。这种方法也称作"无作为选择"（do nothing option）（Gumiero et al.,2008）。

水利工程学中水资源规划的尺度是流域，水利枢纽工程规划设计范围是河段尺度。生态水工学采取多尺度研究方法，从微栖息地、河段、河流廊道直到流域尺度。

3.4　生态水工学的内容

生态水工学的内容包括以下四个方面。

3.4.1　河流生态修复

河流生态修复是指在充分发挥生态系统自修复功能的基础上，采取工程和非工程措施，促使河流生态系统恢复到较为自然的状态，改善其生态完整性和可持续性的一种生态保护行动（董哲仁，2007a）。河湖生态修复包括水文、河流地貌、水体物理化学和生物等生态要素的整体修复。重点学科内容是河流生态修复规划设计方法和河流生态修复技术。规划方法包括河流调查分析方法，修复原则、目标与任务的确定等。河流生态修复技术包括河流栖息地修复与加强技术；生态型岸坡防护技术；环境水流评估技术；污染控制及人工湿地等生物型治污技术。如上所述，发达国家已经积累了 20 多年的经验（Europe，2003；William and Graf，2008；Gumiero et al.，2008）。我国水利部自 2005 年开展河流生态修复示范项目，开发、整合相关技术，积累了一定的实践经验，目前正在制订相关技术规范。

3.4.2　与生态友好的水工建筑物

保护溯河洄游鱼类的工程措施包括建设鱼道、升鱼机、鱼闸和仿自然通道。保护降河洄游鱼类的工程措施主要是建设拦鱼设施，包括物理屏蔽、旁路通道和行为屏蔽。早在 20 世纪 60 年代，国外就开展了相当规模的鱼道建设，至 20 世纪末期，北美建设了 400 余座，日本 1400 余座鱼道。建成于2002 年的巴西依泰普水电站鱼道是全世界最长（自然鱼道 6km，人工鱼道4km）、爬高最高的鱼道（120m），每年可以帮助 40 余种鱼洄游产卵。我国鱼道研究始于 20 世纪 60 年代的富春江七里垅水电站规划。70 年代长江葛洲坝水利枢纽论证时，放弃过鱼设施方案，最终采用增殖放流方案解决中华鲟等珍稀物种保护问题。由于葛洲坝工程的导向作用，80~90 年代，我国鱼道研究和建设处于停滞时期。有研究报告表明，葛洲坝三个船闸下游是鱼类聚集最多的地方，说明鱼类依然要本能地通过大坝上溯。这说明仅仅设置增殖放流站不能解决根本性问题。2000 年以后，随着《环境影响评价法》的贯彻实施，一批鱼道工程如北京上庄闸、广西长洲水利枢纽、浙江曹娥江挡潮大闸等陆续建设，我国鱼道研究和建设又进入了一个新的发展期（陈凯麒等，2012）。

3.4.3　兼顾生态保护的水库调度方法

兼顾生态保护的水库调度的目的，是通过改善传统的水库调度方式，在满足防洪与兴利要求的基础上，兼顾河流生态系统对水文情势的基本需求。自 20 世纪 70 年代，西方国家开始着手研究通过改善水库调度方式降低水坝对河流生态的负面影响，并陆续开展了若干改善水库调度方式的个案现场试验研究。其中著名案例有：美国哥伦比亚河维持或增强溯河产卵鱼类洄游的水库调度；美国田纳西河流域 20 个梯级水库改善下游水质的调度；美国科罗拉多河格伦峡大坝的适应性管理规划及澳大利亚墨累-达令河的环境流管理等。这些案例的经验表明，通过改善水库调度方式，可以在一定程度上缓解大坝的负面生态效应。我国在水库生态调度研究方面起步较晚，至今仍处于研究阶段（王俊娜等，2013）。

3.4.4　流域生态监测与评价

河流生态系统始终处于动态变化之中，河流生态保护和修复项目存在着高度不确定性。对系统的监测与评估是掌握河流生态系统演变趋势进而制定适应性管理策略的重要手段。生态监测和评估也是评价河流生态修复工程或水库生态调度效果的重要手段。河流生态监测的技术包括水质、水文、地貌和生物监测的内容、技术和数据处理方法。其中，河湖生物监测在我国最为薄弱。目前，大江大河尚未系统开展生物普查工作，缺乏本底值数据。由于受到部门分工的制约，迄今为止我国还没有制订主要江河的生物监测规划。生物监测数据缺乏，是制约我国水生态修复和保护工作发展的主要因素之一。

河流健康是河流生态系统的一种状态，在这种状态下，河流生态系统保持结构完整性并具有恢复力，同时能满足社会可持续发展的需要(董哲仁，

2007c；张晶等，2010)。河流健康评价方法不同于我国现行的以水质评价作为唯一标准的河湖水体评价法。河流健康评价基于生态完整性原理，对于河流生态系统包括水文、水质、河流地貌形态及生物等诸生态要素进行综合评价，采用这种评价方法能够使人们获得有关河流更为客观与完整的认识。

至今，各国学者对河流生态系统健康的内涵尚未取得共识。分歧主要集中在河流健康是否属于严格的科学概念及河流健康评价是否包括河流的社会价值这两个问题上（Karr，1999）。在评价方法方面，主要进展体现在《欧盟水框架指令》的河湖生态评价分级系统（Gumiero et al.,2008）。在我国制定河流健康评价准则，需要考虑所需资料的可达性和因地制宜的特点。另外，随着河流健康评价制度的实施，通过公布河湖健康评价结果，进一步促进社会公众的广泛参与。

4 生态水工学展望

自 2003 年提出生态水工学概念以来，受到科技界和工程界的普遍重视。在一些科研机构设置了生态水工学研究室，一些大学增设了生态水工学博士招生方向。河流生态修复和水库生态调度等领域都在国家科技支撑项目和公益行业科研专项中多有立项并取得成果。代表性的专著有：《生态水利工程原理与技术》（董哲仁和孙亚东 2007）、《探索生态水工学》（董哲仁，2007）和《河流生态修复》（董哲仁，2013a）。

近年，中央倡导尊重自然、顺应自然、保护自然的生态文明理念，并且要求把生态文明建设放在突出地位，融入经济建设、政治建设、文化建设、社会建设各方面和全过程。这是指导我国走可持续发展道路的战略思想。在这样的大背景下，在生态保护与修复方面会提出更多的理论和技术需求，生态水工学的迎来了新的发展机遇。为适应生态保护的大环境，大学课程设置也需要改革。水利工程专业的学生，不仅要掌握水资源开发和水利工程建设的知识，也要掌握水生态保护的知识，这无疑会进一步促进生态水工学的发展和普及。

生态水工学的发展，既要借鉴发达国家的经验，更要结合我国的国情、水情和河流特点，在总结我国示范工程和实践经验的基础上，自主创新、提升理论和研发技术。由于生态水工学的跨学科综合性，其发展需要多部门、多学科的合作与融合。

在学科建设方面，近期似可开展以下课题研究。

4.1 水资源及水能资源开发程度规划战略

我国水资源和水电开发正处于发展阶段，需要从战略上合理确定水资源和水电开发程度。在水资源开发方面，钱正英等（2006）认为我国河流按照改造程度，大体可以分为三类：①完全或基本保持自然状态的河流系统，开发利用程度小于 10%；②人工化与自然复合的河流系统，开发利用程度一般在 10%～20%，有的甚至接近 40%；③人工化河流系统，水工程控制程度较高，天然河流已改建为不同类型的人工河道系统，河流污染严重，开发利用程度为 40%，甚至高达 70% 以上。钱正英认为应该对于河流的开发、利用和改造分类指导。设想对江河源区，原则划为自然保护区，基本禁止开发；对于水源丰富且关系重大的江河，如长江和珠江，应在保护中开发，并在开发中促进保护；对于水源不够丰富而关系重大的河流，如黄河、淮河和辽河，应调整原有的开发规划并采取适当的补救措施加以保护；对于经济开发的东部地区某些河流，如海河中下游和淮河下游，应改进和完善原来的规划，建成可持续利用的人工化河流系统。

在水电开发方面，近年来，由于水电作为清洁能源在实施国家节能减排战略方面的重要作用，水电开发出现了大发展的新局面，随之而来提高水电开发程度的呼声越来越高。如何贯彻"在做好生态保护和移民安置的前提下积极发展水电"方针，处理好资源开发与生态保护的关系，这不仅是政府高层决策的难题，也是对工程科学技术的重大挑战。

4.2 水利水电工程生态影响机理

大坝水库的生态影响表现在水文情势、地貌景观、水力学条件和水体物理化学特征变化几个方面。生态影响机理研究的目的，是为河流生态保护与修复提供理论支持。研究生态影响机理的基础是生态调查和监测，我国在生态监测方面远落后发达国家，期望有关部门及早制定主要江河生物普查和监测规划。

水文情势方面，要突破生态需水研究的局限性，重视水文过程而不仅仅是流量：①发展自然水流模型，以大规模开发活动的水文过程为参照系统，构建环境水流；②加强生物调查和生物监测工作，确定遴选指示物种的原则，重点梳理水文要素的生态学意义；③研究由于径流调节引起水文过程改变的生物响应包括鱼类产卵等生物活动；④研究生物生命节律与河流水文时序规律匹配关系；⑤重视洪水脉冲效应的研究，建立洪水脉冲-生态过程关系模型。

地貌景观格局研究：①大型水利工程引起流域尺度景观格局变化；②景观格局分析与水文要素分析的耦合；③河流景观异质性与生物群落多样性的关系，河流景观多样性包括蜿蜒性、连续性、河湖水系连通性及底质特征等；④河流景观破碎化、片断化的生物响应；⑤水库库区生态阻滞现象机理，开发防止库区水体富营养化技术；⑥通过改善河湖水系连通性修复生态系统的机理（董哲仁，2007d；赵进勇等，2011）。

水生生物栖息地模拟研究。预计将朝着水动力模型的精细化、适宜性评价准则客观化、栖息地模拟尺度多元化的方向发展。除重视水力学因素对于生物的直接影响以外，还重视其间接影响，包括影响河床岸坡植被、水质（溶解氧、营养盐的分布）、水体温度场及水生生物的食物分布等。在应用研究方面，减轻高坝泄流过饱和气体对鱼类影响，控制水库下泄水温变化影响等。

目前水利水电工程的生态影响研究大多停留在描述阶段。今后的研究可应用如"驱动力-压力-状态-影响-响应"等生态模型，通过实地监测调查，深入研究作用机理，寻找降低和缓解负面生态影响的多种技术对策。

4.3 过鱼建筑物

洄游是鱼类为了产卵、觅食、生长或避难而在不同栖息地之间大规模迁徙的现象。河流闸坝建设破坏了河流的水力连续性，对于洄游鱼类造成物理性阻隔，使它们难以自由迁徙以完成生存、繁衍等生活史过程，导致鱼类种类和数量下降，有些则面临种群生存危险。对降河洄游鱼类而言，鱼类因进入水轮机室、取水口和溢洪道而受到伤亡。保护溯河洄游鱼类的工程措施包括建设鱼道、升鱼机、鱼闸和仿自然通道。保护降河洄游鱼类的工程措施主要是建设拦鱼设施，包括物理屏蔽、旁路通道和行为屏蔽。在所有过鱼建筑物中，鱼道应用最为普遍。

调查资料显示，迄今为止我国已建的大部分鱼道运行状况并不理想。我国鱼道研究与欧美国家相比起步较晚，目前存在一系列问题有待深入研究：①鱼道水力学研究。合理确定鱼道的水力参数，包括鱼道入口、鱼道内部和出口的流态、流速分布和水深等，是鱼道设计的关键。目前，普遍缺乏重要鱼类及其栖息地环境的基础研究，包括生境要素监测分析、鱼类生活习性以及闸坝影响等研究，致使鱼道设计参数确定缺乏科学基础；②目前鱼道下行问题研究尚少，也缺乏有效技术措施；③研究在流域尺度上确定目标鱼类物种和量化生态目标的方法。总之，洄游鱼类保护是一项跨学科的研究工作，需要生物学、水力学和水利工程学等多学科专家的合作，才有望取得实质性进展。

为解决大坝下泄低温水流对于鱼类的不利影响及高速水流气体过饱和引起鱼类气泡病问题，需要进一步研发水工建筑物分层取水结构设计方法和改善水流中气体过饱和技术。

4.4　兼顾生态保护的水库调度方法

兼顾生态保护的水库调度的目的，是通过改善传统的水库调度方式，在满足防洪与兴利要求的基础上，兼顾河流生态系统对水文情势的基本需求。

我国在水库生态调度研究方面起步较晚，至今仍处于研究阶段。借鉴国外经验，实施保护生态的水库调度不可能一蹴而就，而是经过放水试验—生物监测—调整方案多次反复，才有可能接近预期目标。兼顾生态保护水库调度方法研究的重点包括：①现行水库调度对河流生态影响评价方法和关键胁迫因子识别方法；②生态目标的确定方法；③建立压力-状态-响应模型，建立水文因子与生态目标的定量关系；④构造基于生态目标的环境水流过程线方法；⑤综合防洪兴利与生态保护效益，建立水库优化调度模型的方法；⑥适应性管理方法的应用。

4.5　水质生物监测技术

我国现行的水环境质量评价方法是以水体的物理化学特性作为唯一的评价尺度。大量研究成果表明，该方法具有一定的局限性。水体物理化学特性评价，其主要管理目标是减少进入河湖水体的污染物浓度，对具有毒性或潜在毒性的化学物质的允许值含量做出明确规定。大量研究表明，物理化学监测评价无法反映污染的综合性及其对生物毒性的影响。当水体污染后，多种污染物同时产生包括协同作用等在内的多种作用，这些作用影响生物个体、种群和群落，导致整个水环境发生生态毒性效应。水环境的变化是污染物相互作用以及连续性和累积作用的综合反映。

近30余年发展起来的水质生物学监测技术（biological monitoring）就是利用水环境中滋生的生物群落组成、结构等变化来预测、评价河湖水体的水质状况。水质生物学监测具有许多优点，它能够反映长期的污染效果；某些生物对于一些污染物非常敏感，能够监测到连精密仪器都无法监测的微量污染物质，而且某些生物能通过食物链将微量有毒物质予以富集并敏感检测出来。此外，一种生物可以对多种污染物产生响应而表现出不同症状，便于综合评价。在实际操作中，某些指示物种的出现或不出现，都可以表示某种特定的环境特征。其中对于某种环境要素（如水体污染）响应最敏感的指示生物如果被监测检出，可以作为水环境良好的标志。基于大量监测数据的统计规律，可以建立特定环境压力与指示生物的关系表。关系表中从最敏感的指示生物到耐受性最强的指示物种，可以反映不同水体由优到劣的水质状况。

我国在水质生物学监测技术方面的研究起步较晚。未来的发展需要在大量监测数据基础上，建立适合我国的水质状况与指示生物关系表体系，借以完善我国目前的水质评价方法。

参考文献

陈凯麒，常仲农，曹晓红，等. 2012. 我国鱼道的建设现状与展望.水利学报，43(2):182-188.

董哲仁. 2003. 生态水工学的理论框架.水利学报，1（1）：6

董哲仁. 2007a. 探索生态水工学. 北京：中国水利水电出版社.

董哲仁. 2007b. 探索生态水利工程学.中国工程科学，9（1）：1-7.

董哲仁. 2007c. 可持续利用的生态良好的河流.水科学进展，1(18).

董哲仁. 2007d. 河流生态修复的尺度、格局和模型.水利学报，37（12）：1476-1481.

董哲仁. 2009. 河流生态系统研究的理论框架.水利学报，40（2）：129-137.

董哲仁. 2013a. 河流生态修复. 北京：中国水利水电出版社.

董哲仁. 2013b. 怒江水电开发的生态影响.生态学报，26 (5):1591-1596.

董哲仁，孙东亚. 2007. 生态水利工程原理与技术. 北京：中国水利水电出版社.

董哲仁，孙东亚，赵进勇，等.2010.河流生态系统结构功能整体性概念模型.水科学进展，21（4）：550-559.

钱正英，陈家琦，冯杰，等. 2006. 人与河流和谐发展. 河海大学学报自然科学版，34（1）：1-5.

王俊娜，董哲仁，廖文根，等. 2011. 美国的水库生态调度实践. 水利水电技术，42(1):15-20.

王俊娜，董哲仁，廖文根，等. 2013. 基于水文-生态响应关系的环境水流评估方法-以三峡水库及其坝下河段为例. 中国科学：技术科学，6:715-726.

张晶，董哲仁，孙东亚，等. 2010. 基于主导生态功能分区的河流健康评价全指标体系. 水利学报，41（8）：883-892.

赵进勇，董哲仁，翟正丽，等. 2011. 基于图论的河道—滩区系统连通性评价方法.水利学报，42（5）：537-543.

Assessment M E. 2005. Ecosystem and human well being: Wetland and water. World Resources Institute，Washington，5.

Europa. 2003. The EU Water Framework Directive-integrated river basin management for Europe. The European Union Online，http://ruropa.eu.int/comm/environment/water/water-framework/index en.html.

Graf W L. 2008. Sources of Uncertainty in river restoration research//River Restoration-Managing the Uncertainty in Restoring Physical Habitat. Chichester，UK: John Wiley & Sons，Ltd: 15-19.

Gumiero B，Rinaldi M，Fokkens B. 2008. IVth ECRR Interational Conference on River restoration Proceedings.Venice:ECRR.

Karr J R. 1999. Defining and measuring river health. Freshwater Biology，41:（2）221-234.

Mitsch W J，Jorgensen S E. 2004. Ecological Engineering and Ecosystem Restoration Hoboken: John Wiley & Sons Inc.

Odum H T. 1989. Ecological engineering and self-organization //Ecological Engineering: An Introduction to Ecotechnology. New York:Wiley

Patt H，Jürging P，Kraus W. 1998. Naturnaher Wasserbau. NewYork:Springer.

长江黄金水道建设与展望

钮新强

（长江勘测规划设计研究院，武汉 430010）

摘　要： 长江干支线航道通航里程占全国的 50%以上，是世界上内河运输最繁忙、运量最大的黄金水道。本文分析了长江黄金水道建设面临的三峡枢纽过坝能力不足、中游荆江梗阻和上游高山峡谷高坝通航难度大三大关键问题，研究提出了建设三峡新通道和葛洲坝船闸扩能工程，提高三峡、葛洲坝通过能力；建设"荆汉新水道"，从根本上解决中游荆江航道瓶颈问题；研发地下式船闸、超高扬程垂直升船机、长距离通航隧洞等新技术，解决上游高坝通航问题等对策措施。建议开展相关重点领域研究，为长江黄金水道建设奠定科学基础，支撑长江经济带发展国家战略。

关键词： 黄金水道；船闸；升船机；荆汉新水道

Construction and Prospect of the Yangtze River Golden Waterway

Xinqiang Niu

（Changjiang Institute of Survey, Planning, Design and Research，Wuhan 430010）

Abstract: The navigable waterway of the Yangtze River mainstream and branch accounted for more than 50% of China, which is the busiest inland waterway and have the largest transport capacity in the world. This paper analyzes the three key issues during the construction of the Yangtze River golden waterway, they are insufficient passing capacity of Three Gorges Project, navigation obstruction of Jingjiang River in the midstream, and high dam navigation difficulty in the upstream of mountains and canyons.It proposes appropriate measures, which are enhancing

通信作者：钮新强（1962—），E-mail: niuxinqiang@cjwsjy.com.cn。

the passing capacity through the construction of Three Gorges new channel and Gezhouba lock expansion project,solving the bottleneck of Jingjiang fundamentally through the construction of "Jing-Han new waterway", and solving the high dam navigation problem in the upstream through studying underground ship lock, long navigation tunnel and high vertical ship lift. Carrying out related research is suggested to establish the scientific basis for the construction of the Yangtze River golden waterway, and support the national strategy of the Yangtze River Economic Belt.

Key Words: golden waterway; ship lock; ship lift;Jing-Han new waterway

1 引言

长江是我国内河航运最发达的水系，干支流通航里程约 7.1 万 km，占全国 50%以上，是横贯东西、辐射南北的黄金水道，承担了沿江地区 85%的煤炭、铁矿石及中上游地区 90%的外贸货运量，在区域发展总体格局中具有重要战略地位。2006 年以来，长江内河货运量连续 9 年位列世界第一位，2015 年，长江干线货运量达 21.8 亿 t，2000～2015 年间年均增长 12.0%，高于同期我国 GDP 增长率。

多年来，按照"深下游、畅中游、延上游"的思路，长江干流航道建设取得了显著成效，支撑了长江经济带的开发开放与协调发展。目前，长江干线航道水富至长江口全长 2838km，全线可通航 1000t 以上船舶。其中，太仓以下航道水深达到了 12.5m，南京至太仓航道水深达到了 10.5m，安庆至南京航道水深在 6.0m 以上；武汉至安庆航道航深 4.5m，正在研究将航道维护水深提高到 6m 以上方案；宜昌至武汉航道维护水深为 3.5～3.7m；重庆至宜昌为三峡库区航道（交通运输部长江航务管理局，2015）。

以长江黄金水道为依托的长江经济带是连接"丝绸之路经济带"和"21 世纪海上丝绸之路"的纽带，长江经济带发展战略对长江航运提出了更高的要求，要求打造畅通、高效、平安、绿色的全流域黄金水道（国务院，2014）。

目前，长江黄金水道建设存在三大关键问题：一是三峡过闸运量增长速度远超预期，船舶待闸时间总体呈延长趋势，船闸长期处于高负荷运行状态，三峡与葛洲坝枢纽通过能力不足，通航压力日益增加；二是长江中游荆江河段的通航标准明显低于上下游，荆江河段航道整治与生态环境保护、防洪安全、河势稳定等矛盾突出；三是金沙江下游水电梯级建设为发展水运创造了有利条件，但在高山峡谷河道复杂条件下通航建筑物的建设难度大，限制了黄金水道向上游进一步延伸（钮新强，2015a）。

2 国内外研究进展

欧洲、美国及苏联及在现代内河水运建设方面有上百年历史，通过开挖连接运河，分别建成了以莱茵河-多瑙河、密西西比河、伏尔加河为骨干的航道网，内陆运河一般最大通航 3000t 以下船舶。海运河有基尔运河、苏伊士运河等。

国外通航建筑物主要集中在美国、德国、俄罗斯、荷兰、比利时、法国、加拿大、葡萄牙、巴西、巴拿马等国家。美国和俄罗斯在高水头船闸建设及通航水力学基础理论研究方面有较丰富的经验；德国在限制性航道设计、省水船闸和垂直升船机建设方面具有较领先的技术；荷兰在通航水力学基础理论、巨型多线海船闸建设方面有较多研究；比利时在通航建筑物及引航道内船舶航行与停泊条件及大型垂直升船机建设方面有较多成果；法国最先提出了广泛应用于高水头船闸的等惯性输水系统；葡萄牙和巴西近年来建设了一批水头超过 30m 的高水头船闸；巴拿马联合美、德、荷、比、法等国共同开展了巴拿马运河新通道的研究工作，工程已于 2016 年 7 月建成。在通航建筑物通过能力提升方面，欧美各国主要利用规划预留位置建设新的通航建筑物，或扩建原通航建筑物来提升通过能力。目前，国外单级船闸最高水头在 40m 左右，闸室规模较小，闸室规模巨大的船闸一般为海船闸，水头较小；升船机最大提升高度 73.5m，最大过机船舶吨位 1350t（PIANC，1986，2009，2015；US Army Corps of Engineers，2006）。

我国人工水道建设历史悠久，京杭大运河是我国古代重要的漕运通道和经济命脉。现代化内河水运建设起步较晚，但近年来发展迅速，目前已基本形成了以长江、西江、京杭运河为主体的内河水运格局。

近年来，随着长江三峡、葛洲坝船闸，西江长洲、桂平、大藤峡船闸，以及三峡、向家坝、构皮滩、彭水、亭子口、水口升船机等一批大型现代化通航建筑物的建设和运行，我国在全衬砌式船闸结构设计、船闸输水系统型式及消能方式、阀门防空化理论与技术、垂直升船机建设技术等方面处于国际领先水平。但在通航水力学基础理论、三维数值模拟仿真技术、通航建筑物全生命周期设计方法、通航标准体系、通航建筑物安全监测与风险防控、通航建筑物运行维护技术等方面与欧美发达国家仍有一定差距（钮新强和宋维邦，2007；钮新强等，2010；钮新强，2011，2015b）。

三峡双线五级船闸总水头 113m，最大单级水头 45.2m，闸室有效尺寸为 280m×34m×5.0m，是世界上规模最大、水头最高、技术难度最大的内河船闸，现已安全运行 13 年。三峡升船机最大提升高度为 113m，船厢总重为 15 500t，过船规模为 3000t 级船舶，是世界上规模和技术难度最大的升船机，已完成第一阶段实船试航。

3 长江黄金水道建设关键问题

3.1 三峡枢纽通航能力不足问题

三峡工程是治理和开发长江的关键性工程，也是长江黄金水道建设的重要节点。三峡工程建成运用显著改善了长江上、中游航道条件，极大地提升了库区航道的通航能力，促进了长江航运事业的大发展，为加快沿江地区经济社会协调发展作出了重要贡献。随着沿江经济的快速发展和库区航道条件的根本改善，三峡河段航运量持续高速增长，2011 年过闸货运量首次突破 1 亿 t，是三峡蓄水前该河段历史最高运量的 5.6 倍，提前达到并超过了船闸设计水平年 2030 年的规划运量。

三峡船闸投运 10 多年来，持续保持了安全、高效、稳定的运行状态，截至 2016 年 6 月，已累计运行 12 万闸次，通过船舶 70 万艘、货物 9.2 亿 t，发挥了巨大的航运效益。随着过闸船舶大型化发展和运行管理的逐步完善，船闸通行效率逐年提高，基本适应了当前不断增长的过闸运输需求。但受船闸规模、船型标准化进程、两坝间航道汛期限航等因素制约，三峡枢纽过闸运输的供需矛盾已逐步显现。目前，船舶待闸时间逐渐延长，年平均待闸时间由 2011 年的 17h 增加到 2015 年的 44.6h，遇大风大雾不良天气、汛期大流量、船闸检修等情况待闸时间更长。三峡船闸的年通航天数合 343～358 天，高于设计采用值 335 天，船闸长期处于高负荷运行状态。船闸通过能力和过闸需求间的矛盾日益突出，成为长江黄金水道的瓶颈。

今后，随着新疆、兰州、陕西、云南到重庆等西部地区铁路网的形成，长江上游水运辐射腹地还将进一步扩大。随着长江经济带发展战略实施，在区域产业结构调整、工业化和城市化发展的推动下，将加速沿江地区物资交流和产业转移，未来过闸运量仍将持续增长。据预测，2030 年过闸货运量将达 2.3 亿 t 左右，2050 年过闸货运量将达到 2.6 亿 t 左右。三峡、葛洲坝船闸能力不足成为制约长江航运发展，限制地区经济发展的重要因素。

3.2 中游荆江梗阻问题

长江黄金水道建设需要建成干线深水航道，特别是实现重庆以下万吨船舶直达长江口，其最小水深要求是 6m。重庆-宜昌为库区深水航道，武汉-上海规划为 6m 以上深水航道，上下游均可通航万吨级船舶，中游宜昌-武汉现状为 3.5～3.7m，尤其是荆江河段，现状航深为 3.5m，仅能通航 3000t 船舶，成为长江中梗阻。航道维护尺度如图 1 所示。

图1　长江干线航道维护尺度示意图

长江宜昌至武汉航道里程为 626km，直线距离约为 280km，弯曲系数约为 2.2。沿线浅滩密布，分布有芦家河、太平口、窑监、界牌等 23 个碍航浅水道，主要集中在荆江段，约占航道里程的一半。加上三峡水库及长江上游干支流水库建成后清水下泄的影响，河道冲淤变化大，自然裁弯和切滩频繁，平面位置摆动大，主泓变幅大，河势稳定条件较差。据统计，2003～2014 年，荆江段年均冲刷量为 0.66 亿 m³，是三峡蓄水前三倍以上；河段冲刷加剧，枯水位持续降低，与 2002 年相比，2014 年汛后枝城、沙市、螺山站分别下降了 0.59m（7000m³/s）、1.6m（6000m³/s）、0.99m（8000m³/s）；随着长江上游水库群逐步投运，上游总调节库容约为 1000 亿 m³，较现状增加一倍以上，荆江河段将继续冲刷，枯水位将继续下降（许全喜等，2011；姚仕明和卢金友，2013；方春明等，2014）。

另外，大规模深尺度浚深中游航道存在以下几个重大外部制约因素。

（1）大规模航道整治与生态保护的矛盾突出。该河段是中华鲟、江豚、白鳍豚等国家重点保护动物的栖息地，属国家生态重点保护区范围，沿线分布有洪湖螺山白鳍豚国家级自然保护区、石首天鹅洲白鳍豚国家级自然保护区、宜昌中华鲟省级自然保护区、监利四大家鱼国家级水产种质资源保护区等，保护区河段约占河道总长度的 50%，许多碍航水道都处于保护区范围内。大规模航道整治工程会对保护区珍稀水生生物的产卵场、索饵场、越冬场及洄游通道造成破坏。航道整治将受到保护区管理条例制约。

（2）大规模航道整治与河势稳定和防洪的矛盾突出。宜昌至武汉河段尤其是荆江河段蜿蜒曲折，洲滩冲淤变化大，崩岸险情频发，一直是长江中、下游受洪水威胁最严重、防洪形势最严峻的地区，地面高程一般低于汛期长江洪水位数米至十数米，大规模航道疏浚及丁坝建设等整治措施势必进一步加剧河势变化，部分河段会人为造成主流贴岸顶冲堤防岸坡，影响河势稳定与防洪安全。

（3）通航安全条件相对较差。由于河段河势变化剧烈，河势不稳定，浅滩变化复杂，中枯水的主流摆动不定，航槽不稳，心滩多弯，水流分散，不能集中冲刷，主槽常在航槽易位时由于冲刷不及而出浅，大型深吃水船舶航行安全条件较差。

研究表明，长江中游难以通过航道整治满足黄金航道要求的高等级航道标准，荆江梗阻问题亟待解决。

3.3　金沙江下游高坝通航问题

金沙江下游大部分地区属云南、四川两省的"老、少、边、穷"地区，工业和交通基础薄弱，腹地内大部分市（州）资源富集，已列入 2013 年国务院批准的《全国资源型城市可持续发展规划》的资源成长型和成熟型城市，按国家相关规划和地方发展规划，金沙江流域资源开发利用的力度未来将不断加强，经济增长速度加快，对交通运输的需求加大。

金沙江下游河段攀枝花至水富，全长 737km，河段滩险密布、河道比降大、水流流速大、流态紊乱、航道尺度不足，天然情况下难以通航。金沙江下游河段拟采用乌东德、白鹤滩、溪洛渡、向家坝 4 级开发，其中，向家坝、溪洛渡水电站已基本建成，向家坝升船机拟于 2017 年试通航，乌东德水电站已开工建设，白鹤滩电站拟于 2016 年核准，下游四个梯级的建设将为金沙江下游通航创造有利条件。金沙江下游梯级开发示意图如图 2 所示。

金沙江下游通航的关键是在乌东德、白鹤滩、溪洛渡三座 300m 级特高拱坝建设通航建筑物，其建设面临地质条件复杂、建筑物布置空间有限、通航水头高、上下游通航水位变幅大、下游通航水位变率快，以及通航水流条件复杂、高陡边坡稳定问题突出、抗震要求高、生态环境脆弱等一系列关键技术难题。

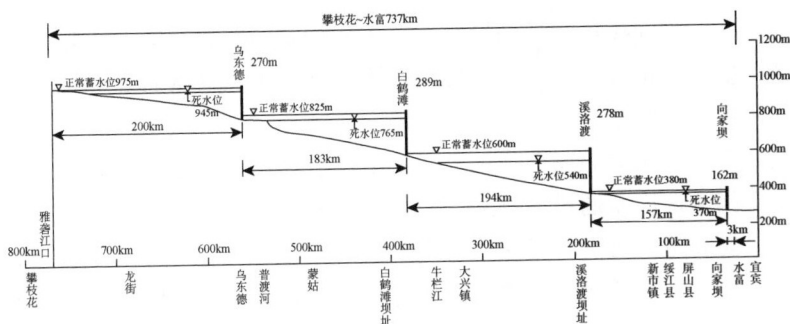

图2 金沙江下游梯级开发示意图

4 对策措施研究

4.1 三峡枢纽通航能力不足对策措施研究

1. 解决思路

提高枢纽通航能力主要可以从两方面着手：一是优化调度，提高船闸运行效率，挖掘现有船闸通航潜力；二是增建航运通道。三峡枢纽及葛洲坝既有船闸通过扩能挖潜，现有过闸能力可以有一定提高，但提升空间有限，且三峡船闸已运行 13 年，葛洲坝船闸已运行 30 余年，设施维修、保养已成为影响船闸安全、健康运行的重要因素。解决三峡枢纽通航能力不足问题的根本措施是尽快建设三峡水运新通道，同步实施葛洲坝航运扩能工程。

2. 三峡水运新通道建设方案研究

三峡枢纽水运新通道建设是在三峡工程已建成运用并全面发挥综合效益的前提下，为适应经济社会发展新要求，更好地服务长江经济带发展战略，在枢纽区合适位置修建航运新通道，以满足运量增长需求。

三峡枢纽新建船闸线路布置应充分考虑三峡工程既有格局和工程运用后形成的河势特点，做到与枢纽总体布置格局协调一致，方便运行管理，其建设和运行既不影响枢纽主体工程安全，又不影响或少影响枢纽工程正常运行和效益发挥。在满足船闸布置和运行要求的前提下，新船闸建设需统筹兼顾工程量、施工条件、占地移民和环境保护。

三峡水运新通道船闸总体布置可采用连续五级或分散三级两类形式。分散三级方案的主要优点是单线运行时船闸换向调度比较灵活，处理闸室内船舶事故比较方便，但其船闸水力学和闸门设备的各项技术指标已大大超过目前世界水平，中间渠道涌浪问题突出，关键技术问题有待深入研究。连续五级方案主要技术指标与已建三峡船闸基本相同，关键技术问题均有可靠解决方案。初步研究推荐连续五级布置方案。

综合考虑坝区河势及地形地貌、上下游航线衔接、船闸直线段长度、占地移民等因素，以新通道船闸采用双线连续五级布置形式为代表方案，比较了多条船闸线路。初步研究推荐线路布置在现有船闸左侧 800～1000m 处，上游进口位于太平溪镇，下游与枢纽既有通航设施共用口门。布置方案如图3 所示。

图3　三峡水运新通道总平面布置示意图

3. 葛洲坝航运扩能工程研究

葛洲坝航运扩能工程初步研究了三大类布置方案，第 I 类方案，是保持既有通航设施不变，在左岸或右岸新建一线船闸；第 II 类方案，是将三号小船闸拆除改建的同时，在左岸或右岸再新建一线船闸；第 III 类方案，是保持既有通航设施不变，在右岸山体或岸边新建两线船闸。

第 I 类方案工程投资相对较省，但扩能后枢纽总通过能力尚显不足，不能很好地满足航运发展要求；即使考虑将新建船闸闸室平面尺度加大，其通过能力与三峡枢纽也不匹配。此外，由于大型船舶只能通过新建船闸过坝，而新建船闸为单线，为维持上、下行船舶平衡过闸，新建船闸需采用迎向过闸运行方式，无论是布置在左岸还是右岸，调度运行难度均很大。

第Ⅱ类方案扩能后，枢纽拥有四线大船闸，总通过能力与三峡枢纽基本匹配，并为航运发展留有一定余地；四线船闸运行方式可按新老船闸搭配，两线单向上行、另两线单向下行，汛期和枯期均能满足各类船舶上、下行平衡过闸要求；四线船闸均按单向运行，调度运行相对方便。

第Ⅲ类方案通过能力最大，为航运发展留有较大的余地；但扩能船闸均布置在大江航线，为维持枢纽上、下行船舶平衡过闸，大江航道需按双向通行方式运行，受整体河势控制，大江航道的通航水流条件较差，汛期双向通行，船舶对驶交汇存在较大的安全隐患，调度运行也十分困难；此外，葛洲坝枢纽右岸坝下为中华鲟产卵场，在大江航线布置三线船闸，船流密度大，对中华鲟繁殖活动的不利影响相对较大。

通过综合分析比选，并避免对右岸中华鲟产卵场产生影响，初步推荐采用第Ⅱ类方案，即拆除三号小船闸后，在三江航道左侧新建两线大船闸，同时挖深三江航道。布置方案如图4所示。

图4　葛洲坝航运扩能总体布置示意图

4.2　中游荆江梗阻对策措施研究

1. 解决思路

受诸多因素制约，长江中游干线航道单纯通过航道整治措施大幅提升通航标准存在现实困难，有必要另辟蹊径突破瓶颈。国内外有很多新开航运通道提升现有天然河道通航功能的成功经验，如我国的京杭大运河和江汉运河（即引江济汉工程）、德国连接莱茵河与易北河的运河体系、美国连接五大湖与纽约港的伊利运河等。通过人工水道构筑内陆航道网及江海直达新通道，已成为航道体系建设的重要手段。

长江宜昌至武汉尤其是枝城以下河段流经江汉平原，河道弯曲，两岸地势低平，水系发达，借鉴国内外成功经验，可考虑新建一条运河（即荆汉新水道）绕过干流碍航浅水道，打通中游航运瓶颈、缩减航道里程，并与中游干线航道互联互通，形成高等级航道圈，大幅提升长江航运功能。

2．荆汉新水道建设方案研究

荆汉新水道是一条多目标协同开发的大型人工水道。其建设任务主要为航运，兼顾防洪排涝、供水灌溉与水生态环境保护，并带动新型城镇化建设，促进经济社会绿色发展。

按照"线路尽可能顺直，尽量利用现有河道，节约工程投资，减少外部影响"等原则，综合考虑地形地貌、城镇分布、重要基础设施布局等因素，初步比选确定了荆汉新水道线路。线路以枝城、荆州、簰洲湾为控制节点，分为上下两段，在荆州观音寺附近跨越长江，线路全长约为 230km，较长江干线缩短里程约为 260km。荆汉新水道上段位于长江以南，长约为 65km，其中 31km 利用松滋河及采穴河现有河道，新水道下段位于长江以北，长约为 165km，其中 95km 利用现有东荆河道。工程建设内容主要包括新水道开挖工程、进出口船闸工程、两岸堤防工程、沿线交叉建筑物工程、沿线水系控制闸工程等。荆汉新水道线路如图 5 所示。

荆汉新水道仅船闸充泄水时需从长江引水，最大引水流量为 $120m^3/s$，对长江中游干线水资源利用影响微小。工程航运效益巨大，综合效益显著。可缩短航运里程，大幅降低运输成本，年航运效益约 70 亿元；洪水期作为区域防洪排涝新通道，实现四湖水系高水高排；枯水期从长江干流引水，解决洞庭湖四口水系断流问题和江汉平原四湖流域缺水问题；并可避免大规模航道整治对干流生态保护区的破坏，为区域湖泊、湿地生态修复创造条件，是长江绿色生态廊道建设的重要支撑。

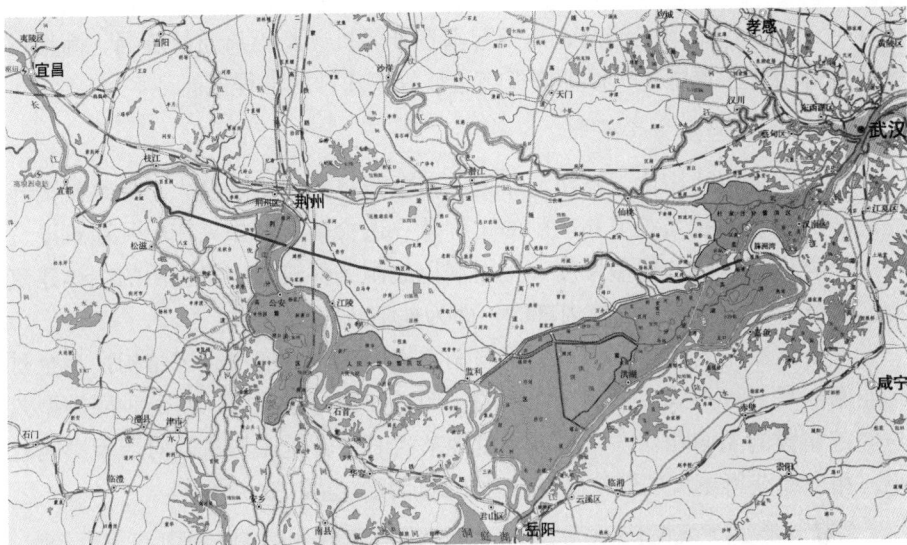

图5　荆汉新水道线路示意图

4.3　金沙江下游高坝通航对策措施研究

1. 解决思路

金沙江下游向家坝水电站垂直升船机已基本建成，航道上延的关键是在乌东德、白鹤滩、溪洛渡三座世界少有的 300m 级特高拱坝建设通航建筑物。乌东德水电站最大通航水位差 161.2m，上游库水位变幅 30m，下游通航水位变幅 17.7m；白鹤滩水电站最大通航水位差243.6m，上游库水位变幅60m，下游通航水位变幅 18.6m；溪洛渡水电站最大通航水位差228.5m，上游库水位变幅60m，下游通航水位变幅 15.8m。无论通航建筑物选用何种型式，为满足通航要求，都必须采用多级船闸或多级升船机方案，布置线路较长。

金沙江峡谷河段两岸山体高耸雄厚，岸坡陡峻，乌东德、白鹤滩、溪洛渡枢纽主体工程采用"拱坝＋两岸地下厂房"的布置格局，拦河坝占据河床，两岸近坝区均布置有地下厂房及其引水系统、泄洪洞、导流洞等庞大地下洞室群，河床及近岸均无足够空间布置通航建筑物，因此过坝通航线路只能避开枢纽主体建筑物远离河岸布置。

由于地势较高，过坝通航线路全线明挖方案形成的人工高陡边坡规模大，安全风险高，且开挖和弃渣量大，也不利于环境保护。受河势、地形地质和施工条件的限制，在目前地下工程建设技术取得长足进步并日益成熟的条件下，可考虑地下式船闸、高扬程垂直升船机、长距离通航隧洞、高架通航渡槽等组合布置型式，以期降低高边坡规模和开挖工程量。

2. 地下式船闸方案研究

当船闸主体结构位于枢纽河岸上，需要开挖的闸槽深度大、导致闸槽开挖后，高边坡的技术难度和船闸的工程量、造价较大，如果在船闸通航净空以上，岩体有足够的覆盖厚度和采用洞挖成洞条件较好，将船闸的主体建筑物和部分引航道布置在山体内部时，即为地下式船闸。

地下式船闸的闸首、闸室采用与洞室岩面相结合的衬砌式结构，是全衬砌船闸的另一种型式，但尚无应用的实例。在相同条件下，将这种船闸型式与明挖布置的船闸相比，可更大程度地节省石方开挖工程量，对环境影响较小，相应地获得更大的经济效益。地下式船闸布置如图6所示。

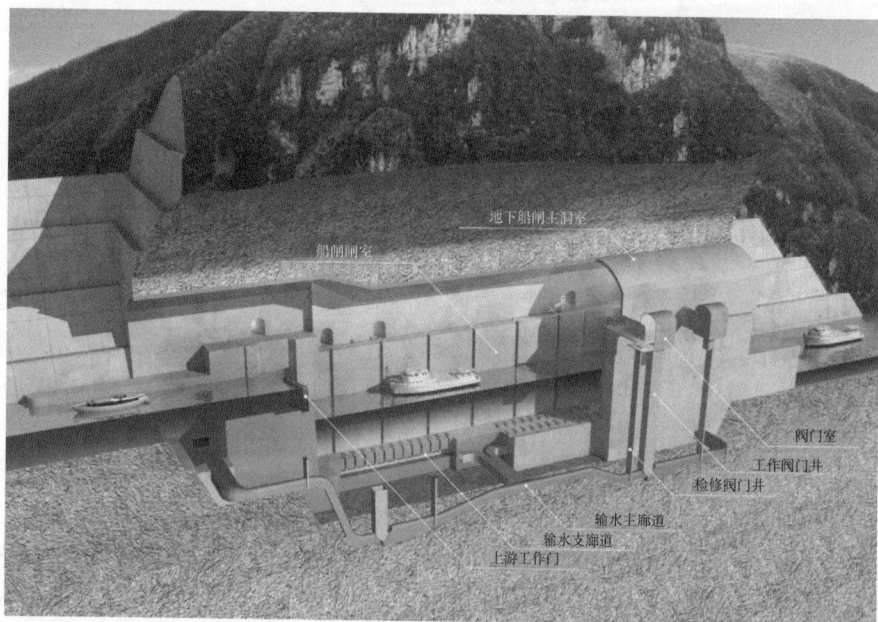

图6　地下式船闸布置示意图

5　结语

针对长江黄金水道存在三峡与葛洲坝枢纽通过能力不足，荆江河段通航能力提升与生态环境保护、防洪安全、河势稳定等矛盾突出，金沙江下游巨型电站通航建筑物建设难度大三大问题，提出了相应的对策措施，建议重点开展以下几方面研究。

（1）三峡和葛洲坝通航建筑物增改建技术研究。研究运量预测理论模型、船闸通过能力动态模拟技术；巨型船闸输水关键技术；复杂条件下的巨型多线、多级船闸总体布置技术；超宽"人"字门及启闭设备关键技术；不断航条件下通航建筑物改扩建施工关键技术等。

（2）平原水系多目标协同大型人工水道技术研究。研究长江中游平原水系综合水利工程体系建设理论及关键技术；大型人工水道设计理论及方法；新水道总体方案关键技术；新水道生态环境适应性；新水道对干线航运及区域经济发展的影响等。

（3）高山峡谷复杂条件下高坝通航技术研究。研究大型垂直升船机成套技术；通航建筑物总体布置及型式；地下式船闸总体布置技术、大型地下式船闸洞室（群）围岩稳定分析方法与控制技术、地下式船闸洞室（群）施工关键技术；长距离、大尺度通航隧洞的断面型式及布置、水力学和运行安全问题；通航建筑物高陡边坡变形控制技术；通航建筑物通航流量、通航水流条件控制标准等。

上述研究可为长江黄金水道建设所面临关键技术问题的解决方案奠定科学基础。

参考文献

方春明，胡春宏，陈绪坚. 2014. 三峡水库运用对荆江三口分流及洞庭湖的影响.水利学报，45（1）:36-41.

国务院. 2014. 国务院关于依托黄金水道推动长江经济带发展的指导意见. 10：15-19.

交通运输部长江航务管理局. 2015. 黄金水道通过能力提升技术总报告.

钮新强. 2011. 全衬砌船闸设计.武汉：长江出版社.

钮新强，宋维邦. 2007. 船闸与升船机设计.北京:中国水利水电出版社.

钮新强. 2015a. 长江黄金水道建设关键问题与对策. 中国水运，(6):10-12.

钮新强. 2015b. 中国水电工程技术创新实践与新挑战. 人民长江，46(19):13-17.

钮新强，郑守仁，王小毛. 2010. 三峡水利工程勘测设计技术创新与应用.中国水利，(20): 49-54.

许全喜，袁晶，伍文俊，等. 2011. 三峡工程蓄水运用后长江中游河道演变初步研究. 泥沙研究，(2):38-46.

姚仕明，卢金友. 2013. 长江中下游河道演变规律及冲淤预测. 人民长江，44(23):22-28.

PIANC. 1986. Final Report of the International Commission for the Studyof Locks.

PIANC. 2009. Innovations in Navigation Lock Design.

PIANC. 2015. PIANC Report No.155 ship behavious in locks andlock approaches.

US Army Corpsof Engineers. 2006. Hydraulic design of navigation locks.

第十一篇　水工混凝土

　　导读　水工混凝土是非均质的多相材料，其受力变形、损伤、破坏的过程具有典型的非线性特征，既与其宏观性能有关，也取决于骨料、砂浆及其交界面的性能。本篇系列论文分别阐述了宏细观层次的混凝土静动力损伤断裂试验研究、仿真技术、数值模型和方法等方面的研究进展，探索了其破坏机理、尺寸效应、多尺度分析等方面的研究前沿；研发了复杂环境条件下混凝土静动力损伤试验与测试设备，提出了利用现场浇筑大坝混凝土试件确定大坝混凝土真实断裂性能的方法与步骤；提出了在混凝土中引入改性吸水树脂作为抗冻剂的思路，显著提升其抗冻性能和力学性能。

混凝土细观力学研究进展综述

张楚汉 [1]，唐欣薇 [2]，周元德 [1]，江　汇 [1]，武明鑫 [3]

(1. 清华大学水利水电工程系，水沙科学与水利水电工程国家重点实验室，北京 100084；2. 华南理工大学土木与交通学院，广州 510640；3. 水电水利规划设计总院，北京 100120)

摘　要：混凝土作为一种典型多相非均质材料，广泛应用于高层建筑、桥梁、大坝和核电站等工业与民用建筑。从其生产、运输、施工、养护到固化成形的完整过程，以及在复杂作用环境下的受力变形、损伤以至发生断裂破坏的非线性响应均取决于骨料、砂浆及两者交界层面等细观层次组构的基本物理力学性能。本文对当前混凝土细观力学的研究现状进行综述，着重介绍了基于细观层次的混凝土试验研究、仿真预处理技术、数值模型和方法等方面的研究进展，并对混凝土破坏机理、尺寸效应、多尺度耦联及率相关特性等领域的细观力学研究前沿给予阐述，文末总结和建议了混凝土细观力学有待拓展的研究方向。

关键词：混凝土；细观力学；试验方法；数值模型；综述

State-of-the-art Literature Review on Concrete Meso-scale Mechanics

Chuhan Zhang [1], Xinwei Tang [2], Yuande Zhou [1], Hui Jiang [1], Mingxin Wu [3]

(1. State Key Laboratory of Hydroscience and Hydraulic Engineering, Department of Hydraulic Engineering, Tsinghua University, Beijing 100084; 2. School of Civil Engineering and Transportation, South China University of   Technology, Guangzhou 510640;3.China Renewable Energy Engineering Institute,Beijing 100120)

通信作者：周元德（1975—），E-mail:zhouyd@tsinghua.edu.cn。

Abstract: As a typical multiphase heterogeneous material, concrete has been widely used in high-rise buildings, bridges, dams, nuclear power stations as well as other industrial and civil structures. The whole process of concrete production, transportation, construction, curing and hardening, and its nonlinear mechanical and deformation response subjected to complex loading environments are generally dominated by the physico-mechanical properties of meso-scale ingredients and fabrics, including aggregates, mortar and their interfaces. This paper presents a literature review on the state-of-the-art concrete meso-scale mechanics, emphasizing the development progress on experimental investigation on meso-scale ingredients, pre-processing modeling approaches, and numerical modeling methods for concrete. An in-depth review is also presented on selected aspects on the forefront of the meso-scale concrete mechanics, including the fracture failure mechanism, size effect, multi-scale coupling and rate effect. Finally, some recommendations for future studies are provided.

Key Words: concrete; meso-scale mechanics; experimental study; numerical model; literature review

1 引言

根据现代材料科学的基本理论，一种材料的性能与其组成、结构之间存在紧密的内在联系，充分掌握和分析其微细观组分及排列结构是深入了解材料物理力学性能及其破损机理的关键。混凝土作为一种典型非均质复合人工材料，其宏观层次上复杂的变形力学响应是其细观乃至微观组成与结构的体现。因此，只有深入分析混凝土材料在不同层次的组成和排列结构的作用与内在联系，从整体到局部，从宏观到微观，才能更清楚地把握混凝土材料的变形力学性能（张楚汉，2008）。

受观测技术水平和研究方法的限制，传统的混凝土材料力学理论建立在宏观均匀介质假设这一基础之上，较少涉及混凝土材料的多相非均质特性。然而，真实的混凝土由多相材料组合而成，内部不可避免地存在天然或人为的细观缺陷、损伤、裂隙、孔穴及夹杂等。为了研究混凝土材料在细观尺度下的上述复杂特征，进一步深化混凝土材料力学理论，Roelfstra 等（1985）将"细观"这一概念引入到混凝土材料力学性能的研究当中。该概念主要是在细观层次上考虑混凝土材料的非均质特性，并认为混凝土是由骨料、水泥砂浆及其交界面组成的三相复合材料。围绕这一思想，通过近二三十年国内外学者的持续研究工作，逐渐发展和形成了混凝土细观力学，在混凝土细观力学试验、数值模型和方法，以及混凝土结构变形力学响应的跨尺度模拟等方面收获了丰富的研究成果。已有的成果一方面深化了对混凝土变形力学性能与损伤破坏机理的认识；另一方面在实践上对混凝土材料的生产、设计与施工技术起到促进和提升作用。

Van Mier（1997）根据混凝土材料的内部结构，将混凝土力学行为的研究划分为宏观、细观和微观三个不同的尺度水平，如图 1 所示，并采用宏、细、微观三个尺度相结合的方法研究混凝土材料的变形力学响应特征（Van Mier，2012）。基于混凝土细观力学的研究成果，混凝土的骨料与硬化砂浆交界面内部在加载前就已存在微裂纹缺陷，而基于细观层次上微裂纹的产生、扩展、失稳和连通的演化过程能够充分解释混凝土材料的宏观变形与破坏机理。

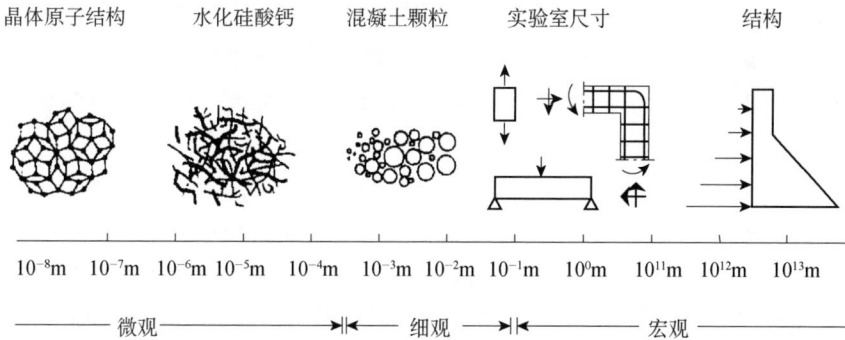

图1　混凝土材料的微-细-宏观尺度（Van Mier，1997）

本文对国内外混凝土细观力学研究的进展进行综述，首先总结了基于试验方法结合混凝土细观力学开展研究的现状，然后选择两类最为常用的混凝土细观力学模型，即基于有限元法的连续介质细观力学模型和基于颗粒离散元的非连续介质细观力学模型，介绍其主要特点和研究现状，阐述细观力学在研究混凝土破坏机理、尺寸效应、多尺度耦联与率相关特性等方面的前沿研究，文末对混凝土细观力学研究的有待拓展研究方向给出建议。

2　混凝土细观力学的试验研究现状

与宏观力学分析类似，材料试验也是开展混凝土细观力学研究的重要基础环节。一方面，通过试验量测粗细骨料和硬化水泥砂浆的物理力学属性、砂浆和骨料之间交界面强度，以及观测变化荷载条件下混凝土裂纹的扩展形式，可为细观力学数值仿真分析提供支撑；另一方面，数值模拟结果的合理性与精确性需要经过试验的检验。因此，试验研究能起到标定材料细观组分的基本物理力学特性和验证数值模拟结果的双重作用（唐春安和朱万成，2003）。

混凝土细观力学的试验研究主要包括采用光学、电子显微镜观测材料的细观组分和结构，以及材料受载后的渐进变形与破坏过程机理。近年来，随着试验方法、试验装置、数据采集和数据处理等技术的进步，对混凝土测试的内容也愈加丰富。液压伺服加载系统和自动控制系统的推广与应用，极大地提升了试验加载的技术，能够达到的加载速率越来越高，并可以实现多轴、拟动力加载、随机振动台加载等多种形式和条件的试验。光学显微镜法、电子显微镜法、声发射法、超声波法、红外线检测法、CT 扫描等技术已被应用于观测混凝土中微裂纹的萌生、扩展和贯通，以及裂纹的发生次数和空间定位，实现对混凝土材料内部结构的变化进行直接或间接的观测。同时，结合快速发展的计算机技术，已实现数据的快速采集、自动化记录、数据分析和可视化处理等，能够辅助试验人员及时、完整、准确地收集试验中的各种信息（马怀发等，2004）。

岩石骨料和水泥砂浆作为混凝土材料的主要细观组分，其基本力学行为得到了较充分的研究，尤其是在静载下的变形力学属性已有较丰富和系统的成果可参考。关于不同岩石种类粗骨料的动力学行为，近年来也有较丰富的研究成果，例如，关于岩样动力拉、压强度的率增长属性已有众多的模型见诸文献（Olsson，1991；Li et al.，2004；Cai et al.，2007；Xia et al.，2008），开展的动态试验研究高应变速率达到 10^3/s。相关文献试验数据表明，在高应变率阶段，即使对于同一类型岩石，动力增长系数的离散分布特征较为显著，其中一个关键影响因素在于岩石类材料的随机属性。另一方面，岩石力学试验的试样尺寸较常规混凝土试验中采用的粗骨料尺寸普遍偏大，将宏观岩石力学试验的结果应用于混凝土细观力学模拟研究应考虑尺寸效应的影响。

关于硬化水泥砂浆动态力学性能的试验研究起步稍晚。通过开展单轴压缩（Harsh et al.，1990）、平板冲击（Grote et al.，2011）、超声波测试（Zhu et al.，2013）、剥离试验（Erzar et al.，2013）和霍普金森压杆（陈江瑛，1997；Rome，2002；Chen et al.，2012，2014）等不同类型的试验，学者们对该类材料的动力学特性进行测试，相关试验研究应变速率高达 10^4/s，并对孔隙含水率、受硫酸盐侵蚀等变化条件下水泥砂浆材料的模量、强度及断裂韧度的变化规律提出了多种模型可供参考。对相关结果进行比较发现，硬化水泥砂浆和混凝土两种材料的动强度随应变率增长变化规律存在明显差异，因此在细观力学模型中有必要对于砂浆组分进行专门的试验研究。

与前述两个细观组分相比，关于岩石骨料和砂浆基质交界面力学性能的试验研究相对较少，且多集中在静力强度方面。文献中采用的试验方法包括楔入劈拉（Kishen and Saouma，2004）、棱柱体骨料推出试验（Caliskan，2003）、三点弯梁断裂试验(Wong，1999)、双边切口轴拉断裂试验（Rao and Prasad，2002）、单轴抗拉试验（Tang et al., 2008）等。汇总相关研究结果表明，交界面力学属性对混凝土模量指标的影响显著，且骨料类型会对交界面层的微细观结构造成影响；交界面层的抗拉强度较砂浆基质偏低，已有文献推荐强度比值普遍为 1/3～1/2。鉴于静载作用下混凝土的宏观裂缝主要分布在交界层组分，在细观力学模型中对于骨料和砂浆基质的交界面层给予合理的模拟对于模拟微裂缝的局部化萌生、扩展和连通响应尤为重要。关于骨料-砂浆交界面力学特性试验数据的统计分析与研究尚较少见诸文献，因此建议有针对性地设计与开展系列试验，尤其是在骨料-砂浆交界面的动态力学性能方面。

除上述关于混凝土各细观组分的物理力学属性的试验研究，许多学者也对混凝土的微细观组构特征开展量化观测分析研究，例如，基于电子显微镜、激光扫描共聚焦显微镜、聚焦离子束和同步辐射显微 CT 等技术对混凝土材料中的孔隙结构、断口裂相与分形特征、非饱和含水孔隙分布等重要微细观组构指标进行测量和统计分析（Holzer et al.，2006；Wong et al.，2006，2012；Gallucci et al.，2007；Xie et al.，2015）。这些观测方法的发展及其测量结果从另一角度对混凝土细观力学模型的发展和完善起到重要的支撑作用。

3 混凝土细观数值模型方法研究现状

基于对混凝土细观组构及各相组分间相互作用模型的不同假设，学者们提出和发展了多种混凝土细观力学模型和方法。根据系统基础方程的构建与求解方法特征可区分为三大类。

（1）连续介质细观力学模型，即在细观层次仍视混凝土符合连续介质假定，骨料、砂浆与交界面层等组分在相应的子空间与交界层域均按协调连续分布模拟。包括有限单元法和有限差分法等。

（2）非连续介质细观力学模型，将混凝土视作离散介质，模型中各组分子域之间基于接触力学模型定义相互作用，并引入初始的黏结强度以模拟初始连续体行为。常用的非连续介质细观力学模型包括离散元模型、刚体弹簧元模型、非连续变形分析方法等。

（3）连续与非连续耦合细观力学模型，该类模型将连续和非连续介质力学模型两者耦合起来以发挥各自的优势，包括有限元-离散元耦合法、有限差分-离散元耦合法、梁-颗粒模型等。

以下简要介绍最为常用的两类细观力学模型，即基于有限元法的连续介质力学模型和基于颗粒离散元法的非连续介质力学模型在混凝土细观力学中的应用。

3.1 基于有限元法的细观力学模型

该类模型将混凝土各细观组分基于有限单元法进行离散表征，并构建系统平衡方程进行求解，目前已广泛应用于混凝土材料与结构的细观力学分析。除常见的平面或三维实体单元模型外，也发展出格构模型、微平面模型等多种型式。该类模型的优势在于可以直接引入已发展成熟的各类宏观混凝土本构模型，如黏弹性、弹塑性、损伤、弥散式断裂、动力率相关或它们的耦合模型等，可实现对混凝土在复杂受载条件下变形力学行为的模拟。

在细观力学模型中关于混凝土非均质内禀属性，尤其是骨料随机分布的表征方法可区分为两大类：一是根据真实骨料形状及其分布规律应用统计学理论随机生成虚拟的细观结构实体；二是基于数字图像技术通过重构处理实现混凝土细观结构表征，相应的基于有限元法的混凝土细观力学模型可区分为等效随机力学模型和随机骨料模型两种。以下对这两类模型的研究现状予以介绍。

3.1.1 等效随机力学模型

该类模型的核心特征是将混凝土材料的细观非均质属性，包括各组分在空间的随机分布以及同一组分物理力学参数的不均匀分布，均基于统计力学方法进行表征，即定义细观单元力学参数符合指定的随机分布（如Weibull），从而实现非均质混凝土数值试样的构建。该类随机力学模型采用简化的细观非均质处理技巧，在近年来得到了广泛的应用。细观单元的损伤微裂普遍采用非线性损伤断裂模型连续化表征（Mohamed and Hansen, 1999；彭一江等，2001；Zhu et al.，2005）。Tang 等（2010）发展了考虑材料力学性能空间相关特征的混凝土随机力学模型，如图 2 典型带切口单拉试样所示，能对材料组分（或组分力学参数）随机空间分布的局部化连续特征予以量化表征，与常规忽略空间相关特征的等效随机力学模型相比（即空间相关长度因子$\Theta \to 0$），能更真实地反映混凝土材料中骨料组分在粒径尺度空间的连续分布，其研究结果也表明，变化空间相关尺度特征将对混凝土受单轴拉、压作用下的断裂破坏模式带来显著的影响。

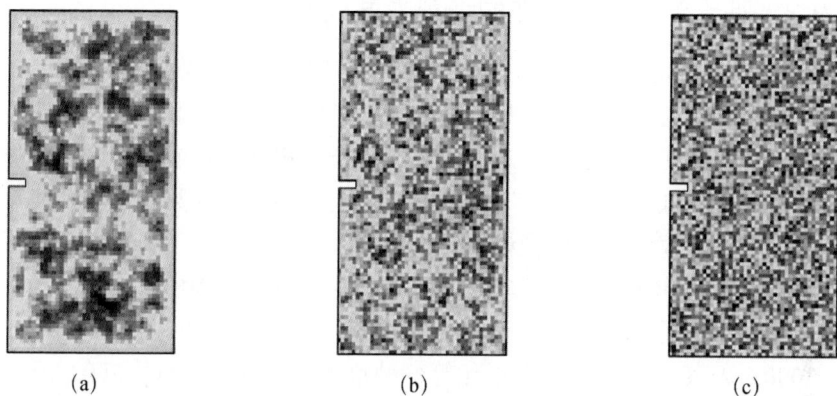

(a)   (b)   (c)

图2　考虑不同空间相关长度因子(Θ)的等效随机力学模型（Tang et al., 2010）

(a)$\Theta = 2.0$；(b)　$\Theta = 1.0$；(c)$\Theta = 0.5$

3.1.2　随机骨料模型

与等效随机力学模型相比，随机骨料模型突出了混凝土骨料组分在细观层次的随机分布，并在模型域中对骨料粒径、形状、空间投放及物理力学参数等的随机分布给予直接显式表征。该类模型理论上能更好地重演混凝土的细观变形力学响应机制，因而得到了众多学者的关注。早期的细观骨料模型算法生成的骨料含量一般较低，且未能考虑实际骨料级配分布，国内外众多学者的近期工作已较好地克服了上述不足。

基于随机骨料模型，学者们对混凝土的单轴拉压、抗剪及弯拉等宏观变形力学特性，包括渐进损伤断裂破坏过程进行了深入的研究，取得了丰富的成果。如 Kwan 等（1999）及 Wang 等（1999）对混凝土单轴受拉断裂过程开展了细观模拟研究，认为混凝土微裂缝始于骨料-砂浆交界层，主要在交界层和砂浆基质两相组分内发生扩展、连通，并从细观角度对张拉应变软化响应与开裂变形局部化现象进行了探讨。在三维随机骨料模型方面，马怀发等（2004）基于富勒曲线描述骨料的三维级配曲线，以确定不同直径球形颗粒骨料的概率分布，对静载作用下混凝土单轴受压试件及全级配混凝土三点弯梁试验进行了细观数值模拟，其研究结果认为弯梁承载力主要受交界面强度及其峰后软化属性影响。

3.2 基于颗粒离散元法的细观力学模型

Cundall 和 Strack（1979）将离散元法拓展应用于散粒体材料的力学研究，并发展了颗粒离散元法。与连续介质力学模型相比，颗粒离散元法能模拟分析任一组成颗粒的运动状态，以及该颗粒与相邻颗粒或分析域边壁的相互力学作用，因此相对于常规试验测量方法能起到重要的数值试验功能。该方法的经典型式仅考虑离散颗粒单元为圆形（二维）或球形（三维）情形，基于牛顿第二定律求解各离散单元的运动和相互作用。为模拟不同问题的需要，学者们发展了椭球形单元（Tang，2004）、多边形单元（Camborde et al.，2000）及其他光滑非球形单元等变种单元类型（Mattew，2003）。颗粒离散元法通常假定各单元为刚体，但也有学者将颗粒单元内部采用有限单元法进行离散表征，从而模拟颗粒内部的相对变形，实现有限元与颗粒离散元的耦合算法（Gethin et al.，2001；Roland et al.，2005）。这些不同的颗粒元模型为开展混凝土细观力学分析提供了多样化的选择，能有效地模拟不规则粗细骨料、砂浆和增强纤维等组分，但是关于不同的颗粒元几何表征在模拟混凝土细观变形力学行为的系统比较研究迄今尚未见诸文献。

关于颗粒之间的法向和切向接触力学作用，已有众多的力学模型可参考，大致可分为弹性、理想塑性、弹塑性、损伤、弹性-黏结、弹塑性-黏结六类模型。Oda 等（1997）在颗粒元模型中增加了转动刚度和转动阻尼两个参数，以模拟转动力矩对颗粒动力学响应的影响。Potyondy 和 Cundall（1996）将颗粒连接键黏结作用引入颗粒离散元，基于颗粒间初始黏结强度的丧失表征损伤微裂缝的发生，该改进模型为将传统颗粒元模型的应用范围从离散颗粒体系拓展到连续固体（如混凝土、岩石等材料）提供了基础。关于离散颗粒之间的接触黏结作用，也有许多模型见诸文献，例如 Thornton & Ning 模型（Thornton and Ning，1998）、Tomas 模型（Tomas，2007）、Walton & Johnson 模型（Walton and Johnson，2009）等。应当指出，这些接触力学模型多为基于微细观，甚至纳观尺度下颗粒间的相互作用提出，但对于混凝土细观力学模型的发展，以及深入分析复杂作用环境下混凝土的非线性响应有着重要的参考价值。

基于颗粒元模型，国内外学者对混凝土材料的变形力学行为开展了丰富

的微细观研究工作，包括混凝土材料的早期流动性，固化后受外载作用引起
的损伤断裂、剪胀、侧限增强、率效应、蠕变等复杂行为机理。在混凝土动
力行为方面，文献（Qin and Zhang，2011；Wu et al.，2014）基于颗粒元模
型，对不同应变率条件下混凝土直接拉伸、单轴压缩和霍普金森杆冲击劈拉
试验进行了细观模拟，从破坏裂纹形态和能量消耗的角度分析了混凝土率相
关效应的机理，如图 3 示出冲击劈拉数值试样的破裂形态，充分表征了在高
应变率条件下裂缝带宽度增加及相应耗能增大的力学机制。

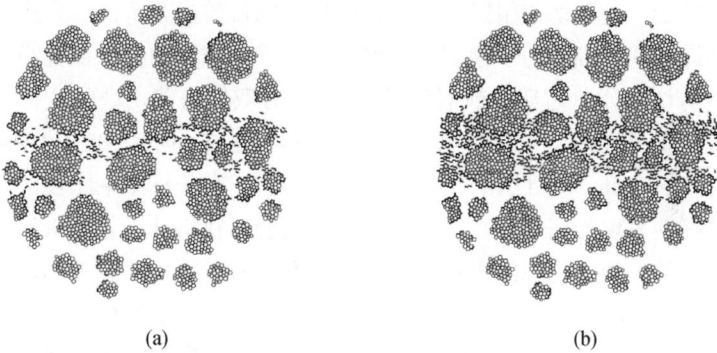

(a)   (b)

图3   不同应变率下的混凝土细观仿真冲击劈拉破坏形态（Wu et al.，2014）

(a) 3.5/s；(b) 10.8/s

4   混凝土细观力学的研究前沿

细观力学研究可以直观且深入地分析混凝土受外载作用引起的局部化变
形和损伤断裂机理，也为实现对混凝土宏观变形力学性能的理解、把握和预
测提供了桥梁作用。如上述，基于细观层次对于混凝土材料力学特性方面的
研究已取得了众多的研究成果，以下针对近年来若干前沿热点做简要评述。

4.1   断裂破坏机理

迄今已有大量的混凝土材料与结构宏细观试验研究工作见诸文献，与这
些物理试验相比，基于细观力学模型的数值模拟试验能对试样的荷载与边界
条件实现更为全面和精确地控制，因此联合物理与细观数值试验以研究混凝
土在单轴/多轴、拉/压/剪、静/动等不同组合荷载路径下的断裂破坏机理已成
为该领域的热点之一。

张拉 I 型断裂被普遍认为是混凝土的主要破坏模式，相应的单拉受载模

式下混凝土细观力学研究的关注热点包括微裂缝之间桥联作用（Lilliu and Mier，2003；Prado et al.，2003）、骨料类型（包括骨料形状和粒径分布）及其空间分布（Lilliu and Mier，2003；Prado et al.，2003）、骨料的可变形性能（Azevedo et al.，2008）、骨料-砂浆交界面强度及其空间分布（López et al.，2008a）、试样尺寸、形状和高宽比（Van Mier and Van Vilet，2003）及端部约束边界条件（Van Mier）等因素对宏观拉伸断裂破坏响应的作用机制，尤其多关注断裂过程区的分布宽度、局部化模式及渐进发展特征。

关于混凝土受剪切作用发生的断裂破坏机制目前尚存争议。为辨识内在机理，已有许多基于细观力学模型的研究见诸文献，常见的模拟试验类型包括带切口四点剪切梁（单边切口或双边切口）、中心双切口剪切试验、锚杆拉拔试验及双轴拉剪试验等（Van Mier，1997；Zhu and Tang，2002；Azevedo and Lemos，2006；Yang and Xu，2008）。与常规的宏观分析结果比较，细观力学模型能更好地重现带切口四点剪切梁中弯曲裂缝路径特征，且分析结果表明该类型剪切梁的断裂行为在细观层次上更多的归于张拉Ⅰ型断裂破坏，剪切型破坏的贡献比例很小。此外，由于细观力学模型较宏观分析能更充分地考虑混凝土结构或材料内部的非均质特征，从而对辨识细观微裂（声发射）的破坏模式、时空分布及评价相应的剪切断裂机制起到显著的支撑作用。

混凝土受压载发生断裂破坏的机制远较拉、剪模式相对复杂，已有混凝土单轴或多轴压缩试验结果均表明混凝土的断裂破坏特征受端部摩阻、试样细长比与加载路径等因素的显著影响。学者们提出了众多不同的细观力学机制以解释混凝土压载渐进破坏特征，例如，翼型裂缝模型（Bobet and Einstein，1998；Dyskin et al.，1999）、孔隙诱发劈裂模型（Van Mier，1997）、骨料-砂浆交界层压碎模型（Van Geel，1998）等。基于这些机制，各类细观力学模型被广泛应用于混凝土压载断裂破坏的数值模拟研究（Vonk，1992；López et al.，2008b）。综合相关文献结果，格构模型因为难以引入沿裂缝面的摩擦效应，模拟得混凝土细观压载破坏机制尚不理想，而基于离散单元法且考虑沿微裂缝面的张拉、剪切软化属性的细观力学模型则取得与试验结果符合较好的结果，研究结果表明除了张拉模式，剪切及靠近结构或试样表面的局部屈曲失稳现象可能对压载断裂破坏机制有着重要的影响。

4.2　尺寸效应

细观力学理论的发展和高速大容量电子计算机的出现，为混凝土尺寸效应数值研究提供了新思路，学者们基于多样的细观力学模型和方法对混凝土材料尺寸效应的机理规律进行了研究。在连续介质细观力学模型方面，包括基于二维和三维格构模型研究混凝土强度、断裂韧度等参数的尺寸效应机理（Ince et al.，2003；Man and Van Mier，2006）；基于考虑骨料、砂浆和交界面组成的随机骨料细观力学模型分析细观组构对混凝土单轴受压和劈裂试件的极限强度的影响（Gusatis and Bazānt，2006；黎保琨和彭一江，2011）；应用等效非均质力学模型研究混凝土立方体试样的抗拉、抗压强度尺寸效应(Tang et al.，2010；杜敏等，2015)。类似地，非连续介质细观力学模型也得到了广泛的应用，王立成等（2014）采用细观刚体弹簧元法和颗粒离散元法对混凝土劈裂抗拉强度和弯曲抗压强度的尺寸效应开展了细观数值模拟研究。

已有研究成果均立足于对混凝土材料的非均质特性和可能内部缺陷的随机分布给予数值表征，所揭示的混凝土及其构件的常用强度指标的尺寸效应规律与试验结果符合较好。对于二维模型往往采用精细的细观数值模拟方法，力图将骨料、交界层等组分的空间分布和物理力学指标的随机属性给予充分表征。而三维模型则受限于计算能力，较少直接模拟骨料的随机特征，而更多地采用等效的随机分布模型以代替。此外，数值模拟试验以中小尺寸试件或构件居多，受载方式常以单轴拉压作用为代表。因此，发展细观力学模型的并行计算方法，对复杂荷载作用下混凝土试件或构件（尤其是全级配大尺寸构件）的尺寸效应和渐进破损机理等方面的研究尚需进一步加强。

4.3 多尺度耦联

细观力学模型能对亚宏观尺度下的混凝土非均质特征给予表征，因此对于分析混凝土材料的变形力学基础行为有着重要的参考价值。然而若直接基于细观力学模型对混凝土结构原型进行数值仿真，将面临因模型自由度庞大导致计算工作量巨大这一挑战。为此，将细观力学模型与宏观分析框架耦联分析，以充分发挥两类模型的特点和优势是一个可行的选择：一方面实现宏、细观的耦联能从细观层面充分考虑和模拟骨料、缺陷等组分随机分布对微裂缝萌生、扩展和连通包括裂缝分叉等强非线性行为的局部化效应；另一方面由细观模型计算得局部化的非线性响应平均化处理后返回宏观模型，进而实现对混凝土结构的整体变形力学分析。学者们提出了多种从细观到宏观模型的等效处理方法，实现对混凝土材料和结构的响应进行宏细观耦联分析。

文献中基于混凝土细观组构分析预测宏观力学特性的方法包括 Mori-

Tanaka 法、自洽法、微分法、稀疏分布模型、均匀化理论等。以均匀化理论的应用为例，已有文献多关注砂浆和混凝土的弹模、泊松比、拉伸强度等宏观力学指标受细观组分，包括骨料分布、孔隙率、饱和度及交界层属性等的影响机制和规律（Li et al.，1999；Sun et al.，2007；唐欣薇和张楚汉，2009；杜修力和金浏，2013）。在多尺度耦联实现与应用方面，Nguyen 等（2012a，2012b）发展了可考虑混凝土细观局部化连续损伤破裂-宏观非连续黏聚裂缝模型的多尺度耦联模型，并基于高效的并行算法实现，提高了对混凝土结构实现细观连续-宏观非连续的多尺度耦联分析效率；Vorel 等（2012）认为混凝土的细观损伤微裂均从粗骨料与基质的交界面开始萌生发展，他们构建的细观力学模型，一方面采用应变增量形式的 Mori-Tanaka 均质化方法考虑细骨料（小于 1mm）和孔隙等亚细观组分的贡献，以确定细观模型中砂浆基质的弹性常数、单拉强度和断裂能参数等；另一方面基于随机骨料法显式模拟粗骨料（大于 1mm）这一重要组成，并开展系列混凝土三点弯梁断裂试验对模型进行验证，其结果偏重与宏观响应的比较，对细观层次的微裂缝发展特征则缺乏深入讨论。综合相关文献，迄今基于多尺度分析方法对混凝土变形力学行为的研究已有较多的成果，见诸文献的仍多是平面构件的完整响应分析，将该类方法发展应用于大尺寸混凝土结构的真三维复杂非线性响应分析的研究工作尚有待拓展。

4.4 率相关特性

与静载相比，混凝土在冲击或地震等动载作用下的动力学行为有完全不同的耗能机制和变形破坏过程。基于均质材料假设的宏观动力学模型普遍在静载模型的基础上引入率相关效应，考虑到动刚度和动强度属性的提高，对混凝土动力变形和破坏规律能不同程度地给出唯象性近似描述，但难以解释率效应和惯性效应背后的力学机理及混凝土亚宏观层次的动态破损特征。目前，混凝土动力细观力学模型的相关研究主要集中在骨料组分随机属性的影响机制及其力学模型构建、裂缝动态发展模式及混凝土动强度提升的影响机理等方面。

霍普金森压杆试验作为一类常用的动力特性测量方法，混凝土细观动力学模拟也多基于该类试验开展。基于连续介质力学框架的细观动力学模型普遍采用有限元法实现对各细观组分的模拟（Pedersen et al.，2007；Lu and Li，2011；Snozzi et al.，2001）；细观材料模型或包含率效应，或基于率无关模型，从简单的单轴损伤力学模型到复杂的宏观唯象模型都得到较广泛的应用，但哪一类细观力学模型最为适合表征混凝土动力学行为尚无定论。

非连续介质细观力学模型也已被广泛应用于研究混凝土率相关效应。以颗粒离散元法为例，学者们选取霍普金森压杆、动力轴压、动力劈拉或四点弯梁等各类动力试验开展了深入的数值仿真研究。模型中颗粒接触本构关系或不考虑率相关属性，或引入黏性项，研究成果也从不同角度阐述混凝土宏观率效应机制及影响，例如，有学者认为混凝土动强度率相关性的主要来源在于材料惯性效应（Donze et al.，1999；陈滔，2014），也有研究强调了细观模型中引入黏性项的必要性（Kim et al.，2013），相关文献结果多偏于通过对比宏观冲击力-位移曲线、裂缝和破坏模式以验证细观力学模型，文献（Qin and Zhang，2011；Wu et al.，2015a，2015b）则从能量转化与耗散角度对率效应进行了阐述。

关于混凝土率效应的研究工作非常丰富，汇总相关的研究成果表明，学者们关于混凝土的率效应机制所持有的观点仍存在分歧，例如，关于惯性效应和率效应对于混凝土动强度提升的贡献程度和模型描述不尽相同，甚至相悖。其中基于混凝土细观动力学模型的研究，尤其是细观层次模型能较好地模拟动载下多裂纹相应模态及其耗能机制，对进一步理解混凝土率效应起到显著的支撑作用，但目前研究成果尚不统一，且多集中于混凝土单轴拉伸或压缩动态行为的研究，对高应变率加载条件下混凝土或钢筋混凝土受剪切及复杂加载条件下动力行为尚有待深入研究。

5　结论与展望

综上，迄今关于混凝土基础变形力学行为的研究，国内外已有长足的进展，逐渐突破了传统经典本构理论和宏观研究思想方法的束缚，从早期的视混凝土为线弹性和黏弹性介质的研究，发展为按弹塑性或黏弹塑性介质考虑；从唯象理论模型发展到将混凝土视为黏结颗粒介质或富含缺陷多相非均质材料；由细观组构出发的静态、准静态行为研究逐渐发展到考虑循环荷载效应及率相关效应的中高速动态行为研究。现有的混凝土细观力学研究，丰富和提升了对该类材料的宏观变形力学响应和细观组构发展演化之间关联属性的认识，多相、非均质、细观组分的结构性、多场耦合与动力响应等关键词正在或即将成为该类研究的前沿热点。

作者认为，文献中各类细观模型的构建思路和分析方法存在相通之处。

如何实现对混凝土细观组构及其基础力学行为的表征是一个细观力学模型的核心所在，综合上述模型，较常规宏观模型的分析尺度"细观"化的力学处理方法或是基于连续、非连续介质力学的离散网格实现对混凝土三相组分的区分模拟，又或是采用较宏观连续体简化的颗粒、杆、梁等单元降维表征由于细观组分随机分布带来的非均质属性。因此，未来混凝土细观力学模型的发展思路应在继续发展和深化这两大类力学处理方法的基础上有所创新，努力实现单轴、多轴、拉压、静动荷载等复杂作用环境下的变形力学行为的统一模拟，并与相关宏观分析模型建立统一分析框架。

在复杂荷载环境作用下混凝土内部缺陷的发展、演化规律及其导致的渐进破损、破坏全过程是一个极其复杂、富有挑战性的研究课题，当前仍有许多问题有待进一步研究，作者提出如下建议供参考。

（1）计算机仿真技术在土木工程，尤其是在混凝土结构工程中得到了日益广泛的应用，而细观力学模型能对粗细骨料、孔隙、缺陷和砂浆等组分给予最直接的表征。作者认为，该类模型除了对深入理解混凝土在复杂荷载环境下的变形、损伤、断裂直至破坏等基础行为有着重要的意义，也有望在实现混凝土材料的"定制"设计方面发挥更充分的效能，即在给定各细观组分的基本物理力学属性基础上，基于细观力学模型开展仿真分析研究可"虚拟"实现指定性能的混凝土材料设计，确定相应组分的配比及实现混凝土材料设计（如骨料级配、形状等）、施工步骤和养护处理措施的优化。

（2）混凝土作为典型的人工复合材料，三相甚至四相细观组分假设常被引入细观力学模型，无疑这些组分均表现出明显的空间随机分布和不连续特性，已有的研究工作绝大多数人认为该随机属性在求解域空间内是等概率分布的，然而，受施工材料、建设过程、养护环境等因素的影响，在分析域内将细观组分按等概率分布的随机假设是不全面的，因此作者建议在混凝土细观随机特性的数值模型中，例如，粗细骨料与各组分（包括缺陷）力学参数的空间随机分布等，应对空间相关或是局部化连续分布尺度等统计属性给予更多的关注。

（3）混凝土各相细观组分的基本物理力学属性研究尚有待深入和丰富，例如，关于骨料和砂浆之间交界层的基本力学试验研究仍较缺乏，关于粗细骨料力学行为的试验研究普遍基于同类岩样放大尺寸后的试验结果，直接应用该结果模拟混凝土骨料应当考虑尺寸效应的影响；此外，关于混凝土细观层次渐进损伤破裂行为的试验测量也有待发展新型测试技术与方法，该部分工作对于摆脱目前混凝土细观力学仿真研究过分强调机理和解释宏观现象的现状，实现在宏细观层次同时开展定量化的比较研究具有重要的基础意义。

（4）受计算模型自由度数庞大因素的制约，现有混凝土细观力学研究以平面模型为主，三维模型也仅限于小尺寸构件的模拟。虽然计算机容量、速度及并行计算技术的发展迅速，但是将细观力学模型直接应用于大型混凝土结构（如高混凝土坝）的仿真分析尚无成功范例可参考。作者认为，发展基于宏细观，甚至微观层次的多尺度耦联数值分析方法对于实现大型混凝土结构的全尺度行为数值仿真有着更佳的可行性和工程实践意义。

（5）迄今为止，混凝土细观力学模型发展型式多种多样，且能很好地辅助阐释混凝土复杂静动力变形和破坏力学行为，然而相关的研究成果尚难以统一，例如，混凝土动强度率效应的机理解释和模型描述存在显著的分歧，因此有必要开展一些检验性分析的研究工作以更好地总结完善相关细观力学模型和方法；此外，已有众多的新型混凝土材料被发展和应用于复杂工作环境，如高强混凝土、增强纤维混凝土、堆石自密实混凝土、活性粉末混凝土等，混凝土细观力学模型对于新型混凝土材料的变形力学行为研究，尤其是多物理场环境下的渐进破坏行为研究有着广泛的前景，并有望对新型混凝土的材料设计提供理论支撑。

参考文献

陈江瑛. 1997. 水泥砂浆动态力学性能研究. 杭州: 浙江大学硕士学位论文.

陈滔. 2014. 混凝土材料强度率无关性研究. 北京: 清华大学博士学位论文.

杜敏, 杜修力, 金浏, 等. 2015. 混凝土拉压强度尺寸效应的细观非均质机理. 土木建筑与环境工程, 37(3): 11-18.

杜修力, 金浏. 2013. 细观均匀化方法预测非饱和混凝土宏观力学性质. 水利学报, 44(11): 1317-1332.

黎保琨, 彭一江. 2011. 碾压混凝土试件细观损伤断裂的强度与尺寸效应分析. 华北水利水电学院学报, 22(3): 50-53.

马怀发, 陈厚群, 黎保琨. 2004. 混凝土细观力学研究进展及评述. 中国水利水电科研究院学报, 2(2): 124-130.

马怀发, 陈厚群, 黎保琨. 2004. 混凝土试件细观结构的数值模拟. 水利学报, 10: 27-35.

彭一江, 黎保琨, 刘斌. 2001. 碾压混凝土细观结构力学性能的数值模拟. 水利学报, (6): 19-22.

唐春安, 朱万成. 2003. 混凝土损伤与断裂——数值试验. 北京: 科学出版社.

唐欣薇, 张楚汉. 2009. 基于均匀化理论的混凝土宏细观力学特性研究. 计算力学学报,

26(6): 876-881.

王立成，邢立坤，宋玉普. 2014. 混凝土劈裂抗拉强度和弯曲抗压强度尺寸效应的细观数值分析. 工程力学，31(10): 69-76.

张楚汉. 2008. 论岩石、混凝土离散-接触-断裂分析. 岩石力学与工程学报，27(2): 217-235.

Azevedo N M，Lemos J V，De Almeida J R. 2008. Influence of aggregate deformation and contact behaviour on discrete particle modelling of fracture of concrete. Engineering Fracture Mechanics，75(6): 1569-1586.

Azevedo N M，Lemos J V. 2006. Hybrid discrete element/finite element method for fracture analysis. Computer Methods in Applied Mechanics and Engineering，195(33): 4579-4593.

Bobet A，Einstein H H. 1998. Fracture coalescence in rock-type materials under uniaxial and biaxial compression. International Journal of Rock Mechanics and Mining Sciences，35(5): 863-888.

Cai M，Kaiser P K，Suorineni F，et al. 2007. A study on the dynamic behavior of the Meuse/Haute-Marne argillite. Physics and Chemistry of the Earth，Parts A/B/C，32(8): 907-916.

Caliskan S. 2003. Aggregate/mortar interface: influence of silica fume at the micro-and macro-level. Cement and Concrete Composites，25(4/5): 557-564.

Camborde F，Mariotti C，Donze F V. 2000. Numerical study of rock and concrete behaviour by discrete element modeling. Computers and Geotechnics，27(4): 225-247.

Chen X，Wu S，Zhou J. 2013. Experimental and modeling study of dynamic mechanical properties of cement paste，mortar and concrete. Construction and Building Materials，47: 419-430.

Chen X，Wu S，Zhou J. 2014. Experimental Study on dynamic tensile strength of cement mortar using split hopkinson pressure bar technique. Journal of Materials in Civil Engineering. 26(6): 04014005-1:10.

Cundall P A，Strack O D L. 1979. A discrete numerical model for granular assembles. Geotechnique，29(1): 47-65.

Cusatis G，Bazǎnt Z. 2006. Size effect on compression fracture of concrete with or without Vnotches: A numerical meso-mechanical study// Computational Modeling of Concrete Structures- Proceedings of EURO-C: 71-76.

Donze F V，Magnier S A，Daudeville L，et al. 1999. Numerical study of compressive behavior of concrete at high strain rates. Journal of engineering mechanics，125(10): 1154-1163.

Dyskin A V，Germanovich L N，Ustinov K B. 1999. A 3-D model of wing crack growth and interaction. Engineering Fracture Mechanics，63(1): 81-110.

Erzar B，Buzaud E，Chanal P Y. 2013. Dynamic tensile fracture of mortar at ultra-high strain-rates. Journal of Applied Physics，114(24): 244901.

Gallucci E，Scrivener K，Groso A，et al. 2007. 3D experimental investigation of the micro-structure of cement pastes using synchrotron X-ray microtomography (µCT). Cement and

Concrete Research，37(3): 360-368.

Gethin D T，Ransing R S，Lewis R W，et al. 2001. Numerical comparison of a deformable discrete element model and an equivalent continuum analysis for the compaction of ductile porous material. Computers and Structures，79(13): 1287-1294.

Grote D L，Park S W，Zhou M. 2001. Experimental characterization of the dynamic failure behavior of mortar under impact loading. Journal of Applied Physics，89(4): 2115-2123.

Harsh S，Shen Z J，Darwin D. 1990. Strain-rate sensitive behavior of cement Paste and mortar in compression. ACI Materials Journal，87(5): 508-515.

Holzer L，Gasser P，Muench B. 2006. Quantification of capillary pores and Hadley grains in cement paste using FIB-nanotomography// Measuring，Monitoring and Modeling Concrete Properties. Alexandroupolis: Springer Netherlands.

Ince R，Arslan A，Karihaloo B L. 2003. Lattice modelling of size effect in concrete strength. Engineering Fracture Mechanics，70(16): 2307-2320.

Kim K，Bolander J E，Lim Y M. 2013. Failure simulation of RC structures under highly dynamic conditions using random lattice models. Computers and Structures，125: 127-136.

Kishen J M C，Saouma V E. 2004. Fracture of rock-concrete interfaces: Laboratory tests and applications. ACI Structural Journal，101(3): 325-331.

Kwan A K H，Wang Z M，Chan H C. 1999. Mesoscopic study of concrete II: nonlinear finite element analysis. Computers & Structures，70(5): 545-556.

Li G Q，Zhao Y，Pang S S. 1999. Four-phase sphere modeling of effective bulk modulus of concrete. Cement and Concrete Research，29(6): 839-845.

Li H B，Zhao J，Li J R，et al. 2004. Experimental studies on the strength of different rock types under dynamic compression. International Journal of Rock Mechanics and Mining Sciences，41(S1): 68-73.

Lilliu G，Van Mier J G M. 2003. 3D lattice type fracture model for concrete. Engineering Fracture Mechanics，70(7-8): 927-941.

López C M，Carol I，Aguado A. 2008a. Meso-structural study of concrete fracture using interface elements. I: numerical model and tensile behavior. Materials and Structures，41(3): 583-599.

López C M，Carol I，Aguado A. 2008b. Meso-structural study of concrete fracture using interface elements II: compression，biaxial and Brazilian test. Materials and Structures，41(3): 601-620.

Lu Y B，Li Q M. 2011. About the dynamic uniaxial tensile strength of concrete-like materials. International Journal of Impact Engineering，38(4): 171-180.

Man H K，Van Mier J G M. 2006. Analysis of 2D and 3D fracture scaling by means of 3D lattice simulations// E E Gdoutos (Ed.)，Fracture of Nano and Engineering Materials and Structures. Proceedings of the 16th European Conference of Fracture，Alexandroupolis，Greece:

1-8.

Matthew R K. 2003. Smooth convex three-dimensional particle for the discrete element method. Journal of Engineering Mechanics，129(5): 539-547.

Mohamed A R，Hansen W. 1999. Micromechanical modeling of crack-aggregate interaction in concrete materials. Cement and Concrete Composites，21(5-6): 349-359.

Nguyen V P，Stroeven M，Sluys L J. 2012a. Multiscale failure modeling of concrete: Micro-mechanical modeling，discontinuous homogenization and parallel computations. Computer Methods in Applied Mechanics and Engineering，201(1): 139-156.

Nguyen V P，Stroeven M，Sluys L J. 2012b. An enhanced continuous−discontinuous multiscale method for modeling mode-I cohesive failure in random heterogeneous quasi - brittle materials. Engineering Fracture Mechanics，79: 78-102.

Oda M，Iwashita K，Kakiuchi T. 1997. Importance of particle rotation in the mechanics of granular materials. Proceedings of the Third International Conference on Powders & Grains Durham/North Carolina/18-23 May：207-214.

Olsson W A. 1991. The compressive strength of tuff as a function of strain rate from 10^{-6} to 10^3/sec. International Journal of Rock Mechanics and Mining Sciences & Geomechanics Abstracts，28(1): 115-118.

Pedersen R R，Simone A，Stroeven M，et al. 2007. Mesoscopic modelling of concrete under impact// 6th International Conference on Fracture Mechanics of Concrete and Concrete Structures-FRAMCOS VI: 571-578.

Potyondy D，Cundall P A. 1996. Modeling rock using bonded assemblies of circular particles // Aubertin et al.，editors. Proceedings of the second North American Rock Mechanics Symposium: 1937-1944.

Prado E P，Van Mier J G M. 2003. Effect of particle structure on mode I fracture process in concrete. Engineering Fracture Mechanics，70(14): 1793-1807.

Qin C，Zhang C H. 2011. Numerical study of dynamic behavior of concrete by meso-scale particle element modeling. International Journal of Impact Engineering，38(12): 1011-1021.

Rao G A，Prasad B K R. 2002. Influence of the roughness of aggregate surface on the interface bond strength. Cement and Concrete Research，32(2): 253-257.

Roelfstra P E，Sadouki H，Wittmann F H. 1985. Le beton numerique. Material and Structure，18（5）: 309-317.

Roland W L，Gethin D T，Xinshe S Y，et al. 2005. A combined finite discrete element method for simulating pharmaceutical powder tableting. International Journal for Numerical Methods in Engineering，62(7): 853-869.

Rome J I. 2002. Experimental characterization and micromechanical modeling of the dynamic response and failure modes of concrete. San Diego: University of California.

Snozzi L，Caballero A，Molinari J. 2011. Influence of the meso-structure in dynamic fracture simulation of concrete under tensile loading. Cement and Concrete Research，41(11): 1130-1142.

Sun Z，Garboczi E J，Shah S P. 2007. Modeling the elastic properties of concrete composites: Experiment，differential effective medium theory，and numerical simulation. Cement and Concrete Composites，29(1): 22-38.

Tang T N. 2004. Triaxial test simulations with discrete element method and hydrostatic boundaries. Journal of Engineering Mechanics，130(10): 1188-1194.

Tang X W，Zhang C H，Shi J J. 2008. A multiphase mesostructure mechanics approach to the study of the fracture-damage behavior of concrete. Science China E: Technological sciences，50(2): 8-24.

Tang X W，Zhou Y D，Zhang C H, et al. 2010. Study on the heterogeneity character of concrete failure based on the equivalent probabilistic model. Journal of Materials in Civil Engineering，ASCE，23(4): 402-413.

Thornton C，Ning Z. 1998. A theoretical model for the stick/bounce behaviour of adhesive，elastic-plastic spheres. Powder Technol，99(2): 154-162.

Tomas J. 2007. Adhesion of ultrafine particles-A micro-mechanical approach. Chemical Engineering Science，62(7): 1997-2010.

Van Geel H J G M. 1998. Concrete Behaviour in Multiaxial Compression . Eindhoven University of Technology.

Van Mier J G M. 1997. Fracture processes of concrete: assessment of material parameters for fracture models. Boca Raton，FL: CRC Press.

Van Mier J G M. 2012. Concrete fracture: a multiscale approach. Boca Raton: CRC press.

Van Mier J G M，Van Vliet M R A. 2003. Influence of microstructure of concrete on size/scale effects in tensile fracture. Engineering Fracture Mechanics，70(16): 2281-2306.

Vonk R A. 1992. Softening of concrete loaded in compression. Eindhoven: Eindhoven University of Technology.

Vorel J，Šmilauer V，Bittnar Z. 2012. Multiscale simulations of concrete mechanical tests. Journal of Computational and Applied Mathematics，236(18): 4882-4892.

Walton O R，Johnson S M. 2009. Simulating the effects of interparticle cohesion in micronscale powders // AIP Conference Proceedings. 1145(1):897-900.

Wang Z M，Kwan A K H，Chan H C. 1999. Mesoscopic study of concrete I : generation of random aggregate structure and finite element mesh . Computers and Structures，70(5): 533-544.

Wong H S，Buenfeld N R，Head M K. 2006. Estimating transport properties of mortars using image analysis on backscattered electron images. Cement and Concrete Research，36(8):

1556-1566.

Wong H S, Zimmerman R W, Buenfeld N R. 2012. Estimating the permeability of cement pastes and mortars using image analysis and effective medium theory. Cement and Concrete Research, 42(2): 476-483.

Wong Y L. 1999. Properties of fly ash modified cement mortar aggregate unterfaces. Cement and Concrete Research, 29(12):1905-1913.

Wu M X, Qin C, Zhang C H. 2014. High strain rate splitting tensile tests of concrete and numerical simulation by mesoscale particle elements. Journal of Materials in Civil Engineering, 26(1): 71-82.

Wu M, Chen Z, Zhang C. 2015a. Determining the impact behavior of concrete beams through experimental testing and meso-scale simulation: I. Drop-weight tests. Engineering Fracture Mechanics, 135: 94-112.

Wu M, Zhang C, Chen Z. 2015b. Determining the impact behavior of concrete beams through experimental testing and meso-scale simulation: II. Particle element simulation and comparison. Engineering Fracture Mechanics, 135: 113-125.

Xia K, Nasseri M H B, Mohanty B, et al. 2008. Effects of microstructures on dynamic compression of Barre granite. International Journal of Rock Mechanics and Mining Sciences, 45(6): 879-887.

Xie Y, Corr D J, Jin F, et al. 2015. Experimental study of the interfacial transition zone (ITZ) of model rock-filled concrete (RFC). Cement and Concrete Composites, 55: 223-231.

Yang Z, Xu X F. 2008. A heterogeneous cohesive model for quasi-brittle materials considering spatially varying random fracture properties. Computer methods in applied mechanics and engineering, 197(45): 4027-4039.

Zhu J, Cao Y H, Chen J Y. 2013. Study on the evolution of dynamic mechanics properties of cement mortar under sulfate attack. Construction and Building Materials, 43: 286-292.

Zhu W C, Tang C A. 2002. Numerical simulation on shear fracture process of concrete using mesoscopic mechanical model. Construction and Building Materials, 16(8): 453-463.

Zhu W C, Tang C A, Wang S Y. 2005. Numerical study on the influence of mesomechanical properties on macroscopic fracture of concrete. Structural Engineering and Mechanics, 19(5): 519-533.

水工混凝土静动态损伤断裂过程试验研究进展

胡少伟 [1,2]

（1.南京水利科学研究院 南京 210024；2.水文水资源与水利工程科学国家重点
实验室，南京 210024）

摘　要：混凝土结构开裂破坏是混凝土"损伤—开裂—裂缝扩展—断裂失稳"的演变
过程，因此有必要对混凝土损伤断裂特性进行试验研究与理论分析，摸清其损伤断裂机理
与发展规律，为整体工程结构安全分析提供可靠的理论依据与技术支撑。本文首先介绍了
作者团队在水工混凝土静动态损伤断裂性能研究工作中的主要进展与研究成果，包括混凝
土静态损伤断裂特性试验与分析、混凝土动态轴向拉伸力学性能试验与分析、基于 XFEM
的混凝土动态损伤断裂特性研究、基于声发射率的混凝土静动态转化关系，以及采用混凝
土结构受载后的声发射应力记忆性特征来动态评价和估计混凝土材料乃至结构的损伤程度
等。最后，针对混凝土动态断裂力学尚待解决的关键问题提出今后拟开展的研究工作。

关键词：水工混凝土；损伤断裂；动态荷载；声发射；扩展有限元

The Research Progress of Static and Dynamic Damage Fracture Test on Hydraulic Concrete

Shaowei Hu [1,2]

(1.Nanjing Hydraulic Research Institute Material and Structural Engineering Department Nanjing
210024；2.State Key Laboratory of Hydrology-Water Resources and Hydraulic Engineering，
Nanjing 210024)

Abstract: Concrete is the most used material in engineering such as water conservancy pro-
jects. Because of its characteristic of brittleness，there were some cracks in almost every water

通信作者：胡少伟（1969—），E-mail: hushaowei@nhri.cn。

conservancy projects. Concrete cracks may cause serious accidents, and seriously endanger the safety of projects and people's life and properties. Crack destruction of concrete in dams belongs to the process of "damage-Cracking Inititation-Crack Propagation-Failure". So it is necessary to study the mechanism of crack destruction of concrete. In this paper, the basis of reliable theories and technical supports for analysis of structural failure were provided. Firstly，the research status on fracture toughness of concrete，acoustic emission characteristics of concrete fracture and dynamic fracture toughness of concrete at home and abroad were described. Secondly，the author focused on concrete fracture type Ⅰ，type Ⅱ，emission characteristics of concrete crack，and extended finite element simulation of dynamic fracture of concrete. Finally，key problems to be solved on concrete fracture mechanics had been given.

Key Words: hydraulic concrete；damage fracture；dynamic load；acoustic emission；XFEM

1 引言

混凝土材料是当代基本建设中所使用的最主要和最大宗的建筑材料，水工混凝土具有结构复杂、尺度体积大、级配多、自由度数目巨大、服役环境复杂恶劣、载荷复杂、服役时间漫长等特点，其结构损伤与材料劣化共生存。混凝土内部存在着随机分布的初始微观裂纹，当混凝土结构受力时，这些缺陷极易产生应力集中并迅速起裂、扩展、汇聚形成宏观裂缝，诱发混凝土结构的宏观开裂或破坏，不仅造成巨大经济损失，而且会危及人民安全。无论是我国正在开展的大规模水利、水电、水运、海洋、交通基本建设工作，还是面临的对既有的重大工程结构除险加固修复的繁重任务，都对混凝土材料本身的抗裂、防裂提出了更高要求。

混凝土结构从承载前到承载后直至破坏，是一个演变的静动态损伤场，结构的变形、位移、开裂、破坏等现象都是这个损伤场中的力学行为，要了解混凝土损伤断裂机理，解决混凝土结构的裂缝扩展问题，首先需要通过混凝土的损伤断裂试验，正确测定混凝土断裂参数和摸清混凝土裂缝扩展过程及缝端附近区域的物理特性与力学行为。鉴于大、中型水利水电工程的重要性，当混凝土结构出现裂缝时，需进行断裂韧度测试，以提供评价裂缝稳定性的依据，而混凝土动态断裂韧度又是抗震防裂设计中必需的混凝土性能参数。声发射是混凝土材料在受载过程中的伴生现象，是材料内部由于局部应变能的快速释放而产生的瞬时弹性波。在不同的受力条件下，会有不同的声发射特征，通过对这些声发射信号的识别、判断和分析，对混凝土内部损伤缺陷进行分析和研究。作者带领团队在水工混凝土静动态损伤断裂性能与声发射特性方面对近 1900 多根各类混凝土试件与构件开展了试验研究与理论分析，建立了一系列表征水工混凝土损伤断裂性态的模型与公式，深化了对混凝土静动态损伤断裂力学性能的认识，推动水工混凝土静动态本构理论与测试手段的发展。

2 混凝土静态损伤断裂研究进展

研究团队完成了 1906 根不同类型、不同影响因素的一系列试件的静态损伤断裂试验，分析了缝高比、跨高比、配筋率、钢筋位置、钢筋类型等变量对不同类型混凝土损伤断裂特性影响，通过扩展有限元和有限元线法对混凝土开裂进行数值仿真，给出了裂缝的动态发展过程，准确评价出裂缝扩展对结构承载能力的影响程度，为工程抗裂设计及其相关规范应用提供可靠的理论基础（Hu and Lu，2012）。

2.1 标准混凝土三点弯曲梁损伤断裂

通过标准混凝土三点弯曲梁断裂试验，并对荷载—应变关系曲线，荷载—张开口位移曲线进行分析，系统研究了强度等级（胡少伟等，2012）、试件宽度（Hu and Lu，2012）、缝高比（Fan and Hu，2013）对标准混凝土三点弯曲梁试件断裂参数的影响规律。研究结果表明，起裂荷载与最大荷载随着设计强度等级和试件宽度的增加而增加，随着缝高比的增加逐渐减小；强度等级、初始缝高比和试件宽度均对试件脆断性具有影响；起裂断裂韧度和失稳断裂韧度不随强度等级、初始缝高比的变化而变化，均可认为是一个常数，随着试件宽度值的增大，三点弯曲梁试件起裂断裂韧度与失稳断裂韧度逐渐增大。

2.2 非标准混凝土三点弯曲梁损伤断裂

不改变试件宽度和跨度的条件下，通过变更试件高度和初始裂缝长度，研究相同缝高比下，不同高度的非标准三点弯曲梁试件对混凝土断裂特性的影响（范向前等，2012a，2012b）。通过试验测得试件的荷载与裂缝张开口位移全过程曲线，计算了非标准混凝土三点弯曲梁试件的临界有效裂缝长度

a_c、起裂断裂韧度 K_{IC}^{ini} 和失稳断裂韧度 K_{IC}^{un}，建立了非标准混凝土三点弯曲梁损伤断裂计算公式。

（1）失稳韧度

三点弯曲梁法失稳断裂韧度 K_{IC}^{un} 按下式计算

$$K_{IC}^{un} = \frac{1.5(F_{un} + \frac{mg}{2} \times 10^{-3}) \times 10^{-3} \cdot S \cdot a_c^{1/2}}{th^2} f(\alpha) \tag{1}$$

其中

$$f(\alpha) = \frac{1.99 - \alpha(1-\alpha)(2.15 - 3.93\alpha + 2.7\alpha^2)}{(1+2\alpha)(1-\alpha)^{3/2}}, \qquad \alpha = \frac{a_c}{h}$$

式中，K_{IC}^{un} 为失稳断裂韧度，$MPa \cdot m^{1/2}$；F_{un} 为失稳荷载，KN，取值方法见下文失稳荷载的确定方法；m 为试件支座间的质量，kg，用试件总质量按 S/L 比折算；g 为重力加速度，取 $9.81 m/s^2$；S 为试件两支座间的跨度，m；a_c 为有效裂缝长度；t 为试件厚度，m；h 为试件高度，m。

其中，a_c 应按下式计算

$$a_c = \frac{2}{\pi}(h + h_0) \arctan(\frac{tEV_c}{32.6F_{max}} - 0.1135)^{1/2} - h_0 \tag{2}$$

式中，h_0 为装置夹式引伸计刀口薄钢板的厚度，m；V_c 为裂缝临界张开位移；E 为计算弹性模量。

其中，E 按下式计算

$$E = \frac{1}{tc_i}[3.70 + 32.60 \tan^2(\frac{\pi}{2} \frac{a_0 + h_0}{h + h_0})] \tag{3}$$

式中，a_0 为初始裂缝长度；c_i 为试件初始 V/F 值，$\mu m/kN$，由试件荷载张口位移曲线 $(F\text{-}V)$ 曲线的上升段之直线段上任一点的 F、V 计算，$c_i = V_i/F_i$。

（2）起裂韧度

三点弯曲梁法的起裂断裂韧度 K_{IC}^{ini} 按下式计算

$$K_{IC}^{ini} = \frac{1.5(F_{ini} + \frac{mg}{2} \times 10^{-3}) \times 10^{-3} \cdot S \cdot a_0^{1/2}}{th^2} f(\alpha) \tag{4}$$

其中

$$f(\alpha)\frac{1.99-\alpha(1-\alpha)(2.15-3.93\alpha+2.7\alpha^2)}{(1+2\alpha)(1-\alpha)^{3/2}}, \qquad \alpha=\frac{a_0}{h}$$

式中，K_{IC}^{ini} 为起裂断裂韧度，MPa·m$^{1/2}$；F_{ini} 为起裂荷载，kN。

研究表明，非标准混凝土三点弯曲梁起裂荷载、最大荷载、有效裂缝长度值均随试件高度的增加而逐渐增大，且有效裂缝长度随试件高度呈线性增长趋势，起裂荷载与最大荷载的比值为 62.2%~86.24%；不同与有效裂缝长度的变化规律，裂缝亚临界扩展量的相对值不随试件高度的变化而变化，而是一个约为 75%的常数值；起裂断裂韧度和失稳断裂韧度在试验设计情况下基本为一个常数值，可以作为描述混凝土裂缝起裂、稳定扩展及失稳破坏全过程的断裂参数。

2.3 标准钢筋混凝土三点弯曲梁损伤断裂

开展了钢筋混凝土三点弯曲梁断裂试验，根据试验现象，分析了裂缝扩展过程，建立了钢筋混凝土三点弯曲梁断裂韧度计算模型（胡少伟，2013），给出了考虑钢筋限裂作用后的有效裂缝长度计算公式［式（2）~式（4）］。研究结果表明，在混凝土中配筋，其起裂断裂韧度与失稳断裂韧度分别可以提高 8.6%、15%；钢筋混凝土试件的起裂韧度与失稳韧度的比值要比素混凝土试件的比值小，表明在混凝土试件中加入钢筋后可以提高结构的延性；钢筋混凝土试件的初始缝长与临界有效缝长的比值为 0.65~0.88，钢筋混凝土三点弯曲梁断裂韧度与初始缝高比无关。

（1）标准钢筋三点弯曲梁的起裂断裂韧度 K_{IC}^{ini} 按下式计算。

$$K_{IF}^{ini}=\frac{1.5(F_{ini}+\frac{mg}{2}\times10^{-3})\times10^{-3}\cdot S\cdot a_0^{1/2}}{th^2}f(\alpha) \qquad (5)$$

其中

$$f(\alpha)=\frac{1.99-\alpha(1-\alpha)(2.15-3.93\alpha+2.7\alpha^2)}{(1+2\alpha)(1-\alpha)^{3/2}}, \qquad \alpha=\frac{a_0}{h}$$

式中，K_{IF}^{ini} 为起裂断裂韧度，MPa·m$^{1/2}$；F_{ini} 为起裂荷载，kN。

（2）标准钢筋三点弯曲梁失稳断裂韧度 K_{IC}^{un} 按下式计算。

$$K_{IF}^{un} = \frac{1.5(F_{un} + \frac{mg}{2} \times 10^{-3}) \times 10^{-3} \cdot S \cdot a_c^{1/2}}{th^2} f(\alpha) \qquad (6)$$

其中

$$f(\alpha) = \frac{1.99 - \alpha(1-\alpha)(2.15 - 3.93\alpha + 2.7\alpha^2)}{(1+2\alpha)(1-\alpha)^{3/2}}, \qquad \alpha = \frac{a_c}{h}$$

式中，K_{IF}^{un} 为失稳断裂韧度；a_c 为有效裂缝长度；

其中，a_c 应按下式计算

$$a_c = \frac{2}{\pi} h \arctan(\frac{tEV_c}{\beta F_{max}} - \frac{\alpha}{\beta})^{1/2} \qquad (7)$$

式中，V_c 为裂缝临界张开位移；E 为计算弹性模量，与标准混凝土三点弯曲梁计算所用的弹性模量相一致；$\beta = \frac{S}{h}$。

（3）标准钢筋混凝土三点弯曲梁起裂时钢筋产生的应力强度因子为

$$K_{IS}^{ini} = \frac{2F_s^{ini}/t}{\sqrt{\pi a_0}} F\left(\frac{c}{a_0}, \frac{a_0}{h}\right) \qquad (8)$$

$$F(\eta, \zeta) = \frac{3.52(1-\eta)}{(1-\zeta)^{3/2}} - \frac{4.35 - 5.28\eta}{(1-\zeta)^{1/2}} + \left[\frac{1.30 - 0.30\eta^{3/2}}{(1-\eta^2)^{1/2}} + 0.83 - 1.76\eta\right] \times \left[1 - (1-\eta)\zeta\right]$$

$$(9)$$

式中，$\eta = \frac{c}{a_0}$，$\zeta = \frac{a_0}{h}$，F_s^{ini} 是标准钢筋混凝土三点弯曲梁开始起裂时所对应的钢筋作用力，c 为钢筋中心距试件底边的距离。由于钢筋的作用力对裂缝起闭合作用，因此 K_{IS}^{ini} 为负值。

（4）标准钢筋混凝土三点弯曲梁失稳时钢筋产生的应力强度因子为

$$K_{IS}^{un} = \frac{2F_s^{un}/t}{\sqrt{\pi a_c}} F\left(\frac{c}{a_c}, \frac{a_c}{h}\right) \qquad (10)$$

$$F(\eta, \zeta) = \frac{3.52(1-\eta)}{(1-\zeta)^{3/2}} - \frac{4.35 - 5.28\eta}{(1-\zeta)^{1/2}} + \left[\frac{1.30 - 0.30\eta^{3/2}}{(1-\eta^2)^{1/2}} + 0.83 - 1.76\eta\right] \times \left[1 - (1-\eta)\zeta\right]$$

$$(11)$$

式中，$\eta = \frac{c}{a_c}$，$\zeta = \frac{a_c}{h}$，F_s^{un} 为标准钢筋混凝土三点弯曲梁失稳时所对应的钢

筋作用力，a_c 为有效裂缝长度。

2.4 非标准钢筋混凝土三点弯曲梁损伤断裂

基于标准钢筋混凝土三点弯曲梁断裂特性，以双 K 断裂理论为基础，推导了非标准钢筋混凝土三点弯曲梁断裂参数计算公式 [式（5）、式（6）]，开展了非标准钢筋混凝土三点弯曲梁断裂试验，研究了其断裂参数变化规律。结果表明，非标准钢筋混凝土三点弯曲梁试件荷载值随试件高度的增加逐渐增大，而亚临界扩展相对值随试件高度变化可认为是一个常数，非标准钢筋混凝土三点弯曲梁断裂韧度、起裂断裂韧度和失稳断裂韧度都不随试件高度的变化而变化，均可认为是一个常数。

$$K_{RS}^{ini} = \frac{2F_{RS}^{ini}/t}{\sqrt{\pi a_0}} F\left(\frac{c}{a_0}, \frac{a_0}{h}\right) \tag{12}$$

$$K_{RS}^{un} = -\frac{2F_{RS}^{un}/t}{\sqrt{\pi a_c}} F_2\left(\frac{c}{a_c}, \frac{a_c}{h}\right) \tag{13}$$

式中，F_{RS}^{ini} 为非标准钢筋混凝土三点弯曲梁起裂时刻所对应的钢筋应力，kN；F_{RS}^{un} 为非标准钢筋混凝土三点弯曲梁失稳时刻所对应的钢筋应力，kN；F_{RS}^{un}、F_{RS}^{un} 分别为非标准钢筋混凝土三点弯曲梁起裂韧度与失稳韧度，$F\left(\frac{c}{a_0} - \frac{a_0}{h}\right)$ 与 $F\left(\frac{c}{a_0}, \frac{a_c}{h}\right)$ 计算式与上同。

2.5 双裂缝混凝土三点弯曲梁损伤断裂

开展了不同缝间距双裂缝混凝土三点弯曲梁试件断裂试验，对其进行边缝和跨中裂缝的全过程断裂试验，分析扩展特性（安康和胡少伟，2014）。结果表明，随着缝间跨比值的增加，混凝土承受的外荷载逐渐降低，混凝土试件起裂荷载逐渐增高。通过分析双裂缝试件的断裂特性，推导了跨中裂缝起裂和失稳荷载的计算公式 [式（7）]，从而得到了混凝土试件的起裂韧度和失稳韧度，计算结果表明双裂缝混凝土三点弯曲梁的断裂韧度不受双缝间距的影响。

$$K_{IC}^{ini} = \frac{1.5P_1 \times 10^{-3} \cdot S \cdot a_0^{1/2}}{th^2} f(\alpha) \tag{14}$$

式中，$P_1 = P_{ini} - P_2$，$\alpha = \dfrac{a_0}{h}$

式中，$P_{ini} = F_{ini} + \dfrac{mg}{2} \times 10^{-3}$，$P_2 = \dfrac{CMOD_b tES}{24(S-2b)aF_j(\alpha)}$

$$F_1(\alpha) = 0.76 - 2.28\alpha + 3.87\alpha^2 - 24\alpha^3 + \dfrac{0.66}{(1-\alpha)^2} \tag{15}$$

式中，F_{ini} 为起裂荷载，kN；$CMOD_b$ 为边裂缝张口位移；S 为试件跨度；b 为双缝间距；E 为计算弹性模量，与标准混凝土三点弯曲梁计算所用的弹性模量相一致，其他参数与上面公示一致。

2.6 标准混凝土楔入劈拉损伤断裂

研究初始缝高比、强度等级对混凝土楔入劈拉试件断裂性能的影响（胡少伟等，2015）。结果表明，起裂断裂韧度不受初始缝高比的影响，失稳断裂韧度随缝高比的减少有所增大，当缝高比大于 0.5 时趋于稳定，强度等级对混凝土断裂韧度具有一定影响，具体表现为断裂韧度随着强度等级的增大而增大。

2.7 非标准混凝土楔入劈拉损伤断裂

开展了非标准混凝土楔入劈拉损伤断裂试验，推导了非标准楔入劈拉断裂参数计算公式（胡少伟和谢建锋，2015）。设计了一套新型楔入劈拉加载试验装置，以完成对不同尺寸试件的加载测试，并申请了国家发明专利（图 1）。基于不同尺寸楔入劈拉断裂试验，采用应力强度因子叠加原理，推导了有效裂缝长度和双 K 断裂韧度的计算公式（胡少伟和谢建锋，2014，2015），如式（16）所示，分析指出混凝土设计截面高度在 200～700mm 时，起裂断裂韧度值基本保持稳定，而失稳断裂韧度在截面高度大于 500mm 时才没有明显的尺寸效应。

$$K_{IC} = \dfrac{p}{tD^{1/2}} F(\alpha) \tag{16}$$

式中，$f(\alpha) = \dfrac{3.675 \times [1 - 0.12(\alpha - 0.45)]}{(1-\alpha)^{3/2}}$，$\alpha = \dfrac{a_0}{h}$；$P$ 为水平荷载，可按下式计算

$$P = \frac{F + mg \times 10^{-3}}{2\tan 15°} \qquad (17)$$

式中，F 为试验过程中采集到的起裂竖向荷载；mg 为楔形加载架的重量。

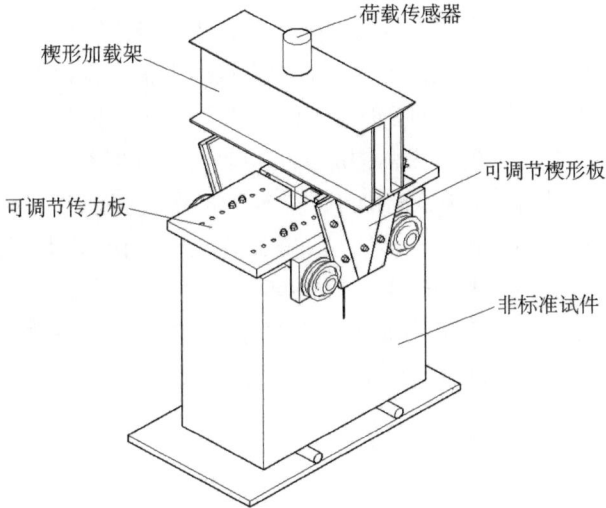

图1　新型加载装置

2.8　混凝土Ⅱ型损伤断裂

通过半边对称加载试件的Ⅱ型断裂试验，分析了裂缝扩展轨迹、断面形态、荷载-应变曲线和荷载-裂缝尖端滑移位移曲线，得到了半边对称加载法下裂缝沿着预制缝方向开裂扩展，Ⅱ型断裂韧度变化范围为 2.0～3.5MPa·m$^{1/2}$；对于半边对称加载试件，Ⅱ型断裂韧度与初始缝高比无关，但随着试件长度的增大而增大，随着试件高度的增大而减小；得出了半边对称加载法下裂缝的扩展是由剪应力引起，试件发生剪切破坏（胡少伟和胡亮，2014a）。

开展了四点剪切梁试件的Ⅱ型断裂试验，分析了裂缝扩展轨迹、荷载-应变曲线和荷载-裂缝尖端滑移位移曲线，得到了四点剪切梁的裂缝沿着预制缝尖端到近加载点处扩展贯穿试件，Ⅱ型断裂韧度变化范围为 0.48～1.50MPa·m$^{1/2}$。对于四点剪切梁，Ⅱ型断裂韧度与试件的几何尺寸无关，随着近加载点距预制缝距离的缩短而增加，四点剪切法下裂缝的起裂原因与加载点位置有关，裂缝的扩展由最大主应力引起，试件发生复合型破坏（胡少伟，2014b）。

3 混凝土动态损伤断裂研究进展

3.1 不同应变率混凝土动态损伤断裂

为了解动荷载作用下混凝土结构响应特点，探讨轴向拉伸作用下混凝土静动态力学性能关系，本文作者带领团队，对 500 多根混凝土试件进行动态拉伸试验，分析了 7 种不同应变速率条件下混凝土试件应力-应变关系曲线、轴拉强度、弹性模量、峰值应变的变化规律。研究结果表明（范向前等，2014a）：随着应变速率的增大，混凝土的单轴抗拉强度明显提高。以应变速率 5×10^{-5}/s 时的抗拉强度 3.510MPa 为准静态抗拉强度时，应变速率达到 1×10^{-4}/s、1×10^{-3}/s、1×10^{-2}/s、1×10^{-1}/s、0.5×10^{0}/s、1×10^{0}/s 时，混凝土的抗拉强度值分别提高了 3.61%、6.61%、19.89%、24.16%、35.04% 和 39.25%。混凝土动态弹性模量、峰值应力处应变值均随着应变速率的增加而增加，且增长因子均与动静态应变速率比值的对数呈线性关系。

3.2 不同初始静载混凝土动态损伤断裂

一些试验研究了荷载历史对混凝土静态强度特性的影响。逯静洲等（2002）对立方体混凝土试件进行试验：首先让试件经历常规三轴受压荷载历史，然后测量其抗压、劈拉强度的劣化性能。结果表明，经历荷载历史后，混凝土的损伤程度有一定发展。林皋等（2001a）用楔入劈拉试验对混凝土试块施加频率为 10Hz 高频预加拉伸荷载，测出荷载-位移全过程曲线，通过与未承受加载历史的混凝土准静态断裂参数比较，发现当预加拉伸荷载值超过某一特定值后，混凝土的抗裂能力显著降低，从而认为混凝土的断裂参数不是独立于加载历史的物理量。Ballatore 和 Bocco（1997）对圆柱体试件先进行 30min 到 2h 不等的低幅度、频率 1Hz 的预加动态循环荷载，然后量测其静态的抗压强度，发现强度增加 10%～15% 不等，变形能力减小 86% 或 22%（降低程度依赖于混凝土的类型）。这些研究工作只考虑了荷载历史对混凝土静态强度和变形性能的影响，而没有涉及混凝土在动态荷载下的力学性能。Kaplan（1980）在研究中考虑了初始静态荷载对混凝土动态抗压性能的影响。

3.3 不同初始损伤混凝土动态损伤断裂

实际工程结构中，混凝土结构往往会遭到循环荷载的破坏作用，经过循环荷载之后，混凝土的力学性能与单调加载的情况将有很大不同，具体变化规律如何，需要开展相关研究。相关学者针对混凝土材料在拟静态加卸载条件下的力学性能，已经开展比较多的研究工作。在实际工作中，作用于混凝土结构的方式既区别于这些基于拟静态的加卸载，又区别于常规的疲劳荷载，多数为遭受不同初始损伤之后的动态破坏现象。因此，在充分考虑混凝土结构实际荷载响应特点的基础上，研究混凝土的力学性能具有重要工程意义。

对于大坝等重要混凝土建筑物，混凝土大坝主要表现为受拉出现裂缝，发生应力重分布，使大坝的承载能力降低（林皋和陈健云，2001b）。到目前为止，尚没有发现有考虑动态循环损伤之后，混凝土动态轴向拉伸力学性能的文献，有必要对其进行相关研究。

3.4 不同初始裂缝混凝土动态损伤断裂

由于混凝土材料在水泥砂浆和骨料的结合面上会产生应力集中也会引起开裂（于骁中和居襄，1983）。由于现有断裂试验中如三点弯曲梁试件自重对试件搬运以及断裂参数真实性的影响、紧凑拉伸试件对试验机刚度以及对中方面要求较高的问题、楔入劈拉试件可能在裂缝尖端存在的附加应力对断裂参数计算的影响以及楔入式紧凑拉伸试件加载装置复杂等，众多学者在断裂试验的试件形式上的创新和探索并没有停止。近年来有学者提出将中央带缺口的立方体试件用于模拟混凝土 I 型断裂行为（Ince，2010，2012），纵观以往的研究成果，可以看到这种试件在形式上具有试件小、轻便、不易损伤、可钻芯取样等特点；在试验方法上具有操作简捷、对试验机刚度要求较低，且可参照立方体劈拉强度测试标准方法加载等特点；在断裂参数测定上，可忽略试件自重的影响，计算公式简易便于工程使用等众多优点，且得到的断裂参数稳定可靠。

目前，由于动态加载下的混凝土断裂性能的研究还不够成熟，而对于双 K 断裂理论体系（Xu and Reinhardt，1998），以往不论是试验研究还是理论分析几乎全部集中在准静态加载条件下开展（荣华等，2012；陆俊和胡少伟，2012），所测定的混凝土断裂韧度指标也仅仅反映准静态下混凝土材料裂缝的抵制能力（Fan 2013；Hu and Hu，2014），鲜有针对动态荷载作用下对双 K 断裂韧度参数的研究。

4 基于XFEM的混凝土动态损伤断裂研究

混凝土裂缝静态扩展过程模拟是动载下裂缝扩展模拟的基础，通过断裂韧度、断裂能等将试验数据应用于扩展有限元模拟，开发以双 *K* 断裂准则为开裂模拟准则的数值模拟子程序，利用动态数值模拟数据研究建立动态荷载作用下考虑率相关性的混凝土本构模型，进行动载下混凝土裂缝扩展过程模拟研究（胡少伟和鲁文研，2014）：

（1）针对裂缝扩展模拟的需要，研究了应用相互作用积分进行应力强度因子求解的方法，对 ABAQUS 中求解应力强度因子的 J 积分和相互作用积分进行了研究与推导。

（2）利用黏性片段法和 LEFM 方法，分别模拟了三点弯曲梁的破坏过程，研究了初始缝高比等对断裂参数的影响规律，对比其计算结果与试验结果，验证了该方法的计算精确性。

（3）采用扩展有限元法（XFEM）对含裂缝混凝土动态拉伸进行了断裂数值分析，研究了裂纹的扩展对混凝土梁应力、位移的影响，初步研究了动态拉伸试验中裂纹的扩展规律。

（4）针对混凝土裂缝面之间的滑动，利用 ABAQUS 提供的二次开发的平台，将与速度相关的摩擦本构定律和三维 XFEM 方法相融合，开发了与速度相关的非线性动接触本构模型，形成考虑速度因素的扩展有限元方法，以便更为合理的模拟混凝土动态断裂尤其是速度较大时压剪裂纹的扩展。图 2 为应用本文开发的子程序以后，滑块接触面上剪应力与滑动速度、滑动位移呈近似抛物线形，很好地反映了剪应力与二者之间非线性关系，这对于更好地模拟相互运动间物体的接触滑移。

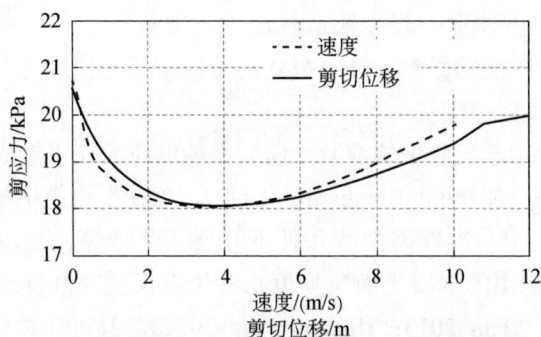

图2 剪应力与滑动速度、剪切位移关系曲线

（5）研究了采用 XFEM 进行动态断裂分析的基本原理，动态应力强度因子的求解。并将开发的与速度相关的非线性动接触模型应用实例，采用 XFEM 对经典试验模型 Koyna 重力坝进行了动态开裂模拟，分析了地震荷载

下接触面之间的滑移和变形特性，研究了裂缝扩展路径的变化规律，对比其计算结果与实验结果，验证了该方法模拟重力坝裂纹开展的可行性与准确性，同时展示了其在断裂力学中的具体应用特点及独特优势。

5　混凝土动态断裂韧度与声发射特性关系研究进展

通过试验提取出混凝土断裂过程中更准确的声发射特征信号，同时研究混凝土动态断裂韧度的率相关性。

式中，K_I^d 为材料的动态断裂韧度；D 为材料强度的动力放大系数；K_I 为材料的静态断裂韧度；k_I^d 反映了试件尺寸、裂缝种类、材料性能、设备性能及试验条件及动态应力强度因子等因素声发射信号系数，可由试验获取。$M(v)$ 为动力因子系数，是裂纹扩展速率(损伤扩展率)$\mathrm{d}D/\mathrm{d}t$ 及荷载形式的函数：

$$M(v) = \frac{1}{2\pi i}\int_{c-i\infty}^{c+i\infty} f^*(F)\phi_1^*(1,F)e^{iF}\,\mathrm{d}F \tag{18}$$

式中，$f^*(F)$ 为外荷载的拉普拉斯变换；$\phi_1^*(1,F)$ 为第一类 Fredhelm 积分方程的解；$\mathrm{d}D/\mathrm{d}t = k_I \cdot \mathrm{d}\varphi/\mathrm{d}t$。

（1）通过研究声发射信号参量与动态荷载下裂缝扩展率的关系（胡少伟等，2012），得到了动静态断裂韧度的转化关系，见式(19)、式(20)。根据混凝土材料断裂过程中的声发射特征，通过声发射检测来建立混凝土断裂临界状态的声发射识别特征及建立混凝土断裂的声发射判据，见式(21)。

$$K_I^d = DK_I \tag{19}$$

$$D = 1\bigg/ M\left(K_I^d \frac{\mathrm{d}\varphi}{\mathrm{d}t}\right) = 1\bigg/\left[K_I^d \cdot M\left(\frac{\mathrm{d}\varphi}{\mathrm{d}t}\right)\right] \tag{20}$$

$$\begin{cases} \{S_{AE}\} < \{S_{AEC}\}, & \text{裂缝未开裂} \\ \{S_{AE}\} = \{S_{AEC}\}, & \text{裂缝处于开裂临界状态} \\ \{S_{AE}\} > \{S_{AEC}\}, & \text{裂缝已开裂} \end{cases} \tag{21}$$

式中，$\{S_{AE}\}$ 表示某一声发射特征参量的集合，用 $\{S_{AEC}\}$ 表示临界状态下某一声发射特征参量的识别值，则可得到材料断裂的声发射判据。

（2）分析了混凝土三点弯曲梁试件裂缝扩展发生偏移和钢筋混凝土三点弯曲梁破坏荷载循环增减等特殊试验现象存在的客观性（范向前等，2014b）。说明预制裂缝尖端粗骨料的存在，致使裂缝并非沿着预制裂缝直接向前扩展，而是出现绕道扩展的情况；配筋率过大时，钢筋混凝土三点弯曲梁试件的破坏荷载值将维持在钢筋极限屈服强度附近，循环变化。

（3）开展带初始损伤的混凝土单轴循环拉伸声发射试验，提取混凝土在损伤断裂过程中更准确的声发射特征信号参量及典型波形，并建立有效声发射的判别标准；建立 Felicity 比与混凝土循环加载应力水平之间的关系（式 12），找出单轴循环拉伸状态下，混凝土声发射记忆性的应力水平上、下限。

$$FR_i = \frac{\sigma_{i+1}}{\sigma_i} = \frac{\dfrac{F_{i+1}}{A}}{\dfrac{F_i}{A}} = \frac{F_{i+1}}{F_i} \tag{22}$$

式中，FR 为费利西蒂（Felicity）比；σ_{i+1} 第 $i+1$ 步应力，σ_i 第 i 步应力；F_{i+1} 为第 $i+1$ 步荷载；F_i 为第 i 步荷载；A 为截面面积。

（4）基于参数估计的多参数融合技术，建立集中反映了试件尺寸、裂缝种类、材料性能、设备性能、试验条件及应力强度因子等因素的 α_1 关系函数（胡少伟等，2011），给出混凝土损伤扩展率与声发射率之间的耦合关系，提出混凝土单轴拉伸状态下的声发射损伤模式；基于声发射损伤模式，通过监测和分析已有混凝土结构的声发射信号特征，利用声发射记忆性判断混凝土结构历史前期所受的最高应变水平和损伤程度，进而推断其应力、应变乃至损伤的演变进程。

6 拟进一步开展的研究工作

针对混凝土断裂理论及混凝土的裂缝诊断均存在强烈的非线性，存在复杂的断裂机理，需要进一步开展"尺寸效应"对断裂韧度的影响、混凝土强度和本构关系对 K_R 阻力曲线的影响；复合型裂缝的断裂韧度研究；混凝土断裂过程中"起裂时刻如何准确获取"等科学问题研究。

目前对声发射参数与混凝土断裂参数之间的关系研究较少；声发射信号本身参数较多，如何正确的选择其中一个或多个参数与混凝土断裂中的参数建立耦合关系，进而建立判别准则等科学问题尚未得到解决。在用声发射信号确定混凝土断裂韧度试验中的起裂点时，如何找到最佳的试件形式和最佳缝高比才能消除试件尺寸和外界噪声的影响，这方面需要进一步研究。

由于混凝土动态断裂韧度受试验方法和手段的限制，混凝土断裂韧度在动态荷载作用下是否是率相关，是混凝土断裂韧度至今未解决的问题。通过研究不同加载速率下声发射信号特征，摸清应变率与裂缝张口位移的关系，验证静动态断裂韧度转换方程的正确性，并验证断裂韧度在动态荷载下同样可以作为裂缝扩展稳定性的重要依据，且只与材料本身相关，是团队下一步研究的重点任务。

为进一步揭示混凝土结构性能劣化与微结构演变的定量关系，需要进行模拟酸雨、海水、干湿循环、荷载及多因素相互耦合条件下混凝土结构的静动态损伤断裂性能测试试验研究。通过对应力场、温度场、化学场及材料因素等不同方式耦合情况的试验研究，得到静动态加载与不同环境、材料因素耦合的混凝土静动态损伤断裂性能，在此基础上总结分析不同损伤因素耦合作用下混凝土的静动态损伤断裂过程、规律和特点，探索动态荷载作用下混凝土从微结构到宏观断裂随时间的正负效应交错及演变机理。建立声发射事件数与损伤断裂力学参数的理论关系，识别出混凝土断裂临界状态的声发射信号特征，实现多场耦合条件下混凝土试件动态损伤断裂参数的准确测试与精确计算，为混凝土静动态损伤断裂状态及结构的寿命预测提供理论判据。

致谢：本论文是团队十年多的研究成果基本介绍，研究得到了国家杰出青年科学基金(51325904)，国家自然科学基金(50879048、51279111、51309163、51409162)；国家科技支撑计划课题（2009BAK56B04)；水利部公益性行业科研专项(201201038、201501036)；水利部前期重大项目（S409001)；江苏省自然科学基金资助项目(BK20140081)；中央级公益科研院所基本科研业务费专项资金(Y409006、Y410001、Yy410001、Y413003、Y415005、Y415007)等项目的资助。

参考文献

安康，胡少伟.2014.双裂缝混凝土试件断裂过程试验研究.低温建筑技术，36(2):5-8.

范向前，胡少伟，陆俊.2012a. 三点弯曲梁法研究试件宽度对混凝土断裂参数的影响.水利学报，43(S1): 85-90.

范向前，胡少伟，陆俊.2012b.非标准混凝土三点弯曲梁双 K 断裂特性试验研究.建筑结构学报，33 (10):152-157.

范向前，胡少伟，陆俊，等.2014a.混凝土静动态轴向拉伸力学性能.硅酸盐学报，(11):1349-1354.

范向前，胡少伟，陆俊，等.2014b.基于声发射信号表征混凝土断裂过程的异常现象.水利水运工程学报，(3):26-31.

胡少伟，米正祥. 2013.标准钢筋混凝土三点弯曲梁双 K 断裂特性试验研究.建筑结构学报，34 (3): 152-157.

胡少伟，胡亮.2014a.混凝土Ⅱ型断裂韧度尺寸效应的试验研究.水利学报，45(S1):97-103.

胡少伟，胡亮.2014b.混凝土试件四点加载剪切断裂试验研究.长江科学院院报，31(9):99-104.

胡少伟，鲁文妍. 2014.基于 XFEM 的混凝土三点弯曲梁开裂数值模拟研究. 华北水利水电大学学报(自然科学版)，35(4):48-51.

胡少伟，谢建锋.2014.不同尺寸楔入劈拉试件双 K 断裂试验研究与理论分析.华北水利水电大学学报，35(4):43-47.

胡少伟，谢建锋.2015.非标准楔入劈拉试件断裂参数试验研究与尺寸效应分析.水电能源科学，33(5):105-108.

胡少伟，陆俊，范向前，等.2011.混凝土断裂试验中的声发射特性研究.水力发电学报，30(6): 16-19.

胡少伟，范向前，陆俊.2012.强度等级对混凝土双 K 断裂参数的影响.水电能源科学，30(9):77-81.

胡少伟，米正祥，范向前，等.2013.钢筋混凝土三点弯曲梁断裂韧度计算模型.长江科学院院报，30 (3): 66-70.

胡少伟，谢建锋，喻江.2015.不同初始缝高比楔入劈拉试件双 K 断裂试验研究.长江科学院院报，32 (2):114-118.

林皋，陈健云.2001.混凝土大坝的抗震安全评价.水利学报，32(2):8-15.

陆俊，胡少伟.2012.碾压混凝土断裂试验分析与静动态断裂韧度关系研究.中国科学：物理学力学天文学，42(9): 948-955.

逯静洲，林皋，肖诗云，等.2002.混凝土经历三向受压荷载历史后强度劣化及超声波探伤方法的研究.工程力学，19(5):52-57.

荣华,董伟,吴智敏,等. 2012. 大初始缝高比混凝土试件双 K 断裂参数的试验研究.工程力学,(01):162-167.

于骁中，居襄. 1983.混凝土的强度和破坏. 水利学报，(2):24-38.

Ballatore E, Bocco P. 1997. Variations in the mechanical properties of concrete subjected to low cyclic loads. Cement and Concrete Research, 27(3): 453-462.

Fan X Q, Hu S W. 2013. Influence of crack initiation length upon fracture parameter of high strength reinforced concrete. Applied Clay Science，79(6):25-29.

Hu S W，Lu J.2012. Tests and simulation analysis on fracture performance of concrete. Journal of Wuhan University of Technology：Material Science Edition，27(5):872-881.

Hu S W，Hu L. 2014. Specimen size effects on mode Ⅱ fracture toughness of concrete. Materials Research Innovations，18(S2):33-37.

Ince R. 2010.Determination of concrete fracture parameters based on two-parameter and size effect models using split-tension cubes. Engineering Fracture Mechanics，77(12):2233-2250.

Ince R. 2012. Determination of the fracture parameter of the Double-K model using weight functions of split-tension specimens. Engineering Fracture Mechanics，96(12): 416-432.

Kaplan S A.1980. Factors affecting the relationship between rate of loading and measured compressive strength of concrete. Magazine of Concrete Research, 32(111)：79-88 .

Xu S L，Reinhardt H W.1998. Determination of Double-K criterion for crack propagation in quasi-brittle materials，part I : experimental investigation of crack propagation. International Journal of Fracture，98(2):111-149.

采用现场浇筑试件研究大坝混凝土的真实断裂性能

李庆斌[1]，管俊峰[1, 2, 3]，吴智敏[3]

（1.清华大学水沙科学与水利水电工程国家重点实验室，北京 100084；2.华北水利水电大学土木与交通学院，郑州 450045；3.大连理工大学海岸与近海工程国家重点实验室，大连 116024）

摘　要：本文提出了利用大坝施工现场拌合楼生产的混凝土拌合物，浇筑大坝混凝土试件，试验确定大坝混凝土真实断裂性能的方法与实施步骤。在不同季节现场浇注成型多组楔入劈拉试件，并进行断裂试验，得到了大坝混凝土的相关断裂参数（断裂能 G_F、等效断裂韧度 K_{elc}、临界裂缝尖端张开口位移 $CTOD_c$ 等）。分析了龄期、试件尺寸、骨料级配等变化对大坝混凝土断裂参数的影响规律。确定了大坝混凝土断裂参数的尺寸效应变化规律，建立了大坝混凝土断裂参数与成熟度的定量关系，给出了大坝混凝土与湿筛混凝土断裂参数的换算关系。研究成果为正确评价大坝开裂风险和已有裂缝的扩展风险提供了科学判据。

关键词：大坝混凝土；现场浇筑；断裂性能；尺寸效应；成熟度

Research on True Fracture Behavior of dam concrete by site-casting specimens

Qingbin Li[1]，Junfeng Guan[1, 2, 3]，Zhimin Wu[3]

（1. State Key Laboratory of Hydroscience and Engineering，Tsinghua University，Beijing 100084；2.North China University of Water Resources and Electric Power，Zhengzhou 450045；3. State Key Laboratory of Coastal and Offshore Engineering，Dalian University of Technology，Dalian 116024）

Abstract: In this paper，a testing method for determining the true fracture properties of

---

通信作者：李庆斌（1964—），E-mail: qingbinli@tsinghua.edu.cn。

dam concrete was proposed via the specimens poured directly from the constructing dam site. Wedge-splitting specimens were cast in different seasons by concrete mixing tower systems of an actual dam，which is called site-casting dam concrete.The fracture parameters of site-casting dam concrete，including fracture energy（G_F）, effective fracture toughness（K_{elc}）, and critical crack tip opening displacement（$CTOD_c$）, were obtained through fracture experiment.The effects of age，specimen size and aggregate size on the fracture parameters were analyzed. The size effect of dam concrete was investigated.Quantitative relationship between fracture parameters and equivalent maturity of dam concrete was obtained. The calculating formulas for the fracture parameters of large dam concrete specimens are derived from that of small sieved concrete specimens. The results may provide scientific criterion for the cracking-riskevaluation and fracture stability analysis of a crack in dam concrete.

Key Words:dam concrete; site-casting; fracture behavior; size effect; maturity

1 研究背景

在我国西南部，已建、在建和待建有多座 300m 级特高混凝土拱坝，其工程规模与施工难度、问题的复杂性，都位列世界前茅（管俊峰等，2013；林鹏等，2013；李庆斌和林鹏，2014）。特高拱坝浇注一般都采用全级配大坝混凝土。所谓"全级配大坝混凝土"，是用来修建混凝土拱坝的专用混凝土，其组成按粗骨料粒径大小可分为四个连续级配，即 5～20mm，20～40mm，40～80mm，80～150mm。由于大坝混凝土自身抗拉强度低，当混凝土保温养护不到位、施工间歇期过长、混凝土遭遇寒潮等，大坝混凝土极易产生裂缝。裂缝的产生及扩展会对特高拱坝的工作性能带来诸多不利乃至恶劣影响。而研究混凝土自身的断裂性能，是分析评判混凝土裂缝问题的重要依据。因此，准确确定大坝混凝土的真实断裂参数，是合理进行 300m 级特高拱坝开裂风险评判、裂缝稳定性分析的重要前提工作（管俊峰等，2014a，2014b，2014c；Li et al.，2015）。

大坝混凝土的骨料最大粒径 d_{max}=150mm，普通实验室不具备生产和浇筑大坝混凝土的能力，因此，普通实验室通常以湿筛混凝土的断裂测试指标来评价大坝混凝土的断裂性能（Deng et al.，2008）。但是，大坝混凝土内水泥砂浆及骨料含量与湿筛混凝土的比例不同。Li 等（2004）对无切口的等截面棱柱体大尺寸直接拉伸试件进行了试验研究，其中大坝混凝土试件尺寸为 450mm×450mm×900mm，湿筛混凝土试件尺寸为 150mm×150mm×

550mm。研究结果表明超过 40 天龄期后，大坝混凝土的断裂能大约为湿筛混凝土的 1.40～2.23 倍，大坝混凝土断裂能随龄期增加速率也高于湿筛混凝土。赵志方等（2007）针对我国三峡大坝的断裂参数进行了试验研究，试件龄期为 130 天左右。相反地，其由直接拉伸试验测得大坝混凝土的断裂能却小于湿筛混凝土，大小为其 0.69 倍。其采用三点弯曲梁试验，基于双 K 断裂模型（包括起裂韧度 K_{IC}^{ini} 和失稳韧度 K_{IC}^{un}），得到大坝混凝土的起裂韧度为湿筛混凝土的 1.14 倍，失稳韧度为湿筛混凝土的 1.19 倍。可见，大坝混凝土与湿筛混凝土的断裂特性存在差异。因此，湿筛混凝土测试得到的断裂指标不能真正代表和完全反映大坝混凝土的实际断裂性能。以往为能客观了解大坝混凝土的断裂特性，一般采用对大坝局部部位钻芯取样，对芯样进行断裂试验来评价。取芯试件形状一般为圆柱体，试件直径与长度都受限于较小范围。更为重要的是，取芯本身会对大坝会带来人为损伤。一些学者（Saouma et al.，1991；徐世烺等，2006；Zhao et al.,2008；Ghaemmaghami and Ghaeminan，2006）在实验室条件下浇筑成型试件来研究大坝混凝土的断裂特性。但是，实验室混凝土搅拌机的容量都小于现场拌合楼较多，其生产混凝土拌合物的代表性明显不如施工现场拌合楼。但是，实验室混凝土搅拌机的容量都小于现场拌合楼较多，其生产混凝土拌合物的代表性明显不如施工现场拌合楼。若成型较大体积与较多数量的断裂试件，只能按同一种配合比分批次搅拌浇注混凝土，使得成型的试件在整体均匀性上与一次成型的试件存在差别。实验室大骨料的投放与搅拌相对困难，实验室生产的混凝土中大骨料分布的随机性不如施工现场拌合楼。另外，实验室的养护条件与现场浇注混凝土的养护条件也存在差异。特高拱坝施工现场拌合楼生产的混凝土拌合物直接应用于大坝浇筑，则直接采用拌合楼生产的混凝土现场浇注成型断裂试件，可使其代表性、均匀性、骨料随机性等方面都与大坝浇筑混凝土相同。特高拱坝工地拌合楼最多可一次生产 18m³ 混凝土，这就保证了在现场浇注断裂试件时，一次浇注和成型所有试件成为可能。

现场浇注的大坝混凝土试件，可与大坝同条件浇注、成型、养护。通过试验得出不同龄期条件下大坝混凝土的断裂参数，不但可以为大坝的实时监控分析提供断裂试验数据，也可为数值仿真计算提供真实断裂参数。因此，若能在特高拱坝的浇注现场，利用来自施工现场拌合楼的浇注条件生产用于试验研究的大坝混凝土，不但能成型不同龄期的、较大尺寸与较多数量试件，更能准确反映特高拱坝的真实断裂性能。然而，目前基于构件层面上的大坝混凝土的断裂性能研究还较少进行，并且，骨料最大粒径 $d_{max}=150mm$ 的大坝混凝土的荷载-裂缝嘴张开口位移（P-CMOD）全过程曲线还未给出。更为重要的是，自特高拱坝施工现场拌合楼出料浇注成型试件的试验资料匮乏，还未见相关详细报道。

由此，本文在大坝施工现场浇注完成不同龄期和不同尺寸的多组大坝混凝土试件，系统研究了大坝混凝土真实断裂性能的演化规律。获得了大坝混凝土试件的荷载-裂缝嘴张开口位移（P-CMOD）全曲线和荷载-裂缝尖端张开口位移（P-CTOD）实测全曲线，计算得到相关断裂参数（断裂能、有效断裂韧度、临界裂缝尖端张开口位移等），研究了现场浇筑大坝混凝土断裂参数的尺寸效应规律，建立了大坝混凝土断裂参数与成熟度的定量关系，给出了大坝混凝土与湿筛混凝土断裂参数的换算式。

2 现场浇筑试件研究大坝混凝土的断裂特性

2.1 现场浇筑大坝混凝土断裂参数的确定

2.1.1 现场浇筑流程

试验研究所用试件在西南部某特高拱坝施工现场浇筑完成。试件模具由工地金属结构加工场与木材加工场生产加工。图 1 为采用现场浇注研究特高拱坝断裂性能的流程（管俊峰等，2014a）。

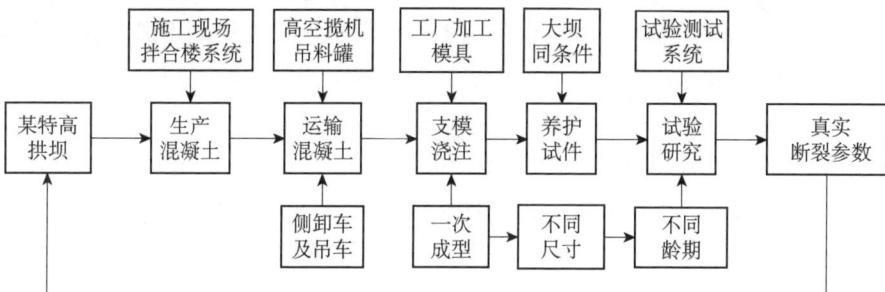

图1 采用现场浇筑获取大坝混凝土断裂参数的流程图

2.1.2 材料性能

试件浇筑时间选择为气温相差较大的夏季（2010 年 8 月 31 日）和冬季（2012 年 1 月 16 日）。2010 年夏季浇筑的大坝混凝土试件，在该拱坝下游的水垫塘进行支模，采用高空揽机吊运吊罐的方式运输拌合楼生产的大坝混凝土至支模现场（图 2）。2012 年冬季大坝混凝土在两岸边坡的 600m 高程施工平台进行支模，采用侧卸车运输拌合楼生产的大坝混凝土至支模现场。试件浇筑完毕后与大坝混凝土同条件自然养护，养护至相应龄期后，在实验室进行试验。

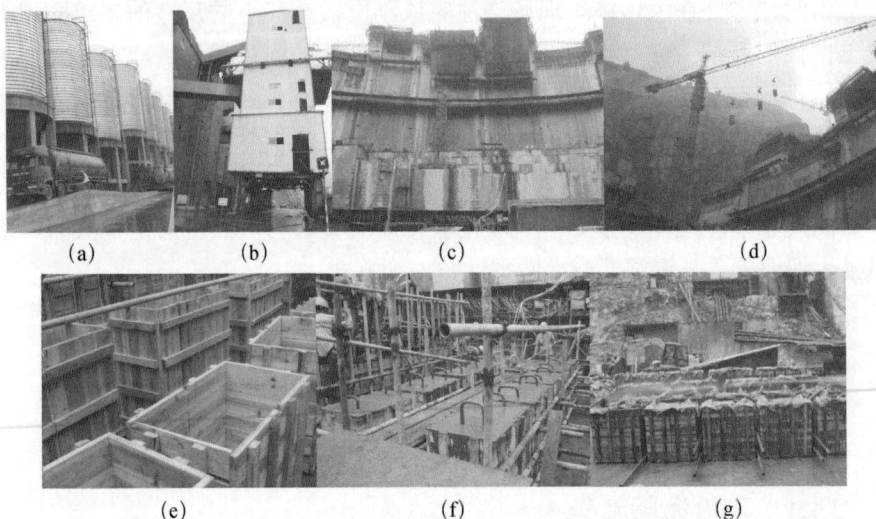

图2　现场浇筑与养护试件

（a）原料储罐；（b）拌合楼；（c）施工期大坝；（d）高空缆车；（e）木模；（f）浇筑；（g）养护

大坝混凝土配合比见表1，180天设计强度等级为 C40。水泥采用 PMH42.5中热硅酸盐水泥，粉煤灰为Ⅰ级粉煤灰，粗骨料采用斑状玄武岩碎石，细骨料为灰岩人工砂，用饮用水拌合。减水剂采用缓凝高效减水剂 JM-ⅡC；引气剂采用 ZB-1G。混凝土含气为5.0%～6.0%。

大坝混凝土试件的力学特性采用 450mm×450mm×450mm 的立方体伴随试块试块测得。抗压试验与弹性模量试验时对试块进行了减磨处理。实测夏季浇筑和冬季浇筑大坝混凝土试件的力学性能见表 2。

表1　大坝混凝土的配合比

设计强度等级	配合比参数				1m³ 材料用量/kg								
	水胶比	单位用水量/（kg/m³）	粉煤灰掺量/%	砂率/%	水泥	粉煤灰	人工砂	人工石子/mm				减水剂	引气剂
								5～20	20～40	40～80	80～150		
C₁₈₀40	0.41	81	35	25	129	69	571	377	427	599	498	1.188	0.0257

表2 大坝混凝土试件尺寸及材料力学性能

浇筑季节	试件编号	试件数量	试件有效高度 H/mm	试件宽度 W/mm	试件厚度 D/mm	初始缝长 a_0/mm	抗压强度 f_c/MPa	劈裂抗拉强度 f_t/MPa	弹性模量 E/GPa	试件龄期
夏季	S800-28	4	800	800	450	320	26.64	2.70	23.0	28
	S800-90	3	800	800	450	320	30.50	3.21	25.0	90
	S800-180	2	800	800	450	320				
	S1000-180	3	1000	1000	450	400	30.75	3.24	26.2	180
	S1200-180	3	1200	1200	450	480				
冬季	W800-28	3	800	800	450	320	19.39	1.89	19.0	28
	W800-90	3	800	800	450	320	26.19	2.32	22.7	90
	W800-180	3	800	800	450	320				
	W1000-180	3	1000	1000	450	400				
	W1200-180	3	1200	1200	450	480	29.37	3.04	26.1	180
	W1500-180	3	1500	1500	450	600				
	W2250-180	3	2250	2250	450	900				

2.1.3　试验试件

大坝混凝土楔入劈拉试件几何形状示意图见图 3。设计试件尺寸等相关信息见表 2。各试件水平力作用位置固定，即 W_1=65mm。试件尺寸满足 $W=H_1$。各试件的凹槽槽口尺寸固定，即 W_2=50mm，H_3=30mm。

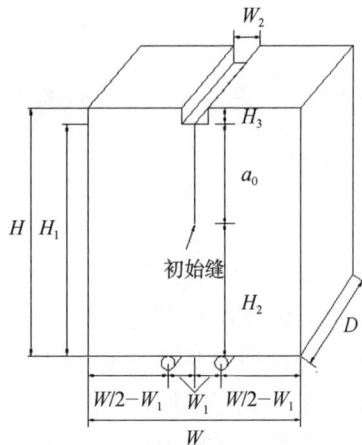

图3　楔入劈拉构件几何形状示意图

2.1.4　试验系统

大坝混凝土试件的试验在 10000 kN 微机控制液压伺服试验机上进行。由德国 IMC 数据采集系统记录全部数据。如图 4 所示，本文采用双线支撑形式，设计支座与夹具传到试件上的竖向荷载都位于固定的距试件中心 65mm 处。通过楔形加载块和传力板将较小的竖向外荷载 P 转化成较大的水平劈拉力 P_h，其转化关系为

$$P_h = \frac{p}{2\tan\theta} \tag{1}$$

式中，P 为竖向外荷载；P_h 为水平荷载；θ 为楔形角，本次试验中，取 $\theta = 15°$。

实际大坝混凝土试件加载如图 5 所示。

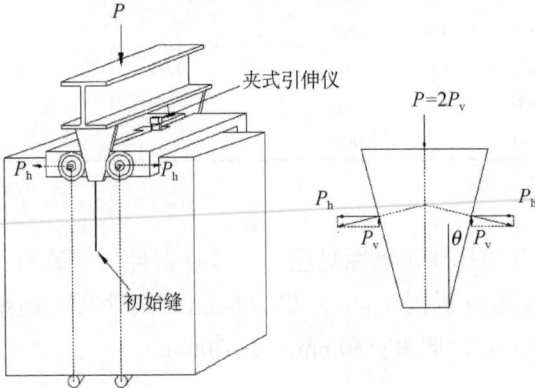

图4　试验加载受力示意图　　　　　图5　实际大坝混凝土试件试验图

2.1.5　断裂参数的确定

1. 断裂能 G_F

断裂能是表征混凝土断裂力学性能的重要参数。依据断裂能的不同确定方法，主要有基于断裂功概念，由荷载-位移全曲线包围面积确定的断裂能 G_F；或由拉伸软化曲线的初始切线段对应面积确定的断裂能 G_f（Karihaloo，1995）。Saouma 通过加卸载的方式得到骨料最大粒径 d_{max}=76mm 的大坝混凝土的荷载-裂缝嘴张开口位移 P-CMOD 曲线（Saouma et al.，1991），Ghaemmaghamit 和 Ghaemian 采用尺寸效应模型确定特定骨料最大粒径 d_{max}=65mm 的大坝混凝土的断裂能 G_f，但未给出 P-CMOD 全曲线（Ghaemmaghami and Ghaemian，2006）。Zhao 等在实验室条件下试验直接测得了骨料最大粒径 d_{max}=80mm，试件最大尺寸为 1000mm 的楔入劈拉试件的 P-CMOD 全曲线

（Zhao et al.，2008）。本试验测试得到的不同季节浇筑大坝混凝土的 P-CMOD 曲线见图 6。试验中，当荷载-裂缝嘴张开口位移 P-CMOD 曲线的下降段为水平变化时或达到峰值荷载后的 $5\%P_{max}$ 左右，停止加载。断裂能 G_F 可基于 P_h-CMOD 曲线，由式（2）得到。

$$G_F = \frac{W}{(D-a_0)B} \qquad (2)$$

式中，W 为 P_h-CMOD 曲线包围的面积；D 试件高度；a_0 为初始缝长；B 为试件厚度。

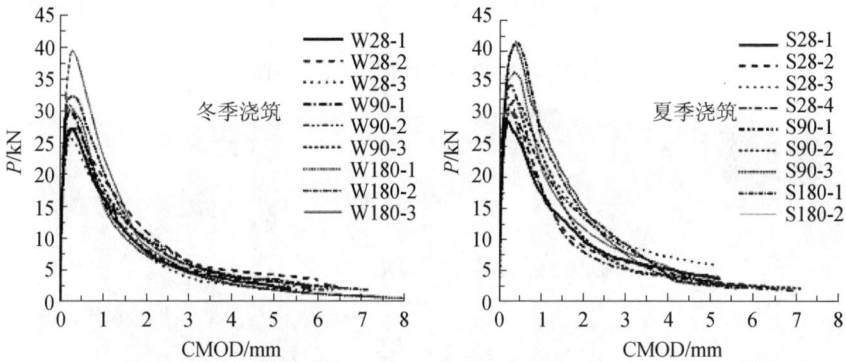

图6　实测不同季节浇筑大坝混凝土

采用现场浇注的方式，能够保证试件中大骨料分布的随机性与大坝混凝土一致。大骨料的随机分布使裂缝在试件中的发展表现出不同特征：若在裂缝尖端附近存在大骨料，则可有效地阻止裂缝的起裂。如图 7 所示，当预制裂缝扩展路径上没有大骨料分布时，裂缝近似按直线方向扩展；如图 8 所示，当预制裂缝的扩展路径上分布大骨料时，可改变裂缝的扩展路径使其绕骨料扩展，从而造成断裂参数偏大。例如，S1000 试件的裂缝扩展路径都绕骨料扩展，其断裂能数值最大，而相同龄期的 S1200 系列裂缝扩展路径相对较直，其断裂能都小于 S1000 系列。实测断裂性能随裂缝不同扩展型式表现出的一定离散性。

图7 S1200-180-1试件断裂破坏图

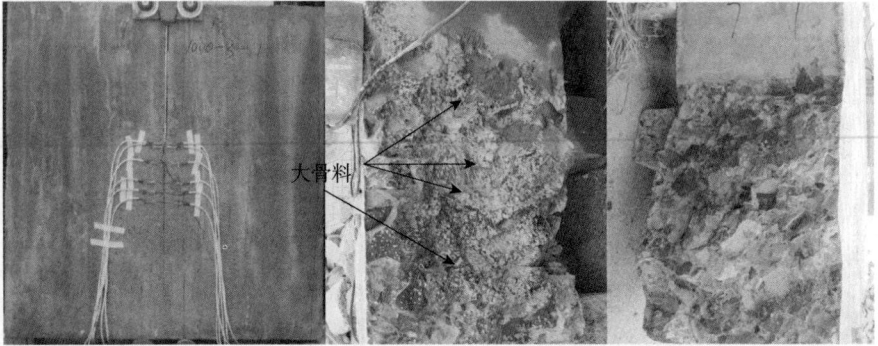

图8 S1000-180-1试件断裂破坏图

2. 等效断裂韧度 K_{eIc}

多种非线性断裂模型可用于确定混凝土的等效断裂韧度（Karihaloo，1995），目如双参数模型（Jenq and Shah，1985），有效裂缝模型（Karihaloo and Nallathambi，1990），尺寸效应模型（Bažant and Kazemi，1990），双 K 模型（Xu and Reinhardt，1999a）等。根据 Xu 和 Reinhardt（1999a）提出的线性渐近叠加假设，将一个完整的考虑非线性特征的断裂过程，采用线弹性方法加以描述，即非线性的断裂过程可简化为一系列线性叠加过程，从而可运用线弹性断裂力学相关公式。线性叠加假定考虑了卸载过程中的残余变形的影响，可通过实测 P-CMOD 曲线计算临界裂缝扩展长度 a_c。对于楔入劈拉试件，可采用下式计算（Xu and Reinhardt，1999b）：

$$a_c = D\left[1 - \sqrt{13.18 / \left(\dfrac{\text{CMOD}_c \cdot E \cdot B}{P_{h,\max}} + 9.16\right)}\right] \quad\quad （3）$$

式中，a_c 为临界裂缝扩展长度；CMOD_c 为临界裂缝口张开位移；$P_{h,\max}$ 为最大荷载；E 为弹性模量；B 为试件厚度；D 为试件高度。

将试验测得的 P-CMOD 曲线上的最大荷载 $P=P_{h,\max}$ 及对应的临界裂缝口张开位移 $\text{COD}=\text{CMOD}_c$ 代入式（3），即可解出临界裂缝扩展长度 a_c。

基于 a_c 值，本文各试件等效断裂韧度 K_{elc} 可由有限元法计算得到。为模拟裂缝尖端的应力奇异性，在裂缝尖端位置设置奇异点，裂缝尖端单元采用退化奇异单元。泊松比取为大坝混凝土材料试验实测值 0.18，混凝土密度取大坝混凝土材料试验实测值为 2663kg/m³。其他参数取值取本次试验实测值。应力条件假设为平面应力状态（Gopalaratnam and Ye，1991）。

3. 临界裂缝尖端张开口位移（CTOD_c）

Jenq 和 Shah（1985）提出的双参数模型中，将临界裂缝尖端张开口位移 CTOD_c 作为混凝土材料的断裂参数。CTOD_c 为达到峰值荷载 $P_{h,\max}$ 时的裂缝尖端张开位移值，可由实测 P-CTOD 曲线直接得出各试件的 CTOD_c 值。

2.2 断裂参数的尺寸效应

冬季浇筑的 180 天龄期不同尺寸的大坝混凝土试件的实测荷载-裂缝嘴张开口位移（P-CMOD）全曲线和荷载-裂缝尖端张开口位移（P-CTOD）全曲线见图 9。计算得到的断裂参数-断裂能 G_F、等效断裂韧度 K_{elc}、临界裂缝尖端张开口位移 CTOD_c 随试件尺寸的变化规律如图 10 所示。试验结果发现：当试件有效高度 H_1 增加到 1500mm 时，即试件的韧带高度 H_2 与骨料最大粒径 $d_{\max}$ 比值不小于 6.0 时，各断裂参数趋于稳定，即若确定无尺寸效应的大坝混凝土的真实断裂参数，最小试件尺寸须满足韧带高度不小于六倍骨料最大粒径。

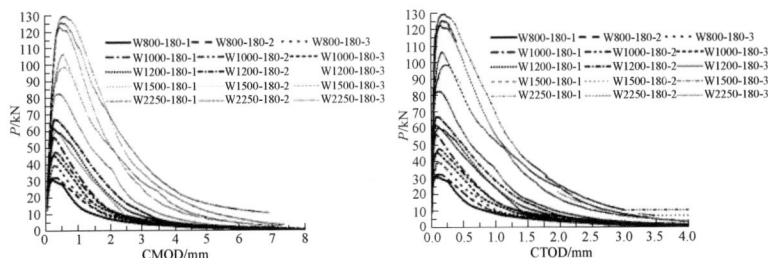

图9 实测不同尺寸试件的 P-CMOD 全曲线和 P-CTOD 全曲线

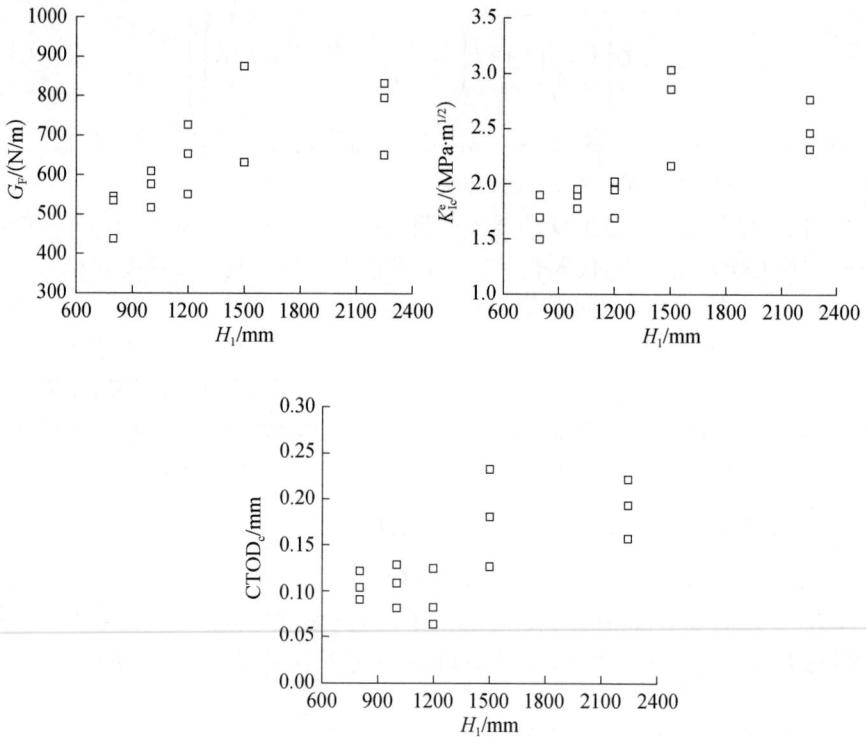

图10 大坝混凝土断裂参数随试件有效高度的变化规律

2.3 现场浇筑大坝混凝土断裂参数与等效成熟度关系的建立

不同时段浇筑的大坝混凝土处于不同的外界环境条件，即对应于不同的温度、龄期及养护条件。因此，确定现场浇筑大坝混凝土的真实断裂特性，须考虑外界环境条件不同对其影响。本文在研究大坝混凝土断裂特性时，认为大坝混凝土断裂参数受到温度与龄期两个参数的耦合作用的影响，即与混凝土强度随成熟度的变化规律相似，大坝混凝土断裂参数随成熟度的增加而增加。另外，考虑到试验所用大坝混凝土试件相对较薄，除试件浇筑完毕后短时间内因水化热升温，整个养护龄期内试件的内部温度受外界环境气温的影响较大（Bushlaibi and Alshamsi，2002；Ortiz et al.，2005；Nassif and Petrou，2013）。因此，本文未直接测量大坝混凝土试件在 28 天、90 天、180 天龄期时的温度或养护温度，这里取每天最高气温与最低气温的平均值作为试件每天温度的代表值。

本文考虑温度与龄期两因素对大坝混凝土断裂参数的影响比重，提出

"等效成熟度"的概念，认为在 28～180 天龄期范围内，温度变化对断裂性能的影响在浇筑后一段时间内较为显著，而超过一定时间后，其影响会趋于稳定；而时间变化对断裂性能的影响会一直存在，即认为断裂参数随龄期的增加而增加。等效成熟度的计算如下式：

$$M_e = \sum_0^t T_e \Delta t \tag{4}$$

式中，M_e 为等效成熟度，℃·d；T_e 为等效温度，℃；t 为历经时间，天；Δt 为养护龄期，天。

考虑到大坝混凝土 28 天龄期内的温度变化历程是对大坝混凝土性能影响较大的阶段，取对混凝土特性影响较大的 28 天龄期内的平均气温作为其等效浇筑温度，即认为 28 天内的平均气温是影响断裂参数的主要因素，这样取值还反映了养护条件对断裂参数的影响。并且认为在 28 天龄期后受气温影响较小，因此不考虑 28 天龄期后的气温影响。本文分析中，大坝混凝土 28 天龄期内的平均环境气温，夏季为 24.28℃；冬季为 5.52℃。

由此建立的大坝混凝土力学特性、断裂参数与等效成熟度的关系曲线见图 11。断裂参数与等效成熟度的回归曲线的相关系数 R^2 都在 0.93 以上。

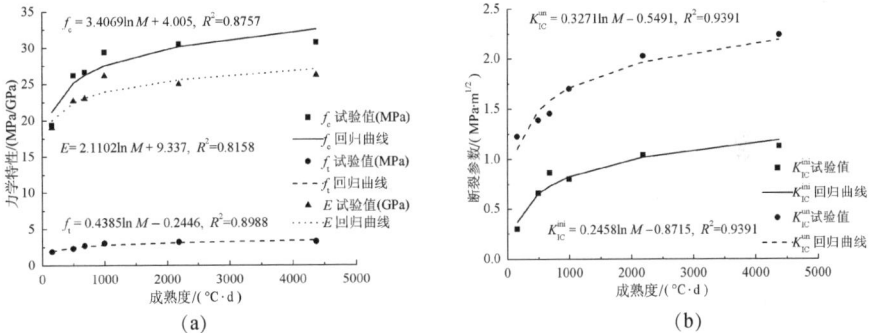

图11　大坝混凝土力学特性、断裂参数与成熟度关系

（a）力学特性；（b）断裂参数

基于试验成果的回归分析，可分别得到的大坝混凝土的双 K 断裂参数（起裂断裂韧度 K_{IC}^{ini}、失稳断裂韧度 K_{IC}^{un}）与等效成熟度 M_e 的关系式：

$$K_{IC}^{ini}(M_e) = 0.2458\ln M - 0.8715, \qquad R^2 = 0.9391 \tag{5}$$

$$K_{IC}^{un}(M_e) = 0.3271\ln M - 0.5491, \qquad R^2 = 0.9391 \tag{6}$$

建立大坝混凝土"断裂参数-等效成熟度"关系式（5）与式（6）后，要得到大坝混凝土任意时刻的断裂参数，只需采用任意时刻大坝混凝土的温度及对应的龄期，求得等效成熟度，代入"断裂参数-等效成熟度"关系式，即可求出任意时刻大坝混凝土的断裂参数。

2.4 大坝混凝土与湿筛混凝土断裂参数的换算关系

大坝混凝土骨料最大粒径达到 150mm，使得大坝混凝土试件的浇注和成型都较为困难，并且进行大坝混凝土试件试验的条件要求也相对较高。本文通过不同试件尺寸的大坝混凝土与湿筛混凝土试件的断裂试验，建立了大坝混凝土与湿筛混凝土断裂参数间的换算关系。今后，只需浇注成型相应的小尺寸湿筛混凝土试件，就可通过该换算关系，由试验测得的小尺寸湿筛混凝土试件的断裂参数，推求大坝混凝土的断裂参数。

设计四组不同尺寸的楔入劈拉试件。各组试件有效高度 H_1 依次为 200mm、320mm、400mm、600mm，初始逢高比 a_0/H_1 为 0.40，即韧带高度 H_2 与骨料最大粒径 d_{max} 比值依次为 H_2/d_{max}=3.0、4.8、6.0、9.0。湿筛混凝土为大坝混凝土拌合物湿筛剔除掉大于 40mm 的骨料得到，其骨料最大粒径为 40mm。所有湿筛混凝土试件与冬季大坝混凝土试件一起浇筑成型（2012 年 1 月 16 日）。试验龄期为 180 天。

通过分析湿筛混凝土断裂参数的变化规律发现：当湿筛混凝土试件的有效高度 H_1 超过 320mm 后，即 H_2/d_{max}=4.8，$CTOD_c$ 趋于稳定；有效高度 H_1 超过 400mm 后，即 H_2/d_{max}=6.0，G_F、K_{elc} 等断裂参数趋于稳定（图 12）。综合考虑，对于同一批次浇筑成型的混凝土，无论大坝混凝土试件，还是湿筛混凝土试件，当 $H_2/d_{max} \geqslant 6.0$ 后，各项断裂参数均可获得稳定值。

利用 $H_2/d_{max}>6.0$ 的湿筛混凝土试件可以推测大坝混凝土试件的各项断裂指标。大坝混凝土断裂能 $G_{F, FG}$ 与湿筛混凝土断裂能 $G_{F, WS}$ 的换算关系为 $G_{F, FG} = （3.0 \pm 0.8） G_{F, WS}$；大坝混凝土等效断裂韧度 $K_{elc, FG}$ 与湿筛混凝土 $K_{elc, WS}$ 的换算关系为 $K_{elc, FG} = （1.4 \pm 0.3） K_{elc, WS}$；大坝混凝土临界裂缝尖端张开口位移 $CTOD_{c, FG}$ 与湿筛混凝土 $CTOD_{c, WS}$ 的换算关系为 $CTOD_{c, FG} = （3.9 \pm 1.5） CTOD_{c, WS}$。

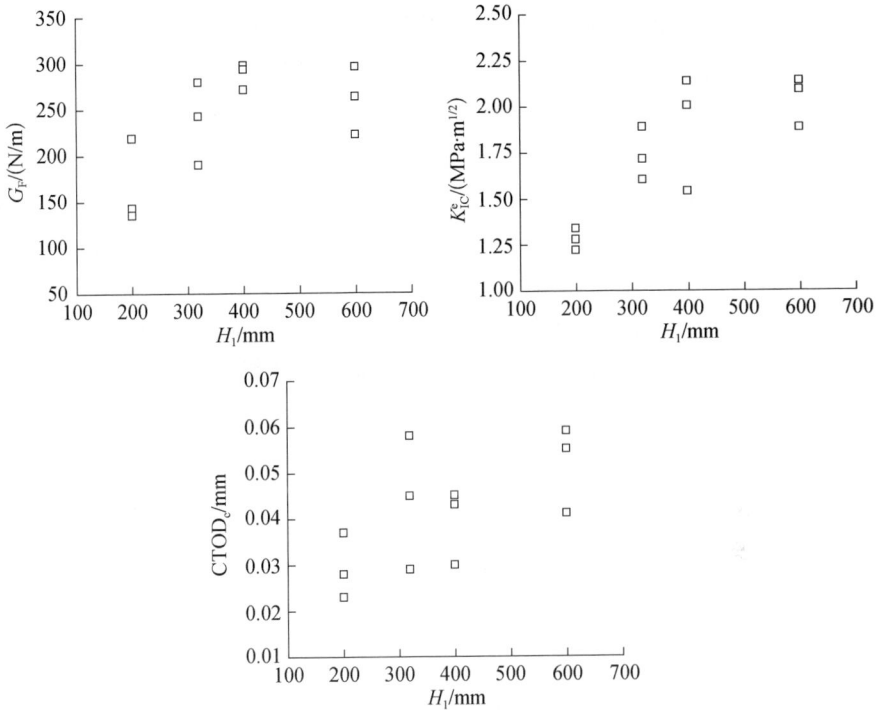

图12　湿筛混凝土断裂参数随试件有效高度的变化规律

3　结论

本文提出了利用现场浇筑试件模拟大坝混凝土真实断裂性能的方法。设计不同龄期、不同尺寸、不同骨料级配的多组大坝混凝土试件，并与实际大坝同条件浇注、成型、养护，通过楔入劈拉试验全面系统地确定了现场浇筑大坝混凝土真实断裂性能的演化规律。研究成果可为大坝开裂预警控制和大坝整体真实工作性态的安全评价奠定基础。

（1）通过楔入劈拉试验，获得了描述大坝混凝土试件裂缝扩展全过程的荷载-裂缝嘴张开口位移（P-CMOD）全曲线和荷载-裂缝尖端张开口位移（P-CTOD）全曲线。根据试验实测结果，计算得到了评价大坝混凝土裂缝扩展特性的相关断裂参数（断裂能、有效断裂韧度、临界裂缝尖端张开口位移等），分析了不同骨料分布对其裂缝扩展与断裂性能的影响规律。

（2）通过不同尺寸的大坝混凝土试件（骨料最大粒径为 150mm）的断裂试验，研究了现场浇筑大坝混凝土断裂参数的尺寸效应规律，发现当试件有效高度增加到 1500mm 时，即试件的韧带高度与骨料最大粒径比值不小于 6.0 时，各断裂参数趋于稳定，即若确定无尺寸效应的大坝混凝土的真实断裂参数，最小试件尺寸须满足韧带高度不小于六倍骨料最大粒径。

（3）将"成熟度"引入大坝混凝土断裂性能的评价中，使其从强度指标评价拓宽应用到大坝混凝土断裂特性的评价层面。提出了"等效成熟度"的概念，等效成熟度采用等效温度与龄期的乘积。基于不同外界条件下的大坝混凝土断裂试验成果及理论分析，建立了大坝混凝土断裂参数与等效成熟度的定量关系，为正确评价大坝开裂风险和已有裂缝的扩展风险提供定量科学判据。

（4）通过不同尺寸的大坝混凝土试件（骨料最大粒径为 150mm），及对应的湿筛混凝土试件（骨料最大粒径为 40mm）的断裂试验对比分析，建立了小尺寸湿筛混凝土试件与大尺寸大坝混凝土试件断裂参数的换算关系，解决了由小尺寸湿筛混凝土试件的断裂参数合理推求大尺寸大坝混凝土试件断裂参数的关键技术难题。

致谢：感谢中国三峡总公司溪洛渡工程建设部、中国水电工程八局等单位相关人员对本文研究工作的大力协助！

参考文献

管俊峰，朱晓旭，林鹏，等.2013. 特高拱坝悬臂高度个性化控制的分析研究.水利学报，44（1）：97-103.

管俊峰，李庆斌，吴智敏，等. 2014a. 特高拱坝真实断裂参数研究的必要性与可行途径. 水力发电学报，33（5）:152-158.

管俊峰，李庆斌，吴智敏，等. 2014c. 现场浇筑大坝混凝土起裂断裂韧度研究. 水利学报，45（12）:1487-1492.

管俊峰，李庆斌，吴智敏. 2014b. 采用峰值荷载法确定全级配水工混凝土断裂参数. 工程力学，31（8）：8-13.

李庆斌，林鹏. 2014. 论智能大坝.水力发电学报,33（1）：139-146.

林鹏，李庆斌，周绍武，等. 2013. 大体积混凝土通水冷却智能温度控制方法与系统.水利学报，44（8）：950-957.

徐世烺，周厚贵，高洪波，等. 2006. 各种级配大坝混凝土双 K 断裂参数试验研究——兼对《水工混凝土断裂试验规程》制定的建议. 土木工程学报,39（11）：50-61.

赵志方，张小刚，周厚贵，等. 2007. 长江三峡大坝混凝土双 K 断裂参数试验研究. 深圳大学学报理工版，24（4）：363-367.

Bažant Z P，Kazemi M T. 1990. Determination of fracture energy, process zone length, and brittleness number from size effect with application to rock andconcrete. International Journal of Fracture，44（2）：111-131.

Bushlaibi A H，Alshamsi A M. 2002. Efficiency of curing on partially exposed high-strength concrete in hot climate.Cement and concrete research，32（6）：949-953.

Deng Z C，Li Q B，Fu H. 2008. Comparison between mechanical properties of dam concrete and sieved concrete. Journal of Materials in Civil Engineering，ASCE，20（4）：321-326.

Ghaemmaghami A，Ghaemian M. 2006. Large-scale testing on specific fracture energy determination of dam concrete. International Journal of Fracture，141（1）：247-254.

Gopalaratnam V S，Ye B S. 1991. Numerical characterization of the nonlinear fracture process in concrete. Engineering Fracture Mechanics，40（6）：991-1006.

Jenq Y S，Shah S P. 1985. Two parameter fracture model for concrete. Journal of Engineering Mechanics，ASCE，111（10）：1227-1241.

Karihaloo B L，Nallathambi P. 1990. Effective crack model for the determination of fracture toughness（K_{IC}^e）of concrete. Engineering Fracture Mechanics，35（4/5）：637-645.

Karihaloo B L. 1995. Fracture mechanics and structural concrete. New York:Longman Scientific & Technical.

Li Q B，Deng Z C，Fu H. 2004. Effect of aggregate type on mechanical behavior of dam concrete. ACI Materials Journal，101（6）：483-492.

Li Q B，Guan J F，Wu Z M，et al. 2015. Fracture behavior of site-casting dam concrete. ACI Material Journal，112（1）:11-20.

Nassif A Y，Petrou M F. 2013. Influence of cold weather during casting and curing on the stiffness and strength of concrete. Construction and Building Materials，44（7）：161-167.

Ortiz J，Aguado A，Agullo L，et al. 2005. Influence of environmental temperatures on the concrete compressivestrength: Simulation of hot and cold weather conditions. Cement and concrete research，35（10）：1970-1979.

Saouma V E，Broz J J，Brühwiler E，et al. 1991. Effect of aggregate and specimen size on fracture properties of dam concrete. Journal of Materials in Civil Engineering，ASCE，3（3）：204-218.

Xu S，Reinhardt H W.1999a. Determination of double-K criterion for crack propagation in quasi-brittle fracture，Part Ⅱ: Analytical evaluating and practicalmeasuring methods for three-point bending notched beams. International Journal of Fracture，98（2）：151-177.

Xu S，Reinhardt H W.1999b. Determination of double-K criterion for crack propagation in quasi-brittle fracture，Part Ⅲ: Compact tension specimens and wedge splitting specimens. International Journal of Fracture，98（2）：179-193.

Zhao Z，Kwon S H，Shah S P. 2008. Effect of specimen size on fracture energy and softening curve of concrete: PartI.experiments and fracture energy. Cement and Concrete Research，38（8-9）：1049-1060.

高寒高海拔地区碾压混凝土用新型抗冻剂研制

何　真，杨华美

（武汉大学水资源与水电工程科学国家重点实验室，武汉 430072）

摘　要：在高掺量粉煤灰碾压混凝土中，由于粉煤灰碳颗粒表面对引气剂（AEA）分子的吸附作用，以及高海拔环境对气泡形成与稳定的影响，使得引气极为困难。本文提出在碾压混凝土中引入改性吸水树脂（MAP）作为碾压混凝土抗冻剂的思路，与传统引气剂相比，MAP 可显著提升碾压混凝土的抗冻性能和力学性能，同时可根据碾压混凝土抗冻性能要求进行孔结构的定制设计。

关键词：碾压混凝土（RCC）；改性吸水树脂（MAP）；抗冻性能；孔结构；定制

New Anti-freezing Agent for Roller Compacted Concrete in Extreme Cold and High Altitude Area

Zhen He, Huamei Yang

(State Key Laboratory of Water Resources and Hydropower Engineering Science, Wuhan University, Wuhan 430072)

Abstract: Due to the high absorption of unburned carbon in fly ash to air-entraining admixture（AEA）molecule and the impact of high-altitude environment on air voids formation and stability，it is rather difficult to entrain air voids into high-volume fly ash roller compacted concrete（RCC）. The paper is to present an idea onthe usage of modified absorbent polymer（MAP）as anti-freezing agent for RCC. Compared with AEA-containing RCC speci-

---

通信作者：何真（1962—），E-mail: hezhen@whu.edu.cn。

mens，the MAP-containing RCCs obtained better mechanical property and freeze-thaw resistant. Meanwhile，to controllably design the pores system and content created by MAPs in RCC is realized.

Key Words: roller compacted concrete（RCC）; modified absorbent polymer（MAP）; freeze-thaw resistant;pore system; controllably design

1 引言

据统计，我国水能开发已达到 2 亿 kW，而我国水能资源理论上技术可开发量达 5 亿 kW。为了响应国家开发新能源和节能减排的政策方针，我国制定了到 2020 年 3 亿 kW 以上的目标。因此，水电的开发与建设仍是我国发展的重中之重。我国剩余的水能资源大都分布在西部、西南部，这些地区大部分地形复杂，气候变化大，极端恶劣天气频繁，给水能资源的开发增加了难度。而碾压混凝土坝由于具有施工迅速、缩短工期、造价低廉等优点，成为高寒、高海拔等复杂环境下最常采用的坝型之一（许涛，2006）。

在寒冷地区，混凝土易遭受冻融破坏，采用引气剂提升混凝土抗冻性能已成为一个常规方式，无一例外。然而由于气体与水泥基质之间的界面包含表面自由能，从热动力学的角度来讲，界面的表面自由能将不断降低，最终导致气泡破裂，因此所有的气泡都有寿命（Du and Folliard，2005）。在中国，碾压混凝土中粉煤灰掺量高达 70%，粉煤灰颗粒中未燃尽的碳颗粒表面大部分呈非极性，为引气剂分子疏水基团提供了活性吸附点（Hill et al.，1997）。由于表面活性剂分子不断失去活性吸附点，使得气泡难以稳定形成（Hill et al.，1997；Pederson et al.，2008）。另一方面，在高海拔低气压环境下，气泡膜变薄，更易破碎（朱长华，2004）。更重要的是，含气量的增加以削弱强度为代价，含气量每增加 1%，抗压强度损失 5%（Bruere，1971；Nasvik and Pistilli，2004；Hazaree et al.，2011）。因此，采用传统引气剂不仅难以达到高抗冻性能所需的高含气量要求，而且实际气体含量也难以控制，抗冻与增强的矛盾更为突出。

为实现均匀、可控的气孔体系设计，本文研发了一种高寒、高海拔碾压混凝土用的抗冻剂，这种适应抗冻要求的新型材料是采用改进组分与反相悬浮聚合工艺合成的改性吸水树脂（modified absorbent polymer，MAP），其特点是颗粒细小，颗粒形状为球形。使用 MAP 不会在新拌混凝土中引入额外气体，它的最大吸液倍率控制在 25 倍以内，且受 pH 和 Ca^{2+} 浓度影响较小，以保证 MAP 的吸水性能受水化环境的影响较小，可作为混凝土定制造孔（数量、大小）材料。MAP 以干燥颗粒与粉体材料混合均匀后，再与混凝土其他组分拌和，可获得均匀的有效气孔体系。

2 改性吸水树脂（MAP）的结构

改性吸水树脂（MAP）采用反相悬浮聚合法由丙烯酸共聚制备而成的球形颗粒，密度为 0.74g/cm³，颗粒粒径为 80～150μm。图 1 为干燥和吸水肿胀 MAP 颗粒在三维景深扫描显微镜下的照片，吸水肿胀后的 MAP 颗粒仍然为球形，且颗粒直径控制在 200μm 以下。

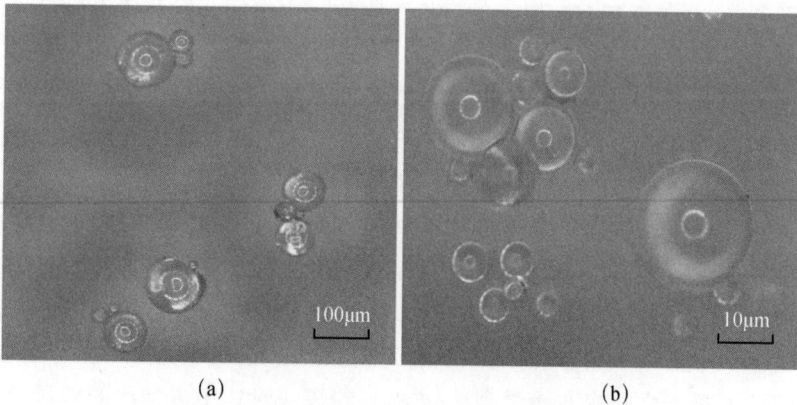

图1　干燥和吸水肿胀MAP颗粒的显微镜照片

（a）干燥MAP颗粒；（b）吸水肿胀MAP颗粒

3 改性吸水树脂（MAP）对碾压混凝土性能的影响

3.1 碾压混凝土配合比

共设计 5 组碾压混凝土（roller compacted concrete，RCC）配合比如表 1 所示，其中 1 组为基准碾压混凝土（RC0）。RC1 和 RC2 分别为掺 0.8‰ 和 1‰引气剂的 AEA-RCC，RC3 和 RC4 分别为掺 0.3%、0.6%MAP 的 MAP-RCC，见表 1。MAP 以干燥颗粒掺入，MAP 颗粒粒径大小为 80～150μm。为保证混合均匀性，MAP 颗粒先与水泥、粉煤灰混合均匀后，再与砂、石混合，最后加水进行搅拌、成型。成型好的立方体试件（150mm×150mm×150mm）放入养护室（20℃±3℃，相对湿度 RH≥95%）养护至规定龄期。

表1 碾压混凝土配合比

| 编号 | 胶凝材料用量/（kg/m³） | | | | | | 减水剂/% | 引气剂/‰ | MAP掺量/% | V_c值/s | 含气量/% | 容重/（kg/m³） |
	水	水泥	粉煤灰	砂	中石	小石						
RC0	100	120	80	840	685	685	0.3			7	2.2	2519
RC1	100	120	80	790	645	645	0.3	0.8		3	4.3	2500
RC2	100	120	80	790	645	645	0.2	1		4	5.0	2477
RC3	100	120	80	840	685	685	0.3		0.3	5	2.2	2495
RC4	100	120	80	840	685	685	0.4		0.6	7	2.2	2477

3.2 工作性能和强度

碾压混凝土的 V_c 值、抗压强度和劈拉强度参考标准 DL/T 5433—2009《水工碾压混凝土试验规程》进行。表 2 列出了新拌碾压混凝土的 V_c 值、含气量及养护 90 天碾压混凝土劈拉强度和抗压强度的试验结果。

结果表明，相比基准碾压混凝土，引气碾压混凝土的 V_c 值降低，含气量增加，掺 MAP 的碾压混凝土的 V_c 值、含气量均与基准相当。从表 2 可以看出，随着 MAP 掺量的增加，RCC 强度显著增加，MAP 掺量为 0.3%、0.6%时，RCC 的抗压强度较基准混凝土分别增长 16.7%、28.3%，较引气碾压混凝土增加更多，分别增长了 29.7%、43.8%。这一结果表明，掺有 MAP 的RCC 强度不会降低，相反还会比掺引气剂的 RCC 强度显著增加。

表2 碾压混凝土的 V_c 值、含气量和强度

编号	V_c值/s	含气量/%	90天劈拉强度/MPa	90天抗压强度/MPa
RC0	7	2.2	2.48	30.7
RC1	3	4.3	2.04	30.4
RC2	4	5.0	2.17	27.6
RC3	5	2.2	2.59	35.8
RC4	7	2.2	2.59	39.4

3.3 抗冻性能

3.3.1 试验方法

采用单边冻融方法进行 RCC 抗冻性评价。将养护至 83 天龄期的立方体试件取出，采用切割机将立方体混凝土试件切成 150mm×150mm×75mm 的棱柱体试件，然后用异丁橡胶的铝箔将 150mm×75mm 的四个侧面密封，预吸水 7天后进行单边冻融循环试验。冻融循环制度如图 2 所示：温度从 20℃开始，以

10℃/h±1℃/h 的速度匀速地下降至-20℃±1℃，维持 3h；然后从-20℃开始，以 10℃/h±1℃/h 的速度匀速地升至 20℃±1℃，维持 1h。每两个冻融循环后对试件的剥落量和相对动弹模量进行测量，相对动弹模量进行测量采用瑞士 Proceq SA 公司生产的超声波检测仪进行测定。

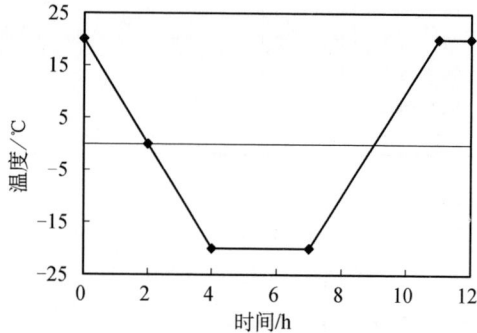

图2　冻融循环制度

3.3.2　剥落量和相对动弹性模量

90 天碾压混凝土的累积剥落量和相对动弹性模量随冻融循环次数的变化规律如图 3 和图 4 所示。从结果可知，基准碾压混凝土抗冻性很差，冻融循环 40 次就发生破坏（动弹模低于 60%）；掺引气剂（AEA）或增强抗冻剂（MAP）的碾压混凝土抗冻性能均高于基准混凝土，冻融 60 次后的相对动弹性模量仍然高于 80%；引气碾压混凝土和 MAP-RCC 的累积剥落量和相对动

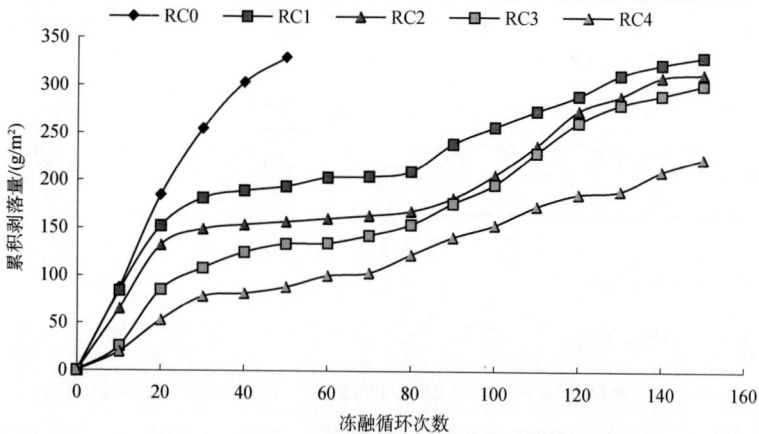

图3　累积剥落量随冻融循环次数的变化规律

弹性模量均表现为先急剧变化后趋于稳定的发展规律。而与引气碾压混凝土相比，MAP-RCC 冻融相同次数的累积剥落量更小，相对动弹性模量更高，表现出更优异的抗冻性能。

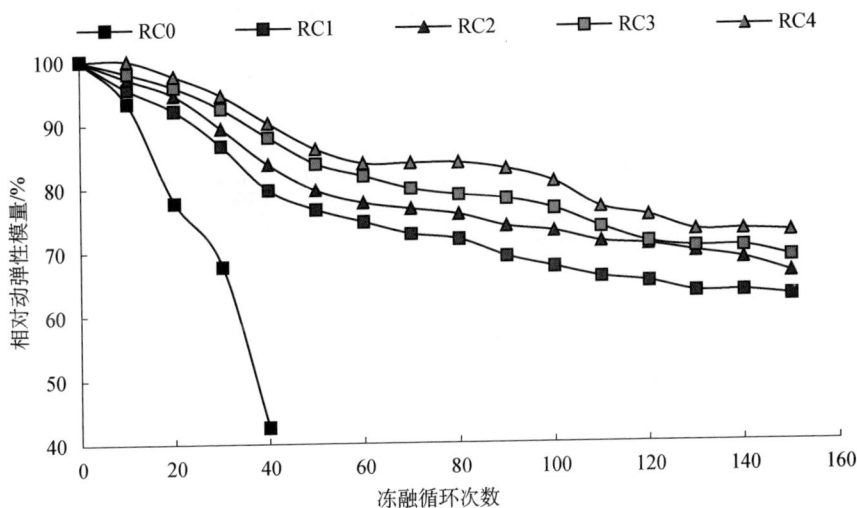

图4　相对动弹性模量随冻融循环次数的变化规律

3.4　气孔结构

气泡平均孔径和气泡间距系数是评价硬化混凝土中形成的气孔体系是否有效的关键参数（西德尼·明德斯等，2005）。图 5 是显微镜观察到的 MAP 引入孔在碾压混凝土中的大小与分布。从图 5 中可以看出，MAP 残留孔为球形孔，孔径大小多分布在 100～500μm，试验证实 MAP 在水化硬化过程中释放吸收的液体后产生气孔，可形成有效的气孔体系，这与 Jensen 和 Reinhardt 等观察到的高吸水树脂的试验现象是一致的（Jensen and Hanser，2002；Reinhardt et al.，2008）。

不同配合比碾压混凝土的气孔体系参数见表 3。从结果可以看出，采用直线导线法测得的基准与引气硬化混凝土的空气含量与新拌混凝土含气量接近，证实直线导线法得到气孔体系参数具有较高的可靠性。引气碾压混凝土的气泡平均半径和气泡间距系数均随含气量的增加而降低；MAP-RCC 的气泡平均半径受 MAP 掺量的影响不大，但随着 MAP 掺量增加，硬化混凝土的空气含量增大，气泡间距系数减小。根据 Powers 的静水压力理论（Powers，1945，1949），混凝土冻融过程中产生的静水压力随孔溶液流程的长度即气泡间距

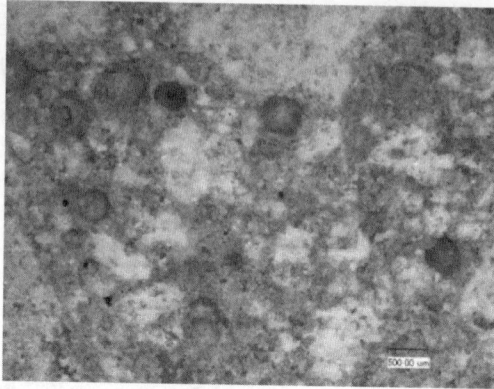

图5　碾压混凝土中MAP引入孔系的分布

的减小而增长。且 Powers 提出气泡间距系数为 200～250μm，混凝土表现出最佳的抗冻性能。掺入引气剂，RCC 中的气泡间距得到改善，但还没有达到最理想状态，而掺入 MAP，在两种掺量条件下，碾压混凝土中的气泡间距系数均达到 Powers 提出的最佳气泡间距系数范围，形成有效的气孔体系。

表3　碾压混凝土气孔体系参数

编号	硬化混凝土空气含量 /%	气泡平均弦长/μm	气泡平均半径 /μm	气泡间距系数 L/μm
RC0	2.0	700.11	525.08	1036.21
RC1	5.90	442.85	332.14	332.52
RC2	6.15	399.87	299.90	289.28
RC3	7.02	302.84	227.13	199.22
RC4	8.65	307.72	230.79	164.26

4　改性吸水树脂定制造孔理论与设计调控方法

如图 1 所示，MAP 吸水后发生肿胀，球形颗粒的直径增大。假设干燥 MAP 颗粒质量为 m，密度为 ρ_{MAP}，颗粒半径 $r_0 = \sqrt[3]{\dfrac{3m}{4\pi\rho_{MAP}}}$。吸水稳定后颗粒半径为 r，质量吸水倍率为 n，体积吸水倍率为 N，那么 r 和 r_0 的关系式如下：

$$\rho_{水} \cdot \left(\frac{4}{3}\pi r^3 - \frac{4}{3}\pi r_0^{\ 3}\right) = n \cdot m \tag{1}$$

$$N = \frac{r^3 - r_0^{\ 3}}{r_0^{\ 3}} \tag{2}$$

假设干燥 MAP 颗粒平均半径为 $\bar{r}_0$，MAP 平均造孔半径 $\bar{r}$ 可通过如下公式计算得到：

$$n = \left(\frac{Cd}{\rho_{MAP}}\right)\Big/\left(\frac{4}{3}\pi \bar{r}_0^3\right) \tag{3}$$

$$\bar{r} = \sqrt{\frac{3}{4\pi}\cdot\frac{N_m Cd}{n\rho_水}} + \bar{r}_0 = \left(\sqrt{\frac{N_m \rho_{MAP}}{\rho_水}+1}\right)\bar{r}_0 \tag{4}$$

式中，C 为胶凝材料质量；d 为高吸水树脂掺量；N_m 为 MAP 的质量吸液倍率，可通过茶袋法测得；ρ_{MAP}、$\rho_水$ 分别为 MAP 和水的密度，ρ_{MAP} =0.74g/cm³；n 为 MAP 颗粒数量。

在已报道的文献中（逄鲁封，2013），单位体积混凝土的高吸水树脂（SAP）的引气率（β）根据式（5）计算得

$$\beta = \chi\frac{Cd}{\rho_{SAP}} \tag{5}$$

式中，ρ_{SAP} 为高吸水树脂的密度；χ 为高吸水树脂的体积吸液倍率。

在实际使用中，SAP 引气率（β）被认为等于吸入水分的体积，那么引气率（β）的表达式也可写为

$$\beta = N_m\frac{Cd}{\rho_水} \tag{6}$$

式中，N_m 为 MAP 的质量吸液倍率。

改性后吸水树脂（MAP）的吸水性能受 pH、Ca^{2+} 离子浓度等影响很小，吸液倍率可控，若严格控制干燥 MAP 颗粒粒径波动范围，那么气孔半径也可控。假设只有水分子才能进入 MAP 聚合物结构中，那么 MAP 造孔量（β'）的计算式可以写成：

$$\beta' = \frac{4}{3}\pi n\bar{r}^3 = \frac{Cd}{\rho_{MAP}}\cdot\left(\frac{\bar{r}}{r_0}\right)^3 \tag{7}$$

由式（4）和式（7）可知，MAP 造孔孔径取决于干燥 MAP 颗粒粒径、吸液倍率和 MAP 密度；造孔量由 MAP 掺量、吸液倍率和密度决定。MAP 造孔形状与原始颗粒形状一致。因此，通过设计 MAP 粒径及吸液性能，调控 MAP 在混凝土中的掺量，可定制 MAP 造孔量和造孔半径，以便形成最有利于抗冻性能的最佳气孔结构，满足混凝土高抗冻要求。

MAP 所造气孔只有在硬化混凝土中才能形成，因此硬化后掺 MAP 碾压混凝土中的总气体含量（β''）应等于新拌碾压混凝土含气量（β_0）和 MAP 造孔量（β'）之和，表达式如下：

$$\beta'' = \beta' + \beta_0 \tag{8}$$

根据上述计算式，可计算得到表 1 中掺 MAP 碾压混凝土中的 MAP 造孔直径和造孔量，结果见表 4。碾压混凝土胶凝材料总量 $C=200\text{kg/m}^3$。从表中可以看出，MAP 造孔直径约为其原始颗粒直径的 3 倍。MAP 造孔直径和造孔量的计算结果与显微镜观测得到的结果基本一致。而由以往 SAP 引气率计算公式得到的含气量较小，这是因为 SAP 引气率计算式得到的含气量仅为吸入水分的体积，而图像分析得到的含气量还包含了 MAP（或 SAP）原始颗粒所占体积。

表4　MAP 造孔直径和造孔量计算结果

编号	MAP 掺量/%	MAP 颗粒平均直径d/μm	MAP 质量吸液倍率（倍）	新拌碾压混凝土含气量/%	引入气孔直径 $D=2\bar{r}$/μm	引气率/% β 或 β''	β'	硬化混凝土含气量/% 试验值	计算值
RC3	0.3	120	15	2.2	387.68	2.73	0.90	5.91	4.93
RC4	0.6	120	15	2.2	387.68	5.47	1.80	7.35	7.67

5　结论

（1）干掺条件下，MAP 对 RCC 的 V_c 值没有影响，说明在实际施工时可以采用干掺的工艺。MAP 干掺使碾压混凝土力学性能得到提升，尤其是与引气混凝土相比，该特点更加明显，MAP 掺量为 0.3%、0.6% 时，RCC 的抗压强度较基准混凝土分别增长 16.7%、28.3%，较引气碾压混凝土分别增长 29.7%、43.8%。

（2）MAP 干掺显著提升 RCC 抗冻性能，超过了引气剂。相比引气剂，掺 MAP 的 RCC 在相同冻融次数时的累积剥落量小，相对动弹性模量更高，表现出更优异的抗冻性能。气孔参数试验证明，掺 MAP 的 RCC 比掺引气剂的 RCC 可以形成更有效的气孔体系。MAP 引入孔为球形孔，孔径分布在几十微米至几百微米不等，平均孔径为 200～250μm，且受 MAP 掺量的影响不大，为控制气泡大小和气泡间距系数，可以通过调整 MAP 掺量和颗粒尺寸来协调。

（3）MAP 掺量、颗粒粒径、吸水特性、密度是影响引气含量和气孔半径的重要因素。掺 MAP 混凝土的引气率和气孔半径可根据 MAP 掺量和自身结构参数进行定量引气造孔设计，引气率和气孔半径的计算公式分别为：$\beta = \chi \dfrac{Cd}{\rho_{SAP}}$

或 $\beta'' = \dfrac{4}{3}\pi n \bar{r}^{-3} = \dfrac{Cd}{\rho_{MAP}} \cdot \left(\dfrac{\bar{r}}{r_0}\right)^3$ 和 $\bar{r} = \sqrt[3]{\dfrac{3}{4\pi} \cdot \dfrac{N_m Cd}{n\rho_{水}}} + \bar{r}_0 = \left(\sqrt[3]{\dfrac{N_m \rho_{MAP}}{\rho_{水}}} + 1\right)\bar{r}_0$ 。理论

计算结果与试验结果基本吻合，引入气孔半径约为原始颗粒直接的 3 倍，掺
MAP 硬化混凝土含气量为新拌混凝土含气量和 MAP 引气率之和。

（4）MAP 在硬化混凝土中引入的孔系结构可进行预先设计，且可定量控
制，不受粉煤灰、高海拔等因素的影响，克服了 AEA 在高寒、高海拔碾压
混凝土中引气困难的问题，且在达到相同抗冻设计等级时，MAP 较 AEA 的
引气造孔效率更高。MAP 作为增强抗冻材料用于混凝土将具有显著的技术、
环保和经济效益。

参考文献

逄鲁封. 2013. 掺高吸水树脂内养护高性能混凝土的性能和作用机理研究. 北京：中国矿业
　大学（北京）博士学位论文.

西德尼·明德斯，J.弗朗西斯·杨，戴维·达尔文. 2005. 混凝土.吴科如，张雄，姚武，
　等译. 北京：化学工业出版社.

许涛. 2006. 高寒地区碾压混凝土坝温度应力仿真分析. 西安：西安理工大学硕士学位论
　文.

朱长华. 2004. 青藏高原多年冻土区高性能混凝土的试验研究. 北京：铁道部科学研究院硕
　士研究生.

Bruere G M. 1971. Air-entraining actions of anionic surfactants in Portland cement
　pastes.Journal of Applied Chemistry Biotechnology，21（3）:61-65.

Du L，Folliard K J. 2005. Mechanisms of air entrainment in concrete. Cement and Concrete
　Research，35（8）: 1463-1471.

Hazaree C，Ceylan H，Wang K J. 2011. Influences of mixture composition on properties and
　freeze-thaw resistance of RCC. Construction and Building Materials，25（1）:313-319.

Hill R L，Sarkar S L，Rathbone R F，et al. 1997. An examination of fly ash carbon and its
　interactions with air entraining agent. Cement Concrete Research，27（2）:193-204.

Jensen O M，Hansen P F. 2002. Water-entrained cement-based materials Ⅱ. Experimental ob-
　servations. Cement and Concrete Research，32（6）: 973-978.

Nasvik J，Pistilli M. 2004. Are we placing too much air in our concrete? Concrete Construction，
　49（2）:51-56.

Pederson K H，Jensen A D，SkjØth-Rasmussen M S，et al. 2008. A review of the interference of carbon containing fly ash with air entrainment in concrete. Progress in Energy and Combustion Science，（34）:135-154.

Powers T C .1945. A Working hypothesis for further studies of frost resistance of concrete. ACI Journal，Proceedings，16（4）: 245-272.

Powers T C. 1949. The air requirement of frost-resistance concrete. Proceedings of Highway Research Board，29: 184-202.

Reinhardt H W，Assmann A，MÖnning S. 2008. Superabsorbent polymers（SAPs）-an admixture to increase the durability of concrete// 1st International Conference on Microstructure Related durability of Cementitious Composites，Nanjing，China.

第十二篇　岩石力学与工程

　　导读　岩石力学主要研究大型岩石工程（坝基、隧洞、边坡）的变形破坏机制与控制方法，岩体结构的不连续性与复杂的赋存环境是学科的主要特色。本篇系列论文首先介绍了以拟变分不等式表达的非连续分析方法 DDA 的对偶形式，摒弃了传统的虚拟弹簧概念；其次系统阐述了基于岩石细观统计损伤理论发展起来的岩石破裂过程分析 RFPA，包括基本理念、原理和有限元实现；介绍了变形加固理论并阐明其中不平衡力的物理和数值的本质，以及从特高拱坝蓄水导致的异常山体变形为出发点建立的非饱和裂隙岩体有效应力原理；最后，论证了地质体非连续性、非均质性、各向异性、非线弹性等导致了水岩耦合过程的多尺度特性，深入了阐述地质体中水岩耦合过程中的耦合机理和作用及其工程意义。

不连续变形分析的对偶形式

郑 宏 [1]，张 朋 [2]

（1.北京工业大学建筑工程学院，北京 100124；2.河南工业大学土木建筑学院，
郑州 450052）

摘 要：经过三十多年的发展，不连续变形分析（DDA）方法已成为分析节理岩体变形和稳定性问题十分有效的工具，并在实际工程中取得了广泛的应用。但在处理接触条件时，DDA 引入了虚拟的接触弹簧。对于很多实际问题，弹簧刚度的取值对问题的解有很大的影响，过软或过硬都会导致解的精度严重下降。鉴于此，本文以接触力作为基本未知量，块体位移则是通过弱形式的块体动量守恒方程来求得的，接触条件是通过等价的变分不等式来描述和严格满足的，从而得到以拟变分不等式表达的 DDA 的对偶形式——DDA-*d*。通过改造标准有限维变分不等式的投影-收缩算法，设计出求解 DDA-*d* 相容性迭代算法。DDA-*d* 不形成系统的总体方程组，求解可按照块体顺序来高度并行化实施。一些极富挑战性的算例表明 DDA-*d* 已彻底摒弃了虚拟弹簧，能高效和稳定地求解大规模的岩石工程问题。

关键词：不连续变形分析；对偶；（拟）变分不等式；投影-收缩算法；相容性迭代

Dual Form of Discontinuous Deformation Analysis

Hong Zheng[1]，Peng Zhang[2]

(1. College of Architecture and Civil Engineering, Beijing University of Technology, Beijing 100124; 2. College of Civil Engineering and Architecture, Henan University of Technology, Zhengzhou 450052）

Abstract: After having developed over thirty years, the Discontinuous Deformation Analy-

通信作者：郑宏（1964—），E-mail: hzheng@whrsm.ac.cn。

sis（DDA）has grown up as an effective tool for solving deformation and stability problems of joint rock and gained extensive applications in engineering. In treating contact conditions, however, DDA introduces artificial springs between blocks in contact. For practical cases, stiffness of these artificial springs has a deep influence on the solution to the problem in study. Too weak or too stiff springs might cause a very poor precision of solution. Aiming at removing all the artificial springs, this study proposes that contact forces be taken as the primal variables, the displacements of blocks are obtained through solving the momentum conservation law in the weak form of individual blocks. The contact conditions are strictly enforced in terms of the corresponding variational inequalities. As a result, the dual form of DDA, abbreviated as DDA-d, is derived, which is a quasi-variational inequality（QVI）. The prediction - contraction algorithm for standard finite dimensional variational inequalities is adapted to the QVI, and a so called compatibility iteration algorithm is derived. The global system of equations is not needed to form in DDA-*d*; instead, the solution of the QVI can be carried out in parallel block by block. Tested by some vey challenged examples, DDA-*d* completely abandons artificial springs, qualified for the efficient and precise solution of large scale problems in rock engineering.

Key Words: discontinuous deformation analysis（DDA）; dual form;（quasi-）variational inequality; projection - contraction algorithm; compatibility iteration

1 引言

1971 年，Cundall（1971）创立了离散单元法（discrete element methord, DEM），视每个块体为一个单元，块体可以有平动、转动和变形，相邻块体可以分离、接触、滑动。各个块体的运动由该块体所受的不平衡力和不平衡力矩的大小按牛顿第二定律确定，主要采用显式差分格式的动态松弛法求解（王泳嘉，1991；卓家寿和赵宁，1993；刘凯欣和高凌天，2003；孔德森和栾茂田，2005；周先齐等，2007）。王泳嘉（1986）最先将离散单元法引入国内，而后得到了大量的应用和研究（王泳嘉和邢纪波，1995；鲁军等，1996；王泳嘉和刘连峰，1996；邢纪波等，1999；焦玉勇和葛修润，2000；俞良群和邢纪波，2000；李世海等，2002；刘辉等，2004；罗勇，2007；贺续文等，2011）。Munjiza（2004）综合离散元和有限元各自的特点，提出了有限元离散元耦合方法。该方法在块体内部划分有限元网格，在相邻单元公共边上插入起黏结作用的节理单元，通过节理单元的断裂来模拟裂隙的扩展，也得到了比较广泛的研究和应用（Yan and Zheng, 2016; Yan et al., 2016）。

1984 年，Shi 和 Goodman（1984）创立了非连续变形分析方法（discontinuous deformation analysis, DDA）[21]，其研究对象是同离散元一样的块体系统。块体间的接触力是利用块体间的相对位移来表示的，期间引入了接触弹簧。在接触条件约束下，通过极小化块体系统的势能来求得块体的位移。然而，一般情况下接触条件是未知的，因此 DDA 利用开-闭迭代来确定正确的接触条件。

DDA 和 DEM 在处理接触条件时都引入了"虚拟的"接触弹簧，并且接触弹簧的刚度对解的精度有重要的影响，对于复杂的工程问题，选取合理的弹簧刚度并不容易，因此制约着它们在工程中取得更广泛的应用。本文在 DDA 框架下，通过将接触条件用等价的（拟）变分不等式表示，彻底摒弃了接触弹簧，在保证求解效率和鲁棒性的前提下大幅度地改善了 DDA 解答的精度。

2 块体分析

本节我们取一典型块体 Ω_i 来作为研究对象，导出块体的位移自由度向量与其上的接触力与接触之间的关系。

为简单起见，本文采用了和经典 DDA 一样的小变形位移模式并假设块体为常应变模式，从而块体内部任一点的位移增量可表为

$$\boldsymbol{u}_i(x,\ y) = \boldsymbol{T}_i \boldsymbol{d}^i \tag{1}$$

式中

$$\boldsymbol{d}^i = (u_0^i,\quad v_0^i,\quad r_0^i,\quad \varepsilon_x^i,\quad \varepsilon_y^i,\quad \gamma_{xy}^i)^{\mathrm{T}} \tag{2}$$

代表 Ω_i 的位移自由度向量。其中，$\boldsymbol{d}^i$ 的所有分量都是增量；u_0^i、v_0^i 分别是块体 Ω_i 水平方向和垂直方向上的平移位移；r_0^i 是块体 Ω_i 绕其内参考点 $(x_0^i,\quad y_0^i)$ 的转动角；ε_x^i、ε_y^i、γ_{xy}^i 是基于小变形的块体 Ω_i 的平均应变分量。

$\boldsymbol{T}_i$ 为 2×6 形函数矩阵

$$\boldsymbol{T}_i(x,\ y) = \begin{pmatrix} 1 & 0 & -(y-y_0^i) & x-x_0^i & 0 & (y-y_0^i)/2 \\ 0 & 1 & x-x_0^i & 0 & y-y_0^i & (x-x_0^i)/2 \end{pmatrix} \tag{3}$$

DDA 中所有类型的接触实际上都可归结为块体 Ω_S 的一个顶点 V 和另一个块体 Ω_m 的一条边 E 之间的接触，如图 1 所示，这里的顶点实际上是 Ω_S 的一个凸角。顶点 V 和边 E 构成一对接触对，记为 E-V，V' 是顶点 V 在边 E

上的投影点。接触对 E-V 的局部标架为 $[\boldsymbol{n}, \boldsymbol{\tau}]$，其中，$\boldsymbol{n}$ 为边 E 的单位法向向量并指向块体 Ω_m 的内部；$\boldsymbol{\tau}$ 是边 E 的单位切向向量且沿块体 Ω_m 逆时针走向。由块体 Ω_s 的顶点 V 施加在边 E 上的力被称作接触力，包括法向力 $p^n\boldsymbol{n}$ 和切向力 $p^\tau\boldsymbol{\tau}$；相应地顶点 V 所受的力就为接触反力。

显然，块体 Ω_i 的一些边上可能有接触力 ($p_m^n\boldsymbol{n}_m$, $p_m^\tau\boldsymbol{\tau}_m$)，一些顶点处可能有接触反力 ($-p_s^n\boldsymbol{n}_s$, $-p_s^\tau\boldsymbol{\tau}_s$)，其中 $[\boldsymbol{n}_s, \boldsymbol{\tau}_s]$ 是包含块体 Ω_i 的顶点的接触对的局部标架，如图 2 所示。

$$\boldsymbol{p}^i = \left(p_1^n, \ p_1^\tau, \ \cdots, \ p_{n_i}^n, \ p_{n_i}^\tau\right)^{\mathrm{T}} \tag{4}$$

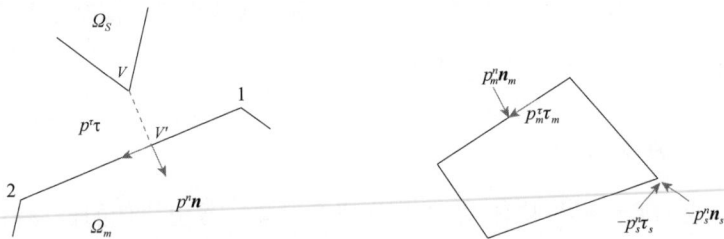

图1　接触对 E-V 和局部标架 $[\boldsymbol{n}, \boldsymbol{\tau}]$　　图2　Ω_i 的边上的接触力和顶点处的接触力

从块体 Ω_i 的动量守恒的弱形式出发，可以得到它的离散形式：

$$\mathrm{M}_i\ddot{d}^i + E_id^i - C_ip^i = b^i \tag{5}$$

式中，$\boldsymbol{b}^i$ 为 6 维广义荷载矩阵，其对应于广义位移矢量 $\boldsymbol{d}^i$，按照文献（Shi，1988）进行计算；$\boldsymbol{p}^i$ 是 $2n_i$ 维接触力矢量，包含块体 Ω_i 上的 n_i 对接触对的 $2n_i$ 个接触力；$\boldsymbol{M}^i$ 为 6×6 质量矩阵

$$M_i = \overline{p}\int_{\Omega i} T_i^{\mathrm{T}} T_i \mathrm{d}\Omega \tag{6}$$

E_i 为 6×6 刚度矩阵：

$$E_i = \begin{pmatrix} \boldsymbol{0}_{3\times3} & \boldsymbol{0}_{3\times3} \\ \boldsymbol{0}_{3\times3} & S_i\boldsymbol{D}_{3\times3} \end{pmatrix} \tag{7}$$

其中，S_i 为块体 Ω_i 的面积；$\boldsymbol{D}$ 为 3×3 弹性矩阵。C_i 为 $6\times2n_i$ 矩阵

$$C_i = [C_i^1, \ C_i^2, \ \cdots, \ C_i^j, \ \cdots, \ C_i^{n_i}] \tag{8}$$

$\boldsymbol{C}_i^j$ 为块体 Ω_i 上的第 j 对接触对 E_j-V_j 对应的 6×2 矩阵

$$C_i^j\ (x_j, \ y_j) = s_j\boldsymbol{T}_i^{\mathrm{T}}\ (x_j, \ y_j)\ [\boldsymbol{n}_j, \ \boldsymbol{\tau}_j] \tag{9}$$

其中，$[\boldsymbol{n}_j, \ \boldsymbol{\tau}_j]$ 是第 j 对接触对 E_j-V_j 的局部标架；$(x_j, \ y_j)$ 是第 j 对接触对 E_j-

V_j 接触点的坐标：如果边 E_j 属于块体 Ω_i ，V_j 在边 E_j 的投影点 V_j' 是接触点，s_j 等于 1；如果顶点 V_j 属于块体 Ω_i ，顶点 V_j 是接触点，s_j 等于 –1。

方程（5）的推导是基于块体 Ω_i 是弹性的假定，具体细节见文献（Zheng and Li, 2015）。块体采用更复杂的本构关系时，实现起来没有本质的困难。在本文中我们更为关注的是接触非线性。

时间积分采用原 DDA 的处理方式，即

$$\ddot{d}^i = \frac{2}{\Delta^2} d^i - \frac{2}{\Delta} v_0^i \tag{10}$$

式中，Δ 是该时间步步长；v_0^i 是该时间步开始时块体 Ω_i 的速度矢量。将式（10）代入公式（5）并加以整理可得

$$K_i d^i - C_i p^i = q^i \tag{11}$$

式中，K_i 为 6×6 等效块体刚度矩阵

$$K_i = \frac{2}{\Delta^2} M_i + E_i \tag{12}$$

q^i 为 6 维等效块体荷载矩阵

$$q^i = \frac{2}{\Delta} M_i \ v_0^i + b^i \tag{13}$$

因为 K_i 是可逆的（Li and Zheng, 2015），通过对式（11）左乘 K_i^{-1} ，可以得到以块体 Ω_i 的接触力 p^i 表示的 d^i ，即

$$d^i = F_i p^i + f^i \tag{14}$$

式中，F_i 是 6×2n_i 柔度矩阵

$$F_i = K_i^{-1} C_i \tag{15}$$

f^i 是 6 维柔度矢量

$$f^i = K_i^{-1} q^i \tag{16}$$

值得注意的是，F_i 和 f^i 在一个时间步内保持不变。

获得块体 Ω_i 的位移矢量 d^i 后，即可获得时间步结束时的速度矢量 v^i

$$v^i = v_0^i + \Delta \ddot{d}^i \tag{17}$$

v^i 将被作为下一时间步开始时的速度矢量 v_0^i 。

因为本文取接触力为基本未知量，块体的位移可由各块体上的接触力通过式（14）来求得，故而称本文所建议的方法为 DDA 的对偶形式──DDA-d。

3 接触条件的变分不等式表示

在每个时步开始时，首先通过接触检测得到所有的接触对，这可以通过原 DDA 代码实现。在本节中，我们将推导一个接触对在一个时步结束时必

须遵循的用变分不等式表示的接触条件。下面我们将以第 k 对接触对 E_k-V_k

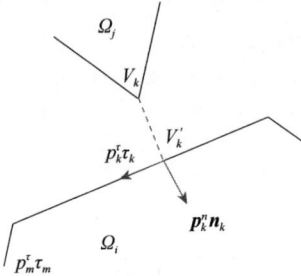

图3　接触对E_k-V_k的接触条件示意图

为例，边 E_k 属于块体 Ω_i，顶点 V_k 属于块体 Ω_j，$[\boldsymbol{n}_k, \boldsymbol{\tau}_k]$ 为局部标架，如图 3 所示。

3.1　3 法向接触条件

在一个时间步结束时，接触对 E_k-V_k 的法向接触距离 g_k^n 为向量 $\overrightarrow{V_k V_k'}$ 在 $\boldsymbol{n}_k$ 上的投影

$$g_k^n = \boldsymbol{n}_k^{\mathrm{T}}(\boldsymbol{x}_i - \boldsymbol{x}_j) \tag{18}$$

$\boldsymbol{x}_i$ 和 $\boldsymbol{x}_j$ 分别是时间步结束时 V_k' 和 V_k 的位置坐标

$$\boldsymbol{x}_i = \boldsymbol{x}_i^0 + \boldsymbol{T}_i(x_i^0, y_i^0)\boldsymbol{d}^i \tag{19}$$

$$\boldsymbol{x}_j = \boldsymbol{x}_j^0 + \boldsymbol{T}_j(x_j^0, y_j^0)\boldsymbol{d}^j \tag{20}$$

$\boldsymbol{x}_i^0 = (x_i^0, y_i^0)^{\mathrm{T}}$ 是时间步开始时 V_k' 的位置坐标，$\boldsymbol{x}_j^0 = (x_j^0, y_j^0)^{\mathrm{T}}$ 是时间步开始时 V_k 的位置坐标。

通过以 $\boldsymbol{p}^i$ 和 $\boldsymbol{p}^j$ 来分别表示式（19）中的 $\boldsymbol{d}^i$ 和式（20）中的 $\boldsymbol{d}^j$，然后将它们代回到式（18），即可得到以原始变量 $\boldsymbol{p}^i$（块体 Ω_i 的接触力矢量）和 $\boldsymbol{p}^j$（块体 Ω_j 的接触力矢量）表示的法向接触间隙函数 $g_k^n(\boldsymbol{p}^i, \boldsymbol{p}^j)$

$$g_k^n = p_{ij}^n + g_{ij}^n \tag{21}$$

式中

$$p_{ij}^n = \boldsymbol{n}_{ki}^{\mathrm{T}}\boldsymbol{p}^i - \boldsymbol{n}_{kj}^{\mathrm{T}}\boldsymbol{p}^j \tag{22}$$

其中

$$\boldsymbol{n}_{ki}^{\mathrm{T}} = \boldsymbol{n}_k^{\mathrm{T}}\boldsymbol{T}_i\boldsymbol{F}_i, \quad \boldsymbol{n}_{kj}^{\mathrm{T}} = \boldsymbol{n}_k^{\mathrm{T}}\boldsymbol{T}_j\boldsymbol{F}_j \tag{23}$$

且

$$g_{ij}^n = \boldsymbol{n}_k^{\mathrm{T}}(\boldsymbol{x}_i^0 - \boldsymbol{x}_j^0 + \boldsymbol{T}_i\boldsymbol{f}^i - \boldsymbol{T}_j\boldsymbol{f}^j) \tag{24}$$

式中，$\boldsymbol{n}_{ki}$ 和 $\boldsymbol{n}_{kj}$ 分别为 $2n_i$ 维和 $2n_j$ 维矢量；n_i 和 n_j 分别是块体 Ω_i 和块体 Ω_j 的接触对的数量；$\boldsymbol{F}_i$ 和 $\boldsymbol{F}_j$ 分别是块体 Ω_i 和块体 Ω_j 的柔度矩阵，定义见式（15）；$\boldsymbol{f}^i$ 和 $\boldsymbol{f}^j$ 分别是块体 Ω_i 和块体 Ω_j 的柔度矢量，定义见式（16）。

无嵌入和无拉伸的约束产生的互补性条件为

$$g_k^n \geqslant 0, \quad p_k^n \geqslant 0, \quad g_k^n p_k^n = 0 \tag{25}$$

它等价于变分不等式，记为 VI-n（k），求 $p_k^n \geqslant 0$，使得

$$(q_k^n - p_k^n)\, g_k^n \geqslant 0, \qquad \forall q_k^n \geqslant 0 \tag{26}$$

式中，g_k^n为的$\boldsymbol{p}^i$和$\boldsymbol{p}^j$的函数，定义见式（21）；$\forall$表示"对于任意的"。

3.2 切向接触条件

在一个时步结束时，接触对 E_k-V_k 的切向滑动距离g_k^τ为V_k'沿边E_k相对于V_k的移动距离

$$g_k^\tau = \boldsymbol{\tau}_k^{\mathrm{T}}(\boldsymbol{x}_i - \boldsymbol{x}_j) \tag{27}$$

将式（19）和式（20）代入式（27），即可得到以独立变量$\boldsymbol{p}^i$（块体Ω_i的接触力矢量）和$\boldsymbol{p}^j$（块体Ω_j的接触力矢量）表示的切向滑动距离函数g_k^τ（$\boldsymbol{p}^i$，$\boldsymbol{p}^j$）

$$g_k^\tau = p_{ij}^\tau + g_{ij}^\tau \tag{28}$$

式中

$$p_{ij}^\tau = \boldsymbol{\tau}_{ki}^{\mathrm{T}}\boldsymbol{p}^i - \boldsymbol{\tau}_{kj}^{\mathrm{T}}\boldsymbol{p}^j \tag{29}$$

$$\boldsymbol{\tau}_{ki}^{\mathrm{T}} = \boldsymbol{\tau}^{\mathrm{T}}\boldsymbol{T}_i\boldsymbol{F}_i, \qquad \boldsymbol{\tau}_{kj}^{\mathrm{T}} = \boldsymbol{\tau}^{\mathrm{T}}\boldsymbol{T}_j\boldsymbol{F}_j \tag{30}$$

$$g_{ij}^\tau = \boldsymbol{\tau}^{\mathrm{T}}\left(\boldsymbol{T}_i\boldsymbol{f}^i - \boldsymbol{T}_j\boldsymbol{f}^j\right) \tag{31}$$

其中，$\boldsymbol{\tau}_{ki}$和$\boldsymbol{\tau}_{kj}$分别为$2n_i$维和$2n_j$维矢量，n_i和n_j分别是块体Ω_i和块体Ω_j的接触对的数量。

本文遵循的库仑摩擦定律等价以下条件：

$$g_k^\tau \begin{cases} \geqslant 0, & p_k^\tau = -\tau\,(p_k^n) \\ = 0, & |p_k^\tau| < \tau\,(p_k^n) \\ \leqslant 0, & p_k^\tau = \tau(p_k^n) \end{cases} \tag{32}$$

g_k^τ和p_k^τ之间的关系如图 4 所示。其中，切向滑动距离g_k^τ为$\boldsymbol{p}^i$和$\boldsymbol{p}^j$的函数，见式（28）式（31）的定义，$\tau(p_k^n)$对应于法向接触力p_k^n的剪切强度，即

$$\tau(p_k^n) = c_k + \mu_k p_k^n \tag{33}$$

式中，μ_k是摩擦系数；c_k是黏聚力。

易证式（34）等价于拟变分不等式，记为QVI-τ（k），求$|p_k^\tau| \leqslant \tau(p_k^n)$，使

$$(q_k^\tau - p_k^\tau)\, g_k^\tau \geqslant 0, \qquad \forall\, |q_k^\tau| \leqslant \tau(p_k^n) \tag{34}$$

这里 VI 加前缀"Q"是因为约束区间$[-\tau(p_k^n),\ \tau(p_k^n)]$依赖于未知的法向接触力$p_k^n$，所以它不再是标准的变分不等式，而是拟变分不等式。

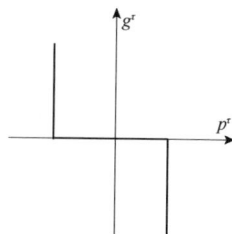

图4 切向接触力p^τ和切向滑动距离g^τ的关系

4　DDA-*d*的变分不等式提法

假设当前时步有N个接触对，因此需要确定$2N$个接触力分量，记接触力向量为$\boldsymbol{p} \in \mathbf{R}^{2N}$，$\boldsymbol{p}^{\mathrm{T}} = (p_1^n, p_1^\tau, \cdots, p_N^n, p_N^\tau)$，其中，$p_k^n$、$p_k^\tau$分别为第$k$对接触对的法向和切向接触力分量。

从第 2 节可知，第k个接触对具有两个独立的变量p_k^n、p_k^τ和两个不等式 VI-*n*（k）、QVI-τ（k）。因为变分不等式的数量等于接触力分量的数量，所以问题定解。通过令下标k遍历所有N个接触对，并依次将这$2N$个变分不等式连接起来，即可得到只有一个变分不等式的紧凑形式，DDA-*d*：求接触力矢量$\boldsymbol{p} \in X(\boldsymbol{p}) \subset \mathbf{R}^{2N}$，使对任意的$\boldsymbol{q} \in X(\boldsymbol{p})$都有

$$(\boldsymbol{q} - \boldsymbol{p})^{\mathrm{T}} \boldsymbol{G}(\boldsymbol{p}) \geqslant 0 \tag{35}$$

这个问题标记为QVI（X，$\boldsymbol{G}$）。

约束$X(\boldsymbol{p})$为$\mathbf{R}^{2N}$的闭子集，它依赖于解$\boldsymbol{p}$，定义如下：

$$X(\boldsymbol{p}) = X_1(p_1^n) \times X_2(p_2^n) \times \cdots \times X_N(p_N^n) \tag{36}$$

式中，$X_k(p_k^n) \subset \mathbf{R}^2$是第$k$个接触对的接触力$p_k^n$和$p_k^\tau$的约束集，其依赖于第$k$个接触对的法向接触力$p_k^n$，定义为

$$\begin{aligned} X_k(p_k^n) &= \left\{ (q^n, q^\tau) \,\middle|\, q^n \geqslant 0, \ |q^\tau| \leqslant \tau(p_k^n) \right\} \\ &= [0, \infty) \times [-\tau(p_k^n), \ \tau(p_k^n)] \end{aligned} \tag{37}$$

下标$k = 1, \cdots, N$，$\tau(p_k^n)$的定义见式（33）。

向量值函数$\boldsymbol{G}$: $\mathbf{R}^{2N} \to \mathbf{R}^{2N}$，称为接触间隙函数，定义为

$$\boldsymbol{G}^{\mathrm{T}}(\boldsymbol{p}) = \left[g_1^n(\boldsymbol{p}), \ g_1^\tau(\boldsymbol{p}), \cdots, g_N^n(\boldsymbol{p}), \ g_N^\tau(\boldsymbol{p}) \right] \tag{38}$$

式中，$g_k^n(\boldsymbol{p})$和$g_k^\tau(\boldsymbol{p})$分别为第k个接触对的法向接触间隙和切向滑动距离，只与第k个接触对相关的块体Ω_i和块体Ω_j上的接触力$\boldsymbol{p}^i$和$\boldsymbol{p}^j$相关，定义分别见式（21）和式（28）。

我们已经得出以接触力为基本变量的 DDA 的对偶形式 DDA-*d*。从变分法的角度看，原 DDA 以块体位移为基本变量，它是原形式。DDA-*d* 中的基本变量的数量是$2N$，而 DDA 中基本变量的数目是$6M$，其中M是块体的数量。一般情况下，没有规则可以说明$2N$和$6M$谁比较大，在大多数应用中$2N \approx 6M$。但是，DDA-*d* 中基本变量的数量远远小于文献中的基本变量的数量（Jiang and Zheng, 2013；Li and Zheng, 2015；Zheng and Li, 2015）。

5 算例验证

本文的基本内容与 Jiang 和 Zheng（2015）等（2016）的分析基本相同，但推导更为简练。这里将选择一些典型的例子来验证本文所提出的方法。

5.1 斜面滑块实验

斜面滑块实验是测试 DDA 精度的一个经典算例，如图 5 所示，一个矩形小滑块从一个30°斜面的顶端向下滑。滑块与斜面取同样的力学参数：密度 $\bar{\rho} = 2.75 \times 10^3\,\text{kg/m}^3$，弹性模量 $E = 20\text{GPa}$，泊松比 $v = 0.25$。块体与滑道之间不计黏聚力，摩擦角取20°。固定滑道的 3 个顶点，固定弹簧刚度取 $2.0 \times 10^{14}\text{N/m}$。重力加速度 $g = 9.8\,\text{m/s}^2$。

计算控制参数为：步最大位移率取 0.1，时间步长 $\Delta = 0.01\text{s}$，共计算 300 步，分别使用 DDA 和 DDA-d 做两组计算，调整 DDA 的接触弹簧刚度和 DDA-d 的停机误差，使两个方法中两个块体之间的嵌入量级相同。

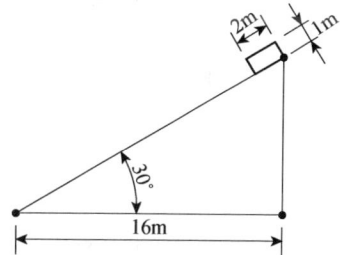

图 6 为 DDA 和 DDA-d 的计算结果比较图，可以看到，当容许嵌入量设置的不是很严格时，DDA 具有可接受的位移精度，如

图5 斜面滑块试验

图 6（a）所示，当容许嵌入量设置非常严格时，DDA 的精度变差且结果不稳定，如图 6（b）所示；而 DDA-d 在这两种情况下效果都很好，精度比 DDA 高得多。

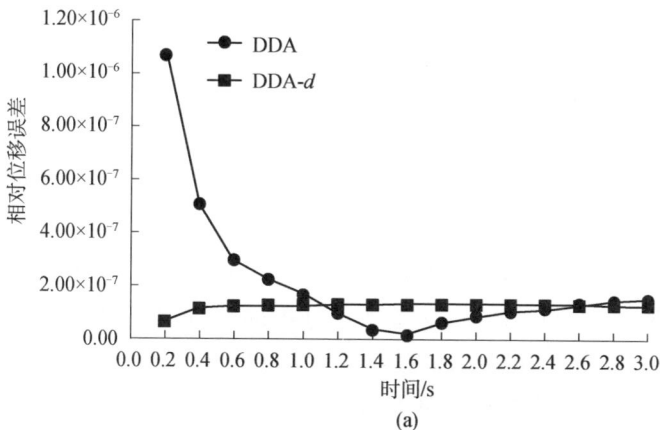

(a)

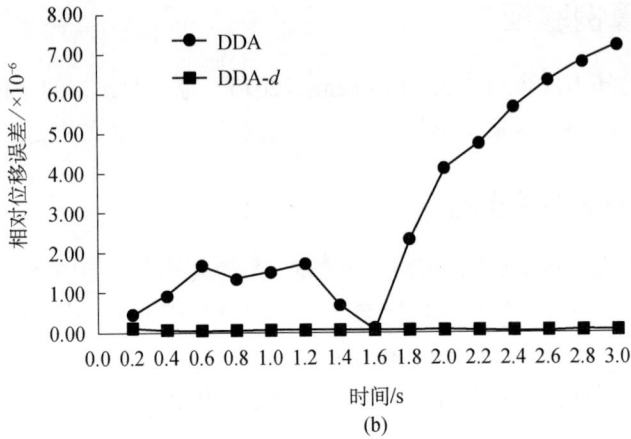

图6 斜面滑块实验DDA和DDA-*d*的比较

（a）嵌入量数量级为-11；（b）嵌入量数量级为-12

5.2 一个有大量奇异接触的算例

在彻底摒弃接触弹簧方面我们付出了巨大而艰辛的努力，得到了基于互补理论的算法（Li and Zheng，2015；Zheng and Li，2015）和基于变分不等式的算法（Jiang and Zheng，2011）。尽管取得了进步，但如果存在大量角角接触时，这些算法都变得非常低效。现在低效问题已被改进，现将由一个由发明者本人所设计的导弹下穿地下基础设施的例子来说明，如图 7 所示，系统共有 1689 个块体，多达 11000 对接触。大多数接触都是角角接触，所以这个问题的奇异性极强。这里没有对大转动引起的体积膨胀进行修正（Jiang and Zheng，2015）。

该算例是石根华本人设计的，原先的算例都是没有单位。可以认为国际单位制。但取值不正常，可能是为了避免猜测和误会，以为石根华是在为某国咨询国防防护工程。

导弹的力学参数：密度 $\bar{\rho}_m = 0.5$，弹性模量 $E = 4.0 \times 10^5$，泊松比 $\upsilon = 0.25$；其他块体的力学参数：密度 $\bar{\rho}_b = 0.3$，弹性模量和泊松比的取值同导弹。所有块体之间摩擦角 $\phi = 0°$，不计黏聚力；重力加速度 $g = 8.0$。导弹以 274 的初始速度垂直下穿地面。步最大位移率取 0.003，停机误差 $\varepsilon = 1.0 \times 10^{-4}$，共计算 280 步，时间步长自动选择。图 8 所示为第 280 步的计算结果图。

运行这个例子中的电脑的配置如下：4G 内存和 3.4GHz 的英特尔酷睿 i7 处理器。本例题，DDA-*d* 共耗时 8.2min，在可接受范围，DDA 耗时为 4.3min。考虑到 DDA-*d* 可以高度并行化，我们相信在未来通过使用 GPU 技术或并行化的手段，该方法的计算效率还会大大提高。

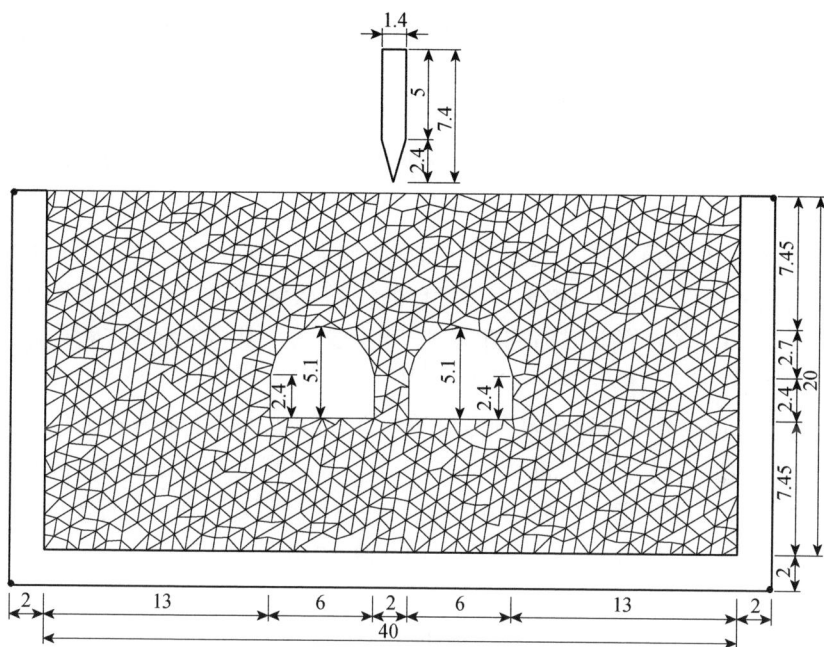

图7　飞弹下穿地下设施模型（单位：m）

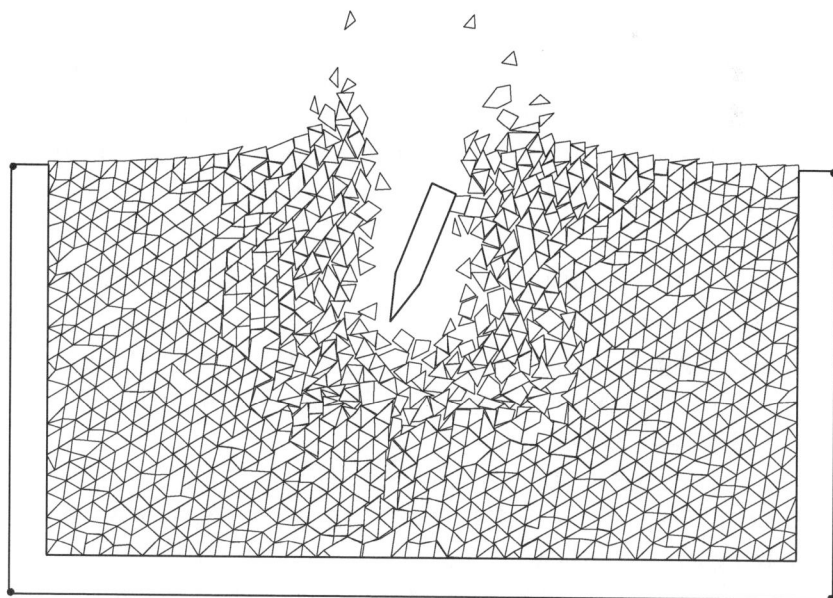

图8　飞弹下穿地下设施计算结果图

6 结论

以接触力为原始变量并去掉了虚拟弹簧的 DDA 的对偶形式，DDA-*d*，不仅准确地满足了系统的定量守恒律，还严格满足了接触条件；而接触条件在 DDA 中仅是被近似地满足的。

为 DDA-*d* 所设计的投影-收缩算法无论在精度上，还是在效率和鲁棒性上都经受住了严格的考验。

DDA-*d* 在精度和数值稳定性方面都明显优于 DDA，在计算效率上也可与之相匹配。考虑到为 DDA-*d* 所设计的投影-收缩算法是可以在高度并行方式下运行，DDA-*d* 的计算时间还可进一步地缩短，甚至在解决工程问题的实践中超过 DDA。

致谢：本文研究得到国家自然科学基金"静动载作用下岩石工程结构多裂纹扩展的理论研究"（批准号：11572009）和"城市地铁施工安全风险动态分析与控制"（批准号：51538001）以及"973"计划重大岩体工程灾害模拟、软件及预警方法基础研究（批准号：2014CB047100）的资助。

参考文献

贺续文，刘忠，廖彪，等. 2011. 基于离散元法的节理岩体边坡稳定性分析. 岩土力学，32（07）：2199-2204.

焦玉勇，葛修润. 2002. 基于静态松弛法求解的三维离散单元法. 岩石力学与工程学报，19（04）：453-458.

孔德森，栾茂田. 2005. 岩土力学数值分析方法研究. 岩土工程技术，19（05）：249-253.

李世海，高波，燕琳. 2002. 三峡永久船闸高边坡开挖三维离散元数值模拟. 岩土力学，23（03）：272-277.

刘辉，陈文胜，冯夏庭，等. 2004. 大冶铁矿露天转地下开采的离散元数值模拟研究. 岩土力学，25（09）：1413-1417.

刘凯欣，高凌天. 2003. 离散元法研究的评述. 力学进展，33（04）：483-490.

鲁军，张楚汉，王光纶，等. 1996. 岩体动静力稳定分析的三维离散元数值模型. 清华大学学报（自然科学版），36（10）：98-104.

罗勇. 2007. 土工问题的颗粒流数值模拟及应用研究. 杭州：浙江大学博士学位论文.

王泳嘉. 1986. 离散单元法——一种适用于节理岩石力学分析的数值方法//第一届全国岩石力学数值计算及模型试验讨论会，吉安.

王泳嘉. 1991. 离散单元法及其在岩土力学中的应用. 沈阳：东北工学院出版社.

王泳嘉，刘连峰. 1996. 三维离散单元法软件系统 TRUDEC 的研制. 岩石力学与工程学报，15（03）：201-210.

王泳嘉，邢纪波. 1995. 离散单元法同拉格朗日元法及其在岩土力学中的应用.岩土力学，16（02）：1-14.

邢纪波，俞良群，张瑞丰，等. 1999. 离散单元法的计算参数和求解方法选择. 计算力学学报，16（01）：47-51，99.

俞良群，邢纪波. 2000. 筒仓装卸料时力场及流场的离散单元法模拟. 农业工程学报，16（04）：15-19.

周先齐，徐卫亚，钮新强，等. 2007. 离散单元法研究进展及应用综述. 岩土力学，（S1）：408-416.

卓家寿，赵宁. 1993. 离散单元法的基本原理、方法及应用. 河海科技进展，13（02）：1-11.

Bao H，Zhao Z. 2012. The vertex-to-vertex contact analysis in the two-dimensional discontinuous deformation analysis,Advances in Engineering Software,45(1):1-10.

Cundall P A. 1971. A computer model for simulating progressive large scale movements in blocky rock systems//Proceedings of the International Symposium on Rock Fracture,Nancy,France.

He B，Liao L Z. 2002. Improvements of some projection methods for monotone nonlinear variational inequalities. Journal of Optimization Theory and Applications 112（1）：111-128.

Jiang W，Zheng H. 2011. Discontinuous deformation analysis based on variational inequality theory. International journal of computational methods，8（02）：193-208.

Jiang W，Zheng H. 2015. An efficient remedy for the false volume expansion of DDA when simulating large rotation. Computers and Geotechnics，70: 18-23.

Li X，Zheng H. 2015. Condensed form of complementarity formulation for discontinuous deformation analysis. Science China Technological Sciences，58（9）：1509-1519.

Munjiza A. 2004. The Combined Finite-discrete Element Method. London: John Wiley and Sons，Ltd.

Shi G H.1984. Discontinuous deformation analysis -A new numerical model for the statics and dynamics of block systems. Berkeley: University of California.

Shi G，Goodman R.1984. Discontinuous deformation analysis// Proceedings of the Presented at 25th US Symp on Rock Mech，Evanston.

Yan C Z，Zheng H. 2016. A two-dimensional coupled hydro-mechanical finite-discrete model considering porous media flow for simulating hydraulic fracturing. International Journal of Rock Mechanics and Mining Sciences，88: 115-128.

Yan C Z，Zheng H，Sun G H，et al. 2016. Combined finite-discrete element method for simulation of hydraulic fracturing. Rock Mechanics and Rock Engineering, 49（4）：1389-1410.

Zheng H，Li X. 2015. Mixed linear complementarity formulation of discontinuous deformation analysis . International Journal of Rock Mechanics and Mining Sciences，75: 23-32.

Zheng H，Zhang P，Du X L. 2016. Dual form of discontinuous deformation analysis. Computer Methods in Applied Mechanics and Engineering，305: 196-216.

岩石破裂过程分析 RFPA 方法

唐春安

（ 大连理工大学岩石破裂与失稳研究所，大连 116024 ）

摘　要：本文系统阐述了基于岩石细观统计损伤理论发展起来的岩石破裂过程分析 RFPA 方法的基本原理。通过对 RFPA 方法多年来的发展、完善并重新审视，以更近周密严谨的理论来描述该方法的基本理念、原理和有限元实现，以及通过并行计算实现岩石破裂过程分析精细模拟的实施方案。

关键词：岩石；破裂；有限元；数值计算

Rock Failure Process Analysis Method-RFPA

Chun'an Tang

(Institute of Rupture and Instability,Dalian University of Technology, Dalian 116024)

Abstract: This article systematically introduces the fundamental principles of Rock Failure Process Analysis (RFPA method) system, which developed based on the mesoscopic statistical damage theory. With the development and improvement of RFPA method in last several years, we introduce RFPA theory in this article in detail and more rigorous by deep inside the basic idea, principle and finite element implementation of the method. By using the parallel computing, this method can fine modeling the rock failure process in rock engineering.

Key Words: rock; fracture; finite element; numerical simulation

1　细观等效连续损伤统计分析方法与模型

对岩石介质来说损伤既是一种状态，又是一个过程，是涉及从微观到宏

通信作者：唐春安（1958—），E-mail: tca@mail.neu.edu.cn。

观各种尺度的过程，以及各层次的互相耦合。岩石内部包含的微裂纹、空洞、颗粒边缘等是微观和细观层面的缺陷，对其后继状态而言都是初始损伤，岩石变形过程中原有损伤的发展及新裂纹的产生都是岩石的损伤演化。尽管在一些材料工作者和力学工作者之间对损伤理论方面有不同的看法，但比较一致的看法是应该将微观、细观和宏观结合起来研究岩石材料的损伤和破坏（Nemat-Nasser and Hori, 1993; Tang et al., 1998; Pensee et al., 2002）研究混凝土的破坏机理。图 1 简要地描述了三者之间的关系。Zaitsev 和 Wittmann（1981）还定义了包含超微观概念的四个层次的尺度。

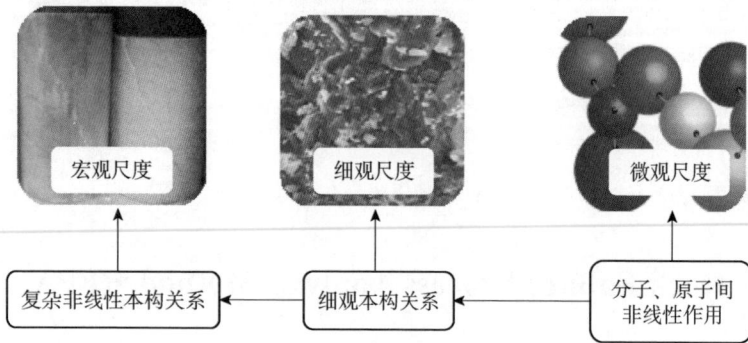

图1　宏观、细观、微观的关系示意图

岩石破裂分析方法（rock failure process analysis，RFPA）是基于细观力学原理发展起来的。这里所谓的细观尺度，就是不考虑任何小于细观层次的初始损伤、胶结物、晶体等具体结构，而认为它们是夹杂在具有细观尺度的代表性体积元（representative volume element，RVE）内，并采用均匀化的方法将这些原始缺陷与基质概化为细观等效连续介质单元来表述其本构关系和物理性质。就本方法采用的有限单元法而言，这个代表性体积元就是在计算模型中的一个单元（图 2），也即本方法所谓的基元。基元具有如下的力学特性。

（1）基元是细观损伤分析的最小单位，损伤演化是从基元层次开始的，是不可逆的。

（2）细观基元的力学性能在空间上服从某种统计分布，以此来表达岩石的非均匀特性。

（3）基元本身具有各向同性的性质，具有相对简单的本构关系，且只具有单一损伤模式。

（4）基元的损伤演化是应力、应变状态的函数。

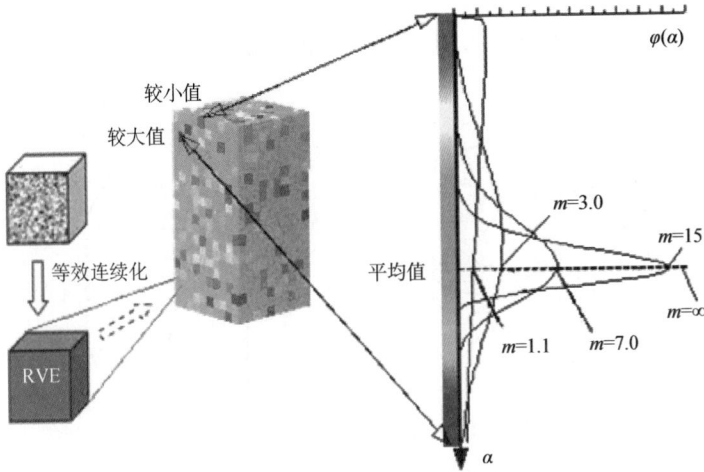

图2　代表性体积元等效连续化示意图及空间Weibull分布形式

2　岩石损伤破坏的宏、细、观区别与联系

2.1　宏观非线性与细观线性

对岩石而言，控制其变形行为的主要是大量存在的微裂隙（工程岩体中则是节理、结构面等），如图 3 所示。若在岩石中取一定尺寸的包含大量裂隙或结构面的区域 R_1，由于受到裂隙的影响作用，R_1 区域岩石（岩体）的整体力学性能具有明显的非线性特征，也即宏观非线性。但若在 R_1 区域内提取只包含少量裂隙的区域 R_2 进行岩石力学试验，尽管其在宏观上仍然具有一定的非线性变形特征，但相对 R_1 区域来讲，其非线性特征则明显减弱。随着所选取区域的进一步缩小，岩石所表现出来的力学性能更趋于弹脆性特征，如 R_3 区域所示。最终，当在岩石中选取的尺寸小到一定程度后，岩石所表现出来的力学特征则完全可以用弹脆性模型描述。大量的研究表明，岩石是具有明显细观非均匀特性的材料，这就造成岩石的细观微元体的力学性能在空间上分布不均，这也正如 Rao 等（1999）在 *Science* 上发表的文章表明："脆性材料包括陶瓷和玻璃的强度必须用统计参数，如韦布尔描述，因为它们包

含未知种类的裂纹和裂纹类缺陷"。

从这种意义上讲，岩石所表现出来的宏观非线性力学行为可以看成是由无数具有不同力学性能（非均匀特征）的细观线性基元组合而成，这种非均匀性则可以用统计分布方法加以描述，如图 3 所示。从上述的分析中可以看出，采用细观线性与岩石非均匀性相结合的方法可以模拟岩石的宏观非线性变形特性。

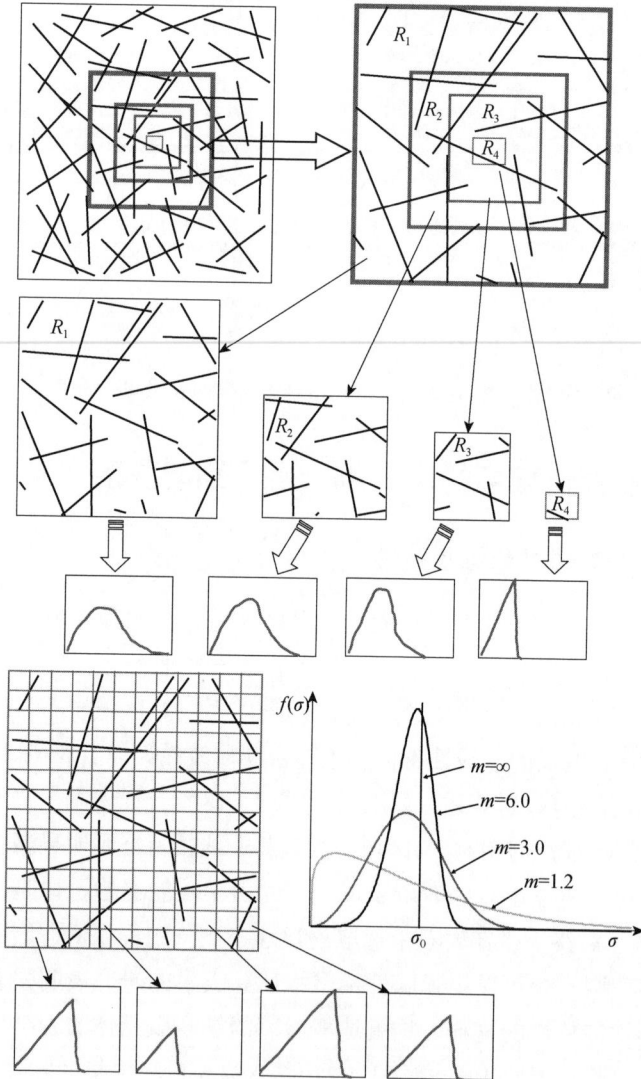

图3 宏观非线性与细观线性

2.2　数学连续而物理不连续

岩石（体）中包含大量的天然裂隙或不连续面，这给数学分析带来了极大的困难。更为难以处理的是，岩石的破坏过程包含了不断产生的裂隙、孔洞，且随着加载的进行而不断发展，由于岩石非均匀性的影响，某些裂缝或孔洞产生的位置在某种意义上是难以预测的。因此，要想对岩石复杂的破坏过程进行数学描述是极其困难的。例如，对不连续点（面）处求导数、求微分等数学问题的处理就十分复杂。为了处理岩石破坏过程所涉及的复杂数学问题，本文引入了"数学连续而物理不连续"的概念。

如图 4 所示，假设图 4（a）中的每一根弹簧代表一个细观单元，且这些单元的抗拉强度参差不齐，也即本文所说的非均匀性。当对整个弹簧体进行拉伸时，弹簧体将产生相应的变形，如图 4（b）所示。当拉伸应力增加到一定的应力水平时，抗拉强度较低的弹簧单元将产生拉伸断裂（破坏），如图 4（c）所示。此时若再对整个模型进行力学分析，则将涉及数学不连续的问题，需在破坏的弹簧处单独进行相应的数学处理。岩石的破坏常常在同一时刻有大量的不连续点或面，因此进行相应的数学处理显然是十分复杂的。本文尝试将破裂的弹簧设置成一根极软弹簧［图 4（d）］，从而可以保证整个模型的数学结构仍然是连续的，数学处理十分简单。尽管软弹簧（单元）的设置可能影响整个模型的应力场、位移场分布，但如果我们选取足够小的软弹簧（单元）的刚度，使其对整个模型的应力状态的影响足够小，就有可能足够精确地反映介质破裂的力学行为。为了界定软单元的取值问题，如图 5（a）所示的模型，在其中部开挖一空洞，并将此空洞充填成软单元。当软单元的刚度取不同值时，整个模型处于压缩状态条件下，$C—C'$剖面线上的应力分布如图 5（b）所示。由此可以看出，当空洞单元的弹性模量低于实体单元弹性模量的万分之一之后，空洞单元弹性模量的降低对结果的影响可以忽略。

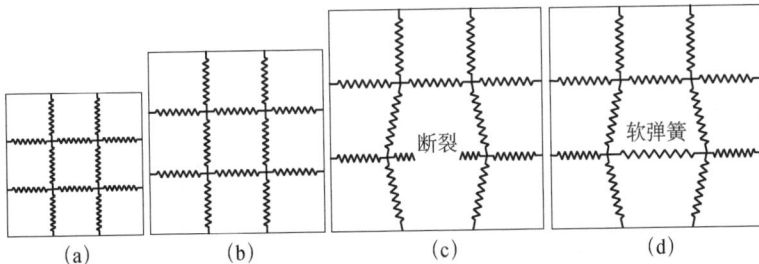

图4　弹簧体拉伸断裂的物理不连续与数学连续示意图

(a)

(b)

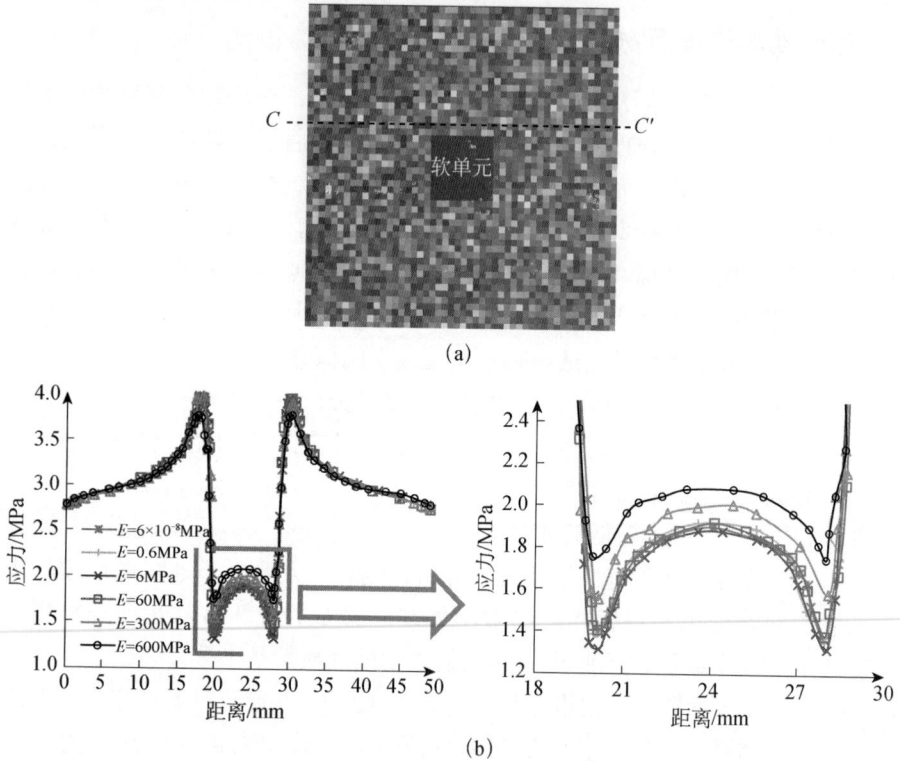

图5 空洞（软）单元取不同弹性模量时C-C'剖面线上的应力分布

根据上述原则，针对图6所示多条链破坏所造成的物理不连续点（面）的处理就显得极为简单，只需在相应的部位设置一定的软弹簧（或软单元）即可。其中图6（a）为初始模型，其在外荷载作用下产生变形，如图6（b）所示；随着荷载的继续增加，模型产生了开裂，实际的开裂图如图6（c）所示。开裂造成了模型的不连续，再继续进行计算则将遇到数学不连续的问题，但如果按照上述方法，在开裂处运用软弹簧取代原来的弹簧，整个模型则又是一个连续体，仍可以采用原来的方法计算，只是产生破坏的弹簧的刚度产生了变化。由此可以看出，采用本文的"数学连续而物理不连续"方法可以对复杂的岩石破坏问题进行断裂全过程的分析，并当单元的尺寸足够小时，可以得到足够高的计算精度。

上述有关岩石破裂过程分析中宏观非线性与细观线性、数学连续而物理不连续两个问题的讨论，将复杂的非线性、非连续的力学问题转化成简单的线性和连续介质力学问题。这极大地降低了非均匀岩石非线性问题计算处理的复杂度。

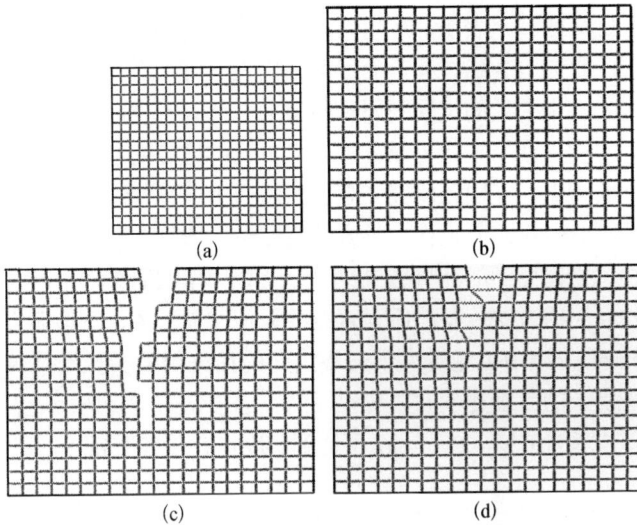

图6　多条链破裂的处理

2.3　断裂力学问题与损伤力学问题

岩石的破裂失稳与其已有的微裂纹的扩展、微孔洞的崩解密不可分，人们很容易想到采用断裂力学的方法研究岩石的破裂问题。从实质上说，经典断裂力学所研究的只是尖锐裂隙引起的应力集中导致裂纹的扩展问题。然而，对于岩石类非均匀脆性介质而言，缺陷不仅仅是以尖锐裂隙的形式出现，它也可能是孔隙或其他弱介质，其中软弱缺陷诱导着裂纹的扩展，而坚硬颗粒则阻碍着裂纹的扩展。运用断裂力学的另一个问题是，必须在介质中预先设置裂纹，这对于研究裂纹萌生、扩展、贯通等复杂的岩石破裂过程问题也是不适用的。对于岩石的破裂过程而言，岩石介质的非均匀性和裂纹的随机萌生、扩展恰恰是不容忽视的重要问题。

损伤力学在岩土工程方面的逐渐应用解决了某些断裂力学无法研究的问题，其从固体介质内局部缺陷的累积、发展的角度研究岩石宏观力学性质的劣化。将岩石作为一种有缺陷的地质材料，无疑是损伤力学相对传统强度理论的一个进步。但是，传统的宏观损伤力学只是从一种唯象的角度对介质破裂引起的力学性质弱化作简单的宏观描述，并没有涉及裂纹的萌生、扩展、相互作用直至贯通的全过程，而这一过程却正是研究岩石力学性质劣化程度所必须考虑的。正如 Krajcinovic（1985）指出，唯象学模型并不能有效地处理损伤的实际细观过程，只有通过细观力学模型的建立予以克服，其以此为依据建立了一个以细观力学为基础的损伤理论。

岩石失稳破坏的特点表明，运用断裂力学难以解决非均匀岩石材料中裂纹群的萌生、扩展、贯通与失稳过程，而运用损伤力学方法在某种程度上能弥补断裂力学的不足。岩石中裂纹的扩展既属于断裂力学问题，也属于损伤力学问题。可以通过在细观尺度上运用损伤力学方法研究单元的破裂问题，从而通过细观尺度单元破坏的不断积累、连同，研究宏观的断裂力学问题。通常的断裂力学研究的裂纹尖端尺寸一般较小，而损伤力学方法则取决于所划分单元的大小。如果单元的尺寸足够小，损伤力学的计算结果也逼近断裂力学所研究的范畴。因此，我们期望建立一种简洁的方法，既能研究岩石的损伤过程行为，又能研究岩石的裂纹扩展。在 RFPA 方法中，通过实现宏观结构的精细数值模拟，其单元尺寸足够小，就可以将复杂的断裂力学问题转化成简单的损伤力学问题。随着计算机性能的提高和计算技术的进步，这一方法可达到精度也会逐步提高。

2.4 拉伸破坏与剪切破坏

对于工程条件下的岩石材料而言，无论是不可恢复的变形，还是破坏失稳，都是岩石内部微裂纹的萌生、发展和积累的宏观表现。在不考虑应力主轴旋转的情况下，一点的应力状态可由三个主应力分量来表示。针对岩石损伤判据的研究颇为丰富，例如最大线应变理论、莫尔-库仑准则、Griffith 理论等，又如双剪理论、Hoek-Brown 准则等。但对岩石而言，拉伸破坏是破坏最为主要的一种形式。有研究表明，拉伸破坏带即使在宏观上看似剪切破裂带，但实质上却是大量的细观拉伸破坏组成的宏观剪切破坏带。例如，Healy 等（2006）曾在 *Nature* 上发表了题为 "Three-dimensional brittle shear fracturing by tensile crack interaction" 的文章，并明确指出："we believe that a brittle shear fracture nucleus, formed through the interaction and coalescence of tensile microcracks（我们相信，拉伸微裂纹的相互作用以及聚集形成了脆性剪切裂缝）"。这一观点已被相应的声发射试验所证实，正如其文章中描述到："这一概念被岩石变形实验测得的声发射数据支撑，代表拉伸微裂缝的新月形的声发射信号在剪切面边缘集中"。在 RFPA 分析系统中除了考虑岩石的剪切破坏外，最重要的是考虑了岩石的拉伸破坏特性，并引入了拉伸破坏判据。因此，其计算结果同样能体现上述有关岩石"剪切破裂带上的拉伸破坏"的结论。事实上，笔者分别于 1997 年（Tang，1997）和 2000 年（Tang et al.，2000）先后两次就岩石此类破坏问题进行了探讨，研究结果认为："这个阶段大部分的拉裂纹都分布在高应力的剪切变形区"。采用 RFPA 分析方法计算得到的"剪切破坏带中的拉伸破坏"现象如图 7 所示。

从上述分析中不难看出，岩石中的拉伸破坏形式必须在数值计算模型中加以考虑。同时，由于岩石同样也存在剪切破坏，在数值模型中引入剪切损伤准则也尤其重要。剪切破坏的判据有多种，例如双剪理论、莫尔强度理论，以及 Drucker-Prager 准则等。但对岩石而言，采用较多的则是莫尔–库伦剪切破坏准则。因此，在 RFPA 系统中，主要以带拉伸截断的莫尔-库仑准则为其损伤判据。

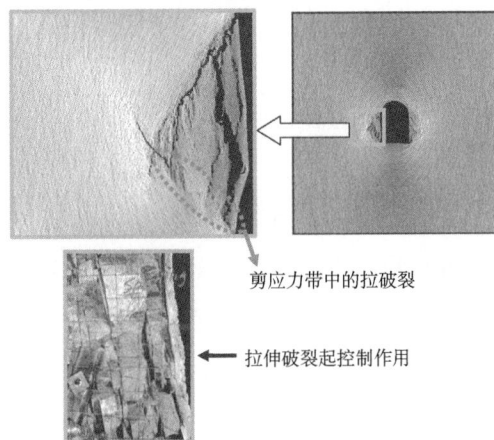

剪应力带中的拉破裂

拉伸破裂起控制作用

图7　采用RFPA方法计算得到的隧洞边墙劈裂破坏模式

2.5　损伤表面

为了研究多轴应力状态下岩石的强度及破坏特性等问题，需要进行不同主应力比例的岩石强度试验。通过大量试验，可以得到特定岩石的破坏曲面或简称为破坏面。从损伤力学的角度，这个破坏面也称为损伤表面（Dougill，1976；Krajcinovic，1985）。损伤表面不是一种推测或臆断，而是 Holcomb 和 Costin（1986）通过实验验证了脆性材料损伤表面的客观存在。

描述损伤表面的数学表达式称为损伤条件。岩石损伤表面需要用一种数学关系式来表述，这种关系式应表述为：当一点的应力状态满足下式的条件时，则该点的材料就恰好达到其材料强度条件，即

$$F(\sigma_1,\sigma_2,\sigma_3,K_1,K_2,K_3,\cdots)=0 \tag{1}$$

式中，σ_1、σ_2、σ_3 为主应力；K_1、K_2、$K_3\cdots$为由材料实验确定的参数。

式（1）亦可简写为如下形式：

$$F(\sigma_1,\sigma_2,\sigma_3)=0 \tag{2}$$

即材料参数 K_1、K_2、K_3 已包含在表达式中。

式（2）在主应力空间就可以画成某一种材料的强度曲面或称为破坏曲面。

相应于任何强度理论的强度条件的空间极限点都应落在这个曲面上。原点是零应力点，所以它不可能落在这种曲面上，换句话说，损伤表面是不可能和原点相交。损伤表面所包含的区域内部的所有点均可由纯弹性的应变途径达到，损伤保持不变；而损伤表面上的点表示处于损伤状态，并意味着可能有进一步的损伤演化发生。根据单元的损伤历史，损伤表面可区分为初始的和后继的。针对岩石的初始损伤（如微裂缝、微孔洞、空穴等），本文将其认为是造成岩石非均匀性的一个原因，因而在岩石的非均匀特性描述时已包含了此种因素。因此，本文的损伤主要是针对后继损伤，也即荷载作用下的损伤。

当

$$F(\sigma_1, \sigma_2, \sigma_3) < 0 \tag{3}$$

时，表示该岩石单元处于弹性状态；当

$$F(\sigma_1, \sigma_2, \sigma_3) = 0 \tag{4}$$

时，表示岩石单元处于损伤状态；而当

$$F(\sigma_1, \sigma_2, \sigma_3) > 0 \tag{5}$$

时，表明当前的应力状态已超过岩石单元的屈服强度。尽管此种应力状态在实际中是不存在的，但在数值计算过程中却是存在的。这是由于数值计算中每一步的加载增量不可能无限小，因此，如果在某一单元应力状态已接近其临界破坏阈值的基础上再增加一个微小的荷载增量 ΔF，则必将导致此时的应力状态超过其破坏阈值，因而需要对单元进行损伤处理，将其应力状态重新拉回到满足式（4）的应力状态，这将在后文详细阐述。

岩石在荷载作用下不断的变形、损伤、破坏，其整个损伤过程如图 8 所示。根据图 3 所阐述的宏观非线性变形与细观弹脆性变形之间的关系可知，在单元的应力状态还未达到其损伤阈值，也即在未达到损伤表面所确定的范围之内，单元可认为服从弹性本构关系（图 8 中①），损伤表面内部的状态都可通过弹性无损路径达到（图 8 中（a）的弹性加载路径）。随着荷载的增加，单元的应力状态达到或超过其初始强度（损伤表面 F_1）所规定的范围时，单元产生损伤（拉伸或者剪切），发生脆性跌落（如路径（b）所示），损伤表面回缩至残余强度面（损伤表面 F_2），回落在其表面上的应力点则处于残余强度状态（②所示的状态），并有可能继续发生损伤演化（如图 8 中③所示的损伤演化阶段）。当然，如果是理想弹塑性体，单元在达到或超过损伤表面 F_1 后，不会产生脆性跌落，而是沿着损伤表面 F_1 继续产生后续的损伤。因此，如果在计算模型中引入一个残余强度系数 λ，其数值上等于残余强度与初始强度的比值，那么当 $\lambda=1$ 时即为理想弹塑性模型，此时的损伤表面 F_1 和损伤表面 F_2 相重合；而当 $0 \leqslant \lambda < 1$ 时为弹脆性损

伤模型。对于处于损伤状态的点有 $D\neq0$（D 为损伤变量），且 $F(\sigma)=0$。满足 $F(\sigma)<0$ 的点不会使得损伤继续发展，或可能是处于卸载状态；而满足 $F(\sigma)=0$ 的点，其应力状态保持在损伤表面上；满足 $F(\sigma)>0$ 的点，意味着后继损伤的开始，而这样的点其实并不会真实存在。这就需要在下一步计算时将这种并不真实存在的应力点拉回到损伤表面，以及采用与之相匹配的材料力学性质的描述，也即演化过程中不会脱离残余强度所限定的损伤表面。对于理想弹塑性模型，或者理想弹-脆-塑性模型，单元的应力状态将始终保持在损伤表面 F_2 上。但对于岩石类材料而言，当其应变达到一定程度后，会出现拉伸断裂或再次压密现象，也即具有极限拉伸和极限压缩阈值（图 8 中③所示的状态）。当然，这里所谓的拉伸断裂和压密是不可恢复的，不能像金属材料那样压密后可重新恢复抗压强度和抗拉强度，而是在围压作用下具有一定的承压能力，但不具有承拉能力。因此，为了完整表征这种演化特性，需要引进一个"极限"参数（拉伸损伤极限 D_t 和压缩损伤极限 D_c）。严格地说，这个极限值应该等于 1，但是从应用角度出发，考虑到介质有可能拉裂而完全失去残余强度或压缩直至介质完全压密而相变成高密度材料（如密实核），实际中的拉伸极限值比 1 要小，且此时单元的弹模 $E\to\zeta$（ζ 为一很小的数，如 10^{-4}），即单元拉伸破裂，处于拉伸分裂态，对于压缩阶段，当损伤达到 D_c 值时，单元处于压密状态，且其刚度与围压有关，围压越大，其刚度也越大，反之则越小。

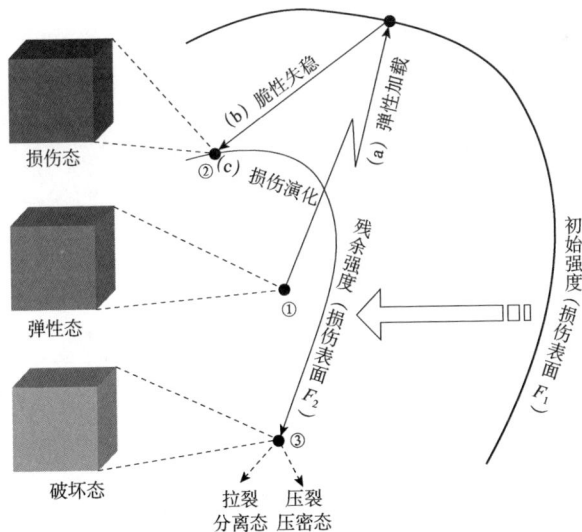

图8 损伤演化流程

①、②、③分别为不同加载时期岩石的应力状态，（a）、（b）和（c）分别为不同应力状态下的力学响应

　　在 RFPA 系统中采用具有拉伸截断的莫尔-库仑准则为损伤判据。其中拉伸截断作为拉伸损伤准则，其是第一损伤判据（准则），而莫尔-库仑准则作为剪切损伤判据。当细观单元达到抗拉强度 f_t 时，意味着拉伸损伤的开始。损伤表面函数（岩石力学符号制）为

$$F_t(\sigma) = -\sigma_3 - f_t = 0 \qquad (6)$$

　　而当单元应力状态满足莫尔-库仑条件时，单元发生剪切损伤。损伤表面函数为

$$F_s(\sigma) = \sigma_1 - \sigma_3 \frac{1 + \sin\varphi}{1 - \sin\varphi} - f_c = 0 \qquad (7)$$

式（6）和式（7）中，φ 摩擦角；f_t 和 f_c 分别是单轴抗拉强度和抗压强度；F_t 代表拉伸损伤表面函数；F_s 则代表剪切损伤表面函数。

　　由 σ_1-σ_3 主轴所确定的带有拉伸的莫尔-库仑准则将所有的应力状态划分为四个区域，如图 9 所示。这里假设 $\sigma_1 \geqslant \sigma_3$，因此只考虑 σ_1-$\sigma_3 \geqslant 0$ 的区域。从图中可以看出，拉伸准则线把整个平面划分成左右两个区域，而剪切破坏准则把整个平面划分为沿斜线上下的两个区域。这两个准则所划分的平面存在一个重合区域。从图中四个区域来看，单元主要有以下几种破坏形式（其中 I 区为弹性区，单元不产生破坏）：

　　（1）压缩引起的剪切破坏（Ⅱ区）。

　　（2）拉伸引起的拉伸破坏（Ⅲ区）。

　　（3）剪切和拉伸复合破坏（Ⅳ区）。

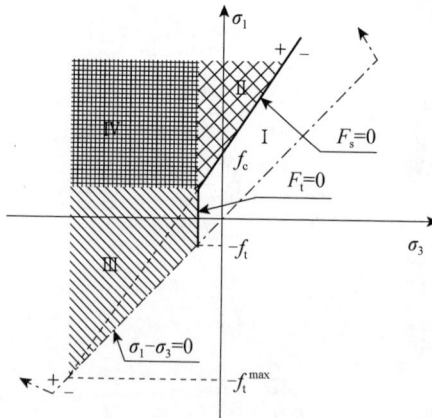

图9　σ_1-σ_3主轴所确定的带有拉伸的莫尔-库伦准则及性质分区（$\sigma_1 \geqslant \sigma_3$）

岩石类材料的抗拉强度较低，在细观层次上更多的是以张拉破坏形式出现，因此做如下假定，即认为细观单元只具有单一破坏模式，同时张拉损伤在细观尺度下是主要破坏模式，因此认为Ⅳ区受控于第一损伤准则，对于达到第一损伤准则的单元不再判断是否满足第二损伤准则。这样，细观单元的破坏则只有拉伸破坏和剪切破坏两种形式。

在图 8 中，当基元的应力状态达到初始强度，也即第一损伤表面 F_1 时，单元产生损伤。如果运用理想弹塑性模型，单元的应力不产生跌落，则此后单元的应力保持在第一损伤面 F_1 上。但对岩石这类准脆性材料而言，用理想弹塑性模型无法模拟其力学特性，这是因为当应力达到第一损伤面 F_1 时，单元的应力必定产生跌落，正如在 RFPA 分析方法中运用残余强度来模拟单元首次破坏之后的力学特性，单元的应力也回落到由残余强度所限定的损伤表面 F_2 上。

3　损伤处理

3.1　拉伸损伤

当细观单元承受的拉应力超过单元的最大抗拉强度时，单元产生拉伸损伤。在 RFPA 中认为单元的拉伸损伤具有脆性特征（$d_\varepsilon=0$，d_ε 表示损伤变量对应变 ε 的导数）。在如图 10 所示的拉伸损伤演化过程中表现为垂直跌落至 b 点，而不会是 a 点（$d_\varepsilon<0$）或 c 点（$d_\varepsilon>0$）。从损伤表面 F_1 到损伤表面 F_2 服从等向脆性（图 8），即 F_1-F_2=const。损伤演化过程是从一个损伤态 D 变化到另一个损伤态 D' 的过程，而应力状态始终满足一致性条件 $F(\sigma)=0$，保持在损伤表面上（图 10 中的 $b{\to}d$）。正如前文所述，某些时候也存在 $F(\sigma)>0$ 的情况，此时单元的应力状态并没有落在损伤表面之上，如图 10 中的 e 点。这就需要通过刚度退化的方法使得 e 点回落到损伤表面 F_2 之上的 d 点。

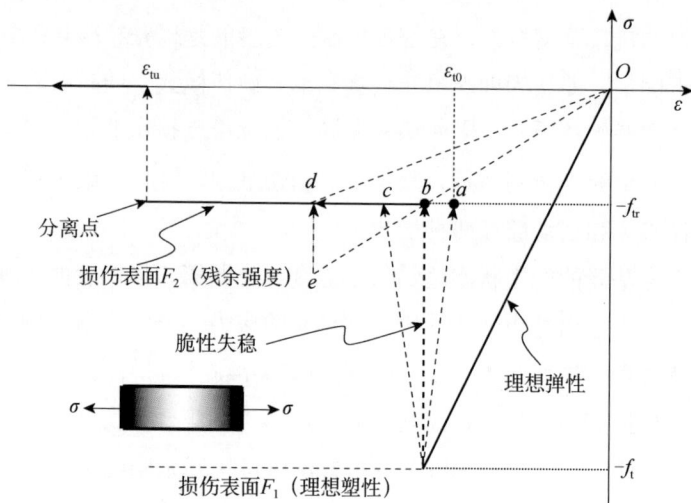

图10 拉伸荷载作用下单元的损伤演化规律示意图

根据图 10 可得到拉伸损伤条件下的损伤变量 D 为

$$D = \begin{cases} 0, & \varepsilon < \varepsilon_{t0} \\ 1 - \dfrac{\lambda \varepsilon_{t0}}{\varepsilon}, & \varepsilon_{t0} \leqslant \varepsilon < \varepsilon_{tu} \\ 1, & \varepsilon \geqslant \varepsilon_{tu} \end{cases} \tag{8}$$

式中，f_t 表示细观单元的抗拉强度；λ 为单元的残余强度系数(0～1)，即 $\lambda = f_{tr}/f_t$，f_{tr} 为损伤后单元的残余强度；ε_{t0} 是弹性极限拉应变，即 $\varepsilon_{t0} = -f_t/E$，$E$ 为未损伤单元的弹性模量；ε_{tu} 是最大拉应变，也即当单元的拉应变达到 ε_{tu} 时，单元完全失去承载能力；E_0 是单元未损伤时的弹性模量。

在 RFPA 方法中，以拉伸为正，压缩为负。式（8）中的 ε 是在一维情况下的应变量，可以根据 Mazars（1984）理论将其推广导三维空间中，即

$$\bar{\varepsilon} = -\sqrt{\langle \varepsilon_1 \rangle^2 + \langle \varepsilon_2 \rangle^2 + \langle \varepsilon_3 \rangle^2} \tag{9}$$

式中，ε_1、ε_2 和 ε_3 分别为三个方向的主应变；$\langle x \rangle$ 表达式可以描述为

$$\langle x \rangle = \begin{cases} x, & x \leqslant 0 \\ 0, & x > 0 \end{cases} \tag{10}$$

3.2 剪切损伤

当单元承受的剪切应力超过其能承受的最大抗剪强度时，则产生剪切损

伤。与拉伸损伤类似，RFPA 认为单元的剪切损伤与拉伸损伤一样，都具有脆性特征（$d_\varepsilon=0$）。如图 11 所示的剪切损伤演化过程中表现为脆性跌落至 b 点（b 点即为 $d\varepsilon=0$ 的点），而不会是 a 点（$d\varepsilon<0$）或 c 点（$d\varepsilon>0$）。从损伤表面 F_1（即初始强度所限定的损伤表面）到损伤表面 F_2（即残余强度所限定的损伤表面）服从等向脆性（图 8），即 F_1-F_2=const。损伤演化过程是从一个损伤态 D 变化到另一个损伤态 D' 的过程，而应力状态始终满足一致性条件 $F(\sigma)=0$，保持在损伤表面上（图 11 中的 $b\rightarrow d$）。正如前文所述，某些时候也存在 $F(\sigma)>0$ 的情况，此时单元的应力状态并没有落在损伤表面之上，如图中的 e 点。这就需要通过刚度退化的方法使得 e 点回落到损伤表面 F_2 之上的 d 点。需要提及的是，与拉伸损伤最后的分离不同，压缩导致的剪切损伤并不产生分离，而是接触，如图 11 中 f 点所示。也即当单元超过极限压缩应变 ε_{cu} 时，预示着单元被压密，可以继续传递应力，但是原来承担的应力究竟降为 0，还是继续保持着这种残余值，还是突然降为 0 之后立即提升，这一点尚不确定，对这一段的研究也鲜有报道。笔者认为可以采取如下方法处理，即保留单元的残余强度，刚度重建到初始水平。

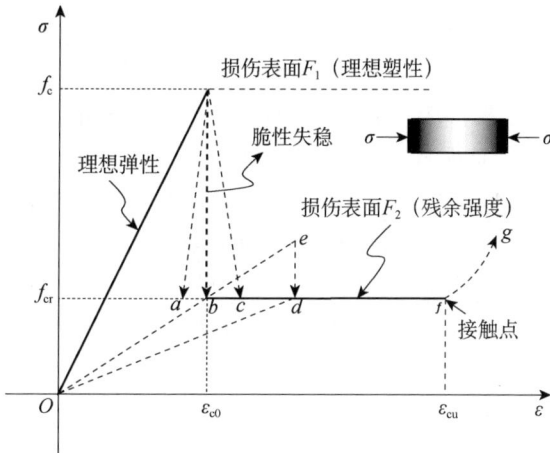

图11 压缩荷载作用下单元的损伤演化规律示意图

根据图 11 可得到剪切损伤条件下的损伤变量 D 为

$$D = \begin{cases} 0, & \varepsilon < \varepsilon_{c0} \\ 1-\dfrac{\lambda\varepsilon_{c0}}{\varepsilon}, & \varepsilon_{c0} \leqslant \varepsilon < \varepsilon_{cu} \\ \text{刚度重建，接触处理}, & \varepsilon \geqslant \varepsilon_{cu} \end{cases} \quad (11)$$

式中，λ 的定义与拉伸损伤相同；ε_{c0} 是单元的最大压缩主应力达到其单轴抗压强度时对应的最大压缩主应变，即 $\varepsilon_{c0}=f_c'/E$，f_c 表示损伤单元的抗压强度；ε_{cu} 为极限压缩应变，超过此值后单元进入接触处理流程。

对岩石和混凝土类准脆性材料而言，特别是在特殊细观尺度的情况下，单元主要发生拉伸破坏，因此，如果细观单元同时满足拉伸破坏准则和剪切破坏准则时，则以拉伸破坏准则优先。

4 关于RFPA分析方法的探讨

尽管 RFPA 分析方法是一个基于细观力学的新型岩石破裂过程分析方法，但其分析模拟结果也应与相应的试验结果和理论结果相符。为此，我们从以下五个方面对 RFPA 分析方法进行阐述。这五个问题也被称为 RFPA 分析方法的五个考题，即双轴加载围压效应、理想弹塑性加载曲线、边坡极限承载力、重力坝抗滑稳定性、离心加载法。

4.1 双轴加载围压效应

采用 RFPA 方法计算不同围压情况下的岩石试件强度，通过绘制莫尔圆，计算 C、φ 值，并与解析解的对比结果如图 12 所示。从 RFPA 数值分析结果表明，RFPA 分析方法与解析解之间的相对误差基本上在 2%以内，这也验证了 RFPA 模拟多轴加载条件下围压效应的有效性。

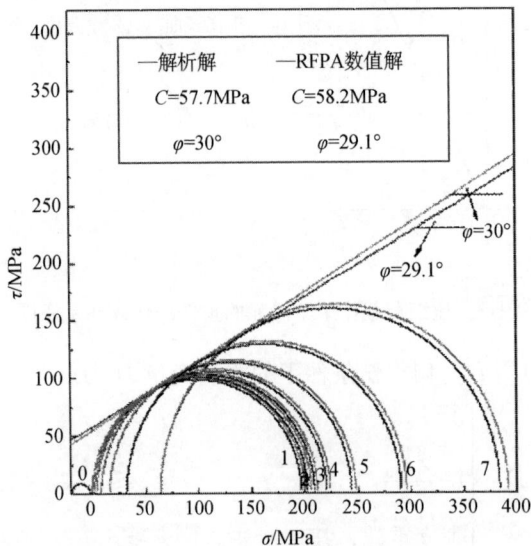

图12 岩石的围压效应（RFPA分析方法与解析解对比）

4.2 理想弹塑性加载曲线

通常认为岩石的破坏具有脆性特征，但某些研究中仍需假设其服从理想弹塑性本构模型。在很多的商用力学分析软件中都提供了理想弹塑性模型。这里主要通过 Marc 软件和 RFPA 分别模拟单轴加载下二维块体和三维块体的变形特征，提取宏观的应力-应变曲线，并把两者与理论值进行对比，以此验证 RFPA 方法的理想弹塑性模型的可靠性。计算结果如图 13 所示。模拟结果表明，无论是二维还是三维模型，所得到的轴向屈服应力、弹模值和变形过程的数值解与 Marc 商用软件的结果都十分接近。Marc 软件中的理想弹塑性模型在峰值拐点处与理论值有一定的差距，但 RFPA 分析方法却能更真实地逼近理想弹塑性模型，这也显示出 RFPA 分析方法的优越性。

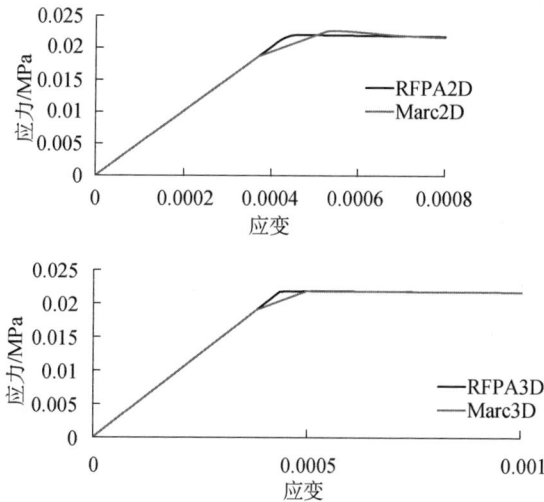

图13 单轴加载下岩石的理想弹塑性本构关系图（RFPA、Marc分析方法对比）

4.3 边坡极限承载力

边坡稳定性分析的目的是为了求得边坡的安全程度或边坡的极限承载力的大小。边坡极限承载力问题，也就是已知外荷载作用下的边坡稳定问题，一直是岩土工程界的热门研究课题。极限平衡方法是边坡稳定分析方法中最广泛应用的方法，该方法理论上简单，易于实施。而另一个广泛应用的方法是有限单元法，可以处理任意土质、几何、荷载、边界和本构条件。RFPA 分析方法实际上也属于有限元分析的范畴，因此，本节针对极限分析的基本假定，无重量边坡在垂直表面荷载作用下，分别选用不同边坡倾角、不同内摩擦角等参数，运用 RFPA 进行数值计算，将极限荷载的数值计算结果与理论解析解进行比较，验证 RFPA 在边坡承载力分析中的有效性，计算结果如图 14 所示。从计算结果中可以看出，对于内摩擦角为 10° 的情况，当坡角小于 70° 时，所有计算结果与解析解的相对误差不超过 15%。对于内摩擦角为 30° 的情况，当坡角超过 45° 时，所有计算结果与解析解的相对误差不超过 10%。这一算例也表明，RFPA 方法在边坡稳定性分析中具有良好的精度。由于 RFPA 分析方法操作方便，有利于在工程中普及应用。

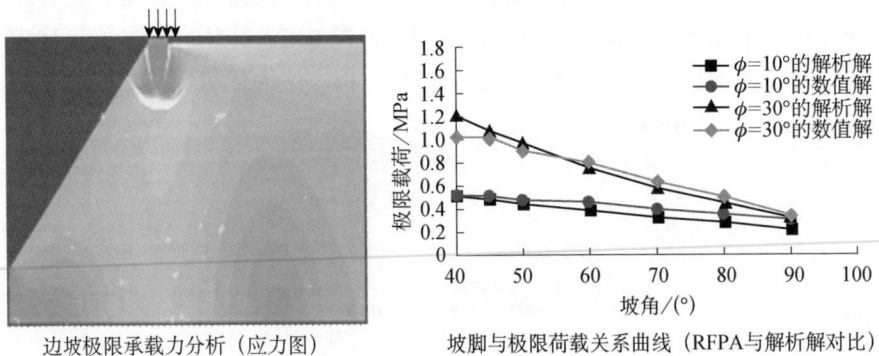

边坡极限承载力分析（应力图）   坡脚与极限荷载关系曲线（RFPA与解析解对比）

图14　边坡极限承载力分析结果（RFPA分析方法与解析解对比）

4.4　重力坝抗滑稳定性

重力坝失事往往是由于滑动导致的，因此抗滑稳定问题仍然是目前重力坝稳定的主要问题。若坝基内存在不利的软弱结构面，往往是影响坝体安全的关键性问题，在设计过程中不仅要核算沿着建基面的抗滑稳定性，还须核算坝体带动一部分岩基沿软弱面失稳的可能性。这个问题称为重力坝的深层抗滑稳定问题。本算例以重力坝抗滑稳定性分析为例，通过滑裂面、安全系数求解分析，与 Sarma 法对比，验证 RFPA 强度折减法的可靠性。计算模型如图 15 所示。在坝基中有 ABD 和 CB 两条断层，且交汇于 B 点。分别进行两种工况分析，工况 A 是指定滑裂面 ABC，而工况 B 则是坝基面下 AD 面固定。两种工况的 RFPA 方法和 Sarma 法计算结果如表 1 所示。采用 RFPA 方法分析时，主要是运用了其集成的强度折减模块。从计算结果中可以看出 RFPA 强度折减法计算得到的重力坝抗滑稳定性的结果（滑裂面、安全系数）与 Sarma 法的计算都较为接近，也表明 RFPA 方法在分析重力坝抗滑稳定性方面是可靠的。

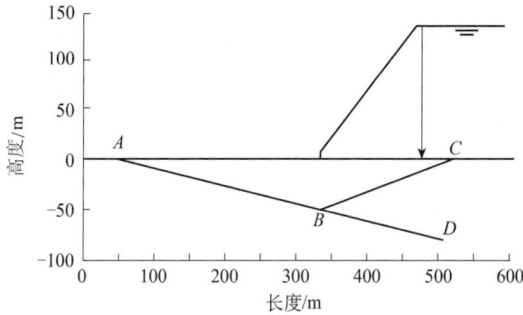

图15　重力坝抗滑稳定性分析模型示意图

表 1　重力坝抗滑稳定性分析的 RFPA 方法和 Sarma 法对比

工况	RFPA 方法	Sarma 法	相对误差
工况 A（指定滑裂面 ABC）	2.170	2.193	1.04%
工况 B（坝基面下 AD 面固定）	4.550	4.943	7.94%

4.5　离心加载法

根据离心加载原理，当一个模型减小 n 倍，再将该模型的体力增加 n 倍，则该两个模型将是等效的。因此，通过对一原位尺度模型及等比例缩小 10 倍模型进行 RFPA 离心数值模拟，通过应力、变形及安全系数等模拟对比，以此验证 RFPA 离心机加载法的合理性和有效性。计算模型如图 16 所示，其中模型 A 和模型 B 的尺寸相差 10 倍，但开挖的方孔的相对位置相同。根据离心机法计算得到的模型 A、B 在 A-A' 剖面上的应力和位移分布曲线如图 17 所示，由此可以看出，两者无论是应力场还是位移场数据都具有很好的一致性。当大模型增加到 26g，小模型增加到 260g 时的破坏结果如图 18 所示，由此可看出其破坏模式也具有一致性。

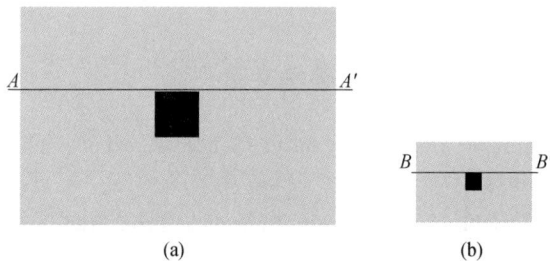

(a)　　　　　　　　　　(b)

图16　离心机法计算模型示意图

（a）原尺度模型A；（b）尺寸缩小10倍后的模型B

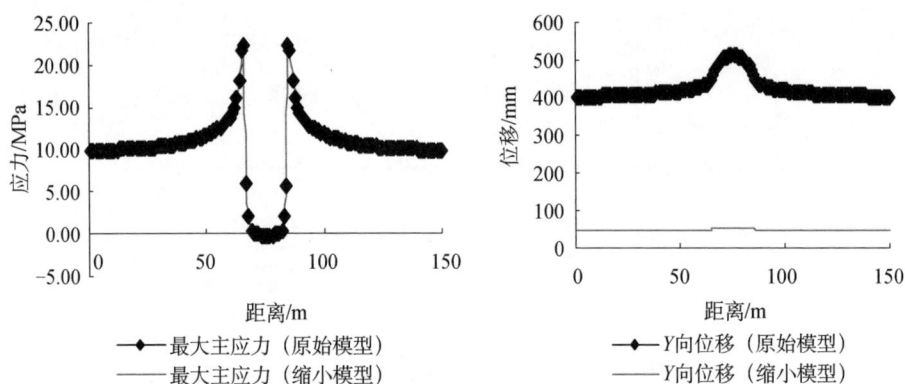

图17　RFPA模拟得到的最大应力和位移分布

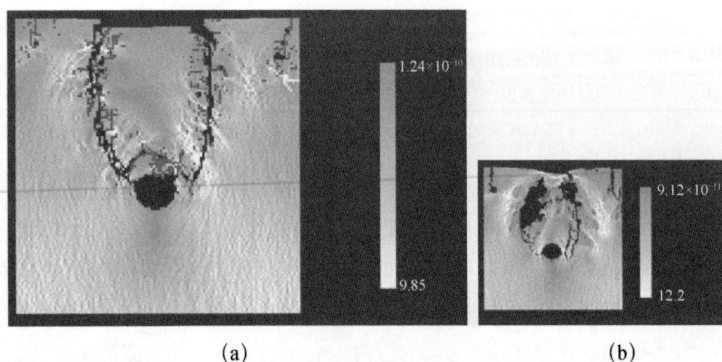

(a)　　　　　　　　　　　　　　　　(b)

图18　RFPA模拟得到的不同比尺模型的破坏模式（剪应力分布图，单位：MPa）

（a）26g的离心力；（b）260g的离心力

从上述的对比研究中可以看出，应用 RFPA 离心加载法对相差 10 倍的A、B 大小模型的数值分析表明，不管是应力分布、位移和破坏模式，模拟结果均符合离心机实验的基本原理和预计结果。

参考文献

Dougill J W. 1976. On stable progressively fracture solids. Journal of Applied Mathematics. and Physics，27（4）: 423-437.

Healy D，Jones R R，Holdsworth R E. 2006. Three dimensional brittle shear fracturing by tensile crack interaction. Nature，439(5): 64-67.

Holcomb D J，Costin L S. 1986. Detecting damage surfaces in brittle materials using acoustic emissions. Journal of Applied Mathematics，53（3）: 536-544.

Krajcinovic D. 1985. Constitutive theories for solids with defective microstructure//Damage Mechanics and Continuum Modeling，ASCE：39-56.

Mazars J. 1984. Application de la mécanique de I'endommagement au comportement non liénaire et à la rupture du bé la rupture du béton de structure. Paris: University of Paris 6.

Nemat-Nasser S，Hori M. 1993. Micromechanics: Overall Properties of Heterogeneous Materials. Amsterdam: North-Holland.

Pensee V，Kondo D，Dormieux L. 2002. Micromechanical analysis of anisotropic damage in brittle materials. Journal of Engineering Mechanics ASCE，128(8): 889-897.

Rao M P，Sánchez-Herencia A J，Beltz G E，et al. 1999. Laminar ceramics that exhibit a threshold strength. Science，286(5437): 102-105

Tang C A. 1997. Numerical simulation on progressive failure leading to collapse and associated seismicity. International Journal of Rock Mechanics and Mining Science，34(2): 249-261.

Tang C A，Yang W T，Fu Y F，et al. 1998. A new approach to numerical method of modeling geological processes and rock engineering problems-continuum to discontinuum and linearity to nonlinearity. Engineering Geology，49(3-4): 207-214

Tang C A，Liu H，Lee P K K，et al. 2000. Numerical studies of the influence of microstrcture on rock failure in uniaxial compression，Part I: Effect of heterogeneity. International Journal of Rock Mechanics and Mining Science，37(4): 555-569.

Zaitsev Y B，Wittmann F H. 1981. Simulation of crack propagation and failure of concrete. Materials and Structures，14 (2): 357-365.

特高拱坝变形破坏机制与控制研究

杨　强，刘耀儒，程　立

（清华大学水沙科学与水利水电工程国家重点实验室，北京 100084）

摘　要：拱坝破坏是一个渐近破坏过程，规范设计方法采用的破坏机制与实际相差很远。地质力学模型试验与非线性有限元法等整体变形稳定分析方法对特高拱坝尤为重要，但离成为设计方法尚有距离。本文针对整体变形稳定分析方法中的超载安全度、不平衡力等关键性指标，就其与破坏过程和与规范设计指标的相关性、数值方法意义等进行了系统深入的分析。近年来特高拱坝锦屏一级、溪洛渡在初期蓄水过程中都发现有显著的谷幅收缩、库盆沉降现象，难以用常规的渗流和应力分析加以解释。本文深入分析了蓄水过程对库岸边坡的作用机制，在太沙基有效应力原理的基础上，提出了非饱和裂隙岩体有效应力原理，成功解释了蓄水诱发的异常变形。

关键字：特高拱坝；初期蓄水；有效应力原理；不平衡力；超载系数

On Mechanisms and Control of Deformation and Failure of Super-high Arch Dams

Qiang Yang, Yaoru Liu，Li Cheng

(State Key Laboratory of Hydroscience and Hydraulic Engineering, Tsinghua University, Beijing 100084）

Abstract: The failures of arch dams are usually progressive failure processes, which cannot be well described by the design methods in the design code of arch dams. The geomechanical model test and nonlinear FEM are of fundamental importance for the design of super-high arch dams, but there exist some difficulties for them to be design methods. Critical review of some important indexes in the

---

通信作者：杨强（1964—），E-mail: yangq@mail.tsinghua.edu.cn。

geomechanical model test and nonlinear FEM, e.g., overloading factors and unbalanced forces, are conducted in this paper for their correspondences to the progressive failure processes and design code, and their significances in numerical methods. The initial impoundment of super-high dams, such as Jinping-I and Xiluodu, has induced significant reduction of valley width, which cannot be explained by conventional seepage and stress analysis. As a generalization of Terzaghi principle of effective stress for saturated soils, the principle of effective stress for unsaturated jointed rock mass is proposed in this paper and used to describe the reduction of valley width very well.

Key Words: super high arch dam; initial impoundment; effective stress principle; unbalanced forces; overloading factors

1 引言

在世界已建成的 10 座最高的拱坝中，中国有 5 座，位居前三位的均为中国的 300m 级特高拱坝，锦屏一级（305m）、小湾（294.5m）、溪洛渡（285.5m）（贾金生，2013），这些工程突破现有的设计规范。传统的拱坝设计方法主要包括基于多拱梁法的应力分析和坝肩抗滑稳定分析，其基本特征是不考虑坝和坝基间的非线性相互作用。奥地利 Konbrien 拱坝遵循传统的拱坝设计方法，但却出现了严重的坝踵开裂（汝乃华和姜忠胜，1995；李瓒等，2004），如图 1 所示。

图1 奥地利Konbrien拱坝坝踵开裂

拱坝整体稳定分析将拱坝和一定区域内的坝基视为一个整体考虑，通过地质力学模型试验或非线性有限元等数值方法，以超载或降强的方式来研究拱坝体系的破坏规律，有时也称之为变形稳定。周维垣等（2004）系统地开展我国特高拱坝的地质力学模型试验，定性定量地揭示了拱坝非线性破坏规律，并在此基础上提出了"拱坝非线性设计"的理念，在高拱坝工程中得到广泛应用。

地质力学模型试验表明，拱坝极限承载力可达 6~10 倍水荷载，但非线性有限元法计算拱坝极限载荷时经常遇到计算不收敛现象（杨强等，2002a，2002b，2003），甚至在超载初期就会遇上。作者探讨了这种不收敛所对应的物理意义，在此基础上提出了以不平衡力为核心的变形加固理论（杨强等，2004，2008，2010；杨强和薛利军，2008）。不平衡力就是结构体系的要调整的非线性内力。潘家铮和陈式惠（1997）也强调了要以非线性内力重分布的能力看待特高拱坝稳定性。本文以变形加固理论为基础，对特高拱坝变形稳定的分析理论、方法、概念和控制标准进行总结、阐述和澄清。

我国特高拱坝主要集中在我国西南地区。河谷快速下切和强褶皱山系在时间和空间上叠加形成了西南地区河谷陡峻、高地应力的复杂地形地质结构及水文地质条件，使得坝址区地质体在天然情况下即处于临界平衡或者接近临界平衡的状态。特高拱坝坝水库蓄水显著打破了这一临界平衡状态，产生谷幅收缩（图 2）和水库诱发地震等非平衡现象。著名的拱坝事故多集中在蓄水初期：法国 Malpasset 拱坝蓄水 5 年后溃坝（图 3、图 4），奥地利 Konbrien 拱坝蓄水当年即发生坝踵开裂（图 1），意大利瓦依昂拱坝蓄水 3 年后因滑坡涌浪破坏，我国二滩拱坝蓄水 3 年后下游坝面开裂（图 5）。

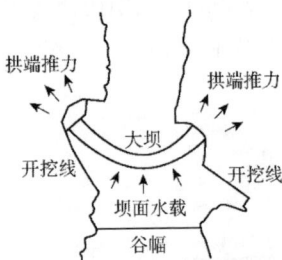

图2　拱坝谷幅

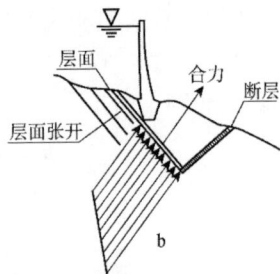

图3　Malpasset拱坝破坏机理

图4　Malpasset拱坝溃坝

图5　二滩拱坝下游坝面裂缝

拱坝是高次超静定结构，对坝基变形尤其是非均匀变形极为敏感。对谷幅变形这种坝基的主动变形，其产生的机制及其工程效应在以往设计和研究方法中都没有得到充分考虑和研究。目前坝肩渗流分析主要还是沿用饱和土体的渗流分析，这套分析方法无法说明蓄水后谷幅收缩现象。张有天（2004）总结了土体渗流和岩体渗流的重大差异。杨强等（2015a，2015b）发展了一套岩体非饱和渗流分析方法，该方法很好说明了锦屏一级拱坝谷幅收缩现象，本文将完善其理论核心——非饱和裂隙岩体有效应力原理。

2 变形加固理论

在非线性有限元分析中，计算不收敛意味着解不存在。对一个连续体结构，如果解（包括应力场和位移场）存在，则该解需要同时满足平衡条件、变形协调条件和本构关系。在基于位移法的弹塑性有限元分析中，变形协调条件自然满足，不收敛表现为满足平衡条件的应力场无法全部满足屈服条件。对满足平衡条件的应力场 $\boldsymbol{\sigma}_1$，其平衡条件在有限元法内表示为

$$\sum_e \int_{V_e} \boldsymbol{B}^{\mathrm{T}} \boldsymbol{\sigma}_1 \mathrm{d}V = \boldsymbol{F} \tag{1}$$

式中，对所有单元 e 求和，$\boldsymbol{F}$ 为外荷载等效结点力向量；$\boldsymbol{B}$ 为应变矩阵；V 为任一单元体体积。由于应力场 $\boldsymbol{\sigma}_1$ 无法全部满足屈服条件，就是在某些区域或高斯点有 $f(\boldsymbol{\sigma}_1) > 0$，如图6所示。

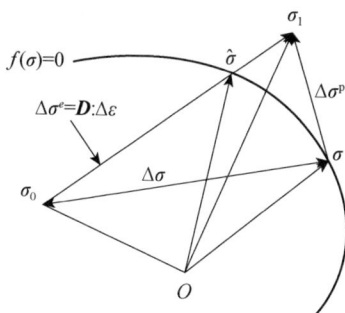

图6 弹塑性应力调整图

具体到某一高斯点，若 $f(\boldsymbol{\sigma}_1) > 0$，则需将应力 $\boldsymbol{\sigma}_1$ 调整至屈服面 $\boldsymbol{\sigma}$，其差值为塑性应力 $\Delta\boldsymbol{\sigma}^{\mathrm{p}} = \boldsymbol{\sigma}_1 - \boldsymbol{\sigma} = \boldsymbol{D} : \Delta\boldsymbol{\varepsilon}^{\mathrm{p}}$，其中 $\Delta\boldsymbol{\varepsilon}^{\mathrm{p}}$ 为塑性应变增量。在弹塑性有限元分析中，$\Delta\boldsymbol{\sigma}^{\mathrm{p}}$ 的等效结点力即为不平衡力

$$\Delta\boldsymbol{Q} = \sum_e \int_{V_e} \boldsymbol{B}^{\mathrm{T}} \Delta\boldsymbol{\sigma}^{\mathrm{p}} \mathrm{d}V \tag{2}$$

将 $\boldsymbol{\sigma}_1 = \boldsymbol{\sigma} + \Delta\boldsymbol{\sigma}^{\mathrm{p}}$ 及式（2）代入平衡条件式（1）得

$$\sum_e \int_{V_e} \boldsymbol{B}^{\mathrm{T}} \boldsymbol{\sigma} \mathrm{d}V + \Delta\boldsymbol{Q} = \boldsymbol{F} \tag{3}$$

注意调整后的应力场 $\boldsymbol{\sigma}$ 全面满足屈服条件，故其等效节点力可视为结构的自承力。故式（3）可理解为在节点力水平上，结构内力为结构自承力和不平衡力之和，以此和外荷载平衡：结构自承力＋不平衡力＝外荷载。该式说明结构在外荷载 $\boldsymbol{F}$ 的作用下，若无法自稳（即无法全面满足屈服条件），可以对结构施加一个和不平衡力 $\Delta\boldsymbol{Q}$ 大小相等、方向相反的加固力，此时结构内力（即为 $\boldsymbol{\sigma}$）全面满足屈服条件，结构稳定。由式（2）可知，不平衡力向量 $\Delta\boldsymbol{Q}$ 是由初应变 $\Delta\boldsymbol{\varepsilon}^{\mathrm{p}}$ 产生的荷载向量，故加固力是自平衡力系。对给定外荷载，结构自承力和加固力有无穷多组合，哪一个是真实的？针对关联的理想弹塑性材料构成的结构，杨强等（2004，2008，2010）提出了最小塑性余能原理：真实塑性应力场 $\Delta\boldsymbol{\sigma}^{\mathrm{p}}$ 必使结构塑性余能 ΔE（即余能范数）最小化，即

$$\Delta E = \frac{1}{2}\int_V \Delta\boldsymbol{\sigma}^{\mathrm{p}} : \boldsymbol{C} : \Delta\boldsymbol{\sigma}^{\mathrm{p}} \mathrm{d}V = \frac{1}{2}\int_V (\boldsymbol{\sigma}_1 - \boldsymbol{\sigma}) : \boldsymbol{C} : (\boldsymbol{\sigma}_1 - \boldsymbol{\sigma}) \mathrm{d}V = \min \tag{4}$$

式中，$\boldsymbol{C}$ 为柔度张量。显然塑性余能 ΔE 就是不平衡力的范数，故最小塑性余能原理要求结构不平衡力最小化。故在给定荷载下结构总是趋于加固力最小化、自承力最大化的状态。由此说明变形加固理论给出的加固方案是全局最优加固方案。通过变形加固理论，我们可以确定在给定整体安全度（超载系数或强度储备系数）下的坝趾、断层等关键最优加固力分布（杨强等，2004，2008，2010）。

仅就一个高斯点而言，式（4）实际上是弹塑性迭代算法"最近点投影法"的要求（Simo and Hughes，1998），是正交流动法则的某种等效提法。但最近点投影法无法导出最小塑性余能原理，在 Lyapunov 渐近稳定性分析框架下，基于 Duvaut-Lions 的过应力理想黏塑性模型，Yang 等（2013）就最小塑性余能原理给出一个严格的证明。

3　不平衡力与破坏的相关性

采用清华大学开发的三维非线性有限元 TFINE 程序进行分析（杨强和薛利军，2008），图 7 表明孟底沟拱坝在 1.5 倍水载下上游坝面的不平衡力的迭代过程，可见不平衡力都集中在坝踵。迭代初期收敛速度很快，到迭代 40 步时收敛速度已经很慢，不平衡力基本稳定下来，其分布规律和地质力学模型试验揭示的坝踵初始开裂部位非常一致，如图 8 所示。

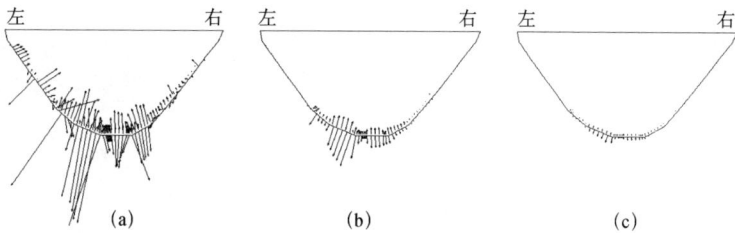

图7 超载1.5倍时孟底沟拱坝上游坝面不平衡力矢量随迭代次数变化情况

（a）迭代5次；（b）迭代20次；（c）迭代40次

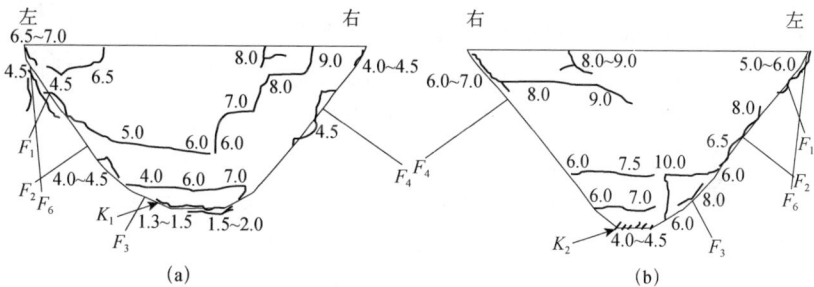

图8 孟底沟拱坝上下游坝面破坏模式

（a）上游面破坏过程图；（b）下游面破坏过程图

计算表明 3.5 倍水载时，白鹤滩拱坝左岸坝趾不平衡力是右岸的 7 倍，地质力学模型试验表明坝趾破坏都集中在左岸（官福海，2011；刘耀儒等，2015），如图 9 所示。计算表明 3.5 倍水载时，白鹤滩拱坝右岸 F_{18} 断层不平衡力最大，地质力学模型试验表明在所有断层中，F_{18} 断层错动最显著，（官福海，2011；刘耀儒等，2015）如图 10 所示。

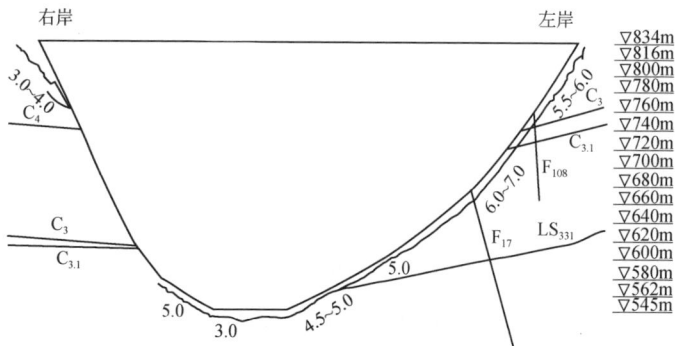

图9 白鹤滩拱坝下游坝趾破坏位置及超载倍数

在超载过程中对每个工况（对应于超载倍数 K），不平衡力趋于稳定时，可以确定一个塑性余能 ΔE，由此对一个超载过程可确定一条 K-ΔE 曲线。把各拱坝的 K-ΔE 曲线汇总在一起，如图 11 所示，可以用于比较各拱坝的相对安全度。

图 11 表明在超载过程中，小湾、白鹤滩、锦屏等 300m 级拱坝的余能曲线在整个超载过程中都远高于孟底沟、大岗山等 200m 级拱坝，表明 300m 级拱坝的整体稳定性远低于 200m 级拱坝。周维垣等（2004）提出了三个相对于水荷载的超载安全度：起始开裂 K_1，起始非线性变形 K_2，大坝破坏 K_3。表 1 所示的地质力学模型试验的超载

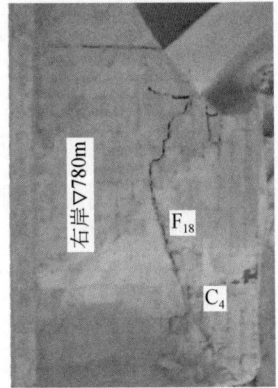

图10　白鹤滩F₁₈断层错动

安全度也说明这一点，300m 级高拱坝的 K_3 极限承载安全度大多处在 6～8，明显低于 200m 级拱坝（K_3 都在 10 以上）。潘家铮和陈式惠（1997）提出 "100m、200m、300m 高的拱坝在本质上有什么区别" 这样一个命题，上述成果部分回答了这个命题。

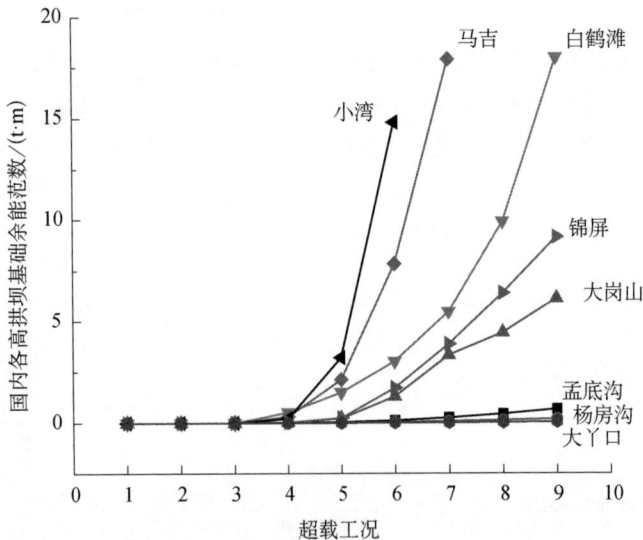

图11　国内各高拱坝基础塑性余能范数对比图

工况1～工况9分别表示坝体自重、坝体自重＋水载、正常工况、1.5倍水载、2倍水载、2.5倍水载、3倍水载、3.5倍水载和4倍水载

表 1   200m 级和 300m 级特高拱坝地质力学模型试验超载安全度

拱坝名称	坝高/m	K_1	K_2	K_3
杨房沟	155	2.5~3.0	4.0~6.0	11.0
孟底沟	200	1.3~1.5	4.5~5.5	10.0~11.0
大岗山	210	2.5	5.0~6.0	11.0
溪洛渡	285.5	1.8~2.0	4.5	8.5
白鹤滩	289	1.4~2.0	3~4	7~7.5
小湾	294.5	1.5~2.0	3.0	7.0
锦屏一级	305	2.5	4~5	7.5

4   高拱坝破坏机构形成与不平衡力实质

地质力学模型超载破坏试验表明，拱坝最后破坏时，坝体及坝肩抗力体出现了大量裂缝，坝基变形过大，从而使大坝和坝基整体丧失了承载力，属于变形稳定范畴，如图 12 所示。紧水滩拱坝地质力学模型试验表明，拱坝最后破坏是在下游坝面形成"扣拱"形式的"自承拱"，如图 13 所示，这就是拱坝的破坏机构，它是通过开裂损伤形成的。

在超载过程中坝肩抗滑稳定的破坏模式一般不出现。杨强等（2005）提出了多重网格法，可用非线性有限元超载分析成果推算坝肩滑块在超载过程中的抗滑安全系数，如图 14 所示。用该方法对溪洛渡、白鹤滩、锦屏一级、大岗山等拱坝坝肩满足不了规范要求的关键滑块进行复核，计算表明所有关键滑块在超载 3.5 倍水载时，抗滑安全度都高于 1.0（杨强和薛利军，2008）。

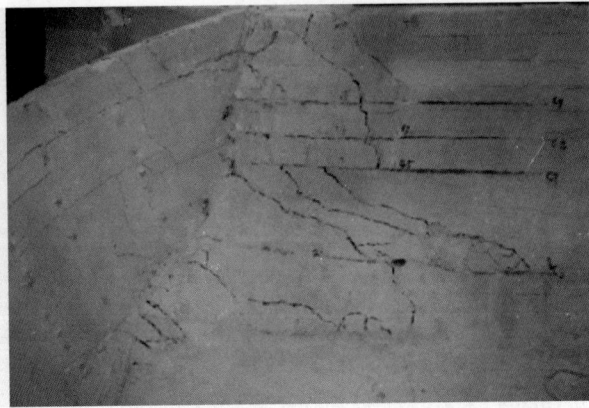

图12　溪洛渡拱坝下游坝面和坝肩的破坏模式

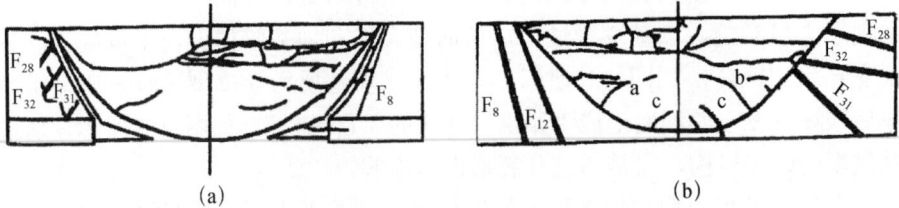

(a)　　　　　　　　　　　　　　　(b)

图13　紧水滩拱坝地质力学模型试验坝面破坏模式

（a）上游面；（b）下游面

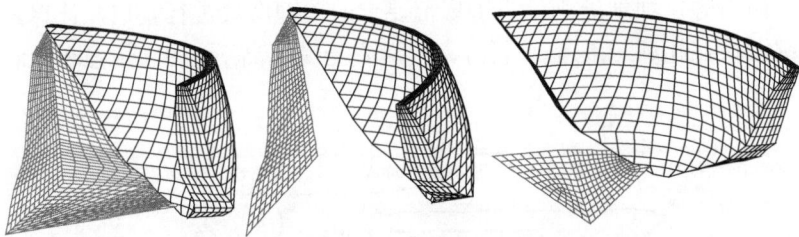

图14　多重网格法中的溪洛渡C_3右岸块体

综上所述，高拱坝超载过程实质是一个通过开裂损伤扩展逐步形成破坏机构的过程，也是逐步发挥结构极限承载力的过程，是一个从 K_1 持续到 K_3 的渐近破坏过程。K_1、K_2、K_3 描述的这个破坏过程的特征状态，以图 8 所示孟底沟模型试验为例，表 1 所列 K_3 对应最终破坏模式，K_1 对应河床坝踵开裂。K_2 原意非线性变形开始，但如图 8 所示它实际上对应于河床坝趾的破坏，也就是说大坝进入非线性工作状态是以坝趾破坏为标志的。坝趾是拱坝主要承载区，这也是坝趾锚固和贴脚加固效果极为有效的内在原因（林聪，

2016），它不仅能提高 K_2，也能显著提高 K_1。

拱坝应力控制标准主要关注点也是避免坝踵和坝趾的破损，所以 K_1 和 K_2 也可视为拱坝考虑整体非线性调整能力的应力控制标准。表 1 表明 K_2 是在混凝土压应力安全系数 4.0 附近波动，也佐证了这一点。K_2 的非线性变形属性则说明，K_2 反映的是拱坝弹性工作阶段的终结。K_3 则说明拱坝坝趾破损并进入非线性工作状态后，并不会导致拱坝承载力急剧下降，相反还有很大的增长空间。需要说明的是拱坝应力控制标准针对的是坝体，而 K_1 和 K_2 对应的开裂损伤往往发生在坝踵和坝趾附近的基岩里，如白鹤滩（官福海，2011；刘耀儒等，2015）。

开裂带来了不连续性，破坏了变形协调条件，说明拱坝不可能以初始完整连续的形态进入极限状态。在基于位移法的有限元法分析中结构连续性和变形协调条件自然满足，无法反映开裂带来的不连续性和非协调性，这是有限元计算极限承载力时不收敛和不平衡力难以避免的根源所在。

这些开裂损伤不能简单归于岩石、混凝土是准脆性材料。极限分析理论（Lubliner，1990）是以具有无限延性的理想刚塑性材料为基础的，但极限分析理论（Lubliner，1990）仍要求结构在达到极限状态时，其破坏机构允许存在有限个切向速度间断面，在间断面上变形协调条件不满足。除了类似于厚壁圆筒这样的简单结构，复杂结构的极限状态一般都存在间断面（还有应力间断）。极限分析理论（Lubliner，1990）在各个方面都体现了间断面的存在：①下限定理的出发点是静力容许应力场，它不要求满足变形协调条件；②上限定理的出发点是机动容许速度场，它允许存在切向速度间断面；③滑移线理论认为滑移线就是潜在的切向速度间断面。

极限状态的弹性应变率为零，所以理想弹塑性和理想刚塑性结构的极限载荷应该是一样的（Lubliner，1990）。以下我们仅讨论基于位移法的理想弹塑性有限元分析。如第 2 节所述，不平衡力源于满足平衡条件和变形协调条件的力学解与本构关系之间的矛盾。理想弹塑性材料是无损材料，出现不平衡力意味着在结构无法满足连续、完整、无损的条件下收敛到一个稳定解，此时的不平衡力可以从两个角度理解：①通过施加大小相等、方向相反的加固力来消除不平衡力，如此则结构连续、完整、无损性可得以维持；②如不加干预，结构只能通过在不平衡力集中处产生损伤（改变本构关系）来消除不平衡力，以此来弱化放松过强的变形协调条件，因此不平衡力实质是损伤的等效表述。以不平衡力表征损伤有点类似于损伤力学中以有效应力表征损伤。这就是第 3 节所述局部破坏与不平衡力良好相关性的根源所在，由此也说明图 11 的 K - ΔE 曲线反映的就是超载过程中开裂损伤的增长过程。所以以 K - ΔE 曲线为控制标准的变形稳定设计，实质就是限裂设计。

5 蓄水过程库区边坡变形特征

如图 15、图 16 所示，锦屏一级谷幅在蓄水过程中不断收缩（官福海，2011；Yang et al.，2013），这和 Vajont 滑坡蓄水后变形规律是一致的（Müller，1964），如图 17 所示，都是蓄水后坡体始终向库区变形。蓄水位降落或温度会使坡体变形趋缓或停滞，但不会出现指向坡体的反向变形。图 18 进一步说明：蓄水位上升，变形速率增加；蓄水位下降，变形速率减少；蓄水恒定，变形停滞（Paronuzzi et al.，2013）。这大体可以说明蓄水后的坡体变形是不可逆的塑性变形，蓄水位上升的作用是加载，而蓄水位下降的作用是卸载。

如果将蓄水作用视为库壁压力（面力），那么蓄水位上升应使谷幅增加，蓄水位下降应使谷幅收缩，这与拱端推力产生的变形规律是一致的，如图 2 所示，但这和观测结果完全不符。如图 19、图 20 所示，Vajont 滑坡上的三个水位计都说明坡体地下水位与库水位同步变化（Paronuzzi et al.，2013），这和锦屏一级、溪洛渡的监测规律是一致的。这也说明蓄水对坡体作用是渗透作用，而非库壁压力。

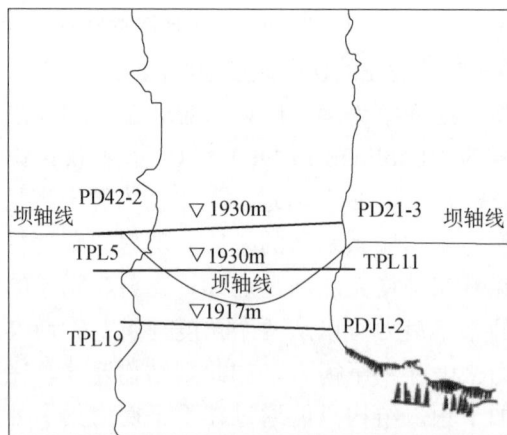

图15　锦屏一级拱坝谷幅测线位置

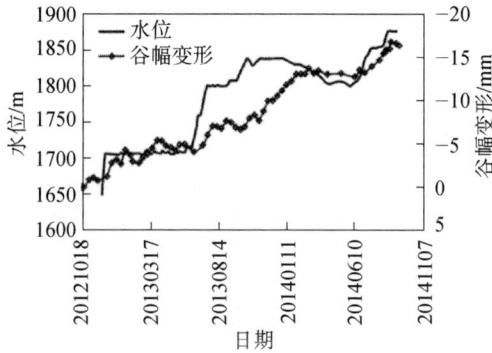

图16　谷幅TPL5～TP11变形与库水位时程

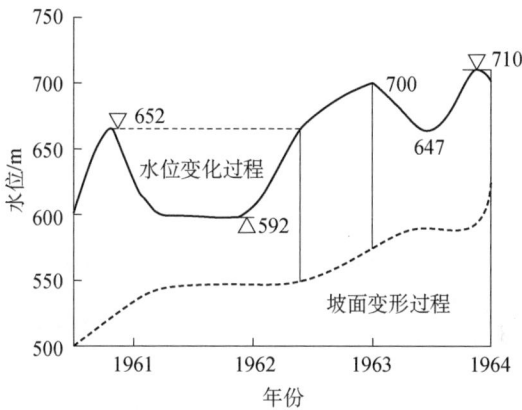

图17　Vajont滑坡变形与库水位时程（Müller，1964）

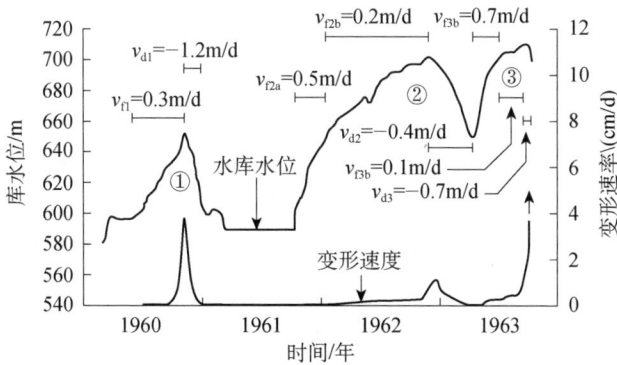

图18　Vajont滑坡变形速率与库水位时程（Paronuzzi et al.，2013）

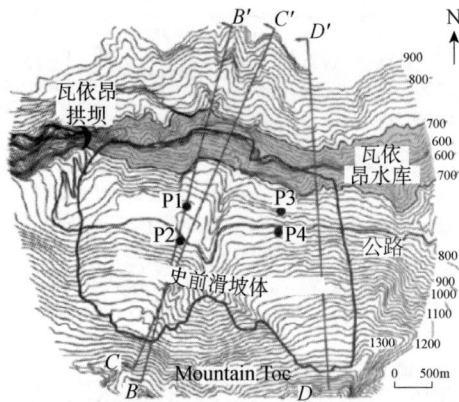

图19　Vajont滑坡水位计与地质剖面布置（Paronuzzi et al.，2013）

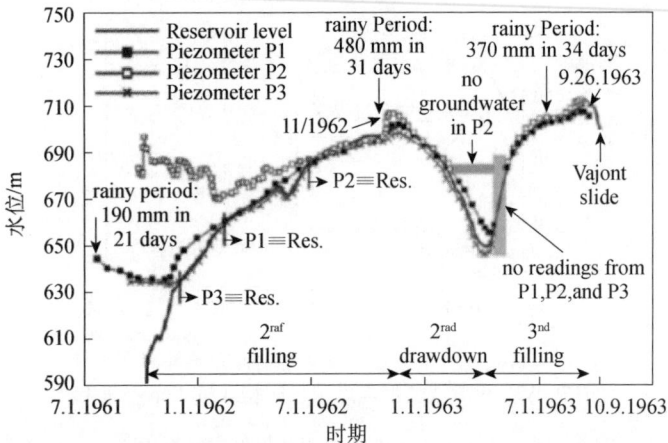

图20　Vajont滑坡坡体水位与库水位时程（Paronuzzi et al.，2013）

    Paronuzzi 等（2013）按一般土体饱和渗流分析方法计算了 Vajont 滑坡在库水位上升和下降时的渗流场，如图 21 所示。显然根据该渗流场所得渗透体积力产生的变形效果无法解释谷幅收缩现象。饱和渗流要求在垂直方向存在浮托力，这和实际观测也不符，锦屏一级和溪洛渡蓄水后坡体变形均已沉降为主。总之，常规的饱和渗流模型无法解释谷幅收缩、库盆沉降现象。Paronuzzi 等（2013）没能正面解释图 17 和图 18 所示 Vajont 滑坡变形机制，而是通过计算剖面安全系数来讨论蓄水过程对滑坡的影响。这再次说明，在考虑渗透机制方面，变形分析要远远落后于安全系数分析，这也是本文要着力解决的难点。

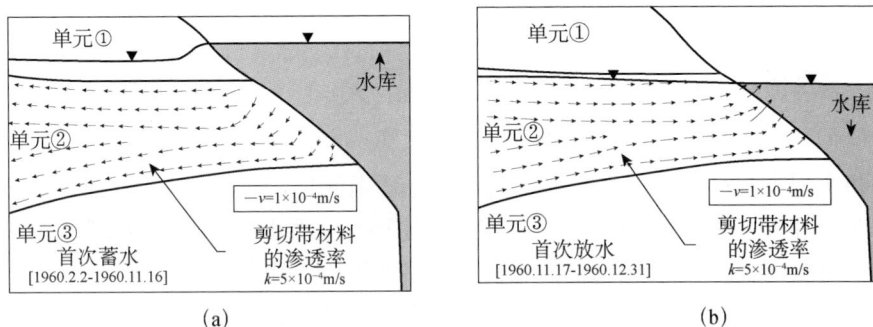

图21 Vajont滑坡坡体剪切带渗透速度场

（a）首次蓄水；（b）首次库水下降

6 非饱和裂隙岩体有效应力原理

常规的非饱和定义是：孔隙里同时充满水和空气。本文的非饱和定义不同于常规定义，本文认为裂隙岩体内裂缝和孔隙内全部充满水，二者压力相等为饱和，二者压力不等为非饱和。以下论述均以此为准。

饱和渗流分析中以达西定律及边界条件确定边坡中总水头 H 场

$$H = z + \frac{p}{\gamma_w} \rightarrow p = \gamma_w(H - z) \tag{5}$$

式中，z 为位置水头；p 为渗透压力；γ_w 为水容重。

太沙基有效应力 σ'_{ij} 定义为

$$\sigma'_{ij} = \sigma_{ij} - p\delta_{ij} \rightarrow \sigma_{ij} = \sigma'_{ij} + p\delta_{ij} \tag{6}$$

以总应力 σ_{ij} 表示的平衡微分方程为

$$\sigma_{ij,j} + f_i = 0, \qquad f_i = [0, 0, -\gamma] \tag{7}$$

式中，γ 为土体湿容重。将式（6）代入式（7），并注意到 p 以压为正，即得以有效应力表述的平衡微分方程

$$\sigma'_{ij,j} + f_i + F_i = 0, \quad F_i = \left[-\gamma_w \frac{\partial H}{\partial x}, -\gamma_w \frac{\partial H}{\partial y}, -\gamma_w \left(\frac{\partial H}{\partial z} - 1 \right) \right] \tag{8}$$

式（8）说明渗透体积力 F_i 的形式是与有效应力定义直接相关联的。

太沙基有效应力原理要求土体变形与强度完全由有效应力 σ'_{ij} 确定，例如土体屈服准则应表述为

$$f(\sigma'_{ij}) \leqslant 0 \qquad\qquad (9)$$

遵循饱和渗流和应力分析式（5）～式（9），可得总水头场 H、变形场、太沙基有效应力场 σ'_{ij} 等。但如第 5 节所述，饱和渗流和应力分析所得变形场和实测不相符。如图 22 所示的饱和土体微元体，孔隙水是连通的，一个微元体可被一个孔隙水压力 p 所描述；这种连通性也意味着每个土颗粒被孔隙水完全包裹，这是浮托力产生的根源，即式（8）中的"−1"项。

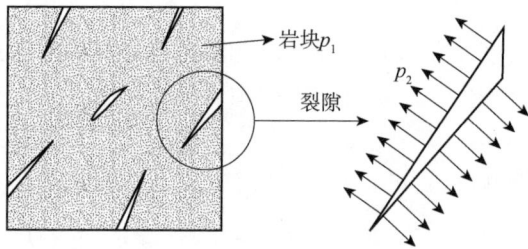

对如图 23 所示由岩块和裂隙构成的裂隙岩体微元体，裂隙互不连通，由于裂隙渗透系数要高于岩块几个数量级，初期蓄水过程中岩块渗透压力 p_1 基本不变，而裂隙渗透压力 p_2 迅速提高，导致两者差异很大。定义裂隙岩体的饱和状态 $(p_1 = p_2)$ 和非饱和状态 $(p_1 \neq p_2)$。非饱和岩体微元体就有两个渗透压力，导致太沙基有效应力原理失效。

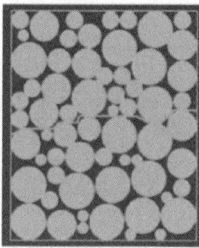

图22　饱和土体微元体　　　　图23　裂隙岩体微元体

将裂隙渗透压力 p_2 分解为饱和渗透压力 p_1 和非饱和渗透压力 $p_2 - p_1$ 两部分。裂隙饱和渗透压力 p_1 与岩块渗透压力 p_1 仍可用单一孔隙水压力描述，太沙基有效应力原理成立。遵循饱和渗流和应力分析式（5）～式（9），可得总水头场 H、变形场、太沙基有效应力场 σ'_{ij} 等。

在饱和渗流和应力分析基础上，再考虑裂隙非饱和渗透压力 $p_2 - p_1$ 的力学效果。图 23 所示岩体微元体中裂隙互不连通，裂隙水压力是自平衡的，无法产生渗透体积力，它只是通过改变有效法向应力的方式改变裂隙的屈服状态（杨强等，2015b）。由此作者提出非饱和裂隙岩体有效应力原理：

$$f(\sigma^*_{ij}) \leqslant 0, \qquad \sigma^*_{ij} = \sigma'_{ij} - (p_2 - p_1)\delta_{ij} \qquad\qquad (10)$$

非饱和裂隙岩体有效应力原理可表述为太沙基有效应力 σ'_{ij} 决定岩体变形，考虑非饱和渗透压力修正的太沙基有效应力 σ^*_{ij} 决定岩体强度（屈服准则）。对 $p_1 = p_2$ 的饱和状态或平衡状态，σ_{ij}^* 退化为 σ_{ij}'，式（10）退化为式（9），非饱和裂隙岩体有效应力原理退化为太沙基有效应力原理。

饱和分析求得的太沙基有效应力场 σ_{ij}' 满足屈服准则式（9）。考虑非饱和渗透压力并没有直接引入新的荷载，而是将屈服准则式（9）切换为屈服准则式（10）。这样第一步求得的太沙基有效应力场 σ_{ij}' 就有可能部分突破新的屈服条件，形成塑性应力场 $\Delta\sigma^\mathrm{p}$，它的等效节点力就是如式（2）所示的不平衡力，由此导致塑性变形。这种保持应力状态不变，通过改变屈服准则进入屈服状态的机制，还有强度折减法，所以坡体降强与库水渗透变形机制有类似之处。库水渗透会导致岩体强度软化，因此坡体降强可视为库水渗透的一个后果。为此杨强等（2015a，2015b）也将坡体降强作为谷幅收缩的一个机制，本文不讨论该机制。

考虑到第 5 节所述坡体地下水位与库水位同步变化的观测事实，可以静水压力确定坡体裂隙渗透压力，其中 h 是库水位与该点坡体高程的差值

$$p_2 = \gamma_\mathrm{w} h \tag{11}$$

杨强等（2015b）据此计算了锦屏一级第三阶段蓄水导致的谷幅变形，和监测值吻合较好，如图 24 所示。其中图 15 所示 3 条测线 PDJ1-2～TPL19、TP11～TPL5、PD21-3～PD42-2 依次编号为测线编号 1～编号 3,TPRKP29-2-1～TPLKP29-1-1、TPRKP29-4-1～TPRKP29-2-1 测线编号为 4、5。该模型也很好说明了库盆沉降，如图 25 所示。

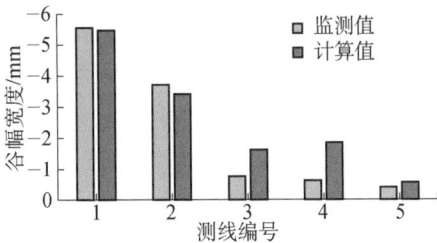

图24 锦屏一级谷幅监测与计算对比   图25 锦屏一级库盆沉降监测与计算对比

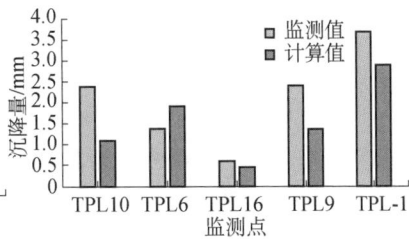

由式（10）和式（11）可知，蓄水位上升只是增加岩体加载倾向，岩体是否加载还取决于库水位上升前岩体是否处于临界或塑性状态，即 $f(\sigma_{ij}') = 0$。我国特高拱坝坝基高陡、区域地质活跃极易导致坝基高地应力，从而使坝基易处于临界状态，这是我国特高拱坝谷幅收缩异常显著的内

因，特高拱坝的超高水位变幅则应被视为一个强有力的外因或诱因。

7　非饱和有效应力原理细观基础与讨论

太沙基有效应力原理意味着要用同一个有效应力 σ'_{ij} 同时达到强度等效和变形等效，能否做到这一点一直有争议。非饱和裂隙岩体有效应力原理用两个不同的有效应力 σ^*_{ij} 和 σ'_{ij} 分别确定岩土体强度和变形，无疑适应性更强一些。

太沙基有效应力隐含两个基本假设：①在一个微元体内，只有一个渗透压力 p；②渗透压力球张量 $p\delta_{ij}$ 要求微元体任意截面上的渗透压力都为 p。显然如图 22 所示的饱和土体微元体是基本符合这两个基本假设的。对如图 23 所示由岩块和裂隙构成的非饱和（$p_1 \neq p_2$）裂隙岩体微元体，不同方向截面上的渗透压力必然呈现出强烈的各向异性甚至强烈的不连续性，无法用太沙基的各向同性渗透压力球张量 $p\delta_{ij}$ 描述，这违反了基本假设②。对岩体裂隙结构的组构张量描述及其本构描述可参阅专著（陈新等，2016）。裂隙岩体宜从双重介质模型（Barrenblatt et al.，1960；Borja and Koliji，2009）的角度加以解释，岩体固相可视为由连续的岩块相和裂隙相复合而成，这两相都假设是饱和的。这样岩体在同一点就同时存在两个水压力：岩块渗透压力 p_1 和裂隙渗透压力 p_2，这违反了基本假设①。故太沙基有效应力定义对裂隙岩体不成立，由此式（8）确定的渗透体积力 F_i 也不成立。

双重介质模型认为岩块相和裂隙相都是饱和的，没有气相，这和非饱和土不一样。对非饱和状态（$p_1 \neq p_2$），双重介质模型要求两相之间存在渗透水交换，其驱动力就是渗透压力差 $p_2 - p_1$。所以岩体非饱和状态可视为非平衡状态，渗透压力差 $p_2 - p_1$ 可称之为非平衡渗透压力。岩体饱和状态（$p_1 = p_2$）是平衡状态，非平衡渗透压力和渗透水交换均消失。岩体双重介质模型概念清楚，但它的渗流分和应力分析都极为复杂，涉及的许多参数难以测定（Barrenblatt et al.，1960；Borja and Koliji，2009）。

饱和渗流分析中是将土体固相视为单相介质，本文将裂隙岩体固相也视为单相介质，为此将裂隙渗透压力 p_2 分解为平衡渗透压力 p_1 和非平衡渗透压力 $p_2 - p_1$ 两部分。考虑非平衡渗透压力修正的太沙基有效应力 σ^*_{ij} 可改写为

$$\sigma^*_{ij} = \sigma'_{ij} - (p_2 - p_1)\delta_{ij} = \sigma'_{ij} - \alpha p_2 \delta_{ij} \tag{12}$$

式中，$\alpha = 1 - p_1 / p_2$ 形式上类似于毕奥系数，但实质上是饱和度的概念。

在如图 22 所示的饱和土体微元体中，孔隙水必须是连通的，这样才可以满足太沙基有效应力的两个基本假设。同时土颗粒为联通的孔隙水所完全包裹，产生浮托体积力，即式（8）中的"−1"项。对如图 26 所示具有连通裂隙网络的裂隙岩体微元体，岩块体可视为土颗粒并被裂隙水完全包裹，同样会产生浮托体积力，但这和观测到的库盆沉降现象不相符合。在如图 23 所示裂隙岩体微元体中，裂隙网络是非连通的，裂隙水是自平衡的不会产生浮托力。与图 26 相比，图 23 所示裂隙岩体微元体更接近岩石力学的基本理念：岩体是结构而非材料。图 26 所示裂隙岩体微元体更接近破碎岩体。图 23 所示裂隙水压力不会产生浮托力，但会改变裂隙的抗剪强度，裂隙的强度主导岩体的强度，这是作用在裂隙上的非平衡渗透压力直接改变岩体屈服强度的主因。Bidgoli 和 Jing（2015）基于离散裂隙网格与离散元耦合的分析方法，研究了恒定渗流条件下裂隙水压力对裂隙岩体宏观力学性质的影响规律，指出裂隙水压力对强度的影响要远大于对弹性变形的影响。Tuncay 和 Corapcioglu（1995）基于双重介质模型给出了裂隙原理，即裂隙水压力对岩体变形的影响很小。这一观点与本文所述吻合。

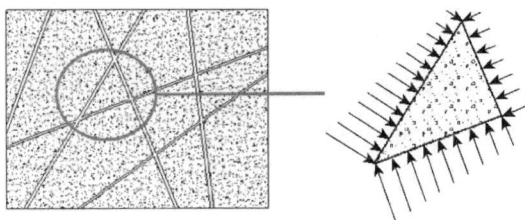

图26　具有连通裂隙网络的裂隙岩体微元体

如图 17、图 18 所示，蓄水诱发的不可逆滑坡变形是 Vajont 大滑坡的前兆，说明非平衡渗透压力差不仅仅是不可逆边坡变形的内在驱动力，也是滑坡失稳的驱动力。事实上，暴雨入渗和雾化区滑坡、水库诱发地震、水压致裂与蓄水诱发滑坡一样，都是由显著的非平衡渗透压力差导致的。只要将裂隙渗透压力式（11）针对具体情况进行修改，上述非饱和岩体有效应力原理无疑具有普适性，林聪等（2016）将之用于孟底沟拱坝坝踵水力劈裂效果评价。在蓄水过程中降低库水位上升速度，在水压致裂过程中增加注水速率和压力，本质上都是要控制非平衡渗透压力差，以减少或增加破坏驱动力。上述非饱和状态无疑是岩石工程中所关注的控制性的状态，而太沙基有效应力原理所适用的饱和状态则不是控制性的状态。

杨强等的（2015a，2015b）研究表明，谷幅收缩对拱坝整体稳定影响不大，主要是产生一些局部应力集中。就此开展特高拱坝坝踵区附近水力劈裂机制研究是有必要的。林聪等（2016）采用上述非饱和裂隙岩体有效应力原理评价了特高拱坝坝踵区水力劈裂机制。

8　结论与建议

（1）超载安全度 K_1 和 K_2 实质是坝踵和坝趾的开裂破损安全度，可视为考虑整体非线性效应的应力控制标准。K_2 之前基本为弹性工作阶段，K_3 则说明进入非线性工作状态后，拱坝仍有很高的承载力储备。针对 K_2 的坝趾加固措施是拱坝最为有效的加固措施，可同时提高 K_1 和 K_2。坝趾是拱坝主要承载区，K_2 的作用过去被低估，应作为控制性设计指标。

（2）特高拱坝超载破坏过程是一个破坏机构形成的渐近破坏过程，开裂损伤的发展是发挥拱坝极限承载力（K_3）前提。开裂损伤的导致不连续，与基于位移法的理想弹塑性有限元法连续性之间的矛盾是不平衡力产生的根源，由此不平衡力实际反映的是开裂损伤。不平衡力在确定开裂部位、加固设计等方面比应力、塑性区更为有效。

（3）常规的饱和渗流分析无法解释蓄水后的坡体异常变形，主要是蓄水会导致坡体裂隙和岩块渗透压力存在显著差异，而太沙基有效应力原理只能处理无差异的饱和状态。本文提出的非饱和裂隙岩体有效应力原理表明，非平衡渗透压力差的作用机制不是外荷载，而是类似于降强折减法通过改变屈服条件让当前应力状态直接进入塑性加载状态，由此产生的不平衡力是拱坝蓄水后、库盆沉降的内在驱动力。

（4）特高拱坝谷幅收缩之所以特别显著，特高拱坝枢纽区特有的高地应力是主因，过大水位变幅导致的超高非平衡渗透压力差是诱因。应通过控制库水位上升速率以降低非平衡渗透压力差，来控制坡体异常变形。

（5）暴雨入渗和雾化区滑坡、水库诱发地震、水压致裂与蓄水诱发滑坡一样，都是由显著的非平衡渗透压力差导致的，非饱和裂隙岩体有效应力原理都适用。太沙基有效应力原理所适用的饱和状态不是岩体工程控制性的状态。

（6）300m 级特高拱坝整体安全度显著偏低，蓄水对枢纽区水文地质环境的影响偏大，特高拱坝坝踵区附近水力劈裂机制值得进一步关注。

参考文献

陈新，杨强，李德建. 2016. 岩体裂隙网络各向异性损伤力学效应研究. 北京：科学出版社.

官福海. 2011. 高拱坝整体稳定数值模拟与模型试验对比研究. 北京：清华大学博士学位论文.

贾金生. 2013. 中国大坝建设60年. 北京：中国水利水电出版社.

李瓒，陈飞，郑剑波，等. 2004. 特高拱坝枢纽分析与重点问题研究. 北京：中国电力出版社.

林聪. 2016. 高拱坝坝踵开裂与坝基处理加固效果评价及其工程应用. 北京：清华大学博士学位论文.

刘耀儒，杨强，杨若琼，等. 2015. 高拱坝地质力学模型试验. 北京：清华大学出版社.

潘家铮，陈式慧. 1997. 关于高拱坝建设中若干问题的探讨. 科技导报，15(2)：17-19.

汝乃华，姜忠胜. 1995. 大坝事故与安全·拱坝. 北京：中国水利水电出版社.

杨强，陈新，周维垣，等. 2002b. 推求拱坝极限承载力的一种有效算法. 水利学报，11：60-65.

杨强，陈新，周维垣，等. 2004. 三维弹塑性有限元计算中的不平衡力研究. 岩土工程学报，26：323-326.

杨强，陈新，周维垣. 2002a. 基于D-P准则的三维弹塑性有限元增量计算的有效算法. 岩土工程学报，24：16-20.

杨强，陈勇刚，赵亚楠，等. 2003. 混凝土拱坝的极限分析. 水利学报，10：38-43.

杨强，刘耀儒，常强，等. 2010. 结构变形稳定与控制理论及在岩土工程中的应用. 工程力学，2: 61-87.

杨强，刘耀儒，陈英儒，等. 2008. 变形加固理论及高拱坝整体稳定与加固分析. 岩石力学与工程学报，27（6）：1121-1136.

杨强，潘元炜，程立，等. 2015b. 高拱坝谷幅变形机制及非饱和裂隙岩体有效应力原理研究. 岩石力学与工程学报，34(11): 2258-2269.

杨强，潘元炜，程立，等. 2015b. 蓄水期边坡及地基变形对高拱坝的影响. 岩石力学与工程学报，(s2): 3979-3986.

杨强，薛利军. 2008. 拱坝整体稳定分析// 水工设计手册（第5卷）.混凝土坝.第2版. 北京：中国水利水电出版社.

杨强，朱玲，翟明杰. 2005. 基于三维非线性有限元的坝肩稳定刚体极限平衡法机理研究. 岩石力学与工程学报，24:3403-3409.

张有天. 2004. 岩石水力学的理论与应用// 中国岩石力学与工程——世纪成就. 江苏：河海大学出版社.

周维垣，陈兴华，杨若琼，等. 2004. 特高拱坝整体稳定的地质力学模型试验研究// 特高拱坝枢纽分析与重点问题研究. 北京：中国电力出版社.

Barrenblatt G，Zheltov I，Kochina I. 1960. Basic concepts in the theory of seepage of homogeneous liquids in fissured rocks. Journal of Applied Mathematics and Mechanics，24:1286-1303.

Bidgoli M N，Jing L R. 2015. Water pressure effects on strength and deformability of fractured rocks under low confining pressures. Rock Mechanics and Rock Engineering，48(3): 971-985.

Borja R I，Koliji A. 2009. On the effective stress in unsaturated porous continua with double porosity. Journal of the Mechanics and Physics of Solids，57:1182-1193.

Lubliner J. 1990. Plasticity Theory. New York：Macmillan Publishing Company.

Müller L. 1964. The rock slide in the Vajont valley. Rock Mechanics and Engineering Geology，2:148-212.

Paronuzzi P，Rigo E，Bolla A. 2013. Influence of filling-drawdown cycles of the Vajont reservoir on Mt. Toc slope stability. Geomorphology. 191:75-93.

Simo J C，Hughes T J R. 1998. Computational Inelasticity. New York. Springer-Verlag.

Tuncay K，Corapcioglu M Y. 1995. Effective stress principle for saturated fractured porous media. Water Resources Research，31(12): 3103-3106.

Yang Q，Leng K D，Chang Q，et al. 2013. Failure mechanism and control of geotechnical structures// Constitutive Modeling of Geomaterials. Berlin :Springer .

水岩耦合过程及多尺度效应研究进展

刘晓丽，王恩志，王思敬

（清华大学水沙科学与水利水电工程国家重点试验室，北京 100084）

摘　要： 地质体中水岩耦合过程是指多个作用过程相互关联协同演化。本文以目前最为复杂的 THMCB 耦合系统为对象对水岩耦合过程的机理进行了深入阐述，在此基础上，对水岩耦合作用的研究进展进行了详细介绍，并对水岩耦合过程的多尺度特性研究方法及进展也进行了梳理。地质体中结构面是多个过程发生的界面，结构面的存在使耦合效应更为显著。地质体非连续性、非均质性、各向异性、非线弹性的多尺度结构导致水岩耦合过程的多尺度特性，对耦合机理和耦合作用工程应用具有重要意义。此外还讨论了该研究领域发展所面临的主要挑战，并且提出其未来研究方向。

关键词： 水岩耦合；THMCB；多尺度；地质体

Coupled Processes of Water-Rock Interaction and Their Multiscale Characteristics: A Review

Xiaoli Liu，Enzhi Wang，Sijing Wang

(State Key Laboratory of Hydroscience and Hydraulic Engineering，Tsinghua University，Beijing 100084)

Abstract: Water-rock coupling processes in geological media refers to the connective multi-processes interacting each other and co-evolution. The coupling mechanism of the water-rock interaction under the scheme of coupled THMCB (thermo-hydro-mechanics-chemical-bio) pro-

通信作者：刘晓丽（1978—），E-mail: xiaoli.liu@tsinghua.edu.cn。

cesses is studied in this paper with the detailed co-evolution of these connective processes. The state-of-the-art on coupled water-rock interaction processes is reviewed thoroughly, including the advances of the multiscale characteristics in water-rock coupling processes. Structural planes in geological media are the interfaces where the interaction between multi-processes occurs, so the existence of the structural planes in geological media makes the coupling stronger. The discontinuity, anisotropy, non-homogeneity and inelasticity of the multiscale structural planes cause the water-rock coupling processes to be of multiscale characteristics, which is of significance for the coupling mechanisms and geoengineering involving water-rock interaction. Furthermore, the major challenges facing the scientific advancement of the field and the promising future research directions are addressed.

Key Words: water-rock interaction; THMCB; multiscale characteristics; geological media

1 引言

耦合现象和问题是最近二、三十年来才受到工程师和力学家重视的课题。据研究(王思敬等, 2004)，世界上处于同一系统中的任何两个或两个以上的事物都是相互作用和彼此影响的，这就是耦合现象和问题。天然岩土体经历了漫长的成岩和地质改造历史，其内部赋存大量的孔隙、裂隙、节理和断层等宏观非连续面，这些缺陷不但大大改变了岩土体的力学性质，也严重影响着岩土体的渗流特性、热力学特性及传质特性（傅冰骏, 2000；王思敬, 2002；Jaeger et al., 2007）。对岩土体而言，其工程特性决定于其赋存的渗流场、应力场、温度场、化学场、生物场等多场耦合的地质环境。这些因素互相作用、互相影响，使岩土体常处于这些因素构成的动态平衡体系中。

地质体系统（应力场）与地下流体系统（渗流场）的耦合作用一直受到研究者的重视和关注（Biot, 1941；Bear; 1972；周创兵, 1995；王媛,1995；冯夏庭和丁梧秀, 2005；刘晓丽, 2008），围绕这方面的研究涉及资源、环境、水利水电工程、核废料储存、水库诱发地震、地球动力学等诸多领域，具体包括水利水电及土木工程中大坝及坝基的变形、土壤固结问题、抽排地下水引起的地表沉陷、隧道稳定与渗流及岩体变形的关系等；采矿工程中煤与瓦斯突出、地下水流入矿井引起的地层沉陷、露天矿边坡稳定、矿区水资源保护等；石油工程中自然裂隙油层模拟、与应力有关的岩体渗透率与空隙率、孔隙弹性体中油井的稳定性、产油过程中出砂与岩石力学等；环境工程中岩土体污染的运移问题、污染物控制系统中的岩石力学问题、垃圾填埋场的环境效应分析及地下核废料处理等。近年来，地下流体和地质构造运动的相互联系、相互作用更是构成了力学和地学研究的前缘和热点，使得对包括多相流体（油、气、水）在内的地下流固耦合问题的研究变得更为重要和迫切。

　　无论水利水电工程、采矿工程，还是建筑基础工程，都存在人类工程干扰力、岩体地应力、地下水渗透力、温度应力、化学腐蚀及生物过程力之间的耦合作用问题。据统计（杨天鸿等，2004；朱珍德和郭庆海，2006），90%以上的岩体边坡破坏和地下水有关，60%矿井事故与地下水作用有关，30%～40%的水利水电工程大坝失事是由渗透作用引起的。可见，水岩耦合问题的研究具有重要的理论研究价值和实际工程意义。

　　由于地下岩土中各种过程的任意性和不确定性，水岩耦合问题的研究是一个非常复杂和极具挑战性的任务。其任意性与不确定性主要表现在：①由于现场测量条件的限制，分析结果无法确定地得到验证；②由于岩体的非均匀性、各向异性，无法确切描述初始和开挖扰动岩体的工程特性（力学与水力学参数）；③由于各种耦合过程同时发生，无法对所研究的问题建立确切的方程来准确地描述其过程的发展。由于以上原因，尽管近几年来对水岩流固耦合问题的研究成果及文献很多，但仍需要做进一步地深入探索来揭示水岩耦合的机理与耦合系统及其子系统的发展和演化。

　　进入 21 世纪，岩石力学在基本理论、数值计算方法及室内试验方面都有了深入的发展。但是由于岩石材料是一种自然地质体，其内部存在着大量随机分布的节理、裂隙和微缺陷，因此岩石力学与岩石工程的进一步研究存在很多困难。要解决复杂系统的耦合问题，需要从理论概念和技术方法上进一步拓展。多重综合集成（multiple meta-synthetics，MMS）（王思敬等，2004）途径可能是目前解决复杂问题的一种研究思路。MMS 包括多源知识的综合集成、多尺度的综合集成、多场及多过程综合集成，以及多种手段的综合集成。采用MMS 的思路，可以从宏观上和整体上对问题进行研究，把握系统发展、演化的规律与动态。表面上，MMS 思路将问题复杂化，而实际上，从整体上考虑多因素的耦合作用往往得出简单明了的结论，实现各过程间的协调。

　　基于 MMS 思路，在多尺度的综合集成和多过程耦合方面，对岩石力学和水力学理论与岩石工程的研究不断深化。物理上的多尺度主要包括微观尺度、细观尺度、宏观尺度和宇观尺度，要实现岩石力学的大尺度拓展，这四个尺度层次上的研究缺一不可。从岩石工程角度考虑，多尺度一般可以划分为细观尺度、实验室尺度、工程尺度和区域尺度，如何由细观尺度和实验室尺度的岩石系统信息推广到工程尺度和区域尺度的研究和应用上，是多尺度研究真正可以用于工程的关键，要求对岩石尺度效应和尺度效应产生的机制进行深入了解和研究。

2　水岩耦合过程及机理

一个完全守恒系统在空间上和时间上会保持其动量平衡、质量平衡和能量平衡。理论上，水岩耦合系统主要包括以下子过程：①固相变形（包括岩石的黏塑性行为、非线性等）；②液相渗流（包括多相流）；③热量传输与交换；④化学反应；⑤生物过程。与此相应，水岩耦合系统包含 5 个关联的子系统，即温度场（thermal process）、渗流场（hydrological process）、变形场（mechanical process）、化学场（chemical process）及生物场（biological process），可称为 5 元关联系统。全关联的耦合系统的研究是非常复杂的，因此，针对特定的研究对象和研究目的，可以集中研究其中的 n（$n=2$，3，4，5）个子系统的耦合，称为 n 元耦合子系统。根据以上分类，n 元耦合子系统共有 C_5^n 个（二元耦合子系统 10 个，三元耦合子系统 10 个，四元耦合子系统 5 个，五元耦合系统 1 个），可见，水岩耦合问题的研究内容非常的广泛（4 元 THMC 耦合子系统耦合框架如图 1 所示）。下面以最为复杂的五元耦合子系统为例描述水岩耦合机理，并对水岩耦合过程研究的进展进行系统梳理。

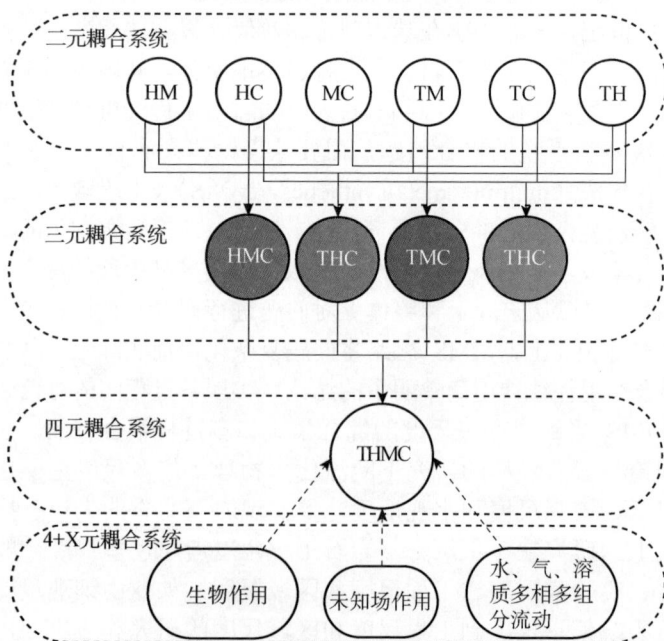

图1　4元耦合子系统耦合框架

2.1 THMCB五元关联过程及其分析

2.1.1 地圈动力学过程的 THMCB多元综合模型

地圈范围内与岩土圈并存的还有水圈、大气圈和生物圈，它们同岩土圈在相当程度上处于互为赋存的状态。各层圈的物质运动常产生相互作用和制约，并伴有物质和能量的转化。

这种条件下各层圈的物质运动不仅服从本层圈物质运动规律，而且受相互作用层圈运动的干扰。后者在施加影响的同时也受到前者的反向作用，从而调整其干扰的力度和性质。这些相互作用是地圈动力学过程复杂性、多样性和非线性的重要原因，同时这也增加了对地圈演化认识和预测的难度。人类主要工程活动与地圈相联系，受到地圈动力学过程的制约，也对地圈演化起到再触动作用。因此，在研究与人类生存环境和灾害及资源和能源开采有关的地圈过程中，不仅要注意到其自然演化的一面，还应充分考虑人与自然相互作用和制约。由于人类活动的规律与自然物质运动的规律甚为不同，地圈动力学过程的复杂性大为增加。

水圈和大气圈在它们的主体部位基本上呈现其独自的运动特征和规律，但在界面层上则会出现复杂的相互作用。大陆浅表部位水、大气、生物同岩土并生，岩土的运动很难从就其自身特性来精细描述。从制约物质运动的本构规律来看，各层圈也并不是单一的，在其自身基本运动过程的基础上还迭加有其他的物质运动，例如，水圈动力过程主要遵循流体力学规律，但同时存在化学的、生物学及热力学的运动，甚至掺有固体的力学运动。

地圈动力学过程极为复杂，地圈作为一种动力系统包含着地球上各类物质运动基本形式，即物理学、化学、生物学运动，其中物理学运动又包括固体力学、流体力学和热动力学运动。可见复杂的地圈动力学过程是各基本物质运动规律的综合体现。

在上述分析的基础上可构建地圈动力学过程的热流固化生(THMCB)多元综合动力学模型，以便描述地圈物质运动及各层圈的相互作用及其总体运动规律。地圈 THMCB 多元综合模型是指在地圈物质运动、结构和状态变化，以及整体演化中包含热动力、流体力学、固体力学、化学、生物学的运动及其相互作用。它实质上是一种多元关联过程模型。对于某种层圈物质运动或层圈间互动作用，可根据动力学过程的实际构成突出某种能够反映研究目的的基本运动，忽略次要作用，以简化模型。例如，由 THMCB 退化为THMC、THMB、HMC、HMB、THC、THM、HM、TH、TM 等。同样，也可采用简化模型，但在参数选择上考虑有关的非主要作用 (表 1)。

表1　地圈动力学过程的多元关联综合模型

模型	自然过程	工程过程
HM	降雨滑坡，泥石流，水土流失，冲沟化，侵蚀，浪蚀，潜蚀、管涌，风沙、风尘暴，湖泊淤积，固体径流，沙丘活动	坝基渗流与变形，水库蓄水诱发滑坡，渠道黄土湿陷，尾矿及人工堆渣次生泥石流，水库淤积，矿井、矿坑突水，地面沉降，地下压缩空气储能，水封油库
TH	温泉水热活动	地热开发，地温利用
TM	冻融活动	人工冻结
THM	火山活动，冻融诱滑坡、泥石流	深埋隧道掘进
HMC	溶蚀及溶洞演化，浅层成岩作用	坝基渗流溶蚀
THMC	化学成矿作用，深层成岩作用，变质作用	地下核爆炸，高放废料地下处置，化学采矿
THMCB	风化作用，生化成矿	生化采矿

将地圈动力学过程当作一种受基本物质运动规律制约的 THMCB 多元关联过程来看，采用多元关联分析技术，可以为地球系统科学及地圈动力学研究提供新的途径和方法。现代模拟数学和计算技术、测试技术的发展，为这一途径的实施提供了可行、广阔的前景。图2为 THMCB 多元关联耦合系统机制分析示意图，图中每个小框内对场之间的具体影响过程进行了揭示。图中生物、化学相关的耦合过程研究进展缓慢或尚未开展研究。

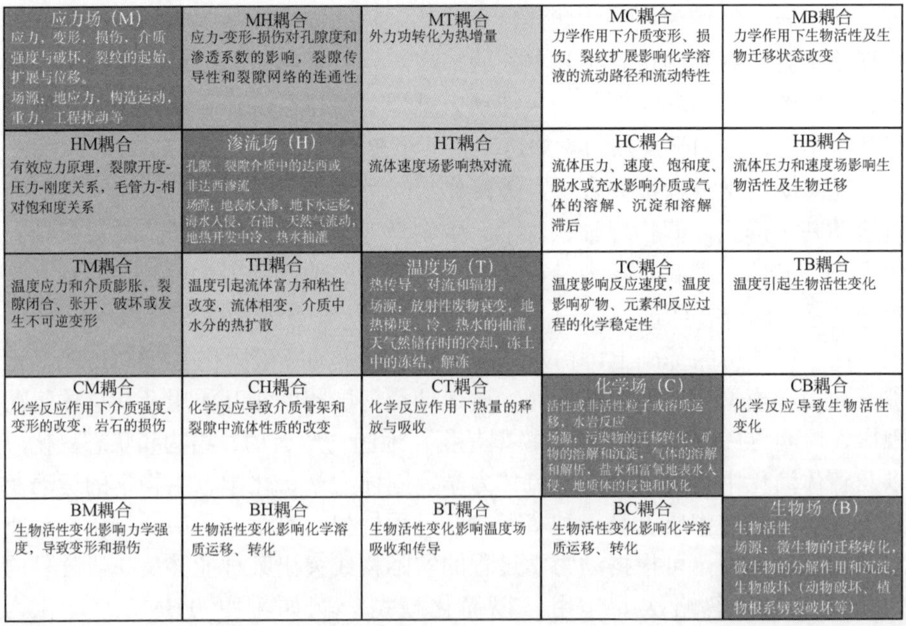

应力场（M） 应力、变形、损伤，介质强度与破坏，裂纹的起始、扩展与位移。 场源：地应力、构造运动、重力、工程扰动等	MH耦合 应力-变形-损伤对孔隙度和渗透系数的影响，裂隙传导性和裂隙网络的连通性	MT耦合 外力功转化为热增量	MC耦合 力学作用下介质变形、损伤、裂纹扩展影响化学溶液的流动路径和流动特性	MB耦合 力学作用下生物活性及生物迁移状态改变
HM耦合 有效应力原理，裂隙开度-压力-刚度关系，毛管力-相对饱和度关系	渗流场（H） 孔隙、裂隙介质的达西或非达西渗流 场源：地表水入渗，地下水运移，海水入侵，石油、天然气流动，地热开发中冷、热水抽灌	HT耦合 流体速度场影响热对流	HC耦合 流体压力、速度、饱和度、脱水或充水影响介质或气体的溶解、沉淀和溶解滞后	HB耦合 流体压力和速度场影响生物活性及生物迁移
TM耦合 温度应力和介质膨胀，裂隙闭合、张开、破坏或发生不可逆变形	TH耦合 温度引起流体富力和粘性改变，流体相变，介质中水分的热扩散	温度场（T） 热传导、对流和辐射。 场源：放射性废物衰变，地热梯度，冷、热水的抽灌，天然气储存时的冷却，冻土中的冻结、解冻	TC耦合 温度影响反应速度，温度影响矿物、元素和反应过程的化学稳定性	TB耦合 温度引起生物活性变化
CM耦合 化学反应作用下介质强度、变形的改变，岩石的损伤	CH耦合 化学反应导致介质骨架和裂隙中流体性质的改变	CT耦合 化学反应作用下热量的释放与吸收	化学场（C） 活性或非活性粒子或溶质运移，水岩反应 场源：污染物的迁移转化，矿物的溶解和沉淀，气体的溶解和解析，盐水和宝氮地表水入侵，地质体的侵蚀和风化	CB耦合 化学反应导致生物活性变化
BM耦合 生物活性变化影响力学强度，导致变形和损伤	BH耦合 生物活性变化影响化学溶质运移、转化	BT耦合 生物活性变化影响温度场吸收和传导	BC耦合 生物活性变化影响化学溶质运移、转化	生物场（B） 生物活性 场源：微生物的迁移转化，微生物的分解作用和沉淀，生物破坏（动物破坏、植物根系劈裂破坏等）

图2　耦合作用机制分析示意图

2.1.2 多元过程的关联性

如上所述，地圈动力学综合模型包含着具有不同规律的、起着相互作用的多种基本物质运动的融合和演化。本文将它们定义为多元关联过程。

过程为一定的物质系统随时间推移而发生物性、状态、结构的变化，以及空间位势的变迁，即广义的运动或演化，表达为

$$y = f(t)$$

式中，$f(t)$ 泛指时间函数。

多元过程指在一定域内多种作用或子过程共存的动力过程，表达为

$$y_1 = a_1 f_1(t)$$
$$y_2 = a_2 f_2(t)$$

式中，$f_1(t)$、$f_2(t)$ 均为时间函数；a_1、a_2 为系数，其在单过程中为常数。多元关联过程指在一定域内多种处于相互作用的非独立作用共存的过程。多元关联过程的特征是过程中包含多种作用或子过程，而且多种作用相互关联，产生互动效应，可表达为

$$y_1 = a_1 f_1(t) = a_1(y_2) f_1(t)$$
$$y_2 = a_2 f_2(t) = a_2(y_1) f_2(t)$$

可见，此时 a_1、a_2 变为与过程相关的变量，对于地圈来说，复杂系统演化的热、流、固、化、生五元关联过程，可采用矩阵表达。表 2 描述的是物质运动 A 对物质运动 B 的作用，含有其互动作用，即其关联的机制。

表2　地圈主要动力学关联过程的相互作用

A /B	T	H	M	C	B
T	0	$\Delta p \Delta K \Delta G$	$\Delta \sigma \Delta E \Delta \varepsilon$	$\Delta d \Delta P_c$	$\Delta \delta \Delta h_b$
H	$\Delta T \Delta q \Delta N \Delta L$	0	$\Delta \sigma \Delta E \Delta \varepsilon$	$\Delta d \Delta P_c$	$\Delta \delta \Delta h_b$
M	$\Delta T \Delta q \Delta N \Delta L$	$\Delta p \Delta K \Delta G$	0	$\Delta d \Delta P_c$	$\Delta \delta \Delta h_b$
C	$\Delta T \Delta q \Delta N \Delta L$	$\Delta p \Delta K \Delta G$	$\Delta \sigma \Delta E \Delta \varepsilon$	0	$\Delta \delta \Delta h_b$
B	$\Delta T \Delta q \Delta N \Delta L$	$\Delta p \Delta K \Delta G$	$\Delta \sigma \Delta E \Delta \varepsilon$	$\Delta d \Delta P_c$	0

注：Δ 为作用贡献增量。T 为温度；q 为热量；p 为压力；σ 为应力；ε 为应变；d 为浓度；δ 为茂盛度。本构特性参数：K 为渗透系数；G 为给水度；E 为岩土弹性、黏性和强度特性；P_c 为化学活性参数；h_b 为生物活性参数；N 为热导系数；L 为热容量。

2.1.3 关联性分析

多元关联过程的分析要求同时运作各子过程的主导方程及多组反映相互作用的控制方程。各子过程已有成熟的本构关系和主导方程组，但关键在于确立能够描述各子过程相互作用的关联控制方程，从而解决系统中多元过程

的关联性问题。

表 3 列出了地圈主要动力学过程，包括热力学(含地热和水热)、流体力学 (含渗流力学)、固体力学(岩土及地质力学)、化学(水化学及地下水化学)、生物学(主要为植被学及细菌生物学)的多元关联性。

它表现为：①各参与的子过程的目的参量会直接受到其他子过程的影响而改变，出现增值(ΔT, Δq, Δp, ΔQ, $\Delta \sigma$, $\Delta \varepsilon$, Δd, $\Delta \delta$)；②各参与的子过程的本构关系参数也会受到其他子过程的影响而改变，出现变异值(ΔN, ΔL, ΔG, ΔK, ΔE, ΔP_c, Δh_b)。各类参数的变异则会改变该子过程的时空规律，使各主导过程的目的指标有所改变(表3)。

表 3　地圈动力学过程的关联性

指标		主导过程	关联作用
T	ΔT 温度	$q=Nf(T,t)$	$\Delta T=f(\Delta Q, \Delta\varepsilon, \Delta d, \Delta\delta)$
	Δq 热量		$\Delta N=f(\Delta Q, \Delta\varepsilon, \Delta d, \Delta\delta)$
H	Δp 压力	$Q=Kf(p,t)$	$\Delta p=f(\Delta T, \Delta\varepsilon, \Delta d, \Delta\delta)$
	ΔQ 流量		$\Delta K=f(\Delta T, \Delta\varepsilon, \Delta d, \Delta\delta)$
M	$\Delta\sigma$ 应力	$\varepsilon=Ef(\sigma,t)$	$\Delta\sigma=f(\Delta Q, \Delta p, \Delta d, \Delta\delta)$
	$\Delta\varepsilon$ 应变		$\Delta E=f(\Delta Q, \Delta p, \Delta d, \Delta\delta)$
C	Δd 浓度	$d=P_c f(t)$	$\Delta d=f(\Delta Q, \Delta p, \Delta\varepsilon, \Delta\delta)$
			$\Delta P_c=f(\Delta Q, \Delta p, \Delta\varepsilon, \Delta\delta)$
B	$\Delta\delta$ 茂度	$\delta=h_b f(t)$	$\Delta\delta=f(\Delta Q, \Delta p, \Delta\varepsilon, \Delta d)$
			$\Delta h_b=f(\Delta Q, \Delta p, \Delta\varepsilon, \Delta d)$

以下就水、岩、热、化、生五元动力学过程关联性数值分析方法作进一步讨论。其各子过程主导数值方程为

热流：$\{[N(\sigma, p, d)]+[L(\sigma, p, d)]\}\{T\}=\{q\}+\{q(\Delta d)\}+\{q(\Delta\delta)\}+\{q(\Delta Q)\}$

渗流：$\{[K(\sigma, T, d)]+[G(\sigma, T)]\}\{p\}=\{Q\}$

应力应变：$[D(T, p, d)]\{\varepsilon\}=\{\sigma\}+\{p\}+\{\sigma(\Delta T)\}+\{R(\Delta d)\}+\{R(\Delta\delta)\}$

地下水化：$[P_c(T, Q, \varepsilon, \Delta d)]\{V\}=\{d\}+\{d(\Delta\delta)\}+\{d(\Delta q)\}+\{d(\Delta Q)\}+\{d(\Delta E)\}$

生物消长：$[h_b(T, Q, d)]\{X\}=\{\delta\}+\{\delta(\Delta q)\}+\{\delta(\Delta Q)\}+\{\delta(\Delta d)\}+\{\delta(\Delta\varepsilon)\}$

式中，Q 为流量；V 为化学浓度；X 为生物量。

在上述方程组中，目的矩阵有以下特点：在热流目的矩阵中含有化学吸放热量、生物消长热量及渗流改变热量。忽略了岩石变形摩擦生热；在渗流矩阵中忽略了其他作用对流量的影响；在应力目的矩阵中出现渗压及温差应力，以及化学涨缩和生物消长涨缩的贡献；在地下水化目的矩阵中考虑了热流、渗流、岩土变形及生物消长的贡献；在生物消长矩阵中纳入了热流、渗流、岩土

变形及水化作用的影响，而参数矩阵的构成如下：渗透参数 (渗透系数 K 及给水度 G) 矩阵成为应力、温度和浓度的函数矩阵；热流参数 (热导系数 N 及热容量 L) 矩阵则为应力、渗压、浓度的函数矩阵；固体刚度矩阵是温度、渗压和浓度的函数矩阵；水岩交换参数 P_c 为温度、水流量、岩石应变及本身溶液浓度的函数矩阵；生物消长参数 h_b 为温度、水流量、溶液浓度的函数矩阵。

如前所述，根据不同情况五元动力学方程也可简化为四元、三元或二元方程进行分析。人类工程活动的作用在这组方程中未列出，但是它也可通过数值模型来预测各方程的边界条件及本构参数来反映对自然过程的触发和制约。

2.1.4　关联性试验

为了确立多组反映相互作用的动力学方程，必须进行大量试验研究和现场观测，即关联性试验。所谓关联性试验与常规的介质参数试验不同，在其试验系统中纳入不同子过程，改变某一过程的参数或状态，观测另一过程的参数或状态的变化，从而得到两者的关联式。

关联性实验可分为两类：一类是单向耦合试验，即二元关联试验；另一类为综合全耦合试验。由于单向耦合试验比较简单，故做得较多(表4)。规划、设计并实施大型多元关联试验和长期观测，是地圈动力学研究的重点内容。

表4　关联性试验实例

类型	试件	试验方法	试验目的
HM	砂岩	三轴	$K=f(\varepsilon)$
	砂岩	单轴	$K=f(\sigma)$
	砂岩、闪长岩	单轴	$K=f(w); E=f(w)$
	岩石裂隙	三轴	$K=f(\sigma, p)$
	平直裂隙	法向荷载	$Q=f(\sigma_n)$
	岩石裂隙	单轴	$K=f(\sigma); Q=f(\sigma)$
	岩石裂隙	反复荷载	$K=f(\sigma_n)$
TM	花岗岩	三轴	$G=f(T)$ 裂隙密度
CM	岩石	断裂韧度	$K_f=f(C)$
	各类岩石	化学损伤	$D_c=f(pH, t)$
	花岗岩	三轴-微裂隙	$D_f=f(\sigma, C)$
THM	花岗岩	耦合试验	$N_L=f(U)$
	岩石裂隙	三轴	$G=f(T)$
	岩石裂隙	三轴	$K=f(\sigma, T)$

目前，国际上有些科技组织如各国高放废料地下处置合作研究机构 (DECOVALEX)进行了大量的室内及现场试验，包括岩石力学、热力学、渗

流和核素迁移的耦合试验。美国岩石力学学会（American Rock Mechanics Association）也已提出并论证利用废弃矿山开展地学综合观测计划。

引发地质环境、地质灾害和形成地质工程条件的地圈动力学过程是一种多元关联过程，它通过多种基本物质运动的互动实现地圈的水圈、大气圈、生物圈同岩土圈的相互作用。对 THMCB 多元综合模型及其多元关联方程的分析和研究有助于对地圈动力学过程的描述、评价和预测。数值模拟有着广泛的应用前景，但是更多的试验和观测更是重中之重。

2.2 水岩耦合过程研究进展

岩石（体）等地质体是水或其他地质流体渗流的介质环境，因此水岩耦合理论及应用的研究是随着人们对岩石结构及其复杂性认识的不断加深而发展的。

2.2.1 多孔介质的水岩耦合试验与理论研究

多孔介质水岩耦合理论主要是将岩石（体）视为孔隙介质，研究流体在孔隙介质中的流动规律及流体的流动对多孔介质变形产生的影响。其理论基础主要是描述渗流的达西定律、固体变形的应力-应变关系及刻画两场界面耦合的有效应力原理。多孔介质水岩耦合理论的发展历程主要如下：

岩体和流体相互作用的研究最早见诸 Terzaghi(1943)有关地面沉降的研究，其主要内容限于考虑一维弹性孔隙介质中饱和流体流动时的固结。他首先将可变形、饱和的多孔介质中流体的流动作为流动-变形的耦合问题来看待，提出了有效应力的概念，并建立了一维固结模型，在土力学中得到了广泛应用。20 世纪 40～50 年代，Biot 和 Willis (Biot, 1955; Biot and Willis, 1956, 1957)将 Terzaghi 的工作进一步推广到三维固结问题，建立了比较完善的三维固结理论，并给出了一些经典的、解析型的公式算例；60 年代，Biot 又将此理论推广到各向异性多孔介质和动力分析中(Biot, 1956a, 1956b, 1962a, 1962b)，奠定了地下流固耦合理论研究的基础。之后流-固耦合理论的发展主要围绕着假设不同孔隙材料的模式而得到不同的物理方程：假设固体骨架为弹性的(各向同性与各向异性的)、塑性的、黏弹性的(线性与非线性及它们之间的各种组合)，孔隙流体假设为不可压缩的和可压缩的等。Verrujit (1969)进一步发展了多相饱和渗流与孔隙介质耦合作用的理论模型，在连续介质力学的系统框架内，建立了 Euler 型多相流体运移和变形孔隙介质耦合问题的理论模型。Savage 和 Braddock(1991)将 Boit 的三维固结理论应用到了横观各向同性的孔隙弹性介质中。Zienkiewicz 和 Shiomi(1984)考虑了几何非线性和材料的非线性，并在 Biot 的三维固结理论基础上提出了广义 Biot 公式。国内李锡夔和范益群（1998）讨论了考虑饱和土壤固结效应的结构-土壤相互作用问题；张洪武等（1991）利用 Zienkiewicz 和 Shiomi 建立的广义 Biot 公式对饱和土壤固结的非线性问题的理论和算法进行了研究。董平川和徐小荷(1998)针对油、气开采问题，介绍了储层流固耦合渗流的特点及研究方法和理论进展，包括单相、多相流体渗流的流固耦合数学模型及有限元数值模型。

Biot 理论第一次系统地描述了三维弹性可变形多孔介质中流体流动和固体变形之间的耦合作用，所建立的数学模型是完全耦合的偏微分方程，它被广泛应用于土固结、坝基应力分析等领域。

2.2.2 裂隙介质的水岩耦合试验与理论研究

裂隙介质水岩耦合理论主要是将岩石（体）视为裂隙结构控制的介质，渗流主要发生于岩石内的裂隙结构。因为裂隙岩体渗流研究起步较晚，因此裂隙介质流固耦合理论的研究也远远滞后于多孔介质（孔隙）水岩耦合理论。直到 20 世纪 50 年代初期，人们才开始着手对裂隙岩体的水力性质和其中流体的流动进行定量的评价(Zhao, 1987; 王媛, 1995; Bower and Zyvoloski, 1997)。

对工程岩体赋存地质环境各因素之间影响作用的研究，从全面完整的角度而言，国内外的研究还涉及很少或研究不够，具体表现在：①耦合理论从 20 世纪 50 年代美国水库诱发地震分析的萌芽，到 70 年代 Witherspoon 的正式提出(Wilson and Witherspoon., 1974; Witherspoon et al., 1980; Long et al., 1985)，直至 80 年代 Noorishad 等(1984)的完善发展，主要都局限于工程岩体地下水渗流场与应力场之间的耦合作用分析研究，由于参数测不准而不能得到广泛应用；②80 年代中期 Barton 等(1985) 对工程岩体地下水渗流场、应力场与温度场之间的耦合作用进行了初步的探讨性研究，但只是针对工程岩体的稳定性和冻土地区隧道涌水问题进行了个别应用性研究，目前为止尚缺乏全面系统的理论体系研究；③进入 90 年代中期，水岩耦合问题成为热点问题。结合放射性废物处置问题的研究，瑞典核能研究所的学者 Jing 和 Hudson(Jing and Hudson, 2002, 2004; Jing, 2003)给出了相对较系统的岩体地下水渗流场、应力场和温度场耦合作用的研究模型，但从模型的简化实用角度还研究不够；④我国对水岩耦合领域的研究始于 80 年代末期，刘继山(1987)、仵彦卿和张倬元(1995)等学者进行了有意义的探索和研究，主要侧重于渗流场与应力场之间、温度场与应力场之间的耦合作用研究。

自从 1954 年 12 月法国的 Malpasset 拱坝失事以后，裂隙岩体渗流问题日益受到人们的重视。较早进行单条裂隙水流规律试验的是 Lomize(1951)，该试验采用两块薄而窄的玻璃板形成裂隙，试验中裂隙面逐步由光滑过渡到粗糙，最终成为波浪形、楔形等裂隙类型，以更好地模拟天然裂隙形态。该试验的裂隙模型由玻璃板形成，这与天然岩石形成的裂隙存在一定的差异，裂隙张开度变化的范围较大，试验主要对完全张开型裂隙作研究，没有对微细的闭合型裂隙做试验研究。之后，Louis(1969)进行了类似的试验，裂隙由两块混凝土平板形成，裂隙模型尺寸较大，试验所得的结果与 Lomize 的试验结果基本相同。以上这些试验都没有考虑应力的影响，裂隙类型大多为完全张开型，Louis(1969)、Snow(1968)、Gale(1922)、Iwai 和 Tosaka（2003）就应力对裂隙水流的影响作了试验研究。许多学者通过实验及理论分析研究了单一裂隙的渗流与应力的关系。

Iwai 对三种岩石样本就达西定律、立方定律、裂隙的水力特性、法向应力对水流的影响等内容进行了试验研究，得出了一系列的研究成果，该试验在裂隙渗流试验中具有代表性。Tsang 和 Wihterspoon(1981)对应力与裂隙渗透性间的关系作了试验研究，试验结果表明，裂隙渗透性与法向应力成非线性关系，并且渗透性与法向应力历史相关。除此以外，Gangi(1978)、Walsh(1981)等学者也提出了模型来描述裂隙的渗流和应力的相互关系。

国内也有一些学者开展了这方面的工作，如张玉卓和张金才(1998)对裂隙岩土体的渗流与耦合作了试验研究；耿克勤(1996)、沈洪俊等(1998)对裂隙岩土体水力特性进行了试验研究等；赵阳升和胡耀青（1999）及赵阳升(2010)对裂缝水渗流物性规律进行了试验研究；周创兵等(周创兵，1995；周创兵和熊文林，1996；周创兵等，2008)学者通过大量的研究工作，根据已有的平行板窄缝法向变形经验公式，再利用等效力隙宽与力学隙宽之间的关系来建立渗透-应力的关系式。

2.2.3 水岩耦合其他理论研究

近年来，随着实验测试和计算技术的发展，地下流固耦合问题从理论到应用都有了长足的发展，出现了许多流固耦合模型。这些模型一般是由不同的渗流场模型和岩体变形场模型组合而成。其主要的特点是：由简单理想的单相孔隙介质模型向更复杂的双相（孔隙-裂隙）连续介质及拟连续或非连续的裂隙网络介质模型发展(刘晓丽，2004)；放弃了固相介质弹性小变形假设改而考虑更为接近实际的非线性有限变形本构关系(谢新宇等，1997)；新的数学理论方法为更完善、复杂理论模型的建构和定量求解技术奠定了日益坚实的基础。这些模型还包括：离散裂隙网络水岩耦合模型、损伤场-渗流场耦合模型、双重介质水岩耦合模型、多重介质水岩耦合模型等。对实际问题的研究，可以采取多种模型或者组合模型，模型的选择应该结合所研究的内容及其所处的环境介质。

3 水岩耦合过程的多尺度效应

复杂系统的特征是具有结构，而结构都有多尺度的属性。不同领域、不同时期可能提出不同的多尺度问题。水岩作用问题所面对的多尺度现象的本质在于不同时空尺度上物理的多样性和耦合性。这种多样性表现为不同尺度上存在多个不同的物理机制，他们对系统的行为起重要的作用；这种耦合性表现为不同尺度上物理机制的相互关联，它们的耦合性直接决定系统的行为。

岩体中的结构面呈级序分布，导致了在不同层次、不同范围上岩体的工程力学性质和水力学性质差异很大。在工程尺度内，Ⅳ级结构面在岩体中大量存在，不但破坏了岩体完整性，还控制着岩体强度和破坏方式。而Ⅴ级结构面或更小尺度的微缺陷又在更低层次上影响着岩块的强度和破坏方式。岩体结构面的这种层次性或级序性分布特征，决定了水岩作用过程存在多尺度效应。目前，在固体力学中有三种有关尺度律的基本理论(Bazant and Cheng, 1997; Bazant and Planas，1998; 王利和高谦，2006)：①Weibull 的随机强度统计理论；②长裂纹引起的应力重新分布和断裂能量释放理论；③裂纹分形理论。

3.1 多尺度力学行为研究

岩土类材料的微损伤(节理、裂隙等微缺陷)，经过在多个不同尺度的物质和结构层次上的损伤演化，最终导致整体结构的功能失效和破坏，这就是所谓的多尺度力学。固体包括了从原子结构到晶格结构，到晶粒结构，再到宏观材料单元，若干个物理行为大不相同的尺度和层次，而固体的破坏就恰恰必须跨过这些物质层次，因此破坏现象不可避免是这些不同层次上的物理规律相互耦合的最终体现。多尺度问题的挑战在于如何恰当处理在不同物质层次上的，具有不同特征时间和空间尺度的，不同的物理规律的非线性跨尺度耦合。

Barenblatt(1992)在世界力学大会闭幕式演说中讲到的思路是一种途径。他认为：第一，在多尺度现象的数学模型中，力学的宏观方程要和微结构转变的动力学方程形成统一的方程组；第二，它们应该被联立求解。因此，多尺度问题的困难是双重性的。一方面，应该选择恰到好处的微结构转变的表征（不太多，不至于无法处理；又不能太少，以免丢掉了会影响宏观性质的关键微结构特征），并将其与宏观力学方程恰当耦合联立起来，这是一大难题。另一方面，正确解出这个跨尺度耦合的联立方程的解，又是一个难题。这种包含了微结构转化的动力学准连续的理论框架，对于相对均匀的损伤分布是相当有效的，然而，对于自然界突发灾变的预测，这种准连续的理论难以给出及时的预报，必须开辟新的思路和理论途径。

白以龙等(2005)研究了大量的损伤演化和破坏问题，对微损伤的成核、发展、链接，最终导致的材料整体的宏观破坏现象（功能失效），从宏观和细观相结合的角度，在理论框架、实验验证和预测概念等方面做了一些探索。引入了损伤弛豫模型，研究了岩石等非均匀介质破坏的非平衡演化过程(微损伤的稳定聚集、损伤局部化和灾变)，提出了临界敏感性是灾变发生的共同前兆。

岩石(体)内部含有大量的结构面或微缺陷，是一种特殊的脆性固体材料，其多尺度特性更为显著。对水岩耦合过程多尺度特性的研究一直是岩石力学与工程领域的研究难点之一。刘晓丽(2008)从细观尺度、实验室尺度、工程尺度到区域尺度上对水岩耦合问题进行探讨，基于岩体多级序结构面发展了一种简单实用的水岩耦合多尺度分析方法，通过逐级结构面分析，可将工程研究和勘探中得到的所有信息利用起来，实现多尺度间信息的传递和融汇，用于分析工程岩体多尺度特性。通过实际工程分析，也发现了地质体中水岩耦合过程的多尺度特性。图 3 为岩石变形模量在不同尺度上的变化，表现出岩体参数具有随机的多尺度特征。此外，对于水岩耦合系统中的单一场，其多尺度特征表现并不相同，可见水岩耦合系统的多尺度效应研究是一个复杂巨系统。

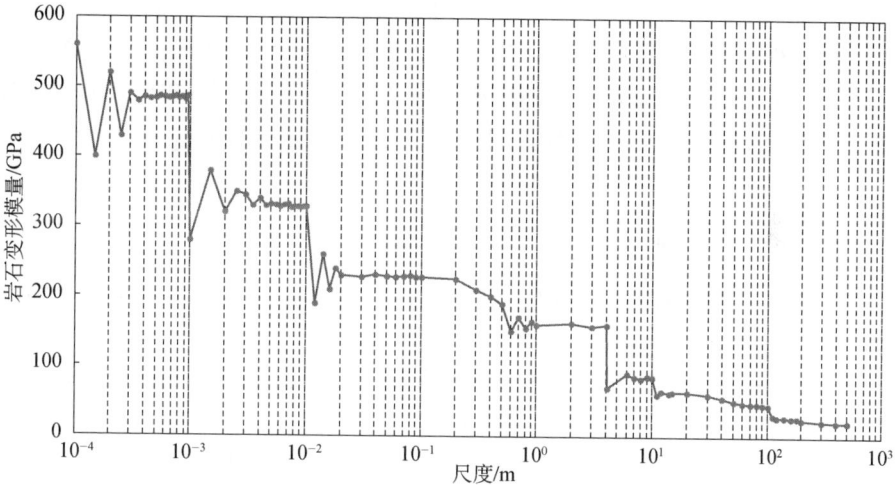

图3 耦合作用机制分析示意图

3.2 多尺度计算方法研究

多尺度问题在工程中的应用越来越广泛，基于多尺度问题求解的复杂性，国内外学者提出了一系列多尺度计算方法，这些数值方法主要可分为传统的多尺度计算方法和近年来发展的多尺度计算方法。

传统的多尺度计算方法(张征等，2006)主要包括多重网格法、自适应方法等。传统的多尺度计算方法需要在细观尺度上求解原问题，使得在解决实际问题时计算量巨大，甚至难以求解。因此，许多更有效的多尺度数值方法不断涌现。

近年来发展的多尺度计算方法主要有多尺度有限元法（multi-scale finite element methods, MsFEM）、多尺度有限体积法（multi-scale finite volume method, MsFVM）、均匀化方法（homogenization method）、非均匀化多尺度方法（heterogeneous multi-scale method, FV-HMM）及小波数值均匀化方法（wavelet-based numerical homogenization）等。这些方法一般是把细观尺度的信息反映到有限元法或有限体积法的基函数里，使宏观尺度的解包含细观尺度的信息，抓住了宏观尺度的特征，而不直接在细观尺度上求解多尺度问题，因而可以大大减小计算工作量(张洪武等，2016)。刘晓丽(2008)针对岩石（体）结构的级序性，结合岩石力学和岩石工程问题的特性，提出了多尺度级序有限元（multiscale hierarchy finite element method, MsHFEM）的计算思路，以解决从细观尺度到工程尺度的多尺度岩石力学和水力学问题。

水岩过程的多尺度行为研究的目的是探索预测灾变前兆的方法和揭示致灾机理，探讨水岩耦合系统中的尺度效应及岩体结构失效过程的一些临界现象，如结构破坏演化对渗流的敏感性和对应力的敏感性等问题。

4 未来挑战与展望

本文综述了水岩耦合作用及多尺度效应的研究进展。岩体介质非常复杂，水岩耦合效应的范畴也非常广泛，包括渗流-变形的耦合（HM）、温度-变形的耦合（TM）、温度-渗流的耦合（TH）、温度-渗流-变形耦合（THM）及温度-渗流-变形-化学耦合（THMC），甚至温度-渗流-变形-化学-生物耦合（THMCB）等近 26 种耦合方式，并且这个耦合系统是一个开放的系统，随着研究的深入和社会发展的需要，还可能产生许多新的耦合单元。可见水岩耦合作用及其多尺度特性的研究在很多方面还需要进一步深化，主要包括以下几个方面：

(1) 多因素耦合作用下工程岩体的力学和水力学特性。

该处所指的多因素耦合作用其实就是上文所说的多种耦合方式，工程规模的逐渐扩大和岩体条件越来越复杂，必然要求水岩耦合系统研究的逐步细化。

(2) 多环境介质中多相流体的迁移转化规律。

本文研究的耦合系统主要涉及的环境介质是岩体，流体是水。随着石油、天然气等能源的进一步开发和利用及环境污染的治理，水、气、油等多相流体在土、岩石、生物体甚至空气等多环境介质中的迁移转化规律需要进行深入研究。

(3) 试验技术及试验设备的改进。

由于复杂岩体系统往往包含很多随机性，现场和实验室试验目前仍然是研究其系统行为的有效手段。只有试验技术和试验设备方面有了新的发展，水岩耦合方面的研究才能更加深入。

特别是渗流力学方面的试验技术和试验设备，国内还没有特别成熟。利用声、光、电技术设计灵敏度高的渗透仪，探索快速试验方法研究水岩耦合系统系数之间的耦合关系，建立定量化的参数关联公式，并与已有的成果进行对比，揭示其内在本质将是下一步研究的重点。

(4) 水岩耦合监测方法与技术。

水岩耦合涉及多个场之间数个甚至数十个变量，如何实时、有效地监测这些变量的发展演化规律至关重要。结合现有的监测手段，亟须开发功能更为强大（高精度、小尺寸等）的多变量监测传感器，以及相应的监测方法和技术。目前，作者正基于传统微震监测技术，开发可用于水岩耦合过程监测的新型微震监测理论和技术方法体系。

(5) 水岩耦合软件开发。

具有方便的人机交互界面的水岩耦合计算软件国内外还并不多见。本文编制了水岩耦合作用的数值计算程序，下一步的工作重点之一将是以此程序为依托，完善其前后处理功能，发展出一套方便工程师应用的软件。

(6) 数值计算方法的发展。

数值计算方法已经成为研究岩石（体）工程特性的重要手段。然而，由于岩石（体）结构异常复杂，为了使数值计算方法真正能够准确、有效地解决实际岩体工程问题，必须提出和发展新的数值计算技术。作者认为，并行有限元技术和有限元-离散元耦合方法、有限元-颗粒元耦合方法等在岩石（体）力学与工程中的应用还需要进一步扩展和研究。

(7) 动力作用下的水岩耦合特性。

地震、爆炸等动力作用下，水岩耦合作用会出现许多新的特征，需要从试验、机理和数值分析等方面进行深入探讨。

上述几个问题的解决，对于水岩作用过程及其多尺度特性的研究具有重要意义。

参考文献

白以龙，汪海英，柯孚久，等. 2005. 从"哥伦比亚"号悲剧看多尺度力学问题. 力学与实践，27(3):1-6.

董平川，徐小荷. 1998. 储层流固耦合的数学模型及其有限元方程. 石油学报，19(1):64-70.

冯夏庭，丁梧秀. 2005. 应力-水流-化学耦合下岩石破裂全过程的细观力学试验. 岩石力学与工程学报，24(9):1465-1473.

傅冰骏. 2000. 21世纪我国岩石力学面临的机遇与挑战. 岩土工程界，3(4):9-12.

耿克勤. 1996. 岩体裂隙渗流水力特性的实验研究. 清华大学学报(自然科学版)，36(1):102-106.

李锡夔，范益群. 1998. 非饱和土变形及渗流过程的有限元分析. 岩土工程学报，20(4):20-

24.

刘继山. 1987. 单裂隙受正应力作用时的渗流公式. 水文地质工程地质，14(2):32-33.

刘晓丽. 2004. 水气二相流与双重介质变形的流固耦合数学模型. 阜新: 辽宁工程技术大学硕士学位论文.

刘晓丽. 2008. 水岩耦合过程及其多尺度行为的理论与应用研究. 北京: 清华大学博士学位论文.

沈洪俊，高海鹰，夏颂佑. 1998. 应力作用下裂隙岩体渗流特性的试验研究. 长江科学院院报，15(3):35-39.

王利，高谦. 2006. 考虑尺寸效应的裂隙岩体强度损伤力学研究. 矿冶工程，26 (6):20-24.

王思敬，杨志法，傅冰骏. 2004. 中国岩石力学与岩石工程的世纪成就与展望//第八次全国岩石力学与工程学术大会论文集.

王思敬. 2002. 岩石力学与工程的新世纪、岩石力学新进展与西部开发中的岩土工程问题//中国岩石力学与工程学会第七次学术大会论文集. 北京: 中国科学技术出版社.

王媛. 1995. 裂隙岩体渗流及其与应力的全耦合分析. 南京: 河海大学博士学位论文.

仵彦卿，张倬元. 1995. 岩体水力学导论. 成都:西安交通大学出版社.

谢新宇，朱向荣，谢康和，等. 1997. 饱和土体一维大变形固结理论新进展. 岩土工程学报，19(4):30-38.

杨天鸿，唐春安，徐涛，等. 2004. 岩石破裂过程渗流特性——理论、模型与应用. 北京: 科学出版社.

张洪武，钟万勰，钱令希. 1991. 土体固结分析的一种有效算法. 计算力学学报(计算结构力学及其应用)，8(4):389-395.

张洪武，卢梦凯，郑勇刚. 2016. 非均质饱和多孔介质弹塑性动力分析的广义耦合扩展多尺度有限元法. 计算力学学报. 33(4): 454-461

张玉卓，张金才. 1998. 裂隙岩体渗流与应力耦合的试验研究.岩土力学，19(2):59-62.

张征，刘更，刘天祥，等. 2006. 计算材料科学中桥域多尺度方法的若干进展. 计算力学学报，23(6)：652-658.

赵阳升. 2010. 多孔介质多场耦合作用及其工程响应. 北京: 科学出版社.

赵阳升，胡耀青. 1999. 三维应力下吸附作用对煤岩体气体渗流规律影响的实验研究. 岩石力学与工程学报，18(6):651-653.

周创兵. 1995. 裂隙岩体渗流场与应力场耦合分析研究. 武汉: 武汉水利电力大学博士学位论文.

周创兵，熊文林. 1996. 双场耦合条件下裂隙岩体的渗透张量. 岩石力学与工程学报，15(4): 338-344.

周创兵，陈益峰，姜清辉，等. 2008. 复杂岩体多场广义耦合分析导论. 北京: 中国水利水电出版社.

朱珍德，郭庆海. 2006. 裂隙岩体水力学导论. 北京: 科学出版社.

Barenblatt G I. 1992. Micromechanics of fracture // Theoretical and Applied Mechanics. Amsterdam: Elsevier Science Publishers.

Barton N，Bandis S，Bakhtar K. 1985. Strength，deformationed conductivity coupling of rock joints. International Journal of Rock Mechanics and Mining Sciences & Geomechanics Abstracts，22(3):121-140.

Bazant Z P，Cheng E P. 1997. Scaling of structural failure. Applied Mechanics Reviews，50(10): 593-627.

Bazant Z P，Planas J. 1998. Fracture and size effect in concrete and other quasibrittle materials. Boca Raton:CRC Press.

Bear J. l972. Dynamics of fluids in porous media. New York: Elsevier.

Biot M A. 1941. General theory of three-dimensional consolidation. Journal of Applied Mechanics，12（2）: 155-164.

Biot M A. 1955. Theory of elasticity and consolidation for a porous anisotropic solid. Journal of Applied Physics，26(2):182-185.

Biot M A.1956a.Theory of propagation of elastic waves in a fluid saturated porous solid.I.Low frequency range.The Journal of the Acoustical Society of America, 28(2):168-178.

Biot M A.1956b.Theory of propagation of elastic waves in a fluid saturated porous solid. Ⅱ.Higher frequency range.The Journal of the Acoustical Society of America, 28(2):179-191.

Biot M A.1962a.Mechanics of deformation and acoustic propagation in porous media.Journal of Applied Physics, 33(4):1482-1498.

Biot M A.1962b.Generalized theory of acoustic propagation in porous dissipative media.The Journal of the Acoustical Society of America,Part I, 34(5):1254-1264.

Biot M A，Willis D G. 1956. General solutions of the equations of elasticity and consolidation for a porous material. Journal of Applied Mechanics，18: 91-96.

Biot M A，Willis D G. 1957. The elastic coefficients of the theory of consolidation. Journal of Applied Mechanics，24:594-601.

Bower K M，Zyvoloski G. 1997. A numerical model for thermo-hydro-mechanical coupling in fractured rock. International Journal of Rock Mechanics and Mining Sciences，34(8):1201-1211.

Gale J E.1982.The effects of fracture type(Induced versus natural)on the stress-fracture closure permeability relationships.In:Proceedings of 23th Symposium On Rock Mechanics,Berkeley,California.

Gangi A F.1978.Variation of whole and fractured porous rock permeability with confining pressure.International Jouranl of Rock Mechanics and Mining Sciences & Geomechanics Abstracts, 15(5):249-257.

Iwai T,Tosaka H. 2003. Experimental and analytical study on non-linear flow through single fracture Part 1-Experiment and parameterization of non-linear.of Groundwater Hydrology, 45(3):279-298.

Jaeger J C,Cook N G W,Zimmerman R W. 2007.Fundamentals of Rock Mechanics,4th edition.Oxford:Blackwell.

Jing L，Hudson J A. 2002. Numerical methods in rock mechanics. International Journal of Rock Mechanics and Mining Sciences，39(4): 409-427.

Jing L，Hudson J A. 2004. Fundamentals of the Hydro-Mechanical Behaviour of Rock Fractures: Roughness Characterization and Experimental Aspects. International Journal of Rock Mechanics and Mining Science，41(3):383.

Jing L. 2003. A review of techniques advances and outstanding issues in numerical modelling for rock mechanics and rock engineering. International Journal of Rock Mechanics and Mining Sciences，40(3):283-353.

Lomize G M. 1951. Flow in fractured rocks. Gesenergoizdat，Moscow.

Long J C，Pemer J S，Wilson C R，et al. 1982. Porous media equivalents for networks of discontinuous fractures. Water Resources Research，18(3):645-658.

Long J C S，Gilmour P，Witherspoon P A. 1985. A method for steady fluid flow in random three-dimensional networks of dis-shaped fractures. Water Resources Research，21(8):1105-1115.

Louis C A.1969. Study on groundwater flow in jointed rock and its influence on the stability of rock masses. London: Imperial college.

Louis C. 1969. A study of groundwater flow in jointed rock and its influence on the stability on rock masses. Rock.Mech.Res.Rep.10，Imp. Coll.，London.

Noorishad J，Tsang C F，Witherspoon P A. 1984. Coupled thermal-hydraulic-mechanical phenomena in saturated fractured porous rocks：numerical approach. J. Geopyhs. Res.，89(B12):10365-10373.

Savage W Z，Braddock W A. 1991. A model for hydrostatic consolidation of Pierre shale. International Journal of Rock Mechanics and Mining Sciences Geomechanics Abstracts，28(5):345-354.

Snow D T. 1968. Rock fracture spacings,openings and porosities.Journal of Soil Mechanics & Foundations Div, 94(SMI):73-91

Snow D T. 1969. Anisotropic permeability of fractured media. Water Resources Research，5(6):1273-1289.

Terzaghi K. 1943. Theoretical Soil Mechanies. New York: John Wiley and Sons.

Tsang Y W，Witherspoon P A. 1981. Hydromechanical behavior of a deformable rock fracture subject to normal stress. J.Geophs.Resear.，86(B10): 9187-9198.

Verruijt A. 1969. Elastic storage of aquifers//Flow Through Porous Media，chapter 8. New York: Academic Press.

Walsh J B. 1981. Effect of pore pressure and confining pressure on fracture permeability. Int.J.Rock Mech. Min. Sci. & Geomech.，Abstr.，18(5):429-435.

Wilson C R，Witherspoon P A. 1974. Steady static flow in rigid networks for fractures. Water Resources Research，10(2):328-335.

Witherspoon P A，Wang J S Y，Iawi K，et al. 1980. Validity of the cubic law for fluid flow in a deformable rock fracture. Water Resources Research.，16(6):1016-1024.

Zhao J. 1987. Experimental studies of the hydro-thermo-mechanical behaviour of joints in granite. London：Imperial College.

Zienkiewica O C，Shiomi T. 1984. Dynamic behavior of saturated porous media: the generalized Biot formulation and its numerical solution. International Journal Numerical and Analytical Methods in Geomachenics.8(1)71-96.

第十三篇　土　力　学

导读　土力学是研究土的工程性质的应用力学学科，从经典的变形强度研究发展到现代复杂条件下的多学科交叉的岩土工程研究。本篇系列论文首先介绍了细观土力学的最新研究动态，从土体细微观结构和机制出发，基于其物理本质和机理来解释和描述复杂的宏观土体行为；采用现代数值分析、物理模型试验和现场调查等研究手段对典型滑坡成灾机理进行系统的分析；对于极端海洋环境载荷和复杂海床地质条件下的海洋工程结构–基础系统的稳定性分析理论和设计方法开展深入探讨；最后，针对当前与可持续发展密切相关的环境岩土工程学科的发展历史、研究前沿作简要介绍，并提出了污染地下水原位修复的创新技术。

细观土力学发展的现状及挑战

赵吉东，郭　宁

（香港科技大学土木及环境工程学系，香港）

摘　要： 本文简要回顾细观土力学的发展现状及面临的挑战。传统土力学理论发展至今，面临来自诸多关系国家民生的岩土工程新领域的巨大挑战，包括高原冻土、高铁路基、环境岩土工程、能源岩土等。为应对这些挑战，近年来土力学理论的发展特别突出了考虑土体细观力学结构及其特性的重要性和必要性。本文重点总结了当今细观土力学理论在以下几个方面的最新研究成果和热点问题：①基于实验手段的土体细微观尺度的观测和描述；②基于细观机制机理的土体连续介质本构模型，包括考虑颗粒细观接触结构、考虑土体组构张量及其演化及考虑颗粒破碎过程三类模型；③土体宏观概念及现象的细微观尺度的验证和机理揭示，包括土的临界状态、土体剪胀理论、沙土液化现象及相关物理学领域的进展和借鉴。本文最后讨论新兴的多尺度计算方法对土力学理论发展的促进及其在岩土工程中的应用。

关键词： 细观力学；土力学；离散元；多尺度模拟；本构模型

Advances and Challenges in Meso-scale Soil Mechanics

Jidong Zhao，Ning Guo

（Department of Civil and Environmental Engineering，Hong Kong University of Science and Technology，Clearwater Bay，Kowloon，Hong Kong SAR）

Abstract: This paper presents a brief review of the latest developments and major challenges in meso-scale soil mechanics. Classic soil mechanics has been facing various challenges pertaining

通信作者：赵吉东（1975—），E-mail:jzhao@ust.hk。

to new fields in geotechnical engineering which are of pivotal national benefits，including but not limited to frozen plateau soil，high-speed train foundation，environmental geotechnics and energy geotechnics. More recent advances in soil mechanics have highlighted the key，essential roles played by considering meso-mechanisms and microstructures in soil. In this paper，we summarize major advances and contributions in the following three prominent aspects related to meso-scale soil mechanics：①Experimentally based methodologies in characterization of meso-mechanisms and microstructures in soil；②Meso-scale informed continuum constitutive modeling of soil，including micromechanics-based models，fabric based studies and particle-crushing based investigations；③Identification，verification and interpretation of the meso/micro origins of macroscopic observations and concepts，including the critical state，shear-dilatancy，soil liquefaction and pertaining progresses in granular physics. Further discussion is devoted to the emerging computational multiscale modeling approaches in relation to its profound impacts in shaping the future of soil mechanics and its potential wide applications in geotechnical engineering.

Key Words：multiscale mechanics；soil mechanics；constitutive modeling；discrete element method；computational multiscale modeling

1　理论土力学发展及细观土力学

土力学作为最古老的工程科学之一，相关理论已经有几百年的发展历史。从临界平衡理论、一维至三维固结理论到以剑桥模型为代表的土力学理论及本构模型，极大地丰富了岩土工程设计的实践理论依据，并被广泛应用于边坡稳定、地基承载力、路面沉降等工程计算中。传统土力学理论对土体的研究一般基于连续介质力学的方法，该方法忽略了土体颗粒及离散颗粒与孔隙流体之间的直接相互作用，将土体均一化作为连续体对待，建立基于连续介质力学的控制方程，考虑宏观土体力学和水力特性及其边值和初始条件，运用数值方法对实际工程问题进行求解。随着时代的发展，当今岩土工程面临更多新的挑战，如高原冻土、高铁路基、环境岩土、能源岩土等关系国家民生的重要领域，都要求土的基本理论和模型能够准确反映土在受力循环、冻融循环、干湿循环及极端受力如地震荷载等复杂路径下的水力力学行为，考虑水-热-化-力等多场耦合作用。传统基于连续力学弹塑性理论发展出的土的本构理论，面临诸多挑战。其所涉及的屈服准则、硬化准则及流动准则往往是唯象的，其唯象假设将带来以下诸多弊病：①模型的普适性差。不同的应力路径要求不同的材料参数，甚至需要使用不同的本构模型。②模型的数值化实现不便。随着研究问题的复杂化，所需模型越来越复杂，涉及的模型参数也越来越多，难以方便有效地在常用的数值软件中使用。③模型的校验困难。很多模型参数缺乏明确的物理含义，校验依赖复杂的实验设备和手段，甚至纯粹依赖于曲线拟合。实际上，土体通常由离散的颗粒组成，流体（水或空气）可以在颗粒之间的孔隙中流动并与颗粒相互作用，这些细微观尺度上的特点导致土体的力学性质及水力特性极为复杂。土体细观和微观尺度上的相互作用是土体宏观边界受力的内在反应，对这些细微观特性的观测、解释和模拟和对理解宏观土体力学性状至关重要。因此，现代土力学的发展已经将重点转移到以细微观力学为主导的多尺度多物理化学过程的描述和理解，并基于这些细微观发现上升到对土力学宏观现象及其理论的更新认识并推动新理论的发展。

　　早在 18 世纪末，Coulomb 就已经认识到土体颗粒间的摩擦对于工程边坡及挡土墙稳定性的重要影响（Coulomb，1773）。1885 年，Reynolds 在他的经典文章中指出，颗粒间的摩擦是导致土体剪胀特性的主要原因（Reynolds，1885）。而同时期著名进化论学者 Darwin 也观察到颗粒土体不同于金属等其他材料的典型特性即为其加载历史及路径的相关性，或者说颗粒土体是有记忆的。20 世纪初至 1960 年为理论土力学发展的黄金时代，以土力学之父 Karl von Terzaghi，以及 Arthur Casagrande、Donald W. Taylor、Ralph Peck、Alec Skempton 等为杰出代表的土力学大师们为该时期的土力学理论体系的建立及其工程应用做出了巨大贡献。无一例外，这些早期大师们都意识到理解土体细微观尺度上的力学特性对建立宏观土体模型的重要意义。例如，Terzaghi（1920）曾经指出："Coulomb 忽略了沙是由单个颗粒组成的事实，将其看成具有均一力学性质的连续体。此概念作为假设在土压力理论这一特殊问题上可能有意义，但其后继者如果忘了该假定，它就成为土力学发展的障碍。解决途径之一就是摒弃这些旧有的基本原理，基于沙是由单个颗粒组成这一简单事实来重新考虑土体基本理论"。Casagrande（1932）强调了黏土的细观结构性对原状土（如 marine clay）的土力学特性的理解极其建模以及对实际地基工程的重要意义。现代理论土力学以剑桥大学的临界状态土力学为代表，从 20 世纪 60 年代至今得到了极大发展（Roscoe et al.，1858；Schofield and Wroth，1968）。临界状态土力学理论考虑土体的摩擦和剪胀特性，以土体受剪的临界状态作为土体最终剪切破坏的参考状态，为黏土和砂的准静态力学描述提供了一个统一的理论框架。自此，临界状态理论成为诸多考虑复杂加载路径的本构模型的核心和基础。现代土力学的奠基人之一 Roscoe 在第 10 届朗肯讲座中强调（Roscoe，1970），现代土力学的发展只有在对土的基本力学性质全面深入理解基础上，才能够对实际岩土工程复杂加载条件下的破坏进行较准确的分析和预测；而对土体特性的实验研究，应发展包括扫描电镜等先进方法和技术来研究土体组构在力学变形中的演化及其对土体力学特性的影响。该思想奠定了现代实验土力学的基础。

鉴于细微观尺度土体特性的重要性，跨尺度研究成为当前土力学研究的热点和难点，特别是土的细微观结构的观察和量化研究对实验手段、数值工具和概念理论等都提出一系列问题和挑战（Zhao et al., 2016）。本文结合作者研究组近期的工作以及国内外近 30 年的主要进展，对细观土力学近期的发展现状及挑战做一个简要回顾和总结。由于不是全面综述，这里的文献回顾只以少量代表性进展为主，难免遗漏很多相关文章，敬请读者包涵。鉴于篇幅，本文主要讨论颗粒土（如砂）的相关研究，只在必要时讨论一些黏土方面的相关研究。本文主要从以下几方面阐述细观土力学的发展现状及未来方向：①细微观土体实验手段的发展和挑战；②考虑细观土体结构的连续介质力学方法；③土力学宏观理论概念和现象的细微观方法验证；本文最后总结细观土力学的发展成就及方向，并简要讨论最新的多尺度计算方法对土力学理论的未来发展及岩土工程应用的重要意义。

2   细观土力学的发展现状

2.1   细微观实验手段的进展和挑战

现代成像技术及新型实验设备的发展使研究人员可以从细微观尺度观察颗粒砂土或黏土的三维结构，来揭示土体宏观力学行为的微观机理。比较有代表性的检测技术如扫描电镜（SEM）和透射电镜（TEM），可用来观察经过冻结处理土体切片试样的高精度细微观结构（图 1）（Hattab and Fleureau, 2010; Hattab et al., 2013）。另外，还可以使用压汞法（MIP）得到土的细观结构的孔径分布（Delage, 2010）。以上各种方法都会对土体试样造成扰动，因此称为有损实验，不适合对土体全受力过程进行检测分析。如要对加载过程中土体细观结构演化作实时分析，则需要借助非侵入式无损检测技术。其中，μCT（Micro Computed Tomography）扫描技术最具代表性与应用潜力。该技术通过 X 射线对土体试样照片作高清晰度图像处理和解析，可以得到细微观颗粒形态、颗粒运动（包括平移和转动）、颗粒破碎，甚至颗粒间接触的信息。因此对于砂土细微观力学的研究，如组构张量演化、应变局部化的微观机制、破碎力学等，都具有非常重要的意义（Alshibli and Alramahi,

2006; Hasan and Alshibli，2010; Hall et al.，2010; Andò et al.，2012）。除了上述断层扫描技术，核磁共振成像（MRI）技术最近也被应用于土的细微观结构演化与颗粒运动的研究中（Hu et al.，2006; Szabó et al.，2014）。

图1 扫描电镜图像

（a）高岭土（Hattab and Fleureau，2010）；（b）砂土颗粒（http://sandgrains.com）

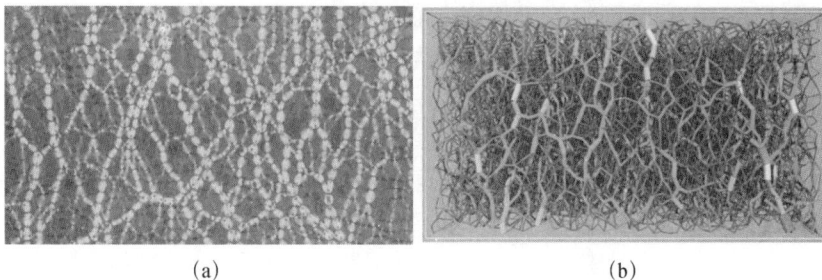

图2 颗粒材料中的力链网络

（a）光弹性材料实验（引自 Zhang等，2010）；（b）离散元散拟（引自Guo 和 Zhao，2013）

除了细微观结构演化与颗粒运动的研究，力在颗粒系统中的传递同样得到高度关注。研究表明，力在颗粒系统中经由特殊的力链网络传递（图2）。该力链网络与土的各种复杂宏观表现，如各向异性、抗剪强度、应变局部化、液化破坏等都有着极为密切的联系（Radjai et al.，1998; Rothenburg and Bathurst，1989; Tordesillas and Muthuswamy，2009; Guo and Zhao，2013; Booth 等，2014）。常规实验手段，包括前述细微观技术，均不能有效准确地量测土体颗粒间的接触力，因而无法直接观察土体在受力作用下的力的传递特性。目前，研究人员使用光弹材料制造的理想化的光弹球，通过光弹材料的双折射现象分析力在颗粒体系中的传递规律

（Drescher and De Jong，1972；Oda et al.，1985）。由于真实沙土颗粒不透明且形状不规则，对于其力链网络的实验研究依然是一个重大挑战。最近，加州理工学院的 Andrade 课题组提出使用测量颗粒运动及构建满足接触动力学（contact dynamics）约束条件的优化算法，来间接求解颗粒间接触力的方法（Hurley et al.，2014，2016），为该方向的研究提供了一个新思路。最后值得一提的是，Coop 及其合作者开发了一套细观颗粒实验设备，用来测量砂土颗粒间接触细观模型参数，如颗粒间摩擦系数、接触刚度等（Senetakis and Coop，2014，2015）。该实验获得的信息可以为离散元或者细观力学塑性模型参数选取等提供有用的数据。

2.2 基于细观机制的连续介质力学方法

细观力学的发展为土的连续介质模型提供了崭新的视角。越来越多的本构模型开始基于细观力学实验及数值模拟结果，将细观结构演化机制引入剪胀关系，重新定义硬化及流动准则，来试图减少模型中的唯象假设，建立服从物理规律的各项准则。这里我们选取三个当前比较有影响力的方法进行简要介绍，他们分别基于细观颗粒接触结构、组构张量及考虑颗粒破碎。

2.2.1 基于细观颗粒接触结构的连续本构模型

Chang 和 Hicher（2005）通过显式考虑球状颗粒接触结构及其初始排列的几何关系，基于颗粒尺度的接触模型（力-位移关系）计算颗粒之间的压缩，并通过均一化得到宏观颗粒土体的弹塑性本构关系。该模型同时包含宏观材料参数（与临界状态模型的某些参数相同）和细观参数（如颗粒粒径、颗粒接触刚度与接触数等），可方便地研究细观参数对宏观力学行为的影响。通过考虑接触方向分布的各向异性，砂土宏观固有各向异性可以得到有效反映（Chang and Yin，2010）。目前该方法已被用来研究砂土的应力剪胀关系、不稳定性、循环加载行为、细粒砂含量及颗粒间胶结、毛细、表面张力等特殊作用力的影响（Hicher and Chang，2007；Chang and Hicher，2009；Chang et al.，Yin and Chang，2011，2013；Yin et al.，2014）。同样基于颗粒接触模型和接触方向分布以及均一化运算，Nicot 和 Darve（2005，2007）提出了完全依赖细观参数的宏观塑性模型，避免了唯象宏观参数的使用。通过建立宏观变形与细观颗粒运动的关系，该模型可以捕捉不同方向接触的增减，因而可以模拟细观结构演化及诱导各向异性。该方法也可以用来解释颗粒砂土分散性失稳及应变局部化破坏的细观力学机制（Nicot and Darve，2006）。

2.2.2　考虑组构张量及其演化的本构模型

与上述基于颗粒接触结构直接考虑细观量方法不同，基于组构张量的本构模型使用宏观参数，引入组构张量来反映颗粒细观堆积结构及其变化，并作为独立于应力和应变张量的状态变量进入本构关系。最新的相关研究，最引人关注的工作无疑是基于组构张量的各向异性临界理论（Li and Dafalias，2012；Gao et al.，2014）。该理论提出，传统土体临界状态理论定义临界状态为土体在剪切破坏时达到应力和体积都恒定的状态，并将其表达为

$$\eta = (q/p)_{c} = M , \quad e = e_{c} = \hat{e}_{c}(p)$$

式中，p、q 分别为平均应力和剪应力；e 为孔隙率，下标 c 表示极限状态（下同）。

Li 和 Dafalias（2012）指出，以上两个条件实际上并不是临界状态的充分条件，传统临界状态理论除了孔隙率，并没有任何有关土体组构的描述。种种实验表明，土体在达到临界状态之前是高度各向异性的（Oda，1972；Li and Li，2009）。离散元的模拟结果表明，颗粒材料的组构张量所反映的各向异性在单调加载条件下会演化到一个临界状态值，且组构张量最终与应力张量共轴（Li and Li，2009；Zhao and Guo，2013，见下节）。基于此提出的各向异性临界状态理论，在传统临界理论的两个条件之外，又加入了一个新的条件 $A = A_{c} = 1$，此处 A 为组构各向异性变量（FAV）：$A = F : n$，代表组构张量 F 加载方向张量 n 的相对方向。基于各向异性临界状态理论，Gao 等（2014）发展出了适用于一般三维路径加载条件的弹塑性模型。该模型考虑组构张量演化，其屈服函数、硬化函数及剪胀函数都是组构张量或其不变量的函数，而组构张量的演化则与外力加载方向有关，因此可以考虑诱导各向异性，并能很好地解释各向异性对剪胀、非共轴性及临界状态的影响。该模型框架现已成功拓展至可以考虑循环荷载作用（Gao and Zhao，2015）及统一的弹塑性各向异性的理论模型（Zhao and Gao，2016）。其中，Zhao 和 Gao（2016）的工作为确定初始各向异性并将其与组构张量的后期演化提供了一种新思路。Dafalias（2016）对近期基于组构张量和各向异性临界理论的研究作了一个系统的综述和评价，可供参考。

2.2.3　基于细观颗粒破碎的本构理论

颗粒破碎在众多岩土水利工程和矿山工程中普遍存在且意义重大。如在堆石坝的建造过程中，坝体堆石的破碎可能造成巨大的坝体沉降并可能影响

大坝的整体安全。在考虑颗粒破碎的连续本构模型中，近期较为有影响力的是 Einav（2007a）提出的破碎力学模型。Einav（2007a）基于统计和热力学框架和类似于连续损伤力学中损伤内变量的概念，引入 Hardin（1985）的相对破碎作为衡量粒径分布的当前状态与其初始和最终状态的距离，建立连续破碎力学。基于此，他还进一步考虑摩擦材料的塑性特性发展了描述颗粒材料破碎过程的本构模型 Einav（2007b）。此外，Cecconi 等（2002）通过假定材料的摩擦性质随着级配改变，将颗粒破碎的影响考虑进弹塑性本构关系。Hu 等（2011）将颗粒破碎的能量耗散与临界状态线的改变联系起来，建立了弹塑性的连续本构关系。对颗粒破碎的研究，现在使用比较多的数值方法如离散元等对颗粒破碎后级配演化的定性描述。

2.3 宏观土力学概念和现象的细观力学方法验证

2.3.1 土体临界状态的离散元研究

如前所述，临界状态理论是土体本构模型中广为接受的理论框架之一。传统临界状态理论缺失了关于土体组构各向异性的参考，是各向异性临界状态理论提出的根据（Li and Dafalias，2012），但该理论的提出尚缺乏足够的实验或数值的证据。由于当前很难通过实验手段验证临界状态时的组构各向异性，离散元模拟称为了主要的手段。最新的离散元研究表明，在持续剪切作用下，土的各向异性组构张量也会达到一个临界状态值（Li and Li，2009；Fu and Dafalias，2011；Guo and Zhao，2013；Zhao and Guo，2013）。这些研究为各向异性临界理论提供了数值结果支持。特别是 Zhao 和 Guo（2013）通过对离散元代表单元在不同加载路径情况下（如排水和不排水，以及等围压剪切和等 b 剪切）的结果分析发现，基于接触面法向定的足够在临界状态时，并非具有像临界孔隙率那样的唯一性，而与加载路径相关。而基于偏应力张量与偏组构张量的联合第一不变量定义的一个组构各向异性参数 K 在临界状态时达到唯一临界值，与加载路径无关 [图 3（a）]。该各向异性参数在临界状态的唯一特性即为各向异性临界状态应考虑的额外条件。结合传统临界状态的两个条件，他们进而指出，土体的临界状态线实际上是一条定义在 K-e-p' 空间的唯一的空间曲线，它在 e-p' 平面的投影是传统的临界状态线 [图 3（b）]。

上述发现似乎与 Li 和 Dafalias（2012）提出的各向异性临界状态理论存在差异。对此，Li 和 Dafalias（2015）及 Dafalias（2016）指出，其原因可能是由于上述组构张量是基于未经体积平均的接触面法向向量定义的，而一个合乎各向异性临界理论的组构张量是需要满足某些特殊条件的。但正如 Dafalias（2016）所言，与各向异性临界理论相关的工作并非已经完善，作为对传统临界理论的一个极大推进，各向异性临界理论还面临诸多理论和实际操作方面的挑战，包括对其基本假设运用离散元以及先进的实验手段如 μCT 等工具的进一步验证和评价。这些假设包括组构张量初始值的确定，归一化和非归一化组构张量的选取及其对各向异性临界理论框架的影响，以及与组构相关的临界状态条件是否是必需的等等问题。这些方面的研究将是土力学基本的新热点问题。

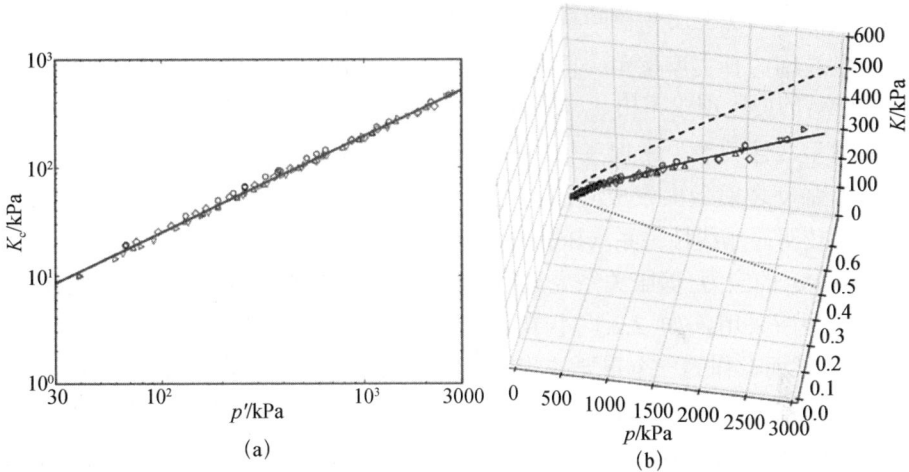

图3　各向异性参数K在临界状态时与p'的唯一关系（a）和K-e-p'三维空间（Zhao and Guo，2013）（b）

2.3.2　剪胀理论的细观力学研究

剪胀是包括土体在内等颗粒材料最重要的力学性质之一。Reynolds（1885）首次提出剪胀的概念，并将其定义为单位剪应变诱发的体积应变，即

$$D = -\dot{\varepsilon}_V / \dot{\varepsilon}_q$$

式中，$\dot{\varepsilon}_V$ 和 $\dot{\varepsilon}_q$ 分别为体积应变率和剪切应变率。

随后，Taylor（1948）将剪胀与土的抗剪强度联系起来，并通过假设外力做功全部转化为摩擦耗能，从而得到

$$q/p = M + D$$

式中，p 和 q 分别为平均有效应力和偏应力；M 为材料常数（临界状态应力比）；D 为剪胀对土体强度的贡献。

与 Taylor 将土看做连续体不同，Rowe（1962）首次将土体理想化为圆柱或球体的规则堆积，从微观力学的角度研究了应力-剪胀关系，并给出了以下三轴压缩试验条件下的经典表达式：

$$\frac{\sigma_1'}{\sigma_3'} = \tan^2\left(\frac{\pi}{4} + \frac{\phi_{cs}}{2}\right)\left(1 - \frac{\dot\varepsilon_v}{\dot\varepsilon_1}\right)$$

式中，σ_1' 和 σ_3' 分别为最大与最小住有效应力；$\dot\varepsilon_v$ 和 $\dot\varepsilon_1$ 分别为体积应变率和主应变率；ϕ_{cs} 为颗粒间临界摩擦角。

该公式最初使用颗粒间真实摩擦角 ϕ_μ，但是由于实际工程中很难准确测定土颗粒间的真实摩擦角，同时研究表明其取值与临界摩擦角相近，所以后来 Rowe 的剪胀理论常用 ϕ_{cs} 代替 $\phi\mu$。该剪胀理论表明土体强度（应力比）与剪胀性呈线性关系。常规三轴与平面应变实验结果分析，该表达式在试样达到峰值强度之前是大致成立的，而峰值强度之后的应力-剪胀关系则比较复杂，呈较明显非线性关系（Bolton，1986）。

Rowe 的应力-剪胀关系经过后来许多理论与实验结果验证，已经被很多本构模型所采用，如 2.2.1 小节中提到的细观结构塑性模型（Wan et al.，2010）。然而，作为一个重要的状态参数，孔隙比对剪胀的影响在 Rowe 的剪胀关系关系中没有得到体现，另外细观组构也会显著影响砂土的剪胀行为。据此，Li 和 Dafalias（2000）修正了 Rowe 的表达式，通过引入组构张量考虑了细观结构对剪胀的影响（见 2.2.2 小节）。最近，Kruyt 和 Rothenburg（2016）则完全从细观力学的角度出发，建立了颗粒材料的剪胀与细观结构关系的表达式。其中细观结构的影响由各向同性配位数（为单个颗粒平均接触数）及各向异性强度两部分的贡献以叠加求和的方式得到反映。

2.3.3　土体液化的细微观研究

液化失稳是砂土的主要破坏形式之一，也是地震岩土工程最为关注的研究课题之一。其破坏形式包括流动液化和循环进动，前者主要发生于松砂，为单调或者循环加载情况下的突发失稳；而后者可发生于任何密度的砂土在循环加载的一种特殊力学效应。Ng 和 Dobry（1994）最早使用离散元方法从细观力学的角度，主要是颗粒配位数的演化，研究了砂土的这两种破坏形式。虽然液化本质上是由于孔隙水压的升高导致有效应力的降低，但在离散元中直接考虑孔隙水压极为困难，因此绝大多数离散元都是通过施加恒定体积来近似考虑砂土的不排水边界条件。Sitharam 等（2009）同样使用离散元方法研究了沙土液化之后的剪切行为，同时考虑颗粒配位数及细观组构各向异性的影响。这些研究表明，当沙土液化失稳时，整个颗粒系统配位数均低于某个临界值，该临界值与结构稳定的冗余度相关。另外，沙土在液化发生之前的系统各向异性程度通常很高（Guo and Zhao，2013），接触力链网络几乎没有接触力存在（Guo and Zhao，2014）。除了使用颗粒间接触方向或颗粒、孔隙的主要方向定义组构的研究外，还有通过 Voronoi 或 Delaunay 空间划分来定义细观组构张量，并研究其与液化的关联（Wang and Wei，2016）。Wei 和 Yang（2014）及 Zhao and Guo（2015）分别用实验和离散元模拟，探讨了颗粒不规则形态及抗颗粒转动效应对砂土抵抗液化的作用。

除了直接基于离散元方法的研究，还有少数通过耦合离散元与计算流体动力学方法显式考虑孔隙水压的影响（Zeghal and El Shamy，2004；Okada and Ochiai，2007；Scholtès et al.，2015）。其中 Zeghal 和 El Shamy（2004）及 Scholtès 等（2015）分别研究了在地震和波浪周期荷载作用下孔隙水压的升高及颗粒砂土的液化行为。近来，离散元和网格波尔兹曼耦合的方法也开始应用于沙土液化的细观模拟研究。

2.3.4 物理学相变理论与土力学理论的交汇

物理学领域对颗粒材料的研究历史也相当悠久。近来物理学领域较为热门的颗粒材料相变理论可以为土力学理论的发展提供新的视角。通过研究力在颗粒系统中传递的时空规律及与玻璃材料的对比，物理学家提出了颗粒材料的相变理论（Liu and Nagel，1998）。该理论指出，颗粒材料的密度倒数（等同于孔隙比）与玻璃材料的温度在相变过程中扮演类似的角色，即当孔隙比或温度升高的时候，颗粒或玻璃材料将发生从固态到液态的相变［图 4（a）］。除了密度变化的影响，最近研究发现了另一个有趣的现象，物理学家称之为"剪切堵塞"（shear jamming）（Bi et al.，2011）［图 4（b）］。与剪切导致材料破坏的一般看法不同，剪切堵塞现象表明剪应变也可以促使松散的颗粒堆积固化，类似于流体力学领域的剪切增黏现象。

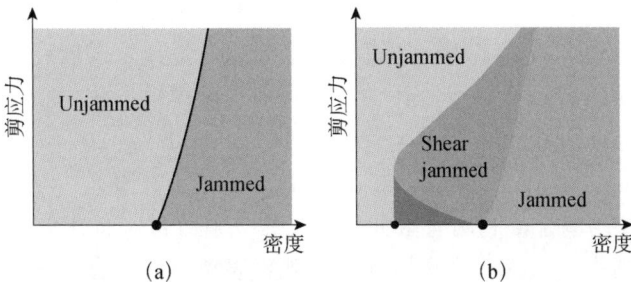

图4　颗粒材料相变图（a）和剪切堵塞（b）（来自文献Bi et al.，2011）

颗粒材料物理学中广为研究的堵塞、固化及渗透力链（percolating force chain）等现象也吸引了岩土力学研究人员的关注。通过分析砂土黏土混合物中不同砂土含量对整体抗剪强度的影响，研究人员发现当砂土含量增大至超过某个临界值时，系统承载的外力主要经由砂土颗粒形成的渗透力链传递，而填充于砂土颗粒孔隙中的黏土对于整体强度只发挥次要作用，如提供支撑渗透力链，使之不易发生屈曲破坏（Peters and Berney，2010）。上述颗粒材料物理学理论的研究，如将土体破坏之前与破坏之后的不稳定性与颗粒介质堵塞的相变理论联系起来，有助于我们对土力学相关理论的深入理解，建立服从基本物理规律的本构模型。

3 结语与展望

经典土力学理论发展至今，已不能应对诸多重大岩土工程中面临的新挑战，如多场多物理过程及力、水、物化耦合等。如果囿于传统连续介质力学及弹塑性理论框架，只有增加非常多的唯象参数及没有物理基础的假设，使土体模型变得复杂异常，各种参数的测定和模型验证也变得困难。国际土力学发展的新趋势是逐渐转向从土体细微观结构和机制出发，基于数值或者实验手段对他们进行量测和验证，建立充分考虑细观机制和过程的新土力学理论，尽量减少唯象模型参数的个数，并能够从符合物理本质的各种细观演化规律来联系和解释复杂的宏观土体特性和现象。本文对领域的最新进展作了一个高度概括性的回顾，重点讨论了这些研究如何在连续本构理论的框架内加入细微观的考量，以及相关实验和数值的验证手段的新发展。

任何基于连续介质力学框架内的本构模型，如要应用于实际岩土工程问题，都需要与有效的数值方法如有限元结合，才能解决实际边值问题。而针对土体细微观力学特性，离散元的方法成为岩土界目前研究的热门方法。但如将离散元方法直接应用于工程边值问题还存在诸多局限性。如欲将岩土材料的细微观特性和宏观工程问题直接联系起来，近年来发展起来的多尺度计算方法成为引人瞩目的热点，其中以分阶多尺度模拟方法（hierarchical multiscale modeling method）为典型代表（Guo and Zhao，2014，2015，2016；Zhao and Guo，2015；Li et al.，2011）。该方法基于有限元（FEM）和离散元（DEM）的有效耦合，利用有限元作为一个宏观连续域的求解器，在每个有限单元的高斯点上嵌入一个离散元的细观代表单元体。有限元传递宏观变形到该高斯点作为边界条件，该代表单元体求解得到有限元所需本构关系，传回该有限元高斯点，从而得到边值问题的解（图 5）。该方法能够避免传统连续本构模型所必需的唯象本构假设，并能将砂土宏微观特性直接联系起来进行有效的跨尺度分析。仅需要有限的颗粒尺度上物理参数，该方法就可以模拟砂土的在单行及循环加载下的典型力学特性，如剪胀、非共轴、各向异性、状态和加载路径相关性、极限状态及相关边值问题中有趣现象包括应变局部化等。众所周知，这些特性很难基于一个统一的传统连续力学框架进行描述。该方法最近又被拓展到对饱和砂土的模拟（Guo and Zhao，2016）。其基本考虑是应用太沙基有效应力原理，从离散元代表单元体得到有效应力及其刚度矩阵，而将孔隙水压作为一个宏观变量与宏观位移一起求解。该方法经过经典一维及二维固结问题校核后，成功模拟了孔隙水压的变化在饱和砂土中剪切带及液化现象中的重要作用。多尺度模拟方法将岩土材料宏细观有机结合，将在未来推动土力学理论的发展及其工程应用中起到重要作用。

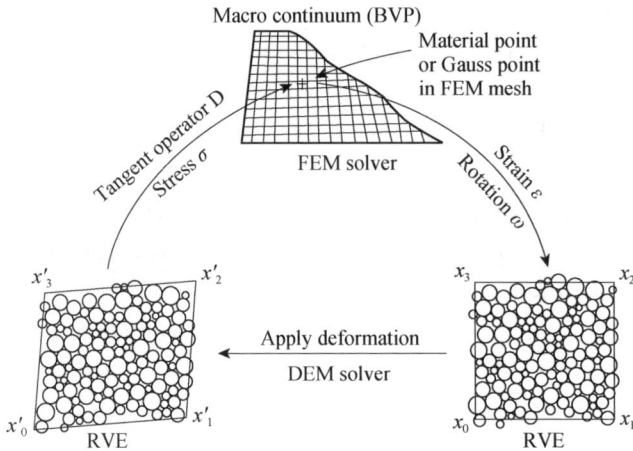

图5　岩土材料分阶多尺度模拟方法示意图（引自Guo and Zhao，2014）

致谢： 本文受国家自然科学基金（项目编号：51679207）资助。

参考文献

Alshibli K A，Alramahi B A. 2006. Microscopic evaluation of strain distribution in granular materials during shear. Journal of Geotechnical and Geoenvironmental Engineering，132（1）：80-91.

Andò E，Hall S A，Viggiani G，et al. 2012. Grain-scale experimental investigation of localised deformation in sand：a discrete particle tracking approach. Acta Geotechnica，7（1）：1-13.

Bi D，Zhang J，Chakraborty B，et al. 2011. Jamming by shear. Nature，480：355-358.

Bolton M D.1986. The strength and dilatancy of sands. Géotechnique，36（1）：65-78.

Booth A M，Hurley R，Lamb M P，et al. 2014. Force chains as the link between particle and bulk friction angles in granular material. Geophysical Research Letters，41：8862-8869.

Casagrande A. 1932. The structure of clay and its importance in foundation engineering. Journal of Boston Society of Civil Engineering Soc. Civil Engrs.，19（4）：168-209.

Cecconi M，DeSimone A，Tamagnini C, et al. 2002. A constitutive model for granular materials with grain crushing and its application to a pyroclastic soil. International Journal for Numerical and Analytical Methods in Geomechanics mech,26(15)：1531-1560.

Chang C S，Hicher P Y. 2005. An elasto-plastic model for granular materials with microstructural consideration. International Journal of Solids and Structures，42：4258-4277.

Chang C S，Hicher P Y. 2009. A model for granular materials with surface energy forces. International Journal of Aerospace Engineering，22（1）：43-52.

Chang C S，Yin Z Y. 2010. Micromechanical modelling for inherent anisotropy in granular materials. Journal of Engineering Mechanics ASCE，136（7）：830-839.

Chang C S，Yin Z Y，Hicher P Y. 2011. Micromechanical analysis for inter-particle and assembly instability of sand. Journal of Engineering Mechanics ASCE，137（3）：155-168.

Collins I F，Houlsby G T. 1997. Application of thermomechanical principles to the modelling of geotechnical materials. Proceedings of the Royal Society A，453：1975-2001.

Coulomb C A. 1773. Sur une application des règles de maximisetminimis à quelques problems de statiquerelatifs à l'architecture. Académie Royal Des Sciences Mémoires de mathématique et de physiques par divers savants Par divers savants，7：343-382.

Dafalias　Y F. 2016. Must critical state theory be revisisted to include fabric effects? ActaGeotechnica，11(3)：479-491.

Delage P. 2010. A microstructure approach to the sensitivity and compressibility of some Eastern sensitive clays. Géotechnique，60（5）：353-368.

Drescher A，De Jong G D J. 1972. Photoelastic verification of a mechanical model for the flow of a granular material. Journal of the Mechanics and Physics of Solids，20（5）：337-340.

Einav I. 2007a. Breakage mechanics：Part I：Theory. Journal of the Mechanics and Physics of Solids，55（6）：1274-1297.

Einav I. 2007b. .Breakage mechanics：Part II：modelling granular materials. Journal of the Mechanics and Physics of Solids，55（6）：1298-1320.

Fu P，Dafalias Y. 2011. Fabric evolution within shear bands of granular materials and its relation to critical state theory. International Journal for Numerical and Analytical Methods in Geomechanics，35（18）：1918-1948.

Gao Z，Zhao J. 2015. Constitutive modeling of anisotropic sand behavior in monotonic and cyclic loading. Journal of Engineering Mechanics ASCE, 141 (8): 04015017.

Gao Z, Zhao J, Li X S, et al. 2014. A critical state sand plasticity model accounting for fabric evolution. International Journal for Numerical and Analytical Methods in Geomechanics, 38: 370-390.

Guo N, Zhao J. 2013. The signature of shear-induced anisotropy in granular media. Computers and Geotechnics, 47: 1-15.

Guo N, Zhao J. 2014. Local fluctuations and spatial correlations in granular flows under constant-volume quasistatic shear. Physical Review E, 89: 042208.

Guo N, Zhao J D. 2016. Parallel hierarchical multiscale modelling of hydro-mechanical problems for saturated granular soils. Computer Methods in Applied Mechanics and Engineering. 305: 37-61.

Hall S A, Bornert M, Desrues J, et al. 2010. Discrete and continuum analysis of localised deformation in sand using X-ray μCT and volumetric digital image correlation. Géotechnique, 60 (5): 315-322.

Hasan A, Alshibli K A. 2010. Experimental assessment of 3D particle-to-particle interaction within sheared sand using synchrotron microtomography. Géotechnique, 60 (5): 369-379.

Hattab M, Fleureau J M. 2010. Experimental study of kaolin particle orientation mechanism. Géotechnique, 60 (1): 323-331.

Hattab M, Hammad T, Fleureau J M, et al. 2013. Behaviour of a sensitive marine sediment: microstructural investigation. Géotechnique, 63 (1): 71-84.

Hicher P Y, Chang C S. 2007. A microstructural elastoplastic model for unsaturated granular materials. International Journal of Solids and Structures, 44 (7): 2304-2323.

Houlsby G T. 1979. The work input to a granular material. Géotechnique, 29 (3): 354-358.

Hu C, Ng T T, Altobelli S. 2006. Void distributions in samples of Ottawa sand. Geomechanics and Geoengineering, 1 (3): 197-206.

Hu W, Yin Z Y, Dano C.et al. 2011. A constitutive model for granular materials considering grain breakage.Science China Technological Sciences. 54 (8): 2188-2196.

Hurley R, Marteau E, Ravichandran G, et al. 2014. Extracting inter-particle forces in opaque granular materials: Beyond photoelasticity. Journal of the Mechanics and Physics of Solids, 63: 154-166.

Hurley R C, Lim K W, Ravichandran G, et al. 2016. Dynamic inter-particle force inference in granular materials: Method and application. Experimental Mechanics, 56 (2): 217-229.

Kruyt N P, Rothenburg L. 2016. A micromechanical study of dilatancy of granular materials. Journal of the Mechanics and Physics of Solids, 95: 411-427.

Li X S. 2007. Thermodynamics-based constitutive framework for unsaturated soils. 1: Theory.

Géotechnique，57（5）：411-422.

Li X,Li X S. 2009. Micro-macro quantification of the internal structure of granular materials. Journal of Engineering Mechanics ASCE，135（7）:641-656.

Li X S，Dafalisa Y F. 2000. Dilatancy for cohesionless soils. Geotechnique，50(4)：449-460.

Li X S，Dafalias Y F. 2012. Anisotropic critical state theory：the role of fabric. Journal of Engineering Mechanics ASCE，138（3）：263-275.

Li X S，Dafalias Y F. 2015. Dissipation consistent fabric tensor definition from DEM to continuum for granular media.Journal of the Mechanics and Physics of Solids，78：141-153.

Liu A J，Nagel S R. 1998. Nonlinear dynamics：Jamming is not just cool any more. Nature，396：21-22.

Ng T T，Dobry R. 1994. Numerical simulations of monotonic and cyclic loading of granular soil. Journal of Geotechnical Engineering，120（2）：388-403.

Nicot F，Darve F. 2005. A multi-scale approach to granular materials. Mechanics of Materials，37：980-1006.

Nicot F，Darve F. 2006. Micro-mechanical investigation of material instability in granular assemblies. International Journal of Solids and Structures，43(11-12)：3569-3595.

Nicot F，Darve F. 2007. Basic features of plastic strains：From micro-mechanics to incrementally nonlinear models. International Journal of Plasticity，23(9)：1555-1588.

Oda M. 1972. The mechanism of fabric changes during compressional deformation of sand. Soils and Foundations，12（2）：1-18.

Okada Y，Ochiai H. 2007. Coupling pore-water pressure with distinct element method and steady state strengths in numerical triaxial compression tests under undrained conditions. Landslides，4(4)：357-369.

Oda M，Nemat-Nasser S，Konishi J. 1985. Stress-induced anisotropy in granular masses. Soils and Foundations，25(3)：85-97.

Peters J，Berney E. 2010. Percolation threshold of sand-clay binary mixtures. Journal of Geotechnical and Geoenvironmental Engineering，136(2)：310-318.

Radjai F，Wolf D E，Jean M，et al.1998. Bimodal character of stress transmission in granular packings. Physical Review Letters，80（1）：61-64.

Reynolds O. 1885. On the dilatancy of media compound of rigid particles in contact. Philosophical Magazine，20(127)：469-481.

Roscoe K H. 1970. The influence of strains in soil mechanics.Géotechnique，20（2）：129-170.

Roscoe K H，Schofield A N，Wroth C P. 1958. On the yielding of soils. Géotechnique，8（1）：22-53.

Rothenburg L，Bathurst R J. 1989. Analytical study of induced anisotropy in idealized granular materials. Géotechnique，39（4）：601-614.

Rowe P W. 1962. The stress-dilatancy relation for static equilibrium of an assembly of particles in contact. Proceedings of the Royal Society A，264(1339)：500-527.

Schofield A N，Wroth C P. 1968. Critical State Soil Mechanics. McGraw-Hill，London，UK.

Scholtès L，Chareyre B，Michallet H，et al.2015. Modeling wave-induced pore pressure and effective stress in a granular seabed. Continuum Mechanics and Thermodynamics，27(1)：305-323.

Senetakis K，Coop M. 2014. The development of a new micro-mechanical inter-particle loading apparatus. Geotechnical Testing Journal，37（6）：1-12.

Senetakis K，Coop M R. 2015. Micro-mechanical experimental investigation of grain-to-grain sliding stiffness of quartz minerals. Experimental Mechanics，55：1187-1190.

Szabó B，Török J，Somfai E，et al. 2014. Evolution of shear zones in granular materials. Physical Review E，90：032205.

Taylor D W. 1948. Fundamentals of Soil Mechanics. John Wiley，New York，USA.

Terzaghi K.1920. Old earth pressure theories and new test results，Engineering News-Record，85（14）：632-637.

Tordesillas A，Muthuswamy M. 2009. On the modeling of confined buckling of force chains. Journal of the Mechanics and Physics of Solids，57：706-727.

Wan R，Nicot F，Darve F. 2010. Micromechanical formulation of stress dilatancy as a flow rule in plasticity of granular materials. Journal of Engineering Mechanics ASCE，136（5）：589-598.

Wang G，Wei J. 2016. Microstructure evolution of granular soils in cyclic mobility and post-liquefaction process. Granular Matter，18：51.

Wei L M，Yang J. 2014. On the role of grain shape in static liquefaction of sand-fines mixtures. Géotechnique，64（9）：740-745.

Yin Z Y，Chang C S. 2013. Stress-dilatancy behavior for sand under loading and unloading conditions. International Journal for Numerical and Analytical Methods in Geomechanics，37（8）：855-870.

Yin Z Y，Zhao J，Hicher P Y. 2014. A micromechanics-based model for sand-silt mixtures. International Journal of Solids and Structures，51（6）：1350-1363.

Zeghal M，El Shamy U. 2004. A continuum-discrete hydromechanical analysis of granular deposit liquefaction. International Journal for Numerical and Analytical Methods in Geomechanics，2004，28（14）：1361-1383.

Zhao J D，Jiang M J，Soga K，et al. 2016. Micro origins for macro behavior in granular media. Granular Matter. 18：59.

Zhao J，Gao Z. 2016. Unified anisotropic elastoplastic model for sand. Journal of Engineering Mechanics ASCE，142（1）：04015056.

Zhao J，Guo N. 2013. Unique critical state characteristics in granular media considering fabric anisotropy. Géotechnique，63（8）：695-704.

Zhao J，Guo N. 2014. Rotational resistance and shear-induced anisotropy in granular media. Acta Mechanica Solida Sinica，27（1）：1-14.

典型滑坡成灾机理和分析方法

于玉贞，张其光，徐文杰

（清华大学水沙科学与水利水电工程国家重点实验室，北京 100084）

摘　要：本文简述了典型滑坡类型的成灾机理和分析方法方面的研究进展。在渐进破坏机理方面，提出扩展控制区域的概念，基于合适的积分方案和界面本构模型，利用扩展有限元法可有效模拟渐进破坏过程。在崩岸方面，考虑土力学和水力学因素的耦合作用，进一步揭示了多因素相互作用引起的崩岸机理，并给出了合理的模拟方法。在地震诱发高速滑坡方面，根据实地调研和数值分析研究了其机理。在地震液化诱发抗滑桩加固边坡失稳分析方面，利用试验和计算相结合的方法模拟了其破坏过程，并研究了其成灾机理。

关键词：边坡；渐进破坏；崩岸；地震；高速滑坡；抗滑桩

Mechanism and Analysis Method of Typical Landslides

Yuzhen Yu，Qiguang Zhang，Wenjie Xu

（State Key Laboratory of Hydroscience and Engineering，Tsinghua University，Beijing 100084）

Abstract：The mechanism and analysis methods of some typical landslides were reviewed briefly. A generalized local dominant analysis method for shear band evolution was proposed. A simple integration scheme for the numerical quadrature and a contact algorithm of discontinuous zone was combined with the extended finite element method（XFEM）to simulate the progressive failure. Based on soil mechanics and river mechanics，explanations of the mechanism of riverbank collapse were presented and a dynamic analysis model for riverbank stability based on the seepage-riverbank-flow interactions was established.Taking Tangjiashan landslide as an example，the 3D instability process of the landslide was reconstructed by using dynamic finite element method，

通信作者：于玉贞（1966—），E-mail: yuyuzhen@tsinghua.edu.cn。

then the forming process and river-blocking mechanism of high speed landslide was analyzed. According to the results of physical modelling and numerical analysis，the failure mechanism of pile stabilized sandy slope on saturated foundation during earthquake was investigated.

Key Words：slope；progressive failure；riverbank collapse；earthquake；high speed landslide；stabilizing pile

1　引言

边坡稳定性分析是土力学中的三大经典课题之一，滑坡是当代岩土工程领域研究的一个主要灾害类型。该课题涉及的内容很多，本文主要阐述典型滑坡类型的成灾机理和分析方法。

目前工程中所采用的边坡稳定分析方法大多是预设滑裂面，并假定滑裂面上各点的剪应力同时达到抗剪强度，这与实际情况并不相符。实际工程中，土坡的失稳破坏往往始于土体在相对狭窄的剪切带内变形集中，然后逐渐扩展至贯穿成连续的滑裂面。

作为一种特殊的滑坡，崩岸现象普遍存在于我国大江、大河两岸，并造成十分严重的危害，除直接使沿岸土地损失外，还威胁江河大堤的安全，并可能使河势朝着极为不利的方向发展。

地震是滑坡地质灾害发生的一个重要诱因。我国地震诱发滑坡造成的灾害居世界之首。在山区，地震诱发滑坡的特点是范围广、速度快。在一些条件下，尽管采取了加固措施，很多边坡仍然发生严重破坏。

2　边坡渐进破坏机理和分析方法

2.1　渐进破坏机理

20 世纪 60 年代，Skepmton（1964）和 Bjerrum（1967）等对超固结黏土边坡渐进破坏问题进行研究时认为，实际工程中大多数滑坡的滑动面都穿过某种软弱结构面，即便是比较均匀土体中的圆弧形滑动面也多是从某一最为薄弱的缺陷处启动。由于土的应变软化特性，已有剪切带上的残余抗剪强度很可能不足以抵抗实际的剪应力，导致尖端存在应力集中，从而促使已有剪切带不断向前扩展。在此基础上，Puzrin 和 Germanovich（2005）基于断裂力学方法推导了各种情况下台阶状边坡中预设滑裂面的扩展条件。

剪切带扩展理论的这些成果物理意义明确，比较适合探讨平面型滑动面中的剪切带扩展规律。但这些理论都预先假定剪切带的扩展方向，仅仅考虑已有剪切带尖端的剪应力集中的作用，不考虑应力重分布导致的主应力轴偏转现象，总体上为纯概念模型，缺乏一般性，难以实用。喻葭临（2009）对剪切带尖端的应力集中和重分布状态进行了全面的分析，提出扩展控制区域的概念解决了这一难题。

在如图 1 所示的土坡中，假定由于某种原因已经存在剪切带。若应用 Bjerrum 的渐进扩展理论，只需考察 O 点或者已有剪切带延长线上的 A 点是否达到破坏状态，即判断是否存在剪应力 $\tau_{xy} > f(\sigma_y)$。其中 $f(\sigma_y)$ 为边坡土体的抗剪强度包线表达式。可见，Bjerrum 的扩展理论只用到两个应力变量 τ_{xy} 和 σ_y，而忽略了 σ_x 的影响（σ_x、σ_y 分别为 x 和 y 方向上的正应力）。但当尖端的应力集中比较严重时，尖端两侧的应力状态有较大差异。

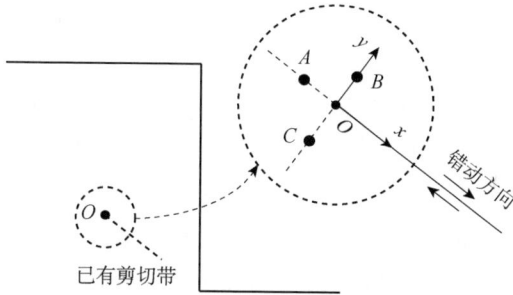

图1　土坡中的初始缺陷示意图

将 A、B、C 三点的应力状态用莫尔圆绘出，如图 2 所示，从中可知 B 点较 A、C 点更有可能先达到破坏状态，使 B 点的应力状态在控制剪切带扩展时刻和方向上较 A、C 点占优势。而这很好地解释了模型试验预设剪切带扩展区域的共性特点。结合试验结果和以上分析可以推论，剪切带的扩展具有区域选择性，最终控制剪切带扩展的是尖端附近的局部区域而非全域。

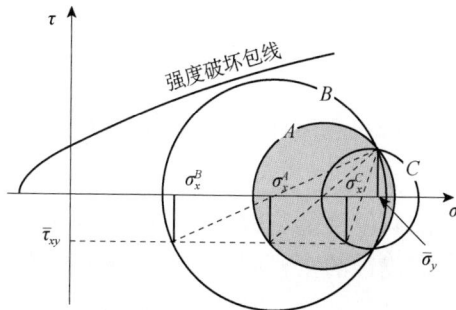

图2　尖端附近各点对应Mohr圆

2.2 渐进破坏过程模拟方法

早期采用应变局部化理论与常规有限元结合的方法来描述剪切带的形成。大多通过改变裂缝区材料的本构关系来反映场函数的非连续性，可视为广义的弥散裂纹模型；且一般用于弱不连续位移场的模拟，由此获得的剪切带路径受网格形状的影响大，且存在应力锁死现象，难以用于模拟剪切带扩展过程。嵌入非连续方法（Jirasek，2000）在单元内嵌入不连续的位移场，克服了上述弱点，可模拟整体的强不连续位移场，但无法描述和揭示由土体应变软化特性导致的尖端应力集中和重分布对剪切带扩展过程和方向的影响。

扩展有限元（Belytschko and Black，2000）等方法既可较好地描述内部运动的不连续位移场，又可相对独立地选择合适的本构模型，具备模拟剪切带等运动的不连续位移场的能力，为剪切带扩展过程的模拟提供了一条新的思路。

扩展有限元法目前主要涉及线弹性材料和张拉型裂缝，应用于滑坡模拟中还需解决如下两个问题：①对非线性材料本构模型的兼容性进行改进；②构建考虑摩擦接触的界面接触算法。喻葭临（2009）给出了可行的方案。

在 Song 等（2006）工作基础上，改进扩展有限元法中非连续区域的积分方案以便保障积分点上非线性材料内变量的一致性，可以有效避免零能模式的出现。通过引入恰当的非连续区域本构关系构建与扩展有限元相适应的界面接触算法。与传统的接触力学方法相比，该方法无需增加特殊的界面单元，也不涉及复杂的接触条件变化和接触状态搜索，原理简单，建模容易。利用自主研发的土中剪切带扩展过程模拟系统模拟了一系列的实际问题，证明了方法的可行性和可靠性。

3 江河崩岸机理和分析方法

3.1 崩岸机理

河流崩岸是来水来沙条件、河道冲淤演变、岸边土壤地质构造等诸因素共同作用的结果（Abam，1993）。

河床下切及岸滩侧向侵蚀是造成崩岸的直接外因，水沙条件与河势变化等是河床和岸滩侧向侵蚀的主要因素。其中河势条件主要包括河道深泓位置、河道冲淤变化、主流方向、断面形态；水沙条件主要包括来流量、含沙量、水位变化及水流挟沙能力（邵学军和王兴奎，2005）。流量大持续时间长，对河床的冲刷作用大，因而易造成窝崩。对于弯道水流，主流顶冲点的上提下挫、主流线的离岸远近及与岸线交角的大小，决定着崩岸的演变过程和规律；弯道环流可导致横向不平衡输沙和河道条件恶化。波浪引起的冲刷也是岸坡出现失稳的一个重要因素。引起河道水位变化的因素主要包括洪水期和枯水期流量变化、水库枢纽的蓄水和放水、河口潮汐的变化等，这些水位变化都影响岸滩的崩塌。

在水力条件不变的情况下，岸坡的稳定性主要取决于河岸抗冲强度，由土体特性和土层结构决定的。在崩岸机理研究中，渗透性、可液化性、土体冻融特性、岸坡拉裂缝是影响岸坡稳定的地质土体因素。

总的来看，对崩岸的内在机理研究，尚存在以下问题。

（1）土力学方面的边坡稳定计算结果难以反映岸坡安全性的实际动态变化。不仅是岸坡边界水头在动态变化，而且岸坡土物理力学状态也在变化、水流对岸坡产生冲刷及各影响因素交互作用。

（2）河流动力学角度的河床演变，以较简化的模型来代替崩岸发生。这些简化的模型要么采用经验的方法，要么采用简化的力学方法，均未对实际崩岸发展过程进行模拟，不能充分考虑岸坡泥沙的冲刷特点和渗流特性。

综合以上可见，崩岸涉及多个学科知识，若将它们有效结合起来，那么崩岸机理的研究有可能取得实质性的进展。李广信（2004）曾提出，土力学与流体力学耦合研究的发展方向可包括四个方面：管涌的发展及土体的破坏过程、崩岸的发生与发展、河道的演变、泥石流的成因及运动。

谢立全（2007）采用理论分析、室内实验和数值计算相结合的手段，考虑土力学和水力学因素的耦合作用，进一步揭示了渗流-岸坡-水流相互作用引起的崩岸机理。

通过对黏性土厚盖层和薄盖层两种情况下大量算例结果，分析了软弱结构面和潜在滑裂面的相对位置、水位上涨落和速率及高水位持续时间对岸坡稳定性的影响。

在岸坡泥沙等效受力分析基础上，结合河床清水冲刷率公式，导出崩岸冲刷率公式，并进行冲刷率影响因素的敏感性分析和岸坡冲刷变形过程算例分析。分析可知：①岸坡坡度冲刷率影响因素比缓坡河床要多、复杂，而且由于坡度的存在，使各因素交错影响程度加大；②渗透比降的影响不容忽视，在有些情况下可能成为控制因素；③应用崩岸冲刷率公式，可以进行岸坡变陡的过程分析，为崩岸的预测提供动态的岸坡地形。

专门的试验结果表明，水流速度和渗出面渗透比降对透水性能有影响。在此基础上，提出在非稳定渗流计算中考虑动水边界的水流耦合作用的简化计算方法，并结合算例进行了相应的比较分析。

3.2 崩岸模拟方法

同时考虑土力学、水力学两方面的因素及其相互作用，可建立多因素耦合作用下的岸坡稳定动态分析模型，如图 3 所示。任意时刻的岸坡稳定安全系数 $F_s(t)$ 需要确定岸坡冲刷变形、渗流场、土体强度与荷载。岸坡冲刷变形和渗流场的相应信息可以确定岸坡土体的非饱和强度和相应的荷载情况。而岸坡渗流场计算，需要结合岸坡内外水位、降雨和江河水流条件，考虑动水边界的水流条件与渗流的耦合作用机理；岸坡冲刷变形的计算，需要应用岸坡渗流计算结果与江河水流条件（如水位、流速分布等），考虑渗流与水流冲刷的耦合作用机理。综合起来，该模型将岸坡放在一个多因素耦合作用下的体系中，即渗流-岸坡-水流作用体系，进行随着时间变化的稳定性动态分析。

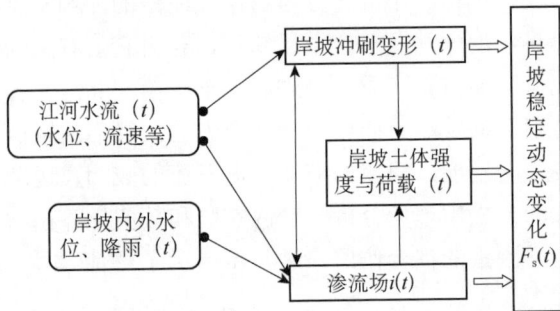

图3　多因素耦合作用下的岸坡稳定动态分析模型

4　地震诱发高速滑坡机理及分析方法

地震触发的滑坡大都以一次性高速滑动的方式出现。强震诱发的滑坡大都在高山峡谷地区，由于受峡谷对岸山体的阻挡作用，滑体运动距离通常较短，难于达到"飞行阶段"，并常堵塞沟谷形成堰塞体。因此，对于这种"高速短程"滑坡的运动机制与"高速远程"滑坡相比有很大的差别。

2008 年发生的"5·12"汶川特大地震诱发了大量具有"高速短程"特

征的滑坡，如唐家山滑坡。下面以此为例说明高速滑坡形成堰塞体的过程。

4.1 唐家山高速滑坡过程模拟

高速滑坡过程伴随着块体的运动、分离、碰撞等复杂的接触问题，本部分基于 ABAQUS/Explicit（Hibbit and Sorensen，2002）模块分析唐家山滑坡堵江事件。根据滑坡区地质结构特征及现场考察资料分析，在建立唐家山滑坡的三维计算模型时将整个滑坡体划分为 1238 个块体，滑床为一个整体。为计算简化，滑动块体及周围地质体采用弹性材料，块体间接触采用摩尔-库伦接触。整个计算过程共分为两步：第一步，施加重力荷载，生成初始应力场；第二步，施加地震加速度荷载，进行地震动力分析。图 4 显示了计算最终得到的滑坡失稳、堵江形成的堆积体三维空间特征（徐文杰和周玉县，2010）。

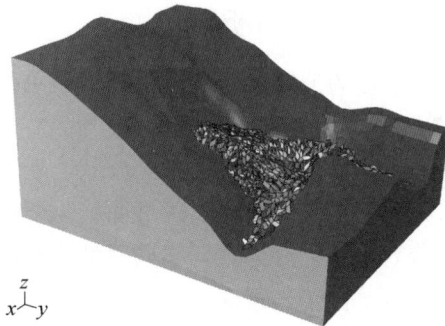

图4　最终失稳状态分析结果（200s）

为研究滑坡在地震诱发失稳过程中不同部位的运动特征，在计算分析时分别在滑坡不同部位布置了 22 个监测块体，并对其在整个地震过程中的速度、位移等进行了监测。

图 5 显示了各监测块体顺坡向运动速度随时间变化关系，由图可以看出：地震初期，虽然不同位置处斜坡岩层间的差异，由于滑体在整体上还保持相对的完整性，各块体的运动具有较好的同步性；10s 左右时，滑体速度迅速增高，各块体运动发生明显的分异，表明滑体已经逐渐破坏，约在 30s 时运动速度达到最大（平均速度约为 22m/s）；而后，受对岸山体的阻挡，滑体运动速度发生急剧下降，并约于 65s 基本平稳到达稳定状态。

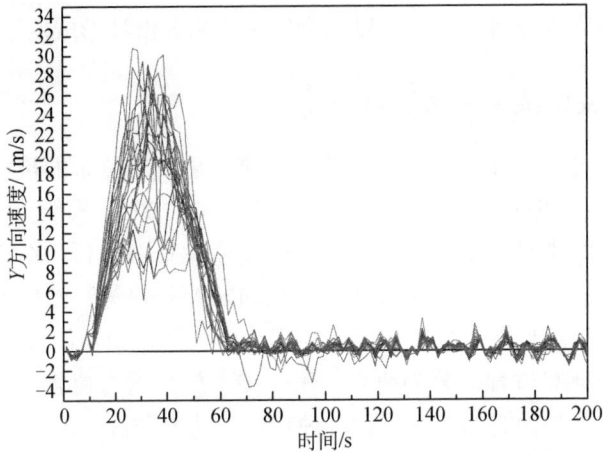

图5　不同监测块体的顺坡向速度随时间变化曲线

4.2　唐家山高速滑坡机理分析

根据上述对唐家山滑坡的地震失稳过程分析，从总体上来讲，滑坡体的整个失稳过程大致可以划分为以下四个阶段。

（1）地震触发及岩体的累进破坏：对于顺层状岩质斜坡，在地震荷载及重力作用下，当合力方向指向坡外时，将对坡面岩土体产生向外的加速度，使斜坡向临空面发生运动；而当合力方向指向斜坡内部时，将给斜坡岩体产生一个指向坡内的加速度，由于岩层面不承受拉应力，在惯性力作用下坡面附近的岩体在稍后的一段时间内将继续向临空面运动，使距坡面一定范围内的岩土体产生分离。这种分离及同一岩层的差异运动，使岩体不断发生损伤、折断乃至破裂。地震初期阶段，这一过程使坡面一定范围内的岩体不断破坏，并最终沿在坡体内某一部位形成贯通滑裂面。在未完全贯通之前，滑面处某些部位（锁固段）将积蓄着较高的能量。

（2）滑体破坏、高速下滑：在滑面贯通后，由于锁固段能量的迅速释放，使得滑体获得了较高的初始速度，并沿滑面下滑。此后，地震波一方面将对滑体产生一个往返的加速效应；另一方面使滑床与滑动块体产生循环撞击作用，滑体不断破坏、块体不断变小，使滑面处的摩擦系数不断减小。此外，受地形、滑面形态等因素影响，滑体下滑过程中将不断破坏。同时由于滑体体积较大、滑速较快，将河谷部位原有的冲积物及水流铲起，并伴随强大的气浪，抛向对岸。

（3）撞击解体、堵江形成堰塞体：滑体在高速下滑过程中，由于受对岸山体的阻挡，由于受惯性力作用，滑坡前缘明显爬坡，同时滑坡体速度急剧下降，并堆积于河谷，将其堵塞形成堰塞湖。唐家山滑坡由于滑程较短，滑体未能完全解体仍然保留原有的"似层状"结构特征，前缘部位岩体出现不同程度的反翘现象。

（4）震动密实阶段：由于汶川地震过程历时较长（据记录长达 500 余秒），从上述计算可以看出滑坡体在 60s 后已经基本逐渐稳定下来，在后续的地震动过程中形成的堰塞体如同在一个振动台上，堰塞体不断地被"震缓""震密"，形成典型的"震动密实效应"。这一点，一方面可以从上述数值计算过程中可以看出，在 60s 后块体不同地发生调整、变位，以达到一个更为稳定的状态；另一方面也可以从现场看到的堰塞体表部地形非常平缓，与一般的滑坡相比没有"陡起""陡落"的地形变化，也表明堰塞体在形成后发生了不同程度的"震缓"。

综上分析看来，唐家山滑坡是一个典型的高速、短程滑坡。

5 地震液化诱发加固边坡失稳机理与分析方法

5.1 地震液化诱发抗滑桩加固边坡失稳分析方法

大量的震后灾害调查表明，尽管很多边坡或岸坡采用抗滑桩等进行了人工加固，但在地震中仍然遭受严重破坏，其中很大一部分与液化有关。关于这方面的研究已有很多成果。

在数值计算方面，在各种方法中仍以有限元为主，在土工结构工作性能方面的研究成果较多，而有关土工结构破坏过程的数值计算仍不很成熟，特别是关于地震诱发变形和液化对抗滑桩加固边坡稳定性影响的成果更少。在固液两相体弹塑性动力固结数值分析方面，已发表的二维计算成果较多；三维分析可以揭示复杂条件下边坡抗滑桩这种具有典型空间效应的结构体系的动力响应机理，但目前成果较少，且尚未达到实用的程度。

在动力模型试验方面，目前的动力离心模型试验工况较为简单，Satoh 等（1998）研究了地震诱发缓坡土层产生的侧向变形对钢桩受力分布的影响，Lee 等（2005）等研究了地震液化诱发挡土结构物的破坏。然而，关于地基液化对抗滑桩加固边坡失稳机理的离心模型试验较少。

李荣建等（2008）利用清华大学土工离心机及振动台设备进行了一系列的试验，结合三维固液两相体弹塑性动力固结数值分析研究了地震诱发抗滑桩加固边坡失稳机理。图 6 为模型尺寸、加速度计布置和抗滑桩应变计布置，图中尺寸扩大 50 倍即为原型尺寸。输入地震波为调整的 Parkfield 地震波，峰值加速度为 0.17g。

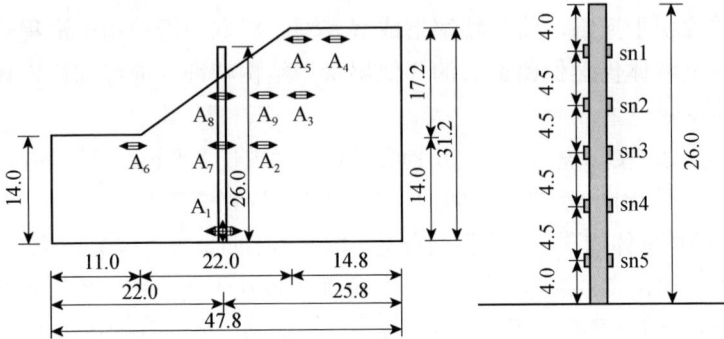

图6 模型尺寸、加速度计布置和抗滑桩应变计布置（单位：cm）

对于干砂地基上抗滑桩加固边坡，抗滑桩在 t_1 至 t_5 时刻的弯矩沿高程分布如图 7 所示。抗滑桩总弯矩在桩顶自由端弯矩为零，静动条件下的分布形式均是自上而下逐渐增大，说明桩在静动条件下均未出现开裂，试验后拆模观察证明了这一点。总弯矩在 t_2 时刻达到最大值，此后有所减小，最终仍保持较高值，说明抗滑桩始终没有破坏。

高水位条件下抗滑桩加固的边坡在地震作用下出现地基液化和大规模滑坡。抗滑桩在 t_1 至 t_7 时刻的弯矩沿高程分布如图 8 所示。t_1 时刻桩身弯矩为自上而下为非线性增加的静态弯矩，由该时刻的桩身弯矩分布可以看出，静力条件下混凝土桩未发生开裂。t_2 时刻的桩身弯矩为地震峰值附近时的弯矩。t_3 至 t_5 时刻的桩底附近总弯矩逐渐降低并接近于零，表明桩底发生断桩，嵌固约束失效，转化为活动铰约束。

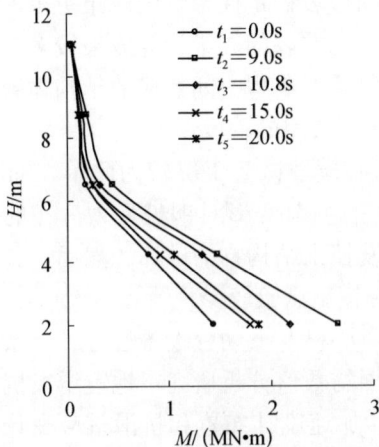

图7 干砂地基上边坡抗滑桩弯矩分布   图8 饱和地基上高水位边坡抗滑桩弯矩分布

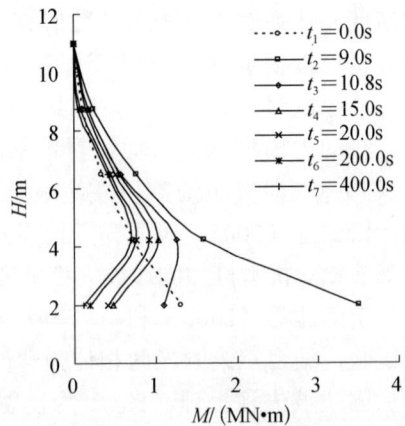

5.2 地震液化诱发抗滑桩加固边坡失稳机理

采用三维动力流固耦合弹塑性有限元程序对试验成果进行计算拓展。计算结果表明,高水位条件下坡脚下饱和地基和抗滑桩附近的超静孔压较大,通过与震前有效应力相比可知,坡脚处有一定范围的液化区,这可能对土体稳定及抗滑桩受力状态产生较大影响。

由于坡脚下砂土液化导致抗滑桩下边坡土体变形很大,水平位移约 0.6m,远大于干砂边坡的 0.08m,这种变形使土体有脱离抗滑桩的趋势;边坡顶部地震变形较大,水平位移约为 0.3m,坡顶土体变形趋势是挤压桩体;这种较大位移会产生明显的桩土运动相互作用。

以上分析结果可以揭示高水位条件下抗滑桩破坏机理,如图 9 所示。相对于地下水位以上桩周土体对抗滑桩的约束,地下水位以下桩周土体对抗滑桩的约束由于动孔压的累积上升而减弱,地基液化导致坡脚滑动变形较大且使桩前土压力减小而桩后土压力增大,使抗滑桩静动总弯矩响应远大于静力条件弯矩,动力附加弯矩相对增幅较大,造成抗滑桩破坏,表现出典型的桩-土运动相互作用破坏特性。

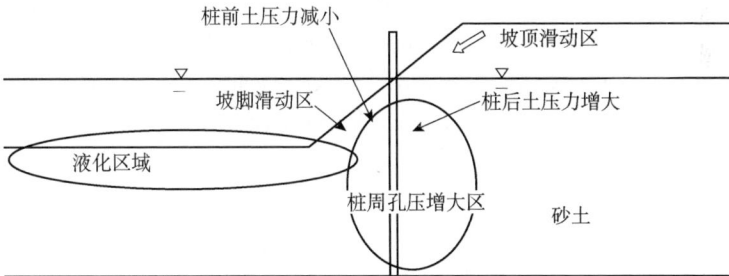

图9 抗滑桩断桩破坏机理分析

6 结束语

本文简述了典型滑坡类型的成灾机理和分析方法方面的研究进展。在渐进破坏机理方面,对剪切带尖端的应力集中和重分布状态进行了全面的分析,提出扩展控制区域的概念;基于改进的积分方案和合适的界面接触算法,利用扩展有限元法可有效模拟渐进破坏过程。在崩岸方面,考虑土力学和水力学因素的耦合作用,进一步揭示了渗流-岸坡-水流相互作用引起的崩岸机理,并给出了合理的模拟方法。在地震诱发高速滑坡方面,根据实地调研和数值分析研究了其机理。在地震液化诱发抗滑桩加固边坡失稳分析方面,利用试验和计算相结合的方法模拟了其破坏过程，并进而研究了其成灾机理。

致谢：本研究得到国家自然科学基金项目（NO.51379103，NO. 51479099）和重点基础研究发展计划（973）项目（NO. 2013CB036402）的资助；不同时期的博士研究生喻葭临、谢立全、林鸿州、李荣建和董威信等参加了研究工作，在此一并表示感谢。

参考文献

李广信. 2004. 河海岩土举办学术报告会. http：//www.geohohai.com/news/ytyw/1101539302. Shtml.2004-11-27.

李荣建. 2008. 土坡中抗滑桩抗震加固机理研究. 清华大学博士学位论文.

邵学军，王兴奎. 2005. 河流动力学概论. 北京：清华大学出版社.

谢立全. 2007. 江河岸坡失稳机理及防治技术研究.清华大学工学博士学位论文.

喻葭临. 2009. 土中剪切带扩展机理研究和扩展过程模拟. 清华大学博士学位论文.

Abam T K S. 1993. Factors affecting distribution of instability of river banks in the niger delta. Engineering Geology，35（1）：123-133.

Belytschko T，Black T. 1999. Elastic crack growth in finite elements with minimal remeshing. International Journal for Numerical Methods in Engineering，45（5）：601-620.

Bjerrum C. 1967. Progressive failure in slopes of overconsolidated plastic clay and clay shales. ASCE. Journal of the soil mechanics and foundations Division，93（5）：3-49.

Hibbit K，Sorensen. 2002. Abaqus user′s manual.

Jirasek M. 2000. Comparative study on finite elements with embedded discontinuities. Computer Methods in Applied Mechanics and Engineering，188（1）：307-330.

Lee C J. 2005. Centrifuge modeling of the behavior of caisson-type quay walls during earthquakes. Soil Dynamics and Earthquake Engineering，25（2）：117-131.

Puzrin A M，Germanovich L N. 2005. The growth of shear bands in the catastrophic failure of soils. Proceedings of the Royal Society，461（2056）：1199-1228.

Satoh H，Ohbo N，Yoshizako K. 1998. Dynamic test on behavior of pile during lateral ground flow . Centrifuge，98：327-332.

Skepmton A W. 1964. Long-term stability of clay slopes. Geotechnique，14（2）：77-102.

Song J-H，Areias P M A，Belytschko T. 2006. A method for dynamic crack and shear band propagation with phantom nodes. International Journal for Numerical Methods in Engineering，67（6）：868-893.

Xu W J, Xu Q, Wang Y J. 2013. The mechanism of high-speed motion and damming of the Tangjiashan landslide. Engineering Geology, 157: 8-20.

海洋工程结构与海床土体相互作用机理及分析方法

高福平 [1,2]

（1. 中国科学院力学研究所，北京 100190；2. 中国科学院大学工程科学学院，
北京 100049）

摘　要：综述分析海洋工程结构的典型基础型式、海洋环境载荷和海床土体动力响应特性。阐释海工结构与海床土体相互作用的物理机制和分析理论。面向复杂海况和深水超常环境条件，展望海洋土力学在结构基础承载力分析和工程安全预测中所面临的主要挑战及学科发展趋势。

关键词：海洋土力学；土与结构相互作用；海洋平台；海底管线；海工结构；海洋工程

Physical Mechanisms and Analysis Methods for Interaction between Offshore Foundations and Seabed Soils

Fuping Gao[1, 2]

（1. Institute of Mechanics，Chinese Academy of Sciences,Beijing 100190；2. School of Engineering Science，University of Chinese Academy of Sciences,Beijing 100049）

Abstract：Typical offshore foundations and the corresponding marine environmental loads and dynamic responses of the seabed are summarized. Physical mechanisms and analysis methods on the interaction between offshore foundations and seabed soils are then clarified and reviewed，respectively. In view of complex oceanographic conditions and supernormal deep-

通信作者：高福平（1973—），E-mail: fpgao@imech.ac.cn.

water environments，the main challenges and discipline trends of offshore soil mechanics are proposed for engineering structure analyses and in-service safety predictions.

Key Words：offshore soil mechanics；structure-soil interaction；offshore platform；submarine pipeline；marine structures；ocean engineering

1　引言

海洋工程结构（简称"海工结构"），主要包括海洋钻井平台和油气生产平台、海底管道与立管系统、海上风机支撑结构、海底光缆及水下空间站等。它们承载着海洋油气资源采输，海上风能、波浪能、潮汐能、海洋生物质能等可再生能源的开发利用，以及海底通信传输等多种用途。

世界上最早的海工结构可追溯到 1887 年在美国南加州圣巴巴拉附近海域建造的石油钻井平台，当时采用的是木质桩基结构。从 20 世纪 40 年代末开始，钢筋混凝土和钢结构广泛应用于海洋平台等工程结构。迄今，在世界范围内已建造了超过 12000 座各类海洋平台。海洋平台主要包括自升式平台（jackup rig）、重力式平台（gravity platform）、导管架平台（jacket structure）、张力腿平台（tension leg platform）、单柱式平台（SPAR）、半潜式平台（semi-submersible）、浮式生产储油系统（FPSO）等型式。前三种型式属于固定式结构，主要应用于小于 500m 的浅水海域；后四种型式则主要应用于水深大于 500m 的深海环境条件。

各类海洋工程结构的基础型式也是多种多样的，海工结构基础构型和设计方法不断创新演进。固定式工程结构的基础型式主要包括桩基础（单桩、群桩基础）、重力式基础、桩靴基础等。近年来，大直径单桩基础（通常直径为5～7m）在海上风力机支撑结构中得到了广泛应用。张力腿平台和半潜式平台等浮式海洋工程结构通常需要系泊结构系统进行定位，包括单点系泊、多点锚泊等型式。系泊结构系统涉及抗拔桩、吸力式桶形基础、深水拖曳锚、垂向板锚等多种锚固基础。海底管道和立管系统作为输送海洋石油和天然气的有效工具，是海洋油气田的生命线。通往陆上终端或浅水中心平台的长输管道，会跨越不同水深的海域，受到复杂海底地形地貌和环境载荷的影响。

在极端海洋环境载荷和复杂海床地质条件下，海洋平台结构基础、海底管道等工程结构基础系统的稳定性设计方法及分析理论，是国际海洋土力学与工程领域的前沿热点问题。

2 海洋环境载荷与海床土体动力响应

2.1 海洋环境与地质条件特殊性

海工结构通常直接建造安装于海底大陆架或与之相连的大陆坡海床上，或通过锚固系统悬浮在水中或漂浮于海面上。与陆上建筑结构不同，海工结构面临飓风、海浪、洋流、内波、海冰、海底地震与海啸等恶劣海洋环境载荷的严峻挑战（曾恒一，1998；李家春等，2004）。

对于海底工程结构设计而言，波浪载荷是浅水海域的主要环境载荷，同时需考虑波浪和海流的共同作用；随着水深的增加，表面波浪对海床的影响逐渐减弱，而海流对海床的影响更为突出。早期的海洋学家曾认为，深海的海底水体可能是完全静止的；但壳牌公司于 20 世纪开展"深水管线可行性研究"计划对墨西哥湾和北海北部海域 600～3000ft[①]深水区海底流速监测却显示：在相对平坦海床地貌情况下的海底流速可达 3ft/s 以上，局部地形变化可诱导更大的底流速度，这足以导致海床土体冲刷运移。

海底沉积物的类型和分布特征取决于不同的沉积环境，不同海域的沉积物类型存在较大差别。例如，我国南海的大陆架区域主要分布着陆源沉积物；而在大陆坡和深海海底，生物沉积（钙质土）、火山碎屑沉积和多源沉积都十分发育，沉积物类型比较齐全（刘昭蜀等，2002）。我国南海大陆坡附近海域面临复杂的环境载荷和海床土性条件，大陆坡土体滑移和海底浊流对海底管道和平台结构基础的破坏作用引起了海洋工程界的重视。

2.2 海床土体孔压响应与液化

在近海浅水波浪载荷作用下，海床土体内部会产生循环瞬态剪应变及塑性剪应变，同时可伴有海床土体孔隙水压力的周期性响应，可导致海床液化、土体强度及剪切模量的衰减。波浪引起土体内超静孔隙水压的两种动态响应，即瞬态响应和累积响应。孔隙水压的瞬态响应，也称振荡响应，是波浪载荷下土体内部动水压力的时时脉动响应，通常伴有孔隙水压的幅值衰减和相位滞后现象；孔隙水压累积响应，则是海床土体在波浪循环载荷作用下土骨架体积变形引起的残余孔隙水压增减（Jeng et al.，2007）。

土体液化通常指土体孔隙水压累积上升引起有效应力减小为零，使得土

---

① 1ft=0.3058m。

体骨架丧失抗剪强度由固态转化为液态的动力学过程（Marcuson，1978）。在 1964 年发生的美国阿拉斯加的地震和发生在日本新泻的地震中，土体液化导致了重大工程灾害，引起了工程界和学术界的极大关注。自此，人们针对地震液化机理开展了深入系统的研究。土体的液化行为与土体的初始状态及内部微结构等因素密切相关。例如，松砂比密砂更易液化。密砂在单调加载时常表现出剪涨现象；但在周期循环载荷下，密砂仍可表现出体积压缩或剪缩趋势，从而导致超静孔隙水压上升。

海床液化导致的工程灾害也不胜枚举，如埋设管线浮起、海岸防波堤倾倒等。海底地震同样会引起海床液化，并可诱发海啸及海底滑坡等海洋环境灾害（顾小芸，2000）。虽然波浪和地震都是周期载荷，但两者有以下不同的特点：传播方向不同，前者由上向下，后者由下而上；土体响应特点不同，波浪载荷下海床土体的主应力方向的旋转，地震荷载则主要体现为剪切波的传播及相关振动作用；频率不同，地震频率为 0.5～5Hz，波浪频率为 0.05~0.2Hz；持续时间不同，地震持续时间一般为几十秒到几分钟，风暴潮持续时间为几小时甚至更长。在波浪载荷下，波谷下方的海床土体受到向上的脉动吸力作用，可引起海床发生瞬态液化（Qi and Gao，2015）；波浪作用还可引起与地震液化类似的海床累积液化，却可伴有界面波的触发及演化。

关于土体液化的研究方法，主要包括物理模拟实验与经验分析、Biot 多孔弹性理论分析、弹塑性有限元模拟。鉴于循环载荷作用下颗粒材料应力应变关系的复杂性，迄今仍未建立被广泛采纳的普适性的本构理论（Sawicki and Mierczyński，2006）。与土体液化相关的主要热点科学问题，包括周期循环载荷下的土体压缩及超静孔隙水压累积机制、描述孔压增长的本构理论、液化土体的力学特性、液化后大变形及沉降预测、考虑孔压增减效应的土体变形和极限承载特性、天然土层液化势预测等。而在地震活动海域，海洋工程结构设计还需考虑地震波动循环载荷作用下"海床-结构-水体"耦合系统的整体动力学响应。

海床土体作为天然材料，其力学行为十分复杂。大量土土工程问题是具有不规则几何边界的多维问题，面临的载荷既包括单调载荷，还包括时变与随机往复载荷。土体的多相性、非均质性、各向异性、非线性、加载路径与加载历史的影响、压力敏感性、体积变形与剪切变形的强耦合等均为土力学面临和亟待解决的关键问题（李相崧，2013）。而对于土动力学的研究，急需拓展研究对象，如从砂性土到黏性土、从人工填土到天然土、从陆源土到海洋沉积物，从将土视为简单材料到将其视为具有漫长演变史的地质体；以动力本构关系研究为核心，揭示土体的循环效应和应变率效应，多相、多尺度及多过程耦合效应，极端环境载荷下的土体动力响应及灾变规律等（张建民，2012）。

3 固定式平台基础与海床土体的相互作用

合理揭示海工结构与海床土体的动力相互作用机理直接关系到海洋工程结构的安全可靠性。海洋工程结构基础的失效模式多种多样，主要包括极限承载破坏、滑移失效、翻转失效、桩体拔出失效、过度沉陷或位移等模式（Randolph and Gourvenec，2011）。

3.1 桩基础

海洋工程中的桩基础是导管架平台等固定式平台结构常用的一种基础型式，主要包括传统打入式钢管桩、钻孔灌注桩、灌注压入桩三种类型。

桩基础在轴向、侧向或复合加载条件下，涉及桩身与周围土体之间静力和动力相互作用。在承压和抗拔两种工况下，轴向桩土相互作用存在较大差异。竖向承压桩的土阻力主要包括桩身侧向摩擦阻力和底端支撑阻力；而对于抗拔桩而言，上拔过程中的桩土摩擦阻力将分段发挥，通常存在"临界桩长"现象。

在侧向水平载荷作用下，桩土相互作用通常采用的是 p-y 曲线法进行分析。20 世纪 70、80 年代为满足海洋平台大型桩基设计的需要，描述桩基与砂土相互作用的 p-y 曲线法被提出并得以发展，已被挪威船级社（DNV）、美国石油协会（API）等海洋工程设计规范采纳。p-y 曲线法通过非线性弹簧 Winkler 梁模型描述不同深度处的侧向水平桩土作用力（p）与侧向位移（y）的关系，采用有限差分等数学方法求解四阶偏微分梁弯曲方程，可较好地描述水平载荷作用下桩体的变形特征。在侧向水平载荷和力矩的联合作用下，桩土相互作用通常采用描述水平横向 p-y 曲线和 t-z 曲线进行非耦合分析，其中 t-z 曲线则描述不同深度处轴向桩土阻力（t）与桩土轴向相对位移（z）的非线性关系。

桩土相互作用机制与桩体材料和土体的刚度等特性密切相关。Poulos 和 Hull（1989）提出了无量纲参量 $E_s L^4 / E_p I_p$，用以表征桩体与土体刚度的相对大小，其中 E_s 为土体的弹性模量；L 为嵌入土体的桩身长度；E_p 为桩材料的弹性模量；I_p 为桩的抗弯刚度。当 $4.8 < E_s L^4 / E_p I_p < 388.6$ 时，桩体处于由"刚性桩"向"柔性桩"过渡。不难发现，砂性海床中的大直径单桩基础（monopile）通常属于刚性桩。刚性桩一般存在桩侧土压力作用方向骤变的反弯点，称为"Toe-Kick"现象。群桩效应也是桩基础承载变形分析中需要关注的关键问题之一。关于轴向和侧向桩土相互作用的理论进展，可参考文献（Randolph，2013）。

在近海波流环境载荷下，桩基易发生局部冲刷。对于埋深相对较浅的大直径单桩基础，局部冲刷引发的载荷偏心距增大及有效埋深的显著减小，导致桩基水平承载能力大幅降低。Qi 等（2016）基于离心机试验模拟结果，提出了体现冲刷对桩土相互作用 p-y 曲线影响的"有效深度"概念及其定量表征的公式。

3.2 桩靴基础

桩靴基础（spudcan）是自升式钻井平台的基础型式，其底部外形似圆盘。自升式平台通常由三个独立的桩靴腿支撑于海床上，因其便于工程安装定位并可节省造价，在海洋工程中得到了广泛应用。

在环境载荷作用下，桩靴基础承受"载荷/力矩"及相应的"位移/转角"响应通常处于六自由度状态。近年来发展起来的基于应变强化塑性本构理论的桩靴力矩分析模型（force resultant model），可描述准静态单调加载条件下的桩靴位移和旋转变形（Cassidy et al.，2004；Houlsby and Cassidy，2012）。海床土性的空间变异性（Li et al.，2016）是导致桩靴基础系统发生刺穿失稳的主要影响因素。在桩靴基础安装过程中，贯入桩靴周围土体流动破坏及重塑效应，以及服役过程中的循环载荷作用，均将影响桩靴基础结构的极限承载特性，值得深入研究。

3.3 重力式基础

重力式基础（gravity bases）是近海大型重力式平台结构的基础型式，主要依靠自重和大的底盘面积，承受环境载荷引起的侧向力和力矩作用。它通常在近岸船坞内采用特殊施工方法由钢筋混凝土制作而成，然后拖曳至工程现场进行安装。

重力式基础通常包含裙围支撑结构，基础底部总面积可达 1.5 万 m^2 以上，可有效提高其侧向承载力和抗倾覆力。重力式基础稳定性分析，需考虑上部结构与基础的超大重力引起的海床应力水平增大、循环载荷引起的基础附加沉降等问题。合理预测结构基础冲刷深度并提出有效地防冲刷工程措施，是包括重力式基础等近海固定式基础结构稳定性设计分析中的关键问题。

4 浮式平台系泊基础与海床的相互作用

系泊基础，又称锚固基础，通常用于浮式平台结构定位，它需嵌入海床土中一定深度以获得足够的抗拔承载力，这涉及海床土层中合理的安装定位、服役过程中抗拔特性演变等关键问题。系泊基础主要包括吸力式桶形基础（suction caisson）、拖曳锚（drag anchor）、板锚（plate anchor）、动力贯入锚（dynamically penetrated anchor）等。下面将分别对其进行阐述。

4.1 吸力式桶形基础

吸力式桶形基础是一种上端封闭、下端开口的薄壁圆筒结构。在安装过程中，首先在自重作用下产生初始沉降，然后通过桶基上端的水泵进行抽水使桶内产生负压作用将其自身嵌入海床一定深度。安装完成后，将关闭上部水泵联通桶内的阀门；在服役过程中受到向上的载荷作用时，桶内将产生吸力而达到理想的抗拔承载力。

吸力式桶形基础的竖向抗拔总承载力，主要由基础及内部土塞的重量、外壁与土体摩阻和底部土体吸力等组成，其中土体吸力可达总承载力的一半，甚至更多。桶形基础的贯入阻力，主要来自桶内外壁的摩擦阻力和端部阻力。现场安装和模型试验均表明，桶形基础在贯入过程中，其底部外围土体涌入内部泥面易形成隆起而产生土塞。土塞的形成会使桶内部泥面与顶盖内表面过早接触而导致难以嵌入到设计深度。在长时间循环载荷作用下，桶形基础内部负孔压消散引起的固结效应和循环载荷下土体的强度衰减，将影响桶形基础的承载特性。关于吸力式桶形基础研究进展及深海工程应用展望可参见 Andersen 等（2005）。

4.2 板锚

板锚是一种由金属板和锚链组成的锚固基础型式，依据安装方法不同，通常有拖曳嵌入式板锚（drag anchor）（简称"拖曳锚"）和吸力贯入式板锚（suction-embedded plate anchor，SEPLA）等类型。

拖曳锚是由拖船提供的拖曳力使其逐步嵌入海床土体，嵌入土层中的锚链通常呈"反悬链线"状。拖曳锚嵌入轨迹的准确预测是工程设计分析的关键。嵌入姿态和嵌入深度通常采用对"缆-锚-土"耦合系统基于静力平衡法进行运动增量分析。SEPLA 板锚，则是通过吸力式桶形基础将板锚压入海床一定深度，然后再通过锚索施加向上的拉力进行姿态调整适位（"keying" process）。在板锚姿态调整适位的过程中，板面将由垂向位置逐步调整为水平或给定倾斜角度，该过程通常会导致板锚的嵌入深度损失而引起板锚承载力降低。

单调加载条件下板锚的极限抗拔承载力分析，主要是基于土体在不排水条件下的静力分析，包括三维有限元分析模型、塑性上下限理论方法等。基于大变形有限元分析，可揭示板锚姿态调整适位过程中的锚板周围土体的流动机制。传统板锚在"keying"过程的嵌入深度损失可达 0.6~1.0 倍锚宽；而在锚板上方合理增设专门的翼板，则可有效减少嵌入深度损失。Tian 等（2015）提出了非对称板锚设计理念，定义锚眼偏心系数，并给出了非对称板锚的入土埋深和承载能力的理论解。

与单调加载相比，循环拉拔作用下的板锚与土体相互作用机理更为复杂（Hu and Gao，2015）。黏土中的板锚离心机试验发现，当载荷幅值大于某一临界载荷时，锚板位移显著增大，系统刚度可呈现持续退化的特征。在对循环拉拔作用下板锚承载特性分析中，当前主要采用的是拟静力方法，即将循环载荷下板锚与海床相互作用等效为几种简单应力路径下土体单元循环强度弱化，再基于极限平衡理论进行静承载力分析。

4.3　动力贯入锚

动力贯入或重力锚是一种较为特殊的锚泊基础型式，它由海水中距离海床一定高度处释放自由下落，快速贯入海床达到预定深度提供抗拔承载能力。近十年来，动力贯入锚已在工程中得到应用，其结构型式也不断演变：从最初应用于巴西海域的外形似"鱼雷"并包含四个沿径向外伸锚爪的典型鱼雷锚，到最近应用于北海海域的深嵌锚（deep penetrating anchor，DPA），以及 OmniMax 锚等。动力贯入锚通常重达 80~100t、长为 10~17m，从海床上方为 50~100m 处释放，到达海床表面时的速度可达 20~30m/s，而最终嵌入海床深度为锚身长度的 1.5~3 倍。

动力贯入锚贯入土体的动力过程中，受到运动拖曳力和侧面摩擦阻力及端部阻力等载荷作用；由于运动速度较大，土体应变率效应往往较为显著。

鱼雷锚和深嵌锚等动力贯入锚的背部设置有垫板孔眼（padeye），在斜向上的拉力作用下，锚链在切割土体的同时，锚体逐步调整倾角。在工程设计中，通常将动力贯入锚的轴向和侧向承载力设计值相等，即锚体轴向与海床表面夹角约为45°。最大贯入深度和承载力特性预测是动力贯入锚设计分析的难点。

锚固基础在服役过程中，浮式平台等上部结构在波流载荷作用下将通过锚链对锚固基础施加循环拉拔作用，这将导致基础周围土体发生孔隙水压变化及土体软化和刚度退化演变。合理分析循环载荷下结构基础周围土体超静孔隙水压力和有效应力变化，并准确预测土体强度和刚度演变是系泊基础承载特性研究的关键问题。

5 海底管道和立管结构系统与海床土体的相互作用

5.1 海底管道

5.1.1 管土相互作用

海底管道在位稳定性设计的目的是选择合适的海底路由、管道材料、内径和壁厚及配重层厚度，使管道在使役期间保持在位稳定性，以抵御极端波流环境荷载（Det Norske Veritas，2010）。海底管道的圆形断面形状，使管土相互作用有别于传统的土工条形基础与土体的相互作用。在墨西哥湾海底管道工程建设初期，管土相互作用分析主要借鉴经典土力学条形基础理论和库仑摩擦理论。但试验证实，经典库仑摩擦理论难以描述海底管道失稳过程中复杂的管土相互作用。

管道在位稳定性除了包括通常所指的侧向稳定性，还包括垂向稳定性、轴向管土相互作用、长输管道的结构整体屈伸等。在海洋环境载荷下，具有一定初始嵌入深度的海底管道将受到水平拖曳力和惯性力及垂向升力的水动力载荷作用。管道侧向稳定性，是指当海床土阻力不足以平衡管道水动力时，管道从原位滑出产生较大侧向位移的动力学过程。管道垂向稳定性，主要指管道在海床上的沉降特性，特别是对软土海床尤为重要。基于塑性力学上下限原理或滑移线场理论，辅以弹塑性有限元模拟，可分析得到管道地基发生整体剪切破坏的垂向极限承载力。有限的管道沉降有助于波流载荷下管道侧向稳定性的提高，但过度沉陷又会对管道运营维护带来困难。轴向管土相互作用则主要涉及管土轴向摩擦阻力和长距离铺设时的整体屈曲。

机械加载模型实验是研究管土相互作用广泛采用的物理模拟方法。通过机械拖动装置对放置在土体上的管道分别施加水平向和垂直向机械力，用以模拟波流对管道的水平拖曳力和惯性力及垂向升力等水动力载荷，实验观测管土相互作用响应。Wagner 等（1989）基于地面机械加载的管土相互作用系列实验结果，提出了一种描述波浪载荷下管道侧向稳定性的管土相互作用经验模型。该模型对经典库仑摩擦理论进行了改进，考虑了土体侧向被动土压力对管道侧向在位稳定性的贡献。基于被动土压力理论，Gao 等（2016）推导得出了侧向管土相互作用的理论解。

管土相互作用离心模型实验发现，管道与钙质砂的相互作用和石英砂海床相比有着明显差异性：在相对密度较小的钙质砂床上，管道发生大约 2 倍以上管径的侧向位移时，侧向土阻力方达到极限值，其载荷位移响应表现出较突出的韧性应变强化的特点；而对于石英砂床，极限侧阻通常发生在 1/2 管径的侧向位移处，其载荷位移响应则通常表现为应变软化特征（Zhang et al.，2002）。循环加载可诱导管道在钙质砂上产生更大的附加沉降，且钙质砂一般更易发生超静孔隙水压的累积。

5.1.2 流固土耦合作用

在浅水海域，海底管道通常处于波浪和海流共同作用的复杂水动力环境中。床面边界层流动、表层砂波形成与运移、土体内部孔隙水压与液化等过程相互耦联并影响管道稳定性（Sumer et al.，2001；Gao et al.，2003；Teh et al.，2003）。

管道在位失稳是波流、管道和海床之间复杂的动力耦合作用过程。上节所述的机械加载试验，采用机械力模拟管道水动力载荷，忽略了波流对海床的动力作用。确切地讲，波浪荷载既作用于管道上，同时又对海床产生影响。海底砂波和管道局部冲刷，可改变管道扰流流场和土体内的超静孔隙水压场，进而影响管道水动力和土阻力。基于流固土耦合水槽实验，Gao 等（2003）观测发现管道在位失稳过程的三个典型阶段，即管道两侧土体局部冲刷、管道周期性晃动并伴有附加沉降、管道从原位突然滑出而失稳。基于获得的海底管道侧向失稳判据，Gao 等（2006a）提出了一种考虑流固土耦合效应的管线在位稳定性分析方法。

海底管道的水动力需要考虑可冲刷变形的近床面效应。传统 Morison 方程主要针对远离边壁的柱体波浪载荷计算，当用于分析近床面管道水动力时与实测结果相差较大。Wake 模型仍假定管道水动力的水平拖曳力和惯性力分量及垂向升力分量具有与 Morison 方程类似型式，但水动力系数是加载时间的函数。Soedigdo 等（1999）对 Wake 模型进行了改进，提出了考虑起动效应和尾迹效应的 Wake Ⅱ模型。以上模型只针对刚性平板壁面附近的管道水动力计算，未考虑海床可冲刷变形边壁条件对管道水动力的影响。另外，海底大陆坡土体滑移和浊流可对海底管道等海底结构产生巨大破坏作用。海底管线等水下结构与滑移浊流相互作用，则需考虑土体应变率效应，分析滑移介质由抗剪切土体转化为含悬浮沙粒多相流体的演化过程中与管道动力相互作用。

海底不平顺可使管道铺设后即出现初始悬跨；在波流水动力载荷作用下，具有初始嵌入深度的海底管道底部土体发生渗透破坏也将诱导悬跨的出现。当管道尾迹涡脱落频率接近管跨结构的固有频率时，管道悬跨可发生涡激振动；此时局部冲刷将进一步扩展，最终达到极限平衡状态（Gao et al.，2006b）。

我国南海油气田特别是在大陆坡海域常会遭遇斜坡海床地形，斜坡的存在对管道在位稳定性分析设计提出了新的挑战。迄今，针对深海斜坡海床的管道失稳判据及稳定性设计方法仍未完善。斜坡海床管道在位稳定性实验发现（Gao et al.，2012），在横坡铺设工况下，海流等水动力载荷可导致管道发生上坡失稳和下坡失稳两种失稳形态；而在不考虑水动力载荷影响下，管道仅在水下重力作用下也可推动下方土体发生局部滑移而发生失稳。

长距离输送油气管道在高温和高压作用下易导致整体屈曲，这涉及轴向、侧向及垂向等多方向管土相互作用之间的耦合作用。长输管道的空间大跨度特点，使海床土体不能被简化为单一均质材料，而需考虑海床土性参数的空间变异性。可见，长输管道系统稳定性将受到海床土力学参数空间变异性、输送油气温度和压力变化、管道内外流动耦合等多因素的影响；管道在位失稳、结构屈曲、涡激振动等多种失稳模式存在竞争机制。

5.2　深水立管系统：立管与土体相互作用

深水立管属于典型的细长结构，平台升沉运动和水动力载荷等多种因素将引起立管涡激振动及其与平台主体之间的耦合动力响应。结构疲劳寿命预测是深水立管设计的关键问题之一。

当前针对深水立管与海床相互作用分析，主要分为两类：仅考虑触底段区域的岩土力学模型分析；仅考虑水中悬挂段的流固耦合响应，即在数值分析模型中，将触底段按简化的支撑边界条件进行处理。在管道铺设及深水钢悬链线立管服役过程中，管道触地段的初始弯曲应力较大，而在与海床土体拍击作用过程中可产生周期循环应力及复杂的流-固-土耦合作用。因此，结合不同海域的环境载荷和地质条件，需研究并提出科学的管道和立管安装方法及超长管道结构运动控制措施。

在海洋油气采输中，除上述海底管道和立管等典型管系结构外，还涉及水下生产系统中复杂的水下结构与设备。水下生产系统的主要组成结构包括水下井口、水下采油树、水下管汇、跨接管、脐带缆以及水下控制设备等。在海底特殊地质条件（如深海软泥、钙质土等）和环境载荷条件下（如海底洋流、浊流等），水下工程结构稳定性蕴含复杂的结构与土体相互作用机理。

在本文撰写过程中，试图点、面兼顾，以便使读者对海洋工程结构与土体相互作用机理和分析理论有较为全面而深入的了解。然而限于篇幅限制，却难以涵盖国际和国内的一些重要研究进展，恳请理解。

6　结束语

我国具有漫长海岸线和辽阔海域，蕴藏着丰富的海上油气资源和可再生能源。自 20 世纪 60、70 年代至今，我国海洋油气资源开采技术发展迅速。我国研制的第一座半潜式钻井平台"海洋石油 981" 于 2012 年 5 月 9 日在南海海域正式开钻，标志着中国海洋石油工业的深水战略迈出了实质性步伐。被称为"中国的波斯湾"，的南海正迎来深海油气勘探开发的热潮。随着我国海洋工程从近海浅水迈向远海深水海域迈进，新型海洋工程结构和基础型式将不断涌现。

海洋工程是一个多学科交叉的领域，海洋土力学是海工结构基础设计的基石，是海洋工程领域的一门重要学科。海工结构与海床相互作用机理及分析理论研究，已呈现出海洋土力学、水动力学、结构动力学、流-固耦合力学等力学多分支学科交叉融合的趋势。为此，应着力发展和完善流固土耦合物理模拟方法及实验测试技术、深海沉积海床土体的本构理论、海底滑移土体与工程结构耦合模拟方法、砂脊沙波海床地形演化及大空间工程尺度海床稳定性分析理论及海底原位测试与观测技术等（Randolph et al.，2011；Gao et al.，2015）。面向复杂海况和深水超常条件的海工结构设计、建造和全生命周期的运行维护，是一项极富挑战性和创新性的工作，将迎来海洋土力学与岩土工程学科发展的新机遇。

参考文献

曾恒一. 1998. 影响我国海洋油气开发的海洋灾害. 海洋预报，15（3）：21-25.

顾小芸. 2000. 海洋工程地质的回顾与展望. 工程地质学报，8（1）：40-45.

李家春，程友良，范平. 2004. 海洋内波与海洋工程//应用力学进展论文集.北京：科学出版社.

李相崧. 2013. 饱和土弹塑性理论的数理基础—纪念黄文熙教授. 岩土工程学报，35（1）：1-33.

刘昭蜀，赵焕庭，范时清，等. 2002. 南海地质.北京：科学出版社.

张建民. 2012. 砂土动力学若干基本理论探究. 岩土工程学报，34（1）：1-50.

Andersen K H，Murff J D，Randolph M F，et al. 2005 .Suction anchors for deepwater applications. Proceedings of the 1st International Symposium on Frontiers in Offshore Geotechnics，Perth：3-30.

Cassidy M J，Martin C M，Houlsby G T. 2004. Development and application of force resultant models for describing jack-up foundation behaviour. Marine Structures，17（3-4）：165-193.

Det Norske Veritas. 2010. On-Bottom Stability Design of Submarine Pipelines.DNV Recommended Practice F109, October 2010 Version.

Gao F P，Gu X Y，Jeng D S. 2003. Physical modeling of untrenched submarine pipeline instability. Ocean Engineering，30（10）：1283-1304.

Gao F P，Jeng D S，Wu Y X. 2006a. An improved analysis method for wave-induced pipeline stability on sandy seabed. Journal of Transportation Engineering，ASCE，132（7）：590-596.

Gao F P，Yang B，Wu Y X，et al. 2006b. Steady currents induced seabed scour around a vibrating pipeline. Applied Ocean Research，28：291-298.

Gao F P，Han X T，Cao J，et al. 2012. Submarine pipeline lateral instability on a sloping sandy seabed. Ocean Engineering，50：44-52.

Gao F P，Li J H，Qi W G，et al. 2015. On the instability of offshore foundations：theory and mechanism. Science China-Physics，Mechanics & Astronomy，58（12）：124701.

Gao F P，Wang N，Li J H，et al. 2016. Pipe-soil interaction model for current-induced pipeline instability on a sloping sandy seabed. Canadian Geotechnical Journal，53（11）：1822-1830.

Houlsby G T，Cassidy M J. 2012. A plasticity model for the behaviour of footings on sand under combined loading. Géotechnique，52（2）：117-129.

Hu C，Gao F P. 2015. Elasto-plasticity and pore-pressure coupled analysis on the pullout behaviors of a plate anchor. Theoretical and Applied Mechanics Letters，5（2）：89-92.

Jeng D S，Seymour B，Gao F P et al. 2007. Ocean waves propagating over a porous seabed：

residual and oscillatory mechanisms. Science in China, Series E Technological Sciences, 50 (1): 81-89.

Li J, Cassidy M J, Huang J, et al. 2016. Probabilistic identification of soil stratification. Géotechnique, 66 (1): 16-26.

Marcuson W F. 1978. Definition of terms related to liquefaction. Journal of Geotechnical Engineering Division, ASCE, 104 (9): 1197-1200.

Poulos H, Hull T. 1989. The role of analytical geomechanics in foundation engineering//Foundation Engineering: Current principles and practices, ASCE, (2): 1578-1606.

Qi W G, Gao F P, Randolph M F, et al.2016 Scour effects on p-y curves for shallowly embedded piles in sand. Géotechnique, 66 (8): 648-660.

Qi W G, Gao F P. 2015. A modified criterion for wave-induced momentary liquefaction of sandy seabed. Theoretical and Applied Mechanics Letters, 5 (1): 20-23.

Randolph M F, Gaudin C, Gourvenec S M, et al. 2011. Recent advances in offshore geotechnics for deep water oil and gas developments. Ocean Engineering, 38: 818-834.

Randolph M F, Gourvenec S. 2011. Offshore Geotechnical Engineering. New York: Spon Press.

Randolph M F. 2013. Analytical contributions to offshore geotechnical engineering. Proceedings of the 18th International Conference on Soil Mechanics and Geotechnical Engineering, Paris, 85-105.

Sawicki A, Mierczyński J. 2006. Developments in modeling liquefaction of granular soils caused by cyclic Loads. Applied Mechanics Review, 59 (2): 91-106.

Soedigdo I R, Lambrakos K F, Edge B L. 1999. Prediction of hydrodynamic forces on submarine pipelines using an improved wake IImodel. Ocean Engineering, 26: 431-462.

Sumer B M, Whitehouse R J S, Torum A. 2001. Scour around coastal structures: a summary of recent research. Coastal Engineering, 44 (2): 153-190.

Teh T C, Palmer A C, Damgaard J S. 2003. Experimental study of marine pipelines on unstable and liquefied seabed. Coastal Engineering, 50: 1-17.

Tian Y H, Randolph M F, Cassidy M J. 2015. Analytical solution for ultimate embedment depth and potential holding. Géotechnique, 65 (6): 517-530.

Wagner D A, Murff J D, Brennodden H, et al. 1989. Pipe-soil interaction model. Journal of Waterway, Port, Coastal and Ocean Engineering, ASCE, 115 (2): 205-220.

Zhang J, Stewart D P, Randolph M F. 2002. Modeling of shallowly embedded offshore pipelines in calcareous sand. Journal of Geotechnical and Geoenvironmental Engineering, 128: 363-371.

环境岩土工程研究前沿：污染地下水原位修复

胡黎明

（清华大学水利水电工程系，水沙科学与水利水电工程国家重点实验室，北京
100084）

摘　要：环境岩土工程是岩土工程与环境科学的交叉学科，岩土体多相多场相互作用和多尺度耦合特征是其核心科学问题。地下水原位修复是环境岩土工程学科的重要研究领域。本文回顾了有机污染地下水原位修复技术的发展历史，分析了传统修复技术的局限性，提出基于微纳米气泡的新型修复技术，并开展了系统的实验室测试、理论分析和现场试验工作。试验研究表明，微纳米气泡具有高效的气体传质效果。基于微纳米气泡基本性质，提出微纳米气泡在多孔介质中的运移的理论模型，综合考虑地下水运动、微纳米气泡运移、气体溶解传质以及化学反应/微生物降解过程。现场试验表明微纳米气泡原位修复技术能够快速高效修复有机污染地下水体，在污染地下水修复工程中具有广泛的应用前景。

关键词：环境岩土工程；地下水修复；微纳米气泡；气体传质；污染物去除

Frontier of Geo-Environmental Engineering：In-situ Groundwater Remediation

Liming Hu

（State Key Laboratory of Hydro-Science and Engineering，Department of Hydraulic Engineering，Tsinghua University，Beijing 100084）

Abstract：Geo-environmental engineering is a cross discipline of geotechnical engineering

---

通信作者：胡黎明（1974—），E-mail: gehu@tsinghua.edu.cn。

and environmental science，and the key research issue is the multi-phase and multi-field interaction as well as multi-scale coupling characteristics for geo-materials. In situ groundwater remediation are the leading-edge research topic in the field of geo-environmental engineering. The development of remediation technology for organics contaminated groundwater is briefly reviewed，and the limitations of the conventional technologies are discussed. The enhanced remediation technology via micro-nano-bubbles（MNBs）is proposed for the in situ groundwater remediation，and laboratory tests，theoretical analysis and field tests were conducted. Laboratory tests showed that MNBs have high gas mass transfer efficiency. The theoretical model was developed to describe the migration of MNBs in porous medium，and groundwater movement，MNBs migration，dissolution and gas mass transfer，and chemical reactions or microbial degradation processes were considered comprehensively. The field tests showed that the developed technology presents efficient remediation of organics-contaminated groundwater，which has great potential in groundwater remediation engineering.

Key Words：environmental geotechnical engineering；groundwater remediation；micro-nano-bubbles；gas mass transfer；contaminants remediation

1 环境岩土工程发展历史

工业革命的兴起推动了社会经济的快速发展，对我们赖以生存的环境也产生了巨大影响，同时环境质量的恶化对人类的生产实践活动提出了新的挑战。环境与发展是当今国际社会普遍关注的重大问题，环境保护和治理工作应是可持续发展过程的组成部分。环境岩土工程是岩土工程与环境科学密切结合的一门交叉学科，应用岩土力学的观点、技术、方法去解决与环境相关的工程问题，分析、评价和预测人类活动与岩土环境之间的相互作用、相互影响，治理和保护岩土环境，保证工程活动与自然环境的协调发展。

环境岩土工程的起源可以追溯到 20 世纪 70 年代的美国拉夫运河事件。拉夫运河位于纽约州，是一条废弃的运河，20 世纪 40 年代美国一家电化学公司购买运河作为垃圾仓库来倾倒大量化学废弃品，填埋完成采用黏土覆盖后转赠给当地开发房地产。20 世纪 70 年代后居民不断发生各种健康问题，1978 年美国政府宣布拉夫运河事件为联邦健康紧急事件。1980 年美国国会通过了《综合环境反应赔偿和责任法》（CERCLA），又被称为超级基金法。超级基金主要用于治理全国范围内的闲置不用或被抛弃的危险废物处理场，并对危险物品泄漏做出紧急反应。岩土工程的相关技术是主要的处理手段，如采用垃垃填埋场以及控制和清除污染物的工程技术。自污染场地处理开始，环境岩土工程学科渐露雏形并快速发展。

环境岩土工程的主要研究领域包括污染物运移基本理论、固体废弃物工程性质及废弃物地质处置、污染场地原位修复工程技术等方面。岩土材料是复杂的多相介质体系，固相基质与孔隙流体、环境物质等多相之间存在复杂的多场耦合作用，包括应力场、渗流场、温度场、浓度场、生物化学作用场等。同时岩土体具有显著的多尺度特征，微观机理与宏观特性密切相关。因此岩土体多相多场相互作用和多尺度耦合特征是环境岩土工程的核心科学问题。污染物运移理论由传统的饱和土体溶质运移逐步发展为多相渗流与相间传质转化的耦合作用理论。固体废弃物的物理、力学、渗流、生物化学等性质也得到了广泛关注和系统深入的研究。在废弃物地质处置方面，对填埋场阻隔系统的研究是环境岩土工程的主要成就之一，目前已经建立填埋场的工程设计准则并广泛应用，放射性废弃物的地质处置技术也正在逐步研究确立。污染场地原位修复一直以来是国际科技前沿领域的热点，目前已经发展了一系列物理、化学、生物修复技术，并应用于工程实际。

2　地下水污染与环境修复

地下水是重要的供水水源，在我国地表水严重污染的条件下，地下水资源对于经济和社会发展具有极其重要的作用。目前，我国地下水资源面临着总量减少和水质恶化的双重压力。地下水的污染加剧了水资源的短缺，水质型缺水大大加剧了供水压力。地下水污染对我国供水安全和水资源战略储备已形成严峻的挑战，地下水污染治理已迫在眉睫。我国的城市地下水污染已呈现从城区向郊区延伸、从浅层向深层扩散的趋势，其中有机化合物是地下水中重要污染物。石化产品在土壤和地下水系统中以自由相、溶解相、挥发相和吸附相等形态存在，对人类环境造成广泛和长期的污染。环境修复是实现国民经济和社会可持续发展的重要途径。地下水污染治理、修复费用巨大，随着我国经济的快速发展，经济实力的不断提升，大规模的地下水污染修复工作在不久的将来会在我国大范围开展（国务院，2011）。

地下水污染修复技术分为原位修复和异位修复两种主要类型，其中原位修复技术成本较低、对环境干扰较小，得到广泛应用。针对有机污染地下水体，迄今已经发展了多种原位修复技术，包括监测条件下的自然降解、强化微生物修复、地下水曝气等技术（USEPA，2004）。

自然降解修复机理包括土壤颗粒的吸附、污染物的微生物降解、在地下水中的稀释和弥散，其中微生物降解是污染物分解的主要作用，而场地自然降解能力强烈依赖环境条件，对于自然衰减法的修复过程和作用机理难以进行定量分析和客观评价（贾慧等，2012）。强化微生物修复技术通常将驯养的微生物注入含水层，或者为微生物生长和降解活动改善环境条件，通过地下水的运动来输送电子受体和营养盐类，提高微生物的代谢作用和降解活性水平。强化微生物修复技术对环境友好，其主要瓶颈是如何高效输送溶解氧，为好氧微生物作用创造良好的环境条件，加速地下系统中微生物降解作用（Wiedemeier，1999）。

地下水曝气法是目前应用最为广泛的地下水修复技术，主要用于治理可挥发性有机物（VOCs）污染。地下水曝气与土壤气抽提技术通过空气流动使土壤和地下水中的有机污染物产生解吸和挥发等作用进入气流而得到回收处理，同时气流中的氧气不断溶解于土壤水中，为好氧生物降解有机物创造条件，加速地下系统中微生物降解作用，其基本原理如图 1 所示。曝气法是一个复杂的多相传质过程，影响其处理效果的因素主要有场地条件、曝气压力、曝气流量、曝气井深度、污染物特性、影响区域的大小等。为了提高修复效率，近年来发展了表面活性剂曝气、微气泡曝气、臭氧曝气等增效技术。脉冲曝气可以减小地下水曝气后期的"拖尾"效应的影响；表面活性剂能够减小水的表面张力，形成微气泡，扩大影响范围；臭氧易溶于水，其强氧化性及降解生成氧气可以有效提高地下水溶氧水平，能够促进有机污染物的化学和生物降解，提高修复效率。

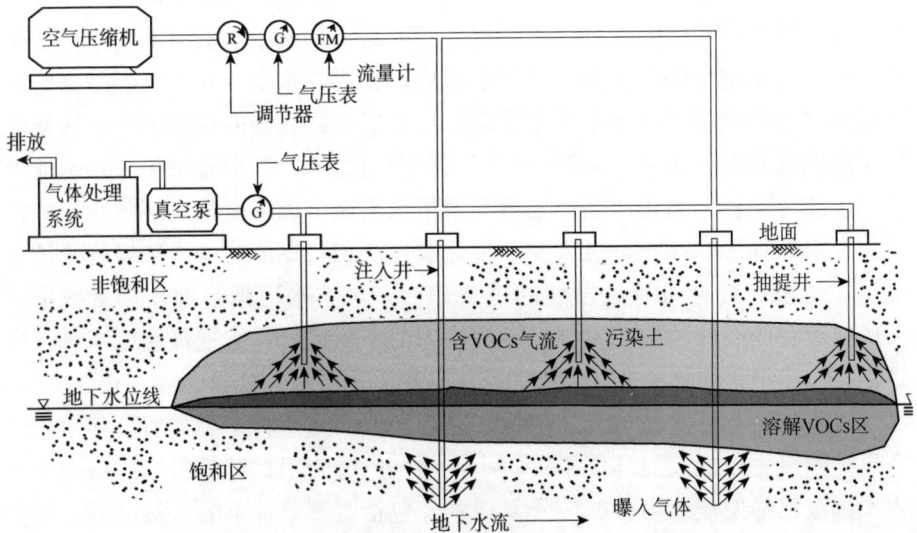

图1　曝气法修复技术示意图

曝气法工程设计时，需要对曝气井与抽气井的布置，曝气压力等相关工程参数进行设计。物理模型是曝气修复试验研究的主要手段。目前，对地下水曝气的试验研究主要集中在污染物的去除率、气体在多孔介质中的运动方式及曝气影响区域特征等方面。

土柱试验常用于研究地下水曝气的修复效果。但一维土柱模型试验边界条件单一，试验方法和检测手段均比较简单，试验成果多用于定性分析。二维砂槽研究不同曝气量对氯苯迁移和去除效果的影响，试验结果表明，空气的注入降低了影响区域的渗透系数，减缓了地下水的流动，有效地控制了污染物的迁移，曝气量较大时去除效果更为明显（Qin et al.，2014）。目前工程设计主要依靠经验，研究成果对实际工程设计有一定的指导作用。

气体运动方式通常采用可视化技术进行试验观测研究。Ji 等（1993）研究透明玻璃珠曝气过程中气体的运动方式与土体粒径有关，包括气泡流和微通道流两种形式。离心模型试验研究表明，曝气过程中存在明显的优势流现象（Hu et al., 2010，2014）。目前的模型试验研究表明，气体的运动方式主要与多孔介质孔隙结构特征相关，在小孔隙中以微通道形式运动，在大孔隙中以独立气泡运动。

曝气影响区域通常采用影响半径和渗气夹角描述，根据修复现场地下水位、地下水溶解氧、空气压力及示踪剂浓度的变化来间接确定。研究表明，在粒径较细的砂土层中，单井影响范围相对较大；在粒径较大的砾石土层中影响范围较小，其渗气夹角一般为 5°~15°（Reddy and Adams，2008）。影响半径通常指曝气井在地下水位处的影响范围，对影响区域的描述并不全面。因此影响区域的形状特征也是其重要研究内容。土工离心模拟在小比尺模型中模拟现场土体的应力场，准确控制压力梯度，缩短试验时间，再现原型特性。Marulanda 等（2000）采用离心模型试验，指出曝气影响区域不仅与土颗粒直径相关，而且与曝气口的尺寸及位置相关。清华大学（Hu et al.，2010，2011）采用离心模型试验表明曝气影响区域为锥台形，同时研究了粒径以及曝气压力对曝气影响区域的影响，提出了极限曝气影响区域的概念，采用横向扩展长度和渗气夹角定量描述曝气影响区域，以指导工程设计。

尽管传统的地下水修复技术在西方发达国家已经得到了大量的工程应用，但针对我国污染范围大、污染程度严重的情况，其局限性非常显著。如监测条件下的自然降解修复效率较低；微生物修复效果受环境条件影响较大；地下水曝气法的单井影响范围较小、供氧效果较差，好氧微生物降解能力不能得到充分发挥。我国在地水污染防控等方面研究刚刚起步，针对我国地下水污染特点，需进一步开发环境友好、节能高效的原位修复技术。

3　微纳米气泡强化修复技术的基本原理

微纳米气泡指直径在微米和纳米级的气泡，其粒径小、内压大，可以长时间在水体中停留，空气或氧气做纳米气泡可为水体提供高含量的溶解氧，目前在水体处理领域已得到了一定的研究和应用（Li et al., 2009；Wan et al.,2001；Agarwal et al., 2011）。微纳米气泡的物理性质和气体传质性质是分析微纳米气泡修复技术的基础和前提。Bowley 和 Hammond（1978）研究了溶氧传质与气泡直径大小的关系，发现通过细孔方式生成的微小气泡可以提高溶氧传质效率。Takahashi（2005）认为微米气泡的界面电荷的存在是由于气液界面上的氢键结构与水中的氢键结构不同造成，当 pH 为 5.8 时，空气微米气泡的界面电位为-35mV。初里冰等（2007）证实了微纳米气泡可以增强臭氧对水体中有机污染物的化学氧化作用。Feng 等（2009）研究了通过添加界面活性剂生成的微米气泡（25～100μm）的稳定性，发现界面活性剂的浓度越高、pH 越低、盐度越低，微米气泡的稳定性越好。刘春等（2010）研究表明微米气泡曝气的氧传质系数明显高于传统曝气，提高效果与界面活性剂、空气流量、盐度等因素有关。清华大学环境岩土工程研究团队开发了微纳米气泡细观观测系统，结合粒度分析仪和界面电位分析仪，获得了不同类型气体微纳米气泡的粒径分布和界面电位特征，验证了微纳米气泡的长期存在时间和高效气体传质效果，探讨了微纳米气泡在不同盐度、pH 等环境条件下的传质转化和运移规律，以及对有机污染物的修复效果。

3.1　微纳米气泡物理性质

微纳米气泡的粒径与气泡内压有关。根据描述界面张力与内外压差静力平衡的 Young-Laplace 方程，微纳米气泡的粒径越小，气泡内外压强差越大。

$$\Delta P = \frac{2\sigma}{R}$$

式中，ΔP 为气泡内外压强差；σ 为界面张力系数；R 为气泡半径。

研究表明，微纳米气泡界面通常会带负电荷。当微纳米气泡粒径非常小时，气液界面的电荷面密度γ对气泡的静力平衡将具有决定性的作用。引入界面电荷的影响，根据静力平衡分析可得

$$\frac{\gamma^2}{2\varepsilon} + \Delta P = \frac{2\sigma}{R}$$

式中，ε 为液体介电常数。

由于目前气泡内压和界面电荷密度的直接测量尚存在一定困难，因此上述相关关系尚需进一步分析论证。

3.2 微纳米气泡气体传质过程

氧气微纳米气泡与毫米气泡对水体溶解氧的影响如图 2 所示。以试验所处温度和压强条件下水体与大气中氧交换处于平衡时水中溶解氧的浓度值，也即饱和溶氧值作为 100%，分别对不同试验条件下溶氧值进行换算得到相对溶氧值进行分析。 可以看出，微纳米气泡在初始阶段对溶解氧的增加效果明显，当达到峰值后，溶解氧迅速下降，但下降速率逐渐减慢，最终达到稳定值（饱和溶氧值，约为 10mg/L）。对于空气毫米气泡，相对溶氧值缓慢上升，最终达到饱和溶氧值便不再升高。对于氧气毫米级气泡，溶解氧值上升较快，达到相对溶氧值 200%左右不再上升，停止通气后下降至饱和溶氧值保持稳定。与毫米气泡相比，微纳米气泡在溶解氧的增加速率上具有显著优势。在同样气源条件下，微纳米气泡达到的溶氧峰值明显高于毫米气泡。氧气微纳米气泡可以达到非常高的溶氧峰值（相对溶氧值 400%）。在同样气泡尺寸的条件下，氧气气泡的溶解氧增加速率及溶氧峰值均明显高于空气气泡（Li et al.，2013）。

臭氧微纳米气泡与毫米气泡对水体内溶解臭氧浓度的影响如图 3 所示。臭氧微纳米气泡的传质效果显著，试验初始阶段溶解臭氧的浓度迅速增加，接近峰值时上升速率逐渐减缓。通入臭氧微纳米气泡 30 min 左右达到溶解臭氧浓度达到峰值（约为 6.1mg/L）。停止气泡通入后，由于臭氧的自衰减作用，溶解臭氧的浓度快速减小，臭氧浓度减低到一定值后浓度变化速率显著减缓。毫米级气泡通入条件下，溶解臭氧浓度的上升速度则明显慢于微纳米气泡，且所达到的峰值明显小于微纳米气泡条件下达到的峰值，在 20min 左右达到 1.2ppm[①]。停止通入气泡后，溶解臭氧浓度快速下降至零。臭氧微纳

---

① ppm 表示百万分之一。

米气泡可以在更长时间内维持水中较高的溶解臭氧浓度。

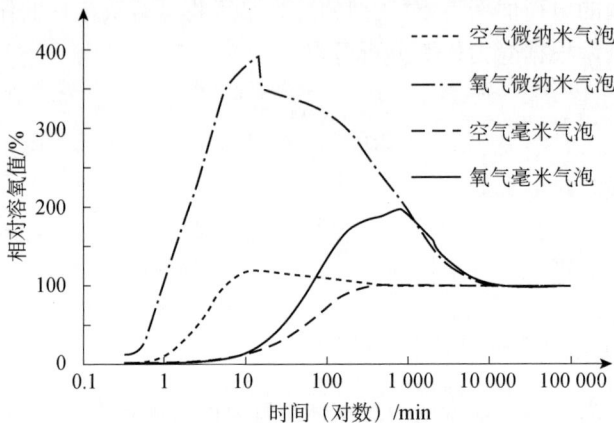

图2　水体溶解氧浓度随时间的变化过程

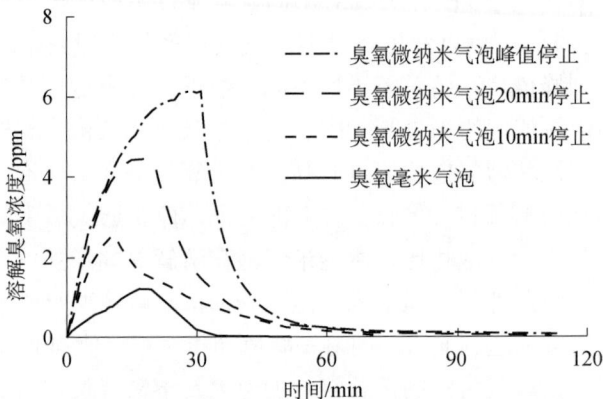

图3　水体内溶解臭氧浓度变化图

3.3　微纳米气泡对渗透性的影响

　　通过渗透试验分析微纳米气泡对土体渗透性的影响，结果表明微纳米气泡对粒径较大的砂土的渗透系数没有影响，而对黏土中渗透系数有一定影响。使用 Kozeny 公式估算土样的孔隙平均直径，进一步研究孔隙大小对微纳米气泡水渗流的影响：

$$\overline{D_{po}} = \frac{2}{3}\frac{\theta}{1-\theta}\overline{D_{pa}}$$

式中，$\overline{D_{po}}$ 为孔隙平均直径；$\overline{D_{pa}}$ 为颗粒平均直径；θ 为孔隙率。

当孔隙平均直径远大于微纳米气泡平均直径时，微纳米气泡可顺利通过土体孔隙，宏观上不影响土的渗透系数。而当孔隙平均直径比微纳米气泡平均直径小时，微纳米气泡可能阻塞孔隙通道，使土体的渗透系数降低（Li et al.，2014a）。

3.4 臭氧微纳米气泡对有机物的降解作用

开展臭氧微纳米气泡降解有机物的试验研究工作。选取甲基橙作为水体内的代表性有机污染物，试验中甲基橙的浓度采用分光光度法测定。在长 80cm、宽 20cm、高 20cm 的模型槽内配置 20L 浓度为 10mg/L 的甲基橙溶液。通过微纳米气泡机生成臭氧微纳米气泡并通入水体内，控制进气速度为 1L/min，水循环速度为 11L/min。使用溶解臭氧浓度传感器测定水体内溶解臭氧浓度值，并定期抽取水样进行甲基橙浓度测定。在 pH=7 条件下测得反应过程中溶液内溶解臭氧浓度及甲基橙浓度的变化如图 4 所示。

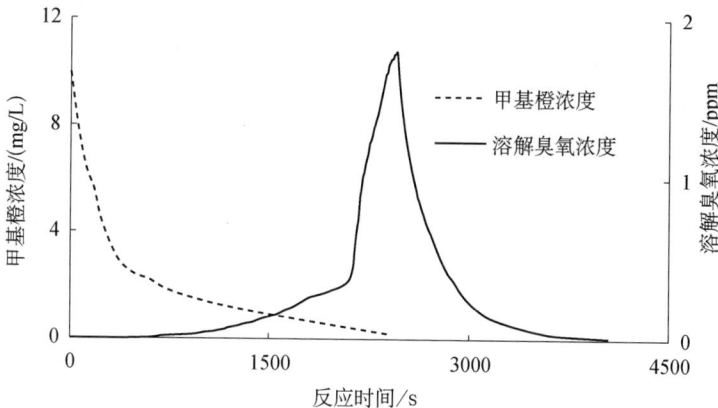

图4 降解过程中甲基橙浓度与溶解臭氧浓度示意图

在反应过程中，甲基橙浓度持续降低，且初始下降速度较快，随着甲基橙浓度降低其下降速度也逐渐减缓，降解率在 33min 左右达到 90%。溶解臭氧浓度在初始段小幅上升，上升速度随甲基橙浓度逐渐加快，当甲基橙降解率达到 90%左右时，溶解臭氧浓度上升速度迅速加快，上升规律与在纯水内类似。停止臭氧微纳米气泡的通入后溶解臭氧浓度迅速下降，规律与在纯水内类似。从上升速度和下降速度来看，当甲基橙降解率达到 90%左右后，溶解臭氧浓度的变化情况与在纯水内基本相同。

试验结果表明，通入臭氧微纳米气泡时，在较低的溶解臭氧浓度值下，臭氧就能有效地氧化降解甲基橙，甲基橙开始降解所需的溶解臭氧浓度值称为反应阈值，微纳米气泡有效地降低了反应阈值，提高了臭氧的氧化能力。当甲基橙浓度降低时，反应所需要的阈值逐渐升高，溶解臭氧浓度也呈现缓慢上升趋势；甲基橙降解率达到 90%后，溶液内甲基橙浓度较低，溶解臭氧浓度的变化规律类似于在纯水内通入臭氧微纳米气泡。进一步的试验研究还表明，溶液 pH 会影响甲基橙的降解效率，H^+可能参与化学反应加快甲基橙的降解（夏志然等，2014）。

3.5 基于微纳米气泡的地下水原位修复技术

微纳米气泡气体传质效果好、持续时间长、迁移范围大，与抽水处理技术相结合，可以弥补地下水曝气、抽水处理和强化生物修复等常规原位修复技术的不足，基于微纳米气泡在地下水中的对流弥散和溶解传质作用，通过化学反应或微生物降解对大范围的有机污染地下水体进行原位修复。微纳米气泡原位修复的技术方案如图 5 所示（胡黎明等，2012，2013），在污染地下水区域的上游位置设置注水井，向其中通入微纳米气泡水；微纳米气泡水随地下水流动运移至污染区域，分解污染物或为微生物补充电子受体或供体，促进有机污染物的降解去除。同时设置抽水井调节地下水流场，一方面控制污染物的扩散。另一方面将抽取的污染地下水在地表用物理、化学或生物的方法进行处理；通过监测井对去除有机污染物过程中各参数进行实时监测和分析，并用于反馈调节微纳米气泡的发生时间和曝气量，以及地下水流场特征。

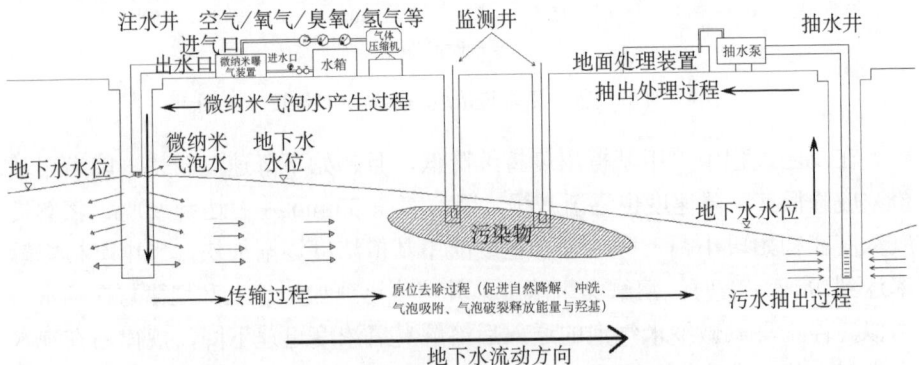

图5 基于微纳米气泡增效技术的原位修复系统

4 微纳米气泡原位修复的分析模型

微纳米气泡在水体中存在时间较长，聚并和破裂现象不明显，类似于胶体的性质。微纳米气泡在多孔介质中的运移过程可以采用胶体运动的控制方程描述。综合考虑地下水运动、微纳米气泡运移、气体溶解传质，以及化学反应或微生物降解过程，可以发展反映微纳米气泡原位修复过程的数值模型（Li et al.，2014b）。

对于微纳米气泡，其在多孔介质中运移的控制方程为

$$\frac{\partial}{\partial t}(\theta C_{\mathrm{b}})+\nabla\cdot[-\theta D\nabla C_{\mathrm{b}}]+\nabla\cdot(q_{\mathrm{w}}C_{\mathrm{b}})= -\rho_{\mathrm{b}}k_{\mathrm{p}}\frac{\partial C_{\mathrm{b}}}{\partial t}-R_{\mathrm{v}}$$

式中，θ 为多孔介质孔隙率；t 为时间，[T]，C_{b} 为微纳米气泡的浓度（以超饱和部分的溶氧值来表征），[ML^{-3}]；D 为机械弥散系数，[L^{2}T^{-1}]；q_{w} 为水流通量，[LT^{-1}]；ρ_{b} 为多孔介质干密度，[ML^{-3}]；k_{p} 为微纳米气泡吸附的分布系数（$C_{\mathrm{p}}=k_{\mathrm{p}}C_{\mathrm{b}}$），[M^{-1}L^{3}]；$R_{\mathrm{v}}$ 为微纳米气泡由于气体溶解造成的单位时间浓度减小，[ML^{-3}T^{-1}]。

对于微纳米气泡水在饱和多孔介质中的渗流，不仅需要考虑微纳米气泡的运移，还需要考虑地下水的渗流过程及溶解气体的溶质运移过程，控制方程如下：

$$\frac{\partial(\rho_{\mathrm{w}}\theta)}{\partial t}+\nabla\cdot\rho_{\mathrm{w}}[-\frac{\kappa}{\eta}(\nabla p_{\mathrm{w}}+\rho_{\mathrm{w}}g\nabla H)]=0$$

$$\frac{\partial}{\partial t}(\theta C_{\mathrm{b}})+\nabla\cdot[-\theta D\nabla C_{\mathrm{b}}]+\nabla\cdot(q_{\mathrm{w}}C_{\mathrm{b}})=-\rho_{\mathrm{b}}k_{\mathrm{p}}\frac{\partial C_{\mathrm{b}}}{\partial t}-R_{\mathrm{v}}$$

$$\frac{\partial}{\partial t}(\theta C_{\mathrm{o}})+\nabla\cdot[-\theta D_{\mathrm{o}}\nabla C_{\mathrm{o}}]+\nabla\cdot(q_{\mathrm{w}}C_{\mathrm{o}})=R_{\mathrm{v}}$$

式中，ρ_{w} 为水的密度，[ML^{-3}]；κ 为多孔介质固有渗透系数，[M^{2}]；η 为水的动力黏滞系数，[L^{2}T^{-1}]；p_{w} 为水的压强，[ML^{-1}T^{-2}]；g 为重力加速度，[LT^{-2}]；H 为位置水头，[L]；C_{o} 为溶解气体浓度，[ML^{-3}]；D_{o} 为溶解气体的水动力弥散系数，[L^{2}T^{-1}]

使用 Monod 方程描述污染物的好氧微生物降解过程，污染物浓度随时间的变化如下式所示：

$$\frac{\mathrm{d}C_{\mathrm{w}}}{\mathrm{d}t}=v\frac{Co_{2}}{Co_{2}+K_{s,\mathrm{O}_{2}}}\frac{C_{\mathrm{w}}}{C_{\mathrm{w}}+K_{s,\mathrm{w}}}$$

式中，C_w 为污染物浓度，$[ML^{-3}]$；t 为时间，$[T^{-1}]$；C_{O_2} 为溶氧浓度$[ML^{-3}]$；v 为污染物的最大降解速率，$[ML^{-3}T^{-1}]$；K_{s, O_2} 为溶氧的半饱和系数，$[ML^{-3}]$；$K_{s, w}$ 为污染物的半饱和系数，$[ML^{-3}]$。

如果采用臭氧微纳米气泡进行地下水原位修复，尚需考虑臭氧的自分解过程。水体内臭氧的自分解和臭氧浓度之间取一级反应关系，即

$$-\frac{\partial C_{O_3}}{\partial t} = kC_{O_3}$$

式中，k 为臭氧自分解常数，与环境的温度、pH 等有关系，一般水温度越高臭氧的分解速度越快；在一定范围内，pH 越低，半衰期越长，自分解越慢，而当 pH>7，水中的氢氧根离子较多的时候，臭氧的分解速率与氢氧根的浓度有着一定的关系。

数值模拟研究表明，随着微纳米气泡水的不断注入，地下水系统中的溶解气体浓度和影响范围不断增加，微纳米气泡可在较大范围内去除地下水中有机污染物。

5 微纳米气泡原位修复技术的工程应用

为检验微纳米气泡技术修复污染场地的可行性，清华大学环境岩土工程研究团队在工业污染场地开展了现场试验研究。

污染场地位于日本新座市，污染区域面积约为 $1100m^2$，主要污染物为三氯乙烯（TCE），为电器配件生产工厂药品泄露所导致的污染。TCE 作为一种常见的污染物，在工业中被作为优良的溶剂大量使用，对中枢神经系统有麻痹作用并具有潜在的致癌性，被美国环境保护署（USEPA）列为重点污染物。TCE 密度比水大，常存在于含水层底部，因此修复难度较大。场地中存在的 TCE 会持续溶解进入地下水并随地下水运移扩散，且 TCE 具有一定的挥发性，易挥发进入空气，造成更大范围的环境污染。日本环保部门对地下水中 TCE 浓度的限值为 0.03mg/L。该污染场地内地下水中 TCE 浓度最高超过 10ppm，污染物主要分布在地下 12~16m，该层为砂层，渗透系数约为 2×10^{-6}m/s。污染区域所在砂土层上下均为黏土层，黏土层渗透系数约为 10^{-8}m/s，因此被污染的地下水可视作承压水。场地中地下水位处于地下 6.5m 处，自然状态下地下水流动可忽略。

根据原位修复技术设计方案，首先抽取污染地下水，开展臭氧微纳米气泡修复水体的可行性试验研究，并设置过氧化氢修复的对比试验。试验研究

结果表明，臭氧微纳米气泡对 TCE 的处理效率明显高于过氧化氢；将臭氧微纳米气泡与过氧化氢联合使用时，具有显著的增益效果，有效提高 TCE 的去除效率。

在污染场地选取一典型区域开展现场修复试验。试验系统的布置如图 6 所示，包括位于上游的 1 口注水井、位于下游的 1 口抽水井，以及若干监测井。注水井、抽水井及监测井的深度均为 16m，地下 12～16m 地层可透水，底部封闭。抽水井的直径为 15cm，试验过程中抽取地下水速度约为 35L/min；注水井的直径为 5cm，试验过程中注入含臭氧微纳米气泡水的速度为 15L/min；监测井的直径为 5cm，试验过程中使用取样管于地下 15m 处取水样进行测定。

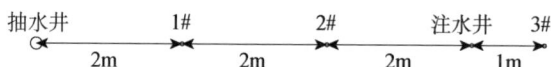

抽水井 1# 2# 注水井 3#
  2m 2m 2m 1m

图6 修复系统布置图

地下水修复处理过程中，从抽水井中抽取含有污染物的地下水，经过沉淀处理并通过曝气将水体内的 TCE 充分去除；使用臭氧发生器产生臭氧并通过微纳米气泡发生器在水体内生成臭氧微纳米气泡，同时在水体内按照恒定速率添加浓度为 35%的过氧化氢溶液。向水体内添加臭氧及过氧化氢的速度与前述污染地下水微纳米气泡修复试验中相同。原位修复试验共开展 5 天，每天处理试验持续 9h，分别在开始修复处理后 0h、1h、3h、6h、9h、11h 对监测井及抽水井内地下水进行取样，并通过气相色谱仪对所取水样中 TCE 浓度值进行测定。

修复处理过程中各监测井处地下水中 TCE 浓度每日平均值随时间变化分别如图 7 所示。在地下水原位修复处理过程中，抽水井及 1#、2#、3#监测井内地下水中 TCE 浓度值均观测到明显的下降，污染物去除率均超过 99%。TCE 浓度下降发生时间与井位置存在一定关联，距离注入井位置越近的监测井中 TCE 浓度下降发生更早，符合臭氧微纳米气泡在地下水流场中对的运移扩散规律，最终整个处理区域内污染物基本被完全去除。同时在修复过程中可以观察到，每天停止臭氧微纳米气泡注入后，各井内 TCE 浓度会出现小幅回升，主要原因为土壤中所吸附 TCE 溶解进入地下水。经过为期 5 天的修复处理，各井中 TCE 浓度值均降到环保部门的浓度限值 0.03mg/L 以下，说明场地内地下水及土壤中的 TCE 均得到了有效的去除，臭氧微纳米气泡对于场地的修复处理效果很好。

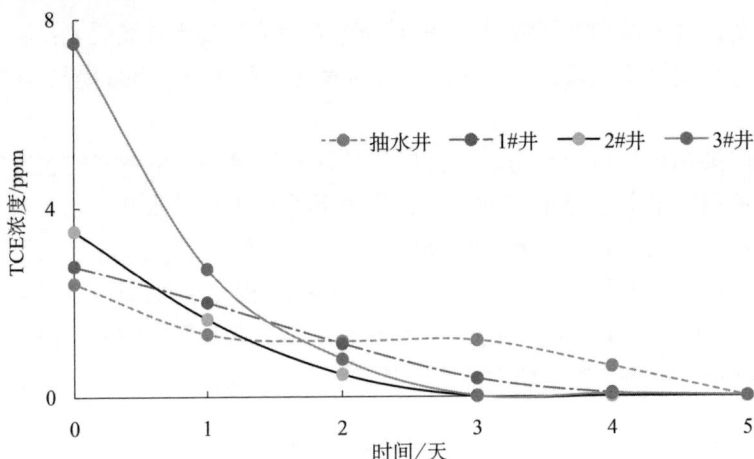

图7　地下水中TCE浓度变化

6　结论

有机污染地下水修复是我国当前面临的重要环境岩土工程问题。传统的地下水曝气法经过长期系统深入的研究，得到了广泛的工程应用，然而修复大面积严重污染场地时具有一定的局限性。本文提出基于微纳米气泡的原位修复技术，开展了系统的实验室测试、理论分析和现场试验工作，结果表明微纳米气泡原位修复技术具有环境友好、节能高效的优势，在污染地下水修复工程中具有广泛的应用前景。

致谢：本论文研究工作得到教育部自主科研计划（2015THZ02）、国家自然科学基金重点项目（51323014）和国家重点实验室自主科研课题（2012-SKLHSE-KY-01）等研究基金的资助。作者指导的学生夏志然、李恒震、刘燕、杜建廷、刘毅、郭波、杨阳参加了部分研究工作，合作者宋德君博士、武晓峰教授和 Meegoda 教授与作者进行了有益的讨论，在此一并表示感谢。

参考文献

初里冰，邢新会，于安峰，等. 2007. 微米气泡强化臭氧氧化的作用机理研究. 环境化学，26（5）：622-625.

国务院. 2011. 全国地下水污染防治规划（2011-2020 年）.

胡黎明，宋德君，李恒震. 2012. 用微纳米气泡对污染地下水强化原位修复的方法及系统：中国：201210041355.6，2012-07-18.

胡黎明，宋德君，李恒震. 2013. 用微纳米气泡对地下水原位修复的方法及系统. 中国：
　　CN103145232A，2013-06-12.

贾慧，武晓峰，胡黎明，等. 2012. 加油站油类污染物自然衰减现场试验研究. 环境科学，
　　33（1）：163-168.

刘春，张磊，杨景亮，等. 2010. 微气泡曝气中氧传质特性研究. 环境工程学报，4（3）：
　　585-589.

夏志然，胡黎明，赵清源. 2014. 地下水原位修复的臭氧微纳米气泡技术研究. 地下空间与
　　工程学报，（S11）：2006-2011.

Agarwal A，Ng W J，Liu Y. 2011.Principle and applications of microbubble and nanobubble
　　technology for water treatment. Chemosphere，84:1175-1180.

Bowley W W，Hammond G L. 1978. Controlling factors for oxygen transfer through bubbles.
　　Industrial & Engineering Chemistry Process Design and Development，17（1）：2-8.

Feng W，Singhal N，Swift S. 2009. Drainage mechanism of microbubble dispersion and factors
　　influencing its stability. Journal of colloid and interface science, 337(2): 548-554.

Hu L，Meegoda J，Du J，et al. 2011.Centrifugal study of zone of influence during air-
　　sparging. RSC Journal of Environmental Monitoring，13（9）：2443-2449.

Hu L，Meegoda J，Li H，et al. 2014. Study of flow transitions during air sparging using the
　　geotechnical centrifuge. ASCE Journal of Environmental Engineering，141（1）：04014048.

Hu L，Wu X，Liu Y，et al. 2010. Physical modeling of air flow during air sparging remedia-
　　tion. ACS Environmental Science and Technology，44（10）：3883-3888.

Ji W，Ahlfeld A，Lin D P，et al. 1993. Laboratory study of air sparging：air flow visualiza-
　　tion. Groundwater Monitor. Remediat. 13（4）：115-127.

Li H，Hu L，Xia Z. 2013. Impact of groundwater salinity on bioremediation enhanced by mi-
　　cro-nano bubbles. Materials，6（9）：3676-3687.

Li P，Takahashi M，Chiba K. 2009.Degradation of phenol by the collapse of microbubbles.
　　Chemosphere，75（10）：1371-1375

Li H，Hu L，Song D，et al. 2014a. Subsurface transport behavior of micro-nano bubbles and
　　potential applications for groundwater remediation. International Journal of Environmental
　　Research and Public Health，11（1）：473-486.

Li H，Hu L，Song D，et al. 2014b. Characteristics of micro-nano bubbles and potential appli-
　　cation in groundwater bioremediation. Water Environment Research，86（9）：844-851.

Marulanda C，Culligan P J，Germaine J T. 2000. Centrifuge modeling of air sparging – a study
　　of air flow through saturated porous media.Journal of Hazardous Materials，72（2）：179-
　　215.

Qin C Y，Zhao Y S，Zheng W. 2004.The influence zone of surfactant-enhanced air sparging in different media. Environmental Technology，35（10）：1190-1198.

Reddy K R，Adams J A. 2008. Conceptual modeling of air sparing for groundwater remediation. Proceedings of the 9thinternational symposium on environmental geotechnology and global sustainable development.

Takahashi M. 2005. ζ potential of microbubbles in aqueous solutions: electrical properties of the USEPA gas-water interface. The Journal of Physical Chemistry B, 109(46): 21858-21864.

USEPA. 2004. How to evaluate alternative cleanup technologies for underground storage tank sites：a guide for corrective action plan reviwers.Washing D C：US Environmental Protection Agency.

Wan J，Veerapaneni S，Gadelle F，et al. 2011.Generation of stable microbubbles and their transport through porous media. Water Resources Research，37（5）：1173-1182.

Wiedemeier T H. 1999.Natural attenuation of fuels and chlorinated solvents in the subsurface. New Jersey：John Wiley & Sons.

第十四篇　水力机械动力学

导读　水力机械学科面临的主要挑战包括水力机组动态特性的研究、振动和安全稳定性问题、健康诊断和节能技术的研究等。本篇系列论文分别就上述四个方面的问题进行了探讨：在水力机组动态特性方面，运用多相、多场耦合分析方法，研究了抽水蓄能机组瞬态特性、转轮动态响应、机组共振特性和轴系复杂非线性动力学问题；在振动和安全稳定性方面，以某调水工程大型双吸离心泵为研究对象，采用流固耦合分析方法，探索了不同流量下机组的压力脉动、水力振动和应力特性；在机组健康诊断方面，与传统的故障诊断思路不同，提出了基于 LS-SVM 的水电机组健康评估模型和性能退化趋势预测模型；在节能技术方面，提出了一种新型离心泵非设计工况运行调节的方式——前置导叶预旋调节，探索了前置导叶的设计思想和调节效果。

抽水蓄能机组多相多场耦合特性分析

王正伟，李中杰，翟黎明，刘　鑫，毛中宇，赵潇然

（清华大学水沙科学与水利水电工程国家重点实验室，清华大学热能工程系流
体机械及工程研究所，北京 100084）

摘　要：抽水蓄能电站水泵水轮机机组工况转化频繁，流动复杂，可能出现水、汽、气、沙多相流动现象。同时，机组存在多个物理场的耦合作用，动态特性分析难度较大。本文通过管路系统一维特征线法与机组三维 CFD 计算耦合的方法求解暂态过程瞬变特性，得到机组暂态过程中内部复杂流动和压力脉动的瞬变特性；运用多相多场耦合分析方法，进行转轮动态响应分析，研究机组共振与疲劳特性；并采用间接耦合法，对整体轴系、推力轴承和径向轴承进行计算，研究机组轴系的复杂非线性动力学问题。本文介绍了蓄能机组多相多场耦合性能的分析方法和一些分析结果，为蓄能机组多场耦合问题提供了解决思路。

关键词：抽水蓄能机组；多相多场；瞬变特性；动力特性；流固耦合

Characteristic Analysis on Coupling of Multi-phase and Multi-field on for Pump Storage Stations

Zhengwei Wang, Zhongjie Li, Liming Zhai, Xin Liu, Zhongyu
Mao, Xiaoran Zhao

(State Key Laboratory of Hydroscience and Engineering, Department of Thermal Engineering,
Tsinghua University, Beijing 100084)

通信作者：王正伟（1966—），E-mail：wzw@mail.tsinghua.edu.cn。

Abstract: The pumped storage stations with peak-shaving capability are important in electrical power system. In actual operation, pump-turbines in pumped storage stations have frequently changed working condition and complicated flow structure, which may cause multiphase flow phenomenon including water, vapor, air and sediment. There are multi-field coupling problems in pump-turbines. Dynamic features are difficult to analyze. This paper adopts one-dimension and three-dimension methods to solve transient characteristics and finds flow features in pump-turbines during transition process. In this research, multi-field coupling method is used to investigate dynamic response, resonance and fatigue properties in runners. Indirect coupling method is utilized to calculate dynamic characteristic of shafting, thrust bearing and transverse bearing.

Key Words: pump storage stations; coupling of multi-phase and multi-field; transient characteristic; dynamic characteristics; fluid-structure interaction

1 引言

1.1 抽水蓄能机组工程应用背景

抽水蓄能电站在电力系统中具有移峰填谷、调频、调相和事故备用等多种作用。我国自 20 世纪 60 年代后期开始研究开发抽水蓄能电站，经过三十多年的不懈努力，兴建了广州、天荒坪和北京十三陵等一批大型抽水蓄能电站。近年来，总容量百万千瓦级的河北省张河湾、山西省西龙池、湖南省黑麋峰等抽水蓄能电站也相继建成投产。截至 2012 年，我国建成投产及正在建设的抽水蓄能电站共 34 座，装机容量 2958.5 万 kW，约占全国总量的 1.7%（梁双和张英健，2014）。按《可再生能源发展"十二五"规划》到 2020年，抽水蓄能电站装机容量要达到 6000 万 kW，通过设备与技术引进消化，国产化率逐步提高，抽水蓄能电站正迎来新一轮的快速发展。

1.2 蓄能机组运行工况复杂性

抽水蓄能电站中的水泵水轮机组具有水头高、工况转换频繁及输水系统存在双向流动等特性。其中，在水轮机工况启动、甩负荷、水泵断电时导叶未关闭等暂态过程中，机组都有可能进入到水泵水轮机特性曲线的"S"特性区，从而带来包括空化在内的一系列不稳定问题（张兰金等，2011）。另外，部分河道泥沙含量较大，水泵水轮机中可能出现含沙流动现象。同时，在暂态过程中，管路、机组产生的动水压力也会引起整个机组的振动，严重时将破坏机组部件而影响抽水蓄能电站的安全运行。

1.3 蓄能机组多相流动特性

抽水蓄能机组转轮内部流动复杂多变，机组内部的涡旋现象、空化流动、含沙流动和补气措施等都可能出现水、汽、气、沙多相流动现象，并存在相变特性。尤其在某些极端暂态过程中，机组内部流态十分恶劣，流道中出现各种尺度的旋涡流动，流道发生堵塞，局部位置有可能发生空化。我国部分河道中水流含沙量较高，将磨蚀机组表面材料，若机组内部发生空化，水泵水轮机中还可能出现非常复杂的水、汽、气、沙多相流动和相互作用现象。暂态过程工况变动频繁，负荷变化甚至紧急停机造成机组内部流动紊乱，易出现堵塞流道的旋涡，在各种流动不稳定性与泥沙磨损磨蚀的共同作用下，机组在暂态过程的安全运行将受到威胁。因此，分析研究蓄能机组暂态过程的流动特性具有重要的工程意义和学术价值。

1.4 蓄能机组多场特性

抽水蓄能机组是由混凝土基础、水、油、电及机械结构等组成的多体系统，是典型的力、光、电、热、化学、磁、声多个物理场的耦合作用问题。由于抽水蓄能电站工况转换频繁，受管路中强烈的水压脉动及机组自身的动态特性变化的影响转轮易发生共振，所受交变动应力不断加剧。同样，机组在水力、机械、电磁、温度等复杂的多场耦合影响下，受到转轮水力激励力、发电机电磁拉力、机械不平衡力等的作用通常会产生轴系振动，机组各部件因频繁受到大的交变应力而产生疲劳破坏。因此，基于流固耦合的转轮共振和基于力、电、热和磁场等多物理场的轴系振动成为多场耦合特性研究的典型问题。

1.4.1 蓄能机组转轮多场特性

水泵水轮机转轮在实际运行过程中承受着结构离心力，水压力脉动、卡门涡街、周期性脱流、空化等各种因素产生的周期性干扰激励力，以及不易确认的焊接应力和加工应力。在以上各种因素所造成的稳定和非稳定的激励作用下，转轮结构会产生振动，尤其当激励力频率与转轮固有频率相同或相近而发生共振时，转轮叶片将承受着破坏性的振动应力。为提高机组安全稳定运行性能，必须对转轮及叶片在介质中的动力特性进行全面分析，联立多个物理场甚至考虑空化沙粒等因素，以准确反映转轮结构的真实动态特性。国内方面，Wang 等(2007)、Zhou 等(2007)、Xiao 等(2008)和 Peng 等(2009)利用变分原理从理论上推导了转轮叶片在动水中振动的有限元方程，用速度势描述流体，分析了不可压理想流体中转轮叶片耦合振动。国际上，Geers (1978)提出了以双渐进法为代表的解析-数值方法研究复杂的流固耦合力学问题。还有一类是纯数值方法，主要原理是通过采用有限元、有限差分等方法，如 Koumatsu (1983)、Bermudez 等(1997)等人。最近几年，基于有限元法发展起来的声学流体技术研究转轮湿模态取得了一定的进展，Vialle 等(2008)和 Lais 等(2009)从事了这方面的研究，计算得到的湿模态共振频率和实测结果误差在 7%以内。

1.4.2　蓄能机组轴系多场特性

抽水蓄能机组具有启停频繁、工作转速高、正反转运行的特性。在水力、机械、电磁等复杂因素的影响下，机组在非额定工况和工况转换过程中轴系振动经常会超标，在某些少量的机组，发生了振动过大导致轴瓦磨损、油温异常，甚至甩负荷等故障。严重的机组振动会使各部件因频繁受到大的交变应力而疲劳破坏，诱发转轮裂纹、顶盖裂纹、尾水管裂纹及尾水管里衬脱落，严重时甚至会引起厂房和水工建筑物的共振。相继投入运行的一批大、中型机组，如广州、回龙、宜兴等抽水蓄能发电机组都受到轴系振动稳定性的严峻考验。抽水蓄能机组轴系振动稳定性问题是非常复杂的多场耦合非线性动力学问题。转轮的偏心运动产生较大的非线性密封力，是导致轴系失稳的重要因素。同时，黏性切应力的作用会引起流体温升，所以密封内部流动本质是流热耦合问题；发电机转子的偏心运动形成不均匀的定转子气隙，对转子产生不平衡磁拉力作用，本质是电磁耦合问题；滑动轴承的动压润滑油膜产生巨大压力的同时，存在强烈的黏性摩擦，产生大量的热量，引起油温升高，并在瓦块内部产生较大的温度梯度，从而产生显著的热弹变形，其本质是流固热三场耦合问题。抽水蓄能发电机组转子轴承耦合系统动力响应的计算方法有模态叠加法、时域积分法、传递矩阵法、有限元法。Subbiah 和 Rieger (1988)提出一种把有限元和传递矩阵相结合求解轴承转子动力学问题的新方法，利用有限元法建立轴系的模型，并把系数特性转换为传递矩阵模式。迄今为止，较为真实地模拟抽水蓄能发电机组转子-轴承多场耦合系统动力特性，充分揭示其耦合的内在机理，仍是一个难题。因此，开展抽水蓄能发电机组转子-轴承多场耦合系统动力特性研究，精确提取导轴承及推力轴承油膜动力特性，计算轴系模态和暂态过程响应，探讨轴系运行时发生共振和失稳的可能性，对我国抽水蓄能机组的安全设计和稳定运行具有重要的理论和实用价值。

1.5 多相多场研究的必要性

分析抽水蓄能机组的流动特性、压力脉动、空化、补气和含沙水流等的多相耦合，以及机组转轮和轴系的力场、热场和电场、磁场等的多场耦合，对提高机组运行的可靠性和延长机组的使用寿命具有十分重要的意义。

2 暂态过程瞬变特性

2.1 暂态过程计算方法

对蓄能电站管路部分建立一维求解模块，控制方程为特征线方程[式（1）、式（2）]；对机组部分建立三维求解模块，控制方程为连续方程和 N-S 方程[式（3）、式（4）]。采用动网格技术解决机组内部存在多种相对运动和移动边界的问题。

$$\bar{v}\frac{\partial h}{\partial x}+\frac{\partial h}{\partial t}-\bar{v}\sin\alpha+\frac{a^2}{g}\frac{\partial \bar{v}}{\partial x}=0 \tag{1}$$

$$g\frac{\partial h}{\partial x}+\bar{v}\frac{\partial \bar{v}}{\partial x}+\frac{\partial \bar{v}}{\partial t}+\frac{f\bar{v}|\bar{v}|}{2D}=0 \tag{2}$$

$$\frac{\partial \bar{u}_i}{\partial x_i}=0 \tag{3}$$

$$\frac{\partial \bar{u}_i}{\partial t}+\bar{u}_j\frac{\partial \bar{u}_i}{\partial x_j}=F_i-\frac{1}{\rho}\frac{\partial \bar{p}}{\partial x_i}+v\frac{\partial^2 \bar{u}_i}{\partial x_j \partial x_j}-\frac{\partial}{\partial x_j}(\overline{u_i'u_j'}) \tag{4}$$

式（1）、式（2）中，x 为距离；t 为时间；h 为沿程水头；$\bar{v}$ 为流体在横截面上的平均速度；g 为重力加速度；f 为摩擦因数；α 为管道中心线与水平线的夹角；D 为管道直径；a 为波速。式（3）、式（4）中，$-(\overline{u_i'u_j'})=v_t(\frac{\partial \bar{u}_i}{\partial x_j}+\frac{\partial \bar{u}_j}{\partial x_i})-\frac{2}{3}k\delta_{ij}$；$\rho$ 为流体介质水的密度；$\bar{p}$ 为平均压力；k 为湍动能；F_i 为作用在单位流体上的体积力；$\bar{u}_i$ 为笛卡尔坐标系 x_i 下的平均速度分量；v 为黏度。

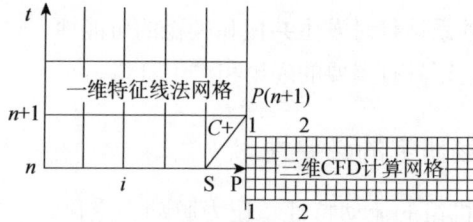

图1　一维与三维边界条件的耦合模型

如图 1 所示，n 为计算时间步，i 为管道上节点，$P^{(n+1)}$ 为管路节点 P 在 $n+1$ 时间步的压力值，1-1 截面为三维模型中与一维管路模型相连接的部分。将一维管路系统的计算结果与三维机组流道进出口边界的流量和压力进行相互传递，构成边界条件的耦合模型；考虑导叶开关过程、机组转速变化及"S"特性区对内部流态的影响，得到转速、流量等参数对转轮流动演化过程的影响。

2.2　典型暂态过程瞬变特性分析

2.2.1　停机暂态过程案例

图 2 为水轮机工况停机过程中水头、转速、流量、转矩变化和停机至空载开度时各部件内的流动情况。停机过程中导叶逐渐关闭，流量减小，机组减负荷，转速维持不变，关至空载开度后，导叶继续关闭，转速下降。此过程中，蜗壳进口压力波动增大，尾水管出口压力波动减小。图 2（b）～（d）为空载时转轮、导叶和尾水管内的流动情况。关至空载开度时，由于导叶开度

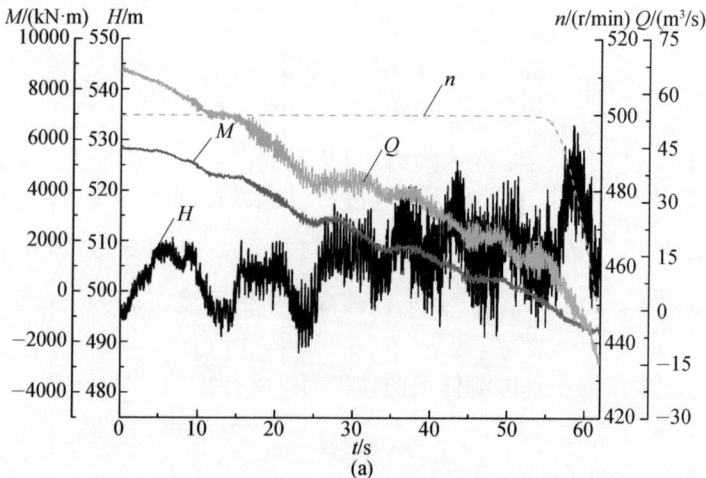

(a)

p/MPa
0.500 1.600 2.700 3.800 4.900 6.000
(b)

p/MPa
3.500 4.200 4.900 5.600 6.300 7.000
(c)

p/MPa
0.620 0.696 0.772 0.848 0.924 1.000
(d)

图2　水轮机停机暂态过程

（a）水头H、转速n、流量Q和转矩M变化；（b）停机至空载开度转轮内旋涡结构；（c）停机至空载开度导叶内流动；（d）停机至空载开度时刻尾水管回流情况

较小，导叶间流动受阻并在转轮进口形成水环，转轮内出现大尺度旋涡阻塞流道，此时流量极小接近于 0。

2.2.2 甩负荷暂态过程案例

图 3 为水轮机工况甩负荷过程中进出口压力、转速、流量、转矩变化和几个典型时刻的转轮内部流动情况。此过程中机组甩全负荷脱离电网，为避免转速上升过高，此时导叶迅速关闭，机组流量减小，蜗壳进口压力先增大后减小，尾水管出口压力先减小后增大，转矩减小并在 T=3.8s 附近出现大幅度波动。机组在 T=4.8s 达到最大转速，此时转矩为 0，机组达到飞逸点。

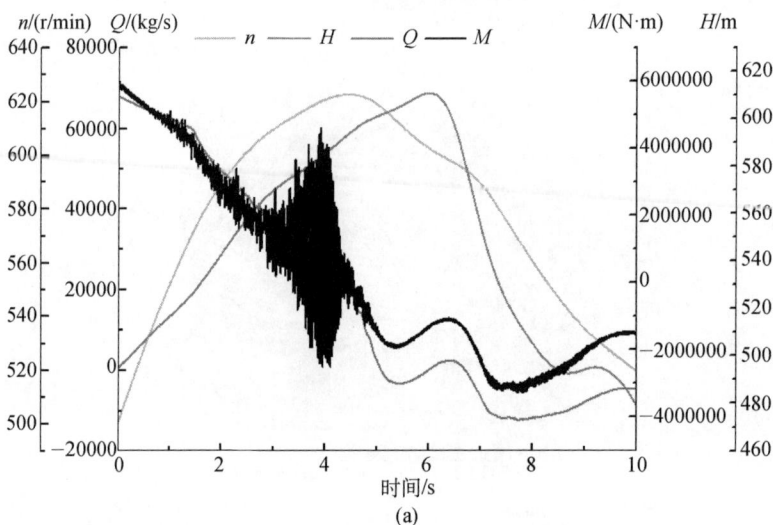

(a)

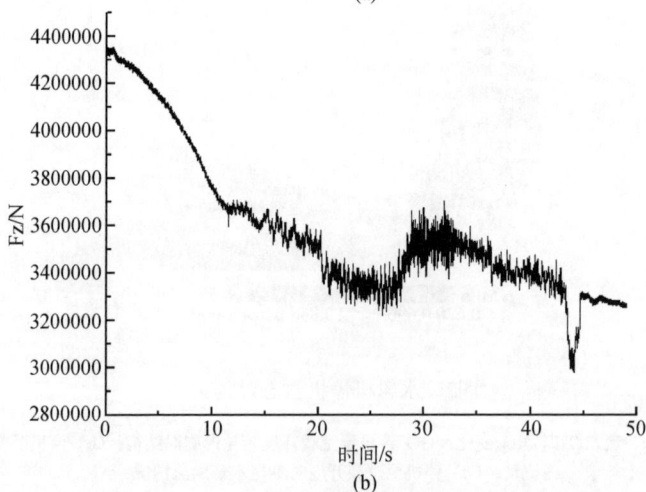

(b)

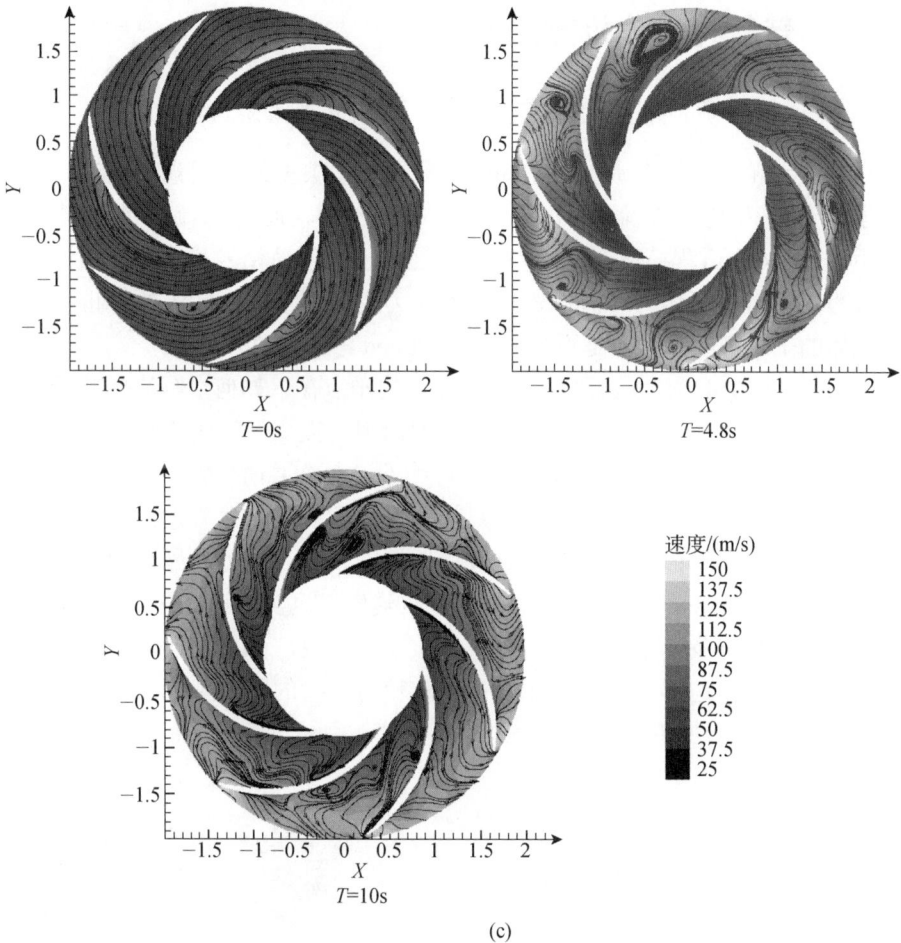

速度/(m/s)
150
137.5
125
112.5
100
87.5
75
62.5
50
37.5
25

图3　水轮机甩负荷暂态过程

（a）水头H、转速n、流量Q和转矩M变化；（b）轴向力Fz变化；（c）水轮机甩负荷暂态过程转轮内不同时刻流动情况

T=4.8s 至 T=6.6s，转矩为负而流量为正，机组处于制动运行区。自 T=6.6s 起，流量为负，机组进入反水泵工况。机组轴向力先波动减小后再波动增大，在转速上升阶段的 T=2s 至 4s 出现大幅度波动。根据转轮中截面流线分布，随着转速的增大，叶片表面由初始的小范围流动分离发展为流道中大尺度旋涡，流态趋于紊乱。

3 转轮特性分析方法

3.1 基于流固耦合理论的水泵水轮机转轮动态特性分析

水泵水轮机转轮在水介质中的振动问题属于典型的流固耦合振动问题。声学流体技术是处理流固耦合问题的方法之一。通过把流体的动量方程（Navier-Stokes 方程简称 N-S 方程）和连续性方程简化为基于如下假设的声波方程：①流体可压缩，流体密度随着压力变化而变化；②流体静止；③经过流体的平均密度和压力是不变的(Kinsler and Frey，1982)。

He 等（2014）传统流固耦合问题最大的难点在于如何求解流体动量方程（N-S 方程），基于声学方法的流固耦合的出现，提高了转轮流固耦合问题的分析能力，因为它把流体 N-S 方程和连续性方程合并简化为流体介质中的声波方程，使计算量、计算时间和需要封闭方程组的方程数量大大减少。通过对比实验室条件下的测试结果，该方法的精度较高。但是，最近的研究成果发现(Kinsler and Frey，1982)，水泵水轮机转轮在真实流道（图 4）中的动力特性和在实验室条件下（图 5）测得的结果不一致，分析发现转轮周围的水体和附近的固体边界会改变附加质量，转轮与固壁的间隙越小（如高水头的水泵水轮机），附加质量效应越明显。

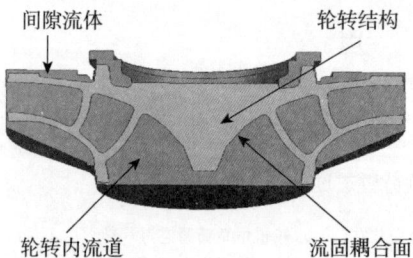

图4　流道中模态计算模型　　　　图5　水池中模态计算模型

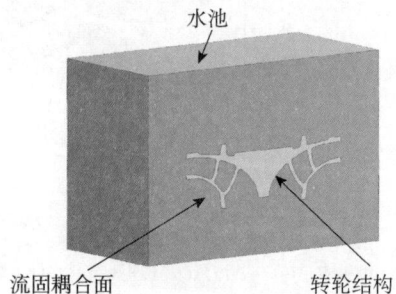

利用流固耦合下的含空泡有限元模型（图 6）对水轮机空化条件下的附加质量进行研究表明，流道内存在空化现象时转轮自然频率会发生一定变化（图 7）。

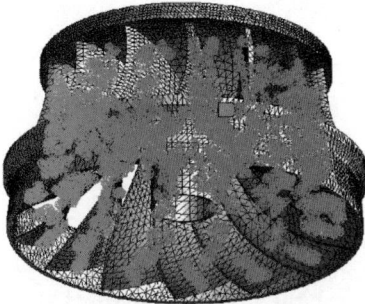

图6　流固耦合下含空泡有限元模型

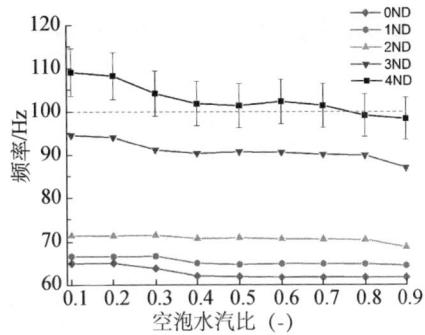

图7　前五阶模态频率随空泡水汽比变化规律

3.2　瞬态水力激励力诱导下的转轮动态响应分析

理论上，流固耦合作用是双向的，即作用到结构场上的流场压力会导致结构振动变形，而结构振动变形反过来又对流体的流动产生影响。因此要真实反映这种相互作用需采用双向流固耦合的计算方法。但是流场-结构的双向耦合模拟需要耗费大量的计算资源，数值方法也有待进一步分析确认。另外，水力机械在正常运行时，结构弹性振动导致的壁面变形远小于流体流动特征长度，故可不考虑结构振动变形对流体流动的影响，而只研究压力脉动对结构的作用。

He 等（2014）在对转轮进行动应力计算时，充分考虑了周围水体对转轮结构的影响，引入声固耦合计算方法，直接对附加质量效应进行计算，克服了流体-结构双向流固耦合计算需耗费大量资源的缺点，又避免了单向流固耦合计算只考虑水压力脉动对结构的激励，而未考虑水体附加质量效应对结构响应的影响。

基于以上研究基础，可以对由于共振或疲劳引起的水轮机转轮破坏进行分析。例如，对抽水蓄能机组转轮进行包含转轮外及密封处间隙的全流道的模态分析（图8），可以得到与实测值更加接近的模态特性。在对动应力的计算中，若考虑附加质量对动应力的影响，得到了与实测值更接近的动应力计算结果。通过对模态及动应力准确的分析，可以有效避免机组共振。另外，基于动应力的分析基础，对转轮的疲劳情况进行分析模拟（图9），预测了转轮背面空化引起的叶片局部裂纹扩张，取到了很好的效果。

(a)

(b)

(c)

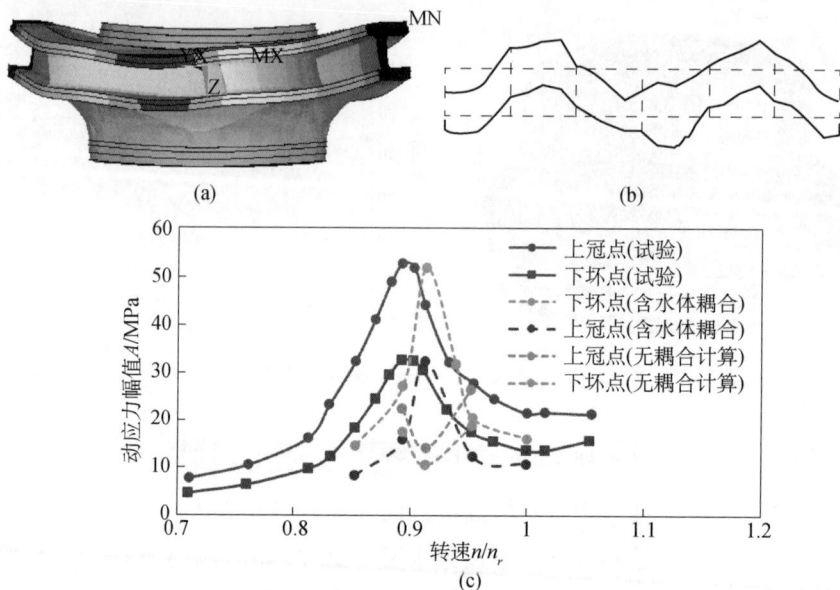

图8　抽水蓄能机组考虑间隙流计算模态振型动应力与实测对比

（a）抽水蓄能机组考虑间隙流计算模态振型；（b）抽水蓄能机组试验模态振型；（c）转轮动应力计算和实测结果比较

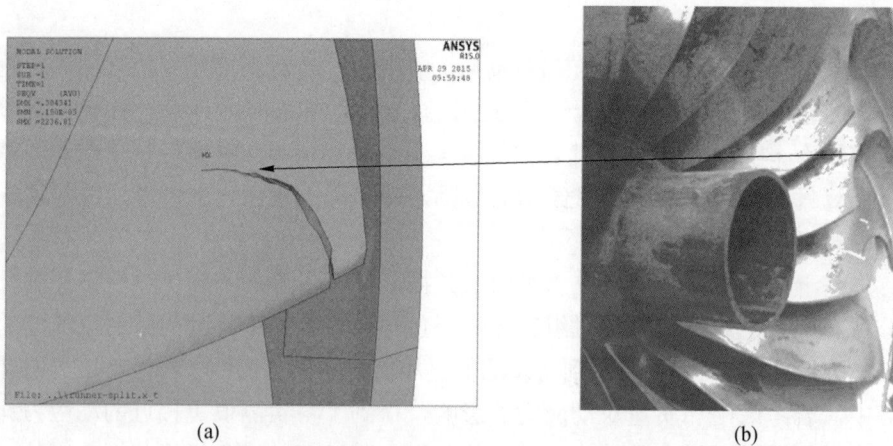

(a)

(b)

图9　转轮裂纹模拟与实测对比

（a）转轮裂纹模拟；（b）转轮裂纹实测

4 轴系多场耦合特性

抽水蓄能机组转子轴承系统同时受到水力激励力、机械不平衡力、电磁拉力、和轴承油膜力和密封力等作用，各个部件相互作用、相互影响，共同影响机组的动力学性能，抽水蓄能机组轴系是一个非常复杂的多场耦合非线性动力学问题。

4.1 分块可倾瓦轴承热弹流耦合分析

转子-轴承流固热耦合系统动力特性研究的基础是建立合适的滑动轴承动态油膜力模型。轴承流体动力润滑理论的核心问题是致力于求解 Reynolds 方程[式（5）]中的压力分布规律，通常采用有限差分法或有限元法进行数值求解。目前，为了求解轴承的热弹流问题，通常把雷诺方程和能量方程、油膜厚度方程、瓦块热传导方程、瓦块变形方程联立迭代求解，可得到轴承的压力、温度、变形特性。

$$\frac{1}{R^2}\frac{\partial}{\partial \theta}\left(\frac{h^3}{\mu}\frac{\partial P}{\partial \theta}\right)+\frac{\partial}{\partial z}\left(\frac{h^3}{\mu}\frac{\partial P}{\partial z}\right)=6\mu\,\Omega\frac{\partial h}{\partial \varphi}+12\mu\frac{\partial h}{\partial t} \tag{5}$$

式中，R 为轴颈半径；h 为油膜厚度；P 为油膜压力；Ω 为转速；μ 为润滑油黏度；φ 为柱坐标系下的方位角；z 为柱坐标系下的高度。

然而，由于 Reynolds 方程是基于 N-S 方程的简化，忽略了惯性项、油膜曲率、径向流场变化等因素的影响，并且其常用的差分解法无法用于复杂表面形状的滑动轴承计算，无法满足更精确的计算要求。而且在求解能量方程时，需要对油膜进出口边假设温度边界条件，同时假设瓦块的壁面对流换热系数，这些都是轴承热弹流计算误差的重要因素。

随着计算机技术的发展，全三维双向流固热耦合的方法被用来求解轴承的热弹流润滑特性。通过建立包括油膜和瓦块周围润滑油的三维 CFD（computational fluid dynamics）模型，以及沉浸在润滑油中的轴瓦和推力头的三维 FEM（finite element method）模型，并在流固耦合交界面进行位移、温度、压力和热量的三场数据交换，可以避免油膜压力和温度边界条件及瓦块壁面对流换热系数的假设，从而建立更准确的物理模型，得到更精确的计算结果。清华大学流机所王正伟教授课题组进行了水泵水轮机组双向推力轴承热弹流润滑计算。图 10 为推力轴承流固热耦合数值模型，图 11 为流固热三场耦合计算结果。

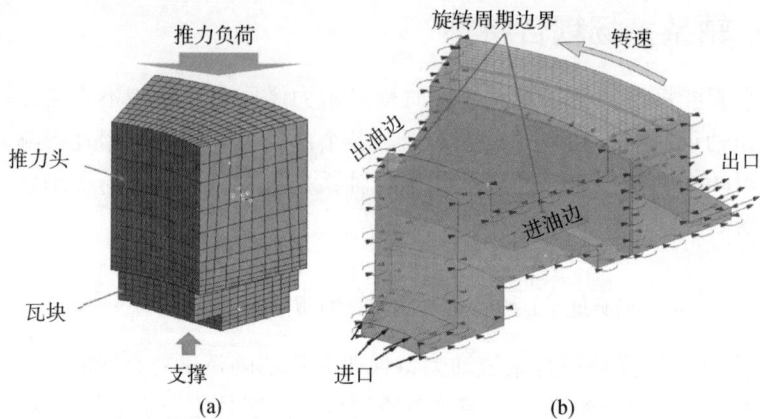

图10 推力轴承流固热耦合数值模型

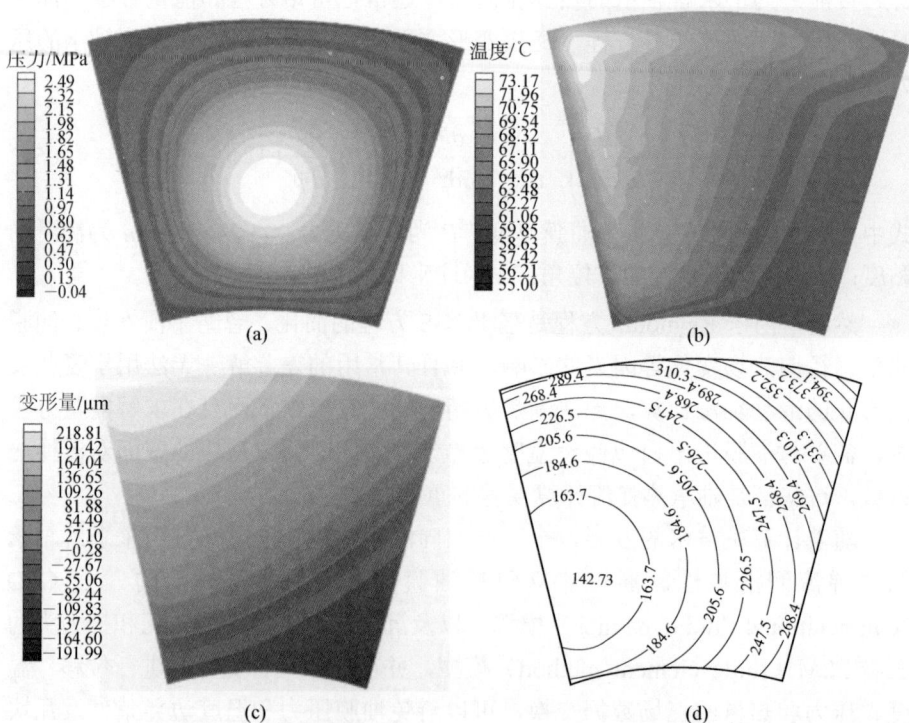

图11 推力轴承流热固三场耦合计算结果

(a)瓦面压力；(b) 瓦面温度；(c) 瓦面变形；(d) 油膜厚度（单位：μm）

4.2　机组转子轴承耦合动力特性分析

蓄能机组转子轴承耦合动力特性研究基于转子轴承动力学理论。转子和轴承的耦合方式主要有两种：直接耦合法和间接耦合法。直接耦合是指转子结构场和轴承润滑流场同时求解，是最真实、最精确的耦合方式，其算法困难，计算量巨大，难以实际应用；间接耦合是指先求解轴承润滑特性，然后以得到轴承动力特性作为转子的边界条件，进行机组转子动力学分析，其算法简单、计算量小、容易应用，是目前主要的方法。Lund (1964)首先提出"八参数法"，将滑动轴承和转子耦合在一起研究轴系的稳定性，油膜润滑动力特性在线性范围内用 8 个刚度系数和阻尼数来表征。这种方法将刚度和阻尼系数进行了线性化，使得在线性范围内将转子和轴承在线性范围内可放在一起处理。抽水蓄能机组转子轴承耦合分析主要采用主轴模式，即仅对主轴离散建立模型，将顶盖、机架、轴承等支撑部件简化为包含刚度和阻尼动力特性的支撑弹簧，然后将该动力特性系数加入主轴的刚度、阻尼、质量矩阵之中。对于轴承刚度阻尼的求解，和前述一样，可以分为两种方法：一是求解经典的雷诺方程，二是采用计算流体力学的方法直接求解轴承润滑特性，并可以考虑轴承的流固热多场耦合效应。Guo 等(2005)采用 CFD 方法计算了静压轴承、动压轴承、混合轴承和挤压油膜阻尼器内的油膜压力分布及刚度阻尼动力特性系数，验证了 CFD 方法分析轴承油膜动力特性的有效性。

抽水蓄能发电机组转子轴承耦合系统自振频率的计算方法已成熟，主要有传递矩阵法和有限元法。有限元法可以进行全三维转子动力学计算，但其计算精度受轴系各轴承、密封等相关零部件动力特性系数影响较大。冯辅周等(1999)应用 Riccati 传递矩阵法建立了蓄能机组自振特性的动力学模型，分析了油膜轴承刚度对自振特性的影响。

随着计算机技术的发展，利用有限元法建立轴系模型的方法因具备计算精度高及易与轴承耦合的优势，逐渐得到广泛的应用。清华大学流机所王正伟教授课题组应用转子轴承耦合三维有限元法，获得了如图 12、图 13 所示的计算结果。

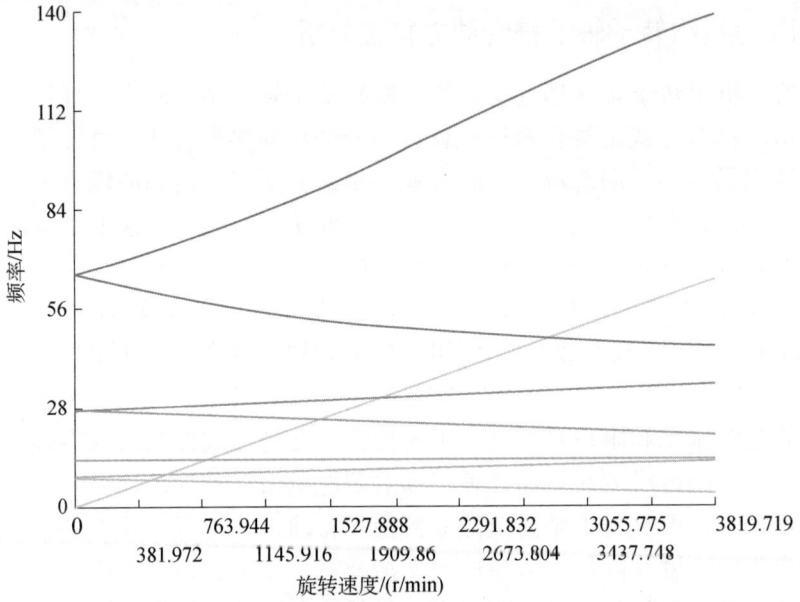

图12　临界转速计算Campbell图

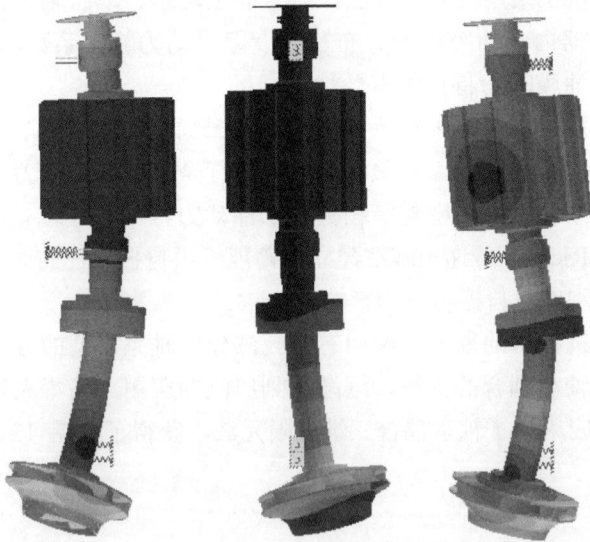

图13　蓄能机组三维有限元模态计算

5　现状与展望

抽水蓄能电站机组暂态过程是水力系统、机械系统、电气系统、结构系统等多系统之间的耦合非线性动力学问题。要在蓄能机组暂态问题上取得显著的进展，需要对各个系统做大量深入研究，并进行多领域多学科技术方法的融合。

通过建立暂态过程机组三维 CFD 与管路系统一维特征线法耦合模型，分析机组在暂态过程中压力分布及机组轴向力、水力矩等变化，深入认识暂态过程中动水压力的变化过程，以及机组暂态过程中的非定常流动规律，探讨波动对水泵水轮机组外特性和内部流动特性的影响。

基于流固耦合的转轮动力特性研究，考虑转轮周围水体带来的附加质量的影响，并引入空化对流体附加质量的影响进而引起转轮动力特性的改变，可以得到转轮实际运行中更为真实的模态特性。

轴承的热弹流润滑特性求解利用全三维双向流固耦合方法，可建立准确的物理模型，并得到精确的计算结果。采用"八参数法"研究转子轴承耦合动力特性，将转子和轴承放在一起处理，并对轴承润滑特性进行有效分析成为可能。

尽管抽水蓄能机组在多相及多场耦合特性分析研究方面已有初步进展，但目前水、机、电、结构耦合的机理、动力学特性等问题缺乏认知，尚无有效能描述这种复杂系统耦联机理问题的理论和数值方法。因此，在已有研究的基础上，对抽水蓄能机组多相多场耦合特性的研究提出以下展望。

（1）将包含水、汽、气、沙的多相耦合引入抽水蓄能机组的三维暂态过程计算中，准确分析不同工况和运行条件下机组的流动现象和水力激励力特性。

（2）在流固耦合的基础上引入温度场，形成流-固-热三场耦合的动力特性分析模型，准确分析瞬变水力激励力影响下的转动动态响应特性。

（3）开展抽水蓄能发电机组转子-轴承耦合系统动力特性研究，精确提取导轴承及推力轴承油膜动力特性参数，计算轴系模态和暂态过程影响，探讨轴系运行时发生共振和失稳的可能性。

参考文献

冯辅周，褚福磊，张正松，等. 1999.大型抽水蓄能机组轴系的动特性研究. 振动、测试与诊断，19(4): 313-319.

梁双，张英健.2014. 抽水蓄能电站系统"节能英雄".中国投资，(2):66-67.

张兰金，王正伟，常近时. 2011. 混流式水泵水轮机全特性曲线 S 形区流动特性. 农业机械学报，42(1):39-43.

Bermudez A，Duran R，Rodríguez R. 1997. Finite element solution of incompressible fluid-structure vibration problems. International Journal for Numerical Methods in Engineering，40(8): 1435-1448.

Geers T L. 1978. Doubly asymptotic approximations for transient motions of submerged structures. The Journal of the Acoustical Society of America，64(5): 1500-1508.

Guo Z，Hirano T，Kirk R G. 2005. Application of CFD analysis for rotating machinery - part I: hydrodynamic，hydrostatic bearings and squeeze film damper. Journal of Engineering for Gas Turbines and Power，127(2): 445-451.

He L Y，Wang Z W，Kurosawa S，et al. 2014. Resonance investigation of pump-turbine during startup process. IOP Conference Series: Earth and Environmental Science: IOP Publishing，22(3): 032024.

Kinsler E L，Frey A R. 1982. Fundamentals of Acoustics. New York: John Wiley and Sons.

Komatsu K. 1983. Fluid-structure interaction in Progress in boundary element methods. London: Pentech Press.

Lais S，Liang Q，Henggeler U，et al. 2009. Dynamic analysis of Francis runners - Experiment and numerical simulation. International Journal of Fluid Machinery and Systems，2(4): 303-314.

Lund J W. 1964. Spring and damping coefficients for the tilting-pad journal bearing. ASLE transactions，7(4): 342-352.

Peng G J，Wang Z W，Yan Z G，et al. 2009. Strength analysis of a large centrifugal dredge pump case. Engineering Failure Analysis，2009，16(1): 321-328.

Subbiah R，Rieger N F. 1988. On the transient analysis of rotor-bearing systems. Journal of vibration，acoustics，stress，and reliability in design，110(4): 515-520.

Vialle J，Lowys P，Dompierre Frédéricket，et al. 2008. Prediction of Natural Frequencies in Water Application to a Kaplan Runner. Proceedings of the HydroVision: 252.

Wang Z W，Luo Y Y，Zhou L J，et al. 2007. Computation of dynamic stresses in piston rods caused by unsteady hydraulic loads. Engineering Failure Analysis，15 (1-2): 28-37.

Xiao R F，Wang Z W，Luo Y Y. 2008. Dynamic Stresses in a Francis Turbine Runner Based on Fluid-Structure Interaction Analysis. Tsinghua Science and Technology, (10):587-592.

Zhang X X，Cheng Y G. 2012. Simulation of hydraulic transients in hydropower systems using the 1-D-3-D coupling approach.Journal of Hydrodynamics B,24(4):595-604.

Zhou L J，Wang Z W，Xiao R F，et al. 2007. Analysis of dynamic stresses in Kaplan turbine blades. Engineering Computations，24 (7-8):753-762.

南水北调工程大型双吸离心泵水力激振研究

王福军[1]，何玲艳[1]，许建中[2]，李端明[2]，戚兰英[3]

（1. 中国农业大学北京市供水管网系统安全与节能工程技术研究中心，北京 100083；2. 中国灌溉排水发展中心，北京 100054；3. 北京市水利规划设计研究院，北京 100044）

摘　要：随着长距离高扬程调水工程的增加，大型双吸离心泵的使用越来越广泛，如何有效预测水压力脉动引发的结构振动是大型泵站安全稳定运行所面临的突出问题。本文采用流固耦合分析方法，以南水北调中线工程大型双吸离心泵为研究对象，对水泵水力激振特性进行了分析。结果表明，双吸离心泵叶轮最大应力出现在进、出口边与前盖板相接部位；泵体最大应力出现在隔舌部位。叶轮最大振动位移出现在前盖板外缘区域；泵体在不同时刻最大振动位移出现的位置不固定，轴孔区域振动最为剧烈。应力和振动幅值随流量减小而增大。叶轮应力和振动主频为转频及其倍频；泵体应力和振动主频为叶频及其倍频。本文的研究结果对于大型双吸离心泵优化设计及水力振动控制有参考价值。

关键词：双吸离心泵；流固耦合；水力振动；动应力

Investigation on Flow-Induced Vibration of a Large-scale Double-suction Centrifugal Pump in SNWD Project

Fujun Wang[1]，Lingyan He[1]，Jianzhong Xu[2]，Duanming Li[2]，Lanying Qi[3]

（1. Beijing Engineering Research Center of Safety and Energy Saving Technology for Water Supply Network System, China Agricultural University, Beijing 100083；2. China Irrigation and Drainage Development Center, Beijing 100054；3. Beijing Water Resources Design and Planning Institute, Beijing 100044）

通信作者：王福军（1964—），E-mail: wangfj@cau.edu.cn。

Abstract: Large-scale double-suction centrifugal pumps are being widely used in long-distance high-lift water diversion project. The prediction of structure vibration induced by flow pressure pulsation is a key issue for stable operation of large-scale pumping station. The flow-induced vibration of a large-scale double-suction centrifugal pump was investigated numerically by using a fluid-structure-interaction method. This pump is installed on a pumping station in China South-to-North Water Diversion Project. The results showed that the maximum dynamic stress of the impeller was located on the joint area between the impeller inlet/outlet and shroud. The maximum stress of the pump casing was taken place on the tongue surface. The maximum dynamic displacement of the impeller occurs at shroud edge. The positions of maximum dynamic displacement of the pump casing changed around the axial hole with the flow condition vary. The dynamic stress and displacement of vibration decreased with the increase of flow rate. The dominant frequencies for dynamic stress and vibration of the impeller were pump rotation frequency and its multiples. The dominant frequencies for the pump casing were blade passing frequency and its multiples. The results could be used to direct the optimal design and hydraulic vibration control of large double-suction centrifugal pumps.

Key Words: double suction centrifugal pump; fluid structure interaction; flow induced vibration; dynamic stress

1 引言

我国南水北调中线工程采用的双吸离心泵是世界水利工程领域功率最大的双吸离心泵，具有流量大、扬程高的特点，于 2015 年投入试运行。根据现有大型双吸离心泵的运行经验，离心泵功率越大，其压力脉动与结构振动问题就越突出，如山西省尊村灌区二级站安装了 4 台叶轮直径为 1.2m 的大型双吸离心泵，在运行一个月后便因振动导致叶片出现裂纹（何玲艳，2011）。

水泵振动与多种因素有关，由压力脉动引起的水力振动是最为关键、最难以控制的主要振动（Wu，2013）。Guo 和 Maruta（2005）采用试验方法研究了单吸离心泵由压力脉动引起的叶轮振动，认为即使不满足动静耦合作用的共振条件还是可能引起共振，原因是压力脉动具有周向不平衡性；Jiang 等（2007）采用流固耦合方法分析了多级离心泵结构振动和噪声问题，给出了不同工况下的振动频谱特征；Gao 等（2010）采用流固耦合方法预测了叶轮的疲劳寿命。总的来讲，现有研究具有如下特征：首先，离心泵的水力振动研究主要集中在单吸离心泵方面，对双吸离心泵水力振动规律的认识并不全面；其次，已有少量对双吸离心泵水力振动的研究，多以模型泵为主，且对压力脉动关注较多，对与压力脉动相对应的振动频谱特征，特别是引起双吸离心泵振动机理的研究相对较少。

随着流固耦合方法及大型商业分析软件的普及，目前许多重要的大型工程均需要借助流固耦合分析来指导水泵设计、制造和运行（Benra and Dohmen，2004）。本文以南水北调路线工程惠南庄泵站所采用的大型双吸离心泵为研究对象，采用流固耦合分析方法对双吸离心泵进行瞬态动力学分析，以揭示不同工况下叶轮和泵体的应力变化和振动规律。

2 流固耦合计算原理及方法

2.1 耦合控制方程

在离心泵流固耦合问题中，在不考虑温度场变化的前提下，流体域受连续方程和动量方程支配。引入水的不可压假定，则以张量的角标形式所表示的连续方程和动量方程为（Morand and Ohayon，1995）

$$\frac{\partial u_i}{\partial x_i} = 0 \tag{1}$$

$$\frac{\partial(\rho u_i)}{\partial t} + \frac{\partial(\rho u_i u_j)}{\partial x_j} = \frac{\partial}{\partial x_j}\left[\mu\left(\frac{\partial u_i}{\partial x_j} + \frac{\partial u_j}{\partial x_i}\right)\right] - \frac{\partial p}{\partial x_i} + f_i \tag{2}$$

式中，i、j均为张量角标（取 1、2、3）；u_i为流体微元体的速度；x_i为坐标；ρ为密度；t为时间；p为流体微元体上的压力；f_i为微元体上的体力。

固体域受力的平衡方程、几何方程和物理方程支配，以张量的角标形式所表示的控制方程为（王勖成，2003）

$$\frac{\partial \sigma_{ij}}{\partial x_j} + F_i = \rho \frac{\partial^2 d_i}{\partial t^2} + c \frac{\partial d_i}{\partial t} \tag{3}$$

$$\varepsilon_{ij} = \frac{1}{2}(d_{i,j} + d_{j,i}) \tag{4}$$

$$\sigma_{ij} = D_{ijkl}\varepsilon_{kl} \tag{5}$$

式中，σ_{ij}为固体微元体上的应力；ε_{ij}是应变；D_{ijkl}是材料的本构关系；F_i为固体微元体所受的外力（包括水的压力、重力、离心力等）；d_i是位移；

ρ 为固体密度；c 为阻尼系数；$\rho\dfrac{\partial^2 d_i}{\partial t^2}$ 和 $c\dfrac{\partial d_i}{\partial t}$ 分别代表惯性力和阻尼力。

在流固耦合界面上，需要满足流体的动力（压力与剪切力）与固体所受外力相等，固体变形（位移）与流体边界变化相同。

2.2 耦合算法

式（1）～式（2）为流体域的控制方程，式（3）和式（5）为固体域的控制方程，理论上联立求解这两组方程，则可以得到流场及固体结构场的解。但是，由于流固耦合问题的边界比较复杂，目前只能通过数值方法进行求解（张立翔等，2005；Hubner et al.，2010）。常用的数值求解方法主要包括弱耦合和强耦合两种（Morand and Ohayon，1995；Ansys Inc.，2014）。

弱耦合方法将流场和结构场的控制方程分别在时间和空间上单独进行求解，耦合作用不同步；强耦合方法将流场和结构场的控制方程置于同一个封闭方程组系统中，同时离散，在一个时间步内同时求解（Morand and Ohayon，1995）。由于流场求解方法多以有限体积法为主，而结构场求解方法多为有限元法，二者在算法格式及计算程序上存在较大差异，因此，对于如水泵这样比较复杂的流固耦合问题，目前只能采用弱耦合方法求解。

弱耦合方法又分为单向耦合和双向耦合两种。单向耦合过程中，流体分析结果传递给结构分析，但不将结构分析结果传递给流体分析，即只考虑流场对结构场的影响。双向耦合分析过程中，既将流体分析结果传递给固体结构分析，又将固体结构分析结果传递给流体分析。在考虑振动等动力学特性时，双向耦合分析的效果要明显高于单向耦合分析。但单向耦合分析的计算效率显然远高于双向耦合分析。对于双向耦合分析，通常有顺序求解和同步求解两类。对于顺序求解，在一个时间步内，流场与结构场分别先后进行迭代求解，而同步求解要求在一个时间步内同步进行流场与结构场的迭代计算。同步求解需要更大的计算机资源，故对复杂流固耦合问题，应用不如顺序求解更普遍。

水泵在工作过程中，叶轮和泵体等结构部件的变形基本都在线弹性范围内，变形量往往只有叶轮直径的千分之一量级（Kato et al.，2005），在流固耦合分析时，不计结构变形对流体场影响所得到的结果在工程上是可以接受的，因此，大型离心泵的流固耦合目前多采用单向耦合分析模式。当然，随着计算机容量及处理速度的提高，特别是并行计算手段的普及，对离心泵进行双向耦合分析正逐渐成为发展趋势。

2.3 耦合界面数据传递

无论是单向耦合还是双向耦合，都涉及流固耦合界面的数据传递问题，而数据传递的精度和效率直接决定了流固耦合问题求解质量（杨敏等，2011）。

如果流场和结构场的网格严格一一对应，则数据传递算法相对简单。但是，大型流固耦合计算中，流固耦合界面上的网格一般不是严格对应的。针对这种网格，目前有发射型（profile preserving）和接收型（globally conservative）两大类传递方式（Ansys Inc.，2014）。在发射型传递方式中，数据接收端的所有节点映射到数据发射端的相应单元上，要传递的参数数据在发射单元的映射点完成插值后，传递给接收端。与之相反，在接收型传递方式中，首先把发射端的节点逐一映射到接收单元上，然后把要传递的参数数据按比例切分到各个节点上。使用发射型方式传递参数如压力等数据时，发射端和接收端的数据有可能不守恒；而接收型方式在局部也同样有类似不守恒的情况，但可保证在全部界面上数据的总体守恒。从物理角度出发，力等参数在耦合界面处保持守恒更有意义，但对位移保持整体守恒的意义并不大，反而局部的分布轮廓更需要精确传递。因此，一般情况下，对于力等参数传递，可以采取上述两种方式之一，而对于位移的传递，一般总是采用发射型传递方式。

为了实现水力机械流固耦合计算中流场向结构场的压力准确传递，杨敏等（2011）构造了一种类似于发射型传递方式的界面模型，由流场载荷输出、载荷转换和固体场载荷自动施加三部分组成。流场载荷输出算法通过输出控制仅输出耦合界面上的流场网格节点压力信息，这可以缩短下一步搜索时间并节省存储空间；载荷转换方法基于局部网格信息，对每个固体点考虑其相邻的流场三角形网格，采用邻近点加权平均法得到固体点的载荷，并将载荷转换的信息放在映射矩阵中；固体场载荷自动施加算法根据固体网格节点排列顺序确定压力载荷施加表面，并生成压力载荷施加的命令流文件。

3 研究对象及计算条件

南水北调中线工程惠南庄泵站采用的双吸离心泵主要参数为：额定流量

$Q_d = 10\text{m}^3/\text{s}$ ，额定扬程 $H_d = 58.2\text{m}$ ，额定转速 $n_d = 375\text{r}/\text{min}$ ，叶轮直径 $D_2 = 1750\text{mm}$ ，叶片数 $Z = 7$ ，叶片采用交错布置方式。

对该泵进行流固耦合分析所采用的流场网格模型如图 1 所示，结构场网格模型如图 2 所示。在流体场分析中，为了在计算域进口施加均匀来流条件，在计算域出口使用自由出流边界条件，将水泵进口和出口分别向前和向后进行了延伸。因几何结构较为复杂，采用适应性强的非结构化四面体单元进行网格划分，并进行局部加密处理，共包括 1486802 个网格单元。该网格是已经做了网格无关性检查后的结果（何玲艳，2011）。

图1　流场分析使用的网格模型

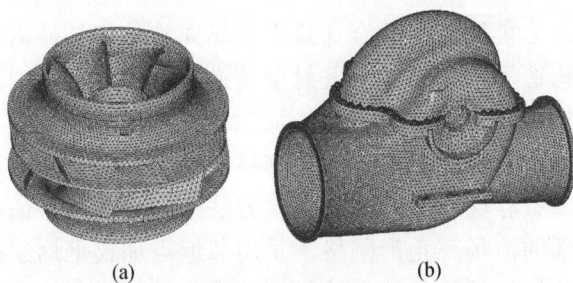

(a)　　　　　　　　　(b)

图2　结构场分析使用的网格模型

（a）叶轮；（b）泵体

流场计算所采用的湍流模型为 RNG $k\text{-}\varepsilon$ 双方程模型；在近壁区采用了壁面函数来描述边界层流动，$y+$控制在 20～300；空间域上对流项和扩散项分别采用二阶迎风格式和中心差分格式离散；时间域上采用显式时间积分方案进行时间步上的递推计算。流场非定常计算的初始条件为稳态流动（CFD）计算结果，计算时间为 15 个叶轮旋转周期。为了获得足够分辨率的流场非定常信息，时间步长设为 0.0016s，即叶轮旋转周期 1/100。

在结构场分析中，采用非结构化四面体网格对叶轮和泵体进行网格划分，并进行局部加密。其中叶轮包含 124291 个单元，泵体包含 201250 个单元。叶轮和泵体材料为铸钢，弹性模量为 2.0×10^5MPa，泊松比为 0.3，密度为 7.8×10^3kg/m^3。

结构场计算的时间步长与流场计算时相同，均为 0.0016s。结构场非定常计算的初始条件为稳态 CFD 计算结果所对应的静态结构场，非定常计算的叶轮旋转周期为 3 个，比流场计算时要短。这是由于流场从定常计算结果开始进行非定常计算，要有一定时间才能得到一个比较稳定的瞬态载荷分布结果，故所需要的计算周期要比较多。提取了流场计算所得到的比较稳定的 300 个连续时间步流固耦合界面上瞬时压力，按杨敏等（2011）给出的界面模型进行界面载荷传递。转化后的瞬时压力载荷施加到叶轮与泵体结构场，每个载荷步分两个子步施加载荷。

考虑到该泵站流量变幅大，故选择了 4 个典型流量工况进行流固耦合分析，即 $0.6Q_d$、$0.8Q_d$、$1.0Q_d$、$1.2Q_d$ 工况。

4 流固耦合分析结果

4.1 压力脉动计算结果

通过上述计算模型，得到了不同工况下水泵内部各个位置的压力瞬时分布。表 1 给出了水泵在额定转速运行时不同流量下泵内各个位置压力脉动主频及幅值。

表 1 不同工况下泵内典型部位压力脉动主频及幅值

位置	$0.6Q_d$		$0.8Q_d$		$1.0Q_d$		$1.2Q_d$	
	主频 /Hz	幅值 /kPa	主频 /Hz	幅值 /kPa	主频 /Hz	幅值 /kPa	主频 /Hz	幅值 /kPa
水泵进口	43.95	3.283	6.104	6.977	6.104	7.493	6.104	6.014
吸水室顶部	18.31	2.855	6.104	7.198	6.104	7.649	6.104	6.194
压水室顶部	43.95	3.311	6.104	6.745	6.104	7.687	6.104	6.291
隔舌头部	3.662	67.49	6.104	45.21	6.104	20.90	6.104	9.266
水泵出口	1.221	4.096	6.104	5.364	6.104	7.071	6.104	5.518

续表

位置	0.6Q_d		0.8Q_d		1.0Q_d		1.2Q_d	
	主频/Hz	幅值/kPa	主频/Hz	幅值/kPa	主频/Hz	幅值/kPa	主频/Hz	幅值/kPa
叶片工作面头部	6.104	25.87	6.104	27.26	6.104	21.59	6.104	10.59
叶片工作面尾部	6.104	65.08	6.104	54.15	6.104	35.10	12.21	10.31
叶片背面头部	12.21	22.60	6.104	21.56	6.104	12.60	6.104	11.17
叶片背面尾部	6.104	58.21	6.104	49.73	6.104	36.24	12.21	12.49

由表 1 可以看出，泵体隔舌和叶片出口处压力脉动较为剧烈，压力脉动幅值总体上随流量减小而增大。在流量大于 0.8Q_d 的工况下，各个部位压力脉动主频基本为转频及其倍频；而在流量为 0.6Q_d 的小流量工况下，压力脉动主频相对复杂一些。

4.2 额定工况下结构应力和变形

以流场计算得到的压力脉动结果为边界条件，通过流固耦合计算，得到了不同工况下水泵叶轮和泵体各个位置的应力（Von Mises 应力）、变形及振动。图 3 给出了额定流量下叶轮在一个旋转周期的 0 和 $T/2$ 时刻的应力和变形分布图。图 4 给出了泵体在一个旋转周期的 0 和 $T/2$ 时刻的应力和变形分布图。

由图 3 可以看出，叶轮的应力和变形分布呈周期性变化。不同时刻叶轮等效应力分布规律相似，最大应力出现在叶片进、出口边与前盖板相接的区域，并交替出现在各叶片上。变形最大区域均出现在前盖板外缘，最大值交替出现在两侧不同相邻叶片之间，并且变形周向分布不均匀。叶片进口边和出口边上的压力脉动较为剧烈，且呈现出明显的周期性，故导致最大应力主要出现在叶片进、出口边与前盖板相接的区域，并交替出现在各叶片上。

由图 4 可以看出，由于泵体的对称结构，在各个时刻，泵体上应力分布区别不大，最大等效应力节点位于隔舌头部，这是叶轮与隔舌的动静耦合作用所产生较大压力脉动所致。泵体变形较大的区域主要有三个：压水室第Ⅳ断面两侧（靠近吸水室隔板区域）、压水室第Ⅵ断面两侧（与吸水室共用的壁面并靠近叶轮进口部位）、泵进口底部。

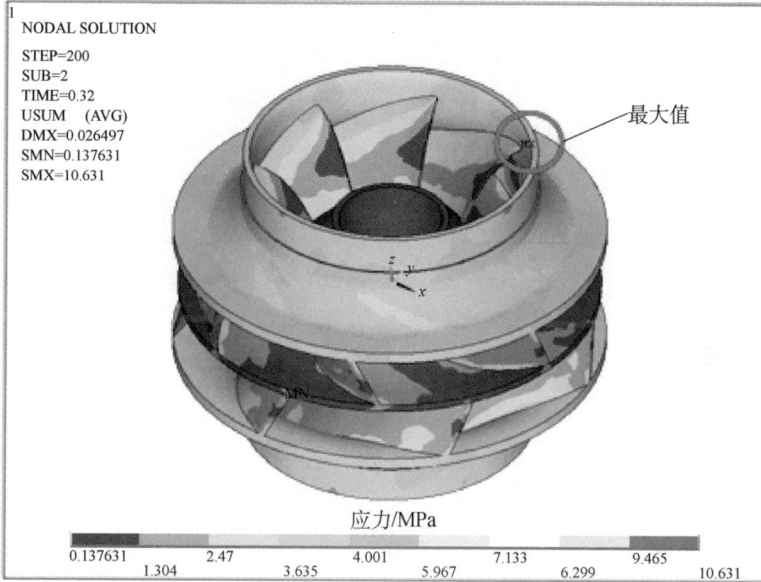

(a)

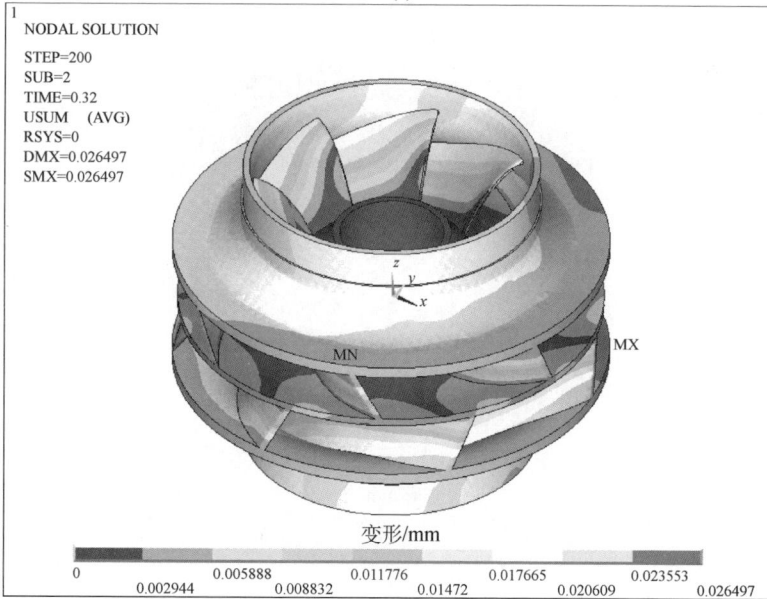

(b)

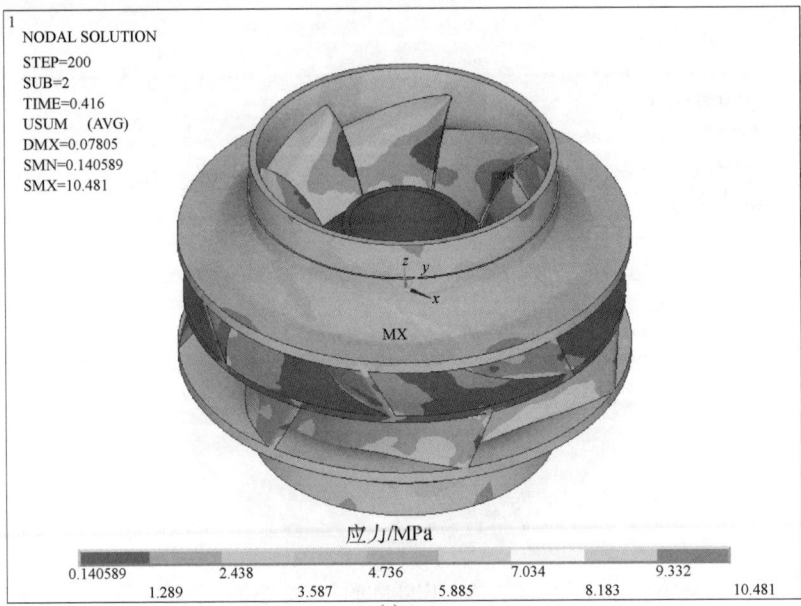

(c)

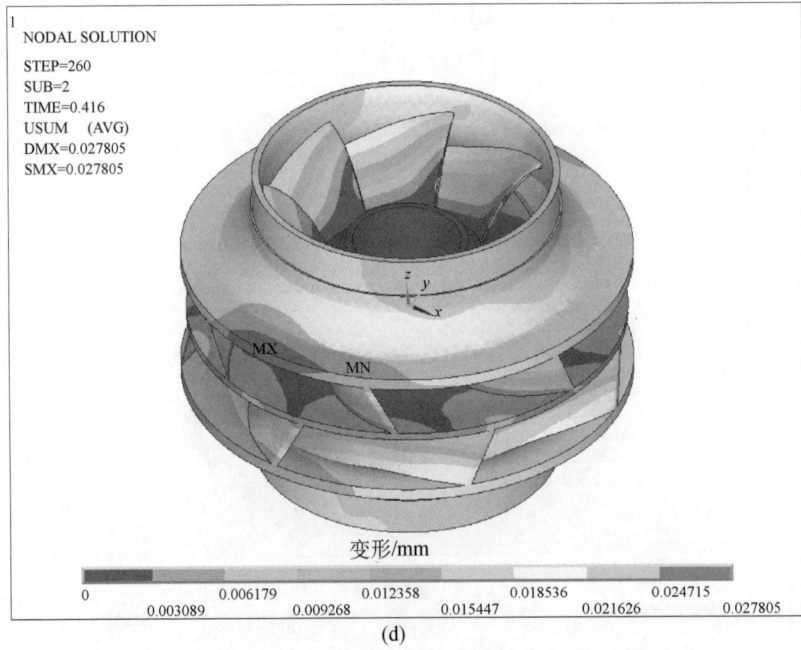

(d)

图3　额定工况下叶轮应力和变形分布

（a）t=0时刻应力；（b）t=0 时刻变形；（c）t=T/2时刻应力；（d）t=T/2时刻变形

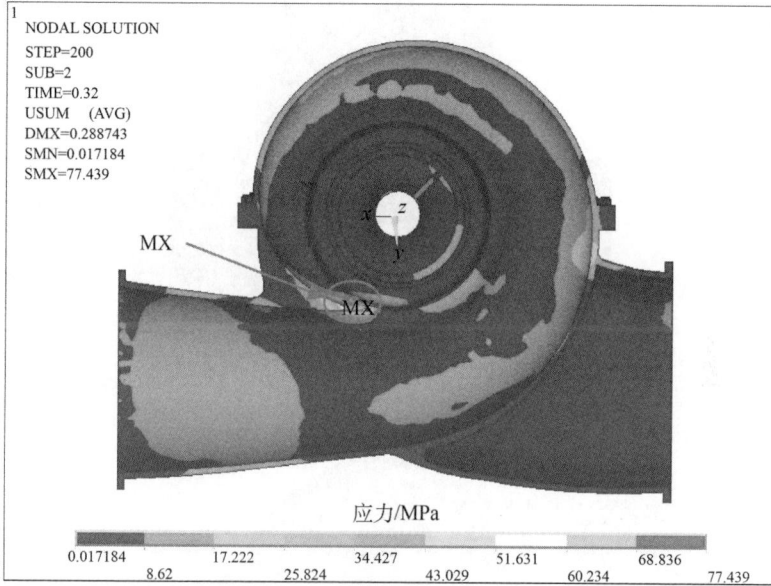

(a)

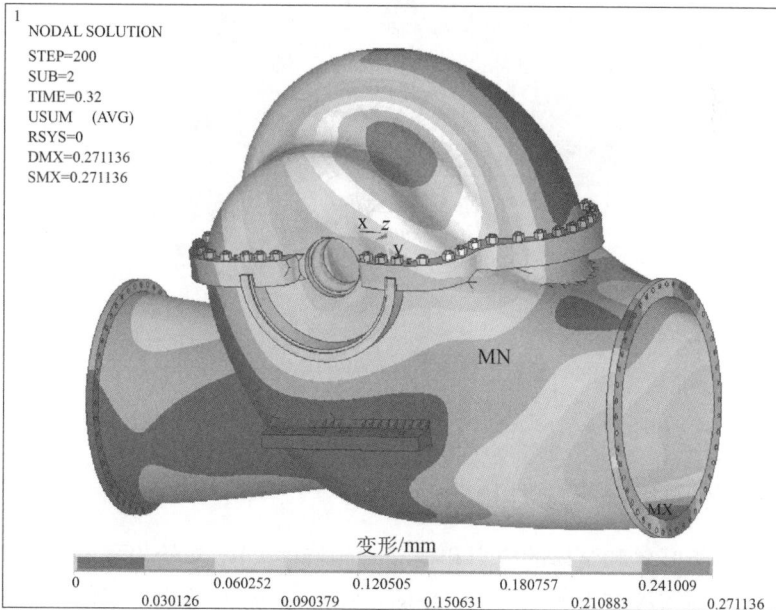

(b)

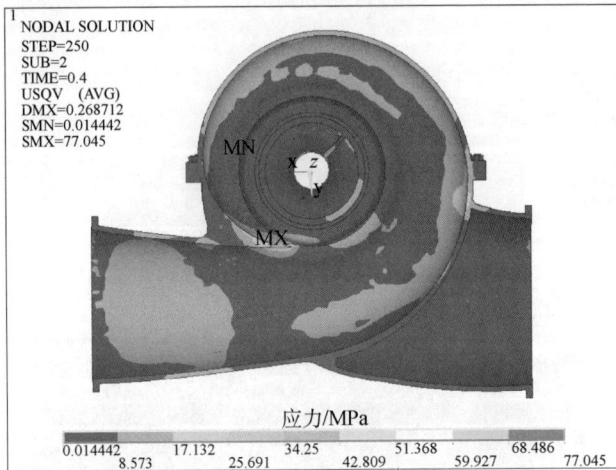

(c)

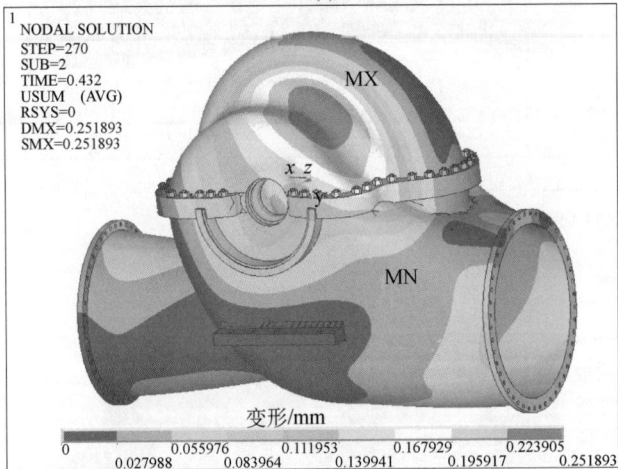

(d)

图4　额定工况下泵体的应力和变形分布图

（a）t=0时刻应力；（b）t=0时刻变形；（c）t=T/2时刻应力；（d）t=T/2时刻变形

4.3　不同工况下应力和振动

为了分析叶轮和泵体的应力和振动时频特性，图 5 给出了不同工况下叶片进口边与前盖板交点处的应力（Mises 应力），图 6 给出了不同工况下蜗壳隔舌处应力变化情况。

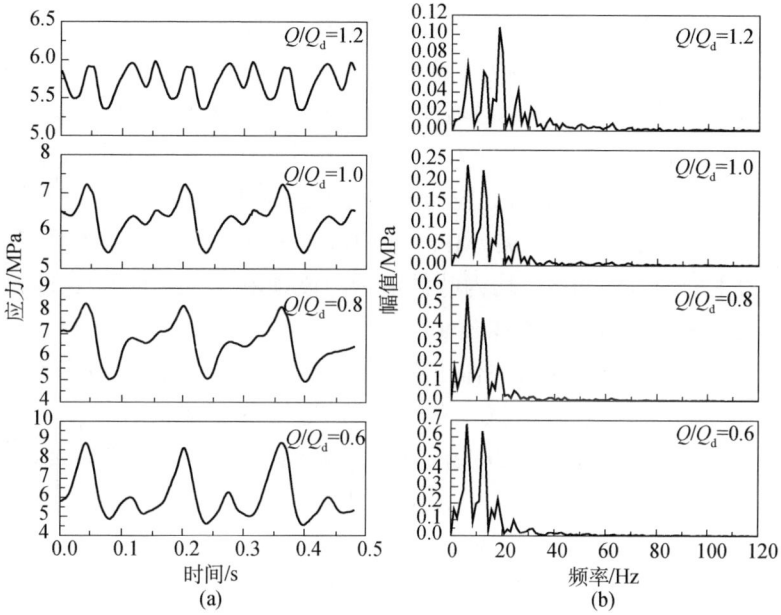

图5 不同流量工况下叶片进口边与前盖板交点的应力

（a）时域图；（b）频域图

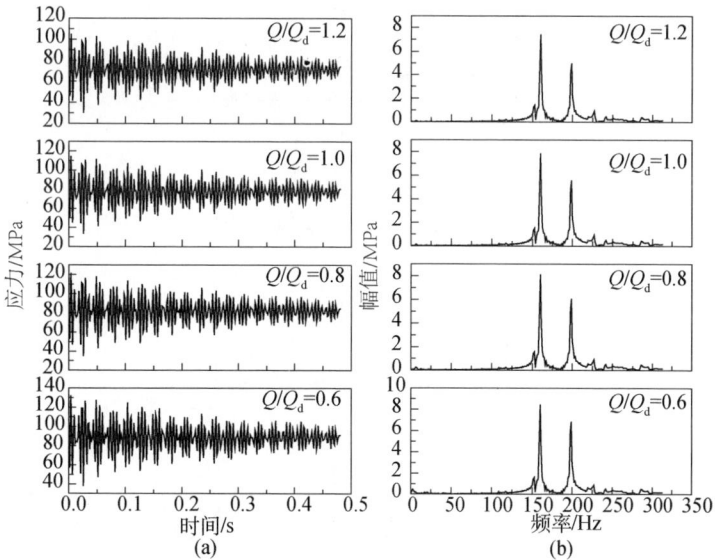

图6 不同流量工况下蜗壳隔舌处的应力

（a）时域图；（b）频域图

由图 5 可以看出，各工况下的叶片应力呈现出较明显的周期性，应力幅值随流量减小而增加，其中 $0.6Q_d$ 工况的最大应力幅值达 0.704MPa，为 $1.0Q_d$ 工况下 0.248MPa 的 2.84 倍。由频域图可知，不同工况下的应力主频均为转频及其倍频。比较发现，叶轮最大应力点的应力特性与压力脉动结果吻合较好。

由图 6 可以看出，隔舌处应力主频幅值随流量减小而增大，其中 $0.6Q_d$ 工况下的应力主频幅值达 9.927MPa，为 $1.0Q_d$ 工况的 1.08 倍。不同工况下隔舌处应力主频为 159.9Hz，均为叶频倍频，该频率与该泵的第六阶固有频率（160.29Hz）相近（Guo and Maruta，2005）。

图 7 给出了不同工况下泵体压水室顶部振动位移频域图。由图 7 可知，压水室顶部在各个工况下振动的各阶主要频率非常接近，其中主频为 152.6Hz，第二阶频率为 159.9Hz，前两阶频率比较接近，第三阶及以后各阶频率要比前两阶频率小很多。主频下的振动幅值随流量减小而增大，在 $0.6Q_d$ 工况下，主频振动幅值为 11.19μm，比 $1.0Q_d$ 工况的幅值 10.27μm 高 8.96%。这一变化量，与泵体上的应力差值相当。

表 2 给出了不同工况下水泵各典型部位的振动位移主频和幅值。

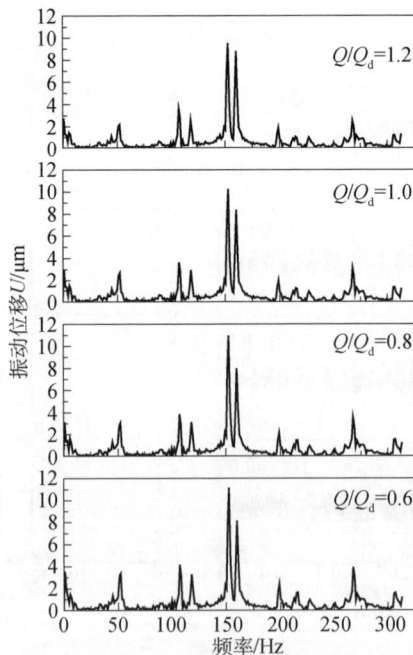

图7　不同工况下蜗壳顶部振动位移频域图

表2　不同流量工况下水泵各典型部件的振动位移情况

位置	项目	$0.6Q_d$	$0.8Q_d$	$1.0Q_d$	$1.2Q_d$
叶轮外缘	主频/Hz	6.104	6.104	6.104	6.104
	幅值/μm	2.358	1.876	1.222	0.5628
压水室顶部	主频/Hz	152.6	152.6	152.6	152.6
	幅值/μm	11.20	10.98	10.27	9.533
吸水室顶部	主频/Hz	159.9	159.9	159.9	159.9
	幅值/μm	45.02	43.33	42.02	39.92
轴封顶部	主频/Hz	159.9	159.9	159.9	159.9
	幅值/μm	84.45	81.34	78.66	74.52

由表 2 可以看出，叶轮和泵体各部位振动位移主频幅值随流量减小而增大，其中，$0.6Q_d$ 工况下叶轮外缘振动主频幅值是 $1.0Q_d$ 工况的 1.93 倍。吸水室顶部和轴封顶部振动位移较大，其中轴封顶部振动幅值最大，机组在 $0.6Q_d$ 小流量工况下运行时，轴封顶部振动幅值达 84.45μm。由表 2 还可以看到，不同工况下叶轮振动主频均为转频，而泵体各部位振动主频为叶频及其倍频。这说明水泵水力振动主要是由于叶轮与蜗壳隔舌的动静干涉作用所造成。

5　结论

本文采用单向流固耦合方法对一大型双吸离心泵的水力激振特性进行了分析，得到如下结论。

（1）叶轮最大变形区域出现在前盖板外缘，呈周向不均匀分布；最大应力点出现在叶片进、出口边和前盖板相接部位。叶轮应力和振动主频为转频及其倍频，应力和振动位移幅值随流量减小而增大，在 0.6 倍额定流量工况下的应力和振动主频幅值分别为额定工况下的 2.84 倍和 1.93 倍。

（2）泵体最大应力点出现在蜗壳隔舌部位，应力主频幅值随流量减小而增加，其中 0.6 倍额定流量工况下的应力主频幅值达 9.927MPa，为额定工况下的 1.08 倍。泵体在不同时刻最大振动位移出现在不同的区域，轴封顶部区域振动最为剧烈，最大振动位移主频幅值在 0.6 倍额定流量工况下达 84.45μm。泵体应力和振动主频均为叶频及其倍频，其中 159.9Hz 的主频成分非常显著，且与泵体第六阶固有频率比较相近。

本文研究结果对水泵优化设计和运行控制具有指导作用。

参考文献

何玲艳. 2011. 南水北调大型双吸离心泵结构动力学特性研究. 北京: 中国农业大学硕士学位论文.

王勖成. 2003. 有限单元法. 北京: 清华大学出版社.

杨敏，王福军，戚兰英. 2011. 流固耦合界面模型及其在水力机械动力学分析中的应用. 水利学报. 42(7): 819-825.

张立翔，陈香林，闫华. 2005. 混流式水轮机转轮叶片流固耦合振动特性分析. 水电能源科学. 23(2): 38-41.

Ansys Inc. 2014. System Coupling Users Guide. Canonsburg: Ansys Inc.

Benra F K，Dohmen H J. 2004. Theoretical and experimental investigation on the flow induced vibrations of a centrifugal pump//Proceedings of the 5th Biennial International Pipeline Conference. Calgary，Canada: 39-46.

Benra F K. 2006. Numerical and experimental investigation on the flow induced oscillations of a single-blade pump impeller. Journal of Fluids Engineering，128（1）: 783-793.

Gao J Y，Wang F J，Qu L X, et al. 2010. Prediction of flow-induced vibration in a large double-suction centrifugal pump impeller using FEM//Proceedings of International Conference on Pumps and Fans，Hangzhou，China.

Guo S J，Maruta Y. 2005. Experimental investigations on pressure fluctuations and vibration of the impeller in a centrifugal pump with vaned diffusers. JSME International Journal，Series B. 48(1): 136-143.

Hubner B，Seidel U，Roth S. 2010. Application of fluid-structure coupling to predict the dynamic behavior of turbine components//Proceedings of the 25th IAHR Symposium on Hydraulic Machinery and Systems. Timisoara，Romania: 1-10.

Jiang Y Y，Yoshimura S，Imai R，et al. 2007. Quantitative evaluation of flow-induced structural vibration and noise in turbomachinery by full-scale weakly coupled simulation. Journal of Fluid and Structures. 23(4): 531-544.

Kato C，Yamade Y，Wang H，et al. 2005. Prediction of the noise from a multi-stage centrifugal pump//Proceedings of the American Society of Mechanical Engineers Fluids Engineering Division Summer Conference，Houston，United States: 1273-1280.

Morand H J P，Ohayon R. 1995. Fluid-Structure Interaction. New York: John Wiley & Sons.

Wu Y L. 2013. Vibration of Hydraulic Machinery，England: Springer.

水电机组运行状态健康评估与性能退化预测

潘罗平，安学利，陆　力

（中国水利水电科学研究院，北京 100038）

摘　要： 以水电机组振动参数为例，提出了考虑有功功率和工作水头对机组振动特性影响的、基于 LS-SVM 的水电机组振动参数健康评估模型，引入劣化度 $D(t)$，用于定量评估机组运行状态。针对振动参数性能退化时间序列的非平稳性，提出了基于 LS-SVM 的水电机组振动参数性能退化趋势预测模型，采用上机架振动监测数据对所提模型进行验证。同时，还提出并验证了基于 VMD 和近似熵的水电机组振动信号去噪方法。结果表明，提出的评估和预测模型能较好地对水电机组振动参数性能退化进行评估和预测；提出的振动消噪方法有很好的去噪性能，具有很好的工程应用前景。

关键词： 水电机组；运行状态；健康评估；性能退化预测；振动消噪

Health Assessment of Operation State and Degradation Prediction of Performance for Hydropower Unit

Luoping Pan, Xueli An, Li Lu

(China Institute of Water Resources and Hydropower Research, Beijing 100038)

Abstract: Taking the vibration characteristics of hydropower units as an example, a health assessment model of vibration parameters of hydropower units is proposed based on LS-SVM (least square-support vector machine). For the model, the influence of active power and working

通信作者：潘罗平（1969—），E-mail:panlp@iwhr.com。

head on the vibration characteristics of units is considered. The degradation degree $D(t)$ is introduced to evaluate quantitatively the operation status of the unit. For the non-stationarity of the performance degradation time series of the vibration parameters, a prediction model of the degradation performance of the hydropower units is proposed based on LS-SVM. The model is validated by using the condition monitoring vibration data of upper guide bearing throw and upper bracket. At the same time, a de-noising method of hydropower unit vibration signals based on variational mode decomposition (VMD) and approximate entropy is proposed and verified. The results show that the proposed assessment and forecasting model can effectively evaluate and predict the performance degradation of the hydropower unit, the proposed vibration de-noising method has a good de-noising performance, and it has a good prospect of engineering application.

Key Words: hydropower unit; operation state; health assessment; performance degradation prediction;de-noising of signals

1 引言

水电机组运行设备随着累积运行时间的增加，会出现缓慢的性能退化，这种性能退化在初期并不影响机组运转，但是在后期却会对机组运行稳定性造成巨大影响，甚至埋下安全隐患。水电设备在运行过程中会经历由运行正常（健康）到性能退化（亚健康）直至故障失效的动态过程，如果能在设备性能退化过程中监测到其退化程度，及时预测未来的退化趋势，就能有针对性地组织生产和制定合理的维修计划，做到既能防止设备异常失效的发生，又能实现生产效率的最大化。设备性能退化评估（Pan et al.，2010；Tran et al.，2012）作为一种主动维护技术，该方法不过多的注重某一时间点的故障类别的诊断，侧重于对设备全寿命周期中性能衰退程度的度量。

目前尚无对水电机组设备性能退化评估与预测研究的相关文献，中国水利水电科学研究院已开始对其进行研究（潘罗平，2013；安学利等，2013a，2013b；2013c），该研究侧重于对设备性能退化过程的评估与预测，以改变现有计划检修的被动维修模式，实现设备预知检修的主动维护模式，可有效避免因设备失修而引起的灾难性事故，缩短设备停机维修时间，提高设备利用率具有很强研究价值和应用价值。本文充分利用机组已有海量状态监测数据资源，首先建立基于健康状态数据的水电机组振动参数性能退化模型，然后利用最小二乘支持向量机（LS-SVM）性能退化时间序列进行预测，以便及时进行异常状态预警，提高水电机组运行维护的水平，减少故障导致的停机损失。

2 运行状态健康评估模型

2.1 LS-SVM回归原理

最小二乘支持向量机（least square-support vector machine，LS-SVM）作为支持向量机的一种扩展（周滉等，2011），将二次规划问题转化为线性方程组求解，具有较快的求解速度，在回归分析、模式识别等很多领域有广泛的应用。最小二乘支持向量机的回归原理如下：

设样本集 $s=\{(x_1,y_1),(x_2,y_2),\cdots,(x_l,y_l)\}\in \boldsymbol{R}^n\times\boldsymbol{R}$，应用高维特征空间线性函数拟合样本集：

$$f(x)=\boldsymbol{w}^{\mathrm{T}}\varphi(x)+b \tag{1}$$

式中，$\varphi(x)$ 为从输入空间到高维特征空间的非线性映射；$\boldsymbol{w}$ 为权值向量；b 为偏置常数 l 为第 l 个样本；n 为向量 $\boldsymbol{x}$ 的维数。

LS-SVM 算法的回归问题是根据结构风险最小化原理，求解约束优化问题：

$$\min\left(\frac{1}{2}\boldsymbol{w}^{\mathrm{T}}\boldsymbol{w}+\frac{\gamma}{2}\sum_{i=1}^{l}e_i^2\right) \tag{2}$$

式中，γ 为正规化参数；e_i 为估计误差。

约束条件 y_i 为

$$y_i=\boldsymbol{w}^{\mathrm{T}}\phi(x_i)+b+e_i,\qquad i=1\sim l$$

引入拉格朗日函数 L，将式(2)的优化问题变换到对偶空间，则

$$L=\frac{1}{2}\boldsymbol{w}^{\mathrm{T}}\boldsymbol{w}+\frac{\gamma}{2}\sum_{i=1}^{l}e_i^2-\sum_{i=1}^{l}\alpha_i[\boldsymbol{w}^{\mathrm{T}}\phi(x_i)+b+e_i-y_i] \tag{3}$$

式中，α_i 为拉格朗日乘子；γ 为常数。

采用求解式(3)最终得到 α_i 和 b（周滉等，2011），最后得到 LS-SVM 回归函数，详细步骤见文献（周滉等，2011）。

2.2 健康评估模型

通过综合分析大量现场数据，发现有功功率和工作水头是影响水电机组运行状态的两个主要因素。建立综合考虑有功功率、工作水头等多源信息的机组健康标准三维曲面模型：

$$v=f(P,H)$$

式中，v 为机组状态参数；P 为有功功率；H 为工作水头。

所构建的基于最小二乘支持向量机的水电机组振动参数健康评估模型，

具体步骤如下。

1．机组标准健康状态的确定

深入分析水电机组不同水头、不同功率下的海量状态监测数据，确定机组的标准健康状态。

2．建立并验证机组振动参数健康模型

选取能反映机组运行状态的敏感特征参数，建立并验证健康模型 $v(t)=f[P(t), H(t)]$，获得机组振动健康模型，采用 LS-SVM 建立三维曲面模型。该建模方法能更实际地反映影响机组状态的工况因素（功率、水头等），从而有效的利用现有正常海量数据。

模型验证时分别定义模型计算值与实测值之间的绝对误差 AE、相对误差 RE 和平均相对误差 MAPE（An et al.，2011）：

$$AE(t) = c(t) - r(t) \tag{4}$$

$$RE(t) = \frac{c(t) - r(t)}{r(t)} \times 100\% \tag{5}$$

$$MAPE = \frac{1}{N} \sum_{i=1}^{N} \frac{|c(t) - r(t)|}{r(t)} \times 100\% \tag{6}$$

式中，$r(t)$ 为机组在运行时刻 t 时的实测值；$c(t)$ 为异常状态检测模型计算标准值；N 为样本点数。

3．建立机组振动参数健康评估模型

将机组状态监测中的功率、水头等实时在线数据代入机组健康模型 $v(t)=f[P(t), H(t)]$，计算当前工况下的状态参数健康标准值 $v(t)$，并和当前工况的实测值比较，获得机组当前劣化度 $D(t)$ 用于定量评估机组运行健康状态。本文定义机组劣化度 $D(t)$ 如下：

$$D(t) = \frac{r(t) - v(t)}{v(t)} \times 100\% \tag{7}$$

式中，t 为发电机组运行时刻。

3 性能退化趋势预测模型

采用 LS-SVM 建立水电机组振动参数趋势预测模型，具体步骤如下：

（1）采用 Cao 算法求取性能退化时间序列相空间重构时的嵌入维数（Cao，1997）。

选取重构相空间中的饱和嵌入维数 m 作为 LS-SVM 的输入节点数，能够避免输入节点数选取的任意性和丢失信息的问题。

（2）构建基于 LS-SVM 的预测器，对时间序列进行退化预测。

设 m 为嵌入维数，假设有时间序列 $s(t)$，$(t=1, 2, \cdots, n)$，由 t 时刻前的 m 个逼近数据预测 t 时刻的逼近值，预测模型可表示为

$$s(t) = f\left[s(t-1), s(t-2), \cdots, s(t-m)\right] \tag{8}$$

式中，f 为非线性函数。

所构造的 LS-SVM 多输入单输出结构的预测器如表 1 所示。

表 1　LS-SVM 预测器结构

样本	输入向量	输出向量
1	$s(1),\ \ s(2),\ \ \cdots,\ \ s(m)$	$s(m+1)$
2	$s(2),\ \ s(3),\ \ \cdots,\ \ s(m+1)$	$s(m+2)$
$\vdots$	$\vdots$	$\vdots$
$t-m$	$s(t-m),\ \ s(t-m+1),\ \ \cdots,\ \ s(t-1)$	$s(t)$
$\vdots$	$\vdots$	$\vdots$
$n-m$	$s(n-m),\ \ s(n-m+1),\ \ \cdots,\ \ s(n-1)$	$s(n)$

4　实例分析

以某抽水蓄能电站一台机组在 2008 年 9 月 22 日至 2011 年 12 月 13 日的实测状态监测数据为样本进行研究，验证本文提出的基于 LS-SVM 的水电机组振动参数性能退化评估与预测模型的有效性，选取该机组上机架 X 向水平振动数据作为研究对象进行分析。图 1 给出了 2009 年 1 月 17 日 18:23 至 2009 年 1 月 31 日 18:47，机组上机架 X 向水平振动峰峰值的实测数据，图 2 给出了机组在该时段的工作水头、功率、上机架 X 向水平振动峰峰值数据之间的关系。基

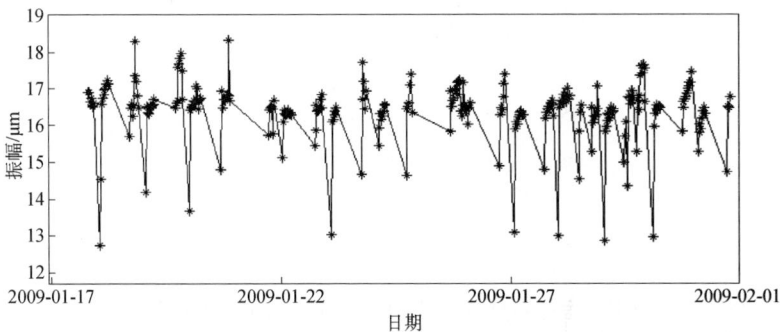

图1　上机架X向水平振动实测数据

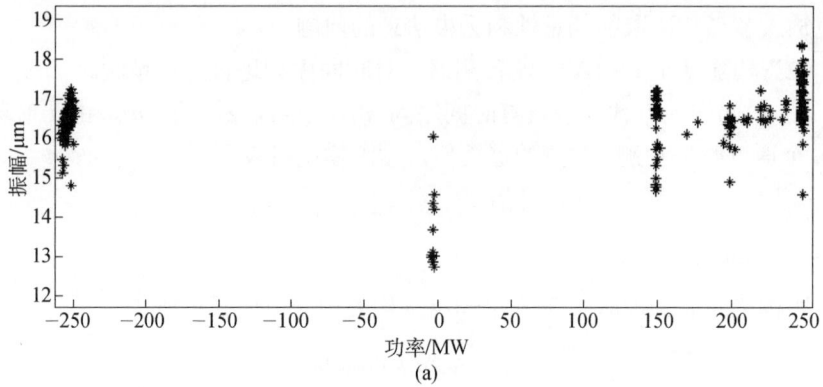

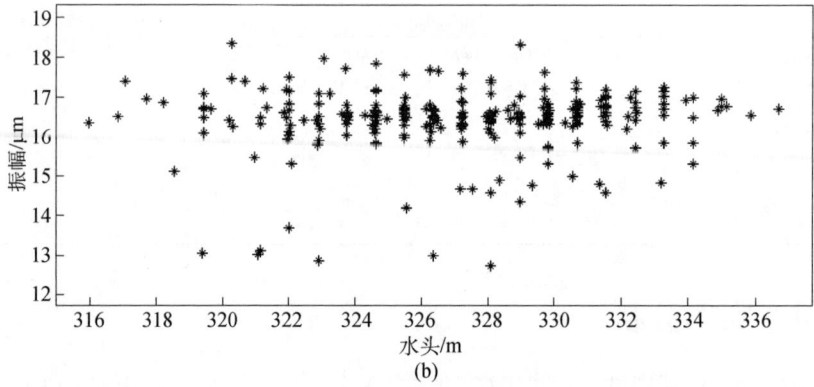

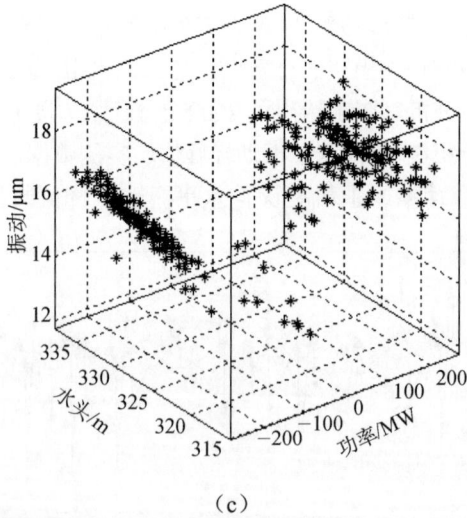

图2 上机架X向水平振动与功率、水头的关系图

(a)功率-振动关系图；(b)水头-振动关系图；(c)功率-水头-振动关系图

于 LS-SVM 建立如图 3 所示的水电机组上机架 X 向水平振动峰峰值-功率-工作水头三维曲面模型，获得机组健康状态下功率（P）、水头（H）和振动参数（v）之间的映射关系为 $v=f(P, H)$。

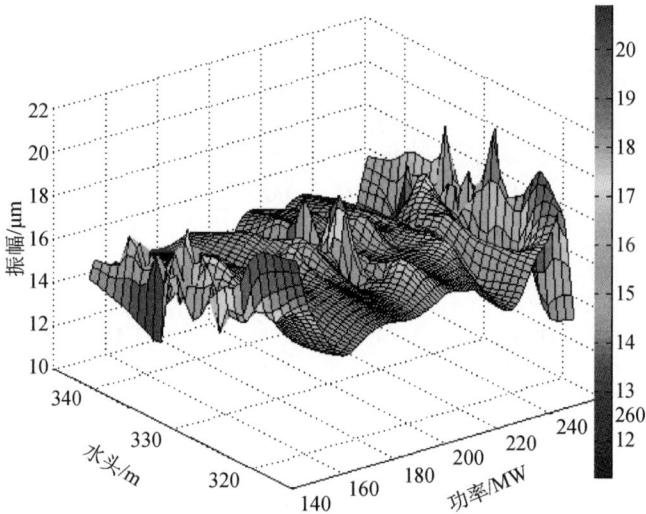

图3　水电机组振动-功率-水头三维曲面图

　　采用机组运行初期，运行状态良好无故障数据，建立机组健康状态下上机架 X 向水平振动标准模型。在 2008 年 9 月 22 日至 2009 年 10 月 22 日 1020 组数据中，抽取 840 组能覆盖机组可能的工作水头和有功功率变化区间的健康标准数据建立 LS-SVM 健康模型，将剩下的 180 组数据作为测试样本进行模型验证。经分析可以看出，基于 LS-SVM 的机组上机架 X 向水平振动健康标准模型计算值和实测值基本吻合，计算平均相对误差为 2.65%。图 4

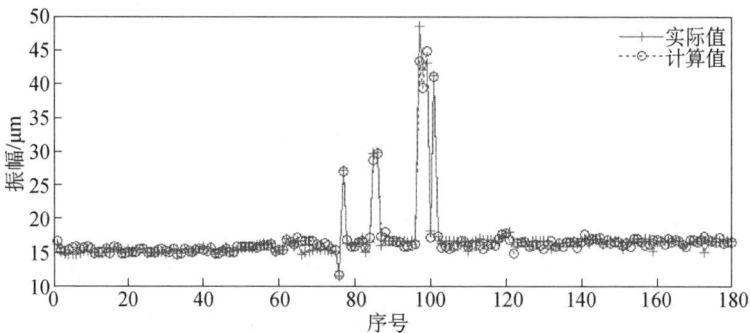

图4　水电机组上机架X向水平振动曲面模型验证结果

给出了水电机组上机架 X 向水平振动曲面模型验证结果，表 2 给出了 20 个测试样本的计算结果。

表2 上机架 X 向水平振动建模结果

序号	水头/m	功率/MW	实测值/μm	计算值/μm	绝对误差 AE/μm	相对误差 RE/%
1	338	146.30	16.16	16.62	0.46	2.85
2	337	249.14	14.92	15.19	0.27	1.81
3	337	248.94	14.73	15.11	0.38	2.58
4	336	249.16	14.63	15.27	0.64	4.37
5	336	249.07	14.60	15.62	1.02	6.99
6	337	-248.61	14.58	15.76	1.18	8.09
7	338	-248.14	14.72	15.34	0.62	4.21
8	338	-248.08	15.02	15.61	0.59	3.93
9	339	-247.52	15.06	15.68	0.62	4.12
10	339	-247.08	14.98	15.43	0.45	3.00
11	339	-247.84	14.85	14.83	-0.02	-0.13
12	340	-247.41	14.80	14.94	0.14	0.95
13	340	-247.23	14.79	14.90	0.11	0.74
14	339	148.35	15.51	15.39	-0.12	-0.77
15	338	248.98	14.91	14.69	-0.22	-1.48
16	337	248.94	15.34	15.73	0.39	2.54
17	337	148.76	15.54	15.59	0.05	0.32
18	339	-246.31	14.73	14.77	0.04	0.27
19	339	-247.16	14.97	14.78	-0.19	-1.27
20	340	-247.03	15.38	14.91	-0.47	-3.06

将 2011 年 5 月 18 日至 2011 年 12 月 13 日机组状态监测中的功率、水头等实时在线数据代入机组健康 LS-SVM 模型，获得机组当前劣化度 $D(t)$，如图 5 所示。从图中可以看出，上机架 X 向水平振动性能同样出现退化。对计算得到的上机架 X 向水平振动性能退化时间序列进行相空间重构（嵌入维数 $m=8$），构建基于 LS-SVM 的预测器对其进行预测。用前 400 个数据进行相空间重构，第 401～628 点数据进行预测，预测结果如图 6 所示。从图中可以看出，机组上机架 X 向水平振动性能退化时间序列预测值和实际值有较好的拟合，预测平均相对误差为 15.32%。表 3 给出了 25 个点的预测结果。通过研究发现，采用 LS-SVM 预测模型对机组上机架 X 向水平振动性能退化时间序列进行预测，能取得较为满意的效果。

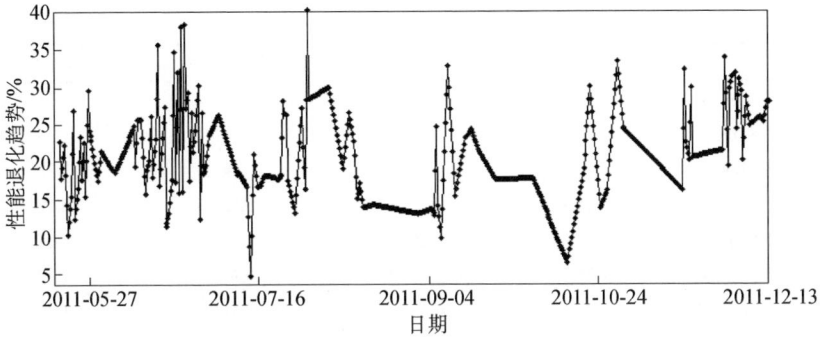

图5 水电机组上机架振动性能退化趋势图

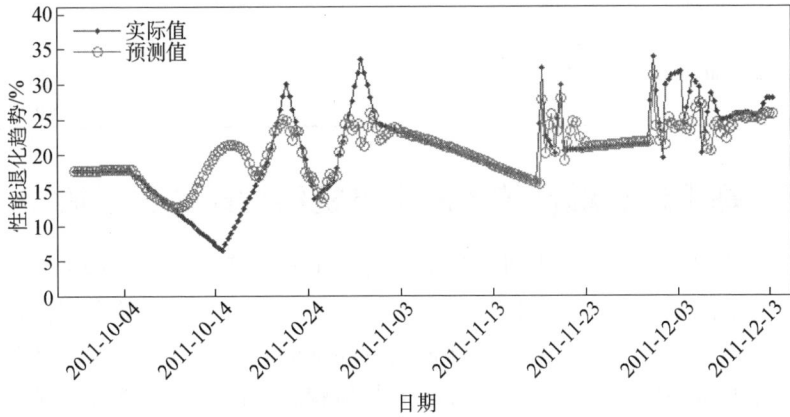

图6 上机架振动性能退化趋势预测结果

表3 上机架振动性能退化趋势预测结果

时间	实际值	预测值	绝对误差 AE	相对误差 RE/%
2011-12-5 08:00	29.54	27.44	−2.10	−7.09
2011-12-5 16:00	20.24	27.16	6.92	34.21
2011-12-6 00:00	23.07	22.44	−0.62	−2.70
2011-12-6 08:00	25.90	20.71	−5.18	−20.01
2011-12-6 16:00	28.72	20.59	−8.13	−28.31
2011-12-7 00:00	27.42	24.03	−3.39	−12.36
2011-12-7 08:00	26.11	24.47	−1.64	−6.28
2011-12-7 16:00	24.80	22.98	−1.82	−7.34
2011-12-8 00:00	24.95	24.56	−0.39	−1.55
2011-12-8 08:00	25.09	22.37	−2.72	−10.86
2011-12-8 16:00	25.23	23.63	−1.60	−6.34
2011-12-9 00:00	25.39	24.00	−1.39	−5.49

时间	实际值	预测值	绝对误差 AE	相对误差 RE/%
2011-12-9 08:00	25.55	25.32	-0.23	-0.91
2011-12-9 16:00	25.71	25.37	-0.34	-1.33
2011-12-10 00:00	25.79	25.45	-0.34	-1.32
2011-12-10 08:00	25.87	25.05	-0.82	-3.17
2011-12-10 16:00	25.94	25.16	-0.79	-3.04
2011-12-11 00:00	25.72	25.26	-0.46	-1.79
2011-12-11 08:00	25.50	25.19	-0.31	-1.21
2011-12-11 16:00	25.28	25.15	-0.13	-0.53
2011-12-12 00:00	26.18	24.96	-1.22	-4.67
2011-12-12 08:00	27.08	25.62	-1.46	-5.40
2011-12-12 16:00	27.98	25.90	-2.08	-7.44
2011-12-13 00:00	27.98	25.79	-2.18	-7.81
2011-12-13 08:00	27.97	25.72	-2.25	-8.05

5 基于信息融合技术的水电机组性能退化评估

对设备的运行性能状态进行评估和对单个部件评估不同，单个部件的正常运行并不能说明整个设备的性能良好。因此，需要对设备的多个部件进行传感器布设和信号采集，并分别评估设备局部的状态，然后全面综合分析来自各局部的状态信息，最终获得设备的整体状态。即设备性能评估是一个从局部到整体过程。同时，由于设备性能的变化具有不同的征兆，所以对设备性能的评估需要综合考虑振动、温度等的变化，并对其进行有效的信息融合。

大型设备的性能状态评估需要全面评估设备的运行性能，基于多源信息融合的水电机组设备性能评估流程如图 7 所示。设备性能退化评估主要由以下 6 个部分组成：被评估对象、数据采集单元、特征提取单元、参数评估单元、参数融合评估和测点融合评估单元。其中，数据采集单元中的 n 个传感器完成被评估对象的数据采集；特征提取单元对传感器采集的数据进行预处理和特征提取，为局部状态评估提供参考依据；参数评估单元的作用是对单参数性能进行分析，依据预先建立的参数评估函数进行单参数性能评估；参数融合评估单元运用信息融合理论，对来自局部的各个参数劣化度进行融合，确定单个测点性能状态；测点融合评估单元同样运用信息融合理论，对来自各个测点的劣化度进行融合，得到机组设备性能的综合数值描述。

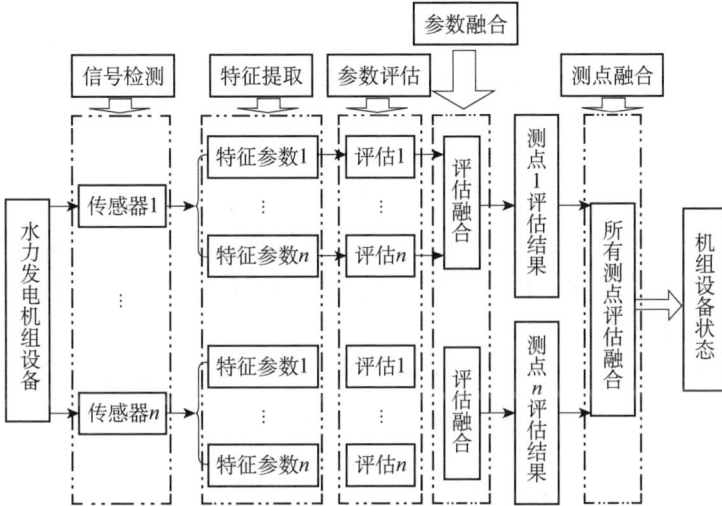

图7 基于多源信息融合的机组设备评估流程图

6 水电机组振动信号去噪方法

在水电机组振动故障诊断技术中，信号处理是故障诊断成功与否的关键。在进行信号采集时，会受到机组运行中的各种噪声的干扰，使获得的信号不能真实反映水电机组运行状态。因此，准确快速地从噪声中提取出真实信号，对于及时发现机组设备故障具有重要的意义。

小波变换是一种常用的信号分析技术。该方法能分析信号的时频特性，且具有可变的分辨率。小波变换可将信号分解为不同频段（尺度）的若干个信号分量，利用这一特性，可对信号进行滤波。这是利用小波变换进行信号提取和重构的基本前提。但由于小波的窗宽只是个均方等价的概念，因此，不同频段之间必然产生混淆，即能量并不完全集中于该频段中，而是泄漏到邻近频段中。如果不同频率的信号能量相近，那么利用一些频段信号置零的方法进行滤波时可以忽略能量泄漏。但如果不同频率信号的能量相差很大，那么大能量信号的泄漏就足以淹没邻近频段小能量信号。经验模式分解（EMD）具有高时频分辨率和自适应分解特性，但存在模态混叠、端点效应等问题。针对 EMD 的模态混叠问题，Dragomiretskiy 和 Zosso（2014）提出了一种新的 VMD 方法，实现非线性、非平稳信号处理，解决经验模式分解（EMD）缺陷。

Pincus（1991）提出的近似熵（approximate entropy）是用一个非负数来表

示一个时间序列的复杂性，越复杂的时间序列对应的近似熵越大，越规则的时间序列对应的近似熵越小。该理论已成功应用于复杂信号的非线性分析中。

提出了基于 VMD 和近似熵的水电机组振动信号去噪方法。首先 VMD 将含噪声振动信号分解成若干个分量，然后求各分量的近似熵，根据预设的近似熵阈值重构分量，从而实现水电机组振动信号的去噪。

选取某巨型电站大型水电机组轴在上导轴承处振动信号现场试验数据对所提方法进行消噪性能检验。该机组转速为 75r/min，试验的采样频率为 1000Hz，采样点数为 6000 个。

水电机组轴在上导轴承处振动信号实测波形如图 8 所示，从图中可以看出，振动波形中包含了大量的背景噪声和周期性尖峰（周期为转频，经分析确认大轴不光滑导致）。对该信号进行 VMD 分解，得到 10 个分量。计算每个分量的近似熵，计算结果如表 4 所示。从表中可以看出，分量 u_1 的近似熵明显小于其余分量，根据近似熵阈值小于 0.4 的原则，分量 u_1 就是消噪后的波形，从而完成了水电机组轴在上导轴承处振动信号的去噪。基于 VMD 方法的去噪结果如图 9(a)所示。从图中可以看出，基于 VMD 的消噪方法能很好地去除水电机组轴在上导轴承处振动信号中含有的大量背景噪声和周期性尖峰。

图 9(b)给出了采用信号去噪常用的 db4 小波处理含噪信号图 8，为便于比较，其分解层数为 10 层，处理时的阈值采用较常用的 sqtwolog 方式。Sqtwolog 阀值采用的是一种固定的阀值形式，它所产生的阀值为 sqrt{2lg[length(x)]}，x 位振动信号，从图中可以看出，基于 db4 小波的消噪方法不能很好地去除轴在上导轴承处振动信号波形中的周期冲击噪声和背景噪声。

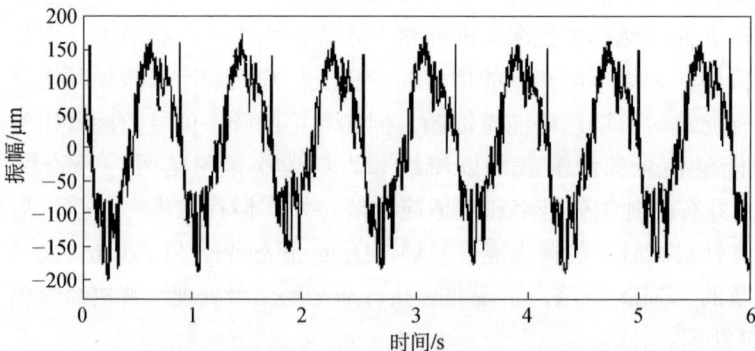

图8　水电机组轴在上导轴承处振动实测信号

表4　上导摆度各分量的近似熵

u_1	u_2	u_3	u_4	u_5	u_6	u_7	u_8	u_9	u_{10}
0.042	0.454	0.584	0.606	0.521	0.619	0.604	0.598	0.578	0.608

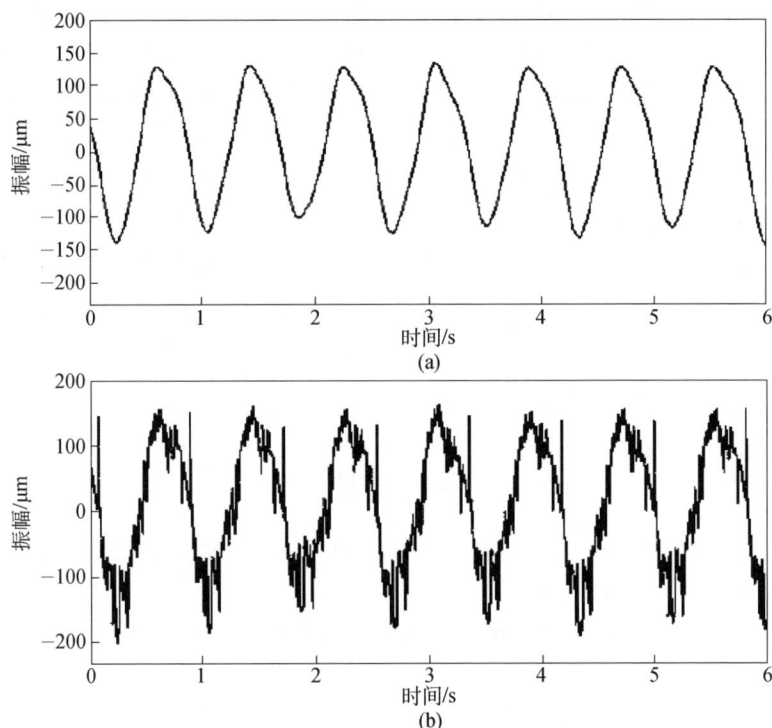

图9　去噪后的轴在上导轴承处振动信号

(a)VMD去噪结果；(b) db4小波去噪结果

7　结论

以水电机组振动特性为例，提出了考虑有功功率和工作水头对机组振动特性的影响，基于 LS-SVM 的水电机组振动参数健康评估模型。采用机组在线监测数据对功率-水头-振动三维标准模型进行验证，结果表明该模型具有很好的精度和实用性。将水电机组实时运行的有功功率和工作水头代入训练好的模型，得到当前工况下的状态参数健康标准值 $v(t)$，并和当前工况的实测值比较，获得机组当前劣化度 $D(t)$，用于定量评估机组运行健康状态。

　　基于振动参数性能退化时间序列，提出了基于 LS-SVM 的水电机组振动参数性能退化趋势预测模型，采用上机架振动参数现场状态监测数据对所提模型进行验证。结果表明，该模型能较好地对水电机组振动参数性能退化进行评估和预测，具有很好的应用前景。

　　同时给出了基于多源信息融合的水电机组设备性能退化评估流程，主要包括通过对单个测点的各个参数的劣化度进行融合，确定单个测点性能状态。然后，对设备局部各个测点的劣化度进行融合，获得机组设备总体的性能退化数值描述。

　　还给出了一种基于 VMD 和近似熵的水电机组振动信号去噪方法。该方法应用 VMD 方法将含有噪声的复杂振动信号分解成若干个相对平稳的分量；采用近似熵阈值准则确定重构分量的个数，从而实现水电机组振动信号的去噪。分析结果表明，基于 VMD 的方法具有很好的去噪效果，在去噪性能上优于常用的小波方法，该方法非常适合水电机组振动信号在线监测的实时消噪，以便及时准确地获得机组的真实状态。

参考文献

安学利，潘罗平，桂中华，等. 2013a. 抽水蓄能电站机组异常状态检测模型研究. 水电能源科学，31(1)：157-160.

安学利，潘罗平，张飞，等. 2013b. 水电机组状态退化评估与非线性预测. 电网技术，37（5）：1378-1383.

安学利，潘罗平，张飞. 2013c. 基于三维曲面的抽水蓄能电站机组故障预警模型. 水力发电，39（1）：71-74.

潘罗平. 2013. 基于健康评估和劣化趋势预测的水电机组故障诊断系统研究. 北京：中国水利水电科学研究院.

周湶，孙威，任海军，等. 2011. 基于最小二乘支持向量机和负荷密度指标法的配电网空间负荷预测. 电网技术，35(1)：66-71.

An X L，Jiang D X，Liu C. 2011. Wind farm power prediction based on wavelet decomposition and chaotic time series. Expert Systems with Applications，38(9): 11280-11285.

Cao L. 1997. Practical method for determining the minimum embedding dimension of a scalar time series. Physica D，110（1）: 43-50.

Dragomiretskiy K，Zosso D. 2014. Variational mode decomposition. IEEE Transactions on Signal Processing，62(3): 531-544.

Pan Y，Chen J，Li X. 2010. Bearing performance degradation assessment based on lifting wavelet packet decomposition and fuzzy c-means. Mechanical Systems and Signal Processing，24（2）: 559-566.

Pincus S M．1991. Approximate entropy as a measure of system complexity．Proceeding of the National Academy Sciences USA，88(6)：2297-2301.

Tran V，Pham H，Yang B，et al. 2012. Machine performance degradation assessment and remaining useful life prediction using proportional hazard model and support vector machine. Mechanical Systems and Signal Processing，32: 320-330.

离心泵非设计工况的前置导叶预旋调节

曹树良，谭 磊

(清华大学水沙科学与水利水电工程国家重点实验室，北京 100084)

摘 要：针对离心泵多工况运行调节的问题，提出并发展了一种新型离心泵非设计工况运行调节的方式——前置导叶预旋调节。基于叶轮进口无冲击和前置导叶出口等环量条件，提出了一种全新的适用于离心泵预旋调节的三维空间前置导叶的水力设计方法。试验结果表明，三维前置导叶能够有效地提高离心泵的最优效率并拓宽其高效区的范围，改善离心泵在非设计工况的水力性能，与无导叶最优工况相比，最高效率提高 2.13%。通过理论分析和数值模拟，给出了离心泵内部三维流线分布，详细分析了离心泵前置导叶预旋调节的内部机理。离心泵空化性能试验和数值模拟结果表明，离心泵安装前置导叶后，临界空化余量和叶轮内部压力分布变化不大，前置导叶对离心泵空化性能影响较小。离心泵非定常流动数值模拟结果表明，离心泵安装前置导叶后，在适当的预旋角度内其压力脉动幅值变化不大，前置导叶对离心泵运行稳定性影响很小。

关键词：离心泵；非设计工况；前置导叶；预旋调节

Operation Regulation of Centrifugal Pump under off De-sign Conditions——Prewhirl Regulation of Inlet Guide Vanes

Shuliang Cao , Lei Tan

(State Key Laboratory of Hydroscience and Engineering , Tsinghua University , Beijing 100084)

Abstract: A new method of inlet guide vane regulation for the centrifugal pump under off-

通信作者：曹树良（1955—），E-mail:caoshl@mail.tsinghua.edu.cn。

design condition is proposed and developed to solve the problem of multiple operation regulations. The hydraulic design method for three-dimensional vane for pre-whirl regulation of centrifugal pump is proposed on basis of no impact at impeller inlet and constant circulation at vane out. The experimental results show that the three-dimensional inlet guide vane can efficiently improve the highest efficiency and high operation region of centrifugal pump. In comparison of no guide vane, the highest efficiency of centrifugal pump with inlet guide vane is increased by 2.13%. On basis of theoretical analysis and numerical simulation, the three-dimensional streamline and mechanism of pre-whirl regulation are revealed. Experiment and simulation on cavitation performance of centrifugal pump show that when the pump equips inlet guide vane, the critical value of net positive head and pressure distribution varies tiny, which demonstrates that the inlet guide vane has little influence on pump cavitation performance. Unsteady calculations show that the pressure fluctuations in pump vary tiny when the pump equips inlet guide vane. The inlet guide vane has little influence on pump stable operation performance.

Key Words: centrifugal pump; off-design point; inlet guide vanes; pre-whirl regulation

1 引言

能源是当今世界普遍重视的问题，随着国民经济的发展，节能问题越来越受到重视。泵作为一种通用机械，被广泛应用于工农业生产和日常生活等方面。据统计，泵的耗能约占总能耗的 20%，是耗能大户。泵的节能应从两方面着手：一是泵本身性能的提高和改善，二是泵系统调节方式及节能的研究。

实际工程中，由于系统设计或泵的选型不当，导致大量离心泵在远离最优工况区运行，使泵系统的实际运行效率低，能量浪费巨大。泵实际运行的工况点是由泵特性和管网特性共同决定的，泵特性和管网特性是否匹配是泵系统能否高效节能运行的关键。当两者不匹配时，可以通过工况调节的方式改变管网特性或泵本身的特性使其匹配。

离心泵运行工况的调节方式主要有三种：节流调节、变速调节和其他调节方式。节流调节是通过开关管网阀门调节水泵出水管路流量，从而改变管网系统的管路特性来调节运行工况点。该方法调节方式虽然简单，但导致较大的能量损失。变速调节是通过调节泵叶轮的转速，改变泵本身的特性来调节运行工况点。在一定流量和扬程范围内，该调节方法对泵的效率影响不大，但变速调节的变速设备复杂，运行成本高，通常只适用于大型泵系统。其他调节方式主要包括离心泵的串并联调节和叶轮外径切割调节。离心泵的串并联调节是指通过机组的并联增大流量或通过串联增大扬程的运行调节方式，是一种经济有效地的调节方式，但无法实现流量或扬程的连续调节。叶轮外径切割调节是指对已安装的离心泵叶轮进行再切割以改变离心泵本身特性进行调节的方法，该方法操作成本较大，并且叶轮经切割后不一定与原来的过流部件相匹配，可能影响泵的运行效率，同时是不可逆调节。

离心式叶轮机械的基本能量方程表明，叶轮进口环量与其性能直接相关，在叶轮进口前安装前置导叶可以改变叶轮进口环量大小，从而调节机组本身的特性，如图1所示。

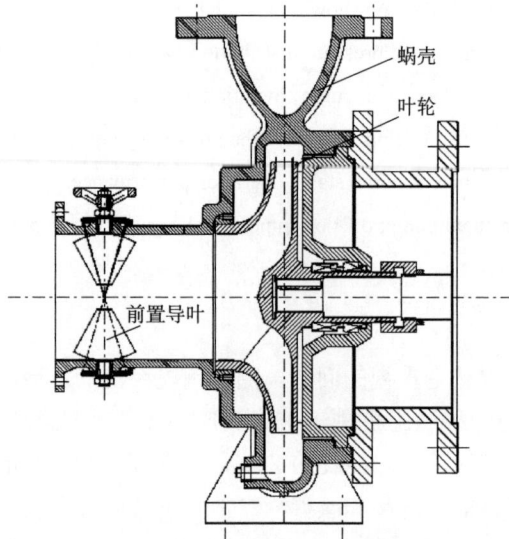

图1 离心泵前置导叶预旋调节示意图

20世纪50年代初，前置导叶预旋调节就开始应用于离心式风机运行性能的调节。目前，离心式风机前置导叶预旋调节的研究主要集中在四个方面（Coppinger and Swain，2000；Johnston and Fleeter，2001；Liou et al.，2001；McAlpin et al.，2003；Fukutomi and Nakamura，2005；Cui，2006；Soranna et al.，2006；Oro et al.，2007，2008；Ferro et al.，2010；Tan et al.，2011；Zhou et al.，2011；Mohseni et al.，2012）：①前置导叶的调节性能和效果；②前置导叶的设计方法及结构参数对调节效果的影响；③前置导叶与叶轮之间的非定常作用；④前置导叶的常见故障及处理。

前置导叶预旋调节在离心泵工况调节中的应用研究起步较晚，主要原因是离心泵存在空化问题，安装前置导叶后可能降低离心泵的空化性能。20世纪 90 年代，陈应华（1993）试验研究了扇形前置导叶调节离心泵能量性能的效果，结果表明，相对节流调节，前置导叶预旋调节的节能效果明显，尤其适合于流量变化大而扬程变化小的情况。但由于没有涉及泵的空化性能，未得到足够重视。近年来，多位学者（桂绍波等，2009；曹树良等，2010；Tan et al.，2010，2012）提出了一种离心泵三维前置导叶水力设计的新方法，并全面开展了前置导叶预旋调节在离心泵工况调节中的理论分析、数值模拟和试验研究。已有试验研究结果表明，三维前置导叶能够有效拓宽离心泵的高效运行范围，改善其在非设计工况下的水力性能，且与无前置导叶工况相比，离心泵最高效率可提高 2.13%，从而达到增效节能的目的。王海民等（2012a，2012b）分别采用等厚直叶片和 Gottingen 弯叶片对离心泵进口进行预旋调节，与无导叶工况相比，等厚直叶片可使离心泵效率提高 2.05%，而 Gottingen 弯叶片可使离心泵效率提高 2.34%。

目前，已有的关于离心泵前置导叶预旋调节的研究工作，基本都侧重于工况调节的具体效果，如扬程和效率等外特性，关于前置导叶预旋调节内部机理及对叶轮内流场影响的研究还不够深入。本文着重讨论以下四方面内容：①离心泵三维前置导叶水力设计方法；②前置导叶预旋调节机理；③前置导叶对离心泵空化性能的影响；④前置导叶对离心泵运行稳定性能的影响。

2 三维前置导叶水力设计方法

在无限叶片数的假定下，泵的理论扬程 $H_{th\infty}$ 可表示为

$$H_{th\infty} = \frac{\omega}{g}(r_2 c_{u2\infty} - r_1 c_{u1\infty}) \tag{1}$$

式中，ω 为叶轮的旋转角速度；g 为重力加速度；r 为叶轮半径；c_u 为绝对速度在圆周方向的分量；变量中的下标 1 和 2 分别表示叶轮进口和出口。

离心泵的水力设计中，因叶轮前来流的 $c_{u1\infty}$ 接近于 0 或很小，通常取 $c_{u1\infty}=0$，即采用法向进口假定。由式（1）可知，此时泵的理论扬程 $H_{th\infty}$ 完全取决于叶轮出口流动条件。同时，如果在出口条件不变的情况下，通过改变叶轮进口速度矩 $r_1 c_{u1\infty}$ 也可改变泵的理论扬程，实现泵特性的调节。基于这种思想，在离心泵叶轮进口前的吸水管道中，沿管壁周向布置导叶，如图 1 所示，通过转动调节装置改变前置导叶的预旋角度，就可以使流体在前置导叶出口获得一定的预旋速度，从而达到改变泵的水力性能的目的。定义当预旋方向与叶轮旋转方向相同时，称为正预旋，此时导叶预旋角 $\gamma>0$；反之称

为负预旋，此时导叶预旋角 $\gamma < 0$。

基于离心泵叶轮进口流态的分析考虑，前置导叶的设计采用了两条基本假定：①离心泵在设计流量运行时，经过前置导叶预旋作用后在叶轮进口满足无冲击进口条件；②前置导叶出口的流体运动满足等环量条件。

前置导叶设计中，为减少导叶进口冲击损失，取导叶进口安放角 $\beta_3 = 90°$。前置导叶出口安放角 β_4 的确定非常重要。传统风机中，前置导叶预旋调节的叶片截面形状均为二维平面叶栅，通常直接取 β_4 为 90°。但此类导叶主要有三个缺点：①由于结构上的限制使其在轮毂处的翼型弦长较短，因而控制水流方向能力较差；②在离心泵叶轮叶片的水力设计时，为改善其在大流量工况下的水力性能，通常在叶轮叶片进口安放角的设计计算值上加 3°～5° 的冲角给予修正，配置二维前置导叶后，离心泵在设计流量下运行时，在叶轮进口必然产生较大的冲击损失；③当离心泵在小流量工况运行时，叶轮进口处的流体质点由于受到回流的影响，在叶片进口附近具有一定的圆周速度分量，且该速度沿轴向和径向分布不均，同时离心泵叶轮外径和叶片出口安放角沿叶高方向一般是相等的，因此各条轴面流线上的流体质点在叶片区所获得的能量是不等的，从而导致在叶轮出口位置出现回流现象。

针对以上问题，β_4 的确定需分析叶轮进口速度分布如图 2 所示，ΔABC 表示无前置导叶时离心泵在设计流量下叶轮进口的速度三角形，ΔDBC 表示安装前置导叶后在设计流量下叶轮进口满足无冲击进口时的速度三角形。

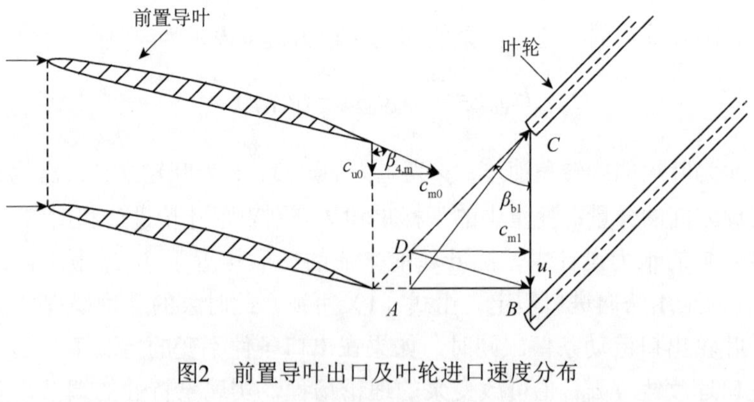

图2 前置导叶出口及叶轮进口速度分布

假定位于平均轴面流线上的流体质点经三维前置导叶预旋后，在设计流量下离心泵叶轮进口满足无冲击条件，如 ΔDBC 所示，则：

$$c_{u1} = u_1 - c_{m1} \cdot \cot\beta_{b1} \tag{2}$$

式中，β_{b1} 为叶轮叶片进口安放角；c_{m1} 为设计流量下叶轮进口轴面速度；u_1

为叶轮进口处圆周速度。

且前置导叶出口至叶轮进口无外力矩作用，因此：

$$c_{u0}r_0 = c_{u1}r_1 \tag{3}$$

式中，c_{u0} 为前置导叶出口对应的绝对速度圆周分量；r_0 为前置导叶出口对应的半径。

在前置导叶出口，由导叶出口速度三角形可得

$$c_{u0} = c_{m0} \cdot \cot\beta_{4,m} \tag{4}$$

式中，$\beta_{4,m}$ 为平均轴面流线上导叶出口的安放角；c_{m0} 为设计流量下前置导叶出口轴面速度。

据此，可以确定 $\beta_{4,m}$，其他轴面流线上的导叶叶片出口安放角可通过假定液流在导叶出口满足等环量条件来计算：

$$r \cdot \cot\beta_4 = \text{const} \tag{5}$$

式中，r 为其他轴面流线对应的半径；const 为常量。

综合上述条件，前置导叶叶片安放角的分布规律可以完全确定。

三维前置导叶设计中，采用流线曲率法求解轴面流动和逐点积分法完成叶片绘型，并通过四次分布函数给定叶片安放角沿轴面流线的分布规律来控制叶片的空间形状，然后在圆柱展开面上对叶片进行加厚和头部尾部修圆处理（曹树良等，2005；谭磊等，2010）。

离心泵基本参数为：流量 Q_d=340m³/h，扬程 H=30m，转速 n=1450r/min，叶轮叶片数 Z_i=6。叶片进出口直径分别为 140mm 和 329mm，吸水室直径 200mm。根据以上参数，确定前置导叶的轮毂和轮缘直径分别为 40mm 和 200mm，叶片数为 6，并沿周向均匀布置于离心泵吸水管中，通过控制机构改变前置导叶的预旋角度来实现预旋调节。图 3 为设计得到的三维前置导叶头部、尾部。

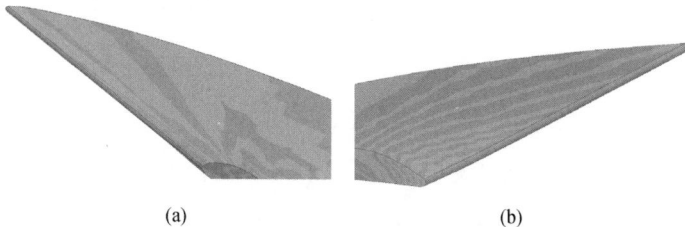

(a)   (b)

图3 三维前置导叶头部和尾部

(a) 导叶头部 ；(b) 导叶尾部

3 前置导叶预旋调节机理

图 4 给出了试验离心泵在不同的前置导叶预旋角下的综合特性曲线。由图可知，对于扬程特性曲线而言，在正预旋工况，当前置导叶预旋角从 0°变化至 60°扬程曲线逐渐向左下方偏移；而负预旋工况时，当前置导叶预旋角从 0°变化至-48°时，扬程曲线则向右上方偏移，但移动的趋势与正预旋相比则相对较小；继续加大负预旋角至-60°时，扬程曲线则急剧下降。由此可见，适当的负预旋可以提高离心泵的扬程，但负预旋角度过大时，离心泵的扬程反而降低。

同时，安装三维空间前置导叶后，XA150/32 型离心泵高效区范围拓宽为：扬程 28～31.2m，流量 310～378m³/h，且在此范围内该泵实际运行效率 $\eta \geqslant$ 78%，均高于无前置导叶调节时离心泵的最高效率值。当前置导叶预旋角为 0°时，此时测得试验离心泵的效率最高，其值为 78.76%，比未安装前置导叶离心泵的效率值高出 2.13%。由此可知，本文设计的离心泵三维前置导叶能够在较大范围内调节离心泵运行工况点，且能够有效拓宽离心泵高效运行范围。

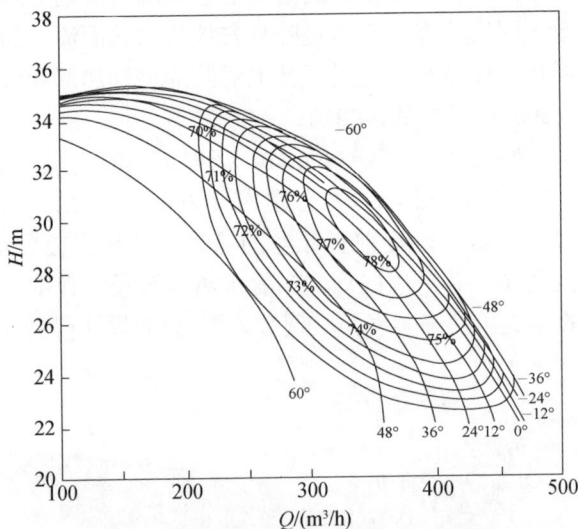

图4　前置导叶预旋调节离心泵综合特性曲线

一定预旋角下，前置导叶能够提高离心泵自身的效率，其预旋调节的原理可以用离心泵叶轮进口速度三角形进行分析，如图 5 所示。图 5 中 a、b、c 三个工况分别表示设计工况、小流量工况和大流量工况。若无前置导叶，离心泵在偏离工况 b、c 运行时叶轮进口存在冲击损失，如图 5(a)所示。安装前置导叶后，如图 5(b)所示，在小流量工况 b，总存在一个前置导叶正预旋角使叶轮进口满足无冲击条件，同时叶轮内部的相对速度也会减小，这也就意味着不仅叶轮进口冲击损失减小，而且叶片表面的摩擦损失也相应降低，因此水力效率提高。同理，在大流量工况 c，也存在一个前置导叶负预旋角，使叶轮进口满足无冲击条件，从而使水力效率提高。随着负预旋角度的逐渐变大，由于叶轮流道内的相对速度增加而导致叶片表面的摩擦损失和叶轮流道的二次流损失加大，所以当负预旋角较大时，最优工况点的水力效率与无前置导叶相比还会有所降低。

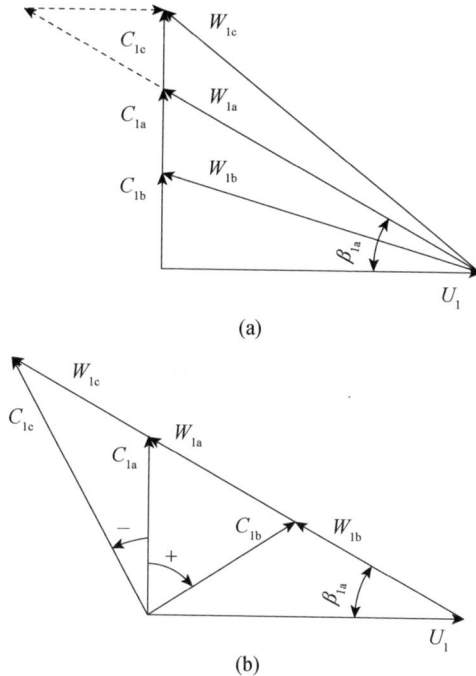

(a)

(b)

图5　不同工况下离心泵叶轮进口速度三角形

(a)节流调节；(b)预旋调节。图中W为相对速度；U为圆周速度；C为绝对速度；下标1表示进口

　　为进一步分析前置导叶预旋调节的流动机理，对安装前置导叶的离心泵全流道进行了数值模拟，计算域由安装前置导叶的吸入管、叶轮、蜗壳组成。流体流动的基本控制方程为基于 Reynolds 平均的 Navier-Stokes 方程，并采用 RNG k-ε （re-normalization group, RNG）双方程湍流模型进行封闭。离心泵内部流动数值模拟采用商业软件 CFX，进口给定压力，出口给定流量，固体壁面给定不可滑移边界条件。

图 6 给出了不同的前置导叶预旋角下的离心泵内三维流线的分布规律。对比无导叶和导叶预旋角 0°工况，无导叶时，流体在吸入管内垂直进入叶轮，而预旋角 0°时，在前置导叶作用下，流体进入叶轮时具有一定的圆周速度。试验测量中预旋角 0°时离心泵效率最高，与此时对应的叶轮入口圆周速度有关，可能此时对应的叶轮进口流态最优。

预旋角为-12°时，离心泵吸入管内流体在前置导叶的作用，存在与叶轮旋转方向相反的运动，但是在叶轮内部高速旋转的流体反作用下，吸入管内流体的周向运动不是很明显。而预旋角 12°时，吸入管内流体的周向运动方向与叶轮相同，因此周向运动比较明显。随着预旋角度的偏转，三维流线的扭曲越来越明显，在预旋角±60°时，吸入管内及叶轮进口的流体圆周速度比较高，三维流线比较凌乱，叶轮进口流态开始恶化，此时对应的离心泵效率显著下降。

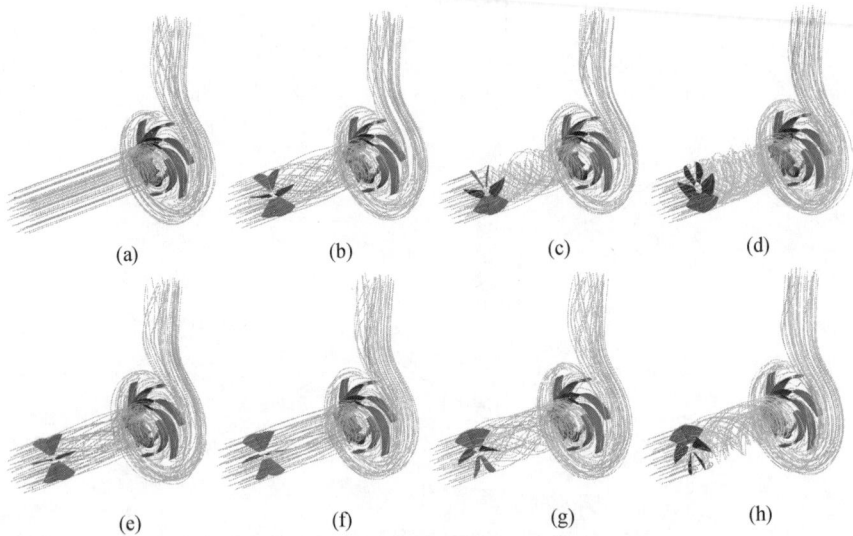

图6　不同预旋角下离心泵内三维流线分布

(a)无导叶；(b)12°；(c)36°；(d)60°；(e)0°；(f)-12°；(g)-36°；(h)-60°

基于试验测量和数值模拟结果，总结离心泵前置导叶预旋调节机理如下：

（1）前置导叶主要是通过调节其正负预旋角度来改变叶轮进口的流场分布，使流体质点在叶轮进口具有一定大小的速度环量，从而达到调节离心泵水力性能的目的，其中环量的大小及方向由导叶预旋角来确定。

（2）对于正预旋调节而言，在小流量工况，随着预旋角度的增加，叶轮流道内部的二次流、回流现象得到了有效改善，同时在一定的流量条件下叶轮进口满足无冲击条件，这些是前置导叶预旋调节能够提高离心泵在偏离设计工况运行时水力性能的重要原因。

（3）对于负预旋调节而言，在小流量工况，叶轮进口的回流损失随预旋角度的增加而加大，因此回流所诱发的正预旋严重影响了负预旋的调节效果，并导致泵叶轮内部的流场分布规律受预旋角的影响较小；在大流量工况，前置导叶进口的冲击损失随着导叶预旋角度的增加而迅速上升。因此泵叶轮进口回流损失和导叶进口冲击损失是影响负预旋调节时离心泵水力性能的两个重要因素，并建议离心泵在采用负预旋调节时所给的负预旋角不宜过大，否则会因前置导叶的冲击损失过大而影响负预旋的调节效果。

4　前置导叶对离心泵空化性能的影响

在离心泵吸入管中安装前置导叶，由于前置导叶的存在，会导致能量损失，造成叶轮进口压力的下降，进而可能导致离心泵的空化问题。

空化性能对离心泵机组运行稳定性和使用寿命影响重大，空化严重时产生的大量空泡在离心泵流道内堵塞将导致离心泵扬程的急剧下降，使其不能正常运行，空化引起的空泡破裂还会对叶轮叶片产生破坏作用，剥蚀过流部件表面，大大降低离心泵的使用寿命。目前，离心泵空化性能研究以试验测量和数值模拟为主（Fridrichs and Kosyna，2002；Medvitz et al.，2002；Coutier-Delgosha et al.，2003；Luo et al.，2008；Pouffary et al.，2008；Bachert et al.，2010；Ding et al.，2011；刘厚林等，2012；王秀礼等，2012；杨敏官等，2012）。

图 7 给出了无导叶、导叶预旋角 $\gamma=\pm12°$ 时离心泵的空化性能曲线。由图可见，临界空化余量 NPSH$_c$ 随流量的增大近似呈线性增大，安装前置导叶后其值比无导叶时稍大。总体而言，前置导叶对离心泵空化性能影响不大。

为进一步研究前置导叶对离心泵空化性能的影响，基于修正的 RNGk-ε 湍流模型和输运方程空化模型，对安装前置导叶前后，离心泵全流道空化流场进行了数值模拟。离心泵空化流动数值模拟采用商业软件 CFX，进口给定压力，出口给定流量，固体壁面为不可滑移边界。计算中，进口压力值由试验测量值给定，并逐步降低，当前工况计算结果为下一工况初始值。

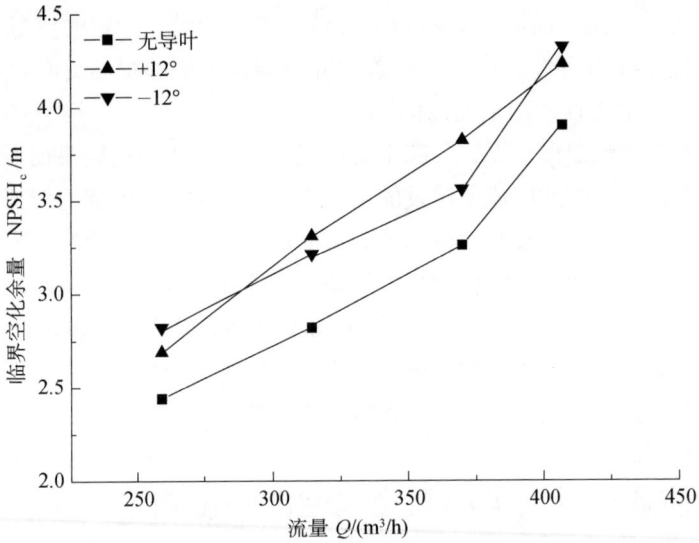

图7 前置导叶对离心泵空化性能影响的试验结果

图 8 给出了无导叶、导叶预旋角 $\gamma = \pm 12°$ 时，离心泵在不同流量下空化特性曲线计算值与试验值的对比。从计算和试验结果的对比可以看出，本文计算结果能较好地模拟扬程随压力降低而突然下降的趋势。

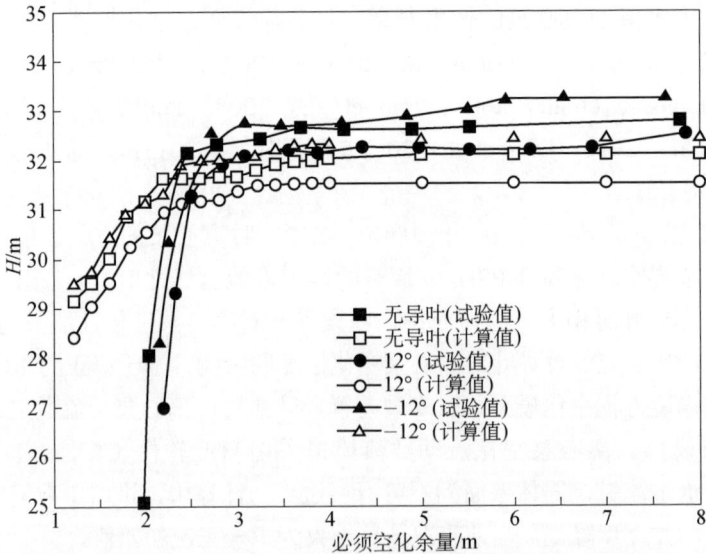

图8 离心泵空化特性曲线

　　离心泵不同空化发展阶段对应的内部空泡体积分布如图 9 所示。由图可知，不同空化阶段，离心泵叶片吸力面和流道内空泡体积随着进口压力降低而逐渐增大。当计算域进口静压逐渐降低时，叶轮内压力也随之下降，叶轮内开始出现空化，此时空泡主要集中在叶片吸力面头部且靠近前盖板附近，空泡体积数在叶片吸力面最前端达到最大，如图 9(a)所示，叶轮内空化的区域比较小，对叶轮流道内流动影响甚微，扬程基本没有变化。随着进口压力的不断降低，叶轮内空化继续发展，叶片吸力面上的空化区域越来越大，空泡在流道内靠近叶片吸力面一侧堆积并向流道中间扩展，流道进口段已经聚集了很多空泡，叶轮后盖板上也开始出现较大范围的空化区，如图 9(b)、(c)所示。随着空化的加剧，如图 9(d)所示，叶片的压力面也出现了空化区，吸力面上的空化区已经延伸到叶片中部，空化最严重的局部区域内空泡体积率很高，几乎全部被汽相占据。叶轮整个流道内堆满大量空泡，造成了严重堵塞并导致过流面积受限，影响了流体的正常流动，使离心泵做功能力变差，扬程出现了明显下降。

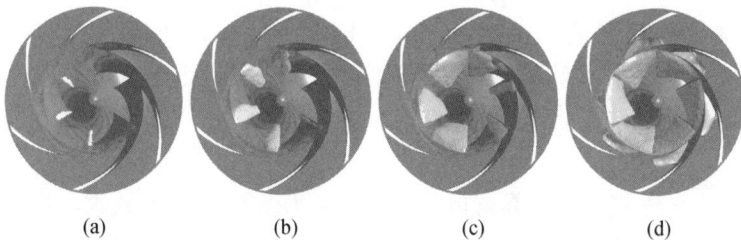

| (a) | (b) | (c) | (d) |

图9　离心泵内部空化发展

　　图10 为离心泵安装导叶前后，空化流场中叶轮内部压力分布，空化计算工况点均为临界空化点。由于蜗壳的非对称结构，叶轮内部压力分布不均匀。安装导叶前后，叶轮后盖板上压力分布变化不明显，当预旋角为-24°时，低压区在局部有所增大。在叶片吸力面，预旋角偏转至-12°和-24°时，叶片头部空化区域向叶片中部延伸；预旋角偏转至12°和24°时，空化区域几乎没有变化。

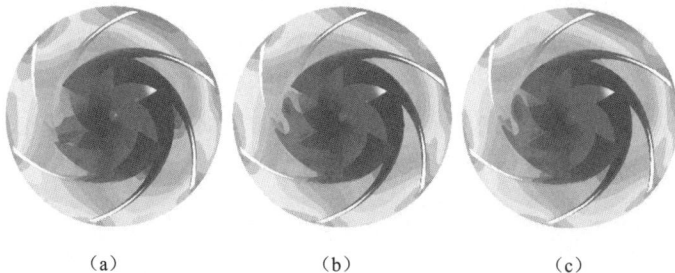

| (a) | (b) | (c) |

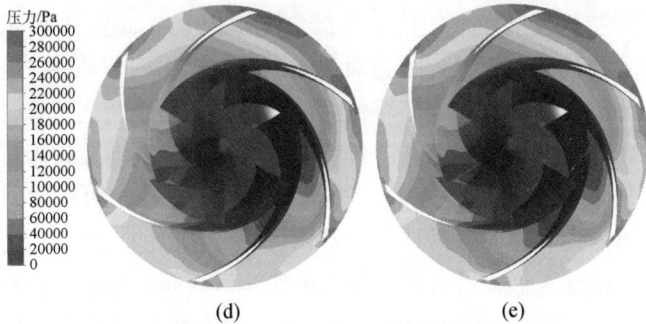

图10 不同预旋角下叶轮内静压分布

(a)无导叶；(b)12°；(c)24°；(d)-12°；(e)-24°

5 前置导叶对离心泵运行稳定性能的影响

在离心泵吸入管中安装前置导叶，由于前置导叶的存在，会对离心泵叶轮内部流动状态造成影响，例如，前置导叶尾部可能出现的边界层分离，形成脱落的尾迹流和各种不同尺度的分离涡团等非定常效应，将会对叶轮进口及叶轮内部流动产生重大影响，进而可能导致离心泵运行稳定性问题。

在离心压缩机中，前置导叶对机组运行稳定性的影响较大，近年来，国内外学者通过数值模拟和试验测量已开展了系列研究（席光等，2008；姜华等，2009，2010a，2010b）。在离心泵中，机组运行稳定性的研究重点是叶轮和蜗壳之间的动静干涉（Zhang and Tsukamoto，2005；张兄文，2006；Spence and Amaral-Teixeira，2008；Barrio et al.，2010；王洋和代翠，2010；瞿丽霞等，2011；周岭等，2011；袁寿其等，2012），而几乎没有前置导叶对离心泵运行稳定性相关的研究。

离心泵内部非定常流动数值模拟采用商业软件 CFX，进口给定压力，出口给定流量，固体壁面给定不可滑移边界条件。非定常计算以定常计算结果作为初始条件，时间步长为两个相邻叶片转过蜗壳上同一位置的间隔内取 32 个计算点，$\Delta t=0.0002155s$，每个时间步长内迭代 30 次。

为分析蜗壳区压力脉动特性，在蜗壳内部从蜗壳出口到蜗舌依次取 11 个监测点，分别为 VP1～VP11，如图 11 所示。

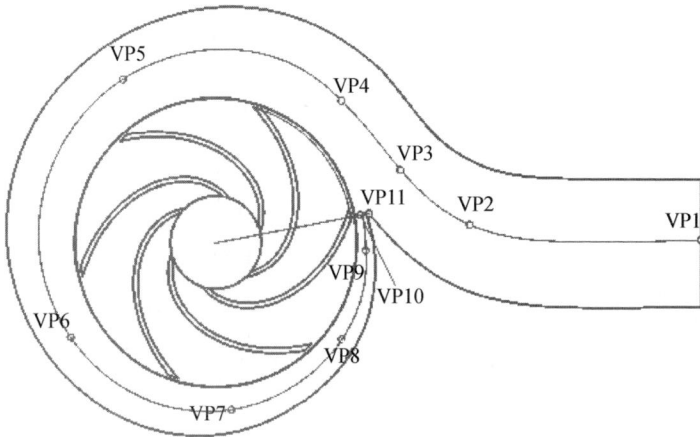

图11 蜗壳内监测点

非定常数值模拟的总时间为 10 个叶轮旋转周期，取第 3 到第 10 个周期，对各监测点的压力脉动时域特性进行快速傅里叶变换（FFT）得到压力脉动的频域特性。由叶轮转速可知叶轮转频 f_i=24.17Hz。

图 12 为设计工况下蜗壳内 VP10、VP8、VP5、VP3 和 VP1 监测点压力脉动的频域特性。上述 5 个监测点的压力脉动主频均为 $6f_i$，与叶轮的 6 个叶片相关。对比无导叶和导叶在预旋角 0° 工况，各监测点的压力脉动幅值变化不大。在蜗壳的蜗型段，VP10、VP8、VP5 上压力脉动幅值几乎没有变化，在蜗壳出口段，导叶预旋角为 0° 时，VP3 和 VP1 上压力脉动幅值比无导叶时稍大。

预旋角 12° 时，VP8 上压力脉动最大幅值约为无导叶的 1.1 倍，而导叶预旋角-12° 时，VP8 上压力脉动最大幅值约为无导叶时的 0.9 倍，这与图 6(b)、(g)前置导叶对离心泵内流动的影响是对应的。预旋角±12° 对吸入管和叶轮内流态影响程度的不同，可能是导致离心泵内压力脉动幅度不同的原因。导叶预旋角偏转至±36° 时，VP8 上压力脉动最大幅值约为无导叶的 1.1 倍，其他监测点上压力脉动幅值变化不大。

综上分析可知，离心泵安装前置导叶后，在适当的预旋角度内（-36° 至36°），离心泵蜗壳内压力脉动幅值变化不大，最大增幅约为 1.1 倍。因此，前置导叶对离心泵运行稳定性影响很小。

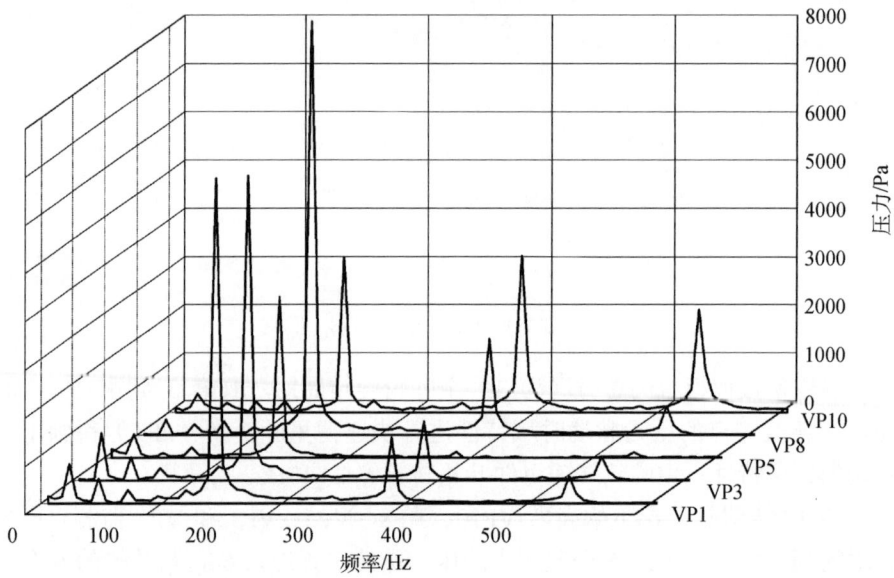

(a)

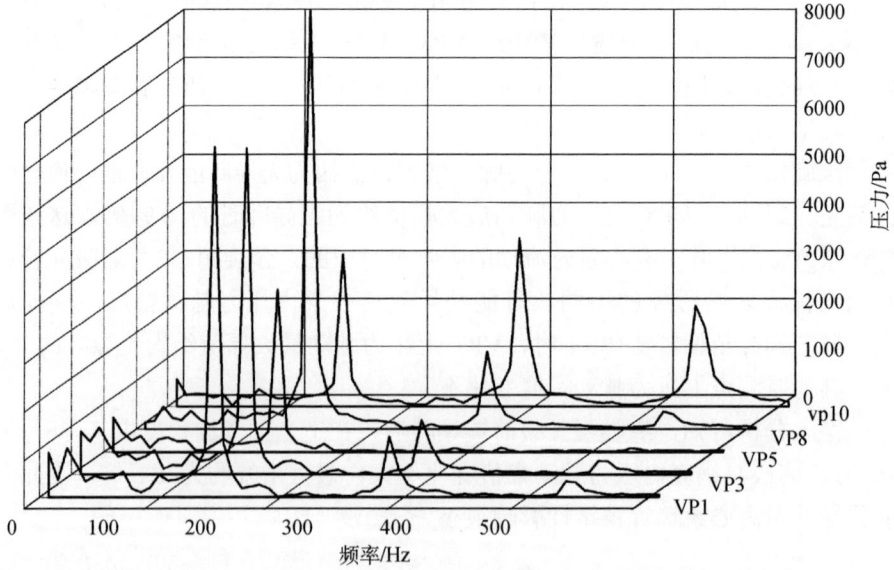

(b)

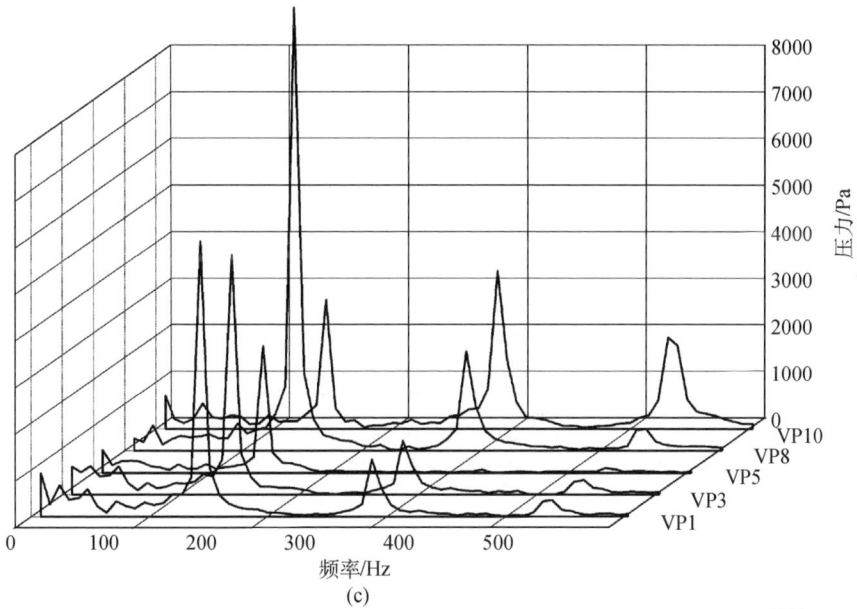

(c)

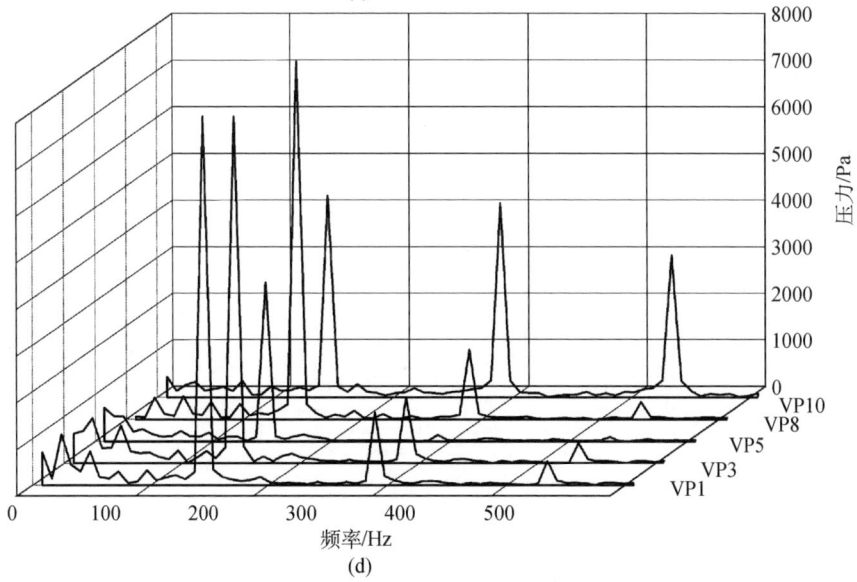

(d)

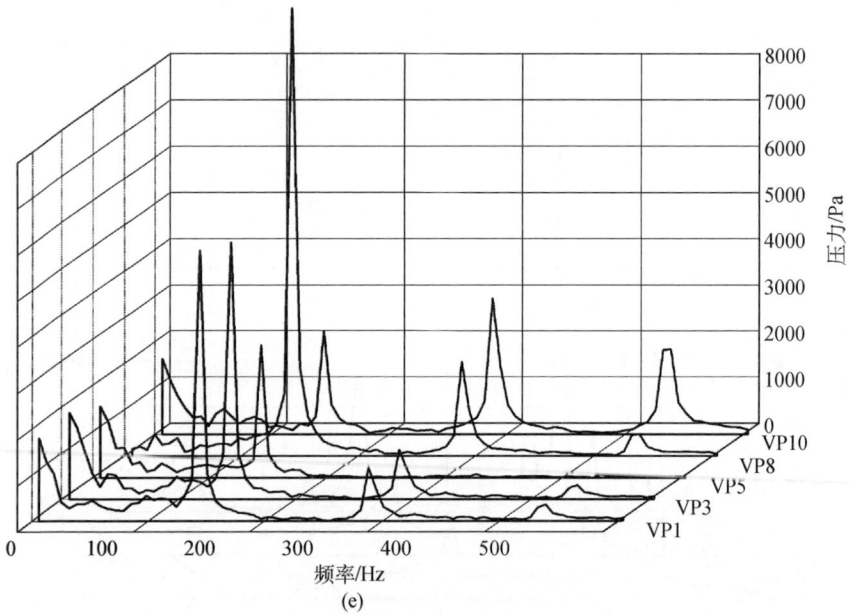

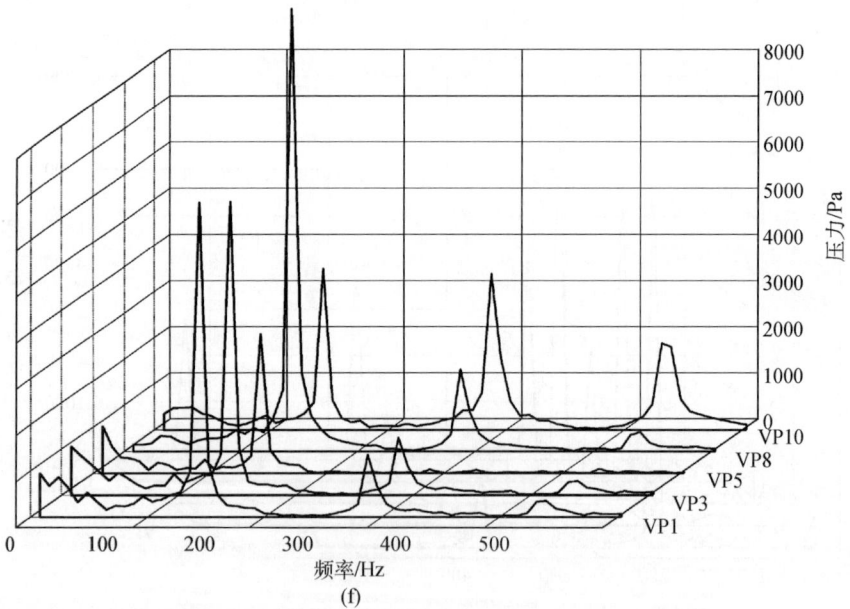

图12 不同预旋角下离心泵蜗壳内压力脉动频域特性

(a)无导叶；(b)0°；(c)12°；(d)-12°；(e)36°；(f)-36°

6 结论

（1）在分析叶轮进口流动特点的基础上，基于叶轮进口无冲击和前置导叶出口等环量条件，提出了一种全新的离心泵三维空间前置导叶的水力设计方法。三维前置导叶的水力设计采用流线曲率法求解轴面流动，逐点积分法进行叶片绘型，在圆柱展开面上对叶片的骨线进行加厚和头部、尾部修圆。

（2）对前置导叶预旋调节离心泵非设计工况进行了试验研究，结果表明，通过在离心泵进口前安装三维空间导叶能够有效地提高离心泵的最优效率并拓宽其高效区的范围，改善离心泵在非设计工况的水力性能，与无导叶最优工况相比，最高效率提高 2.13%。基于理论分析、数值模拟和试验研究，详细讨论了安装导叶前后，离心泵叶轮内部流动结构的变化及预旋调节的机理。

（3）离心泵空化性能试验和数值模拟结果表明，与无导叶相比，离心泵安装前置导叶后临界空化余量和叶轮内部压力分布变化不大，前置导叶对离心泵空化性能影响不大。

（4）离心泵非定常流动数值模拟结果表明，与无导叶相比，离心泵安装前置导叶后，在适当的预旋角度内（-36°至 36°），离心泵内部压力脉动幅值变化不大，前置导叶对离心泵运行稳定性影响很小。

参考文献

曹树良，梁莉，祝宝山，等. 2005. 高比转速混流泵叶轮设计方法. 江苏大学学报: 自然科学版，26(003): 185-188.

曹树良，谭磊，桂绍波. 2010. 离心泵前置导叶设计与试验. 农业机械学报，41(S1): 1-5.

陈应华. 1993. 前导预旋装置调节离心泵的工况. 武汉城市建设学院学报，10(1): 15-20.

桂绍波，曹树良，谭磊，等. 2009. 前置导叶预旋调节离心泵性能的数值预测与试验. 农业机械学报，40(12): 101-106.

姜华，宫武旗，席光，等. 2010a 导叶预旋对扩压器进口非定常流动的影响. 中国电机工程学报，30(23): 90-95.

姜华，席光，宫武旗. 2010b 不同导叶预旋角下离心压缩机的时序效应. 西安交通大学学报，44(7): 120-124.

姜华，席光，张炜，等. 2009. 离心压缩机静叶间时序效应的实验研究. 工程热物理学报，30(6): 964-966.

刘厚林，刘东喜，王勇，等. 2012. 基于 Kunz 模型的离心泵空化流数值计算. 华中科技大学学报: 自然科学版，40(8): 17-20.

瞿丽霞，王福军，丛国辉，等. 2011. 双吸离心泵叶片区压力脉动特性分析. 农业机械学报，42(9): 79-84.

谭磊，曹树良，桂绍波，等. 2010. 离心泵叶轮正反问题迭代设计方法. 农业机械学报，41(7): 30-35.

王海民，林浩，黄雄，等. 2012a. 基于 Gottingen 翼型的离心泵前置导叶预旋调节试验. 农业机械学报，43(11): 129-133.

王海民，周裁民，黄雄，等. 2012b. 不同翼型前置导叶正预旋对离心泵性能影响. 排灌机械工程学报，30(6): 660-664.

王秀礼，袁寿其，朱荣生，等. 2012. 离心泵汽蚀非稳定流动特性数值模拟. 农业机械学报，43(3): 67-72.

王洋，代翠. 2010. 离心泵内部不稳定流场压力脉动特性分析. 农业机械学报，41(3): 91-95.

席光，刘磊，姜华，等. 2008. 离心压缩机级内静叶时序效应的数值研究. 工程热物理学报，29(9): 1495-1498.

杨敏官，孙鑫恺，高波，等. 2012. 离心泵内部非定常空化流动特征的数值分析. 江苏大学学报，33(4): 408-413.

袁寿其，叶丽婷，张金凤，等. 2012. 分流叶片对离心泵内部非定常流动特性的影响. 排灌机械工程学报，30(4): 373-378.

张兄文，李国君，李军. 2006. 离心泵蜗壳内部非定常流动的数值模拟. 农业机械学报，37(6): 63-68.

周岭，施卫东，陆伟刚，等. 2011. 深井离心泵内部非定常流动的压力脉动特性分析. 农业工程学报，27(10): 44-49.

Bachert R，Stoffel B，Dular M. 2010. Unsteady cavitation at the tongue of the volute of a centrifugal pump. Journal of fluids Engineering，132(6): 1301.

Barrio R，Parrondo J，Blanco E. 2010. Numerical analysis of the unsteady flow in the near-tongue region in a volute-type centrifugal pump for different operating points. Computers & Fluids，39(5): 859-870.

Coppinger M，Swain E.2000 Performance prediction of an industrial centrifugal compressor inlet guide vane system. Proceedings of the Institution of Mechanical Engineers，Part A: Journal of Power and Energy，214(2): 153-164.

Coutier-Delgosha O，Fortes-Patella R，Reboud J，et al. 2003. Experimental and numerical studies in a centrifugal pump with two-dimensional curved blades in cavitating condition. Journal of fluids Engineering，125(11): 38-45.

Cui M M. 2006. Unsteady flow around suction elbow and inlet guide vanes in a centrifugal compressor. Proceedings of the Institution of Mechanical Engineers，Part G. Journal of Aerospace Engineering，220(1): 11-28.

Ding H，Visser F，Jiang Y，et al. 2011. Demonstration and Validation of a 3D CFD Simulation Tool Predicting Pump Performance and Cavitation for Industrial Applications. Journal of fluids Engineering，133(1): 011101.

Ferro L，Gato L，Falcoa A. 2010. Design and experimental validation of the inlet guide vane system of a mini hydraulic bulb-turbine. Renewable Energy，35(9): 1920-1928.

Friedrichs J，Kosyna G. 2002. Rotating cavitation in a centrifugal pump impeller of low specific speed. Journal of fluids Engineering，124(2): 356-362.

Fukutomi J，Nakamura R. 2005. Performance and internal flow of cross-flow fan with inlet guide vane. JSME International Journal Series B，48(4): 763-769.

Johnston R，Fleeter S. 2001. Inlet guide vane wakes including rotor effects. Journal of Fluids and Structures，15(2): 235-253.

Liou T M，Lee H L，Liao C C. 2001. Effects of inlet guide-vane number on flow fields in a side-dump combustor. Experimental thermal and fluid science，24(1): 11-23.

Luo X W，Zhang Y，Peng Ja，et al. 2008. Impeller inlet geometry effect on performance improvement for centrifugal pumps. Journal of mechanical science and technology，22(10): 1971-1976.

McAlpin R，Talley P，Bernstein H，et al. 2003. Failure analysis of inlet guide vanes. Journal of engineering for gas turbines and power，125: 236-240.

Medvitz R B，Kunz R F，Boger D A，et al. 2002. Performance analysis of cavitating flow in centrifugal pumps using multiphase CFD. Journal of fluids Engineering，124(6): 377-383.

Mohseni A，Goldhahn E，Den Braembussche R A V，et al. 2012. Novel IGV Designs for Centrifugal Compressors and Their Interaction With the Impeller. Journal of Turbomachinery，134(2): 2019-2029.

Oro J M F，Diaz K M A，Morros C S，et al. 2007. Unsteady flow and wake transport in a low-speed axial fan with inlet guide vanes. Journal of fluids Engineering，129: 1015-1029.

Oro J M F，Diaz K M A，Morros C S，et al. 2008. Analysis of the deterministic unsteady flow in a low-speed axial fan with inlet guide vanes. Journal of fluids Engineering，130(3):171-181.

Pouffary B，Patella R F，Reboud J L，et al. 2008. Numerical simulation of 3D cavitating flows: analysis of cavitation head drop in turbomachinery. Journal of fluids Engineering，130(6): 061301.

Soranna F，Chow Y C，Uzol O，et al. 2006. The effect of inlet guide vanes wake impingement on the flow structure and turbulence around a rotor blade. Journal of Turbomachinery，

128(1): 82-95.

Spence R，Amaral-Teixeira J. 2008. Investigation into pressure pulsations in a centrifugal pump using numerical methods supported by industrial tests. Computers & Fluids，37(6): 690-704.

Tan J，Wang X，Qi D，et al. 2011. The effects of radial inlet with splitters on the performance of variable inlet guide vanes in a centrifugal compressor stage. Proceedings of the Institution of Mechanical Engineers，Part C: Journal of Mechanical Engineering Science，225(9): 2089-2105.

Tan L，Cao S L，Gui S B. 2010. Hydraulic design and pre-whirl regulation law of inlet guide vane for centrifugal pump. Science China Technological Sciences，53(8): 2142-2151.

Tan L，Cao S L，Wang Y M，et al. 2012. Influence of axial distance on pre-whirl regulation by the inlet guide vanes for a centrifugal pump. Science China Technological Sciences，55(4): 1037-1043.

Zhang M，Tsukamoto H. 2005. Unsteady hydrodynamic forces due to rotor-stator interaction on a diffuser pump with identical number of vanes on the impeller and diffuser. Journal of Fluids Engineering，127(4): 743-751.

Zhou L，Fan H，Wei W，et al. 2011. Experimental and numerical analysis of the unsteady influence of an inlet guide vane. Proceedings of the Institution of Mechanical Engineers，Part C: Journal of Mechanical Engineering Science，226(3): 660-680.

第十五篇　水利工程管理

导读　工程管理的原理是以工程项目为载体，集成各利益相关方的优势资源形成基于项目的临时组织，实现项目及各利益相关方的目标。溪洛渡特高拱坝的建设管理实践以"一个中心、两个支撑、三个支柱"模式集成了科研、设计、施工、监理等单位的资源。基于伙伴关系模式的水电企业流域开发多项目、多目标管理模型系统地描述了伙伴关系应如何有效整合流域开发产业链上企业内部和外部资源。水利建设项目后评价给出了项目绩效的评价方法。基于项目的水利工程企业管理模型分析和构建了项目内、组织内和组织间的资源共享模式和机制，实现基于项目的多层次组织治理。

溪洛渡特高拱坝建设项目管理模式创新与实践

樊启祥，洪文浩，汪志林，周绍武，杨　宁

（中国长江三峡集团公司，北京 100038）

摘　要：本文基于溪洛渡特高拱坝的建设管理实践，提出了"一个中心、两个支撑、三个支柱"的高拱坝建设项目管理模式，即以建设单位为项目管理中心，以科研和咨询单位（专家团队）为技术支撑，以设计、施工、监理单位为工程建设支柱，形成产学研紧密结合的有机整体。根据项目管理目标，建立统一的多方实时的溪洛渡拱坝三维数字协同工作与管控平台，结合建设现场的实际情况，实时、在线、动态、个性化、智能化地研究工程和管理的真实性态，通过预警预报、动态设计，采取切实可行的工程控制和管理措施，保证大坝建设质量和结构安全，实现特高拱坝全生命周期的质量安全监控和分析。经过近五年来的工程实践，证明这种管理模式充分调动和集成了项目各方资源，达到了预防为先、实时导向的效果，确保了项目目标的实现，可供国内外同类高坝建设项目管理借鉴。

关键词：工程项目管理；建设管理模式；资源集成；干系人管理；特高拱坝；溪洛渡水电工程

Innovation and Application of Construction Management Strategy for Xiluodu Superhigh Arch Dam

Qixiang Fan，Wenhao Hong，Zhilin Wang，Shaowu Zhou，Ning Yang

（China Three Gorges Corporation，Beijing 100038）

Abstract：A construction management strategy of "one center，two supports，and three

通信作者：樊启祥（1963—），E-mail：fan_qixiang @ ctg.com.cn。

pillars" for high arch dam is proposed in this paper, based on the construction practice of Xiluodu arch dam. The strategy suggests developer being the center of the management, research and expert consultancy providing technical supports, and design, construction and supervision companies being responsible for project implementation, which form an organic body of tight industry-university-research cooperation. This strategy's practice in the Xiluodu arch dam construction requires various technical studies that should be conducted on the actual state of the construction and the management in real time, online, individually and intelligently, through establishing a three-dimensional integrated digital collaborative work management platform and taking the actual conditions of construction site into consideration. It also requires early warning, forecasting, dynamic design and adoption of feasible measures of control and management to ensure dam quality and structure safety, achieving the whole life cycle monitoring and analyzing of quality safety. The five-years practice in this project shows that this strategy can optimally integrate resources, provide early warning of problems, and control implementation process in real time, so that the goal of project management is realized. The proposed strategy is also applicable to construction project management of similar high dams.

Key Words: engineering project management; construction management strategy; integration of resources; management of stakeholder; super-high arch dam; Xiluodu hydro-power project

1 引言

水电资源是重要的清洁能源之一。当前世界各国都在大力开发可再生的清洁能源，为实现能源结构调整目标，中国可再生清洁能源开发任务非常艰巨。随着中国"西电东送"战略的实施，在西南、西北地区复杂基础上已建、在建或拟建的特高混凝土拱坝日趋增多，如已建的小湾拱坝（坝高294.5m），在建的大岗山拱坝（坝高210m）、溪洛渡拱坝（坝高285.5m）、锦屏Ⅰ级拱坝（坝高305m）、乌东德拱坝（坝高265m），拟建的白鹤滩拱坝（坝高289m）、龙盘拱坝（坝高273m）、马吉拱坝（坝高300m，拟选）、松塔拱坝（坝高310m，拟选）等。这些高坝枢纽库容大、装机容量高、水推力巨大（溪洛渡拱坝约1500万t，小湾拱坝1600万t，锦屏一级拱坝1300万t），一旦发生严重破坏，不仅会造成重大经济损失，还会造成难以估计的人民生命和财产损失。因此，保证高坝枢纽的施工质量和运行安全，是保障国家经济和公共安全的重大需求。随着计算机技术的不断发展，数值、智能大坝研发与运行的进步有利于提高特高大坝全生命周期的质量和安全控制水平。

特高拱坝一般建设在高山峡谷地区，地形地质条件复杂。由于坝区空间资源有限，加上混凝土高拱坝应力状态调整及施工建设是一个极其复杂的过程，其施工工期长、混凝土浇筑量大、高峰期浇筑强度高且持续时间长、施工干扰大、浇筑进度影响因素多，并且还要考虑施工导流、度汛、坝体挡水及蓄水发电等阶段目标要求，这给施工组织、计划安排及进度控制带来相当大的困难，也给高拱坝施工优化设计和动态实时控制提出了更高的要求。因此，如何从特高拱坝永久安全运行出发，进行有效的设计和施工质量管理、进度计划管理，实现科学的施工组织、合理的资源配置和进度安排，对拱坝施工期工作性态及混凝土施工质量与进度进行实时动态仿真监测控制是建设过程中必须关心的主要问题。在实际施工中出现不确定状况时，如何快速反应，对技术要求、施工方案进行实时动态的调整和优化，对保证拱坝建设的均质性、均衡性、连续性与整体性（周双超等，2010），对高拱坝施工质量与进度具有重要意义。充分利用科技发展成果，采用新型量测仪器和设备，进行规范化、系统化、信息化的数据采集和处理，建立统一的拱坝数字平台和仿真模型，并对数据采集和仿真模型进行集成创新，建立"智能大坝"，形成科学的、信息化的拱坝施工管理体系，使工程进展和质量受控，对于推动中国大型水利水电工程的施工管理水平上新台阶具有重要现实意义，也是落实《国家中长期科学和技术发展中长期规划纲要（2006～2020年）》的重要举措。

本文基于金沙江溪洛渡特高拱坝工程建设实践，在总结国内外特高拱坝建设管理经验基础上，提出了"一个中心、两个支撑、三个支柱"的特高拱坝建设项目管理模式，阐述其内涵和意义，供同类工程建设管理借鉴。

2 国内外特高拱坝建设管理

1935年建成的美国胡佛大坝是近代第一座200m级混凝土拱坝，混凝土量约340万 m^3。为加快施工进度、控制施工质量，在以业主为主导、强化科研和施工设计的建设模式上，有很多建设管理方法上的创新，比较有影响的有几点：①施工工人的组织与激励。在经济萧条时代，通过高报酬招募员工，实行三班倒昼夜施工；开展不同施工队伍的竞争，加快施工进度，大坝混凝土日浇筑量达8000 m^3。②施工工艺创新。采用柱状块施工方法，化零为整；首次在大体积混凝土中采用通水冷却技术，控制混凝土温度。③科研设计先行。建设之前开展系统深入的模型计算科研工作，指导设计和施工。通过采取上述建设管理模式和措施，工期较设计缩短 10 个月。随后，欧美大型混凝土坝，如 Glen Canyon、Sayano Shushenskaya 等拱坝的建设施工借鉴了胡佛大坝模式，在 20 世纪上半叶建成了一批 200m 以上的高拱坝。

二滩混凝土双曲拱坝，最大坝高 240m，坝顶长度约 775m，坝体最大厚度约 60m，坝顶宽度 11m，大坝混凝土浇筑总方量为 420 万 m^3，1995 年 2 月至 1998 年 9 月完成主体混凝土浇筑 418 万 m^3，月平均浇筑量为 9.5 万 m^3，最高月浇筑量 16.5 万 m^3。二滩拱坝建设采用国际竞争性招标，开启了中国现代特高拱坝施工管理的新模式。在现场，监理工程师严格遵循招投标文件、技术规范、设计图纸及指令等合同文件的要求，主要从三个方面对承包商的施工进行质量控制与管理（何学国，2010）：第一，浇筑前准备及检查验收；第二，浇筑过程跟踪控制；第三，缺陷修复与质量检查。在二滩拱坝浇筑的混凝土中，检查发现了 22 条裂缝，大部分都是浅层微裂缝，宽度小于 1.0mm，均进行了及时处理。目前大坝已经运行 10 余年，尽管在部分坝段下游面出现裂缝，但大坝和基础整体稳定，汶川大地震后未出现质量和结构安全问题。

近几年，在小湾、构皮滩、锦屏Ⅰ级、溪洛渡等拱坝的建设中，形成了不同的建设和施工管理模式。例如，小湾拱坝的建设（蔡绍宽等，2011），技术上由设计院主导，建设单位以现场建设管理为主，科研成果主要体现在设计中。锦屏Ⅰ级拱坝等其他工程进行了信息化管理的有益探索。

3 溪洛渡拱坝建设项目管理模式内涵

溪洛渡水电站位于四川省雷波县与云南省永善县接壤的金沙江峡谷中，坝址区河道顺直，岸坡陡峻，河谷宽高比约 2.0，呈对称"U"形，坝基岩体为玄武岩，整体块状结构，强度高，但发育有多条层间层内错动带，产状多平缓，节理裂隙以陡倾角分布。拱端建基岩体以Ⅱ、Ⅲ$_1$级岩体为主，部分为Ⅲ$_2$级岩体；河床坝基因潜伏有Ⅲ$_2$级岩体及错动带，进行了河床基础扩大开挖并设置混凝土贴角结构（周维垣等，2006；王仁坤和林鹏，2008）。大坝混凝土从 2009 年 3 月底开始浇筑，于 2013 年 5 月下闸蓄水，2014 年 3 月大坝全线浇筑到顶。拱坝施工对混凝土浇筑质量和温控防裂要求高，基础开挖处理、基础灌浆、混凝土浇筑、接缝灌浆等施工作业相互干扰大，施工管理困难。

溪洛渡工程建设实行业主负责制、招标投标制、施工监理制和合同管理制（樊启祥和陆佑楣，2010）。通过竞争性招标，建设单位选择了溪洛渡拱坝的施工单位和监理单位。在拱坝建设，面对溪洛渡特高拱坝建设特性和建设质量与安全的挑战，充分发挥科研对项目建设的技术支撑与安全保障作用，从面向事后问题分析转变到面向事前预判的源头管理，溪洛渡拱坝建设过程中形成了科研机构全过程深度参与、产学研紧密结合的"一个中心、两个支撑、三个支柱"的项目管理模式（图 1）。即以建设单位为项目管理中心（含溪洛渡数字大坝平台），以科研和咨询单位（专家团队）为技术支撑，以设计、施工、监理单位为实体大坝建设基本支柱，形成产学研相结合的有机整体，根据建设现场的实际情况，实时、在线、有针对性地研究大坝混凝土和大坝结构的真实性态，通过动态设计、施工和采取切实可行的工程措施，保证大坝施工质量和结构安全。

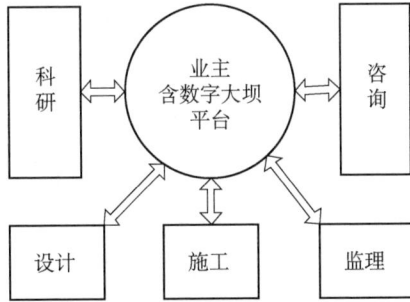

图1　溪洛渡建设管理模式示意图

"一个中心、两个支撑、三个支柱"的溪洛渡建设项目管理模式体现了集成化、全生命周期和科学化的管理体系创新，其核心理念是：①"集成化"强调基于管理活动的项目参与各方（业主牵头下的设计、监理、施工、科研、技术咨询）资源的最优整合，特别是面向建设管理过程、全员的"数字大坝平台"极大提高了项目管理效率，实现了科研成果紧密结合生产实践，真正做到产学研产的良性循环，实现了各方的互利与共赢；②"全生命期"强调从设计、施工到运行全过程的建设方案和措施设计、工程数据采集，保证信息的"六性（及时性、真实性、准确性、全面性、有效性和预见性）"；③"科学化"强调管理的动态性和前置性，关键是预警，主要在预防。

"一个中心、两个支撑、三个支柱"的溪洛渡建设模式体现了施工全过程的全面精细化控制技术创新，其核心理念是：①"精细控制"：在溪洛渡拱坝施工中采取了一系列的智能控制技术，如冷却通水控制系统和灌浆记录仪数据在线监控系统（樊启祥等，2011），保证了温控技术要求的落实，保障了施工数据的及时性和真实性（林鹏等，2013a、2013b；柏龙军和周绍武，2013）。②"精细化管理、精细化施工"：建立开发了一套行业软件，对混凝土基础处理、混凝土施工、温度控制的数据进行全面的搜集、整理、分析、展示、共享，促进了精细化施工和管理，保证了数据的准确性和全面性（林鹏等，2013c；周绍武等，2013；陆佑楣等，2013）。③"预防为主"：保证工程的质量和安全需要参建各方的协调配合，需要做到精心管理、精心设计、精心科研、精心施工；谨慎、客观、前瞻性的科研成果为上述要求的落实提供支持，保证了数据的有效性和预见性，为工程质量和安全的预控提供保障。

"一个中心、两个支撑、三个支柱"的溪洛渡建设模式体现了建设过程遵循实时、在线、个性化的行动原则创新，其核心理念是：①"实时、在线"：建立在"数字大坝"平台上的远程自动采集系统，实现了施工数据的实时、在线采集。②"仿真反馈与预测"：在施工数据实时、在线采集的基础上，实现全过程、全方位的仿真反演，预测下阶段的工作状态，做到及时预警预报、可知可控。③"个性化控制"：特高拱坝结构复杂，温度、应力应变分布不均，施工进度控制困难，为全面实现工程质量、进度、安全等目标，需对悬臂高度、通水方案、灌浆时机等采取个性化控制。

4　溪洛渡建设项目管理模式实践

溪洛渡建设项目管理模式的实践平台是"数字大坝"系统（图 2）。溪洛渡"数字大坝"基于全寿命周期管理理论，按照"统一模型、平台和接口，数据准确、全面、及时、共享，直接面向生产需求，重在预测预报预警，应用操作简单直观逼真"的原则，联合相关科研院校和溪洛渡拱坝设计、监理与施工单位共同开发建设（陆佑楣等，2011）。溪洛渡"数字大坝"要求涵盖拱坝设计研究阶段、建设实施阶段和运行维护阶段，有统一的三维系统模型、平台、接口，实现从设计、计划到施工生产、质量控制与成果应用的全过程管理，实现从大坝施工一开始的覆盖大坝建设各专业、全过程的全面、准确、及时的数据采集，对搜集的数据进行查询、分析、反馈和直观展示，结合施工进度开展数字仿真与分析计算，制定技术标准与阀值，确定过程和状态的判别准则和控制曲线，进行科学的预测、预报和预警，重点对混凝土开裂风险和拱坝应力变形状态进行有效监控，始终为现场混凝土施工、温控防裂、基础处理的质量控制服务,始终为拱坝在建设期和运行期各阶段安全状态的判定服务,为建设无危害性温度裂缝的溪洛渡优质拱坝工程服务。

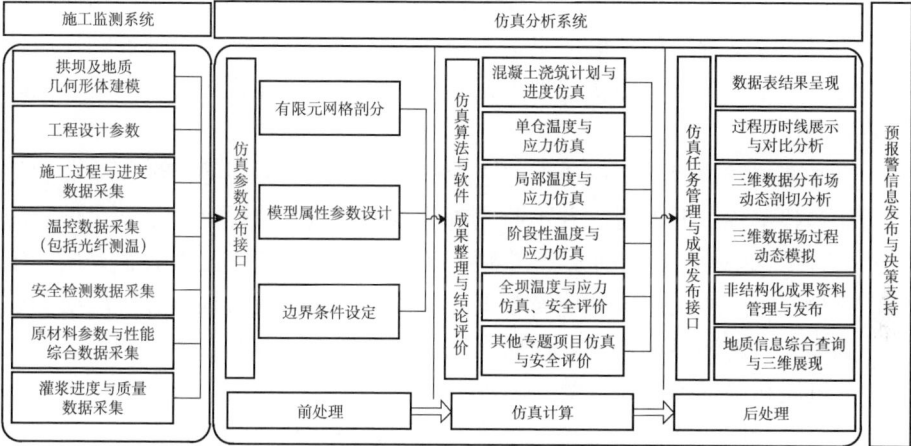

图2 溪洛渡"数字大坝"系统模型图

溪洛渡"数字大坝"系统分为两大部分:施工监测系统和仿真分析预测系统。施工监测系统总体上包括拱坝建设混凝土施工全过程、灌浆数据在线采集与控制、金属结构施工全过程和安全监测成果共享四个方面,并根据施工和管理需要,全面规划了大坝浇筑计划管理、原材料检测、混凝土生产及质量控制、混凝土运输、混凝土备仓、浇筑、温控、固结灌浆、帷幕灌浆、接缝灌浆、安全监测、地质勘察等施工工艺的流程和业务数据管理范围;通过整合传统计算机桌面应用技术、手持式无线终端技术、RFID 射频识别技术、数字传感技术、嵌入式设备接口等多种数据采集方式,全面集中地存储了大坝工程的设计数据、计划数据、工艺控制标准数据、现场工序的执行数据;通过预置的处理过程,自动完成工程工艺技术、进度、产量、质量等关键指标的统计分析及二维、三维可视化的展现,其展示的成果直接指导现场的施工生产与温控,大大提高了混凝土温控的效率与管理水平。施工监测系统全面覆盖大坝施工的全过程,是参建各方的信息共享与工作平台。仿真分析预测系统在对施工监测系统数据进行分析、对大坝混凝土和基础岩石的材料参数反演分析和现场大比尺试验的基础上,对大坝的整体安全状态、应力状态、混凝土开裂风险、施工技术难题等进行分析,对三维地质模型、计算边界条件、网格剖分、应力、应变计算结果等进行收集和展示。施工监测系统是仿真分析系统的基础,施工监测系统收集的海量数据保证了仿真分析结果的可靠性，仿真分析预测系统是施工监测系统的应用和扩展，两个系统共同为现场施工质量服务。

溪洛渡大坝建设项目管理实践，充分发挥"一个中心"的主导作用，充分利用"两个支撑"的科研成果，充分调动"三个支柱"的主观能动性，使得项目各干系人的优势资源得到了充分发挥，在工程建设过程中取得了良好的效果。

（1）充分发挥"一个中心"的主导作用。以业主为主导，组织专业软件公司和参建单位，开发建立并不断完善覆盖拱坝施工管理全方位、全过程的"数字大坝"系统，并推动系统在实际工作中的应用；依托"数字大坝"平台，充分发挥业主的主导和建设管理中心作用，对常规管理，分阶段组织召开专题会议；对超常问题，提前研究大坝建设施工计划和技术难题，使整个工程的进展和质量始终处于受控状态。

（2）充分利用"两个支撑"单位的科研成果。科研和咨询单位全过程保持对施工现场的跟踪，及时开展仿真分析，针对建设过程中出现的问题提出应对措施；根据施工计划预测可能面临的困难提出预控措施，及时将科研成果转化为生产力。中国长江三峡集团公司建立了以总工程师张超然院士为技术中心的、集国内拱坝建设一流专家于一体的技术咨询与决策团队，及时决策拱坝建设过程中设计优化及科研成果应用等重大技术问题。在溪洛渡拱坝施工过程中利用的主要科研成果有：①首次在施工现场开展了全级配混凝土起裂断裂韧度、扩展及失稳断裂韧度的研究、为正确评价大坝开裂风险、大坝已有裂缝的扩展风险提供定量科学依据（管俊峰等，2013a）；②开展了横缝在不同施工期相应的张开机制的理论分析，改进了工艺措施，实现了横缝张开与接缝灌浆的全过程、全状态动态控制（胡昱等，2013）；③提出了悬臂高度个性化控制分析概念，给出了特高拱坝全坝段个性化悬臂高度控制值的应力判断标准及相应数值分析方法（管俊峰等，2013b）；④通过现场监测数据分析坝趾固结灌浆作用机理，提出了等效灌浆压力求解模型，确定了溪洛渡贴角固结灌浆时机和灌浆压力的安全取值，并在实际中得到了检验；⑤提出了基于冷却水管进出口温度变化的温度-时间全过程动态反馈智能控制计算理论，并开展了现场试验，初步建立了一个实时、在线、个性化大体积混凝土智能通水冷却控制系统（林鹏等，2013c）；⑥解决了干热河谷高拱坝高温季节浇筑温控防裂的关键技术；⑦提出了特高拱坝施工期全过程跟踪反馈仿真与精细化仿真相结合的动态、个性化工程设计与控制理论，对大坝运行期大坝真实应力状态进行了非线性精细仿真分析，预测了溪洛渡拱坝长期运行的安全性；⑧进行了基于分布式光纤的大尺度和小尺度的温度状态实时、在线监测与反馈，为现场温控施工提供了指导。举例来说，溪洛渡拱坝最高温度控制相对较低，中冷和二冷温降幅度有限，再加上实际最高温度控制一般要低于设计允许最大值，故横缝的开度及张开的时机都会受到一定的影响。溪洛渡拱坝第一批次冷却横缝开度偏小，为确保后期冷却时大坝横缝张开并具备较好的可灌性，中国水利水电科学研究院提出提高一期冷却目标温度、合理确定非约束区最高温度、改进冲毛工艺减小横缝黏结强度、超冷 1~3℃、加强上游和下游表面保温等综合措施。清华大学在对横缝张开数据统计分析的基础上进行了反演分析，为避免横缝突然张开对已灌区产生不利影响，建议接缝灌浆拟灌灌区上部至少确保 3 个灌区横缝处于张开状态。对横缝开度与缝面处理的研究，明确了横缝面"净除乳皮"的质量标准。

（3）充分调动"三个支柱"的主观能动性。施工、监理、设计是工程建设的支柱力量，工程质量、进度、安全目标的实现依靠他们充分发挥主观能动性，落实各项要求，提高工作质量。溪洛渡拱坝建设所取得的成绩正是施工、监理、设计单位，在业主建设单位的主导下、在科研和咨询单位的支持下发挥主观能动性的结果。施工单位作为工程的直接建设者，其主观能动主要体现在理顺施工管理关系，提高施工效率，落实各项技术方案和措施。监理单位作为工程建设的直接监管者，也是联系施工单位和业主、设计单位的纽带，其主观能动性不仅体现在对施工过程质量、进度、安全的监督检查，还体现在促进参建各方的良性互动、紧密配合。设计单位的主观能动性体现在及时跟踪施工现场情况，动态设计、优化设计，保证工程在施工期和运行期的安全，同时方便现场施工。

（4）取得了良好的成效。溪洛渡拱坝共浇筑混凝土 680 万 m³ 未发现温度裂缝，创造了常态混凝土取芯长 20.59m 及泄洪深孔大型孔口群钢衬混凝土间歇期最短 26 天均衡施工的世界纪录。溪洛渡"数字拱坝"系统实施以来，积累了大量的各类数据，通过统一的平台和接口，发挥设计与科研单位的作用，通过科研院校的现场跟班和后方支撑，现场大量的技术难题得到超前研究并解决，为溪洛渡大坝混凝土浇筑的顺利进行和温控防裂提供了技术保障。①现场试验和监测数据表明，溪洛渡拱坝混凝土各项指标满足设计要求。②开发了混凝土通水冷却一体流温控制装置，借助"数字大坝"的混凝土温度综合分析曲线，通过数字及光纤温度计的测温成果与设计要求的动态比较，实时掌握情况，动态调整通水温度和通水流量，混凝土最高温度、各降温阶段的降温速率、控温阶段的温度变幅满足设计要求，混凝土实际温度变化曲线与设计温度过程曲线基本重合。通过对混凝土通水冷却过程中通水流量的实时调节，达到混凝土内部温度的精确控制，有效防范了混凝土温度裂缝，实现了"早冷却、慢冷却、小温差"的实时在线个性化温控，确保了混凝土浇筑"三期九段"温控过程和拱坝接缝灌浆"五区"温度梯度控制的连续、平稳、精确。形成的大坝混凝土智能通水系统与人工通水相比，节水25%～30%。溪洛渡大坝共对 2125 仓进行测温，1915 仓最高温度符合温控设计要求，总体符合率 90.12%；共进行 142 290 次一冷降温监测，平均日降温速率为 0.16℃，总体符合率 94.57%；共进行 116 875 次中冷降温监测，平均日降温速率为 0.10℃，总体符合率 98.37%。共进行 85 295 次二冷降温监测，平均日降温速率为 0.18℃，总体符合率 97.39%。③大坝混凝土温度裂缝得到控制，尤其是 2010～2011 年高峰年持续月高强度浇筑的 368 万 m³ 混凝土，未发现温度裂缝，这在国内外混凝土高坝建设中处于领先水平；重点预防了孔口部位和入冬季节的混凝土温度裂缝。对高位导流底孔一期冷却按照"慢冷却"的原则分三个阶段进行，避免孔口周边混凝土开裂。对 2010 年入冬混凝土通过加强表面保温、优化并适当提前中冷和二冷进度，做好早龄期混凝土的表面保温、减小混凝土内外温差的措施。针对溪洛渡拱坝 3 号导流底孔顶板冬季浇筑间歇期较长、开裂风险较大的问题，对两种浇筑方案（顶板首仓 1.0m 薄层和顶板首仓 1.5m 层）进行比较分析，仿真结果表明 1.5m 浇筑方案的拉应力削减显著，对混凝土抗裂安全有利。通过分布式光纤对老混凝土受新浇混凝土的冷击过程进行监测并开展反馈分析，结果表明，高温季节新浇混凝土对下层老混凝土冷击效应显著，由此，根据天气情况对混凝土开仓时间进行控制，防止混凝土浇筑跨高温时段；提前 2h 对即将开浇的仓面进行洒水及喷雾降温，降低仓面和环境温度。④拱坝工作性态正常。安全监测和仿真分析成果表明，施工期各阶段和运行期各工况的拱坝和基础工作性态在设计范围之内，安全运行有保障。

5 结论

溪洛渡特高拱坝从 2012 年开始挡水，2014 年 9 月溪洛渡蓄水至正常水位 600m，到 2016 年，大坝按照水库运行调度规程经过了 3 年多的正常高水位—防汛限制水位—死水位的运行，大坝变形、应力、渗流渗压情况正常，各项指标均在设计允许范围内。"一个中心、两个支撑、三个支柱"的溪洛渡高拱坝建设项目管理模式，以项目业主建设单位为项目管理中心，以

"数字大坝"为平台，以科研和咨询单位为技术支撑，以设计、施工、监理单位为建设基本支柱，形成产学研相结合的有机资源集成整体，充分调动和利用了项目各干系人的资源优势，根据建设现场的实际情况，在溪洛渡拱坝河床坝段水文地质条件变化的情况下，通过动态设计、施工和采取切实可行的工程措施，通过实时、在线、个性化地研究大坝混凝土和大坝结构的真实性态，保证了大坝施工质量和结构安全，实现了项目组织保障和资源投入及建设方案和控制技术的协同，按照国家核准的目标如期实现了项目投产运行，取得了良好的社会效益和经济效益。在上述模式下，溪洛渡拱坝建设进展顺利，工程质量和安全得到了保障。溪洛渡"数字大坝"及其智能通水控制系统的推广应用可促进传统基建行业向信息化、自动化、网络化方向发展，同时可为规范施工过程、提高生产效率、提高竞争能力提供切实有效的管理工具。溪洛渡建设模式可供国内外同类高坝建设管理借鉴。

参考文献

柏龙君，周绍武. 2013. 基于物联网的灌浆监测系统的应用研究. 水利水电技术，44（4）：14-16.

蔡绍宽，邹丽春，杨光亮，等. 2011. 小湾水电站工程关键技术. 水利学报，12（42）（增刊）：1-6.

樊启祥，陆佑楣. 2010. 西部水力资源开发的项目管理：以金沙江下游河段为例. 中国工程科学，12（08）：30-36，48.

樊启祥，周绍武，蒋小春，等. 2011. 灌浆现场过程监控方法及系统：中国，201110335403.8.

管俊峰，李庆斌，吴智敏，等. 2013a. 特高拱坝真实断裂参数研究的必要性与可行途径. 水力发电学报，33(5)：152-158.

管俊峰，朱晓旭，林鹏，等. 2013b. 特高拱坝悬臂高度个性化控制的分析研究. 水利学报，44(1)：97-103.

何学国. 2010. 二滩拱坝混凝土浇筑质量的控制. 水电站设计，16（2）：93-98.

林鹏，李庆斌，胡昱，等. 2013a. 管道内部温度测量装置. 中国，201220417734.6.

林鹏，李庆斌，胡昱，等. 2013b. 一体流温控制装置. 中国，201220417714.9.

林鹏，李庆斌，周绍武，等. 2013c. 大体积混凝土通水冷却智能温度控制方法与系统. 水利学报，8（44）：950-957.

陆佑楣，樊启祥，周绍武，等. 2011. 中国西部水电开发金沙江溪洛渡高拱坝建设的关键技术//高坝大库安全建设与风险管理高端研讨会论文集. 北京：中国大坝协会：1-14.

陆佑楣，樊启祥，周绍武，等. 2013.金沙江溪洛度高拱坝建设的关键技术.水力发电学报，
　　32（1）:187-195.

王仁坤，林鹏. 2008. 溪洛渡特高拱坝建基面嵌深优化的分析与评价.岩石力学与工程学
　　报，27（10）：2010-2018.

周绍武，古正，李庆斌，等. 2013. 一种拱坝施工期横缝性态辨识方法：中国：
　　2013102590085.

周绍武，林鹏，李庆斌，等. 2013. 大坝移动式实时多点温度采集装置：中
　　国:201220417503.5.

周双超，刘鑫，王连生，等. 2010.建设优质安全和谐的金沙江下游水电工程. 中国三峡，
　　1：19-30.

周维垣，王仁坤，林鹏，2006. 拱坝基础不对称性影响研究. 岩石力学与工程学报，26
　　（6）:1081-1085.

基于伙伴关系的水电企业流域开发管理研究

唐文哲[1]，强茂山[1]，陆佑楣[1]，于增彪[2]，陈云华[3]，彭青锋[3]

（1. 清华大学项目管理与建设技术研究所，清华大学水沙科学与水利水电工程
国家重点实验室，北京 100084；2. 清华大学经济管理学院，北京 100084；
3. 雅砻江流域水电开发有限公司，成都 610021）

摘　要：我国能源供需矛盾日益突出,大力开发清洁、可再生的水力资源是我国能源电力政策的重要方针。科学有效地开发河流水能资源,实行水电企业流域化、集团化科学管理势在必行,不能单一电站考虑,必须对一条河流或一个河段进行整流域的规划开发,以取得最合理的水能资源量、最好的生态环境效益和创建最和谐的社会环境。流域开发涉及众多组织,目前应用的"项目级管理"和"组织级管理"对于指导这种新的流域开发模式有其局限性。本研究引入"利益相关人级"项目管理理论,结合上述两种管理模式,建立基于伙伴关系模式的水电企业流域开发多项目、多目标管理模型。该模型系统地描述了伙伴关系应如何与不同的管理理论紧密结合,以有效整合流域开发产业链上企业内部和外部资源,在流域范围实现水电开发与经济、社会、环境保护协调发展。

关键词：流域水电开发；伙伴关系；风险管理；业务流程再造；评价；激励

通信作者：唐文哲（1970—），E-mail: twz@mail.tsinghua.edu.cn。

Partnering-based Systematical River Development Management Model for Hydropower Enterprise

Wenzhe Tang[1], Maoshan Qiang[1], Youmei Lu[1], Zengbiao Yu[2], Yunhua Chen[3], Qingfeng Peng[3]

（1.Institute of Project Management and Construction Technology，State Key Laboratory of Hydroscience and Engineering，Tsinghua University，Beijing 100084；2. School of Economics and Management，Tsinghua University，Beijing 100084；3. Yalong River Hydropower Development Company Ltd，Chengdu 610021）

Abstract： There is an increasingly pressure of energy supplying due to the rapidly rising energy consumptions of the Chinese market，and developing clean and regenerative water power resources has become an important energy policy of China. There is an urgent need for a hydropower enterprise to apply advanced management theories and effective methods to systematically develop cascade dams at the scale of the whole river basin. Currently，"Project level" and "Organizational level" management theories and methods are being applied in the industry，which have apparent limitations to guide the new emerged systematical river development. Hydropower development at river basin scale involves interests of many different organizations，thus this study adopts "Stakeholders level" management theory to establish a partnering-based hydropower enterprise management model for developing multi-projects and achieving multi-objectives. This model describes how partnering should be combined with different management theories to facilitate maximum utilizing the resources of all interested parties in developing cascade hydropower projects，which is expected to guide a hydropower enterprise to effectively achieve its hydropower development objectives at the scale of whole river basin.

Key Words： hydropower development；partnering；risk management；business process re-engineering；measurement；incentive.

1 引言

目前，西南水电流域化开发处在快速发展时期，如金沙江、雅砻江、大渡河等都在同时建设和运营多个电站。这种流域开发模式涉及水电企业多目标、多项目管理，需要系统化、科学化的理论和方法指导。现今我国已有项目管理理论主要是用于指导单一项目从启动到收尾全过程的实施，这种"项目级管理"理论对于指导流域开发的多项目实施和运营，有很大的局限性。对此，"组织级项目管理"概念被一些企业引进，用于整合组织资源来管理多个项目。然而，流域开发需要从项目决策、建设、电力生产、电力配送和电力销售整条产业链来考虑，涉及众多组织，如何集成这些组织的资源，合理分配这些组织间的利益，上述两种管理模式对解决这些问题都存在局限性。故此，指导流域开发的多目标、多项目管理理论，必须要有所创新和突破。

2 伙伴关系管理模式

在流域开发项目决策、建设、电力生产、电力配送和电力销售过程中，核心企业与其他众多利益相关组织间资源最优化配置以实现各项目标是水电企业流域化开发所要解决的基本问题。具有上下游产业关系或具有优势互补关系的企业间，要加强产品供应、技术开发、市场开拓等方面的合作，形成战略联盟，实现资源、信息共享（Cao and Zhang，2011）。鉴于伙伴关系模式能最大限度地整合建设业资源，有助于相关组织的革新、学习和提高效率（Egan，1998），有必要建立基于伙伴关系的水电企业流域开发管理模式，整合各方资源，以取得最合理的水能资源量、最好的生态环境效益和创建最和谐的社会环境。

伙伴关系应用于项目实施发源于美国，目前主要应用于北美、欧洲、澳洲和香港等地。伙伴关系模式是："两个或多个组织间一种长期的合作关系，旨在为实现特定目标尽可能有效利用所有参与方的资源；这要求参与方改变传统关系，打破组织间壁垒，发展共同文化；参与方间的合作关系应基于信任、致力于共同目标、和理解尊重各自的意愿"（Constrnction Industry Institute，1991）。很多研究表明，建设行业的竞争性和高风险性经常导致项目参与各方关系处于相互戒备的紧张状态，并且这种紧张关系会严重影响项目实施的效率（唐文哲等，2006）。如果各组织间缺乏合作，将导致决定项目品质的各个组织的资源难以充分整合。伙伴关系管理模式则可以通过不同层面的措施实现组织间资源的最优化配置，从而提高项目的实施结果，最终为所有组织带来利益。相对传统方式，伙伴关系方式可以减少项目造价1.76%，缩短工期约8.99%；在伙伴关系的基础上，美国、英国和澳洲的一些工程加入了激励机制，即风险共担、利益共享，这些项目实施结果显示，实际成本降低8.1%，工期缩短6.94%（Tang et al.，2006）。关于伙伴关系的研究主要包括应用必要性、概念、过程、效果、应用障碍识别、实施要素识别、构筑理论及应用新模型等方面。模型研究代表了对伙伴关系最系统和深入的研究。伙伴关系模型揭示了各伙伴关系要素之间的关系及其对项目实施的作用原理，指出伙伴关系结合激励机制在很大程度上是通过促进风险管理和业务流程管理等其他管理方法来提升项目实施结果；并据此提出，不同的管理思想应与伙伴关系理论相结合，以最优化整合所有相关组织的资源，高效实现组织的战略目标（Tang et al.，2007）。

3 基于伙伴关系模式的流域开发多项目、多目标管理模型

本研究根据上述最新伙伴关系研究成果及流域开发的实际需求，建立了基于伙伴关系模式的水电企业流域开发多项目、多目标管理模型，如图1所示。

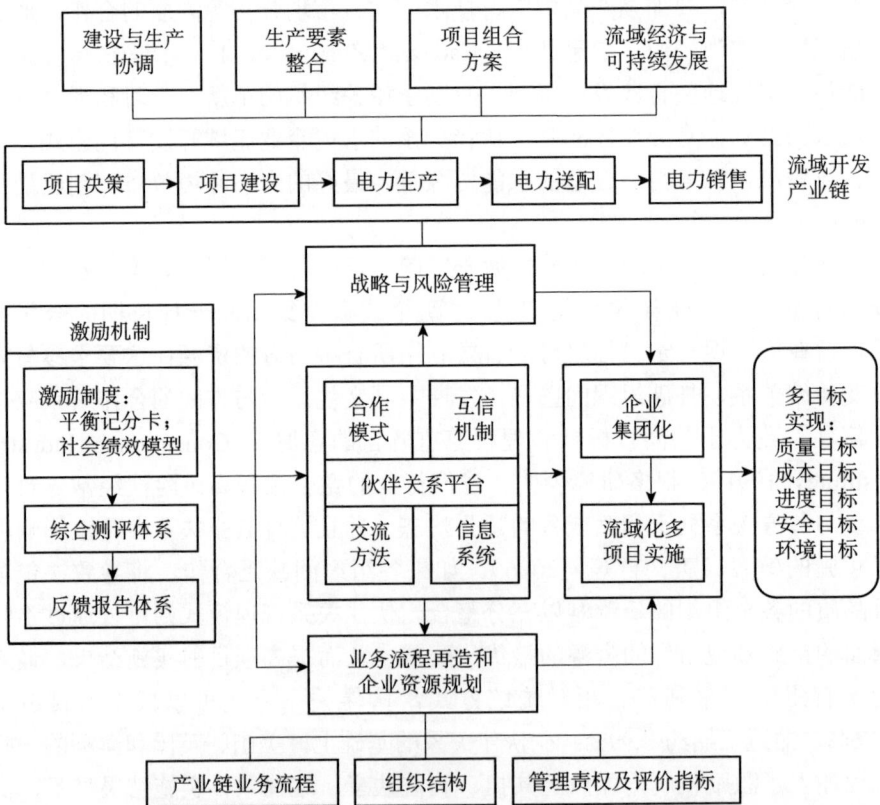

图1 基于伙伴关系模式的水电企业流域开发多项目、多目标管理模型

　　该模型系统地描述了通过伙伴关系、战略与风险管理、业务流程再造和企业资源规划、激励机制之间的互相作用，如何帮助流域开发核心企业通过集团化管理多项目的实施，最终达成流域开发各项目标（Lin et al.，2011）。模型以伙伴关系为平台，向上是从项目决策、项目建设、电力生产、电力送配和配售产业链总体出发的战略与风险管理，向下是业务流程再造和企业资源规划，企业高效运作和基于伙伴关系理论共赢思想所延伸的激励机制。具体内容如下。

3.1　伙伴关系平台

　　伙伴关系旨在整合项目开发所有组织的资源，其中流域开发核心企业居于中心地位（曹吉鸣，2005），因而需建立以项目开发核心企业与咨询机构、设计、监理、承包商、供应商、中央和地方政府、电网企业、当地居民、用户和金融机构等利益相关组织参与的多层级伙伴关系模式（唐文哲等，2008）；如图2所示。

　　上述模式属于"利益相关人级管理模式"，是相对于"项目级管理模式"和"组织级管理模式"的组织创新。在组织研究领域，随着全球经济一体化和信息技术的迅速发展，组织存在的目的、价值、方式也需要进行相应的改变和创新：组织价值的评价准则需要从只关心自身利益到关注组织的社会、生态、环境价值，和从只关心组织拥有者利益到关心所有相关者的利益（Zheng et al.，2015）。相对于项目级管理模式和组织级管理模式，流域开发产业链伙伴关系模式将能有效协助核心企业通过综合协调和平衡机制对流域开发各参与组织进行系统化集成管理。

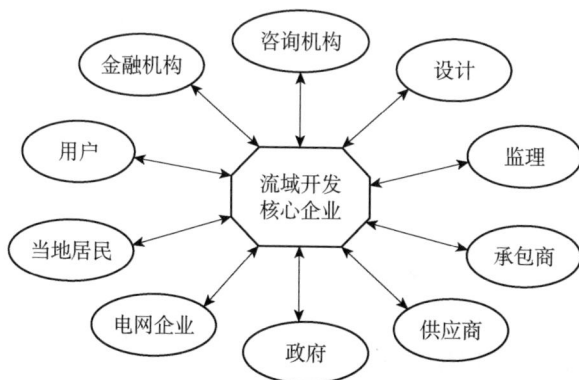

图2　流域开发产品产业链伙伴关系模式

在伙伴关系平台中，需包含不同要素，可以分为两类。一类是行为要素，包括共同目标、态度、信守承诺、公平和信任，其中信任是核心。另一类是交流要素，包括开放、团队合作、有效沟通、问题处理方法和及时反馈，这 5 个要素互相关联。行为要素属于互信机制，其作用在于能促进交流要素的有效实现。因为如果各参与方能建立相互信任的关系，愿意充分地沟通，使各种信息顺畅交流，则能获得两方面的好处。一是可让信息流动加快，从而提高工程实施效率；二是可鼓励各方分享经验和对问题的看法，即增加了用于决策的数据，使决策更为科学，从而使决策价值最大化。伙伴关系平台需结合流域开发各阶段性目标，建立利益相关组织之间的互信机制和交流方法。

由于伙伴关系包括众多的利益相关组织，相互交流所产生的信息量将是非常巨大的（Wang et al.，2013）。流域开发应结合流域开发各项业务，建立伙伴关系模式下的流域各梯级电站建设、运行、气象、水文、生态、环境及市场营销等的数字化信息系统，处理流域开发各方面的信息，克服资源在迂回过程中的内耗和浪费，满足快速变化的、个性化的用户需求，支持企业内部和各组织间迅速、高效地进行交流和决策。

3.2　战略与风险管理

进行流域开发，企业必须要对各种因素进行分析，制定合理的战略，并明确在战略实施过程中，企业如何应对各种风险，并进行科学决策，以确保战略目标的顺利实施。从宏观战略环境看，中国正面临着严峻的人口、资源和环境问题的挑战，西南流域水电开发需要水电企业从盈利导向转变为社会服务导向，并保护流域生态环境，将企业内部的技术、资金、文化与外部的资源、环境、政策融为一体，使流域资源得以高效利用，实现水电开发与经济、社会、环境保护协调发展（Tang et al.，2013）。流域开发战略的目标需要在伙伴关系平台上，充分考虑流域开发各相关组织的利益，并结合流域开发区域的经济增长、环境稳定、社会公平来制定。如何实现战略目标，需要通过分析企业的强项、弱点、机会和挑战，重点解决建设与生产协调、生产要素整合、项目组合方案、流域经济与可持续发展等与流域开发核心企业长远发展密切相关的问题。

在战略实施的过程中，企业会面临各种不确定因素，需要研究企业风险决策机制以确保战略目标的顺利实施。在市场竞争非常激烈的今天，无论企业或个人都经常面临着复杂的决策问题，其核心就是风险管理。本研究对风险管理调研结果显示，目前我国工程建设业风险管理方法应用程度还较低，工程建设风险管理系统还很不正规，建设行业风险管理系统远达不到有效管理工程风险的要求。调研结果表明，提升风险管理程度已成为我国建设行业面临的重要课题，并且需要项目参加各方建立伙伴关系来合作管理共同风险。据此，流域开发企业在实现战略目标的过程中应建立各方能合作管理风险的系统，以帮助科学决策，降低风险。该风险管理系统应建立在伙伴关系平台上，帮助项目参与各方更快、更多地获得和处理项目信息以支持决策。然而，利用所获得的信息，各参与方要实现决策价值最大化，前提条件是组织和个人具备相应的风险管理知识和技能，以及相应的风险管理技术环境。为此，该系统应结合企业部门职责明确风险管理具体程序。风险管理的主要步骤包括风险辨识、风险分析、风险应对和风险监控等部分，每部分程序均要设置合理、方法明确，部门和管理者都可以依据这些程序处理与己相关的风险。风险管理的每个部分与伙伴关系的交流要素要直接相联，以使各组织贡献的信息能迅速进入风险管理系统。此风险管理系统将为各方搭建一个风险管理平台，帮助各参与方公平合理地分摊风险，促使参与者的风险意识和风险管理的知识与技能都能得到提高，从而使各参与方有效地合作管理项目决策、建设、电力生产、电力送配和电力销售不同层面的风险，顺利实现流域开发各项目标。

3.3　业务流程再造和企业资源规划

业务流程再造指出真正造成企业经营行为欠佳和绩效低劣的并不是形式上的组织结构，而是组织中各项业务实际开展的过程或流程；在传统的按照专业化分工逻辑设计的组织结构下，活动的流程是破碎的，因而也是无形的、看不见的和无人管理的；为求得经营绩效的显著改善，企业必须对业务流程进行改进。从本研究发现企业运作过程低效的主要原因在于：

第一，企业业务流程根据传统经验因循下来，不适应当前形势。

第二，企业缺乏理论指导，无力对现有业务流程进行改进和资源优化。

第三，企业现有流程趋于封闭，对外部环境反应迟缓，缺乏有效利用外部资源的能力。

因此，企业需要通过过程解剖抓住主要矛盾，进行业务流程再造和企业资源规划来管理企业活动和内外部资源，以提高企业运作绩效。鉴于组织中的各项活动过程通常并不是在单体企业内部完成的，以流程为中心的组织设计，正呈现出一种明显的趋势，取代传统的以结构为中心的组织设计。而且，当前组织研究的范围也已经从企业内部关系扩展到了企业间的关系，使企业组织边界的范围与清晰度、企业组织的构件和协调整合方式等都发生了前所未有的变化（Tang et al.，2009）。这些变化也提出了创建和发展伙伴关系模式的需要。

流域开发核心企业的管理流程并不仅限于组织内部各个管理部门，流域开发的大量业务需要与外部组织合作来完成。伙伴关系管理模式能帮助企业在有效整合组织内部资源过程中通过与外部组织的互利互惠关系获得外部资源，如政府政策、咨询机构咨询、承包商技能、供应商产品和金融机构资金等外部资源支持，同时，伙伴关系也能为获得这些资源创造条件和提供系统性的集成管理方法。流域开发应以伙伴关系为平台，通过对所参与组织的一体化建设，消除流域开发业务流程中间环节问题，从而提高组织运作与资源管理的效益。流域开发的多项目、多目标特点也为伙伴关系发挥作用提供了更大的空间。各组织可以通过多个项目的实施，不断积累数据以分析出问题，提出业务流程改进措施。各项目中从事类似工作的组织也可以通过伙伴关系平台交流数据，通过对比来发现自身的不足，并改进业务流程，实现提高。

在确定企业通过伙伴关系所能获得的外部资源后，流域开发企业需分析自身的核心资源，根据外部和内部资源最优化配置原则再造企业业务流程和规划企业资源，并结合多个项目平行实施的实际来设置组织结构，以及分配部门和管理者责权与评价指标，促进企业内部与外部资源组合的不断优化，实现企业高效运作过程的不断增值。

3.4 激励机制

项目管理中组织间运用激励机制是伙伴关系理论的自然延伸，包含着双赢的思想（Tang et al.，2008）。以业主与承包商之间的合同关系为例，业主与承包商之间的关系通常根据合同建立，但传统合同的内容在一定程度上所建立的是一套惩罚体系，并不能鼓励承包商按规定的时间和质量更好地完成工程，特别是在当今承包竞争激烈、承包利润普遍较低的情况下，承包商甚至期望工程有更多的变更和更多的问题发生，才有机会索赔以获得额外利益。而激励机制则为承包商提供了另一种机会，即依托工程顺利实现业主目标来获得额外奖励。这种奖励可以看作业主的一种策略。从对激励机制的调研结果来看，奖励资源的支出并不会增加工程总成本，这是由于奖励能有效帮助提高承包商风险管理和质量管理等激励机制所考核的方面（He et al.，2016）。以安全为例，提高安全风险管理程度需要增加防护设备、安全知识培训、安全测试和增设安全员等。如果设有安全奖，则可以促进承包商在安全方面的投入，提高安全管理水平。因此，激励机制为项目实施提供了原动力，对整个项目具有全面的促进作用。奖励资源不应该被理解为一种成本，而应视为一种贯彻企业战略、实现企业经营目标和塑造积极企业文化的强大推动力。

激励机制应在伙伴关系平台上，从流域开发相关利益组织间和核心企业组织内部成员两方面来构造。对相关利益者，主要考核项目建设中以承包商为主的利益相关组织在项目建设中的绩效；对内部成员，主要考核流域开发核心企业部门和管理者在项目决策、项目实施、电站运行和电力销售过程中的绩效。该激励机制应具体包括绩效评价体系、奖励资源规划，以及评价指标与奖励资源结合方式三项内容。其中绩效评价体系最为关键。流域开发应在平衡记分卡法基础上设计流域开发组织的绩效评价体系。在平衡记分卡中，评价组织或个体的绩效指标需从战略出发，包括财务、客户、内部业务流程、学习和增长等四类绩效指标，具体实现方法就是利用目的、绩效测评指标、指标值和措施等四个相互联结的概念将战略转化为可操作或可执行的标准、转化为每个组织成员的日常工作（Kaplan and Norton，1996）。激励机制中的奖励资源规划主要是确定奖励资源类型和数量，也是处理企业与相关利益者关系的关键环节。激励机制中绩效评价指标与奖励资源的结合则是激励制度的根本特征，必须体现相关利益者"利益共享、风险共担"的原则，就是使每一个相关利益者都能够在完成流域开发核心企业目标的同时也达成自己的目标。

上述激励机制在执行过程中应形成具有预警功能的标准反馈报告和作为高层领导决策参考的简式反馈报告，帮助企业部门和管理者达到如下目的：企业的运作符合总体战略方向，及时发现问题并发出早期预警，企业内交流经验教训，知识共享，实现企业管理水平的持续提高。

4 结论

（1）流域开发有必要建立基于伙伴关系的水电企业流域开发管理模式，

整合各方资源，以取得最合理的水能资源量、最好的生态环境效益和创建最和谐的社会环境。

（2）基于伙伴关系的水电企业流域开发管理模型可通过构建伙伴关系应如何与战略和风险管理、业务流程再造及企业资源规划和激励机制相结合，来帮助企业通过集团化管理多项目的实施，达成流域开发各项目标。

（3）需结合上述理论与方法加强应用研究，以指导涉及多目标多项目管理领域的组织间加强合作、优势互补和集成资源，促进企业绩效提升，产生社会和经济效益。

（4）未来研究方向应注重综合评价流域水电开发的社会、经济和环境累积效益和影响，优化现有梯级电站调度运行和沿河生态环境保护方案，协调水电开发分割管理模式下的利益冲突和风险冲突，完善电价和移民补偿机制，建立流域范围公平的利益分配和风险分担机制。

参考文献

曹吉鸣. 2005. 基于房地产供应链的合作伙伴关系管理. 建筑经济，（1）：40-44.

唐文哲，强茂山，陆佑楣，等. 2006.基于伙伴关系的项目风险管理研究，水力发电，（7）：1-4.

唐文哲，强茂山，陆佑楣，等，2008. 建设业伙伴关系管理模式研究. 水力发电，（3）：9-13.

Cao M，Zhang Q. 2011 .Supply chain collaboration：Impact on collaborative advantage and firm performance. Journal of Operations Management，29（3）：163-180.

Construction Industry Institute. 1991. In search of partnering excellence. The U. S.：Construction Industry Development Agency.

Egan J. 1998. Rethinking construction. Department of Environment，Transport and the Region.

He W，Tang W，Wei Y，et al. 2016. Evaluation of cooperation during project delivery：An empirical study on the hydropower industry in southwest China. Journal of Construction Engineering and Management-ASCE，142（2）：04015068.

Kaplan R S，Norton D P. 1996. The Balanced Scorecard：Translating Strategy into Action. Harvard Business Press.

Lin Z，Qiang M，Tang W，et al. 2011. Multi-dimensional project management models for mega-construction companies and their applications. Science China Technological Sciences，54（1）：118-124.

Tang W，Duffield C F，Young D M. 2006. Partnering mechanism in construction：An empirical study on the Chinese construction industry. Journal of Construction Engineering and Management-ASCE，132（3）：217-229.

Tang W，Li Z，Qiang M,et al. 2013. Risk management of hydropower development in China. Energy，60：316-324.

Tang W，Qiang M，Duffield C F，et al. 2007. Risk management in the Chinese Construction Industry. Journal of Construction Engineering and Management-ASCE，133（12）：944-956.

Tang W，Qiang M，Duffield C F，et al. 2008. Incentives in the Chinese Construction Industry. Journal of Construction Engineering and Management-ASCE，134（7）：457-467.

Tang W，Qiang M，Duffield C F，et al. 2009. Enhancing TQM by partnering in construction. Journal of Professional Issues in Engineering Education and Practice-ASCE，135（4）：129-141.

Wang S，Tang W，Li Y. 2013. Relationships between owners' capabilities and hydropower project performance. Journal of Construction Engineering and Management-ASCE，139（9）：129-141.

Zheng T，Qiang M，Chen W，et al. 2015. An externality evaluation model for hydropower projects：A case study of the three gorges project. Energy，108：74-85.

水利建设项目后评价机制研究

陈 岩[1]，郑垂勇[2]

（1. 南京林业大学经济管理学院，南京 210037；2. 河海大学商学院，南京 210098）

摘 要： 后评价的发展不仅与它的方法和内容的研究有很大的联系,还取决于建立合理的后评价机制。本文针对我国水利建设项目后评价机制的现状及特点,提出了健全水利建设项目后评价机制的思路,对水利建设项目后评价的管理机制、运行机制和结果的反馈机制进行了研究。建议建立起三级管理体系,并对后评价的经费来源和起止时间进行了规定,设计了后评价反馈流程,可以将所总结的经验教训和知识有效地反馈到其他项目开发和建设中。

关键词： 水利建设项目；后评价；管理机制；运行机制；反馈机制

Study on the Post Evaluation Mechanism of Water Conservancy Construction Project

Yan Chen[1]，Chuiyong Zheng[2]

（1. College of Economics and Management，Nanjing Forestry University，Nanjing 210037；
2.Business school of Hohai University，Nanjing 210098）

Abstract： The development of post evaluation is not only related to the research of its methods and contents，but also depends on the establishment of a reasonable post evaluation mechanism. Based on the present situation and characteristics of the post evaluation mecha-

通信作者：郑垂勇（1958—），E-mail: chyzheng@hhu.edu.cn。

nism of water conservancy construction project in our country，this paper presents the idea of improving the post evaluation mechanism of water conservancy construction project. The paper studies the management mechanism，operating mechanism and the feedback mechanism of the post evaluation of water conservancy construction project. We propose a three levels management system and establish the rules of the post evaluation which specify funding sources and the starting and ending time of the evaluation. We have also designed the post evaluation feedback process，which enable other construction projects to learn from the accumulated experience and knowledge.

Key Words：water conservancy construction project；post evaluation；management mechanism；operating mechanism；feedback mechanism

1 引言

水利是我国重要的基础设施，对于国民经济和社会发展具有重要的作用。党中央、国务院高度重视水利工作，水利建设取得巨大成就。"十二五"时期是水利投资规模最大、建设进度最快的五年，全国水利建设累计总投资达到 2 万亿元。"十二五"期间防汛抗旱减灾取得重大胜利，水利工程建设全面提速，初步建立了最严格的水资源管理制度，治水兴水进入了一个新的阶段。"十三五"是全面建成小康社会的决胜阶段，2016 年重大水利工程建设达到 8000 亿元的投资规模，进一步完善防汛抗旱减灾体系（国家发改委，2016）。

自从我国在 20 世纪 80 年代中期引入项目后评价以来，后评价在我国各行业相继开展，并取得了一定的进展。随着我国投资体制的不断深化改革，人们越来越意识到后评价是改进投资效益、提高决策水平的重要工具与方法。项目后评价的作用要想充分发挥，除了要有完善的项目后评价方法体系外，还需要建立科学、高效的后评价运行机制。目前，国内的研究多集中在项目后评价的内容和方法上，而对于如何建立项目后评价机制却研究得较少。水利项目后评价工作近年来发展较快，1996 年 7 月，已完成《大型水利工程后评价实施暂行办法》（修改稿），对水利建设项目后评价的实施机制做出了相应的规定，但是对于后评价的管理机制、运行机制、反馈和结果使用机制等方面没有详细的要求和规范（黄会明等，2004）。所以有必要对水利建设项目后评价的机制展开深入细致的研究，建立起有效的水利建设项目后评价机制，加强后评价的实施效果，从而进一步推动后评价的发展（陈岩和郑垂勇，2007a）。

2 水利建设项目后评价的管理机制

2.1 后评价的管理体系

根据国外多年来的实践经验，考虑到我国开展后评价工作的实际情况和现实可能性，应建立起由领导机构、管理机构和执行机构构成的三级后评价管理体系（姚光业，2002）。

1. 领导机构

领导机构是指中央权威性领导机构，它是国务院直接领导下的一个独立于各部门之外又是各部门联合体的中央后评价领导小组，负责管理全国的后评价工作。其领导小组的组成单位由国家发展和改革委员会、国务院国有资产监督管理委员会、建设部、财政部、国家审计署及中国人民银行等与政府投资项目有关的部门组成。领导小组下设政府投资项目后评价管理办公室，负责日常具体工作。中央后评价领导机构的主要职责是：负责全国后评价工作的管理、指导、组织和协调；颁布后评价政策、法规和条例；制定后评价实施办法及指导性原则，规范后评价方法；审核监督其他评价机构所做的后评价报告，将后评价结论及时反馈到领导及决策部门等工作。

2. 管理机构

管理机构是指由各地区、各部门和各行业组建的后评价组织管理机构。国家和地方发展和改革委员会可以在重大建设项目稽查办下设后评价办公室，水利部、流域委员会和水利厅在监督评价部门下设后评价办公室。其主要职责是：贯彻中央后评价机构制定的后评价政策、法规和条例；对地区、部门或行业后评价工作进行总的组织、管理、指导和协调；结合地区、部门或行业特点制定指导开展后评价的具体实施办法和后评价工作程序；接受领导机构的委托审核后评价单位的资格；选择后评价项目，组织培训后评价工作人员，判断评定后评价质量；审核、监督下属的或委派的后评价机构所做的后评价报告及工作，并向地方政府、部门或行业领导提交审核报告及综合报告，供决策参考。

3. 执行机构

执行机构就是具体从事投资项目后评价的单位，执行机构可以有两种：一方面是各行业部门设立的后评价局可以直接进行后评价工作；另一方面是受各行业部门后评价局委托进行评价工作的中介机构，如规划设计单位、工程咨询公司、企业及商业银行建立的后评价机构。目前，后评价执行机构以两种形式并存，两者各有优缺点，但为了使后评价工作更规范化、专业化，应当考虑尽量精简政府部门机构，将大量具体的后评价工作交由外部机构来完成，而部门的后评价人员专心从事后评价的管理工作。后评价执行机构的主要职责是：接受执行各地区、各部门或各行业委托的后评价工作任务；加强决策监督，为投资主体服务，为银行或企业领导决策提供科学依据；面向市场开展服务，依靠评价质量求生存、求发展。领导机构、管理机构、执行机构之间的关系如图 1 所示。

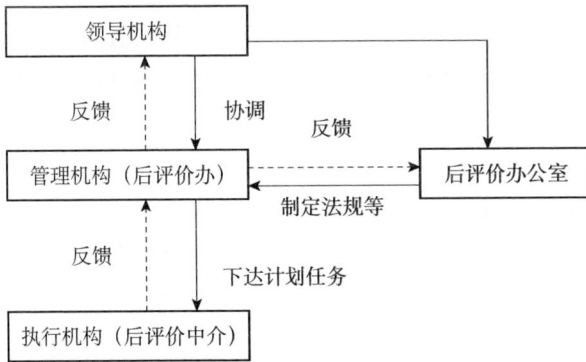

图1　机构设置及关系图

2.2　后评价的工作程序

为了保证水利建设项目后评价工作的公正、客观、独立和科学性，水利建设项目后评价机构应该是相对独立的，并且不能与项目可行性研究和初步设计的单位重复，公平、公开、公正地确定执行后评价的中介机构。也可直接由管理机构组织专家人员进行后评价，并将信息反馈给上级和同级，具体工作程序如下（陈岩和郑垂勇，2007b）。

1. 制定后评价计划，并下达后评价任务

由计划部门的后评价组织机构或水利建设项目主管部门的后评价机构制定后评价计划。国家水利重点建设项目、水利部的项目和地方建设项目都由其后评价办公室下达计划给项目建设法人。一方面要求项目建设法人按照自我评价的有关规定编写项目后评价的自我评价报告；另一方面要求法人向符合条件的咨询单位委托后评价任务。

2. 挑选重大项目进行跟踪监督检查

广义上的后评价指的是在项目开工后任一时点开始所进行的评价。从项目开工到竣工验收这一阶段的后评价是跟踪评价，跟踪评价可以及时检查项目的完成情况，并针对问题提出相应的意见，一般用于重大水利工程项目。这些项目非常重要，而项目建设过程中的失误可能会导致工程的工期、成本和质量出现问题，重点跟踪控制这类工程，就可以及时发现问题、纠正错误，避免更大的失误（董棉安，2002）。中央政府针对国家重点建设项目进行监督检查，地方政府针对地方重点建设项目进行监督检查。

3. 项目法人自我评价及配合独立后评价部门工作

被确定开展项目后评价的项目法人，除编制自我评价报告外，应积极配合项目后评价工作，及时向后评价执行机构提供必要的资料和信息。资料包括：项目建议书、项目可行性研究报告、初步设计文件、环境影响评价报告、工程概算调整报告、工程决算报告、竣工验收报告等。

4. 后评价的执行机构开展后评价工作

承担水利建设项目后评价的咨询机构，应根据主管部门委托的任务、范围来制定后评价工作实施计划，在项目法人编制的自我评价报告的基础上，再依据工作计划所制定的调研大纲，采取实地调查或咨询调查的方法，广泛地听取各方面的意见，对所收集的资料进行前后对比分析，将项目评价目标及评价的重要指标采用科学的评价方法进行计算、对比、分析，找出问题，分析原因，拟定措施，并在充分讨论的基础上形成评价结论，编写项目后评价报告（安中仁等，2011）。

5. 后评价报告的审核

由后评价管理机构组织有关部门和专家对后评价报告进行客观、公正、独立、科学的审核，审核的内容包括对自我评价报告、项目后评价报告、影响评价报告和评价专题研究等的审核。

6. 后评价的结果的使用和意见的反馈

信息反馈是后评价的主要任务之一。后评价的结果反馈有三个方面的作用：跟踪后评价中的意见及时向建设单位反馈信息，可以及时纠正项目建设过程中出现的错误；后评价的结果可以起到借鉴经验的作用，对于这方面的信息需要进行报告和披露，向项目的建设法人、主管部门、贷款银行、后评价领导等部门都有相应的信息反馈，为水利建设项目的规划、制定发展战略等提供参考意见，对于完善在建项目和其他项目提供有益的借鉴；后评价的结果还可以对于项目的所有参与部门起到监督控制作用，给予相应的奖励和惩罚措施，可以加强今后的项目建设法人等单位的责任心。

3 水利建设项目后评价的运行机制

3.1 后评价的经费来源

从国外的投资项目后评价的实践来看，通过项目后评价推动投资决策科学化水平的提高，其经济效益和社会效益也是很可观的，所以为了提高水利建设项目的决策水平和建设水平，每年耗费一定数量的资金是值得的，也是必要的（桂滨和钟文香，2005）。费用来源可以分为两方面：①在初步设计概算时，按总概算第一类费用的 0.02%~0.3%计列，大中型项目可以按照0.02%~0.15%计列，小型项目可以按照 0.15%~0.3%计列；②建立水利投资项目后评价基金，其经费的金额按照每年水利投资总额的一定比例计列，由水利后评价管理机构统一掌握使用。

3.2 后评价时间的确定

1. 评价起始时间

按照世界银行等后评价制度完善的部门来分，后评价有 3 种不同的类别：跟踪评价、实施效果评价和影响评价（许成绩，2003），其工作的起始点是不同的。对于规模不同的水利建设项目要按照不同的种类和时点进行评价（图 2）。对于国家或者水利部重点建设项目，由于工程重大，为了有效地控制工程三大目标按计划进行，评价的时点可以提前，部门后评价管理机构可以在工程开工之后就进行跟踪和实施效果评价，对于工程建设过程中出现的问题提出意见以便及时改正。这种跟踪评价可以由后评价管理机构进行评价，也可以由建设法人自我组织评价。在工程竣工后一年后再进行影响评价，因为一般水利建设项目的工期都比较长，很多工程在竣工前主体工程就开始发挥作用，并且如果选择时间过晚，资料比较难收集。

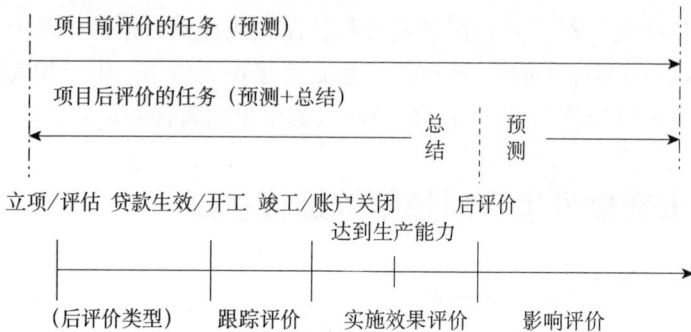

图2　后评价的分类和评价起始点

2. 后评价工作需要的时间

后评价工作所需要的时间不仅取决于评价项目规模的大小、复杂程度和对内容的具体要求，也取决于后评价工作小组投入的人力。后评价的时间不能过短，因为后评价需要进行资料的收集、调查，还需要进行分析，很短的时间内可能分析不够透彻；后评价的时间也不能过长，时间久了资料比较难收集，并且需要及时把后评价结果反馈上去，及时地产生效益。从水利建设项目的实际出发，建设投资 20 亿元以上的项目从后评价任务的提出到提交项目后评价报告所需的时间为 18 个月以内，建设投资 5 亿~20 亿元的项目从任务的提出到提交项目后评价报告所需的时间为 12 个月，建设投资 5 亿元以下的项目从进行项目后评价任务的提出到提交后评价报告所需的时间为 8 个月以内。

4　水利建设项目后评价的反馈机制

建立后评价的反馈使用机制的关键在于将所总结的经验教训和知识应用于其他项目开发和建设中，这些经验教训和知识可供项目周期中的不同阶段借鉴和应用（陈岩和周晓平,2007）。如立项阶段的项目决策、项目准备阶段的设计改进、在建项目实施中问题的预防和对策、完工项目运营中管理的完善和改进等（金锡万和白琳，2002）。在水利建设项目后评价的反馈中，后评价的管理机构起着重要的作用，其不仅负责后评价任务的下达，还负责后评价成果的管理和反馈。针对后评价的反馈要求，设计的反馈流程图如图 3 所示。

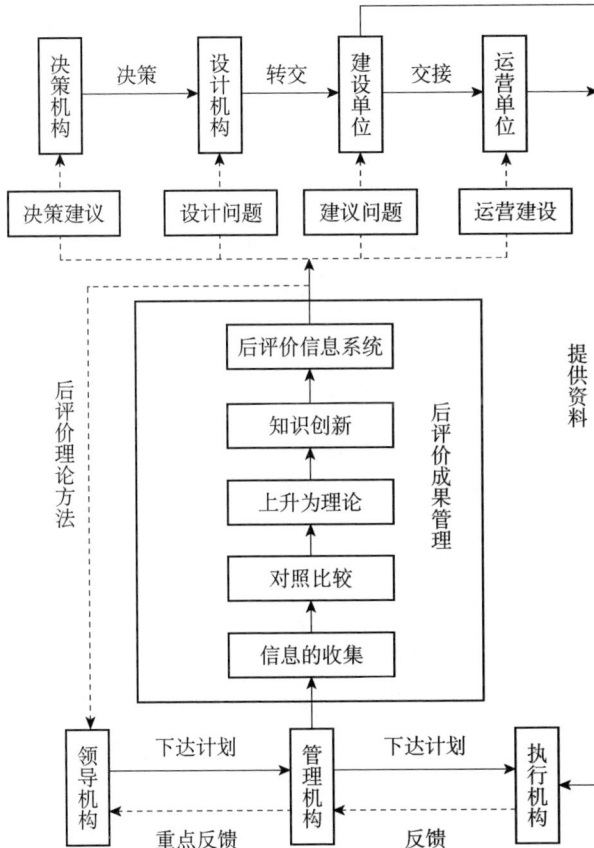

图3　后评价反馈流程图

具体的反馈使用机制为（桂滨和钟文香，2005）：

（1）后评价的管理机构把后评价中项目的经济、环境、社会等方面的影响反馈给决策机构，提供意见和建议，使得投资决策者在项目决策阶段能及时纠正偏差，改进完善目标方案，做出正确的决策并付诸实施，并对今后同类项目能做出正确的决策，提高其决策水平。

（2）通过后评价把设计方面的问题反馈给设计单位，使其吸取其中的经验和教训，提高设计水平；通过后评价的反馈还要提高可行性研究和设计单位的责任心。

（3）对于建设单位反馈有关建设方面的问题。在项目的实施阶段，通过跟踪评价，将项目中出现的问题及时反馈给项目的管理者，使决策者掌握项目实施全过程的动态，及时调整方案和执行计划，使项目顺利建成并投入使用；在项目建设完成后的评价中，把后评价的成果总结的技术和项目管理中出现的问题及时反馈给建设单位，使其吸取教训，为今后的建设奠定基础（赵玉红等,2013）；后评价还具有监督考核的作用，对于建设中出现的创新和错误都给予适当的奖励和惩罚。

（4）项目后评价对项目投入运营后产生的问题提供一些建议，以改进项目在运营中出现的问题，提高项目的运营水平；把项目的可持续性评价反馈给运营单位，对于不可持续的方面，运营单位要采取一定的方法来改进。

5　结论

后评价的机制是后评价能否充分发挥作用的保障，后评价机制的合理设计可以促进后评价的有效使用，从而促进后评价的发展。本文基于监督控制作用研究了适合我国水利建设项目的后评价管理和运行机制，设置了符合我国实际情况的后评价三级机构体系、后评价机构的工作程序，并对我国水利建设后评价的经费、时间等内容进行了界定（陈岩,2010）。后评价的成果和建议能否顺利地反馈到相应的使用者手中是非常重要的一个环节，文中最后设计了适合水利建设项目的反馈流程图，使得后评价的成果能顺利地反馈到决策机构、设计单位、建设单位、运营单位，为今后其他项目的决策建设起到借鉴和控制作用。

参考文献

安中仁，张文洁，黄少华. 2011. 水利建设项目后评价的过程评价. 水利建设与管理，06：59，75-79.

陈岩. 2010. 基于可持续发展观的水利建设项目后评价研究. 南京：河海大学出版社.

陈岩，郑垂勇. 2007a. 我国水利建设项目后评价现状与进展研究.水利经济，（1）：11-12,22.

陈岩，郑垂勇. 2007b. 我国水利建设项目后评价机制研究.节水灌溉，（4）：74-75, 79.

陈岩，周晓平. 2007. 我国水利建设项目后评价成果的管理与反馈机制研究.科技进步与对策，24（4）：140-143.

董棉安. 2002. 浅谈灌溉工程的监测与评价.节水灌溉，27（3）：32-33.

桂滨，钟文香. 2005. 公路建设项目后评价反馈机制及形式. 公路，34（5）：98-102.

国家发改委. 2016 年重大水利工程建设 8000 亿规模 进一步完善防汛抗旱减灾体系 http：//www.ocn.com.cn/chanjing/201602/ jlkui25142743. Shtml.

黄会明，邓丽，周世峰，等. 2004. 节水灌溉项目建设过程后评价.节水灌溉，29（4）：32-35.

金锡万，白琳. 2002. 项目后评价的反馈机制.安徽工业大学学报（社会科学版），19（3）：56-57.

许成绩. 2003，现代项目管理教程. 北京：中国宇航出版社.

姚光业. 2002. 建立投资项目后评价机制的构想. 经济与管理研究，7（3）：44-47.

赵玉红，陈岩，赵敏. 2013. 基于利益相关者分析的水利建设项目管理创新后评价研究. 水利水电技术，44（7）：94-98.

基于项目的水利工程企业管理模型

强茂山，林正航，阳　波，温　祺

(清华大学水沙科学与水利水电工程国家重点实验室，北京 100084)

摘　要：近年来我国水利工程企业蓬勃发展，不断迈向国际市场。面临持续进步的建设技术和激烈的市场竞争，水利工程企业迫切需要构建基于项目的企业管理模式，以项目整合多方面资源，驱动企业战略发展。本文提出基于项目的水利工程企业管理模型，描述企业和项目两个层级的组织模式，分析项目内、组织内和组织间的资源共享机制，归纳基于项目的多层次组织治理模型。在理论模型的基础上，本文得出了企业文化、组织模式、业务流程、绩效考核和核心能力建设等维度的具体管理措施，对于水利工程企业的组织管理实践具有指导意义。基于本文所提出的理论模型框架，后续研究可以进一步探索组织模式、资源集成和组织治理与企业各层次绩效间的因果关系。

关键词：基于项目的管理；水利工程企业；组织模式；资源集成；组织治理

Project-based Management Model of Hydraulic Engineering Firms——Organization System, Resource Integration and Multi-level Governance

Maoshan Qiang, Zhenghang Lin, Bo Yang , Qi Wen

(Institute of Project Management and Construction Technology, State Key Laboratory of Hydroscience and Engineering, Tsinghua University, Beijing 100084)

Abstract: Chinese hydraulic engineering companies have developed quickly in recent years, with their successful inroad into the global market. However, faced with the increasingly sophisticated construction technologies and ever-heightened market competition, hydraulic engineering companies have to tackle the challenges of building project ecology to integrate

通信作者：强茂山（1957—），E-mail: qiangms@tsinghua.edu.cn。

multidisciplinary resources and pursue strategic development. This paper proposes a conceptual model of project-based management in hydraulic engineering companies. The three-dimensional model includes organization systems at the project and firm levels, resource integration modes at the project, organization and inter-organization levels, and the multi-faceted project-based organization governance mode. Based on the model, management approaches in the dimensions of organization culture, organization structure, process system, performance management and core capability building are derived. These findings can be utilized by practitioners in the management of hydraulic engineering companies. The conceptual model of project-based management in hydraulic engineering companies also lays foundations for future studies examining the effects of project-based organizing on organization performance at different levels.

Key Words: project-based management; hydraulic engineering company; organization system, resource integration; organization governance

1 引言

近年来，基础建设行业蓬勃发展，根据全球建设视角（Global Construction Perspectives）和牛津经济研究院（Oxford Economics）的预测，到 2025 年，全球建设业市场将达到 15 万亿美元。如此庞大的市场规模吸引了许多工程企业纷纷以参与建设项目的形式走出国门，获取国际市场份额。面临复杂的国际环境、激烈的市场竞争和不断进步的工程技术，工程企业越来越需要集成多方面的稀缺资源（阳波和强茂山，2006；陈文超等，2014），整合跨领域的知识技能（何峯和强茂山，2010a），打造组织的核心能力（林正航等，2015；强茂山等，2015；袁尚南等，2015），以可持续的方式满足不断复杂化、定制化的项目需求（Wen and Qiang，2016a）。为此，大量工程企业采用了基于项目的组织模式（project-based organization），构建组织结构，集成组织内外的资源，实现多层次的组织治理(Wen and Qiang，2016b)。

本文即是针对工程企业，特别是水利工程企业，从组织模式、资源集成和组织治理的视角出发，意图从理论和实践上帮助工程企业提升管理水平，积累战略资产，形成竞争优势。

2 基于项目的水利工程企业管理模型框架

2.1 模型界定

水利工程企业中，在有限的时间及资源条件下，有效管控横跨多个领域、处于不同地理位置的多个项目已经成为公司管理中的巨大挑战。虽然随着一个公司所参与的项目越来越多，项目的规模越来越大，项目的管理范围、管理目标、管理要点都将发生改变，但是基于临时项目组织的管理模式本质相同，可以构建统一的基于项目的理论模型进行研究。

基于项目的水利工程企业管理模型包含三个逐步递进的方面：基于项目的组织模式、多维度资源集成和多层次组织治理。

2.2 基于项目的水利工程企业组织模式

2.2.1 企业组织模式

在水利工程企业从事水利工程项目的投资、建设和运营的过程中，无论是作为业主主持项目管理还是作为承包商参与项目建设，企业的生产经营活动都以项目为基本单位进行组织和管理。

水利工程项目成为企业创造价值的主要工具，每一个工程项目对应于企业中的一个临时组织（项目团队）。在项目交付后，项目产品（工程）投入运营，而临时的项目组织随着项目的收尾而解散，团队成员则回到原组织再被投入到新的项目中(Turner，2006)。在基于临时性项目团队的组织模式下，水利工程企业内部形成了核心-边缘二元结构的项目生态系统(Grabher，2004)：企业的职能部门作为其中的永久组织（permanent organization）位于企业的核心，组织协调和统筹管理各个项目；各临时性项目组织则围绕职能核心此消彼长，不断为企业创造价值、积累资产、沉淀知识。

这种基于项目的组织模式很好地适应了企业管理多个项目的需要，便于针对每一个独特的工程项目组建项目团队，有效地集成跨专业领域专家的知识技能，通过人员在项目间的流动促进了组织经验的分享和传播。研究表明（Turner，2006；Grabher，2004），基于临时性项目团队的组织模式能够比传统组织更有效地应对市场的动态变化和项目中的不确定性。Kerzner (2013)则进一步指出，如果说 20 年前基于项目的组织模式还是一种新兴的潮流，那么如今的建设行业中已经少有工程企业认为他们可以置身潮流之外。

2.2.2 项目组织模式

不同层级的水利工程项目具有不同的特征，对其进行研究的首要步骤就是观测并统一描述、分类。水利工程是典型的项目管理应用范畴，构建理论模型描述水利工程项目的组织模式符合项目管理领域的发展趋势，也是项目管理界学者们一直不懈探索的研究方向。

存在适用于任何项目的通用管理维度是对项目管理一般性的有力例证。有学者提出了（Allen，1995）从管理角度来看适用于任何项目的两个维度：一个是项目的时间维度或生命期（the project's time dimension or life-cycle）；另一个是管理职能（the management functions），如范围、质量、进度和成本等。在此基础上，Turner (2006)提出了第三个维度，由计划、组织、执行和控制等成分组成，并将其命名为项目管理生命期。项目的每一阶段都需要被计划、组织、执行和控制（Turner，2006）。美国项目管理学会（PMI）在项目管理知识体（PMBOK）中定义了三个相似的维度概念（PMI，2012）——项目生命期（project life cycle）、项目管理知识领域（project management knowledge areas）和项目管理过程组（project management process groups）。表1总结了几篇经典文献中所描述的三大维度的内容对应关系。

表1 适用于所有项目的三个维度描述对比

项目	Allen（1995）	PMI（2012）	Turner（2006）
项目维度	项目时间维度或生命期：项目启动、项目定义、项目执行、项目收尾。	项目生命期：①行业约定俗成的生命期；②典型阶段次序：开始阶段、组织与准备阶段、执行阶段、收尾阶段。	项目生命期：概念阶段、可行性阶段、设计阶段、执行阶段、收尾阶段。
职能维度	管理职能：范围、质量、进度、成本、人力资源、沟通、风险、采购。	项目管理知识领域：项目整合管理、项目范围管理、项目质量管理、项目进度管理、项目成本管理、项目人力资源管理、项目沟通管理、项目风险管理、项目采购管理、项目干系人管理。	项目管理职能：管理范围、管理项目组织、管理质量、管理成本、管理进度。
管理维度		项目管理过程组：启动过程组、计划过程组、执行过程组、监控过程组、收尾过程组。	管理生命期：计划、组织、执行、控制。

在水利工程项目管理领域，阳波和强茂山（2006）参考上述三维度理论建立了工程项目组织模式描述模型，称之为"项目-职能-管理空间"（project-function-management space），简称PFM空间模型，由项目维度、职能维度和管理维度构成。三个维度反映了项目管理的不同方面，彼此间存在密切的相互作用。图1中（阳波和强茂山，2006），每个坐标轴代表一个维度，它们分别分成几"小段"，每一"小段"代表维度的一个成分，并且相互分割地将PFM空间分成不同的小块，则可对水利工程项目管理内容进行

系统规范的描述；并进一步根据不同企业在水利工程项目中的职权分配状况对每个小块进行定义和赋值，则可对不同水利工程企业的项目管理模式进行描述。

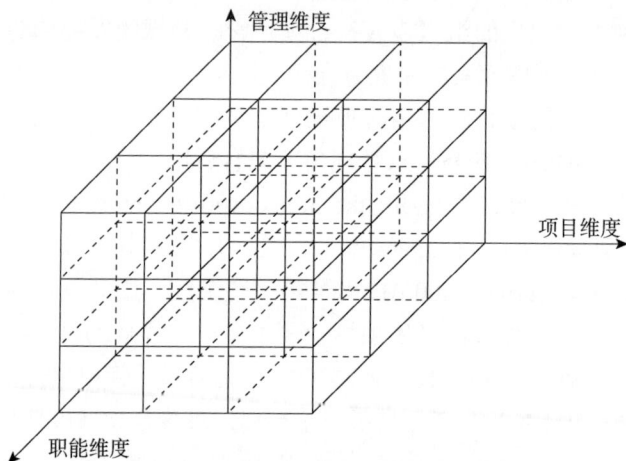

图1　项目组织模式的PFM空间示意图

2.3　多层级资源集成

完成对水利工程项目管理内容的统一描述后，工程企业如何合理调配资源，协调自身与其他组织的工作就成为下一步重要的研究焦点。但资源是稀缺的，工程组织进行项目管理的核心特征之一是资源集成（resources integration）。组织所面临的三种类型的创新难题——资源管理、合作的结构和过程及组织的氛围（Dougherty and Hardy，1996)，都可归结为资源集成模型与机制。集成资源的理念强调资源共享、优势互补、风险分担、多边受益的思想，集成资源的范围可以依次扩展，分为项目内（项目级）、组织内多项目间（组织级）和多组织间（多组织级）三个层级，即多层级资源集成模型（图 2）（强茂山等，2010）。

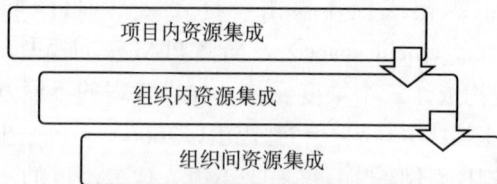

图2　多层级资源集成模型

资源的集成是分层次的，分别按图 2 所示对各层级的资源集成模型进行描述如下。

1．项目级资源集成模型

项目级资源集成模型的核心要点是项目经理获得授权后在项目部内部行使授权范围内的决策职责，进行项目管理全过程的资源匹配与协调（强茂山等，2015）。人、财、物、信息资源在项目内的高效流转直接影响到资源使用效率和项目目标的实现情况（Qiang et al.，2015）。项目成员间的资源集成与团队领导风格、团队激励机制、冲突解决措施等密切相关，独裁型管理与民主型管理在资源使用效率和资源集成可持续性上分属两个极端，需要根据项目特点的不同选择性采纳（袁尚南和强茂山，2015）；资金、仪器、设备、材料等财、物的项目内管控与集成，也应以项目目标实现情况和项目运作效率为主要衡量指标；信息集成发挥越来越重要的作用，尤其对风险应对、沟通管理等具有重要价值（何峯和强茂山，2010b）。

2．组织级资源集成模型

组织运作着多个项目，组织内项目间的资源集成主要为多项目提供支撑，为多项目的资源获取与共享营造管理环境，服务于组织内多项目目标的实现。虽然项目经理是项目的主责人，但组织内很多资源则要靠项目经理与组织内的其他职能经理进行协调，由公司的组织模式和制度及更高一级组织的领导者提供决策与协调支持。

执行项目的组织的结构通常约束着项目获得资源的可能性（Galbraith，1971）。项目组织按组织结构可以分为三大类：职能型、矩阵型和项目型组织。职能型组织是把组织按专业划分为一个金字塔式层次结构；项目型组织是将每个项目设立为一个部门的极端组织形式；矩阵型组织是兼有职能型和项目型两种组织结构特征的混合体，又可按项目负责人授权的大小细分为三类——弱矩阵型组织、平衡矩阵型组织和强矩阵型组织；此外，还有组织按照不同类型的项目或进度、费用、质量、安全等不同目标使用不同结构，组成复合型组织。各种组织结构的关键特征对比如表 2 所示。

表 2　各种组织结构的特征

关键特征	职能型	矩阵型			项目型
		弱矩阵	平衡矩阵	强矩阵	
项目经理的职权	很少或没有	小	小到中	中到大	大到几乎全权
可用的资源	很少或没有	少	少到中	中到多	多到几乎全部
项目预算控制着	职能经理	职能经理	职能经理与项目经理	项目经理	项目经理

续表

关键特征	职能型	矩阵型			项目型
		弱矩阵	平衡矩阵	强矩阵	
项目经理的角色	兼职	兼职	全职	全职	全职
项目管理行政人员	兼职	兼职	兼职	全职	全职
特点	按专业划分；有明确上级；受部门制约；问题上报制	按专业划分；上级不明确；受部门制约；项目协调员；解决小问题	按专业划分；上级不明确；受部门制约；设项目经理；定日常问题	按专业划分；上级不明确；受部门制约；设项目经理；定授权问题	按项目划分；有明确上级；项目内职能分工，问题项目内解决

3. 组织间资源集成模型与机制

水利工程项目组织间的资源集成是基于专业组织执行项目的高效率、高质量、低成本和低风险原理，由主持型组织（业主、总包商等）以适当的集成模式组织服务型组织（研究、设计、承包商、供应商等），通过共享资源和分享项目收益高效实现项目目标的管理，具体来说就是将项目管理过程中的责、权、利合理分配给参与项目的各组织。

项目管理模式的选择应当根据项目特点、业主情况、项目环境、目标体系等因素综合考虑。项目管理的应用行业领域不同，所需集成的外部组织及其称谓也不同，但其集成原理相同，可以互为借鉴（强茂山等，2016）。在工程管理领域，虽然人们按照管理模式所关注的侧重点不同，将设计-招标-建造（design-bid-build,DBB）、设计-建造（design-build,DB）、设计-采购-施工（engineering-procurement-construction,EPC）等称为承发包方式；将建设管理（construction-management,CM）、项目管理（project-management,PM）、项目管理承包（project-management-contracting,PMC）、联合项目管理团队（integrated-project-management-team,IPMT）等称为业主方项目管理模式；将建设-移交（build-transfer,BT）、建造-运营-移交（build-operate-transfer,BOT）、公私合营（public-private partnership,PPP）和代建制称为项目建设方式，但从广义上来说，他们都是集成组织间资源的模式，属工程项目管理模式的范畴（Qiang et al.,2015）。

组织间的资源集成机制本质上是责任与回报的制度安排，合同就是其中的一种。这种制度安排的机制可以用合同类型小结为以下几种：成本＋百分比（cost plus percentage of cost，CPPC）合同、成本＋固定费（cost plus fixed fee，CPFF）合同、成本＋激励费（cost plus incentive fee，CPIF）合同、最高限价＋激励费（fixed price plus incentive fee，FPIF）合同、完全固定价（firm fixed price，FFP; or lump-sum）合同、工时加材料（time and materials，T&M）合同及单价（unit price，UP）合同等。

如表 3 所示，从 CPPC、CPFF、CPIF、FPIF 直到 FFP 是将项目风险由甲方完全承担逐步转换为由乙方完全承担的不同设计机制，不同合同类型的适用条件及其风险分摊比较如表 3 所示。无论是 CPPC 还是 FFP，因为只有一方承担了责任所以都只能调动一方的积极性，而另一方因为机会主义动因的存在可能不作为，甚至做出不利于项目目标实现的行为，即所谓界限清晰则将失去共享的动力基础；而 CPIF 和 FPIF 因为利益的捆绑可能调动合同双方的积极性，真正形成合作伙伴效应：两个或多个组织间的一种合作关系，旨在为实现特定目标尽可能有效利用所有参与方的资源（Qiang et al.，2015）；这要求参与方改变传统关系，打破组织间壁垒，发展共同文化；参与方间的合作关系应基于信任，致力于共同目标和理解尊重各自的意愿。而工时＋材料费（T&M）合同针对小型项目、研发项目；单价合同（UP）是一种量、价分离风险/责任安排机制，量的变化风险由甲方承担；价的变化风险由乙方承担。

表 3 不同合同类型的适用条件及其风险分摊比较

适应项目条件	工程信息	很少	部分		完全
	不确定性	高	中		低
	风险度	高	中		低
风险分摊		100% 业主（买方） 0% 0% 承包商（卖方） 100%			
合同类型	CPPC	CPFF	CPIF	FPIF	FFP

2.4 项目治理层级模型

项目管理是遵循项目治理制定的原则和流程体系，运用特定的项目管理技术和工具来计划和控制项目活动的实施，保证项目按既定的成本、时间和质量目标交付（PMI，2012）。项目治理则要为每个项目确定目标并提供需要的资源，其最终目标不仅要保证每个项目的成功交付，而且要保证每个项目的交付都符合公司的整体发展目标（Müller and Lecoeuvre，2014；Pinto，2014）。但工程项目规模大小不一，大到如三峡工程般耗资千亿，耗时数十年，涵盖了许许多多的小项目，小到几户农家为引水临时建造的沟渠，所对应的工程组织差别极大，故而应用不同的治理层级进行分类治理（Müller et al.，2016）。

表4 3P+OPM3项目管理理论框架

层级	理论	范围	目的	管理要点	成功标准
组织级	管理成熟模型	管理环境建设	制度管理	制度建设	如组织级项目管理成熟度（organizational project managment maturity model, OPM3）
	项目组合管理	项目+非项目（运营）	健康发展	优先权	投资绩效、收益实现
	项目集管理	多项目	能力建设	逻辑管理	需求、利益
项目级	项目管理	单项目	产品实现	逻辑管理	质量、进度、预算

注：表中3P表示 project management、programe management、portfolio management。

如表4所示，从下至上，第一个层次是单项目管理（project management）。其以计划管理为核心、以进度管理为主线，目标是在各种约束条件下完成令水利工程项目利益相关者满意的产品，这里的产品是广义的概念，它可以是具体生产的产品，如浇筑的混凝土、安装的钢结构等，也可以是一份报告、一个工程等。由于交付单项目产品所需实施的各种活动间有着严格的合理逻辑关系，所以单项目管理的重点聚焦在项目内的逻辑关系管理上。度量其成功完成的标准是按质量、进度和预算交付。

第二个层次是项目集管理（program management），指的是为了实现项目集的战略目标与利益，而对一组项目进行统一协调管理。项目集管理不直接参与对每个项目的日常管理，所做的工作侧重在整体上进行规划、控制和协调，指导各个项目的管理工作。项目集管理的目标是形成组织的某种能力，这种能力只有依托多个项目互补和衬托才能实现，反过来它将为未来单项目管理提供可持续的制度、知识和资源保障。所以，项目集管理的焦点是以核心能力构建为目的的多项目间的协调管理，其成功的度量标准是更好地满足客户需求并获取企业利益。

任何组织的发展都受制于资源的约束，第三个层次的项目组合管理（portfolio management）就是要在满足这一约束的条件下决定"何时、做何项目"，所以项目组合管理的目标是以资源为纽带实现组织的健康持续发展，其管理要点是通过识别项目和项目集，并与企业运营统筹考虑，来排序项目和项目集并为其配置资源来实施对项目和项目集的优先权的管理。成功的项目组合管理的度量标准是高效的投资选择和效益的切实实现。所以项目组合管理也被称为"组织执行战略的管理"。

项目、项目集和项目组合是一种"基于单件事成功"的管理理念，组织内最高层次的管理是通过不断完善的制度治理来保障所有项目、项目集和项目组合的成功实现。这种制度建立的方法论就是组织级项目管理成熟度（OPM3），它是学习、评价和改进组织的项目管理水平的体系，可以作为建设和改进项目治理能力的指导性标准和方法（Wen and Qiang，2016a）。

3 基于项目的水利工程企业管理模式构建

将基于项目的水利工程企业管理模型应用到具体的企业和项目中，需要构建"基于项目的管理模式"，具体内容包括企业文化、组织模式、工作流程、绩效考评和薪酬体系、核心能力建设、项目管理信息化、能力建设与成熟途径。本节简述前五个方面。

3.1 企业文化

企业文化是指企业绝大多数员工认同的价值观念及该价值观支配下形成的行为习惯、行为方式和行为准则，是企业与员工在生产经营活动和适应企业环境变化过程中，培养形成的共同的价值观体系及其表现形式的总和（Schein，1990）。企业文化直接影响了员工之间的沟通交流模式，形成了项目生态的文化背景，塑造了企业员工的价值判断和是非共识（Wiewiora et al.，2013）。在基于项目的管理模式下，水利工程企业需要搭接多个并行项目之间的知识资源共享渠道，管理项目间的逻辑关系，基于理性的决策流程确定项目实施的优先顺序，优质的企业文化是保证企业形成竞争优势的必备要素（Chapman et al.，2006）。

在理论研究方面，Cameron and Quinn (2005)在竞值架构（competing values framework）模型的基础上开发了组织文化测度量表（organisational culture assessment instrument，OCAI）用于量化组织文化的不同维度。在项目管理实践中，美国项目管理学会（PMI）从项目管理最佳实践的角度总结了企业文化管理最佳实践列表。在此基础上，强茂山等的研究（强茂山和温祺，2016；Wen and Qiang，2016a）从组织级项目管理使能因素（organizational enablers）的视角归纳得出共享和自组织两个维度：共享的组织文化使组织成员对组织的目标、战略及所采用的项目管理方法产生认同感，激发成员的组织归属感，从而促进组织成员间自发的资源共享和相互信任，产生巨大的团队凝聚力；成员的自我组织使每一位成员的能力都能有效地对组织能力做出贡献，在组织中承担责任及风险，形成密切协作的网络和组织导向的大局观，为组织的知识资产添砖加瓦。

该项研究的后续研究中，对各行业项目管理者的问卷调研结果表明，实践中的关键挑战在于促使成员承担责任和相应的风险，实现自我激励并对工作抱有积极的态度，形成组织战略为导向的大局观（强茂山和温祺，2016）。事实上，这反映了基于项目的组织模式和基于临时团队的管理对组织成员行为的影响（Wen and Qiang，2016b），需要企业管理者在实践中重点关注。

3.2　组织模式

随着单一项目的管理向"基于项目的企业管理"的转变，组织结构也在发生变化（Aubry et al.，2007）。为了提高项目管理的效率，基于项目的管理组织结构强调建立一条纵向的项目管理链条，设置专门的部门或者组织单元来处理绝大多数项目需要共同面对的事项和项目管理过程中的关键环节（强茂山和阳波，2004）。这些部门或者组织单元可以视为专门为项目服务的"职能部门"，包括"项目决策委员会""项目评审与变更控制委员会"及"项目管理办公室（PMO）"等。职能部门为企业战略目标的实现提供专业的职能服务。对于实施"基于项目的管理"的企业，职能部门的角色转变为项目的"服务者"。基于项目的水利工程企业需要基于这一定位厘清职能部门与项目部的责权利和项目实施过程中的流程。其中，PMO作为企业由传统组织模式向基于项目模式转变的标志和重要环节（Aubry et al.，2007；Hobbs et al.，2008），成为工程业界和研究界关注的热点。

随着企业所管理项目的数量和规模的增加，大量企业增设了专门的PMO，负责多个项目之间的组织协调，为单个项目的管理提供支持，或直接管理某些项目（PMI，2012）。一项基于世界各国500个PMO职责描述文档的研究表明，目前PMO在不同组织中的角色差异较大（Hobbs and Aubry，2008）。Müller等，(2013) 通过实地调研进一步归纳了PMO的三种职能：服务、监控和协作。服务型PMO为项目提供决策支持、人员培训和特殊任务的咨询服务，及时响应不同项目的各种需求；监控型PMO具有较高的权威，监控各单项目的管理是否符合组织的规范，甚至直接考评各项目的绩效并决定人员的任免；协作型PMO注重和单个项目平等地进行知识共享，为跨项目的知识共享提供统一的平台。实践中的PMO往往兼有服务、监控和协作三个维度的职能，各类型的PMO对项目管理绩效、组织知识积累和组织创新产生不同的影响。Aubry et al. (2007) 的研究进一步表明，PMO 的形式随着国家、行业和组织环境而变化，对组织绩效产生显著的影响。

可见，基于项目的组织模式，尤其是 PMO 的模式，仍处在不断探索和进步的过程中，基于项目的水利工程企业也需要根据自身的项目生态环境不断优化组织模式。

3.3 业务流程

在基于项目的管理组织结构中，纵向构建一条项目管理链，横向针对链节点分配职能部门的角色，形成纵横交错的项目管理组织模式。每个项目部和职能部门（一个或者多个）及 PMO 构成一个组织三角形，其中 PMO 向项目部提供管理支持（如前所述），而职能部门向项目部提供技术支持（包括人力资源）。

理顺了架构就如同疏通了管道，之后还有两项工作需要完成：一是明确管道内物质流动的次序，即要制定项目流程；二是明确流动的规则（责、权、利及管理程序），既要有利于项目的实施，也要与企业的文化相结合。主要包括三项内容：业务流程设计、流程节点的职责、核心业务管理流。

下面以投资机会研究为例，说明其制度建设的三项内容。首先，投资机会分析的业务流程设计如图 3 所示。

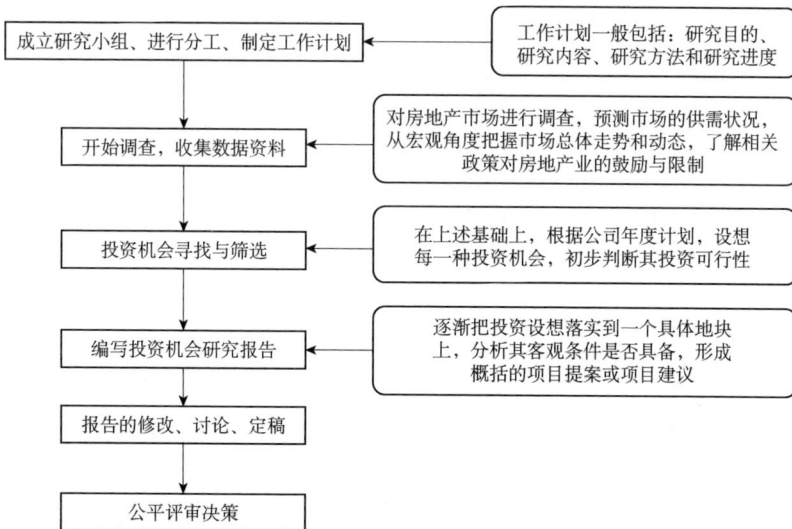

图3　投资机会研究业务流程图

其次，进行业务流程节点的职责设计，每个职责节点必须有相应的部门负责，并按其职权的不同选用不同符号区别，如表5所示。

表5 投资机会研究业务流程的职责分解示例

职责	总公司	分公司	项目部
制定工作计划	★▲	○	○
资料收集	★■	▲	
投资机会识别	★▲	○	
投资机会筛选	★■	▲	▲
编写投资机会研究报告	★■		▲
研究报告修订	★■	▲	
公司评审决策	★■▲	○	

注：★表示决策；▲表示执行；○表示参与；■表示监督检查。

针对表5中多个部门参与的核心业务流程（如投资机会筛选），为了避免各部门间责权不明导致的流程效率下降和返工，构建如图4所示的核心业务流程的管理程序图，图中横向上明确负责部门的职责、权限，规范化管理程序的上下游工作逻辑关系。同时，为了使各项任务完成情况可测量、可考核，通过纵向界定节点时间实现基于时间坐标的管控。

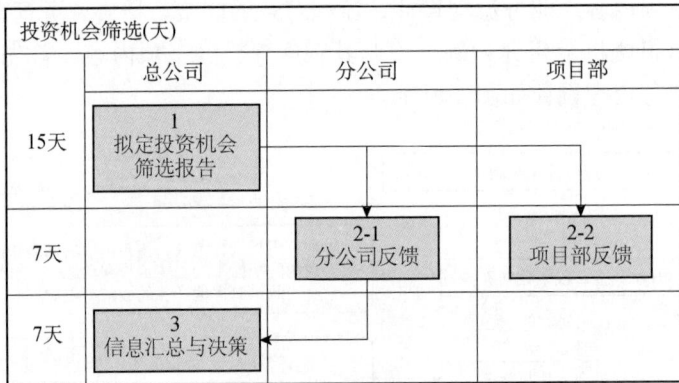

图4 投资机会筛选流程示意图

3.4 绩效考评

在基于项目的企业中，绩效考核是多层次的，可以从项目团队和单个员工两个视角进行。

对项目团队的考核是要看其管理项目的绩效。随着项目管理理论和社会的进步对于项目绩效的考核不再局限于进度、费用和质量的固化标准（iron triangle），而是着眼于项目对组织的商业价值和战略作用（Aga et al.,

2016）。Turner（2006）进一步区分了项目管理绩效和项目绩效，认为可以采用挣值管理（earned value management，EVM）等方法衡量项目团队的项目管理绩效，而对项目绩效的评价则需要从利益相关方的视角采用更广泛的指标。因此，在基于项目的水利工程企业中也应对两者进行区别，分别用于考核项目团队的管理绩效和组织整体的战略制定和执行绩效。对于单个员工或部门的绩效，3.3 节中的业务流程体系明确了每一节点任务的责权归属，清晰界定了每一个环节的执行标准，形成了一种自然的考核方法。

绩效考评的目标应不局限于评价项目团队或个人已经完成的工作，而是旨在针对性地调整管理措施，找到组织资源配置的有效方式；设计激励机制，形成指引员工行为的指挥棒（Xu and Yeh，2014）。

3.5　核心能力建设

企业的核心能力在于保持不被竞争对手模仿的竞争优势。在基于项目的组织环境下，企业的核心能力即在于有效地管理项目，持续拥有满意的客户（PMI，2012）。与多层次的组织绩效相对应，基于项目的企业的核心能力也应从组织级项目管理能力、项目团队核心能力和员工人力资源的角度分别分析。

美国项目管理协会（PMI）的组织级项目管理成熟度模型（OPM3）为组织的项目管理流程提供了一种明确的管理工具，其最佳实践广泛应用于大量基于项目的企业中。最近的研究表明，随着企业项目管理成熟度的提升，项目管理流程的改进使企业表现出竞争力趋同（competitive convergence），而不再能显著增进组织的核心竞争优势（competitive advantage）。企业核心能力竞争的焦点在于塑造企业项目生态的组织使能因素（Wen and Qiang，2016a）。在企业管理实践中，可以根据各项使能因素的管理现状和相对重要性，锁定进一步改进的要点，针对性地制定管理措施。

团队核心能力的概念源于一般管理理论，Leonard-Barton（1992）将其引入临时的项目组织，认为项目团队的能力源于其成员所归属的永久组织；强茂山等（2015）的研究针对水利工程项目，将项目团队的核心能力解构为团队内在能力、外显能力和领导能力，并分析了核心能力各因子之间的相互作用及其对项目绩效的影响。对工程的实地调研和实证分析表明，在团队能力的三个因子中，团队内在能力对团队能力的解释作用最强，即能力形成基础比外显的能力表现和团队领导能力更能决定团队能力的大小。因此，工程项目团队除强调成员表现和配置高水平领导外，需要更加关注团队成员的知识更新，积累团队的程序性知识，并优化工作分配、汇报机制，以提高团队内在能力。

单个员工的知识技能则是人力资本的一种形态。通过一定方式的投资（如培训、学习和实践经验积累）形成的人力资源是组织进行生产活动所必备的战略资产（Huemann et al.，2007）。Huemann 等（2007）指出，在基于项目的组织模式下，企业的员工能力建设受到以下两方面的影响：以项目为导向的战略要求员工具有满足不同项目需求的能力；单个员工可能在不同的项目中承担不同的角色，要求员工具有相应的知识技能。可见，基于项目的组织模式为员工能力建设带来了新的挑战，企业通过培训等方式帮助员工适应动态变化的项目生态环境。

4 结语及展望

在本文中，我们建立了基于项目的水利工程企业管理模型，并探讨了如何在实际的企业与项目管理中实施此模型。与此同时，我们也成功地将此模型应用于多个水电开发公司，并借鉴到房地产开发企业，取得了良好的效果。这些模型及其应用应该是动态的，我们也正在探索并继续改进。

此外，本文所提出的模型构建了基于项目的水利工程企业管理理论框架，为后续理论研究奠定了基础。后续研究可以进一步探索组织模式、资源集成和组织治理与企业各层次绩效间的因果机理。

参考文献

陈文超，强茂山，林正航. 2014. 水电类国际工程承包项目管理要素分析. 水力发电学报，33(5): 228-234.

何鉴，强茂山. 2010a. 水电项目中组织要素，知识共享与绩效关系的实证研究. 清华大学学报 (自然科学版), 50(12): 50-54.

何鉴，强茂山. 2010b. 水电项目中知识共享障碍的分析与解决框架. 项目管理技术，08(11):17-20.

林正航，强茂山，袁尚南. 2015. 大型国际工程承包商核心能力模型评价. 清华大学学报: 自然科学版, 55(12): 1309-1314.

强茂山，阳波. 2004. "基于项目的管理"——组织模式. 工程经济, (9): 25-29.

强茂山，温祺. 2015. 中国情境下的组织使能因素. 项目管理技术, 13(8):9-14.

强茂山，王佳宁. 2011. 项目管理案例. 北京：清华大学出版社.

强茂山，林正航，阳波. 2010. 项目管理的多维度集成创新模式研究. 科技进步与对策，27(19):16-19.

强茂山，袁尚南，温祺. 2015a. 工程项目团队能力的测量与评价. 清华大学学报（自然科学版），55 (6): 624-632.

强茂山，温祺，江汉臣，等. 2015b. 建设管理模式匹配关系及其对项目绩效的影响. 同济大学学报：自然科学版，43(1):160-166.

强茂山，温祺，袁尚南. 2016. 设计-建造和设计-招标-建造项目执行期成本控制绩效元分析. 同济大学学报(自然科学版)，44(3):482-490.

阳波，强茂山. 2006. 多项目水电开发企业项目组织模式变革探索. 水力发电，32(9): 1-5.

袁尚南，强茂山. 2015. 水利工程项目经理所需能力素质研究. 水力发电学报，34(1): 229-236.

袁向南，强茂山，张祺，等. 2015. 基于模糊层次分析法的建设项目组织效能评价模型. 清华大学学报：自然科学版，55(6): 616-623.

Aga D A，Noorderhaven N，Vallejo B. 2016. Transformational leadership and project success: The mediating role of team-building. International Journal of Project Management，34(5): 806-818.

Allen W E. 1995. Establishing some basic project-management body-of-knowledge concepts. International Journal of Project Management，13(2):77-82.

Aubry M，Hobbs B，Thuillier D. 2007. A new framework for understanding organisational project management through the PMO. International journal of project management，25(4): 328-336.

Chapman C，Ward S，Harwood I. 2006. Minimising the effects of dysfunctional corporate culture in estimation and evaluation processes: A constructively simple approach. International Journal of Project Management，24(2): 106-115.

Dougherty D， Hardy C. 1996. Sustained product innovation in large，mature organizations: Overcoming innovation-to-organization problems. Academy of Management Journal，39(5):1120-1153.

Galbraith J R. 1971. Matrix organization designs how to combine functional and project forms. Business Horizons，14：29-40.

Grabher G. 2004. Temporary architectures of learning: knowledge governance in project ecologies. Organization Studies，25 (9)：1491-1514.

Hobbs B，Aubry M，Thuillier D. 2008. The project management office as an organisational innovation. International Journal of Project Management，26(5): 547-555.

Hobbs B，Aubry M. 2008. An empirically grounded search for a typology of project management offices. Project Management Journal，39(S1): S69-S82.

Huemann M，Keegan A，Turner J R. 2007. Human resource management in the project-oriented company: a review. International Journal of Project Management，25(3): 315-323.

Kerzner H R. 2013. Project Management: A Systems Approach to Planning，Scheduling，and Controlling. Hoboken: Wiley.

Leonard，Barton D. 1992. Core capabilities and core rigidities: A paradox in managing new product development. Strategic management journal，13(S1): 111-125.

Müller R，Glückler J，Aubry M. 2013. A relational typology of project management offices. Project Management Journal，44(1): 59-76.

Müller R，Lecoeuvre L. 2014. Operationalizing governance categories of projects. International Journal of Project Management，32(8): 1346-1357.

Müller R，Zhai L，Wang A，et al. 2016. A framework for governance of projects: Governmentality，governance structure and projectification. International Journal of Project Management，34(6): 957-969.

Pinto J K. 2014. Project management，governance，and the normalization of deviance. International Journal of Project Management，32(3): 376-387.

PMI. 2012. A Guide to the project management body of knowledge. 5th ed. Newtown Square (PA): Project Management Institute.

Qiang M，Wen Q，Jiang H，et al. 2015. Factors governing construction project delivery selection: A content analysis. International Journal of Project Management，33(8): 1780-1794.

Schein E H. 1990. Organizational culture. American Psychologist ,42(2):109-119.

Turner J R. 2006. Towards a theory of project management: The nature of the project governance and project management. International Journal of Project Management，24(2):93-95.

Wen Q，Qiang M. 2016a. Enablers for Organizational Project Management in the Chinese Context. Project Management Journal，47 (1): 113-126.

Wen Q，Qiang M. 2016b. Coordination and knowledge sharing in construction project-based organization: A longitudinal structural equation model analysis. Automation in Construction，72: 309-320.

Wiewiora A，Trigunarsyah B，Murphy G，et al. 2013. Organizational culture and willingness to share knowledge: A competing values perspective in Australian context. International Journal of Project Management，31(8): 1163-1174.

Xu Y，Yeh C H. 2014. A performance-based approach to project assignment and performance evaluation. International Journal of Project Management，32(2): 218-228.

Yang B，Qiang M S. 2006. PFM space for describing project management，Chinese Journal of Management Science，（14）：75-79.

第十六篇　水利移民工程

　　导读　本篇系列论文包括：首先介绍了水电项目开发利益共享模型，其内涵是界定水电项目的利益相关方及其投入要素和利益诉求，分析和构建各方利益分享的理论依据和计算方法；其次，水库移民可持续性生产生活系统仿真评价了各影响因素的效用及增强可持续性的调整方法；最后，水电移民土地证券化安置模式则探索了以土地证券化作为水电移民安置新路径。三篇论文均以案例为实证，以供实践者借鉴参考。

水电项目开发利益共享模型研究

樊启祥 [1, 2]

(1. 清华大学水沙科学与水利水电工程国家重点实验室，北京 100084；2. 中国长江三峡集团公司，北京 100038)

摘　要： 从利益相关者理论角度，界定水电项目的一级利益相关者包括移民、政府、开发企业和环境代表，对其特性、投入要素、诉求进行了分析。以和谐管理思想和利益相关者投入的资源要素为基础，构建了水电项目开发利益共享模型，包括基于主要利益相关者的和谐度函数、基于资源要素的满意度函数及基于利益共享目标的约束条件。从移民征地补偿补助费的不同使用方式出发，提出了五种农村移民安置方式并测算相应的移民年收入水平，与三种移民年收入预测模型进行对比分析，提出推荐的移民安置方式。基于地租理论，采用电价比较法对水电资源的经济地租、绝对地租、级差地租进行分析及讨论，为通过地租的合理分配来实现水电项目主要利益相关者的利益共享奠定了理论基础。从上述理论和模型出发，针对西南某水电站进行了案例计算和分析，从实证的角度验证了利益共享模型的可行性。

关键词： 水电项目；利益共享；移民；水电经济地租

Study on Benefits Sharing Model for Hydropower Project Development

Qixiang Fan [1, 2]

(1. State Key Laboratory of Hydroscience and Engineering, Tsinghua University, Beijing 100084; 2. China Three Gorges Corporation, Beijing, 100038)

Abstract: From stakeholder theory, the first-tier stakeholders of hydropower projects include migrants, governments, developers and environment representatives, and analysis is conducted on their traits, input factor and pursuits. The hydropower benefits sharing model was

---

通信作者：樊启祥（1963—），　E-mail: fan_qixiang @ctg.com.cn。

build based on harmonious management ideas and input of resource factors of stakeholders, including: function of harmony degree based on main stakeholders, function of satisfaction degree based on resource factors and constraint conditions based on goal of benefits sharing. With the start point of different ways of utilization involving compensation and subsidy for immigrants' land requisition, five rural migrants' placement ways are proposed and different migrants' annual incomes of each way could be calculated. By analyzing the three farmers' annual income prediction models, migration placement plans are recommended. Based on land rent theory, power price comparison method was used for analysis and discussion of economic land rent, absolute land rent and differential land rent, which lays theoretical foundation for realizing benefits sharing of main stakeholders of hydropower projects through rational land rent allocation. Based on the above theories and models, a case study of a hydropower station in southwest China was conducted, and it verifies the feasibility of benefit-sharing model.

Key Words: hydropower project; benefits sharing; immigration; hydropower economic land rent

1 引言

当前水电开发面临移民安置、生态环境、地方经济发展等诸多问题的挑战，处理好水电资源开发中的利益关系是其中的关键。近年来，我国水电开发进入了激烈的博弈阶段，已开工建设的大型水电项目，面对着移民搬迁安置这一现实问题的考验；处在规划研究阶段的大型水电项目，需要进行生态环境、移民安置、地方经济发展等方面的全面综合论证。本文从利益相关者理论角度（Mitchell et al.，1997；施国庆和孔令强，2008），基于资源要素价值和地租理论（邬丽萍，2007），构建水电开发的利益共享模型，以期处理好水电资源开发利用的利益分配和长效机制问题（樊启祥和陆佑楣，2010；樊启祥和陆佑楣，2010）。

2 水电项目利益相关者分析

利益相关者指那些在项目中投入了一定的可以为项目带来价值的专用性投资的个体和群体（王文珂，2000；徐俊新等，2008），这些专用性投资可以是物质资本、人力资本、金融资本、生态环境资本、社会资本等，项目产出的价值可以是经济价值、社会价值、环境价值等。在进行投入和获得价值的过程中，这些个体和群体与项目有着直接或间接的契约联系，主动或被动地承担着项目带来的风险和收益，其活动受到项目目标实现过程的影响并同时影响着项目目标的实现。

按照这一定义，结合三峡、溪洛渡、向家坝等实际案例的分析，得出水电资源项目主要利益相关者及其要素的关系如图 1 所示。其中从内向外分为 4 层：第 1、2 层是两级利益相关者，第 3 层是利益相关者的主要投入要素，第 4 层是项目建设管理的手段和目标（樊启祥，2010）。

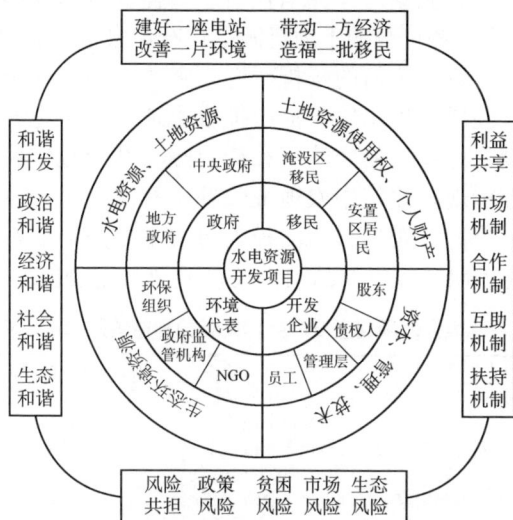

图1　水电资源项目主要利益相关者及其要素的关系

图 1 中第 1 层（即第 1 级利益相关者）为主要利益关系者，他们是开发企业、政府、移民、环境代表，其中开发企业代表了股东、债权人、管理层和员工；政府因为在税费收取和自然资源经济租享用上的不同，需要区分为中央政府和当地政府；按照安置方式和安置去向，移民代表进一步可分为淹没区移民和安置区原居民；环境代表包括政府环境保护组织、政府环境保护监管机构和环境保护非政府组织（NGO）。

水电开发项目主要利益相关者的利益关系和诉求特性如表 1 所示。

从法律角度来看，水资源及其他国有资源和国有资产的所有权属于国家所有；国资委、水利部、电监会等机构则是政府的授权管理机构，即其代理人。从理论上说，国有资源开发企业是资源所有者（国家）委托的政府机构的特许经营者。由于所有者和经营者的权益是不同的，国家可以在授权经营的同时采取不同的资源有偿使用政策，使资源开发效益成为全社会的财富。

国有水电资源开发企业的投入要素是股本金。

中央政府和地方政府是水电资源的拥有者与开发使用权授予者。地方政府按照国家土地征收和补偿政策,将农村集体经济组织所有、移民承包的土地征收变为国有土地后,再直接以原征地成本划拨给水电开发企业使用。地方政府作为水电移民的责任主体、实施主体、社会稳定主体,承担着落实国家开发性移民方针的责任,采用前期补偿补助与后期扶持相结合的办法,使移民生活水平达到或超过原有水平的责任。由于征地是国家行为,因此,和移民直接发生关系的、应该对移民承担最后责任的是国家的各级政府及其移民管理机构。水电资源和征收的土地资源是政府对水电产品的资源投入要素。

对移民投入要素及其价值的分析研究,主要集中在两个方面:一是从移民承包土地的产权性质分析出发,提出征收土地拥有水电开发利益的剩余索取权;二是从淹没农地具有的经济、社会保障、社会稳定和环境保护的综合功能价值出发,分析现行政策中农地征收补偿标准水平。移民作为主要的利益相关者,在水电资源开发项目中的投入要素主要是以农地为主的土地,土地要素的贡献最终体现在水电产品的市场价值及其竞争能力上。

表 1　水电开发项目主要利益相关者的利益关系和诉求特性

主要利益相关者	投入要素与契约	投入方式与成本	当前项目利益回报	进一步利益诉求
开发企业	资本与出资合同	资本金与融资贷款及其财务成本	法定的资本回报率与企业利润	水电资源经济地租
中央政府	水电资源与国家公共契约	直接授予收取水资源费与库区发展资金	法定税费	水电资源有偿使用
淹没区地方政府	水电资源与国家公共契约	直接授予收取水资源费与库区发展资金	法定税费	水电资源有偿使用
	土地资源与国家征地移民协议	直接划拨与政策标准补偿土地价值与相应税费	无	土地资源价值转移增值效益分享
安置区地方政府	土地资源与国家征地移民协议	土地流转与政府主导的土地流转价格	移民后期扶持(项目扶持)	移民稳定发展的投入和外部成本补偿
农村集体组织(淹没区与安置区)	土地资源所有权	国家征收按照国家政策标准补偿	移民后期扶持(项目)	土地资源价值转移增值效益分享
移民	土地资源使用权个人财产	直接补偿	移民后期扶持	外部成本补偿
环境代表	生态环境资源	国家征用按措施和补偿费列计成本	无	生态环境价值补偿、外部成本补偿

3　水电项目利益共享模型的构建

为了实现水电项目的和谐开发与利益共享,需要根据利益相关者的投入要素及和谐度的理论基础,构建利益共享模型,以满足不同利益相关者的诉求,实现和谐开发与项目成果的最优化。

3.1 资源开发的和谐理论基础

和谐度是对系统和谐性的度量，是反映客观事物的发展方向与其内外作用力是否协调一致的数量指标。和谐度是人们在特定的条件下，对一种状态或一个方案、对某一现象或事物，在主观上、心理上或在科学计算、分析的基础上对其一致性、协调性的评判的数量指标。和谐管理必须要围绕和谐主题进行（席酉民等，2003；王琦等，2004），需要以"和则"体系与"谐则"体系来有效支持和谐主题的实现，从而达到组织持续、健康发展的目标。和谐度用函数表示如式（1）所示（席酉民和唐方成，2005）：

$$H_x = h(x) \tag{1}$$

式中，H_x 表示状态 x 的和谐程度。

和谐度的计算是基于对所研究的系统（状态或方案）进行仔细的分析后，根据系统的功能、目标和外部环境的要求，建立系统评价指标体系，由专家根据评价体系进行定性或定量的评判，采用合适的数学方法，包括层次分析法、专家评分法、Delphi 法、模糊数学评价法、灰色决策法、人工神经网络法等，确定系统（状态或方案）的和谐度。

3.2 水电和谐开发的利益共享模型

水电开发在满足水电综合开发各功能效益的基础上，要更加注重利益相关者的利益诉求。构建水电和谐开发机制需要全面把握水电开发相关利益方的利益诉求，客观公正地评判相关利益方的贡献和付出，构建共享水电利益的机制，使水电开发与当地经济发展、农民脱贫致富和生态环境改善成为共同体，开创和谐发展的水电开发模式，使水电资源开发成果直接与当地的经济社会发展、移民安稳致富紧密结合，水电开发项目利益共享模型的总体研究框架如图 2 所示。

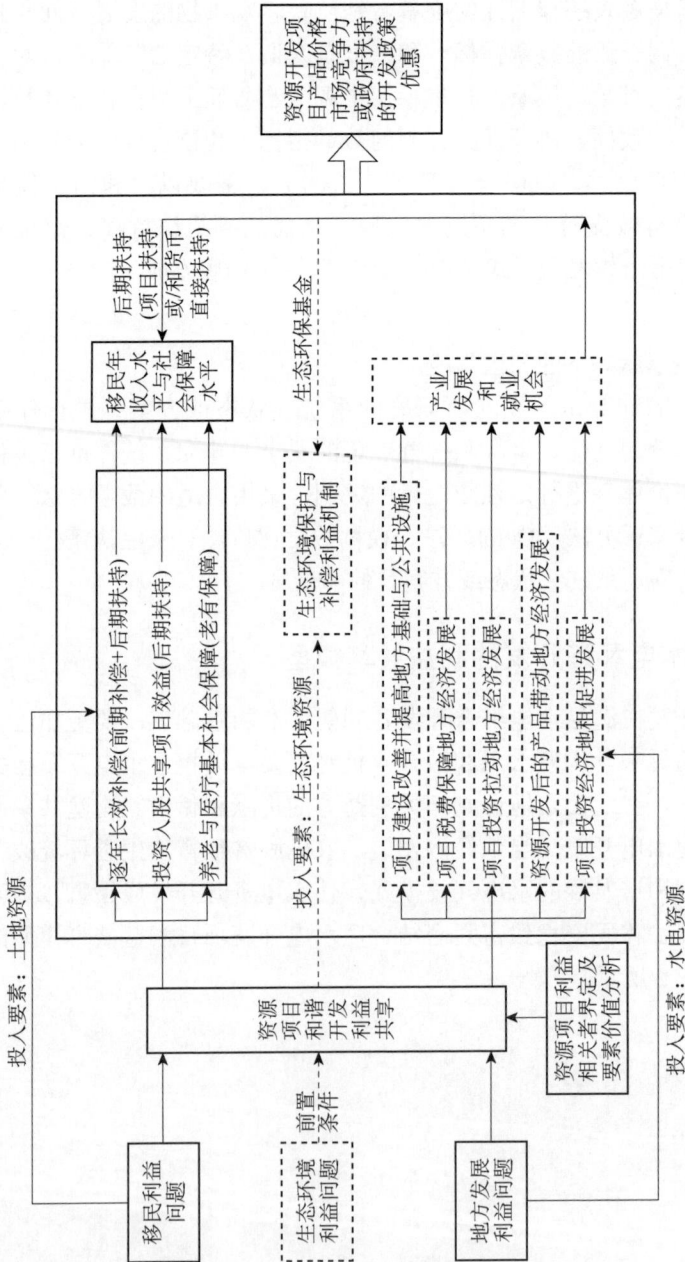

图2 水电和谐开发利益共享模型研究框架

利益共享模型的研究采取定性和定量结合的方法，研究各种相关要素与总体的协调发展，通过获得当前现实问题的满意解，实现各要素协同最优，进而实现全面可持续发展。基于主要利益相关者的水电资源开发的和谐度，本文提出水电项目和谐开发利益共享模型的目标函数，数学表达如式（2）所示：

$$H_{hydro} = h[h(r,t), h(l,t), h(c,t), h(t,t), h(o,t)] \tag{2}$$

式中，$h(r,t)$ 为移民安置（resettlement）和谐度；$h(l,t)$ 为地方政府（local government）与水电开发的和谐度，$h(c,t)$ 为中央政府（central government）与水电开发的和谐度，$h(e,t)$ 为环境代表（environment）与水电开发的和谐度，$h(o,t)$ 为水电资源开发企业也就是项目业主（owner）的和谐度；H_{hydro} 为水电资源开发和谐度，它是移民、地方政府、中央政府、环境代表及开发企业对水电资源项目开发和谐度的函数；t 为和谐度随时间动态变化的特性，也就是和谐度要贯穿水电资源项目开发的全生命周期。

基于主要利益相关者主体的水电项目利益共享和谐度的数学模型可以用主要利益相关者投入要素的利益实现为代表，由此构建投入要素的利益共享模型。由于各要素都要追求自身利益的最大化，在一个和谐体系中的各要素利益的共享模型不是各要素的最大解，而是在和谐系统的最大解中实现各要素价值的满意解。由此，提出基于资源要素的水电项目利益共享满意度的目标函数。

用文字表达的基于资源要素的水电项目利益共享满意度公式如下：

$$S = f(土地资源、水电资源、环境资源、企业投资、管理与技术) \tag{3}$$

水电项目利益共享满意度的数学表达具体如下：

$$S_{hydro} = Max[f(p,l), f(p,h), f(p,e), f(p,o), f(p,m)] \tag{4}$$

式中，$f(p,l)$ 为移民付出土地资源（land）应分享的利益；$f(p,h)$ 为中央政府及地方政府付出水电资源（hydropower）应分享的利益；$f(p,e)$ 为中央及地方政府付出生态环境资源（environment）应分享的利益；$f(p,o)$ 为水电资源开发企业，也就是项目业主（owner）付出资本投资应分享的利益；$f(p,m)$ 为水电资源开发项目管理者（manager）付出管理与技术应分享的利益；p 为各种要素分享的利益（profit）；S_{hydro} 代表水电开发项目主要利益相关者要素投入的满意度（satisfaction）。

目前，我国政府环境保护组织和 NGO 对政策的影响力比较小，因此环境代表主要还是中央和地方政府的环保主管部门和执法监督部门。式（3）为基于资源要素的满意度函数，其中的环境资源共享满意度是指"中央和地方政府付出生态环境资源所分享的利益"；而式（2）为基于主要利益相关者的和谐度函数，其中，中央和地方政府与水电开发的和谐度中就已经包含了生态环境和谐。

水电开发和谐度或满意度的目标实现都需要满足一定的约束条件，这些约束条件从利益相关者利益共享的角度来分析，包括下述五项：一是水电开发需要搬迁安置的移民的生活水平不低于原有生活水平，并不低于当地城镇居民最低生活保障水平；二是生态环境得到充分的保护和补偿，利益一部分来源于项目建设期和运行期构成项目成本的给予生态环境系统的保护与补偿投资，一部分来源于水电资源经济地租，构成水电项目生态与环境保护专项基金；三是中央和地方政府得到水电资源开发的国家法定税费，并可以分享水电资源经济地租，即得到水电资源有偿使用费，水电资源绝对地租和级差地租视为水电资源有偿使用费分别由中央政府和地方政府分享；四是水电资源开发企业投资成本得到补偿，并可以获得法定的投资回报率；五是水电资源开发的产品价格也就是水电电价，不高于受电区目标市场可竞争的电力产品即火电的标杆电价。

约束条件公式如下：

$$移民生活水平 \geqslant 原有生活水平和城镇居民最低生活保障水平 \quad (5)$$

$$生态环境利益 = 保护与补偿费用 + 水电资源经济地租 \quad (6)$$

（生态环境保护专项基金）

$$中央政府利益 = 税费收入 + 水电资源绝对地租 \quad (7)$$

$$地方政府利益 = 税费收入 + 水电资源级差地租 \quad (8)$$

$$开发企业利益 = 资本成本 + 法定投资收益率 \quad (9)$$

$$水电项目落地电价 \leqslant 受电区的火电标杆电价 \quad (10)$$

从和谐原理来看，本文构建的利益共享模型，基于主要利益相关者的水电项目和谐开发利益共享模型目标函数式（2）反映了人性化的利益相关者的利益要求，是"和则"体系的表现。基于资源要素的水电项目利益共享满意度函数式（4）及相应的约束条件[式（5）～式（10）]代表了"谐则"体系。

4 水电项目利益共享模型的分析讨论

水电项目利益共享模型中部分分项的界定与测算对模型结果影响较大。以下对式（5）～式（8）中移民生活水平、水电资源经济地租、水电资源绝对地租、水电资源极差地租分别进行分析讨论。

4.1 移民生活水平分析

本文通过移民年收入指标对移民生活水平进行衡量。年收入水平需要从两个方面对比分析：一是基于不同安置方式的移民年收入水平分析。移民安置方式决定了移民土地资源费的使用。移民安置方式的不同，意味着移民征地补偿资金的使用方式不同、移民生产方式不同、安置后年收入来源和水平不同（樊启祥等，2015）。二是基于基本生产生活条件与国家发展规划目标的移民年收入水平预测分析。这里的基本生产生活条件，主要指农地的生产价值带来的移民收入及城镇居民最低生活保障水平；国家发展规划目标，主要指全面小康社会与新农村建设的要求。由此构建三个预测模型：基于农地产值的移民未来年收入预测模型、基于全面小康社会目标和新农村建设目标的移民收入预测模型及基于城镇居民最低生活保障水平的预测模型（樊启祥等，2014）。

不同移民安置方式情况下，移民年收入水平与以上三个预测模型的对比分析，可为移民安置方式的选择提供量化工具。两者的对比分析，会给出农村移民安置方式的价值取向。

4.1.1 移民安置方案设计

在西部地区，有些项目所在地的土地承载力和移民安置容量不足，大规模外迁受到地域文化环境和移民意愿的制约，需要探索新农村和城镇化相结合的农村移民安置方式。基于对水电农村移民安置历史经验和现实问题的分析，本文提出五种移民安置方式，分别对应着五种移民安置方案。这五种方案的差别，主要在于水电征地补偿补助费的使用方式，这是各个移民安置方案的基础。这五种安置方式及其对应的五种安置方案分别如下：

方案 1："基于土地年产值的有土农业生产"安置方式。方案 1 是基准方案，即对农村移民采用大农业生产安置方式，可称为"传统农业生产安置"方案。此方案移民个人年收入主要来自于土地调整后的农业生产收入和后期扶持资金。

方案 2："基于耕园地年产值的逐年长期货币直接补偿"安置方式，简称"逐年长补"方案。方案 2 把土地补偿投资中的耕园地按照逐年长期补偿，每年补偿总额为年产值与耕园地数量的乘积，并动态调整增长，且用现行每人每月 160 元（目前某省对某水电站水库移民城镇化安置方式确定的每人每月安置补助标准）及不低于当地城镇居民生活水平进行复核。本方案的移民未来年收入主要来自耕园地逐年补偿的资金加上后期扶持资金。

方案 3："基于耕园地年产值的逐年长期货币直接补偿＋基于剩余土地补偿费投资电站入股分红"安置方式，简称"逐年长补＋入股分红"方案。方案 3 是把电站建设征地 (不含宅基地、设施占地、建筑占地) 补偿补助费中的耕园地用于移民逐年长期安置补偿后，剩余的土地补偿补助费作为电站的资本金入股投资电站，测算该方案下的电价，并计算这部分土地投资在投产后的资本金收益。移民年收入来源于耕园地逐年补偿资金、部分土地补偿费投资分红和后期扶持资金。

方案 4："基于土地综合功能价值的有土农业生产"安置方式，为土地综合功能价值下的"传统农业生产安置"方案，简称"土地综合价值安置方案"。本方案是在对土地资源中的农地资源，按照经济价值、社会保障价值、社会稳定价值、生态环境价值等土地综合功能价值进行计算的基础上，利用计算所得的农地综合功能价值，替代方案 1 的相应的农地价值，再进行水电项目的上网电价测算，分析其对电价的影响程度。

方案 5："基于耕园地年产值的逐年长期货币直接补偿＋基于剩余土地补偿费投资电站入股分红安置＋养老与医疗保险基本社会保障"安置方式，简称"逐年长补＋入股分红＋社会保障"方案。本方案是在方案 3 的基础上，增加了移民基本社会保障费用，移民的收入由方案 3 的移民收入和本方案中的社会保障费用等构成。

按照生产方式来划分，这五种安置方式可以分为两类：一是有土农业生产安置方式，包括方案 1 与方案 4；二是无土非农生产安置方式，包括方案 2、方案3 和方案5。

本文利用西南某水电站库区一个移民县的有关基础资料和统计数据，对移民年收入水平进行了预测计算。上述五种安置方案的移民年收入如图 3 所示，其中，方案 4、方案 5 的移民年收入高于方案 3 的移民年收入，更高于目前普遍采用的传统农业生产安置方式的移民收入水平 (方案 1 和方案 2)。尤其在 2040 年以后，由于新农保、新农合开始带来社会保障收入，方案 5 中的移民年收入远高于其他所有方案。因此，在土地安置容量不够、土地调整难度增加的情况下，采用方案 5 既满足当前现实生产生活需要，又为移民考虑了长远的养老与医疗基本社会保障，并且通过土地投资入股电站分享水电资源开发的利益，使移民和电站建立了直接的、紧密的利益关系，构成了互利共赢的利益共同体。这种安置方式变水电农村移民"要我移民"的被动性为"我要移民"的主动性和自愿性，有利于移民工作的进展，有利于推进水电资源健康、有序开发，更能满足国家政策和移民工作发展的趋势。

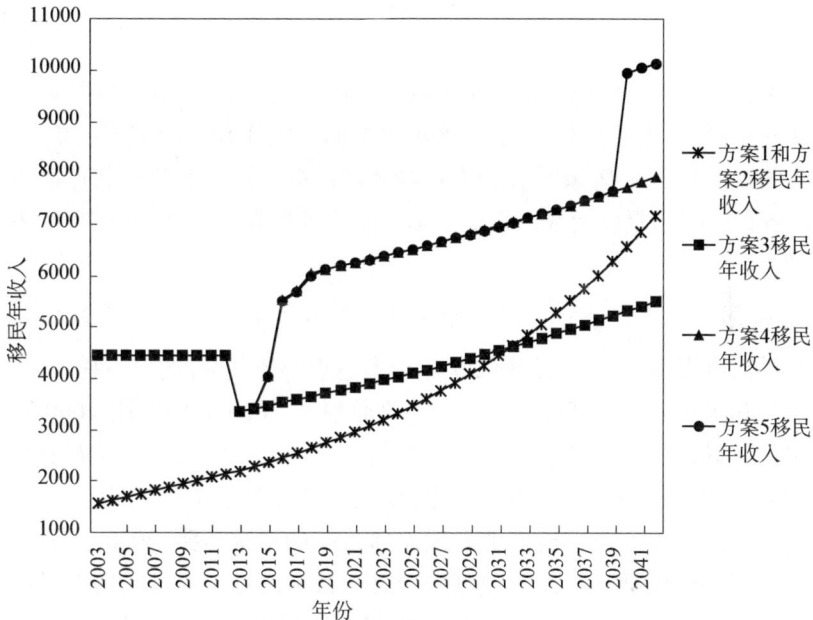

图3 五种安置方案的移民年收入对比

4.1.2 移民年收入水平预测模型分析

移民年收入水平预测应基于基本生产生活条件与国家发展规划目标的移民年收入水平。基本生产条件主要指移民原有农地的生产价值带来的移民收入，基本生活条件主要指满足当地城镇居民最低生活保障标准的要求，国家发展规划目标主要指 2020 年实现全面小康社会与新农村建设的要求。本文建立三个对应预测模型，以下逐一论述。

1．模型 1：基于农用地产值的移民年收入预测模型

基于农用地产值的移民年收入预测模型主要是对未来农业土地净收益的预测分析。农业土地净收益的变动，主要受三大因素的影响：农业劳动生产率、资本收益的滞后分布和社会收入分配。移民农用地年纯收入计算模型如式（11）～式（13）所示：

$$A = f \cdot (P_{总} - P_{成本}) \qquad (11)$$

$$P_{总} = \sum_{i=1}^{n} W_i Q_i R_i S_i \qquad (12)$$

$$P_{成本} = \sum_{i=1}^{n} T_i \qquad (13)$$

式中，A 表示未来年移民农用地年纯收入；f 表示移民人均农用地数量；$P_{总}$ 表示单位面积农用地毛收入；$P_{成本}$ 表示单位面积农作物生产成本；W_i 表示主要农作物面积比例；Q_i 表示各种农作物单产；R_i 表示各种农作物产品价格；S_i 表示各种农作物复种指数；T_i 表示单位面积各种农作物种植成本；i 表示农作物种类数。

2. 模型 2：基于全面小康社会及新农村建设目标的预测模型

我国政府提出在 21 世纪前 20 年全面建设小康社会的奋斗目标，规划在优化结构和提高效益的基础上，国内生产总值到 2020 年力争比 2000 年翻两番。根据中国政府建设社会主义新农村的要求，云南省社会主义新农村建设规划纲要（2006～2010 年）提出农民人均纯收入年均增长 7%以上。中国共产党第十七届三中全会，对农业发展总体目标的要求是到 2020 年农民人均纯收入比 2008 年翻一番。本预测按照这一目标进行，假定水电项目所在地的移民年收入在 2020 年达到国家 2008 年人均年纯收入翻番的目标，按此结合当前的实际年纯收入水平进行 2020 前移民年纯收入水平的测算，2020 年之后的移民人均年纯收入按照 5%的速度递增。

3. 模型 3：基于当地城镇居民最低生活保障标准的预测模型

基于当地城镇居民最低生活保障水平的预测模型，一般选取当地政府确定的当年的城镇居民最低生活保障标准作为基数，并根据市场经济发展的规模和速度，结合城镇居民收入增长与最低生活保障标准的关系，拟定一个价格指数或取一定时期的存款利率，作增长预测。

应用上述三个模型，本文利用西南某水电站库区一个移民县的有关基础资料和统计数据，对移民年收入水平进行了预测计算。三种预测模型移民未来年收入水平的时间过程线如图 4 所示，三个预测模型之间的关系可以分为两个阶段进行分析。

第一阶段为 2013 年之前：模型 3 即"生活保障模型"的移民年纯收入均稍高于模型 1"农地产值模型"和模型 2"小康目标模型"的移民年纯收入。第二阶段为 2013 年之后：模型 2 的移民年纯收入则远远高于模型 1 和模型 3 的移民年纯收入；模型 3 的移民年纯收入在此阶段稍高于模型 1 的移民年纯收入；模型 1 中移民年纯收入在电站建设期和运营期均低于模型 2 和模型 3，属于收入最低的模型，但后期（2020 年之后）基本与方案 3 的水平相近。

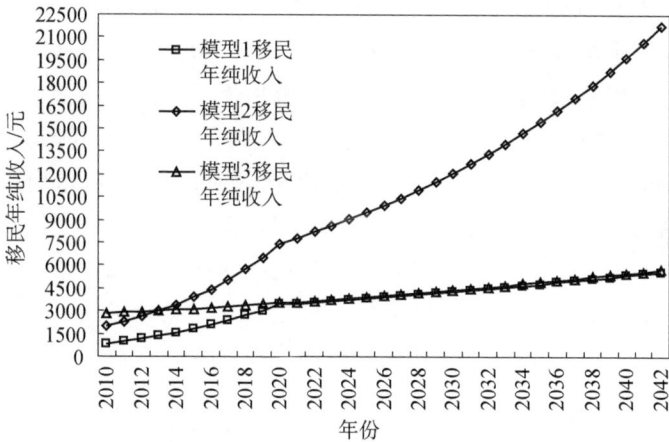

图4　三种预测模型下移民年收入水平对比分析图

　　模型 1 与其他两个预测模型之间的这种差距，反映了农业生产过程中农民收入水平的现实状况和发展方向，在一定程度上说明，农村移民如果继续沿用目前这种农业生产和发展方式，基本上是无法实现全面小康社会目标的。

　　对比图 2 与图 3，移民收入水平最高的安置方案 5 与三个预测模型的关系，可以划分为两个阶段：2018 年之前为第一阶段，此时方案 5 的移民年收入均高于三个预测模型；2018 年之后为第二阶段，此时方案 5 的移民年收入要低于模型 2，但仍远高于模型 1 和 3 的移民年收入水平。这说明方案 5 虽然距离全面小康社会和新农村建设的长远目标仍有一定差距，但能够满足"利益共享模型"的约束条件的要求，即达到"移民搬迁后的收入不低于原有生活水平，并不低于当地基本生活保障水平"的移民搬迁基本目标，使农村移民"当前生活有保证，未来收入有增长，老年生活有依靠"，因此是本文推荐的较优安置方式。

4.2　水电资源地租分析

4.2.1　水电资源经济地租的测算

　　经济租概念应用较广，在此将水电资源经济地租定义为因水电资源及土地资源要素投入产生的高于社会平均利润的超额利润，以与水电"成本加成"电价下企业技术进步、精益管理等产生的内生经济租分开（顾秀林，2008），并用"水电经济地租"这个词来代表，意为水电资源投入带来的超额利润。水电资源开发地点的租金价值是由于适合水电开发的地点数目有限所产生的，某些水电开发地点的发电成本会低于其他替代发电技术（如火电）。可见，水电经济地租既包含绝对地租，也包含了级差地租。随着水电资源的开发利用的增加，会使其产生一部分增值，该部分增值会体现在绝对地租、级差地租的增值中，而这些增值收益最终都会在电价中体现。

Rothman（2000）提出了估算水电经济地租的方法，以水电站发电和输送电过程中的全成本，与成本最低的可替代发电类型的发电和输送电全成本之差，即为水电站的经济地租值。若存在竞争形成的市场价格，可以省略计算替代性电能全成本的步骤，以市场电价减去水电全成本便可得到水电资源的经济地租值。本文认为电能价值的市场价和水电成本及合理利润之间的差额就是水电资源的经济地租。由于各种电力产品的全成本没有一个统一的可同比的定价基础，加上全成本定量准确计算的不现实，考虑中国电力市场现行的定价体系和定价原则基本上反映了各电力产品的特性和成本，结合每个水电站的独特性，某一水电站的经济地租值可以采用替代发电类型的市场电价扣减该水电站的全成本电价或核准电价来获得。这里的核准电价是国家核准电站项目时按照成本加成法计算的上网电价与输电价构成的接纳地的落地电价。这种方法可称为"电价比较法"，是适应目前我国电力市场管制要求和定价机制下的一种水电经济地租的计算方法。

"电价比较法"的计算公式包含水电经济地租单价和水电经济地租总价。

水电经济地租单价计算公式如式（14）、式（15）所示：

$$R_{\text{hyd-rent}} = P_{\text{mard-p}} - P_{\text{hyd}} \tag{14}$$

$$或\ R_{\text{hyd-rent}} = C_{\text{re}} - C_{\text{hyd}} \tag{15}$$

式中，$R_{\text{hyd-rent}}$ 为水电经济地租单价；$P_{\text{mark-p}}$ 为所选取的能够反映单位电能价值的市场电价，或替代发电类型的全成本 C_{re}（包括合理利润）；P_{hyd} 为水电项目接纳地落地电价，包括水电项目上网电价和电网输电电价，或 C_{hyd} 为水电项目的全成本、输送电的全成本及合理利润之和。水电经济地租总价计算公式如下：

$$P = R_{\text{hyd-rent}} \times Q \tag{16}$$

式中，P 为水电经济地租总价；Q 为水电发电量。

理论上虽可进行水电全成本及合理利润 C_{hyd} 核算，但基于水电开发外部性的分析，以及当前项目投资计算和项目经济评价等方面的政策法规的要求，进行全成本计算不具备实际操作性，结合水电电价确定的统一的规范方法，本文对 C_{hyd} 进行简化处理，用项目核准落地电价来计算。

4.2.2 水电资源绝对地租的测算

绝对地租是指与资源等级无关，与资源所有权有着直接联系的由资源开发者一定要支付的地租。土地的绝对地租依赖于土地的所有权，是土地所有权得以实现的经济形式，是土地所有权的力量表现。也就是，由于资源所有权的存在，无论开发任何等级的资源都必须缴纳绝对地租。由此，自然资源的绝对地租来源于所有权和稀缺性，是自然资源所有权向使用权转换的有偿使用价值（方国华等，2000）。一般来讲，在资源有价的思想下，对所有的资源开发项目都要征收绝对地租。不征收资源绝对地租由政府对资源开发的经济政策来决定，体现了政府的政策导向和优惠扶持。

水电绝对地租由国家对水电资源的所有权决定，为所有的水电资源开发必须收取的资源有偿使用费用，可以定义为水电平均电价以上的不高于火电标杆电价的部分。水电资源的绝对地租应采用受电区/省的火电标杆电价扣减受电区水电平均电价。计算公式如下：

$$水电绝对地租单价＝火电标杆电价－水电平均电价 \qquad (17)$$

$$水电绝对地租总价＝水电绝对地租单价×接受水电电量 \qquad (18)$$

从绝对地租的理论探讨可知，是水电资源的贡献产生水电绝对地租，是水电资源的价值，可以表现为水电资源有偿使用费。我国水电资源的所有权特性，决定水电绝对地租应该由政府来收取。本论文认为水电资源的绝对地租的收取应该全部征收，并且征收标准统一，结合考虑中央政府对水电资源尤其是大型水电资源的所有特性，确定绝对地租由中央政府来收取。

4.2.3 水电级差地租的测算

级差地租是与土地的不同等级相联系的地租，它是由社会生产价格高于农产品个别生产价格差额所构成的超额利润转化而成。社会生产价格由劣等地的个别生产价格决定，投资于中等、优等地所生产的农产品的个别生产价格低于社会生产价格，因此可获得超额利润，土地所有者获得这部分超额利润便形成级差地租。

水电级差地租由各水电资源项目的属地特性决定。水电工程的级差地租采用受电区水电平均电价扣减该水电站核准的落地电价（包括发电和输送电的全成本及合理利润）。计算公式如下：

$$水电级差地租单价＝水电平均电价－项目核准电价 \qquad (19)$$

$$水电级差地租总价＝水电级差地租单价×接受水电电量 \qquad (20)$$

从级差地租的理论得出级差地租由某一个电站自身的特性来决定，如其坝址的稀缺性和优越性。坝址的地形地质等条件决定着电站规模、移民规模、资源成本、环境成本，它们从客体的角度决定着电站的投资；电站建设者的能力如设计能力、建设管理能力、运行管理能力，从主体的角度一定程度上决定着项目开发的成本。考虑每一个水电资源开发项目的工程特性、土地资源与水电资源特性及当地政府的移民责任和项目保障责任，水电资源的级差地租由资源所在地的地方政府收取。

4.2.4　案例分析

利用前文中五种不同安置方案下移民收入水平与三种收入预测模型的西南某水电站为例，分别计算上述五种移民安置方案的水电资源经济地租，以检验水电开发利益共享模型的可行性。该水电站电量消纳目标市场分电方案如表 2 所示，目标市场的火电标杆电价、水电平均电价以及五种移民安置方案下水电站落地电价如表 3 所示。

表 2　西南某水电站目标市场分电方案 （单位：亿 kW·h）

项目	2013 年	2014 年	2015 年	2016 年	2017 年	2018 年及以后
可研口径年上网电量	48.4	230.9	413.1	518.4	532.1	532.8
外送省 1	23.2	110.8	198.3	248.8	255.4	255.8
外送省 2	23.2	110.8	198.3	248.8	255.4	255.8
所在省 1（留存 5%）	1.0	4.6	8.3	10.4	10.6	10.7
所在省 2（留存 5%）	1.0	4.6	8.3	10.4	10.6	10.7

表3　火电标杆电价、水电平均电价和西南某水电站落地电价　　［单位：元/（kW·h）］

项目		外送省1	外送省2	所在省1	所在省2
火电标杆电价		0.4570	0.4962	0.3937	0.33
水电平均电价		0.4570	0.4250	0.2623	0.1984
落地电价	方案1	0.325	0.304	0.205	0.217
	方案2	0.337	0.316	0.216	0.228
	方案3和方案4	0.324	0.303	0.204	0.217
	方案5	0.324	0.303	0.205	0.217

注：火电标杆电价数据来源根据国家发改委历年调价文件；水电平均电价数据为2008年水电均价预计值。

根据式(17)～式(20)计算五种移民安置方案下，该水电站的绝对地租和级差地租结果如表4所示（电量消纳为目标市场四省的合计值）。按照绝对地租的定义，在不考虑电能质量差别的情况下，用各省火电标杆价和水电均价之差测算该水电站的绝对地租，因此各移民安置方案的绝对地租相同。按照级差地租的定义，用各省水电均价和该水电站送电各省落地电价之差测算级差地租，对应方案1到方案5的不同电价水平，各方案在正常运行年以及电站经营期的级差地租如表4所示。

表4　西南某水电站各移民安置方案的经济地租空间对比　（单位：亿元）

项目	西南某水电站经济地租费用空间				
	绝对地租	级差地租			
		方案1	方案2	方案3和方案4	方案5
正常运行年 年均经济地租	21.01	65.17	58.75	65.60	65.40
经营期合计	594.05	1842.18	1660.85	1854.43	1849.03

该水电站在各省的绝对地租空间中，有三个省为正，一个省为零；且一个省绝对地租空间最大、份额最重，原因是该省火电标杆电价最高、且送电量较大。对应不同的移民安置方案，级差地租费用空间最小的是方案2，其相应的电价水平最高；级差地租费用空间最大的是方案3和方案4，其相应的电价水平最低。该水电站的级差地租费用空间中绝大部分是两个高电价省区贡献，两省之和占总地租空间的近99%。电站经营期内的绝对地租和级差地租合计高达2254.90亿～2448.48亿元，如果政府通过提高水电电价使之接近火电标杆电价的水平，以征收水电资源有偿使用费的方式将这些经济地租费用空间的一部分或全部征收上来，能够用于提高移民生活水平、改善生态环境和促进地方经济发展，利益共享模型中的全部约束条件均能够得以满足，从而实现了水电资源的和谐开发和利益共享。

5　结论与展望

本文从利益相关者理论的角度，界定了水电项目的利益相关者，明确了政府、移民和开发企业是水电资源和谐开发的主要利益相关者，其投入要素分别是水电资源、土地资源和项目资金。具体而言，开发企业投入资本、移民投入土地资源的使用权、政府投入土地资源的所有权和水电资源。

本文构建了基于主要利益相关者和资源收益的水电和谐开发利益共享模型，提出移民、地方政府、中央政府、环境代表及开发企业对水电资源项目开发和谐度和满意度函数，并对其约束条件进行论述，包括：①不同安置方式下农村移民搬迁后的收入不低于搬迁前的原有生活水平、不低于当地基本生活保障水平；②地方政府与中央政府获得全部法定税费，以及土地资源和水电资源的有偿使用价值；③生态环境得到保护和补偿，项目投资考虑生态环境保护措施费和生态环境保护基金；④开发企业得到了正常投资回报；⑤电价具有竞争力，水电在目标市场的销售电价不高于当地的火电标杆电价。

为实现约束条件中移民生活水平、水电资源经济地租、绝对地租和级差地租的量化，本文提出了五种移民安置方式、三种年收入水平预测模型；采用"电价比较法"，提出水电资源经济地租为绝对地租（等于受电区火电标杆电价减去受电区水电平均电价）与级差地租（等于受电区水电平均电价减去水电项目落地电价）之和。

进一步的研究可考虑以下三个方面：①利益共享模型中的和谐度和满意度函数的量化；②探讨生态环境价值的计量、生态环境保护与补偿机制等问题；③在实践上探讨水电资源绝对地租和级差地租的具体分配方式。

参考文献

樊启祥，陆佑楣，强茂山，等 2014. 大中型水电工程中移民收入水平预测模型研究. 水力发电学报，33(2): 259-266.

樊启祥，陆佑楣，强茂山，等. 2015. 可持续发展视角的中国水电开发水库移民安置方式研究. 水力发电学报，34(1): 237-244.

樊启祥，陆佑楣. 2010. 西部水力资源开发的项目管理：以金沙江下游河段为例. 中国工程科学，12(8): 30-36,48.

樊启祥. 2010.水电项目开发利益共享模型研究. 北京：清华大学博士学位论文.

方国华, 谈为雄, 陆桂华, 等. 2000. 论水资源费的性质和构成. 河海大学学报(自然科学版), 28(6): 1-5.

顾秀林. 2008. 经济全球化中的"价值链"和"经济租"初探. 云南财贸学院学报, 24(3): 11-15.

陆佑楣, 樊启祥. 2010. 做好水库移民工作, 促进金沙江下游水电开发. 水力发电, 36(1): 1-5.

施国庆, 孔令强. 2008. 水电开发企业利益相关者分析与其所有权实现. 南京社会科学, (1): 37-42.

王琦, 席酉民, 汪莹. 2004. 和谐主题漂移的涵义及其过程描述. 管理科学, 17(6): 10-17.

王文珂. 2000. 基于利益相关者的水电开发企业治理研究. 南京: 河海大学博士学位论文.

邬丽萍. 2007. 城市土地价格机制研究. 北京: 经济科学出版社.

席酉民, 韩巍, 尚玉钒. 2003. 面向复杂性: 和谐管理理论的概念, 原则及框架. 管理科学学报, 6(4): 1-8.

席酉民, 唐方成. 2005. 和谐管理理论的数理表述及主要科学问题. 管理学报, 2(3): 268-276.

徐俊新, 施国庆, 郑瑞强. 2008. 水电移民安置利益相关者及其活动分析. 安徽农业科学, 36(25): 11102-11104, 11131.

Mitchell R K, Agle B R, Wood D J. 1997. Toward a theory of stakeholder identification and salience: defining the principle of who and what really counts. The Academy of Management Review, 22(4): 853-886.

Rothman M. 2000. Measuring and Apportioning Rents from Hydroelectric Power Developments. Washington D C: The International Bank for Reconstruction and Development.

水库移民可持续性生产生活系统仿真评价研究

孙中艮，施国庆

(河海大学中国移民研究中心，南京 210098)

摘 要： 水库移民可持续性生产生活系统仿真模型由移民人口子系统、移民资源子系统、移民生产子系统和移民消费子系统构成。该仿真模型由 13 个状态流量、107 个辅助变量和 16 个表函数组成，核心反馈回路有 11 条。该模型不仅能够揭示水库移民可持续性生产生活系统的运行机理，分析系统长远发展趋势，而且还能通过干预实验找出系统可持续发展的决定性影响因素，并通过对这些影响因素的科学调控来推动系统更强可持续发展。通过案例仿真发现：云南白色水库移民搬迁后，其生产生活系统中的农业产出和非农业产出都明显下降。但是，移民安置刚刚结束，云南库区移民可持续性生产生活系统内的农业产出和非农产出就开始恢复。从长期发展趋势上来看，代表系统整体发展状况的总产出不断上升。

关键词： 水库移民；可持续性生产生活系统；仿真模型；百色水库

Reservior Migration Sustainable Production and livilihood System Simulation in Yunnan Province

Zhonggen Sun, Guoqing Shi

(NRCR Hohai University，Nanjing 210098)

Abstract: Sustainable Production and Livelihood System of Reservior Migrants contains population subsystem, resource subsystem, production subsystem and consumption subsystem. Also, the simulation model of this system contains 13 State flows, 107 auxiliary variables and table functions. There are 11 core feedback loops. This model can explain the running mechanism of the sys-

通信作者：施国庆（1959—），E-mail: gshi@hhu.edu.cn。

tem, analyze long-running development. Meanwhile, by intervention experiments, some aspects which affect sustainable development of system also can be found by this model. YunNan case shows either agricultural or nonagricultural productions drop quickly when the migrants were just relocated. However, agricultural and nonagricultural productions rise slowly after the resettlement was completed. The overall migrant system's productions increase in the long run.

Key Words: reservoir migrants; sustainable production and livelihood system; simulation model; Baise reservoir

1 引言

水库移民是水利水电工程建设中的一个重要环节。水库的修建使长期居住于库区周边的大规模居民不得不舍弃原有家园、脱离原有社区关系而搬迁安置至相对陌生环境。在移民搬迁、安置和重建过程中，移民的生产、生活和心理等各个方面将受到巨大的冲击。为了推动工程顺利建设和移民发展，国家必须要对水库移民作妥善的安置。由于补偿、安置、扶持等政策限制，移民安置结束后，一些移民极易堕入贫困境地。为切实保障水库移民权益、推动我国水利水电事业发展，国家从 20 世纪 80 年代开始提倡开发性移民方针。此外，在贯彻以人为本和开发性移民方针基础上，国家又陆续出台和修订了一系列政策法规，以切实保障移民生产生活水平不因工程建设而有所降低。如《中华人民共和国土地管理法释义》《大中型水利水电工程建设征地补偿与移民安置条例》，以及《水电工程建设征地移民安置规划设计规范》分别提出：移民安置要使被安置移民的生产、生活，使移民生活达到或者超过原有水平。以上政策法规的规定对水库移民生产生活水平的恢复和发展具有重要的意义。但是，水库移民可持续性生产生活的基本内涵是什么，生产生活的可持续发展机理是什么，哪些因素影响水库移民生产生活的可持续发展，如何衡量水库移民生产生活的恢复与发展可持续等问题在已有的水库移民理论研究中并无系统性探讨；在实践层面，相关政策规定的水库移民后期扶持 20 年期限是否合理，保持和超过原有生活水平的衡量指标和方法，及其评判标准是什么，怎样扶持才能保证水库移民基本生活保持或超过原有水平等问题的存在制约了水库移民相关政策法规的执行，以及移民安置和扶持工作的顺利开展。

本文以系统为研究视角，利用系统动力学原理揭示水库移民生产生活实现可持续性的基本原理，提出水库移民可持续性生产生活系统评价思路。通过水库移民可持续性生产生活系统系统动力学评价，了解水库移民生产生活水平是否有效恢复，以及其发展是否具备可持续性特征，并在此基础上对水库移民可持续性生产生活的实现途径进行探讨。

2 水库移民可持续性生产生活系统

2.1 水库移民可持续性生产生活系统结构

水库移民可持续性生产生活系统是以实现水库移民生产与消费可持续发展为目的，以协调人口、资源、生产和消费的相互关系为准则，在移民安置区内，通过人口、资源、环境、社会、经济等内部因素及外部环境的相互作用、相互影响而实现移民生产、消费等活动可持续化的开放复杂系统。水库移民可持续性生产生活系统是以水库移民群体为核心，以其生产生活实现可持续为根本出发点。

水库移民可持续性生产生活系统包括人口子系统、资源子系统、生产子系统和消费子系统四个部分。人口子系统包括安置区移民的人口数量、人口结构、人口素质等方面。人是最积极的生产要素。水库移民可持续性生产生活系统中的资源主要为农业生产资源。依据不同农业生产形式，可以将资源划分为土地资源、水资源、生物资源和气候资源等。土地资源还可分为耕地、园地、林地、草地等。在这些资源当中，土地资源和水资源同水库移民安置活动紧密联系。生产子系统包括生产条件和生产水平等要素，是其他子系统得以运行的基础。移民消费子系统与水库移民可持续性生产生活系统中的其他子系统相互影响、相互制约。移民消费子系统包含移民消费结构和消费水平等要素。

2.2 水库移民可持续性生产生活系统边界

系统边界问题是影响水库移民可持续性生产生活系统仿真模型构建的一个重要因素。在系统动力学建模工作中，系统边界的确定要遵循两个基本原则(王其藩, 1992)：一是要包含构成系统的主要实体，二是描述实体的变量要能够构成完整的反馈回路。对于水库移民可持续性生产生活系统而言，其系统边界的理解主要有两层含义：群体边界和地域边界。从群体边界角度来讲，水库移民可持续性生产生活系统研究的对象是因水库建设而产生的水库移民。水库移民是一个有众多相似特征的特殊群体。从地域角度讲，水库移民可持续性生产生活系统是包含了水库淹没区和移民安置区在内的特定区域。因而，很多情况下，水库移民可持续性生产生活系统以一定的地域范围来表示。

3 水库移民可持续性生产生活系统仿真模型

3.1 模型总体结构

水库移民可持续性生产生活系统是由水库移民人口子系统、水库移民资源子系统、水库移民生产子系统和水库移民消费子系统构成。水库移民可持续性生产生活系统中的各个子系统，以及子系统中的各个要素相互影响、相互制约。

在移民迁入人口和移民迁出人口二者数量相对稳定情况下，移民出生人口和死亡人口成为移民总人口的决定性因素。对于移民人口来讲，在"外部"医疗卫生技术等因素稳定的前提下，移民人均医疗卫生消费的增加会在一定程度上降低移民人口死亡率，从而减少移民死亡人口。在年龄结构变动不大的前提下，移民总人口的增加必然导致移民劳动力数量的增加。移民劳动力数量的增加会增加移民农业生产和非农业生产的劳动力投入，进而增加移民家庭总产出。移民总人口的增加会导致移民家庭中生活消费支出的增加。而在人口数量一定的情况下，移民总产出的增加也会促进移民再生产投入、医疗卫生、文化教育和食品等消费的增加。在系统总产出一定情况下，移民生活性消费的过度增加则会减少移民再生产投资。移民再生产投资的减少则导致移民农业生产和非农业生产资金投入的减少，从而减少移民的总产出。水库移民可持续性生产生活系统总体因果关系如图1所示。

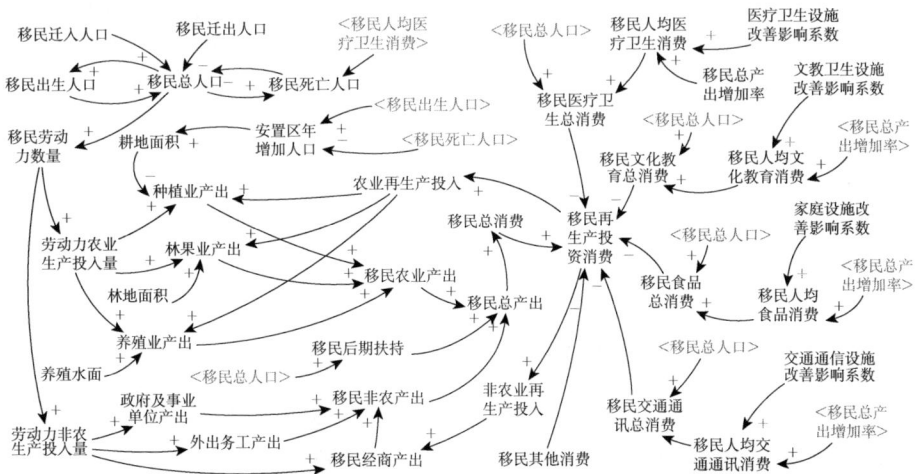

图1 水库移民可持续性生产生活系统总体因果关系示意图

3.2 系统方程参数方程

1. 模型参数方程建立方法

系统动力学模型中，各个参数方程的建立是以系统内各要素之间的相互关系为基础的。因此，参数方程的方法并无定论。在水库移民可持续性生产生活系统仿真模型中，按照水库移民可持续性生产生活系统各个要素间的相互作用关系，参数方程确定方法主要有一元回归模型、多元回归模型、散点图法、经验取值法等。其中，不同类型农业生产函数方程的确定采用了柯布道格拉斯生产函数法(王其藩，2009)。如移民人口出生率=移民人口出生率表函数(Time)，又如农业耕地总面积= INTEG (新增土地面积-水库淹没耕地面积-耕地面积自然流失量，初始耕地面积)等。

2. 系统参数方程与反馈回路

水库移民可持续性生产生活系统仿真模型由 13 个状态流量、107 个辅助变量和 16 个表函数组成。不同变量按照系统各个要素之间相互关联，以函数的形式共同构成了系统间的反馈回路。水库移民可持续性生产生活系统核心反馈回路有 11 条。因文章篇幅限制，此处不一一阐述。

3.3 系统仿真检验

系统动力学模型是结构依存性模型(Brenner, 1983)。计量经济学模型的检验法、优度验算和相关系数等方法对系统动力学模型并不适用。为此，系统结构性检验和历史数据模拟检验等方法被引入系统动力学检验中。Saaty(1990, 1991)本文利用 VENSIM 建模软件的 CHECK MODEL 功能进行量纲一致性检验基础上，重点对系统的边界、系统结构和历史数值模拟方面进行验证，以检验模型的有效性。

4 百色水库云南库区移民可持续性生产生活系统仿真评估

4.1 百色水库和移民概况

百色水利枢纽位于郁江上游右江上。工程开发目标是以防洪为主，兼具发电、灌溉、航运、供水等综合利用效益的大型水利枢纽工程。水库正常蓄水位 228m，总库容 56.6 亿 m^3。根据广西百色水利枢纽工程云南库区移民安置规划设计报告，百色水利枢纽云南库区部分全部位于文山州富宁县。库区淹没影响涉及富宁县的剥隘镇、者桑乡、谷拉乡 3 个乡（镇）所辖农村 10 村委会 62 个村（组），共计 1798 户 8626 人。其中，库区农村部分涉及淹地又淹房的村（组）有 32 个，淹地不淹房的村（组）有 30 个。水库淹没需要拆迁富宁库区内农村居民房屋 30.48 万 m²；需要征收土地总面积 41255.2 亩。淹没影响还涉及各个等级公路、输变电设施、通信设施、电视广播设施、水利水电设施、文物古迹各专业设施。

4.2　百色水库云南库区移民可持续性生产生活系统仿真模型与检验

根据水库移民可持续性生产生活系统仿真模型，百色水库云南库区移民可持续性生产生活系统仿真模型由人口子系统、资源子系统、生产子系统和消费子系统构成。因百色水库云南库区全部位于云南省富宁县境内，且移民安置全部位于富宁县境内，本处以富宁县县域边界作为云南库区移民可持续性生产生活系统边界。按照水库移民可持续性生产生活系统仿真模型中的参数确定方法确定了云南库区移民可持续性生产生活系统仿真模型中的各个参数方程。在量纲一致性检验基础上，本文又对云南库区移民可持续性生产生活系统仿真模型的系统边界、系统结构进行了检验。同时还利用历史数值模拟分析对系统运行效果进行了检验。在历史数值拟合检验中，通过对人口子系统中的移民总人口、资源子系统中的耕地总面积、生产子系统中的种植业产出和消费子系统中的移民人均交通通信消费等仿真数据与历史统计调查数据进行对比，以此来验证模型的有效性。水库移民可持续性生产生活系统 SD（system dynamic）模型的仿真结果与历史数值拟合结果如表 1 和表 2 所示。在表 1 和表 2 中，2006 年，移民人均交通通信消费模拟值误差率最高，为 8.7%。总体上，模拟数据与统计值的误差率都控制在 10% 以内。

表 1　移民总人口和耕地面积拟合表

年份	移民总人口			耕地总面积		
	模拟值/人	统计值/人	误差率/%	模拟值/亩	统计值/亩	误差率/%
2002	8262	8262	0.000	29267	29267	0.000
2003	8304	8410	−0.013	29413	29258	0.005
2004	8344	8458	−0.014	29567	29876	−0.010
2005	8379	8325	0.006	19311	19518	−0.011
2006	8420	8305	0.014	19462	19594	−0.007
2007	8468	8395	0.009	19571	19450	0.006
2008	8508	8471	0.004	19685	19580	0.005

注：统计值数据来源于富宁县统计局、移民局。

表2 种植业产出和移民人均交通通信消费拟合表

年份	种植业总产出			移民人均交通通信消费		
	模拟值/元	统计值/元	误差率/%	模拟值/元	统计值/元	误差率/%
2002	1.07×10^7	1.07×10^7	0.000	71	71	0.000
2003	1.07×10^7	1.07×10^7	0.004	74	70	0.048
2004	1.09×10^7	1.13×10^7	−0.039	77	75	0.027
2005	6.87×10^6	6.70×10^6	0.025	81	86	−0.057
2006	4.04×10^6	4.20×10^6	−0.039	47	51	−0.087
2007	6.83×10^6	7.31×10^6	−0.070	58	56	0.034
2008	1.08×10^7	1.01×10^7	0.063	76	73	0.042

注：统计值数据来源于富宁县统计局、移民局。

4.3 系统仿真分析

本文将利用构建的系统仿真模型，模拟百色水库云南库区移民可持续性生产生活系统常规条件下的运行状态，以查看该系统发展是否具备可持续性。同时，利用干预实验来分析如何通过调控系统关键要素，以推动该系统的更强可持续发展。

1. 常规条件下系统发展趋势仿真

通过构建的 SD 模型仿真结果可以看出，移民安置前，云南库区移民可持续性生产生活系统内的农业生产和非农业生产发展速度相对缓慢。2004年，移民搬迁开始时，系统内的农业产出和非农业产出均出现了下降现象。从 2006 年开始，移民的非农业产出逐步恢复。随着时间的发展，非农业产出增加速度逐步递增。而农业产出到了 2007 年才开始逐步恢复。到了2014 年，系统内的农业产出增加速度开始逐步递增。主要由农业产出和非农业产出构成、且代表系统总体发展状况的总产出在 2004 年开始减少。移民搬迁结束后，系统总体产出水平逐步恢复。移民搬迁后 8~9 年后，系统开始加速发展。云南库区移民可持续性生产生活系统总产出发展趋势如图 2所示。

从消费方面来看，随着系统的不断演化，水库移民的各种生活性消费水平都有不同程度的提高。并且，随着时间的发展，移民人均食品消费上升幅度不断减小，而医疗卫生、文化教育等消费上升幅度不断增加。从理论上来讲，这种变化是一种良性变化。云南库区移民可持续性生产生活系统消费发展趋势如图 3 所示。

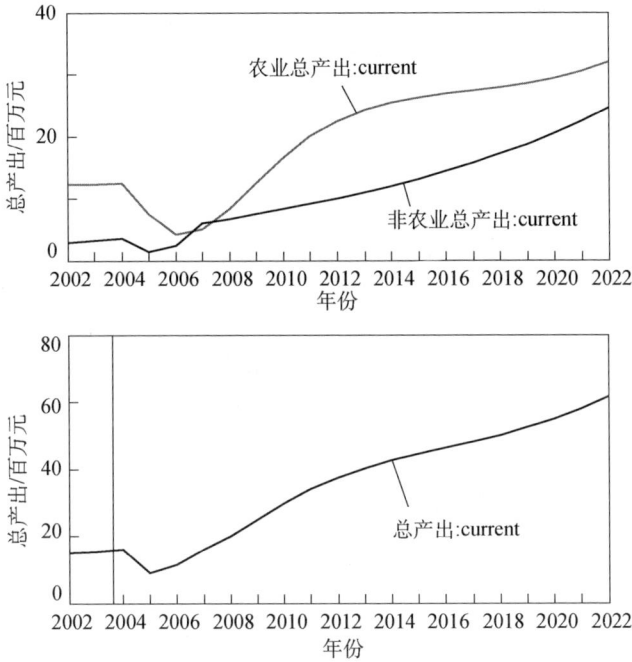

图2 云南库区移民可持续性生产生活系统内总产出发展趋势图

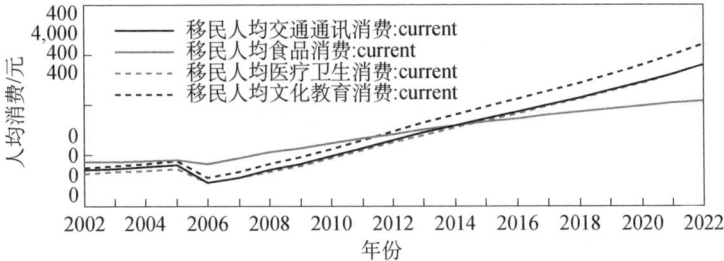

图3 云南库区移民可持续性生产生活系统内消费发展趋势图

2．系统干预实验

1）移民人口发展政策干预实验

移民人口出生率是水库移民可持续性生产生活系统中非常重要的一个政策变量。移民人口出生率对系统发展所需劳动力资源投入、人口消费、资源占用都起着重要的影响作用。在其他政策变量取值保持不变情况下，分别将移民相应年份人口出生率提高 50%和降低 30%，以表示安置区执行相对宽松和相对谨慎的人口调控政策。干预实验得出的系统仿真曲线如图4所示。

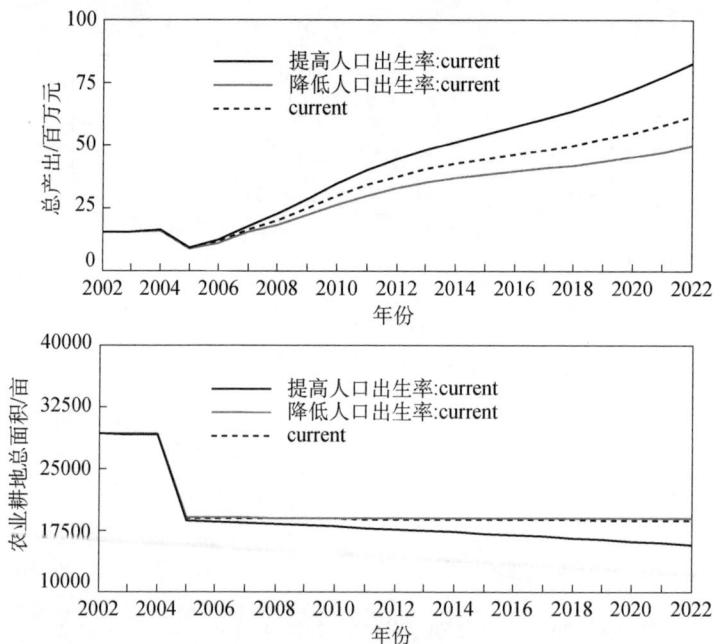

图4　人口政策作用下系统总产出和农业耕地总面积模拟曲线

从图 4 可以看出，随着移民人口出生率的提高，系统总产出也有很大程度的提高，而随着移民人口出生率的降低，系统总产出也随之降低。但是，在移民人口出生率提高 50%情况下，系统内的农业耕地总面积下降很快。并且，到了 2020 年，下降幅度逐步加大。以上模拟结果说明：第一，移民人口出生率是水库移民可持续性生产生活系统发展的一个重要敏感变量；第二，适当提高移民人口出生率有助于系统整体产出的增加，但是，移民人口出生率的提高要把握好度，以避免系统内农业生产资源的过快耗尽。

2）移民农业生产资源开发和利用政策干预实验

移民农业生产资源开发和利用政策主要包含人均住宅用地面积和安置区养殖水面面积两个调控政策。其中，安置区养殖水面面积是农业生产资源开发政策，人均住宅用地面积是农业生产资源利用政策。

首先，假设在其他政策取值不变情况下，安置区实行消费导向的住宅调控政策。在此情况下将移民人均住宅用地面积增加 50%，则模拟得出的曲线如图 5 所示。从模拟结果可以看出：第一，人均住宅用地面积政策对系统总产出的影响具有影响作用，但这种影响具有延滞性，延滞时间大约在 3 年左右；第二，人均住宅用地面积对系统产出具有负面影响作用，随着安置区人均住宅用地面积的增加，安置区资源将不断减少，从而降低系统的总产出。

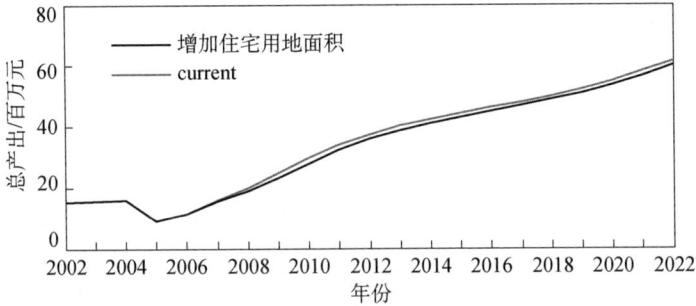

图5　人均住宅用地面积政策作用下系统总产出模拟曲线图

　　其次，假设在其他政策不变情况下，移民安置机构以水库蓄水为契机，合理开发库区新增水域资源，扩大渔业养殖水面面积。为此，2005 年移民安置后，将安置区新增养殖水面面积从现在的 600 亩增加到 1000 亩。则模拟得出的曲线如图 6 所示。从模拟曲线上可以看出，随着安置区养殖水面面积的增加，系统总产出随之增加。并且，随着时间的推移，系统总产出增加值还存在不断增加的趋势。

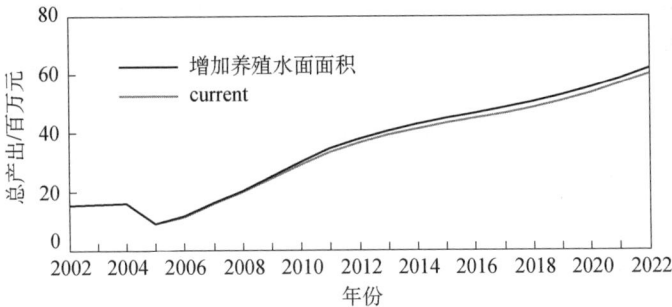

图6　安置区养殖水面面积政策作用下系统总产出模拟曲线图

　　再次，将移民人均住宅用地面积政策和养殖水面面积政策两者综合后进行演化，看系统总体发展情况。即将人均住宅用地面积减少 50%，且将安置区新增养殖水面面积由目前的 600 亩增加到 1000 亩。两个政策综合后得出的模拟曲线如图 7 所示。在两个政策叠加效应作用下，系统总产出水平不仅高于系统发展现状，而且也比两个政策单独作用下的产出水平高。

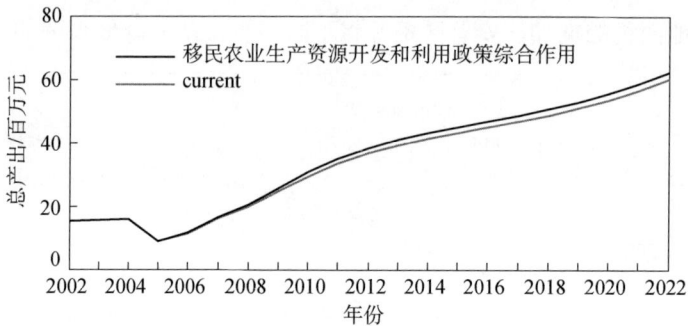

图7　移民农业生产资源开发和利用政策综合作用下系统总产出模拟曲线图

3）移民非农生产推动政策干预实验

移民非农生产推动政策主要为移民劳动力外出务工调控政策。移民劳动力外出务工产出主要受移民年外出务工时间和外出务工工资增长率两个因素影响。本处将以这两个因素作为系统调控政策进行分析。

首先，假设其他政策取值不变，将搬迁时移民年外出务工时间增加50%，安置后移民年外出务工时间增加 20%。则在此政策作用下模拟出的曲线如图 8 所示。从模拟曲线上可以看出，随着移民外出务工时间的增加，系统总产出也随之增加。这说明，移民外出务工时间的增加能够促进系统总产出的增加。

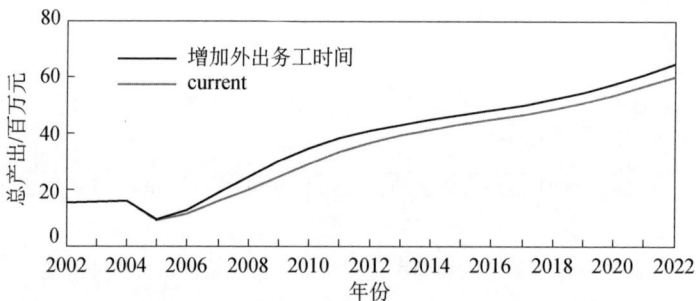

图8　移民外出务工时间政策作用下的系统总产出模拟曲线图

其次，假设其他政策取值不变，将移民外出务工工资增长率由现在的0.09 调整为 0.1。则在此政策作用下模拟出的曲线如图 9 所示。从模拟曲线图中可以看出，移民外出务工工资增加率调整为 0.1 后，系统总产出逐步增多，且同现在产出曲线之间的距离越来越大，由此可得出如下结论：第一，移民外出务工工资增长率对系统总产出的影响是一种正面影响；第二，同增加移民外出务工时间相比，提高移民工资水平对系统产出而言效果更为明显；第三，系统对移民外出务工时间政策反应比较敏感。

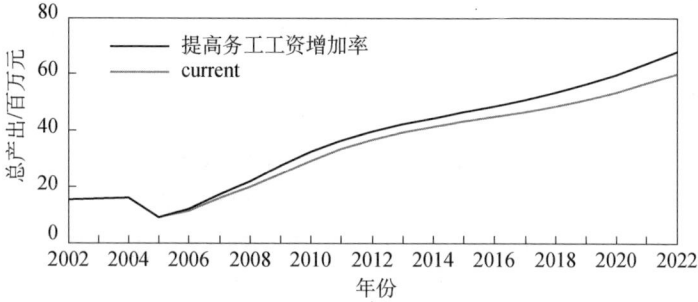

图9　移民外出务工工资增长率政策作用下的系统总产出模拟曲线图

4）移民消费影响政策干预实验

移民消费影响政策主要包括安置区医疗设施改善影响系数、安置区文教设施改善影响系数、移民家庭设施改善影响系数和安置区交通通信设施改善影响系数四个子政策。由于消费对系统内再生产具有一定的抑制作用，因而消费的增加将会导致总产出的减少。本处将对这些子政策进行干预实验，找出其中相对敏感的政策，并发现这些政策对系统可持续发展的影响。

本处分别将四个子政策中消费的影响系数取值增加 5%，以查看系统总产出模拟情况。在这四个子政策分别作用下的模拟曲线如图 10。从模拟曲线图中可以看出，四个子政策中消费影响系数的增加都会导致系统总产出的减少。但是，同其他三个子政策相比，同移民食品消费直接相关的移民家庭设施改善影响系数政策最为敏感。

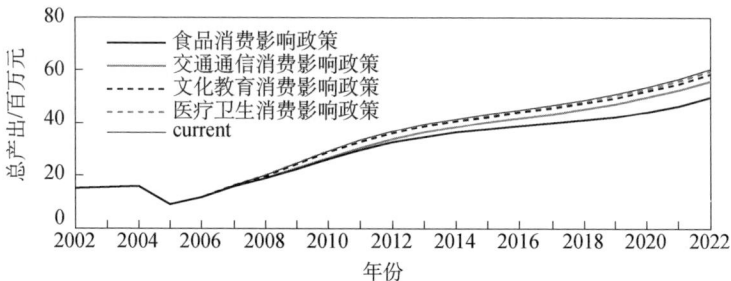

图10　移民消费影响政策作用下系统总产出模拟曲线图

4.4　仿真评价结论

水库移民可持续性生产生活系统仿真模型的构建一方面可以通过系统内部各个要素之间的相互关联关系来分析系统是如何运行并保持可持续发展的，另一方面还可以通过系统仿真实验来分析系统当前条件下的发展是否具有可持续性，同时还可以利用政策干预实验来分析如何推动系统更强可持续发展。百色水库云南库区移民可持续性生产生活系统仿真结果显示：在移民搬迁安置前，主要由移民农业产出和非农业产出构成的系统总产出呈现出缓慢上升的发展态势。移民搬迁开始后，无论是农业产出还是非农业产出，都出现了明显的下降现象。但是，移民安置刚刚结束，云南库区移民可持续性生产生活系统内的农业产出和非农产出就开始恢复。从长期发展趋势上来看，代表系统整体发展状况的总产出不断上升。并且，到了 2014 年左右，总产出上升曲线呈现出"下半弯"形状，系统总产出年增加值增加速度开始加快。总体而言，云南库区移民可持续性生产生活系统发展具有可持续性。

通过系统动力学的仿真实验可以看出：①适度宽松的移民人口发展政策对系统产出具有促进作用。通过动态干预评价可以得知，系统对移民人口出生率这一政策具有很强的敏感性。在适度提高安置区移民人口出生率情况下，系统产出增加较为明显。并且，安置区人均资源占有量也不会出现明显下降。但是，移民人口的增长要控制在合理的度内，否则将导致安置区人均资源占有量的急速下降，最终导致系统发展的不可持续。②合理开发和利用安置区自然资源对系统可持续发展具有很强的推动作用。随着水库的蓄水，安置区将新增一定数量的水域。对这些新增水域的合理开发和利用对水库移民可持续性生产生活系统的可持续发展具有极其重要的意义。动态干预评价结果显示，合理扩大安置区养殖水面面积能够明显地促进系统产出的增加；另一方面，安置区要制定合理的住宅用地政策，以达到节约有限的耕地资源目的。③促进移民非农就业和提高移民人口素质对系统可持续发展具有很强的推动作用。系统动态干预评价结果显示：通过增加移民外出务工时间和提高移民外出务工工资增加率都能够推动系统可持续发展。移民外出务工时间的增加要以推动移民非农就业为基础。而移民外出务工工资增加率的提高则要以提高移民人口素质为基础。同增加移民外出务工时间相比，提高移民外出务工工资增加率对系统可持续发展具有更深远的意义。因此，要在推动移民非农就业基础上，通过采取移民培训等措施来推动移民素质的不断提升，以促进水库移民可持续性生产生活系统的更强可持续发展。④可持续消费是提高系统可持续发展能力的重要保障。干预评价结果显示：无论是医疗卫生消费，还是食品消费，都会对系统发展产生影响。提倡可持续消费、保持合理的消费水平和消费结构对系统可持续发展具有很强的推动作用。一方面，要合理控制由食品消费等构成的生活性消费的过快增长；另一方面，要推动消费结构的进一步合理发展。在满足移民适度的食品消费基础上，要进一步增加移民的文化教育和医疗卫生等消费水平。

5　启示

系统动力学理论不仅能够从理论上理清水库移民可持续性生产生活系统内部要素关系、运行路径、可持续运行机理，而且在实践层面上，还可以有效观察不同条件下的水库移民可持续性生产生活系统发展状态。一方面，通过建立水库移民生产生活系统评价模型，多角度对水库移民可持续性生产生活水平进行比较分析，以科学评价水库移民生产生活水平恢复情况；另一方面，通过对水库移民可持续性生产生活系统进行动态评价，评价系统可持续发展状态，并找出影响水库移民可持续性生产生活系统的敏感政策，为现行移民安置政策的改进提供理论支撑。移民安置实践中，可以按照水库库区实际，建立相应的系统模型，评价移民生产生活恢复状态，为移民补偿、安置，以及为后期扶持提供有效支撑。

参考文献

王其藩.1992. 社会经济复杂系统动态分析. 上海:复旦大学出版社.

王其藩.2009. 系统动力学. 上海:上海财经大学出版社.

Brenner M H. 1983. Mortality and economic instability: detailed analyses for Britain and comparative analyses for selected industrialized countries. International Journal of Health Services，13(4): 563-620.

Saaty T L. 1990. Multicriteria decision making:The analytic hierarchy process．Pittsburgh: RWS Publications，(10): 1-437.

Saaty T L. 1991. Inner and outer dependence in the analytic hierarchy process: the supermatrix and superhierarchy. Proceeding of the 2nd ISAHP(Spiral edition). Pittsburgh: RWS Publications, (12):66-70.

水电移民土地证券化安置模式：效益共享新机制

施国庆 [1]，尚　凯 [2]

(1.河海大学中国移民研究中心，南京 210098；2.美华环境工程（上海）有限公司，上海 201103)

摘　要： 基础设施发展、气候变化适应和自然资源利用，都不可避免地导致征地、非自愿性移民及伴生贫困问题。从世界水电开发的规律来看，移民问题是水电开发的最后几个关键难题之一。本文以土地要素为桥梁，遵循土地资源资产化—土地资产资本化—土地资本证券化的技术路线，提出以土地证券化作为水电移民安置新路径。创造性地构造出兼具债权与股权双重属性的收益凭证，以此作为水电移民的土地资产支持证券的最优类型，可实现多重利益相关者均衡。以 B 电站为例，识别出土地证券化各参与主体职责，构造土地证券化安置运作流程，从移民视角出发对比五种不同安置方式。结果表明，水电移民土地证券化安置模式具有良好比较优势和现实适用性。最后，提出实施移民土地证券化安置政策建议。

关键词： 水电开发；农村移民；土地证券化；安置方式；效益共享

Land Securitization Resettlement Mode: A New Mechanism for Benefit Sharing with Resettlers Induced by Hydropower Projects

Guoqing Shi[1], Kai Shang[2]

(1. National Research Centre for Resettlement, Hohai University, Nanjing 210098; 2. MWH Environmental Engineering (Shanghai) Ltd., Shanghai 201103)

通信作者：施国庆（1959—），E-mail: gshi@hhu.edu.cn.

Abstract: Infrastructure development, climate change and natural resources exploitation might result in land takings and involuntary resettlement, associated with impoverishment. In consideration of global hydropower development, resettlement is one of the final and primary challenges and dilemmas. The paper grounds on rural land and proposes Land Securitization Resettlement Mode for hydro resettlers, following the technical route as transforming land resources into asset, converting land asset into capital, and finally into land backed security. A payment dependent note with both debt and equity attributes is innovatively created and selected as the land backed security, which can best fit to the rural hydro resettlers and realize interest equilibrium amongst several key stakeholders. Taking the B Hydro Project as an example, this paper identifies key stakeholders and defines their roles and responsibilities for implementing Land Securitization Resettlement, works out the corresponding operational proposals, and compares five types of resettlement modes in the perspective of hydro resettlers. It concludes that Land Securitization Resettlement Mode entails considerable comparative advantages and practicability. Finally, recommendations regarding supporting policies for implementation of this innovative resettlement mode are proposed.

Key Words: hydropower development；rural resettlers；land securitization；resettlement mode；benefit sharing

1 引言

世界大坝委员会指出，大坝在获取巨大效益的同时也付出了高昂的代价，特别是对移民群体和生态环境而言。"水电开发需付出淹地和移民的代价，成为一大制约因素，今后也许会成为水电开发中最大的制约因素"(潘家铮，2004)。以中国为例，历史上由于"重工程、轻移民"，产生了大量移民遗留问题和次生贫困，水库移民已成为当地农村主要贫困群体。最新研究表明，缺少合适发展路径、移民补偿不足及被排斥在大坝效益共享之外是移民贫困最主要的原因(Cernea，2000，2008；Scudder，2012)。因此，应探讨相关项目机制通过增加项目投资及实施更加公平的效益共享机制以补充单一补偿政策(Cernea，2002，2008)。

随着社会经济制度变迁，传统大农业生产安置遇到了前所未有的挑战，创新水库移民安置模式已成为共识。国内外学者、相关政府部门、科研机构对移民生产安置进行了深入研究，探讨并实践诸多新型安置模式，如长期补偿(张绍山和李凡宁，2005；孔令强，2008)、养老保险(施国庆和陈琛，2010)

和入股分红(樊启祥，2011)。这些创新型安置方式在一定程度上解决水电移民生产安置问题的同时，也仍存在诸多问题。究其原因，水电开发占用了移民大量的资源，仅对受损资产进行经济补偿并不足以支付生产性资产恢复及家庭重建成本(Egre et al.，2008)，最终迫使受影响人口承担大坝建设所引发的贫困风险。水电移民作为全方位的利益受损者，理应以水电开发核心利益相关者身份参与分享水电开发所带的综合效益。

本文试图以水电开发占用的土地资源这一生产要素为桥梁，提出以土地证券化为路径，创新水电移民安置方式。在西部水电开发热潮的背景下，将水电开发企业长期融资、水电移民土地资源、移民方式和效益共享联结起来，目的是创造出一种比以往各种安置模式更为可持续的水电移民安置模式，从而在根本上解决移民这个长期制约水电开发的关键瓶颈因素，真正实现"移得出、稳得住、能致富"，实现水电业主、地方政府和水电移民和谐共赢。

2 水电移民土地证券化安置的概念

2.1 土地证券化安置模式的内涵

水电移民土地资产证券化安置模式，是指为尽量减少水电移民土地证券化投资风险和提高移民投资收益水平，在对水电移民住房和公共设施等生活进行妥善安置的基础上，借助特殊目的载体(special purpose vehicle，SPV)中介作用及资产证券化特殊结构设计，把集体土地使用权划分成细小权益证明，移民通过出让土地使用权交换土地资产支持证券(land-backed security，LBS)，从而获得了长期金融收益保障，以实现搬迁后生产安置。特殊目的载体是水电移民土地证券化结构性金融的中介与桥梁。通过特殊目的载体的中介作用，土地证券化实现了水电开发企业与移民之间的信用隔离，并以移民土地资产分割水电站未来部分现金流为信用基础，支撑移民持有土地资产支持证券的未来收益，如图1所示。

水电移民土地证券化安置模式在经济关系上体现为水电开发企业与移民之间资产转让关系。由于加入了特殊目的载体作为中介，土地证券化安置可以分为两个过程：一是特殊目的载体获取集体建设用地使用权并转移给水电业主过程。在这个过程中水电移民、特殊目的载体、水电业主通过转让土地使用权形成契约连接。二是收益分配过程，即特殊目的载体从水电开发企业获取土地资产支持证券支撑资产池现金流，并按照契约支付给移民过程。收益分配过程最终实现移民参与水电开发效益共享。借助特殊目的载体中介作用，实现移民与水电开发企业之间的契约连接与效益共享。

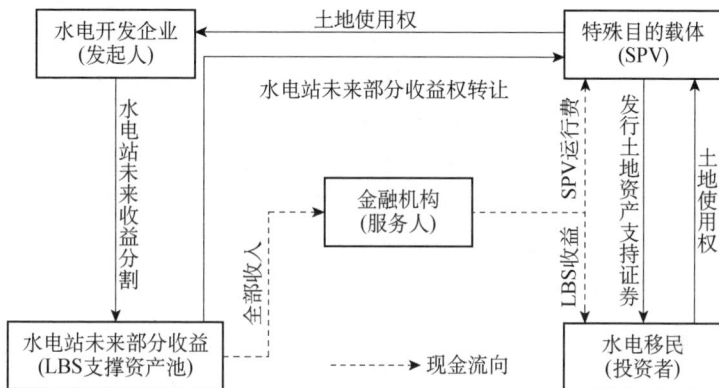

图1　水电移民土地证券化安置模式框架

2.2　土地证券化安置模式的条件界定

2.2.1　土地证券化的标的资产

土地证券化的标的资产是集体土地。农村集体土地内涵广泛，包括农用地、建设用地和未利用地。由于移民搬迁安置后重新分配宅基地，未利用地对农村移民家庭收入贡献较少，水电移民家庭农业收入的主要来源为农用地。因此，土地证券化原始标的资产专指农用地。

2.2.2　土地证券化的权利人

土地资产证券化的权利人为拥有农用地承包经营权的那部分移民人口。根据水电移民损失的类型，可将移民分为既淹地又淹房型、淹地不淹房型和淹房不淹地型和既不淹地也不淹房型[①]。本文考察水电移民生产安置和生计恢复，只要发生淹地的移民就理应获得土地资产支持证券。对于淹房不淹地型移民，原则上不将其纳入土地证券化人口。鉴于公平性，建议在充分核算的基础上也将其纳入土地证券化人口。对于既不淹地也不淹房型人口，考虑到其生计恢复的困难及重建成本过高，笔者建议将其纳入土地证券化人口。

[①] 既不淹地也不淹房型移民人口包括因受水库蓄水影响，不具备生产生活条件而必须搬迁的那一部分移民人口；或虽具备生产生活条件，但复建成本过高而进行搬迁的那一部分人口。

2.2.3 土地证券化安置模式的特点

移民土地证券化安置作为一种安置模式的创新，主要体现在以下几方面。

第一，移民与和水电开发企业之间是共同投资水电开发效益共享的关系。水电移民通过转让农用地使用权获得土地资产支持证券的持有权和收益权，实现以要素（农地）所有者身份直接参与水电开发效益分享。

第二，移民分割水电站未来部分现金流作为资产支持证券的信用基础。水电开发企业将移民分割的电站未来部分现金流"真实出售"给特殊目的载体。证券化资产由特殊目的载体单独享有，实现与水电开发企业及特殊目的载体股东的财产破产隔离。水电开发企业、特殊目的载体、水电移民三方的权利和义务分别通过专门契约加以规定和明确。

第三，证券化所发行证券内容灵活多样，可设计出一种适宜移民经济特征的土地支撑证券。土地证券化安置模式实施需对移民的基本生活进行保障。水电开发项目多位于位置偏远、经济落后的地区，移民生活水平较低，家庭抗风险能力较差。在当前农村社会保障缺失的情形下，证券化利用灵活结构可为农村移民构造出必要的基本生活保障机制。

第四，水电移民土地证券化安置模式作为水电移民的生产安置方式，水电移民的生活安置和基础设施建设和其他安置模式下一样。

3 水电移民土地证券化安置实现机制

笔者认为移民土地证券化应以电工程建设红线范围内的农地要素为主线，遵循资源资产化—资产资本化—资本证券化的技术经济路线。移民土地证券化实现机制包括三方面内容：一是土地资源资产化，即界定水电移民农地资源权利并核算出不同权利的要素价值；二是土地资产资本化，即确定移民土地要素资本参与水电开发经营及收益分配的形式；其三是土地资本证券化，即构造出适宜证券类型保障水电移民土地资本化经营收益和长期可持续生计如图 2 所示。

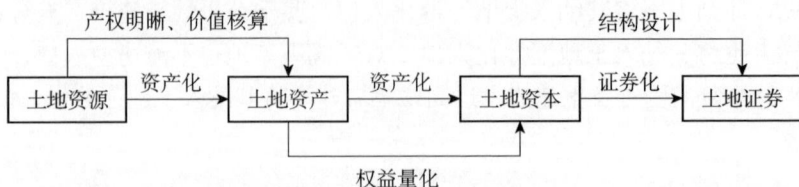

图2　水电移民土地证券化实现机制

3.1 土地资源资产化

资源转化为资产须同时具备三个条件：稀缺性、能产生效益和产权明确(姜文来和杨瑞珍，2003)。移民土地因其地理位置的特殊性，满足水电开发企业发电需求，带来巨大的经济、防洪、航运等社会效益，这就满足了"稀缺性"与"产生效益"这两个因素。鉴于我国农村土地制度对土地财产权利还未明确规定，土地资源资产化须先要明确界定集体土地产权。此外，还应对农地资源价值进行核算。

3.1.1 移民土地资产权利界定

虽然《土地管理法》明确规定农村土地属集体所有，但农村集体土地所有权代表究竟是谁，立法上和实践中都不甚明确，故而土地资产化的前提是完善农地产权制度。首先确定集体土地所有权主体以村集体为主体，对乡镇和村民小组拥有土地所有权范围和界线加以严格界定，防止侵权和越权；其次，赋予完整的土地处分权，包括出租、入股、抵押、继承等多项权能；再次，赋予完整的土地收益权，即拥有通过土地所有权与处分权获得收益的权利；最后，改革征地制度，赋予农民平等的土地产权，只有赋予集体建设用地和国有建设用地平等地位，集体建设用地的处置权才能从根本上得以实现，从而最终保障农民经济收益。

3.1.2 移民土地资产价值核算

搬迁前，农地对移民的价值主要表现为农地经济收益和社会保障价值。移民土地经济收益价值是指农地作为生产资料，用于农作物生产获得的价值。水电工程大多位置偏远，当地尚未建立起有效的土地市场，建议采用收益还原法来对农地生产资料价值进行估算。土地社会保障价值则是农地向农民提供生活、养老、就业、医疗保障的衣食来源和生存之本的价值。土地社会保障价值的测算，可采用一种成本视角，即农地被征收以后，农地的社会保障效用随即消失，只能通过建立一种替代性的制度继续充当社会保障角色，以保证移民的基本生计水平较搬迁前不降低。从替代性视角出发，本文建议采用影子价格法来核算农村土地的社会保障价值。水电工程占地以后，移民失去生产资料的同时也失去生活保障，其价值可用工程占地后每年农村移民生活保障成本按一定折现率还原的现值来衡量，即为农村移民基本生活保障成本资本化现值。由于农地并不是农村移民家庭的唯一保障，还可能通过其他方式获得收入以保障生活，这就需要引入移民土地依赖程度对土地社会保障价值进行修正。

3.2 土地资产资本化

土地资本化是指农村土地资产作为资本来经营，即产权拥有者将土地用来投资以获取一定经济报酬的经营过程(胡亦琴，2006)。一项土地权利，如果与能够产生等值收益的资本价值进行交易，这项权利就可以资本化。移民土地作为一种生产要素，通过与水电开发的其他资本相结合实现其功能和价值。

3.2.1 移民土地资本化的实现过程

移民土地资本化经营过程首先需确立集体土地的何种产权能够参与流转。集体土地权利束中，所有权是从静态的角度确定土地的最终归属，并未直接进入生产和流通，因而不能带来增值收益。况且，《宪法》和《土地管理法》都严禁"侵占、买卖或者以其他形式非法转让"集体土地所有权。收益权和处分权都只是伴随所有权和使用权的权利，不具有独立性，也不能成为土地产权资本化经营的权利基础。笔者认为土地资本化应以使用权为基础。正是集体土地使用权参与水电开发经营，并与资本、技术等生产要素有机结合才带来增值与收益，实现土地作为资本的生产要素职能。移民土地资本化实现土地的市场化配置，即将集体所有的农地使用权与企业资本要素相结合，在权力流转过程中实现土地作为生产要素的增值和收益，促使移民土地资本效益显化。

3.2.2 移民土地资本化的利益分配

在移民土地资本化经营过程中，核心是确定移民土地对水电开发贡献及权利享受者。水电开发企业占用移民土地，因此移民理应是水电开发效益主要分享者之一。由于使用权本身不能直接反映其对效益的贡献，需要借助农地对移民所承载的生产资料和社会保障功能来确定。移民土地对水电开发的贡献仅来自上述两个功能的价值。土地经营使用权的实现是水电开发效益形成的直接因素，而资金、技术、人力等投入更是这一效益形成的催生动因。水电开发企业和水电移民利益博弈均衡结果表明，水电开发效益根据土地使用权和占有权各自贡献率在移民和开发企业之间对称分布。因此，可以把投入水电开发的除土地以外的要素，转化成金融资本投入来衡量水电业主对水电开发效益的贡献。移民土地资本化以后，由土地占有权带来的水电开发经营效益作为整体保存下来并为水电开发企业所享有，而土地使用权分享的水电开发经营效益需按占用土地所承载的移民人口分配给移民。

3.3 土地资本证券化

通过土地资本连接，移民和水电业主形成了共同投资水电开发的经济关系，即移民能够参与分享水电开发效益。由于移民自身抵抗风险能力较差，这就需要利用资产证券化的巧妙设计为移民构建合理的利益分配保护机制，从而确定适宜移民大规模购买的土地资产支持证券的类型。根据承载的移民权益不同，土地资产支持证券分为三类：债权性证券(如债券)、权益性证券(如优先股与普通股)和兼具债权性与权益性的收益凭证。

3.3.1 移民土地资本化的实现过程

债权性证券主要指债券，是公司依照法定程序发行、约定在一定期限还本付息的有价证券。债券持有者和企业之间是债权债务关系，债券利息税前支付，债券则是债务债权的证明书。到期还本付息可以保证水电移民获得固定的利息收入，有利于生计恢复和搬迁后"稳得住"。但水电移民家庭生计来源较为单一，债券利息水平较低，很难满足移民失去土地后日益增长的生活开支。一旦证券利息无法满足基本生活，移民容易要求企业提前偿付本金，不仅增加企业财务风险，并且随着现金消耗很难有效保障移民长期基本生活稳定。由于债权性证券承载确定的还本付息期限，偿还期届满水电企业偿付本息以后，移民与水电企业契约就此失效，大量水电移民未来生计缺乏持续性的保障政策与措施。

3.3.2 优先股型证券

优先股是指股份公司发行的，与普通股相对称的，在公司有关利益分配等财产权利上，如分配盈余、分配公司剩余财产等方面享有优先权的股份。优先股持有人与公司是投资关系，体现的是对公司的所有权；而债券持有人与公司是借贷关系，体现的是对公司的债权。与普通股相比，优先股和普通股股本均无到期日，但优先股清偿地位优于普通股，对公司的控制力弱于普通股股东，一般也不参与企业剩余分配。

水电开发企业发行优先股受以下三方面因素限制：①水电工程建设周期较长、涉及移民人口较多，水电工程建设期及运营初期尚无利润可供分配，不能满足建设期及经营初期水电移民基本生计需求；②水电移民获得的股利收入由税后利润支付，不能为企业起到"税盾"作用；③移民参与分享企业剩余利润也在一定程度上"侵蚀"了普通股股东利润，在普通股股东控制董事会的情况下，很难获得董事会通过。

3.3.3 普通股型证券

普通股是指在公司的经营管理、盈利及财产分配上享有普通权利的股份，构成了股份有限公司资本的基础。普通股股东对公司的剩余资产具有所有权，他们共同拥有公司，并承担与所有权共同产生的最后风险。对水电移民来说，持有普通股首先可以分享水电开发企业剩余，实现移民以要素所有者的身份参与水电开发效益共享。其次，"依法享有资产收益、参与重大决策和选择管理者等权利"，水电移民不仅分享水电开发企业的剩余索取权，而且拥有对水电开发企业的控制权，因此普通股股东股权是完全的所有权。再次，普通股没有固定到期日，从而实现了移民与水电开发企业之间的契约连接，移民在电站整个经营期内实现了效益共享。然而，水电移民持有普通股在获得水电开发企业收益共享的同时，也共同分担了企业经营风险。普通股股利支付顺序排在债券及优先股之后，且股利水平随水电开发企业利润多寡而波动。建设期没有股利、还贷期间股利水平低、经营期普通股股利不稳定等经济特征很难满足大规模水电移民安置所必需的"稳健性"需求。

对于水电企业来说，发行普通股首先不会像债券与优先股那样承担固定费用。只有在支付优先股股利后仍有盈余的情况下，企业才有可能发放普通股利，并且其股利发放也没有法定义务。其次，普通股没有固定到期日，企业财务风险较低。但由于普通股股东要求参与企业经营管理和剩余利润分配，这在一定程度上"稀释"了业主对企业的控制权并"侵蚀"了业主剩余利润所得。此外，由于移民普通股股利来源为税后利润，无法抵减部分所得税。

3.3.4 收益凭证型

移民的核心利益诉求主要表现为：一方面，大型水电工程特点要求这种证券在整个项目周期能为水电移民提供一个稳定生计来源；另一方面，在保障基本生计要求后，移民能以要素所有者身份平等参与水电开发效益共享。因此，在兼顾水电企业利益和债权性、权益性证券比较优势的基础上，笔者认为应采用兼具债权与股权双重属性的收益凭证。

收益凭证的债权性是指在水电站整个寿命周期内，水电开发企业承担保障水电移民生计稳定及基本生活不降低的责任，按年、季或月等支付移民基本生活保障资金，其中建设期计入建设投资，经营期计入水电站经营成本。收益凭证的股权性是指水电移民以普通股股东的身份平等参与水电站剩余利润分配，但移民所持有的股本扣除了建设期企业支付的基本生活保障金，且税后利润分配给移民的要扣除经营期当年企业支付的基本生活保障金。

为更好地分析这种收益凭证的比较优势，做如下定量计算。设发行普通股型证券情形下，第 t 年水电开发企业有效上网电量为 Q_t，上网电价为 P_1（不含增值税），单位上网电量成本为 C_t，移民持股比例为 $\lambda(0<\lambda<1)$，水电开发企业所得税税率为 θ[①]。发行收益凭证情况下，$LS_t(LS_t = MLS_t \times AP_t)$ 为第 t 年水电移民土地承载的社会保障价值，MLS_t 为第 t 年水电移民人均最低生活保障成本，AP_t 为第 t 年累积移民生产安置人口，有效上网电量仍为 Q_t，水电上网电价为 $P_1 + \Delta P$，单位上网电量成本发行普通股情况下增加 LS_t / Q_t，土地证券化特定目的载体运营的固定费用率取 φ。发行普通型证券情况下，第 t 年移民收入为 IR_{1t}，水电开发企业收入为 IE_{1t}，政府所得税收入为 IG_{1t}；发行收益凭证情况下，第 t 年移民收入为 IR_{2t}，水电开发企业收入为 IE_{2t}，政府所得税收入为 IG_{2t}。

发行普通股情况下，核心利益相关者收入分别为

$$IR_{1t} = \lambda(1-\theta)(P_1 - C_1)Q_t \tag{1}$$

$$IE_{1t} = (1-\lambda)(1-\theta)(P_1 - C_1)Q_t \tag{2}$$

$$IG_{1t} = \theta(P_1 - C_1)Q_t \tag{3}$$

发行兼具债权性与股权性收益凭证情况下，核心利益相关者收入分别为

$$IR_{2t} = \{LS_t + \lambda(1-\theta)[(P_1 + \Delta P - C_1)Q_t - LS_t] - (1-\theta)LS_t\} \times (1-\varphi)$$
$$= [\lambda(1-\theta)(P_1 - C_1)Q_t + \theta LS_t + \lambda(1-\theta)(\Delta PQ_t - LS_t)] \times (1-\varphi) \tag{4}$$

$$IE_{2t} = (1-\lambda)(1-\theta)[(P_1 + \Delta P - C_1)Q_t - LS_t] + (1-\theta)LS_t$$
$$= (1-\lambda)(1-\theta)(P_1 - C_1)Q_t + (1-\theta)LS_t + (1-\lambda)(1-\theta)(\Delta PQ_t - LS_t) \tag{5}$$

---

① 《中华人民共和国所得税法实施条例》(2008 年 1 月 1 日起施行)第八十条规定：企业从事港口码头、机场、铁路、公路、城市公共交通、电力、水利等项目的投资经营的所得，自项目取得第一笔生产经营收入所属纳税年度起，第一年至第三年免征企业所得税，第四年至第六年减半征收企业所得税。本文为作一般分析，此处所得税一律记为 θ。

$$IG_{2t} = \theta(P_1 + \Delta P - C_1 + \frac{LS_t}{Q_t})Q_t$$

$$= \theta(P_1 - C_1)Q_t + \theta(\Delta PQ_t - LS_t) \tag{6}$$

现行水电站竞价上网前的上网电价是按照发改委发布的《电价改革实施办法》（发改价格[2005]514 号）来确定。该办法附件一《上网电价管理暂行办法》第七条规定"独立发电企业的上网电价，由政府价格主管部门根据发电项目经济寿命周期，按照合理补偿成本、合理确定收益和依法计入税金的原则核定"。这种上网电价的核定方法简称成本加成法。发行兼具债权性与股权性的收益凭证与发行普通股差别就在于收益凭证承担移民基本生活保障责任(LS$_t$)，这部分费用计入经营成本。根据上网电价成本加成核算法，水电移民基本生活保障金会以提高上网电价(ΔP)的方式转嫁给电力消费者，即 $\Delta PQ - LS_t = 0$。发行兼具债权性与股权性收益凭证的情况下，核心利益相关者收入可以简化为

$$IR_{2t} = [(1-\theta)\lambda(P_1 - C_1)Q_t + \theta LS_t] \times (1-\varphi)$$

$$= \lambda(1-\theta)(P_1 - C_1)Q_t + \theta LS_t \times (1-\varphi) - \lambda(1-\theta)(P_1 - C_1)Q_t\varphi \tag{7}$$

$$= \lambda(1-\theta)(P_1 - C_1)Q_t + \theta\Delta PQ \times (1-\varphi) - \lambda(1-\theta)(P_1 - C_1)Q_t\varphi$$

$$IE_{2t} = (1-\lambda)(1-\theta)(P_1 - C_1)Q_t + (1-\theta)LS_t$$

$$= (1-\lambda)(1-\theta)(P_1 - C_1)Q_t + (1-\theta)\Delta PQ \tag{8}$$

$$IG_{2t} = \theta(P_1 - C_1)Q_t \tag{9}$$

结合以上运算结果并对比不同类型证券的特征，采用这种兼具债权与股权双重特性的收益凭证具备以下比较优势。

第一，满足了水电移民核心利益诉求。收益凭证的债权性满足移民在水电站整个寿命周期内生计稳定，保证大规模移民安置的稳妥性。收益凭证的股权性保证了移民与业主"同股同权"，移民以平等的身份分享水电工程的剩余索取权和剩余控制权，实现了水电移民与水电开发企业之间的利益均衡。

第二，缓解业主对利益受损的抵触。建设期企业支付移民的基本生活保障金从移民持有股本中予以扣除，移民持股比例发生了降低。经营期水电企业支付的基本生活保障金计入经营成本，根据上网电价成本加成核算方法，这部分成本将会反映到上网电价中并由消费者予以负担，减少对业主税后利润的"侵蚀"，一定程度上增加对这种类型证券的接受度。

第三，具有抵减部分所得税功能。经营期内企业支付移民的基本生活保

障资金计入经营成本，并以提高电价的方式转由消费者承担。经计算，发行收益凭证下企业收入较发行普通股下增加 $(1-\theta)\Delta PQ_t((1-\theta)\Delta PQ_t = (1-\theta)LS_t)$。这部分新增收入正是来源于水电移民保障成本增加导致上网电价提高所带来电费收入，也即是部分水电经济租金。

第四，具有抵减 SPV 运行成本功能。经计算，发行收益凭证下土地证券化特定目的载体分割的现金流较发行普通股下增加 $\theta\Delta PQ_t$，这部分收入可以抵减土地证券化特定目的载体部分运营费用。当 $\varphi \leqslant \dfrac{\theta LS_t}{\theta LS_t + \lambda(1-\theta)(P_1 - C_1)Q_t}$ 时，水电移民持有收益凭证收入高于完全入股安置下移民均衡收入。

第五，体现水电开发占用土地资源价值。传统农业安置模式下，移民外部成本尚未完全计入水电成本，导致征收土地负外部性成本转化由移民承担。通过发行兼具债权性与股权性的收益凭证，经营期水电移民基本生活保障成本计入经营成本，并以上涨上网电价的形式转嫁给消费者，体现了"谁使用、谁付费"原则。发行收益凭证的情形下，水电移民在保障基本生计的基础上，不仅实现了要素所有者身份参与分享水电开发企业财务效益 $[\lambda(1-\theta)(P_1 - C_1)Q_t]$]，而且还以电力商品上涨形式分享水电经济租 $\theta\Delta PQ_t(\theta\Delta PQ_t = \theta LS_t)$，实现水电开发多重核心利益相关者利益均衡。

4 案例——B电站移民土地证券化安置方案

4.1 B电站移民安置创新的必要性

B 电站是我国又一座千万千瓦级的巨型水电站。B 电站水库正常蓄水位 820m 时，规划水平年移民搬迁总人数为 107828 人，生产安置人口 97763 人。根据预可行性研究报告，B 电站有土安置容量严重不足，项目县（区）内仅能解决 60%移民生产安置，40%需进行外迁安置。然而 B 电站实施外迁安置存在严重的社会整合难题。首先，B 站需安置大量移民，进一步加剧水电"富矿"地区耕地资源紧张。其次，当地农民"惜地"现象十分严重，从农户中调出土地用于移民安置变得日趋困难。第三，其他电站外迁移民贫困和返迁，也会对 B 电站移民形成一定"负示范性"等。

4.2 B电站土地证券化参与主体与流程

根据移民土地资源资产化—资产资本化—资本证券化的技术路线，识别了 B 电站移民土地证券化参与主体并分别界定其权责。推荐的 B 电站移民土地证券化生产安置完整运作流程如图 3 所示。

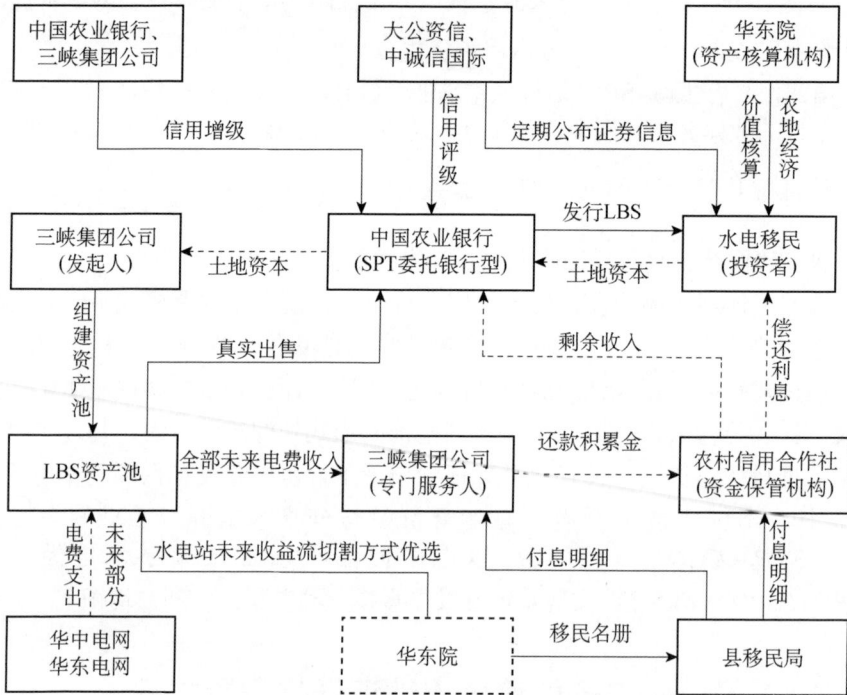

图3　B电站移民土地证券化安置运作流程

1. 发起人——中国长江三峡集团公司

中国长江三峡集团公司（以下简称"三峡集团公司"）是 B 电站项目业主，目的是与移民和谐共赢地顺利完成项目。

2. SPV——中国农业银行(特定目的的信委托银行型)

B 电站移民土地证券化 SPV 采用 SPT(special purpose trust)委托银行型。即三峡集团公司负责 B 电站开发建设，拥有水电站的收益权，并将分给移民的未来部分收益权委托给经营信托业务的银行设立信托资产。银行以信托资产未来电费收益为支撑发行土地资产支持证券，并交付移民。鉴于中国农业银行在华能澜沧江水电收益专项资产管理计划中的成功经验，拟定中国农业银行作为 B 电站移民土地证券化特定目的信托（SPT）委托银行。

3．投资者——移民

通过实施土地证券化，可以实现移民和三峡集团公司之间契约连接。移民也是 B 电站投资者之一，是 SPT 发行土地资产支持证券的持有者和受益者。

4．电网公司——华东电网有限公司、华中电网有限公司

B 电站建成后西电东送至华中、华东地区。华中电网有限公司（以下简称"华中电网"）和华东电网有限公司（以下简称"华东电网"）与三峡集团公司签署水电供销协议，是三峡集团公司原始债务人，是 B 电站电力产品购买者，因此是土地证券化支撑资产池未来预期现金流的来源。

5．资产核算单位——华东勘测设计研究院

华东勘测设计研究院（以下简称"华东院"）负责 B 电站移民安置的勘测设计工作。首先，对电站红线范围内的土地进行丈量、确权和登记，并对电站占用的农地价值进行核算。对土地资产证券化不同方案和移民基本生活保障方案进行技术经济分析，计算土地资产支持证券分割的现金流比例，从而确定三峡集团公司组建资产池未来预期现金流。最后，确定土地证券化生产安置移民人口名册和每户移民家庭持有的土地资产证券的数量，在移民生活安置以后，将移民土地证券化花名册(含户名、账号、证券数量等)转交地方移民部门，移民花名册是移民收益偿付的依据。

6．信用增级单位——中国农业银行、三峡集团公司

B 电站移民收入水平较低，抗风险能力较差，应综合利用内部增级和外部增级提升 B 电站移民土地资产支持证券的信用品质。拟采用优先\次级结构和直接追索等增级技术，涉及的信用增级单位包括三峡集团公司和中国农业银行等。

7．信用评级单位——大公国际资信有限责任公司、中国诚信证券评估有限公司

目前，内信用评级机构主要有大公国际资信评估有限责任公司(以下简称"大公资信")和中国诚信证券评估有限公司(以下简称"中诚信国际")等。在土地资产支持证券发行之前，为增加公正性和透明度，拟引入两家评级机构采用不同标准和方法对拟发行的收益凭证进行评级。在土地资产证券存续期间，信用评级机构需对发起人、原始债务人、SPT 等进行追踪监督，追踪支撑资产池债务的履约情况，及时发现新的风险因素，定期做出升级、维持或降级决定并向外公布。

8.其他服务机构——三峡集团公司、农村信用合作社、县移民局

资产证券化资产服务机构是指对被证券化的资金进行日常运营和管理的机构，又称为证券化服务人。笔者认为，B电站移民土地证券化的服务人由发起人——三峡集团公司担当。首先，有利于减少沟通环节，增加信息的有效沟通；其次，电站占用土地资产分割现金流仅占现金流的很小一部分，将B电站一部分从三峡集团公司分割出来单独运营显然缺乏可操作性；再次，土地证券化以后，三峡集团公司和水电移民形成利益共同体，由三峡集团担任服务人，有利于服务费用最小化。

水电移民土地证券化的资金保管机构是接受SPT的委托、负责保管土地资产支持证券净现金流账户的金融机构，是土地资产支持证券偿付环节的重要设计。基于农村信用合作社乡镇网点资源丰富，本文拟采用农村信用合作社作为水电移民土地证券化的资金保管机构。

华东院将证券化移民名册转交省、县移民主管部门，由县移民局会同地方政府部门负责土地资产支持证券持有人信息变更登记。在付息日之前，县移民局将移民付息明细表交付农信社，农信社据此将土地资产支持证券利息支付水电移民，并将付息记录提交SPT(中国农业银行)、发起人和服务人(三峡集团公司)及县移民局备案。

**9.土地证券化安置核准部门——国务院、水利部水利水电规划设计
总院、省政府**

国务院土地行政主管部门负责B电站农用地转为建设用地的审批手续，水利部水利水电规划设计总院(水规总院)负责B电站移民土地证券化安置方案的技术审查工作，四川和云南两省人民政府负责B电站移民土地证券化安置方案的审核。

4.3 B电站移民土地证券化安置比较优势

本文通过财务评价分析，计算不同安置方案下B电站的经济优劣性。共比较5种安置方案，包括：方案1为传统大农业安置方案，方案2为长期补偿安置方案，方案3为发行优先股安置方案①，方案4为发行普通股安置方案，方案5为发行兼具债权性和股权性双重属性收益凭证的证券安置方案。

---

① 由于电站在建设期和运营初期现金流收入较少，本文设定在建设期和运营初期为优先股安置和普通股安置移民提供基本生活保障，当然这部分保障投入也将从移民股本中予以扣除。

笔者将以上 5 种安置方案下移民收入归结为四种来源：20 年后期扶持补助、大农业安置收入、债权性收入(如长期补偿收入和收益凭证债的收入)及股权性收入。为了更好地分析移民不同类型收入来源变化趋势，以 B 电站为例，将整个项目周期(2011~2073 年)分为四个阶段：阶段 1 为项目建设期至试运营期末(2011~2023 年)，阶段 2 为正式运营期至 20 年后期扶持期末(2024~2030 年)，阶段 3 为从后期扶持期末至贷款偿付期末(2031~2039 年)，阶段 4 为贷款偿付期后第 1 年至项目期末(2040~2073 年)。按照移民收入来源，不同安置方式分阶段典型年份移民收入如图 4 所示。

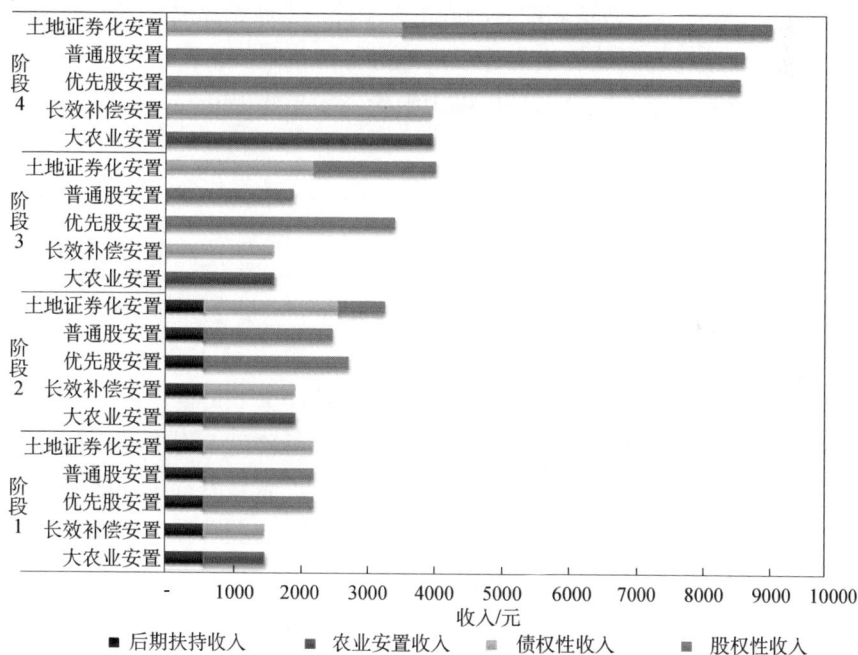

图4　典型年份不同安置方式下B电站移民收入水平

对比 5 种不同安置方式下移民收入水平，综合分析发现，移民通过持有兼具债权性和股权性双重属性的收益凭证，可以克服有土安置下收入不稳定、长期补偿安置下比较收益低、优先股安置与普通股安置下经营期基本生活缺乏保障及普通股安置下贷款偿还期内收益较低等缺陷，实现移民以要素所有者身份平等参与水电效益共享。此外，收益凭证的债权性确保充分利用水电开发的经济租金空间，在移民和业主之间进行分配，从而可以抵减 SPV 运行成本及增加移民人均收入。经计算，B 电站实施土地证券化安置后不仅移民收入的净现值最高，而且满足了项目整个周期内移民生计稳定的利益诉求。从移民视角出发，土地证券化安置的经济效益最大。从业主视角出发，收益凭证的双重结构设计可以减少项目总投资和业主资本金投入，提高投资收益率，以及降低电站资本负债率和减少电站建设延迟成本，同样也具有比较经济优势。

5　政策建议

移民土地证券化作为一项复杂的结构金融工程，是水电移民安置方式的重大创新，需要完备的政策和配套制度予以支持。为此，提出如下政策建议。

第一，国家对农用地转换为建设用地进行严格限制，需进一步完善移民土地直接入市的法律空间，为移民以土地资本参与水电开发效益共享的合法性进行铺垫。

第二，在移民政策和法规立法过程中，将土地证券化作为水电移民安置的主要方式之一。

第三，根据移民土地证券化制度需求，充分发挥资产证券化金融创新工具功能，创造出适宜的土地资产支持证券化类型，建立新型的水电开发与运营的投资与收益分配管理体系。

第四，土地证券化安置，面临移民就业转移问题，大量移民"悠闲"将产生社会问题。政府责任由安置民转变为开发农村移民人力资源，构建移民社会保障机制，加强移民就业扶持和能力建设，提高移民自我发展能力，增强移民抗风险能力，为移民土地证券化安置构造"安全网"，从而提高土地证券化安置的可操作性、适用性和溢出效益。

第五，选择合适的水电开发项目进行移民土地证券化试点，并进一步完善，逐步推广应用于包括水电在内的其他行业，从而创造一条移民妥善安置和持续发展新路径。

参考文献

樊启祥. 2011. 水电项目开发利益共享模型研究. 北京: 清华大学博士学位论文.

胡亦琴. 2006. 农地资本化经营与政府规制研究.农业经济问题, (1): 45-49.

姜文来, 杨瑞珍. 2003. 资源资产论. 北京: 科学出版社.

孔令强. 2008. 中国水电工程农村移民安置模式研究. 南京: 河海大学博士学位论文.

潘家铮.2004.水电与中国//中国水力发电年鉴第九卷. 北京:中国电力出版社.

施国庆，陈琛. 2010. 农村水库移民养老保险安置方式研究. 人民黄河，32(6): 1-2.

张绍山，李凡宁. 2005. 水库移民实行长期补偿的探索与实践. 水利部移民开发局. 水库移民理论与实践. 北京: 中国水利水电出版社.

Cernea M M. 2000. Risks，safeguards and reconstruction: A model for population displacement and resettlement. Economic and Political Weekly，35(41):3659-3678.

Cernea M M. 2003 For a new economics of resettlement: A sociological critique of the compensation principle//Michael M, Cernea , Kanbur R. An Exchange on the Compensation Principle in Resettlement. WP, 2002-33, Cornell University, Ithaca, New York, Reprinted in International Social Science Journal, 55(175): 37-45.

Cernea M M. 2008. Compensation and investment in resettlement: Theory, practice, pitfalls, and needed policy reform. Can compensation prevent impoverishment? Reforming resettlement through investments and benefit-sharing，New Delhi: Oxford University Press.

Egre D，Roquet V，Durocher C. 2008. Benefits sharing to supplement compensation in resource extractive activities: the case of dams. Can Compensation Prevent Impoverishment? Reforming Resettlement through Investments and Benefit-Sharing，New Delhi: Oxford University Press.

Scudder T. 2012. Resettlement outcomes of large dams // impacts of large dams: a global assessment. Springer Berlin Heidelberg.